von der Damerau/Tauterat

bearbeitet und herausgegeben von
R. Franz

VOB im Bild
Hochbau- und Ausbauarbeiten

Abrechnung nach der VOB 2002 und dem Ergänzungsband 2005

von der Damerau/Tauterat

VOB im Bild

Hochbau- und Ausbauarbeiten

Abrechnung nach der VOB 2002 und dem Ergänzungsband 2005

18., überarbeitete und erweiterte Auflage

1008 Abbildungen

bearbeitet und herausgegeben von

Dipl.-Ing. Rainer Franz

Ministerialdirigent a. D.; ehem. Vorsitzender des Hochbauausschusses im Deutschen Vergabe- und Vertragsausschuss für Bauleistungen (DVA)

Rudolf Müller

Bibliografische Information Der Deutschen Bibliothek
Die Deutsche Bibliothek verzeichnet diese Publikation in der Deutschen Nationalbibliografie; detaillierte bibliografische Daten sind im Internet über http://dnb.ddb.de abrufbar.

© Verlagsgesellschaft Rudolf Müller GmbH & Co. KG, Köln 2005
Alle Rechte vorbehalten

Text, Tabellen und Abbildungen wurden mit größter Sorgfalt erarbeitet. Verlag und Autor können jedoch für eventuell verbliebene fehlerhafte Angaben und deren Folgen keine Haftung übernehmen.

Wir freuen uns, Ihre Meinung über dieses Fachbuch zu erfahren. Bitte teilen Sie uns Ihre Anregungen, Hinweise oder Fragen mit; E-Mail: fachmedien.bau@rudolf-mueller.de, Fax: (02 21) 5 49 71 40.

Wiedergabe der ATV DIN 18299 und der Abschnitte 0.5, 1 und 5 der VOB Teil C mit Genehmigung des DIN Deutsches Institut für Normung e. V.

Maßgebend für das Anwenden von Normen ist deren Fassung mit dem neuesten Ausgabedatum, die bei der Beuth Verlag GmbH, 10787 Berlin, erhältlich ist. Maßgebend für das Anwenden von Regelwerken, Richtlinien, Merkblättern, Verordnungen usw. ist deren Fassung mit dem neuesten Ausgabedatum, die bei der jeweiligen herausgebenden Institution erhältlich ist. Zitate aus Normen, Merkblättern usw. wurden, unabhängig von ihrem Ausgabedatum, in neuer deutscher Rechtschreibung abgedruckt.

Umschlaggestaltung: Grafikdesign Patrizia Obst, Köln
Satzherstellung: Satz+Layout Werkstatt Kluth GmbH, Erftstadt
Druck: Druckhaus Beltz, Hemsbach/Bergstraße
Printed in Germany

ISBN 3-481-02158-5

Inhaltsverzeichnis

Vorwort zur 18. Auflage	6
Vorwort zur 8. Auflage	7
Geleitwort	8
Einführung in die VOB 2002 und in den Ergänzungsband 2005	9
Wortlaut der DIN 18299	13
DIN 18299 Allgemeine Regelungen für Bauarbeiten jeder Art	19
DIN 18300 Erdarbeiten	21
DIN 18306 Entwässerungskanalarbeiten	45
DIN 18314 Spritzbetonarbeiten	49
DIN 18318 Verkehrswegebauarbeiten – Pflasterdecken, Plattenbeläge, Einfassungen	53
DIN 18320 Landschaftsbauarbeiten	61
DIN 18330 Mauerarbeiten	69
DIN 18331 Betonarbeiten	95
DIN 18332 Naturwerksteinarbeiten	119
DIN 18333 Betonwerksteinarbeiten	129
DIN 18334 Zimmer- und Holzbauarbeiten	139
DIN 18335 Stahlbauarbeiten	155
DIN 18336 Abdichtungsarbeiten	161
DIN 18338 Dachdeckungs- und Dachabdichtungsarbeiten	165
DIN 18339 Klempnerarbeiten	173
DIN 18340 Trockenbauarbeiten	181
DIN 18345 Wärmedämm-Verbundsysteme	195
DIN 18349 Betonerhaltungsarbeiten	205
DIN 18350 Putz- und Stuckarbeiten	217
DIN 18351 Fassadenarbeiten	241
DIN 18352 Fliesen- und Plattenarbeiten	247
DIN 18353 Estricharbeiten	257
DIN 18354 Gussasphaltarbeiten	261
DIN 18355 Tischlerarbeiten	265
DIN 18356 Parkettarbeiten	279
DIN 18357 Beschlagarbeiten	283
DIN 18358 Rollladenarbeiten	285
DIN 18360 Metallbauarbeiten	287
DIN 18361 Verglasungsarbeiten	297
DIN 18363 Maler- und Lackierarbeiten	301
DIN 18364 Korrosionsschutzarbeiten an Stahl- und Aluminiumbauten	321
DIN 18365 Bodenbelagarbeiten	327
DIN 18366 Tapezierarbeiten	331
DIN 18367 Holzpflasterarbeiten	345
DIN 18379 Raumlufttechnische Anlagen	349
DIN 18380 Heizanlagen und zentrale Wassererwärmungsanlagen	361
DIN 18381 Gas-, Wasser- und Entwässerungsanlagen innerhalb von Gebäuden	365
DIN 18382 Nieder- und Mittelspannungsanlagen mit Nennspannungen bis 36 kV	369
DIN 18384 Blitzschutzanlagen	373
DIN 18385 Förderanlagen, Aufzugsanlagen, Fahrtreppen und Fahrsteige	375
DIN 18386 Gebäudeautomation	377
DIN 18421 Dämmarbeiten an technischen Anlagen	381
DIN 18451 Gerüstarbeiten	393
Sammlung von Formeln zur Berechnung von Längen-, Flächen- und Raummaßen	411

Vorwort zur 18. Auflage

Die „VOB im Bild" wurde bis einschließlich der 1985 erschienenen 11. Auflage von Hans von der Damerau und August Tauterat herausgegeben. Ab dem im Jahre 1986 veröffentlichten Ergänzungsband zur 11. Auflage wird die „VOB im Bild" von Rainer Franz und Waldemar Stern bearbeitet und herausgegeben.

Die bereits mit der 13. Auflage erstmals vorgenommene Teilung der „VOB im Bild" in zwei Bände, nämlich *Hochbau- und Ausbauarbeiten* sowie *Tiefbau- und Erdarbeiten* hat sich bewährt und wird seither fortgesetzt. Dabei wurden die für beide Baubereiche wichtigen Allgemeinen Technischen Vertragsbestimmungen für Bauleistungen (ATV) jeweils auf die für den Hochbau bzw. Tiefbau relevanten Anforderungen ausgerichtet.

Seit der 15. Auflage wird der Teil *Hochbau- und Ausbauarbeiten* von Rainer Franz allein herausgegeben.

Grundlage der vorliegenden 18. Auflage der „VOB im Bild" bildet die Vergabe- und Vertragsordnung für Bauleistungen (VOB) – Ausgabe 2002 – mit Ergänzungsband 2005.

Die „VOB im Bild" trägt dem insofern Rechnung, als die Kommentierungen der neu erstellten ATV

- DIN 18340   Trockenbauarbeiten und
- DIN 18345   Wärmedämm-Verbundsysteme

sowie die fachtechnisch bzw. redaktionell überarbeiteten ATV

- DIN 18330   Mauerarbeiten,
- DIN 18331   Betonarbeiten,
- DIN 18334   Zimmer- und Holzbauarbeiten,
- DIN 18350   Putz- und Stuckarbeiten,
- DIN 18353   Estricharbeiten und
- DIN 18358   Tischlerarbeiten

neu bearbeitet wurden.

Darüber hinaus wurden die Kommentierungen einzelner ATV, soweit fachliche Verbesserungen und Ergänzungen erforderlich waren, eingearbeitet.

In der vorliegenden Auflage ist das Kapitel „Einführung in die VOB 2002", das kurz gefasst grundlegende Hinweise zur Stellung und Bedeutung der VOB sowie zur Arbeit mit der VOB gibt, wieder aufgenommen.

Ebenso sind die wichtigsten Formeln zur Abrechnung von Hochbauleistungen in Wort und Bild in einem eigenständigen Kapitel erfasst.

Die 18. Auflage der „VOB im Bild" bietet damit wieder den aktuellen Stand der für den Hochbau relevanten Abrechnungsregelungen der VOB 2002 mit Ergänzungsband 2005.

Ich hoffe, dass die 18. Auflage der „VOB im Bild" den für Ausschreibung, Angebot und vor allem Abrechnung Verantwortlichen bei ihren Entscheidungen Hilfe bietet.

Für Hinweise für Verbesserungen, die sich aus der praktischen Nutzung des Werkes ergeben, ist der Verfasser im Interesse der Sache besonders dankbar.

München, im August 2005   *Rainer Franz*

Vorwort zur 8. Auflage

Die Abrechnungsbestimmungen in den Allgemeinen Technischen Vorschriften der VOB sind im Wort-Text nicht immer schnell und leicht verständlich. Die notwendigerweise rechtlich korrekte und erschöpfende Fassung der Texte erfordert eben oft längere, nicht so schnell überschaubare Formulierungen. Um einen praktischen Einzelfall bei der Aufstellung oder der Prüfung von Rechnungen über Bauleistungen nach dem üblichen Einheitspreisvertragsverfahren festzustellen, muss überdies oft eine ganze Gruppe solcher Bestimmungen überdacht werden. Das erfordert Arbeit, Kraft und Zeit in einem Ausmaß, das in keinem vertretbaren Verhältnis mehr zu dem heute geforderten Tempo der Bauabwicklung steht. Auch werden die Bestimmungen nicht immer gleichmäßig verstanden und aus der Sicht des Betroffenen, ob Auftraggeber oder Auftragnehmer, unterschiedlich ausgelegt. Das führt zu Streitigkeiten, die Schaden und weiteren Verlust mit sich bringen.

Hier möchte die vorliegende „VOB im Bild" zu ihrem Teil helfen, Erleichterung, Vereinfachung und Rationalisierung der Arbeit möglich zu machen sowie in Zweifelsfällen klärend und erläuternd zu wirken.

An die Stelle des Wortes wurde die Zeichnung gesetzt, und zwar die schmucklose, schlichte, objektiv geometrische Ingenieurzeichnung mit einfachen Linien ohne komplizierende isometrische oder perspektivische Verzerrung. Mit einem Blick soll der Techniker, Architekt oder Handwerker bei Aufstellung oder Prüfung einer Baurechnung den Kern der VOB-Bestimmung in der ihm geläufigen Berufssprache, einer Zeichnung, schnell, klar und konzentriert erfassen können.

Die zweifarbige Ausführung der Zeichnungen wird den Überblick dabei weiter erleichtern. Die blauen Unterstreichungen oder Umrahmungen sollen sofort deutlich machen, wie die Bauleistung zu ermitteln ist, ob z. B. Öffnungen zu übermessen sind, wo bei der Errechnung von Öffnungsgrößen die Grenzen liegen, welche Bauteile zu übermessen und welche abzuziehen sind oder wo Vereinfachungen zulässig sind. Auf zweifarbige Darstellung wurde nur verzichtet, wenn hierdurch keine größere Übersichtlichkeit zu gewinnen war oder wo unterschiedliche Aufmaßmöglichkeiten in ein und derselben Zeichnung anzugeben waren.

Sonderfälle sind nur vereinzelt aufgeführt, in größerer Menge würden sie die Übersicht belasten. Die eindeutige Darstellung des Grundsätzlichen, so meinen die Verfasser, werde es dem Benutzer leicht machen, auch besonders gelagerte Einzelfälle selber schnell zu lösen.

Begleitende Erläuterungen mit Worten sind auf ein Mindestmaß beschränkt und Erläuterungen einer Vorschrift mit Worten allein sind nur in den Fällen gebracht, in denen die Vorschrift der VOB als Bild nicht darstellbar ist. Theoretische Erörterungen sind bewusst vermieden. Das Werk soll ausschließlich der praktischen Arbeit dienen.

Die vorliegende Auflage berücksichtigt den zum Zeitpunkt der Veröffentlichung geltenden Stand der VOB, Ausgabe 1979. Die Autoren sahen sich verpflichtet, so zu kommentieren, wie sie die Vorschriften der VOB nach sorgfältiger Prüfung fachlich, objektiv und ohne Parteinahme persönlich verstehen.

Sie konnten sich hierbei auf Erfahrungen stützen, die sie aus der Teilnahme an den Verhandlungen von Behörden und Organisationen der Auftraggeber und Auftragnehmer in den Hauptausschüssen des Deutschen Verdingungsausschusses unmittelbar gewonnen haben. Dem Hauptausschuss Hochbau hat einer der Verfasser seit der Gründung nach Kriegsende zwanzig Jahre lang als Vorsitzender und der andere Verfasser viele Jahre als Geschäftsführer angehört.

So darf gehofft werden, dass das vorliegende Werk, wie bisher, so auch mit der 8. Auflage den für Ausschreibung, Angebot und vor allem Abrechnung Verantwortlichen bei ihren Entscheidungen sachdienliche Anregungen und Hilfen bietet.

Die vorliegende Arbeit ist dem gegenwärtig geltenden Stand der Vorschriften (VOB, Ausgabe 1979) entsprechend fortgeschrieben.

Für Hinweise auf Verbesserungsmöglichkeiten, die sich aus der praktischen Nutzung des Werkes ergeben, wären die Verfasser im Interesse der Sache besonders dankbar.

Hamburg, im Dezember 1979　　*Hans v. d. Damerau*
　　　　　　　　　　　　　　　　August Tauterat

Geleitwort

Die Abrechnung von Bauleistungen verlangt von allen Beteiligten, Auftraggebern und Auftragnehmern immer wieder einen unverhältnismäßigen Aufwand. Jedes Mittel, das die Abrechnungsarbeit vereinfachen und erleichtern kann, muss daher begrüßt werden.

So auch das vorliegende Werk, in dem sämtliche Abrechnungsbestimmungen der Verdingungsordnung für Bauleistungen für sich zusammengefasst und durch Bild und Wort erläutert sind. Das Werk soll dem Benutzer Zeit und Kraft bei der Abrechnung sparen, Missverständnisse, Zweifel und Streit vermeiden helfen.

Die Verfasser haben jahrzehntelang im Deutschen Verdingungsausschuss für Bauleistungen an der Erarbeitung der nach der VOB verbindlichen Bestimmungen maßgeblich mitgewirkt. Sie stellen nun ihre persönlichen Erkenntnisse und Erfahrungen, die sie hierbei auch zu den Problemen der Abrechnung von Bauleistungen gewonnen haben, allgemein zur Verfügung.

Ich wünsche dem Werk einen guten Erfolg.

Bonn, im November 1969

Der Vorsitzende des
Deutschen Verdingungsausschusses für
Bauleistungen

Rossig

Ministerialdirektor

Einführung in die VOB 2002 und in den Ergänzungsband 2005

Im Jahr 1921 beauftragte der Deutsche Reichstag die Reichsregierung, einheitliche Grundsätze für die Vergabe von Lieferungen und Leistungen zu erarbeiten.

Der nunmehrige „Deutsche Vergabe- und Vertragsausschuss für Bauleistungen (DVA)" war gegründet.

Seine Organisation und seine Arbeitsweise sind in einem Arbeits- und Organisationsschema festgelegt.

Dem DVA gehören danach Spitzenorganisationen der Auftraggeber- und Auftragnehmerseite sowie weiterer am Baugeschehen beteiligter Wirtschafts- und Berufsverbände an.

Die paritätische Besetzung in allen Gremien des DVA sichert den Interessenausgleich von Auftraggeber und Auftragnehmer. Damit ist gewährleistet, dass die Interessen beider Seiten in der „Vergabe- und Vertragsordnung für Bauleistungen (VOB)" ausgewogen berücksichtigt sind. Die VOB ist also kein Vertragswerk, das den Vorteil nur einer Vertragsseite verfolgt.

Die VOB ist kein Gesetz.

Die Anwendung der VOB ist den Vertragspartnern grundsätzlich freigestellt, die öffentlichen Auftraggeber dagegen sind durch Haushaltsrecht an die VOB gebunden.

Die ständige Fortentwicklung und Aktualisierung der zwischenzeitlich bald achtzig Jahre alten VOB haben bewirkt, dass sie heute ein nicht mehr wegzudenkender Bestandteil rechtlich geordneter Bauvergabe und Bauabwicklung geworden ist.

Die VOB gliedert sich in drei Teile:

- VOB/A „Allgemeine Bestimmungen für die Vergabe von Bauleistungen" enthält allgemeine Bestimmungen für die Vergabe von Bauleistungen. Sie sind im Wesentlichen Verfahrensanweisungen, die zum Abschluss eines Bauvertrages führen. Teil A wird nicht Vertragsbestandteil.
- VOB/B „Allgemeine Vertragsbedingungen für die Ausführung von Bauleistungen" stellt für die Ausführung den Bauvertragspartnern in Ergänzung des „Bürgerlichen Gesetzbuches (BGB)" Regelungen zur Verfügung, die den speziellen Belangen des Baugeschehens gerecht werden und die Rechtsbeziehungen so gestalten, dass sie praktikabel sind.
- VOB/C „Allgemeine Technische Vertragsbedingungen für Bauleistungen (ATV)" setzt sich aus einer Vielzahl von ATV zusammen. Er umfasst inzwischen nahezu alle Leistungen, die für die Erstellung eines Bauwerks erforderlich sind. Teil C zeigt nicht nur einen leicht überschaubaren Weg für technisch richtiges Bauen auf, sondern schafft mit den technischen Regeln und mit den Abrechnungsregelungen auch die Grundlage dafür, was technisch bzw. abrechnungstechnisch geschuldet ist.

Die in Teil C zusammengefassten ATV sind Technische Vertragsbedingungen, die für jeden Einzelbereich festzulegen und der technischen Entwicklung anzupassen sind.

Die VOB/C weist als Allgemeinnorm zunächst die ATV DIN 18299 „Allgemeine Regelungen für Bauarbeiten jeder Art" aus; sie fasst alle die Regelungen zusammen, die für alle Gewerke einheitlich gelten, auch für solche, für die keine ATV besteht.

Dadurch wird

- die Anwendung der VOB/C vereinfacht und
- die ordnungsgemäße Leistungsbeschreibung und Vertragsgestaltung erleichtert.

Die objektbezogene Leistungsbeschreibung geht den Regelungen der ATV vor. Sie ist deshalb bei Abweichungen maßgebend für den Vertragsinhalt (§ 1 VOB/B).

Der Aufsteller einer Leistungsbeschreibung muss deshalb jeweils entscheiden, welche von mehreren möglichen Lösungen gewollt ist, und diese eindeutig und im Einzelnen beschreiben.

Sie wird, wie übrigens alle ATV, Bestandteil des Bauvertrages, wenn VOB/B vereinbart wird (§ 1 Nr. 1 Satz 2 VOB/B).

Der Aufbau aller ATV ist identisch.

Er gliedert sich in die Abschnitte 0 bis 5 mit folgendem Inhalt:

- 0 Hinweise für das Aufstellen der Leistungsbeschreibung
- 1 Geltungsbereich
- 2 Stoffe, Bauteile
- 3 Ausführung
- 4 Nebenleistungen, Besondere Leistungen
- 5 Abrechnung

Abschnitt 0 dient als Richtlinie und Checkliste zur Koordinierung der Ausschreibung und richtet sich damit an die Ausschreibenden. Er wird nicht Bestandteil des Vertrages.

Abschnitt 1 bestimmt den Geltungsbereich der jeweiligen ATV; er wird positiv beschrieben und in einem weiteren Abschnitt negativ abgegrenzt.

Abschnitt 2 enthält Regelungen über Stofflieferungen sowie Regelungen über die jeweiligen Anforderungen an Stoffe und Bauteile, in der Regel DIN-Normen für die gebräuchlichsten genormten Stoffe.

Abschnitt 3 enthält konkrete Ausführungsanweisungen für die Durchführung von Bauleistungen, sog. „Regelausführungen". Dem Auftragnehmer wird vorgeschrieben, auf welche Art und Weise er die Bauleistungen zu erbringen hat. Soweit DIN-Normen bestehen, ist darauf zurückgegriffen. Andere Ausführungsarten sind in der Leistungsbeschreibung eindeutig festzulegen.

Abschnitt 4 führt die wesentlichen Nebenleistungen und Besonderen Leistungen auf.

Nebenleistungen sind grundsätzlich nicht zu erwähnen. Lediglich in den Fällen, in denen die Kosten der Nebenleistung von erheblicher Bedeutung für die Preisbildung sind, sind entsprechende Ansätze in der Leistungsbeschreibung vorzusehen. Nebenleistungen im Sinne des Abschnittes 4.1 sind Teil einer Leistung, die auch ohne Erwähnung im Vertrag zur vertraglichen Leistung gehören, wenn sie erforderlich werden.

Anders als die Nebenleistungen gehören Besondere Leistungen nur dann zum Vertragsinhalt, wenn sie in der Leistungsbeschreibung ausdrücklich aufgeführt sind. Erweisen sich im Vertrag nicht vorgesehene Besondere Leistungen im Sinne des Abschnittes 4.2 nachträglich als erforderlich, so sind dies zusätzliche Leistungen. Für die Leistungspflicht und die Vereinbarung der Vergütung gilt § 6 VOB/B.

Abschnitt 5 beinhaltet Aufmaß- und Abrechnungsregelungen.

Aufgabe der Abrechnungsvorschriften des jeweiligen Abschnittes 5 der ATV ist sicherzustellen, dass die zu vergütende Leistung sachgerecht ermittelt und mit den dafür kalkulierten Einheitspreisen berechnet wird.

In der ATV DIN 18299 „Allgemeine Regelungen für Bauleistungen aller Art" sind die allgemein gültigen Bestimmungen enthalten, nämlich

- die Leistungen aus Zeichnungen zu ermitteln, soweit die ausgeführte Leistung diesen Zeichnungen entspricht, und
- die Leistung aufzumessen, wenn solche Zeichnungen nicht vorhanden sind.

Diese allgemein gültigen Bestimmungen werden durch die speziellen Regelungen der jeweils fachspezifischen ATV ergänzt.

Um deutlich zu machen, dass die den Bauzeichnungen zugrunde liegenden Maße gemeint sind, ist als Grundregel vorgeschrieben:

- für den Ausbau im Innenbereich
  auf Flächen ohne begrenzende Bauteile die Maße der zu behandelnden Flächen
  und
  auf Flächen mit begrenzenden Bauteilen die Maße bis zu den sie begrenzenden, unbehandelten Bauteilen zugrunde zu legen;
- für Bauteile aus Mauerwerk, Beton und Stahlbeton gelten deren Maße.

Dabei wird unterstellt, dass der Feststellung der Leistung nach Zeichnungen oder dem örtlichen Aufmaß die gleichen Maße zugrunde liegen, es sei denn, die Leistungsbeschreibung regelt dies anders.

Ausgenommen davon sind jedoch Leistungen an Fassaden. Bei Fassaden gelten die Maße der fertigen Leistung.

Die weiteren Abrechnungsregelungen der ATV dienen der Vereinfachung, insbesondere bei Anwendung der im Abschnitt 0.5 vorgegebenen Abrechnungseinheiten. Ebenfalls der Vereinfachung dienen die vereinheitlichten Übermessungsgrößen.

Dabei sind Leistungsbereichen, die miteinander im Zusammenhang stehen, gleiche Übermessungsgrößen zugeordnet. Dies gewährleistet die einheitliche Abrechnung von Leistungen auch in den Fällen, in denen sich der Bauvertrag insgesamt auf die VOB/C bezieht, ohne bestimmte ATV zu benennen.

Die „VOB im Bild" leistet ihren Beitrag, soweit es diese Abrechnungsregelungen betrifft.

An die Stelle des Wortes ist die Zeichnung gesetzt. Die „VOB im Bild" folgt dabei in allen ATV dem VOB-Text, erklärt die dort verwendeten Begriffe und erläutert die jeweilige Aufmaßregel anhand von einfachen, leicht verständlichen Zeichnungen. Sonderfälle, soweit sie immer wieder Anlass zu Anfragen sind, sind, um die Übersicht nicht zu belasten, als „Beispiele aus der Praxis" am Ende der jeweiligen ATV aufgeführt.

Nach wie vor aber ist der Erfolg eines befriedigenden Abrechnungsprozesses in erster Linie von einer in allen Teilen eindeutigen und so erschöpfenden Leistungsbeschreibung abhängig, dass alle Bewerber die Beschreibung im gleichen Sinne verstehen und ihre Preise sicher und ohne umfangreiche Vorarbeiten berechnen können.

DIN 18299 im Wortlaut

Für das Verständnis des Teils C der VOB ist die Kenntnis des Textes der ATV DIN 18299 „Allgemeine Regelungen für Bauarbeiten jeder Art" entscheidend.

Sie fasst diejenigen Regelungen der Abschnitte 0 bis 5 zusammen, die für alle ATV einheitlich gelten.

Aus diesem Grunde ist im Folgenden der volle Wortlaut der ATV DIN 18299 abgedruckt.

VOB Teil C:

Allgemeine Technische Vertragsbedingungen für Bauleistungen (ATV)

Allgemeine Regelungen für Bauarbeiten jeder Art – DIN 18299

Ausgabe Dezember 2002

Inhalt

0 Hinweise für das Aufstellen der Leistungsbeschreibung

1 Geltungsbereich

2 Stoffe, Bauteile

3 Ausführung

4 Nebenleistungen, Besondere Leistungen

5 Abrechnung

0 Hinweise für das Aufstellen der Leistungsbeschreibung

Diese Hinweise für das Aufstellen der Leistungsbeschreibung gelten für Bauarbeiten jeder Art; sie werden ergänzt durch die auf die einzelnen Leistungsbereiche bezogenen Hinweise in den ATV DIN 18300 bis DIN 18451, Abschnitt 0. Die Beachtung dieser Hinweise ist Voraussetzung für eine ordnungsgemäße Leistungsbeschreibung gemäß § 9 VOB/A.

Die Hinweise werden nicht Vertragsbestandteil.

In der Leistungsbeschreibung sind nach den Erfordernissen des Einzelfalls insbesondere anzugeben:

0.1 *Angaben zur Baustelle*

0.1.1 *Lage der Baustelle, Umgebungsbedingungen, Zufahrtsmöglichkeiten und Beschaffenheit der Zufahrt sowie etwaige Einschränkungen bei ihrer Benutzung.*

0.1.2 *Art und Lage der baulichen Anlagen, z.B. auch Anzahl und Höhe der Geschosse.*

0.1.3 *Verkehrsverhältnisse auf der Baustelle, insbesondere Verkehrsbeschränkungen.*

0.1.4 *Für den Verkehr freizuhaltende Flächen.*

0.1.5 *Lage, Art, Anschlusswert und Bedingungen für das Überlassen von Anschlüssen für Wasser, Energie und Abwasser.*

0.1.6 *Lage und Ausmaß der dem Auftragnehmer für die Ausführung seiner Leistungen zur Benutzung oder Mitbenutzung überlassenen Flächen, Räume.*

0.1.7 *Bodenverhältnisse, Baugrund und seine Tragfähigkeit. Ergebnisse von Bodenuntersuchungen.*

0.1.8 *Hydrologische Werte von Grundwasser und Gewässern. Art, Lage, Abfluss, Abflussvermögen und Hochwasserverhältnisse von Vorflutern. Ergebnisse von Wasseranalysen.*

0.1.9 *Besondere umweltrechtliche Vorschriften.*

0.1.10 *Besondere Vorgaben für die Entsorgung, z. B. besondere Beschränkungen für die Beseitigung von Abwasser und Abfall.*

0.1.11 *Schutzgebiete oder Schutzzeiten im Bereich der Baustelle, z. B. wegen Forderungen des Gewässer-, Boden-, Natur-, Landschafts- oder Immissionsschutzes; vorliegende Fachgutachten o. Ä.*

0.1.12 *Art und Umfang des Schutzes von Bäumen, Pflanzenbeständen, Vegetationsflächen, Verkehrsflächen, Bauteilen, Bauwerken, Grenzsteinen u. Ä. im Bereich der Baustelle.*

0.1.13 *Im Baugelände vorhandene Anlagen, insbesondere Abwasser- und Versorgungsleitungen.*

0.1.14 *Bekannte oder vermutete Hindernisse im Bereich der Baustelle, z. B. Leitungen, Kabel, Dräne, Kanäle, Bauwerksreste, und, soweit bekannt, deren Eigentümer.*

0.1.15 *Vermutete Kampfmittel im Bereich der Baustelle, Ergebnisse von Erkundungs- oder Beräumungsmaßnahmen.*

0.1.16 *Gegebenenfalls gemäß Baustellenverordnung getroffene Maßnahmen.*

0.1.17 *Besondere Anordnungen, Vorschriften und Maßnahmen der Eigentümer (oder der anderen Weisungsberechtigten) von Leitungen, Kabeln, Dränen, Kanälen, Straßen, Wegen, Gewässern, Gleisen, Zäunen und dergleichen im Bereich der Baustelle.*

0.1.18 *Art und Umfang von Schadstoffbelastungen, z. B. des Bodens, der Gewässer, der Luft, der Stoffe und Bauteile; vorliegende Fachgutachten o. Ä.*

0.1.19 *Art und Zeit der vom Auftraggeber veranlassten Vorarbeiten.*

0.1.20 *Arbeiten anderer Unternehmer auf der Baustelle.*

0.2 *Angaben zur Ausführung*

0.2.1 *Vorgesehene Arbeitsabschnitte, Arbeitsunterbrechungen und -beschränkungen nach Art, Ort und Zeit sowie Abhängigkeit von Leistungen anderer.*

0.2.2 *Besondere Erschwernisse während der Ausführung, z. B. Arbeiten in Räumen, in denen der Betrieb weiterläuft, Arbeiten im Bereich von Verkehrswegen, oder bei außergewöhnlichen äußeren Einflüssen.*

0.2.3 *Besondere Anforderungen für Arbeiten in kontaminierten Bereichen, gegebenenfalls besondere Anordnungen für Schutz- und Sicherheitsmaßnahmen.*

0.2.4 *Besondere Anforderungen an die Baustelleneinrichtung und Entsorgungseinrichtungen, z. B. Behälter für die getrennte Erfassung.*

0.2.5 *Besonderheiten der Regelung und Sicherung des Verkehrs, gegebenenfalls auch, wieweit der Auftraggeber die Durchführung der erforderlichen Maßnahmen übernimmt.*

0.2.6 *Auf- und Abbauen sowie Vorhalten der Gerüste, die nicht Nebenleistung sind.*

0.2.7 *Mitbenutzung fremder Gerüste, Hebezeuge, Aufzüge, Aufenthalts- und Lagerräume, Einrichtungen und dergleichen durch den Auftragnehmer.*

0.2.8 *Wie lange, für welche Arbeiten und gegebenenfalls für welche Beanspruchung der Auftragnehmer seine Gerüste, Hebezeuge, Aufzüge, Aufenthalts- und Lagerräume, Einrichtungen und dergleichen für andere Unternehmer vorzuhalten hat.*

0.2.9 *Verwendung oder Mitverwendung von wiederaufbereiteten (Recycling-)Stoffen.*

0.2.10 *Anforderungen an wiederaufbereitete (Recycling-)Stoffe und an nicht genormte Stoffe und Bauteile.*

0.2.11 *Besondere Anforderungen an Art, Güte und Umweltverträglichkeit der Stoffe und Bauteile, auch z. B. an die schnelle biologische Abbaubarkeit von Hilfsstoffen.*

0.2.12 *Art und Umfang der vom Auftraggeber verlangten Eignungs- und Gütenachweise.*

0.2.13 *Unter welchen Bedingungen auf der Baustelle gewonnene Stoffe verwendet werden dürfen bzw. müssen oder einer anderen Verwertung zuzuführen sind.*

0.2.14 Art, Zusammensetzung und Menge der aus dem Bereich des Auftraggebers zu entsorgenden Böden, Stoffe und Bauteile; Art der Verwertung bzw. bei Abfall die Entsorgungsanlage; Anforderungen an die Nachweise über Transporte, Entsorgung und die vom Auftraggeber zu tragenden Entsorgungskosten.

0.2.15 Art, Menge, Gewicht der Stoffe und Bauteile, die vom Auftraggeber beigestellt werden, sowie Art, Ort (genaue Bezeichnung) und Zeit ihrer Übergabe.

0.2.16 In welchem Umfang der Auftraggeber Abladen, Lagern und Transport von Stoffen und Bauteilen übernimmt oder dafür dem Auftragnehmer Geräte oder Arbeitskräfte zur Verfügung stellt.

0.2.17 Leistungen für andere Unternehmer.

0.2.18 Mitwirken beim Einstellen von Anlageteilen und bei der Inbetriebnahme von Anlagen im Zusammenwirken mit anderen Beteiligten, z.B. mit dem Auftragnehmer für die Gebäudeautomation.

0.2.19 Benutzung von Teilen der Leistung vor der Abnahme.

0.2.20 Übertragung der Wartung während der Dauer der Verjährungsfrist für die Mängelansprüche für maschinelle und elektrotechnische/elektronische Anlagen oder Teile davon, bei denen die Wartung Einfluss auf die Sicherheit und die Funktionsfähigkeit hat (vergleiche § 13 Nr. 4 Abs. 2 VOB/B), durch einen besonderen Wartungsvertrag.

0.2.21 Abrechnung nach bestimmten Zeichnungen oder Tabellen.

0.3 Einzelangaben bei Abweichungen von den ATV

0.3.1 Wenn andere als die in den ATV DIN 18299 bis DIN 18451 vorgesehenen Regelungen getroffen werden sollen, sind diese in der Leistungsbeschreibung eindeutig und im Einzelnen anzugeben.

0.3.2 Abweichende Regelungen von der ATV DIN 18299 können insbesondere in Betracht kommen bei

Abschnitt 2.1.1, wenn die Lieferung von Stoffen und Bauteilen nicht zur Leistung gehören soll,

Abschnitt 2.2, wenn nur ungebrauchte Stoffe und Bauteile vorgehalten werden dürfen,

Abschnitt 2.3.1, wenn auch gebrauchte Stoffe und Bauteile geliefert werden dürfen.

0.4 Einzelangaben zu Nebenleistungen und Besonderen Leistungen

0.4.1 Nebenleistungen

Nebenleistungen (Abschnitt 4.1 aller ATV) sind in der Leistungsbeschreibung nur zu erwähnen, wenn sie ausnahmsweise selbständig vergütet werden sollen. Eine ausdrückliche Erwähnung ist geboten, wenn die Kosten der Nebenleistung von erheblicher Bedeutung für die Preisbildung sind; in diesen Fällen sind besondere Ordnungszahlen (Positionen) vorzusehen.

Dies kommt insbesondere in Betracht für

– das Einrichten und Räumen der Baustelle,

– Gerüste,

– besondere Anforderungen an Zufahrten, Lager- und Stellflächen.

0.4.2 Besondere Leistungen

Werden Besondere Leistungen (Abschnitt 4.2 aller ATV) verlangt, ist dies in der Leistungsbeschreibung anzugeben; gegebenenfalls sind hierfür besondere Ordnungszahlen (Positionen) vorzusehen.

0.5 Abrechnungseinheiten

Im Leistungsverzeichnis sind die Abrechnungseinheiten für die Teilleistungen (Positionen) gemäß Abschnitt 0.5 der jeweiligen ATV anzugeben.

1 Geltungsbereich

Die ATV „Allgemeine Regelungen für Bauarbeiten jeder Art" – DIN 18299 – gilt für alle Bauarbeiten, auch für solche, für die keine ATV in Teil C – DIN 18300 bis DIN 18451 – bestehen.

Abweichende Regelungen in den ATV DIN 18300 bis DIN 18451 haben Vorrang.

2 Stoffe, Bauteile

2.1 Allgemeines

2.1.1 Die Leistungen umfassen auch die Lieferung der dazugehörigen Stoffe und Bauteile einschließlich Abladen und Lagern auf der Baustelle.

2.1.2 Stoffe und Bauteile, die vom Auftraggeber beigestellt werden, hat der Auftragnehmer rechtzeitig beim Auftraggeber anzufordern.

2.1.3 Stoffe und Bauteile müssen für den jeweiligen Verwendungszweck geeignet und aufeinander abgestimmt sein.

2.2 Vorhalten

Stoffe und Bauteile, die der Auftragnehmer nur vorzuhalten hat, die also nicht in das Bauwerk eingehen, dürfen nach Wahl des Auftragnehmers gebraucht oder ungebraucht sein.

2.3 Liefern

2.3.1 Stoffe und Bauteile, die der Auftragnehmer zu liefern und einzubauen hat, die also in das Bauwerk eingehen, müssen ungebraucht sein. Wiederaufbereitete (Recycling-)Stoffe gelten als ungebraucht, wenn sie Abschnitt 2.1.3 entsprechen.

2.3.2 Stoffe und Bauteile, für die DIN-Normen bestehen, müssen den DIN-Güte- und -Maßbestimmungen entsprechen.

2.3.3 Stoffe und Bauteile, die nach den deutschen behördlichen Vorschriften einer Zulassung bedürfen, müssen amtlich zugelassen sein und den Zulassungsbedingungen entsprechen.

2.3.4 Stoffe und Bauteile, für die bestimmte technische Spezifikationen in der Leistungsbeschreibung nicht genannt sind, dürfen auch verwendet werden, wenn sie Normen, technischen Vorschriften oder sonstigen Bestimmungen anderer Staaten entsprechen, sofern das geforderte Schutzniveau in Bezug auf Sicherheit, Gesundheit und Gebrauchstauglichkeit gleichermaßen dauerhaft erreicht wird.

Sofern für Stoffe und Bauteile eine Überwachungs-, Prüfzeichenpflicht oder der Nachweis der Brauchbarkeit, z.B. durch allgemeine bauaufsichtliche Zulassung, allgemein vorgesehen ist, kann von einer Gleichwertigkeit nur ausgegangen werden, wenn die Stoffe und Bauteile ein Überwachungs- oder Prüfzeichen tragen oder für sie der genannte Brauchbarkeitsnachweis erbracht ist.

3 Ausführung

3.1 Wenn Verkehrs-, Versorgungs- und Entsorgungsanlagen im Bereich des Baugeländes liegen, sind die Vorschriften und Anordnungen der zuständigen Stellen zu beachten. Kann die Lage dieser Anlagen nicht angegeben werden, ist sie zu erkunden. Solche Maßnahmen sind Besondere Leistungen (siehe Abschnitt 4.2.1).

3.2 Die für die Aufrechterhaltung des Verkehrs bestimmten Flächen sind freizuhalten. Der Zugang zu Einrichtungen der Versorgungs- und Entsorgungsbetriebe, der Feuerwehr, der Post und Bahn, zu Vermessungspunkten und dergleichen darf nicht mehr als durch die Ausführung unvermeidlich behindert werden.

3.3 Werden Schadstoffe angetroffen, z.B. in Böden, Gewässern oder Bauteilen, ist der Auftraggeber unverzüglich zu unterrichten. Bei Gefahr im Verzug hat der Auftragnehmer unverzüglich die notwendigen Sicherungsmaßnahmen zu treffen. Die weiteren Maßnahmen sind gemeinsam festzulegen. Die getroffenen und die weiteren Maßnahmen sind Besondere Leistungen (siehe Abschnitt 4.2.1).

4 Nebenleistungen, Besondere Leistungen

4.1 Nebenleistungen

Nebenleistungen sind Leistungen, die auch ohne Erwähnung im Vertrag zur vertraglichen Leistung gehören (§ 2 Nr. 1 VOB/B).

Nebenleistungen sind demnach insbesondere:

4.1.1 Einrichten und Räumen der Baustelle einschließlich der Geräte und dergleichen.

4.1.2 Vorhalten der Baustelleneinrichtung einschließlich der Geräte und dergleichen.

4.1.3 Messungen für das Ausführen und Abrechnen der Arbeiten einschließlich des Vorhaltens der Messgeräte, Lehren, Absteckzeichen usw., des Erhaltens der Lehren und Absteckzeichen während der Bauausführung und des Stellens der Arbeitskräfte, jedoch nicht Leistungen nach § 3 Nr. 2 VOB/B.

4.1.4 Schutz- und Sicherheitsmaßnahmen nach den Unfallverhütungsvorschriften und den behördlichen Bestimmungen, ausgenommen Leistungen nach Abschnitt 4.2.5.

4.1.5 Beleuchten, Beheizen und Reinigen der Aufenthalts- und Sanitärräume für die Beschäftigten des Auftragnehmers.

4.1.6 Heranbringen von Wasser und Energie von den vom Auftraggeber auf der Baustelle zur Verfügung gestellten Anschlussstellen zu den Verwendungsstellen.

4.1.7 Liefern der Betriebsstoffe.

4.1.8 Vorhalten der Kleingeräte und Werkzeuge.

4.1.9 Befördern aller Stoffe und Bauteile, auch wenn sie vom Auftraggeber beigestellt sind, von den Lagerstellen auf der Baustelle bzw. von den in der Leistungsbeschreibung angegebenen Übergabestellen zu den Verwendungsstellen und etwaiges Rückbefördern.

4.1.10 Sichern der Arbeiten gegen Niederschlagswasser, mit dem normalerweise gerechnet werden muss, und seine etwa erforderliche Beseitigung.

4.1.11 Entsorgen von Abfall aus dem Bereich des Auftragnehmers sowie Beseitigen der Verunreinigungen, die von den Arbeiten des Auftragnehmers herrühren.

4.1.12 Entsorgen von Abfall aus dem Bereich des Auftraggebers bis zu einer Menge von 1 m³, soweit der Abfall nicht schadstoffbelastet ist.

4.2 **Besondere Leistungen**

Besondere Leistungen sind Leistungen, die nicht Nebenleistungen gemäß Abschnitt 4.1 sind und nur dann zur vertraglichen Leistung gehören, wenn sie in der Leistungsbeschreibung besonders erwähnt sind. Besondere Leistungen sind z. B.:

4.2.1 Maßnahmen nach Abschnitt 3.1 und Abschnitt 3.3.

4.2.2 Beaufsichtigen der Leistungen anderer Unternehmer.

4.2.3 Erfüllen von Aufgaben des Auftraggebers (Bauherrn) hinsichtlich der Planung der Ausführung des Bauvorhabens oder der Koordinierung gemäß Baustellenverordnung.

4.2.4 Sicherungsmaßnahmen zur Unfallverhütung für Leistungen anderer Unternehmer.

4.2.5 Besondere Schutz- und Sicherheitsmaßnahmen bei Arbeiten in kontaminierten Bereichen, z. B. messtechnische Überwachung, spezifische Zusatzgeräte für Baumaschinen und Anlagen, abgeschottete Arbeitsbereiche.

4.2.6 Besondere Schutzmaßnahmen gegen Witterungsschäden, Hochwasser und Grundwasser, ausgenommen Leistungen nach Abschnitt 4.1.10.

4.2.7 Versicherung der Leistung bis zur Abnahme zugunsten des Auftraggebers oder Versicherung eines außergewöhnlichen Haftpflichtwagnisses.

4.2.8 Besondere Prüfung von Stoffen und Bauteilen, die der Auftraggeber liefert.

4.2.9 Aufstellen, Vorhalten, Betreiben und Beseitigen von Einrichtungen zur Sicherung und Aufrechterhaltung des Verkehrs auf der Baustelle, z. B. Bauzäune, Schutzgerüste, Hilfsbauwerke, Beleuchtungen, Leiteinrichtungen.

4.2.10 Aufstellen, Vorhalten, Betreiben und Beseitigen von Einrichtungen außerhalb der Baustelle zur Umleitung und Regelung des öffentlichen und Anlieger-Verkehrs.

4.2.11 Bereitstellen von Teilen der Baustelleneinrichtung für andere Unternehmer oder den Auftraggeber.

4.2.12 Besondere Maßnahmen aus Gründen des Umweltschutzes, der Landes- und Denkmalpflege.

4.2.13 Entsorgen von Abfall über die Leistungen nach Abschnitt 4.1.11 und Abschnitt 4.1.12 hinaus.

4.2.14 Besonderer Schutz der Leistung, der vom Auftraggeber für eine vorzeitige Benutzung verlangt wird, seine Unterhaltung und spätere Beseitigung.

4.2.15 Beseitigen von Hindernissen.

4.2.16 Zusätzliche Maßnahmen für die Weiterarbeit bei Frost und Schnee, soweit sie dem Auftragnehmer nicht ohnehin obliegen.

4.2.17 Besondere Maßnahmen zum Schutz und zur Sicherung gefährdeter baulicher Anlagen und benachbarter Grundstücke.

4.2.18 Sichern von Leitungen, Kabeln, Dränen, Kanälen, Grenzsteinen, Bäumen, Pflanzen und dergleichen.

5 Abrechnung

Die Leistung ist aus Zeichnungen zu ermitteln, soweit die ausgeführte Leistung diesen Zeichnungen entspricht. Sind solche Zeichnungen nicht vorhanden, ist die Leistung aufzumessen.

DIN 18299

Allgemeine Regelungen für Bauarbeiten jeder Art – DIN 18299

Ausgabe Dezember 2002

Geltungsbereich

Die ATV „Allgemeine Regelungen für Bauarbeiten jeder Art" – DIN 18299 – gilt für alle Bauarbeiten, auch für solche, für die keine ATV in Teil C – DIN 18300 bis DIN 18451 – bestehen.

Abweichende Regelungen in den ATV DIN 18300 bis DIN 18451 haben Vorrang.

0.5 Abrechnungseinheiten

Im Leistungsverzeichnis sind die Abrechnungseinheiten für die Teilleistungen (Positionen) gemäß Abschnitt 0.5 der jeweiligen ATV anzugeben.

5 Abrechnung

Die Leistung ist aus Zeichnungen zu ermitteln, soweit die ausgeführte Leistung diesen Zeichnungen entspricht. Sind solche Zeichnungen nicht vorhanden, ist die Leistung aufzumessen.

Erläuterungen

0.5 Abrechnungseinheiten

Im Leistungsverzeichnis sind die Abrechnungseinheiten für die Teilleistungen (Positionen) gemäß Abschnitt 0.5 der jeweiligen ATV anzugeben.

(1) Erstmals in den ATV der VOB-Ausgabe 1988 sind die Regelungen über „Abrechnungseinheiten", anders als in den VOB-Ausgaben 1979, 1973 und früher, nicht mehr in dem jeweiligen Abschnitt 5 der ATV enthalten, sondern unter den **„Hinweisen für das Aufstellen der Leistungsbeschreibung"** in dem neu aufgestellten Abschnitt 0.5 aufgelistet. Dabei wurde darauf geachtet, dass dort nur Anweisungen an den Auftraggeber aufgenommen sind und keine vertraglichen Abrechnungsregeln.

(2) Dem Auftraggeber ist es also aufgegeben, nach den in dem Abschnitt 0.5 der jeweiligen ATV DIN 18300 ff. enthaltenen Regelungen in das Leistungsverzeichnis Positionen aufzunehmen, und zwar:

– Ist nur *eine* Abrechnungseinheit angegeben, z. B. „m", so ist diese zu wählen; sind alternativ mehrere Einheiten angegeben, z. B. „m" oder „m^3", steht es dem Auftraggeber frei, je nach Zweckmäßigkeit die passende Einheit zu wählen.

– Ist bei einzelnen Teilleistungen angegeben, dass sie nach bestimmten Kriterien getrennt beschrieben werden sollen, z. B. Rohre nach Art, Durchmesser und Wanddicke, so ist für jede Art, jeden Durchmesser und jede Wanddicke eine eigene Ordnungszahl (Position) zu formulieren.

(3) In den ATV DIN 18300 ff. sind die Angaben auf die „Haupt"-Leistungen des jeweiligen Leistungsbereichs (Gewerks) abgestellt. Für „Besondere Leistungen" der jeweiligen Abschnitte 4.2 sind in den Abschnitten 0.5 im Allgemeinen keine Abrechnungseinheiten angegeben.

5 Abrechnung

Die Leistung ist aus Zeichnungen zu ermitteln, soweit die ausgeführte Leistung diesen Zeichnungen entspricht. Sind solche Zeichnungen nicht vorhanden, ist die Leistung aufzumessen.

(1) Die Leistungsermittlung aus Zeichnungen dient der Rationalisierung der Abrechnungsarbeit. Solcher „Soll"-Abrechnung ist deshalb stets der Vorzug zu geben, wenn für die Leistung Ausführungszeichnungen, z. B. Querschnittsprofile, Schalungspläne, vorhanden sind. Ein Aufmaß für Abrechnungszwecke ist dann unnötig.

(2) Nicht erspart wird allerdings der örtliche Vergleich der Leistung mit den Zeichnungen, denn dies ist schon für die Kontrolle der vertragsgemäßen Ausführung (§ 4 VOB/B) und die Abnahme (§§ 12, 13 VOB/B) der Leistung notwendig. Die ausgeführte Leistung entspricht den Ausführungszeichnungen, wenn alle Maße innerhalb der zulässigen Abweichungen („Toleranzen") liegen. Dabei sind die Normen DIN 18201 „Toleranzen im Bauwesen; Begriffe, Grundsätze, Anwendung, Prüfung" sowie DIN 18202 und 18203 „Toleranzen im Hochbau" bzw. die in den Vertragsunterlagen (z. B. Zusätzlichen Technischen Vertragsbedingungen) zugelassenen Abweichungen zu beachten. Sind im Vertrag keine Toleranzen festgelegt, dann gilt die Verkehrssitte.

(3) Sind die Toleranzen nicht überschritten, werden der Abrechnung die Zeichnungs-(Soll-)Maße zugrunde gelegt. Sind jedoch die Toleranzen überschritten oder gibt es gar keine Ausführungszeichnungen, muss die ausgeführte Leistung aufgemessen werden.

(4) Sofern fiktive (theoretische) Abrechnungsregeln in den Vertragsunterlagen vorgesehen sind, ist nach diesen abzurechnen.

Erdarbeiten – DIN 18300

Ausgabe Dezember 2002

Geltungsbereich

Die ATV „Erdarbeiten" – DIN 18300 – gilt für das Lösen, Laden, Fördern, Einbauen und Verdichten von Boden und Fels.

Sie gilt auch für das Lösen von Boden und Fels im Grundwasser und im Uferbereich unter Wasser, wenn diese Arbeiten im Zusammenhang mit dem Lösen von Boden und Fels über Wasser an Land ausgeführt werden.

Die ATV DIN 18300 umfasst auch

- das Aufbereiten und Behandeln von Boden und Fels zur erdbautechnischen Verwertung,
- erdbautechnische Arbeiten mit Recyclingbaustoffen, industriellen Nebenprodukten sowie sonstigen Stoffen.

Die ATV DIN 18300 gilt nicht für Erdarbeiten nach den

- ATV DIN 18301 „Bohrarbeiten",
- ATV DIN 18308 „Dränarbeiten",
- ATV DIN 18311 „Nassbaggerarbeiten",
- ATV DIN 18312 „Untertagebauarbeiten",
- ATV DIN 18319 „Rohrvortriebsarbeiten"

und nicht für Bodenarbeiten nach ATV DIN 18320 „Landschaftsbauarbeiten".

0.5 Abrechnungseinheiten

Im Leistungsverzeichnis sind die Abrechnungseinheiten wie folgt vorzusehen:

- *Abtrag, Aushub, Fördern, Einbau nach Raummaß (m^3) oder nach Flächenmaß (m^2), getrennt nach Boden- und Felsklassen oder sonstigen Stoffen sowie gestaffelt nach Längen der Förderwege, soweit 50 m Förderweg überschritten werden,*
- *Steinpackungen, Steinwürfe, Bodenlieferungen und dergleichen nach Raummaß (m^3), Flächenmaß (m^2) oder Gewicht (t),*
- *Verdichten nach Flächenmaß (m^2) oder Raummaß (m^3),*
- *Einbau und Verdichten des Bodens in der Leitungszone nach Raummaß (m^3) oder Längenmaß (m),*
- *Beseitigen von Hindernissen, z.B. Mauerresten, Baumstümpfen, nach Raummaß (m^3) oder nach Anzahl (Stück),*
- *Beseitigen einzelner Bäume, Steine und dergleichen nach Anzahl (Stück) oder Raummaß (m^3).*

5 Abrechnung

Ergänzend zur ATV DIN 18299, Abschnitt 5, gilt:

5.1 Allgemeines

5.1.1 Bei der Mengenermittlung sind die üblichen Näherungsverfahren zulässig.

5.1.2 Ist nach Gewicht abzurechnen, so ist es durch Wiegen, bei Schiffsladungen durch Schiffseiche festzustellen.

5.1.3 Als Länge des Förderweges gilt die kürzeste zumutbare Entfernung zwischen den Schwerpunkten der Auftrags- und Abtragskörper.

Ist das Fördern innerhalb der Baustelle längs der Bauachse möglich, wird die Entfernung zwischen diesen Schwerpunkten unter Berücksichtigung der Neigungsverhältnisse in der Bauachse gemessen.

5.2 Baugruben und Gräben

5.2.1 Die Aushubtiefe wird von der Oberfläche der auszuhebenden Baugrube oder des auszuhebenden Grabens bis zur Sohle der Baugrube oder des Grabens gerechnet, bei einer zu belassenden Schutzschicht (siehe Abschnitt 3.10.3) bis zu deren Oberfläche.

5.2.2 Die Maße der Baugrubensohle ergeben sich aus den Außenmaßen des Baukörpers zuzüglich den Mindestbreiten betretbarer Arbeitsräume nach DIN 4124 und der erforderlichen Maße für Schalungs- und Verbaukonstruktionen.

Für die Breite der Grabensohle gilt die Mindestbreite

– von Gräben für Abwasserleitungen und -kanäle nach DIN EN 1610,

– von sonstigen Gräben nach DIN 4124

zuzüglich der erforderlichen Maße für Schalungs- und Verbaukonstruktionen.

5.2.3 Für abgeböschte Baugruben und Gräben gelten für die Ermittlung des Böschungsraumes die Böschungswinkel

– 40° für Bodenklasse 3 und 4,

– 60° für Bodenklasse 5,

– 80° für Bodenklasse 6 und 7,

wenn kein Standsicherheitsnachweis erforderlich ist.

Ist ein Standsicherheitsnachweis zu führen, wird der Böschungsraum nach den danach ausgeführten Böschungswinkeln ermittelt.

In Böschungen ausgeführte erforderliche Bermen werden bei der Ermittlung des Böschungsraumes berücksichtigt.

5.3 Hinterfüllen und Überschütten

Bei der Ermittlung des Raummaßes für Hinterfüllungen und Überschüttungen werden abgezogen

– das Raummaß der Baukörper,

– das Raummaß jeder Leitung mit einem äußeren Querschnitt von mehr als 0,1 m^2.

5.4 Abtrag und Aushub

Die Mengen sind an der Entnahmestelle im Abtrag zu ermitteln.

5.5 Einbau

Die Mengen sind im fertigen Zustand im Auftrag zu ermitteln. Dabei werden abgezogen

– das Raummaß von Baukörpern,

– das Raummaß jeder Leitung, von Sickerkörpern, Steinpackungen und dergleichen mit einem äußeren Querschnitt von mehr als 0,1 m^2.

Bei Abrechnung der Leitungszone nach Längenmaß wird die Leitungsachse zugrunde gelegt.

5.6 Verdichten

Verdichten von Boden in Gründungssohlen ist nach der Fläche der Gründungssohle zu ermitteln.

Verdichten von eingebautem Boden ist nach Abschnitt 5.5 zu ermitteln.

Erläuterungen

0.5 Abrechnungseinheiten

Abschnitt 0.5 dient dazu, auf die üblichen und zweckmäßigen Abrechnungseinheiten für die jeweilige Teilleistung hinzuweisen. In der Leistungsbeschreibung ist die zutreffende Abrechnungseinheit festzulegen.

DIN 18300

5 Abrechnung

Ergänzend zur ATV DIN 18299, Abschnitt 5, gilt:

Siehe Kommentierung zu Abschnitt 5 der ATV DIN 18299.

5.1 Allgemeines

5.1.1 Bei der Mengenermittlung sind die üblichen Näherungsverfahren zulässig.

Bei der Ermittlung der Mengen für die Abrechnung der Erdarbeiten für nicht verbaute und für verbaute Baugruben und Gräben, die von Hand oder maschinell ausgehoben und in denen Bauwerke oder Kanäle hergestellt bzw. Leitungen verlegt werden, sind die üblichen Näherungsverfahren zulässig.

Näherungsverfahren – Baugrube nach Raummaß

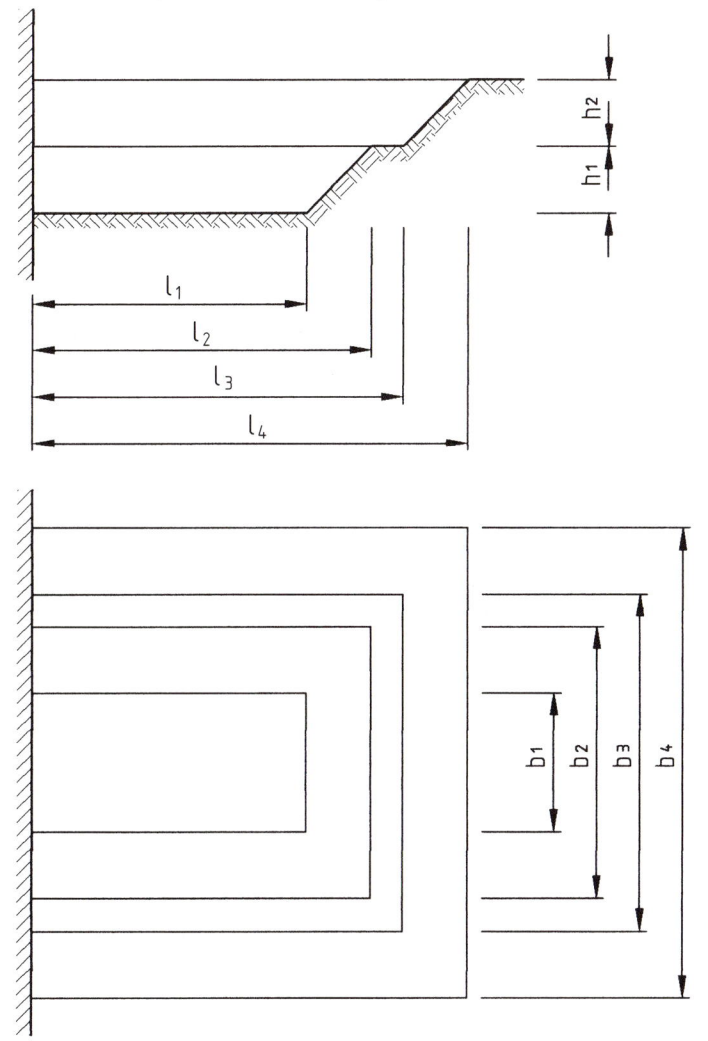

Bild 1
$$A = [(l_1 + l_2) \cdot {}^1/_2 \cdot (b_1 + b_2) \cdot {}^1/_2] \cdot h_1$$
$$+ [(l_3 + l_4) \cdot {}^1/_2 \cdot (b_3 + b_4) \cdot {}^1/_2] \cdot h_2$$

Übliche Näherungsverfahren sind z. B.

– bei Abrechnung nach Flächenmaß die Ermittlung der Fläche mit Hilfe von Planimetern, dabei ist der Mittelwert aus drei Umfahrungen maßgebend,

– bei Abrechnung nach Raummaß die Ermittlung des Rauminhalts eines Körpers aus dem Mittelwert zweier Querschnitte und ihrem Abstand (Bild 1).

Grundsätzlich sollte aber mathematisch exakt gerechnet werden, zumal sich dies mit Hilfe der heute zur Verfügung stehenden Mittel ohne großen Aufwand bewerkstelligen lässt.

Näherungsberechnungen sind immer dann vertretbar, wenn es sich um unregelmäßig geformte Flächen oder Rauminhalte handelt. Sollen solche Verfahren nicht zugelassen sein oder ein ganz bestimmtes Verfahren zur Anwendung kommen, so ist dies in der Leistungsbeschreibung eindeutig und im Einzelnen vorzugeben.

5.1.2 Ist nach Gewicht abzurechnen, so ist es durch Wiegen, bei Schiffsladungen durch Schiffseiche festzustellen.

Sind Steinpackungen, Steinwürfe, Bodenlieferungen und dergleichen nach Gewicht abzurechnen, so sollte, um nachträgliche Meinungsverschiedenheiten zu vermeiden, in der Leistungsbeschreibung die Art der Feststellung des Gewichts vorgegeben sein. In der Regel ist das Wiegen auf einer amtlich zugelassenen Waage vorzuschreiben. Dabei ist das Fahrzeug im leeren und im jeweils beladenen Zustand zu wiegen und durch entsprechende Wiegscheine nachzuweisen.

5.1.3 Als Länge des Förderweges gilt die kürzeste zumutbare Entfernung zwischen den Schwerpunkten der Auftrags- und Abtragskörper.

Ist das Fördern innerhalb der Baustelle längs der Bauachse möglich, wird die Entfernung zwischen diesen Schwerpunkten unter Berücksichtigung der Neigungsverhältnisse in der Bauachse gemessen.

Anders als beim Tiefbau ist beim Hochbau das Fördern von Boden und Fels innerhalb der Baustelle nicht üblich, wenn man z. B. vom Lagern des Oberbodens einmal absieht.

Aushub und Transport zu einer zugelassenen Deponie fasst der Hochbau in der Leistungsbeschreibung zweckmäßigerweise in der Regel in einer Position zusammen. Dabei sind der Aushub und das Fördern nach Flächen- oder Raummaß, getrennt nach Boden- und Felsklassen oder sonstigen Stoffen, vorgegeben, mit der Maßgabe, die Entfernung des Förderweges entsprechend einzurechnen.

Die Regelungen des Abschnittes 5.1.3 sind im Hochbau dann von Bedeutung, wenn z.B. Oberboden, Fels oder sonstige Stoffe auf der Baustelle für eine Wiederverwendung gelagert werden. In der Leistungsbeschreibung ist dann u. a. die Länge der Förderwege über 50 m anzugeben.

Gemäß Abschnitt 3.6.1 gehört das Fördern von Boden und Fels bis zu 50 m zur Leistung; mit anderen Worten, das Fördern von Boden und Fels bis 50 m ist, wenn die Leistungsbeschreibung nichts anderes bestimmt, mit den Einheitspreisen abgegolten.

Die Wahl des Förderweges bleibt gemäß Abschnitt 3.6.2 grundsätzlich dem Auftragnehmer überlassen.

Daraus folgt jedoch nicht, dass dem Auftragnehmer diese Leistung vergütet werden müsste, wenn er den Förderweg über 50 m wählt, obwohl die kürzeste Entfernung innerhalb der 50-m-Grenze liegt. Als Länge des Förderweges gilt die kürzeste zumutbare Entfernung zwischen den Schwerpunkten der Auftrags- und Abtragskörper. Zumutbar ist wohl dann ein Weg, wenn er mit den für den Einsatz vorgesehenen und üblichen Transportfahrzeugen befahren werden kann *(Bild 2 bis 4)*.

Fördern des Bodens – kürzeste Entfernung

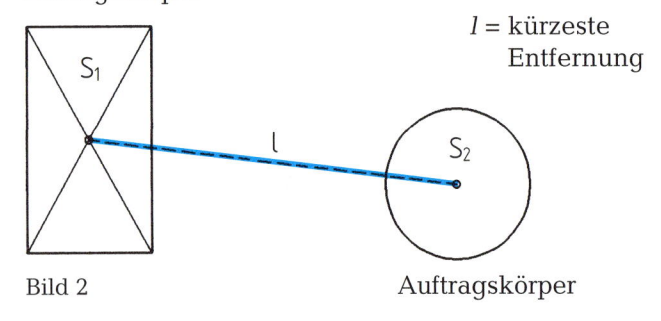

Abtragskörper

Bild 2

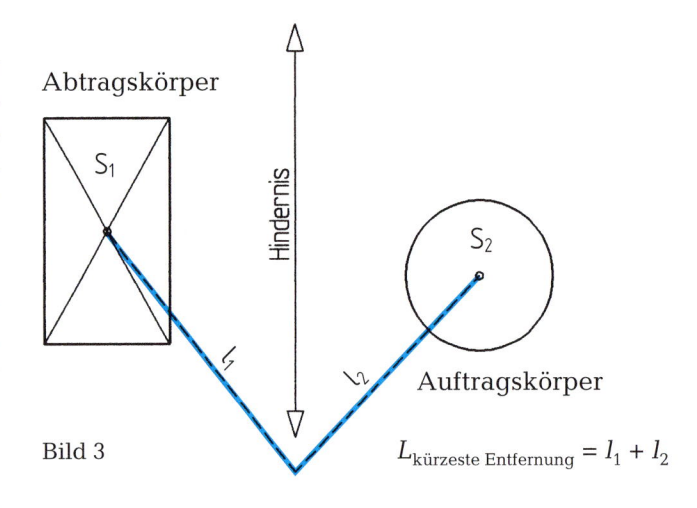

Bild 3

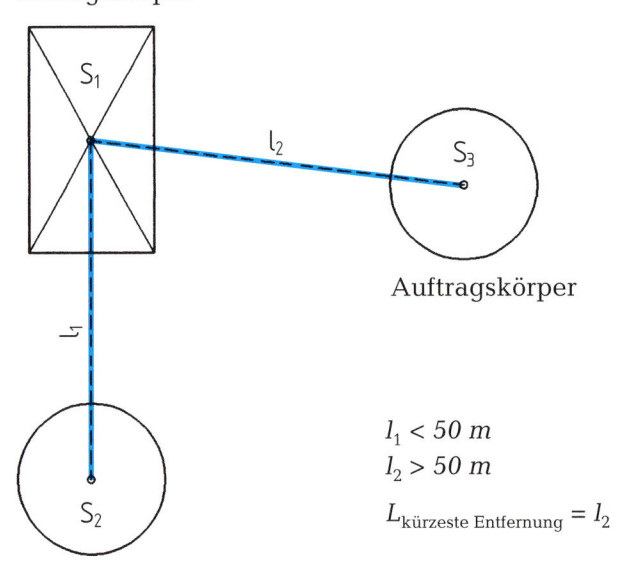

$L_{\text{kürzeste Entfernung}} = l_1 + l_2$

Bild 4

$l_1 < 50\ m$
$l_2 > 50\ m$
$L_{\text{kürzeste Entfernung}} = l_2$

Der Förderweg zum Auftragskörper S_2 ist innerhalb der 50-m-Grenze und gemäß Abschnitt 3.6.1 Bestandteil der Leistung. Die Kosten hierfür sind in die Einheitspreise einzurechnen. Eine gesonderte Vergütung erfolgt hierfür nicht.

Der Förderweg zum Auftragskörper S_3 ist außerhalb der 50-m-Grenze; die kürzeste Entfernung l_2 ist gesondert zu vergüten.

Das Fördern innerhalb der Baustelle längs der Bauachse ist tiefbauspezifisch. In diesem besonderen Fall ist die Entfernung zwischen den Schwerpunkten der Abtrags- und Auftragskörper unter Berücksichtigung der Neigungsverhältnisse in der Bauachse zu messen.

5.2 Baugruben und Gräben

5.2.1 Die Aushubtiefe wird von der Oberfläche der auszuhebenden Baugrube oder des auszuhebenden Grabens bis zur Sohle der Baugrube oder des Grabens gerechnet, bei einer zu belassenden Schutzschicht (siehe Abschnitt 3.10.3) bis zu deren Oberfläche.

Die Aushubtiefe der Baugrube bzw. des auszuhebenden Grabens rechnet man von der Oberfläche des Geländes bis zur Sohle der Baugrube bzw. des Grabens *(Bild 5 und 6)*.

Aushubtiefen

Bild 5

Bild 6

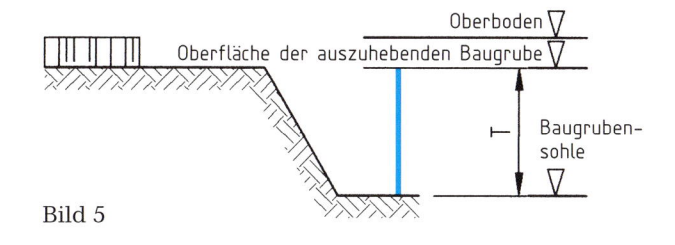

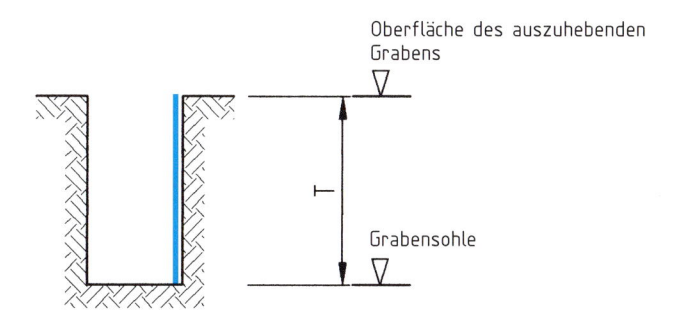

Ist zum Schutz der Gründungssohle eine Schutzschicht vorgesehen, so ist bis zu deren Oberfläche zu rechnen *(Bild 7)*.

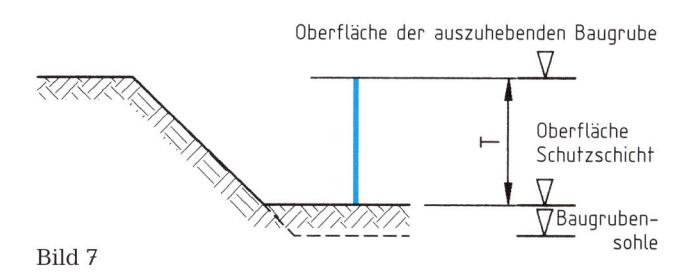

Bild 7

Die Schutzschicht darf erst unmittelbar vor dem Herstellen des Unterbetons oder der Fundamente entfernt werden. Dabei handelt es sich um eine „Besondere Leistung", die gemäß Abschnitt 4.2.1 zusätzlich zu vergüten ist.

5.2.2 Die Maße der Baugrubensohle ergeben sich aus den Außenmaßen des Baukörpers zuzüglich den Mindestbreiten betretbarer Arbeitsräume nach DIN 4124 und der erforderlichen Maße für Schalungs- und Verbaukonstruktionen.

Für die Breite der Grabensohle gilt die Mindestbreite

– von Gräben für Abwasserleitungen und -kanäle nach DIN EN 1610,

– von sonstigen Gräben nach DIN 4124

zuzüglich der erforderlichen Maße für Schalungs- und Verbaukonstruktionen.

Die für den Aushub einer Baugrube maßgebenden Abmessungen ergeben sich

– aus den Außenmaßen des Baukörpers zuzüglich

– der Mindestbreiten der betretbaren Arbeitsräume nach DIN 4124 und zuzüglich

– der Abmessungen für die Schalungs- und die Verbaukonstruktion.

Mindestbreiten der Arbeitsräume nach DIN 4124

Auszug aus DIN 4124 (Ausgabe Oktober 2002): (Die Bild- und Tabellennummerierung folgt abweichend zur DIN 4124 der Nummerierung der Bilder und Tabellen im vorliegenden Werk.)

„9 *Arbeitsraumbreiten*

9.1 *Baugruben*

9.1.1 *Mit Rücksicht auf die Sicherheit der Beschäftigten, aus ergonomischen Gründen und um eine einwandfreie Bauausführung sicherzustellen, müssen Arbeitsräume mindestens 0,50 m breit sein. Als Breite des Arbeitsraums gilt:*

a) bei geböschten Baugruben der waagerecht gemessene Abstand zwischen dem Böschungsfuß und der Außenseite des Bauwerks (Bild 8),

b) bei verbauten Baugruben der lichte Abstand zwischen der Luftseite der Verkleidung und der Außenseite des Bauwerks (Bild 9). Als Außenseite des Bauwerks gilt die Außenseite des Baukörpers zuzüglich der zugehörigen Abdichtungs-, Vorsatz- oder Schutzschichten oder zuzüglich der Schalungskonstruktion des Baukörpers. Jeweils die größere Breite ist maßgebend.

9.1.2 *Sofern waagerechte Gurtungen im Bereich des Bauwerks oder der Schalungskonstruktion weniger als 1,75 m über der Baugrubensohle bzw. beim Rückbau über der jeweiligen Verfüllungsoberfläche liegen, wird der lichte Abstand von der Vorderkante der Gurtungen gemessen (Bild 10). Bei verankerten Baugrubenwänden wird der lichte Abstand vom freien Ende des Stahlzuggliedes bzw. von der Abdeckhaube aus gemessen, wenn der waagerechte Achsabstand der Anker kleiner ist als 1,50 m.*

9.1.3 *Bei Fundamenten und Sohlplatten, die von außen ein- und ausgeschalt werden, in der Regel bei einer Höhe von 0,50 m oder mehr, gilt 9.1.1 (Bild 11 und 12). Bei Fundamenten und Sohlplatten, die von innen her eingeschalt werden, ist ein Arbeitsraum nur dann erforderlich, wenn die Schalung nicht von oben her entfernt werden kann und auch das Verfüllen des Hohlraums zwischen Fundament bzw. Sohlplatte und Baugrubenwand nicht von oben vorgenommen werden kann. Die Mindestbreite des Arbeitsraums, gemessen zwischen dem ausgeschalten Fundament und der Baugrubenwand, beträgt in diesem Fall (Bild 13 und 14)*

a) 0,50 m nach 9.1.1 für das Entfernen der Schalung,

b) 0,30 m nach Tabelle 1, S. 36, für das Einbringen und Verdichten von Boden.

9.1.4 *Sofern Fundamente bzw. Sohlplatten nicht eingeschalt, sondern gegen den anstehenden Boden betoniert werden, richtet sich die Breite des Arbeitsraums nach dem aufgehenden Baukörper. Bei geböschten Baugruben darf jedoch der Gründungskörper in keinem Fall in die Verlängerung der Böschungsfläche einschneiden (Bild 8).*

9.1.5 *Bei rechteckigen Baugruben für runde Schächte bis 1,50 m Außendurchmesser sowie bei kreisförmigen Baugruben für rechteckige Schächte muss an den engsten Stellen zwischen der Luftseite der Verkleidung und der Außenseite des Schachtes nach 9.1.1b) ein lichter Abstand von mindestens 0,35 m vorhanden sein (Bild 15). 9.1.2 gilt sinngemäß."*

DIN 18300

*Arbeitsraum bei geböschten Baugruben
(nach DIN 4124)*

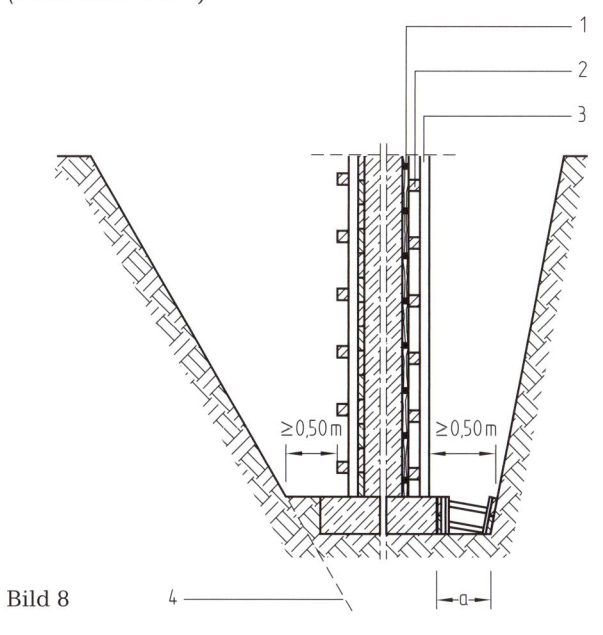

Bild 8

1 Schalung
2 Streichhölzer
3 Schalpfosten
4 Verlängerung der Böschungsfläche
a Arbeitsraumbreite nach 9.1.3

*Arbeitsraum bei verbauten Baugruben ohne
Behinderung durch Gurte und Steifen
(nach DIN 4124)*

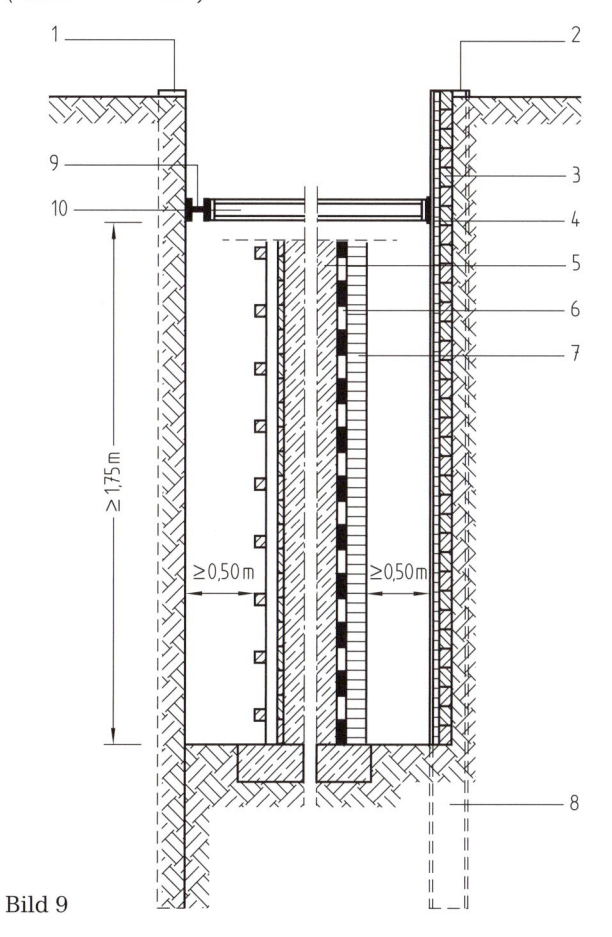

1 Spundwand
2 Trägerbohlwand
3 Ausfachung aus Kanthölzern
4 Gurt
5 Baukörper
6 Abdichtung
7 Schutzschicht
8 Bohlträger
9 Gurt
10 Steife

Bild 9

Arbeitsraum bei verbauten Baugruben mit Behinderung durch Gurte und Steifen (nach DIN 4124)

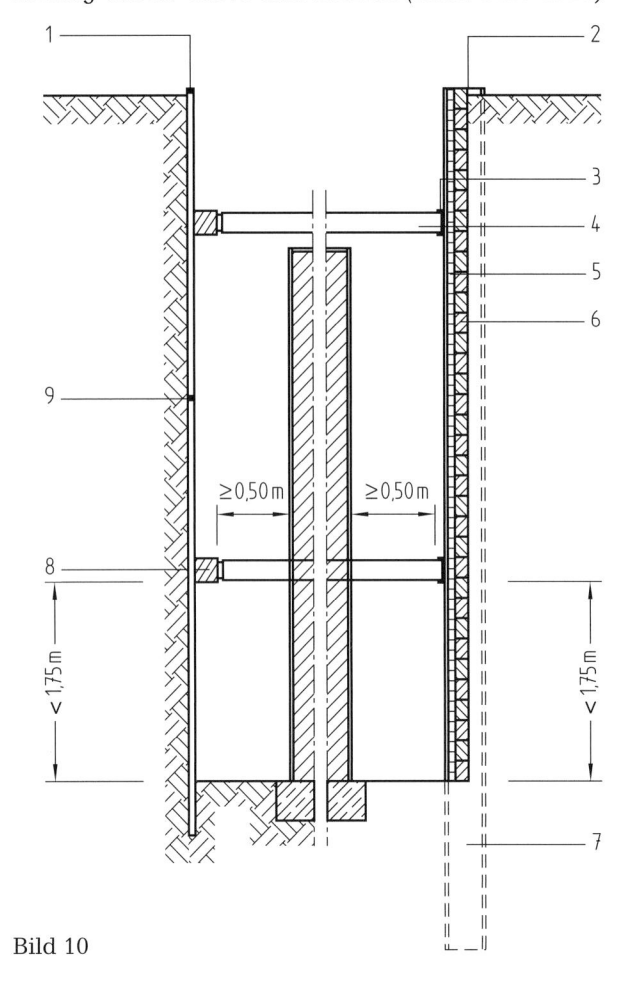

1 senkrechter Verbau
2 Trägerbohlwand
3 Gurt
4 Steife
5 Holzkeile
6 Ausfachung aus Kanthölzern
7 Bohlträger
8 Gurtholz
9 Kanaldielen

Bild 10

Arbeitsraum bei Fundamenten und Sohlplatten, die von außen eingeschalt werden *(Bild 11 und 12)*:

bei eingebauten Baugruben

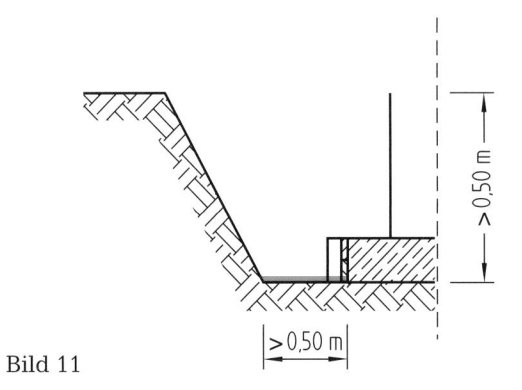

Bild 11
Arbeitsraum mindestens 0,50 m

bei verbauten Baugruben

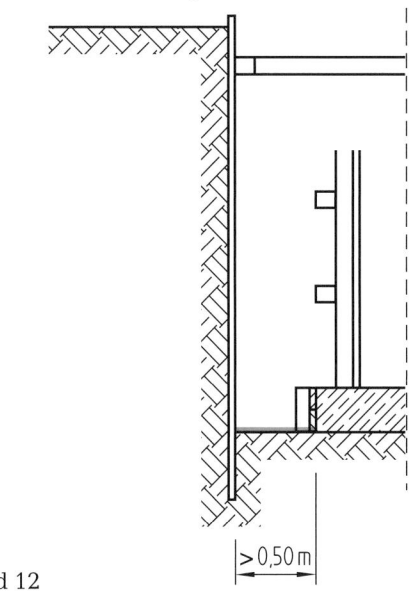

Bild 12
Arbeitsraum mindestens 0,50 m

DIN 18300

Arbeitsraum bei Fundamenten und Sohlplatten, die von innen her eingeschalt werden, ist nur dann erforderlich, wenn die Schalung nicht von oben entfernt und auch das Verfüllen nicht von oben vorgenommen werden kann *(Bild 13 und 14)*.

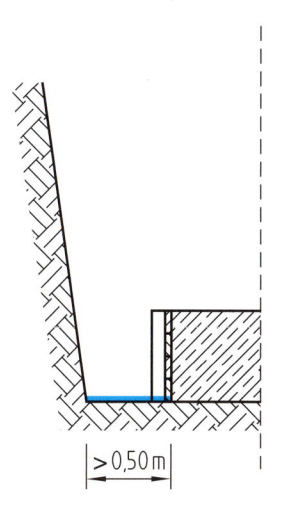

Bild 13

Arbeitsraum für das Entfernen der Schalung mindestens: 0,50 m

Kein Arbeitsraum, wenn die Schalung von oben entfernt und die Verfüllung von oben vorgenommen werden kann:

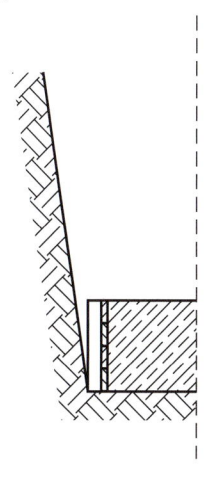

Bild 14

rechteckige bzw. kreisförmige Baugruben für runde Schächte bis 1,50 m bzw. kreisförmige Baugruben für rechteckige Schächte

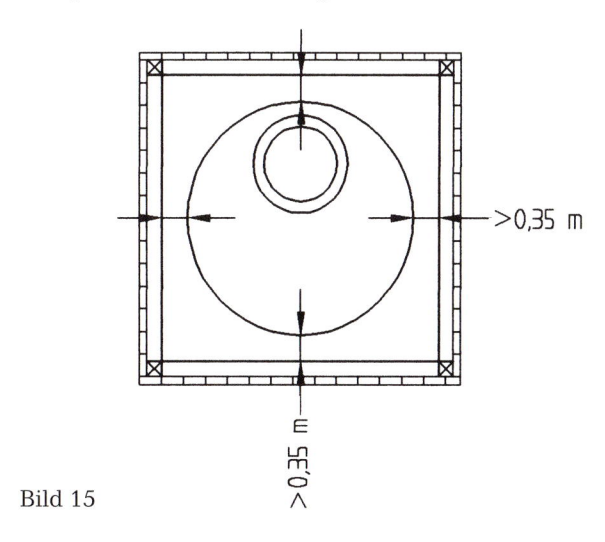

Bild 15

Die für den Aushub eines Grabens maßgebende Breite der Grabensohle ergibt sich aus den Mindestbreiten nach

– DIN EN 1610 für Gräben für Abwasserleitungen und -kanäle und

– DIN 4124 für sonstige Gräben

zuzüglich der erforderlichen Maße für Schalungs- und Verbaukonstruktionen.

Mindestgrabenbreite ist das Mindestmaß, aus Sicherheitsgründen und für die Ausführung erforderlich, zwischen den Grabenwänden an der Oberkante der unteren Bettungsschicht oder, falls vorhanden, zwischen dem Grabenverbau in jeder Tiefe.

Mindestbreiten von Gräben für Abwasserleitungen und -kanäle nach DIN EN 1610

Auszug aus DIN EN 1610 (Ausgabe Oktober 1997):

„6 Herstellung des Leitungsgrabens

6.1 Gräben

Gräben sind so zu bemessen und auszuführen, dass ein fachgerechter und sicherer Einbau von Rohrleitungen sichergestellt ist.

Falls während der Bauarbeiten Zugang zur Außenwand von unterirdisch liegenden Bauwerken, z. B. Schächte, erforderlich ist, ist ein gesicherter Mindestarbeitsraum von 0,50 m Breite einzuhalten.

Wenn zwei oder mehr Rohre in demselben Graben oder unter derselben Dammschüttung verlegt werden sollen, muss der horizontale Mindestarbeitsraum für den Bereich zwischen den Rohren eingehalten werden. Falls nicht anders angegeben, sind dabei für Rohre bis einschließlich DN 700 0,35 m und für Rohre größer als DN 700 0,50 m einzuhalten.

Falls erforderlich, sind zum Schutz vor Beeinträchtigungen anderer Versorgungsleitungen, Abwasserleitungen und -kanäle, von Bauwerken oder der Oberflächen geeignete Sicherungsmaßnahmen zu treffen.

6.2 *Grabenbreite*

6.2.1 *Größte Grabenbreite*

Die Grabenbreite darf die nach der statischen Bemessung größte Breite nicht überschreiten. Falls dies nicht möglich ist, ist der Sachverhalt dem Planer vorzulegen.

6.2.2 *Mindestgrabenbreite*

Die Mindestgrabenbreite ist der jeweils größere Wert aus den Tabellen 1 und 2, Ausnahmen siehe 6.2.3.

6.2.3 *Ausnahmen von der Mindestgrabenbreite*

Die Mindestgrabenbreite nach Tabelle 1 und Tabelle 2 darf unter den folgenden Bedingungen verändert werden:

– *wenn Personal den Graben niemals betritt, z. B. bei automatisierten Verlegetechniken;*

– *wenn Personal niemals den Raum zwischen Rohrleitung und Grabenwand betritt;*

– *an Engstellen und bei unvermeidbaren Situationen.*

In jedem Einzelfall sind besondere Vorkehrungen in der Planung und für die Bauausführung erforderlich.

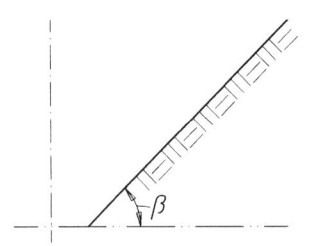

Bild 2: Winkel β der unverbauten Grabenwand

Tabelle 2 Mindestgrabenbreite in Abhängigkeit von der Grabentiefe

Grabentiefe m	Mindestgrabenbreite m
< 1,00	keine Mindestgrabenbreite vorgegeben
≥ 1,00 ≤ 1,75	0,80
> 1,75 ≤ 4,00	0,90
> 4,00	1,00

Tabelle 1 Mindestgrabenbreite in Abhängigkeit von der Nennweite DN

DN	Mindestgrabenbreite (OD + χ) m		
	verbauter Graben	unverbauter Graben	
		β > 60°	β ≤ 60°
≤ 225	OD + 0,40	OD + 0,40	OD + 0,40
> 225 bis ≤ 350	OD + 0,50	OD + 0,50	OD + 0,40
> 350 bis ≤ 700	OD + 0,70	OD + 0,70	OD + 0,40
> 700 bis ≤ 1200	OD + 0,85	OD + 0,85	OD + 0,40
> 1200	OD + 1,00	OD + 1,00	OD + 0,40

Bei den Angaben OD + χ entspricht χ/2 dem Mindestarbeitsraum zwischen Rohr und Grabenwand bzw. Grabenverbau (Pölzung).
Dabei ist: OD der Außendurchmesser, in m
β der Böschungswinkel des unverbauten Grabens, gemessen gegen die Horizontale (Bild 2)

7.2 Ausführungen der Bettung

7.2.1 Bettung Typ 1

Bettung Typ 1 (Bild 3) darf für jede Leitungszone angewendet werden, die eine Unterstützung der Rohre über deren gesamte Länge zulässt und die unter Beachtung der geforderten Schichtdicken a und b hergestellt wird. Dies gilt für jede Größe und Form von Rohren, z. B. kreisförmig, nicht kreisförmig, und mit Fuß.

Sofern nichts anderes vorgegeben ist, darf die Dicke der unteren Bettungsschicht a gemessen unter dem Rohrschaft, folgende Werte nicht unterschreiten:

– 100 mm bei normalen Bodenverhältnissen;

– 150 mm bei Fels oder festgelagerten Böden.

Die Dicke b der oberen Bettungsschicht muss der statischen Berechnung entsprechen.

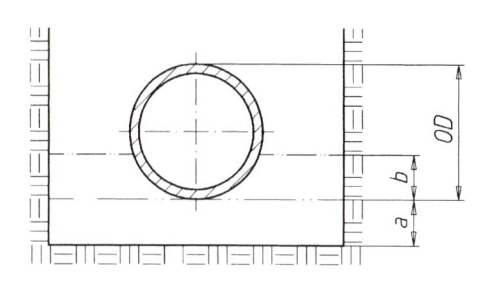

Bild 3: Bettung Typ 1

7.2.2 Bettung Typ 2

Bettung Typ 2 (Bild 4) darf im gleichmäßigen, relativ lockeren, feinkörnigen Boden verwendet werden, der eine Unterstützung der Rohre über deren gesamte Länge zulässt. Rohre dürfen direkt auf die vorgeformte und vorbereitete Grabensohle verlegt werden.

Die Dicke b der oberen Bettungsschicht muss der statischen Berechnung entsprechen.

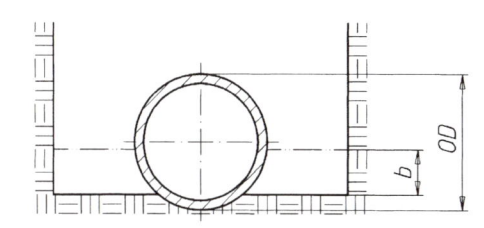

Bild 4: Bettung Typ 2

7.2.3 Bettung Typ 3

Bettung Typ 3 (Bild 5) darf im gleichmäßigen, relativ feinkörnigen Boden verwendet werden, der eine Unterstützung der Rohre über deren gesamte Länge zulässt. Rohre dürfen direkt auf die vorbereitete Grabensohle verlegt werden.

Die Dicke b der oberen Bettungsschicht muss der statischen Berechnung entsprechen.

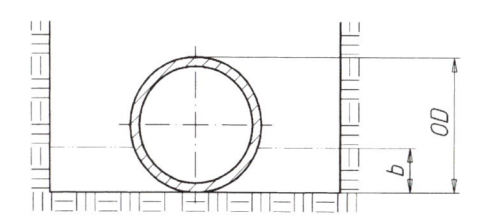

Bild 5: Bettung Typ 3"

Mindestgrabenbreiten bei unverbauten Gräben zwischen den Grabenwänden in Abhängigkeit von der Nennweite bzw. von der Grabentiefe (Bild 16 bis 18):

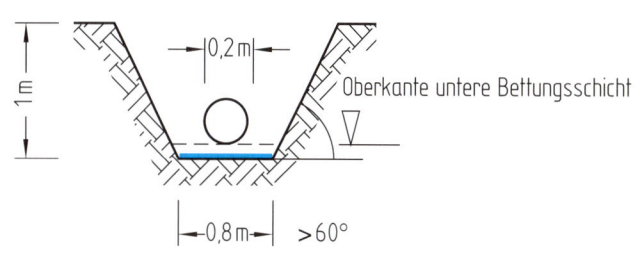

Bild 16

Mindestbreite Tab. 1 = 0,2 m + 0,4 m = 0,6 m
Mindestbreite Tab. 2 = 0,8 m

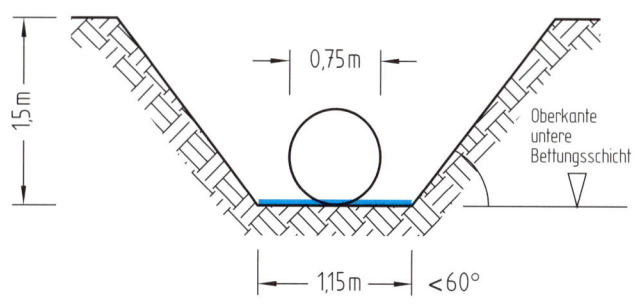

Bild 17

Mindestbreite Tab. 1 = 0,75 m + 0,4 m = 1,15 m
Mindestbreite Tab. 2 = 0,8 m

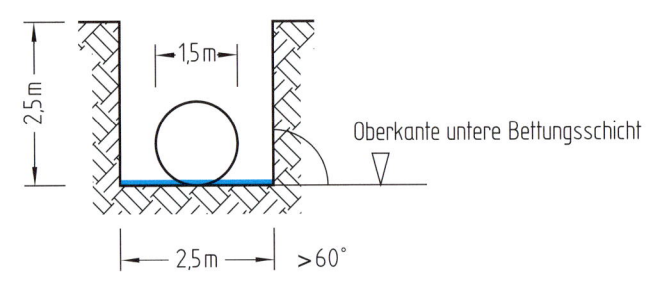

Bild 18

Mindestbreite Tab. 1 = 1,5 m + 1 m = 2,5 m
Mindestbreite Tab. 2 = 0,9 m

Mindestgrabenbreiten bei verbauten Gräben zwischen dem Grabenverbau in Abhängigkeit von der Nennweite bzw. von der Grabentiefe *(Bild 19 und 20)*:

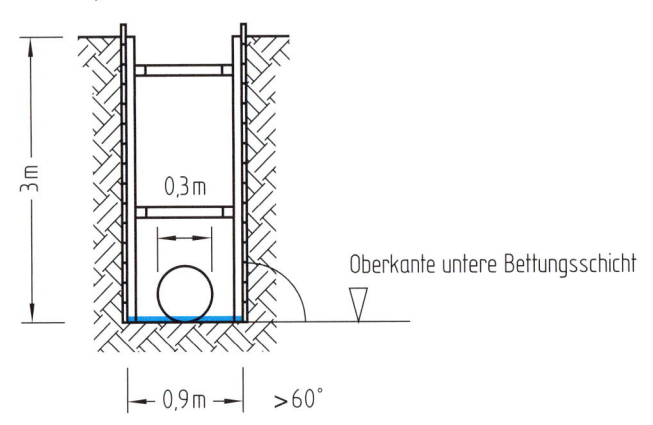

Bild 19

Mindestbreite Tab. 1 = 0,3 m + 0,5 m = 0,8 m
Mindestbreite Tab. 2 = 0,9 m

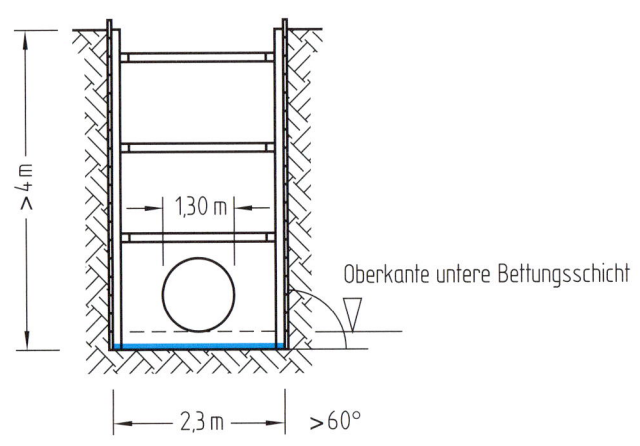

Bild 20

Mindestbreite Tab. 1 = 1,30 m + 1,0 m = 2,30 m
Mindestbreite Tab. 2 = 1 m

Werden zwei oder mehr Rohre in demselben Graben verlegt, beträgt der horizontale Mindestabstand für Rohre bis einschließlich DN 700 0,35 m und für Rohre größer als DN 700 0,5 m *(Bild 21)*.

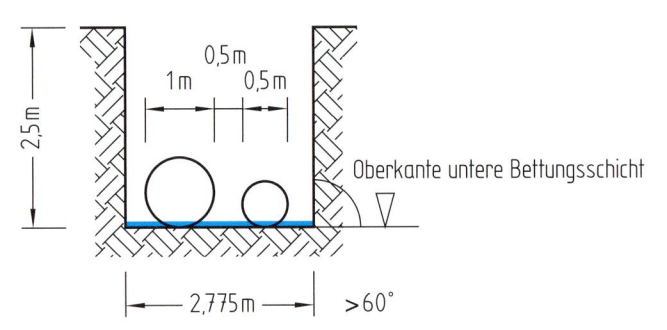

Bild 21

Mindestbreite Tab. 1 = 1 m + $^{1}/_{2}$ · 0,85 m + 0,5 m + 0,5 m + $^{1}/_{2}$ · 0,7 m = 2,775 m
Mindestbreite Tab. 2 = 0,9 m

Mindestbreiten von Gräben für Leitungen und Kanäle nach DIN 4124

Auszug aus DIN 4124 (Ausgabe Oktober 2002):

„*9.2 Gräben für Leitungen und Kanäle*

9.2.1 Mit Rücksicht auf die Sicherheit der Beschäftigten, aus ergonomischen Gründen und um eine einwandfreie Bauausführung sicherzustellen, müssen Gräben für Leitungen und Kanäle eine lichte Mindestbreite aufweisen. Diese setzt sich in der Regel aus der Breite der Leitung bzw. des Kanals und den beidseitig erforderlichen Arbeitsräumen zusammen. Hierbei ist wegen der unterschiedlichen Anforderungen an die Herstellung der Grabensohle und an die zu erzielende Lagerung der Rohre zu unterscheiden zwischen Gräben für Abwasserleitungen bzw. Abwasserkanäle und Gräben für alle übrigen Leitungen und Kanäle:

a) Bei Gräben für Abwasserleitungen bzw. Abwasserkanäle sind die Regelungen der DIN EN 1610 maßgebend.

b) Bei Gräben für alle übrigen Leitungen und Kanäle sind die nachfolgenden Regelungen maßgebend.

Die Regelungen in 9.2.2, 9.2.3, 9.2.9 und 9.2.12 sind auch auf Gräben für Abwasserleitungen bzw. Abwässerkanäle anzuwenden.

DIN 18300

9.2.2 Als lichte Mindestgrabenbreite gilt, sofern nicht die Einschränkungen nach 9.2.3 maßgebend sind:

a) bei geböschten Gräben nach Bild 22 die Sohlbreite in Höhe der Rohrschaftunterkante,

b) bei unverkleideten, mit senkrechten Wänden ausgehobenen Gräben nach Bild 23 sowie bei Gräben nach Bild 24 der lichte Abstand der Erdwände,

c) bei Grabenverbaugeräten nach Bild 25 der lichte Abstand der Platten,

d) bei waagerechtem Verbau nach Bild 26 der lichte Abstand der Holzbohlen,

e) bei senkrechtem Verbau nach Bild 27 der lichte Abstand der Holzbohlen oder Kanaldielen,

f) bei Spundwandverbau nach Bild 28 der lichte Abstand der baugrubenseitigen Bohlenrücken,

g) bei Trägerbohlwänden nach Bild 29 der lichte Abstand der Verbohlung.

Bei gestaffeltem Verbau wird die Grabenbreite nach Bild 30 im Bereich der untersten Staffel gemessen."

Als lichte Mindestgrabenbreite gilt:

bei geböschten Gräben

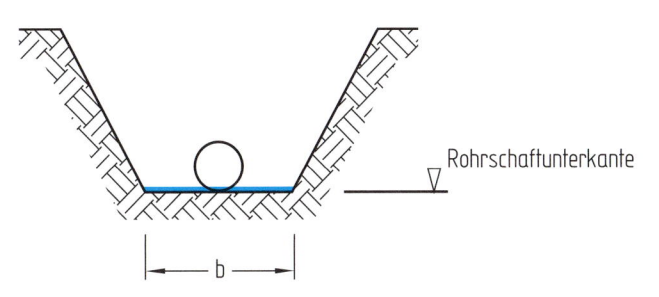

Bild 22

b = Sohlbreite in Höhe der Rohrschaftunterkante

bei unverkleideten, mit senkrechten Wänden ausgehobenen Gräben (Bild 23) sowie bei Gräben mit teilweisem Verbau (Bild 24)

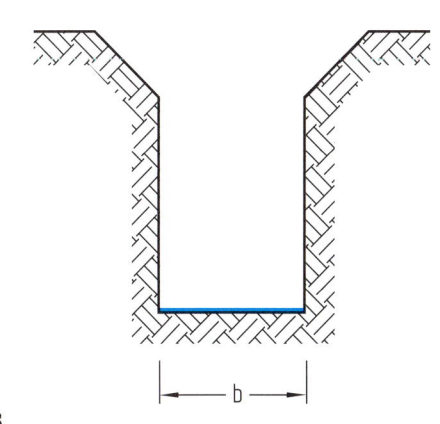

Bild 23

b = lichter Abstand der Erdwände

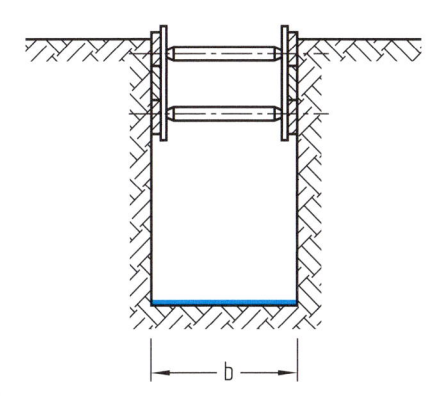

Bild 24

b = lichter Abstand der Erdwände

bei Gräben mit Grabenverbaugeräten

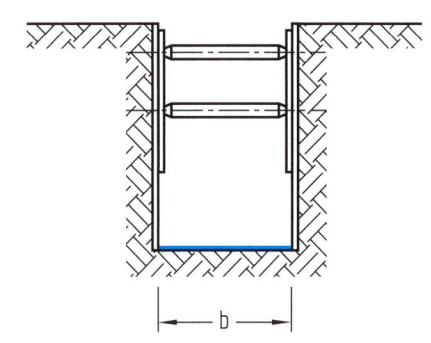

Bild 25

b = lichter Abstand der Platten

bei Gräben mit waagerechtem Verbau

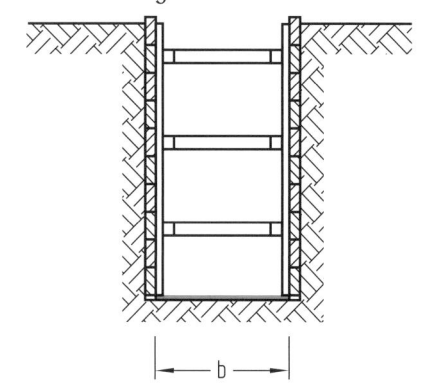

Bild 26

b = lichter Abstand der Holzbohlen

bei Gräben mit senkrechtem Verbau

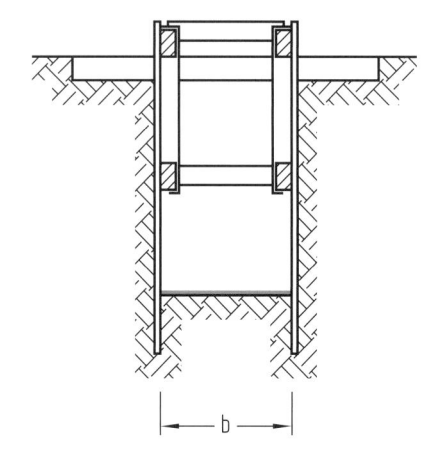

Bild 27

b = lichter Abstand der Holzbohlen

bei Spundwandverbau

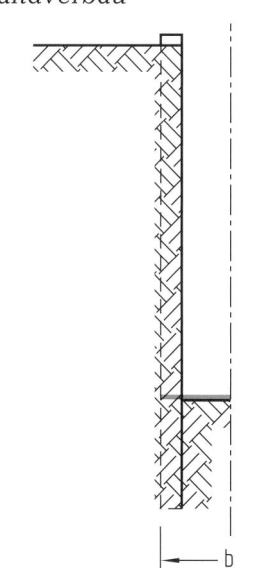

Bild 28

b = lichter Abstand der baugrubenseitigen Bohlenrücken

bei Trägerbohlenwerk

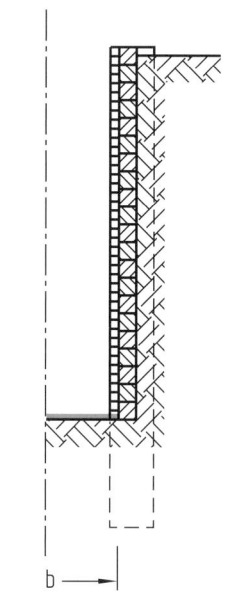

Bild 29

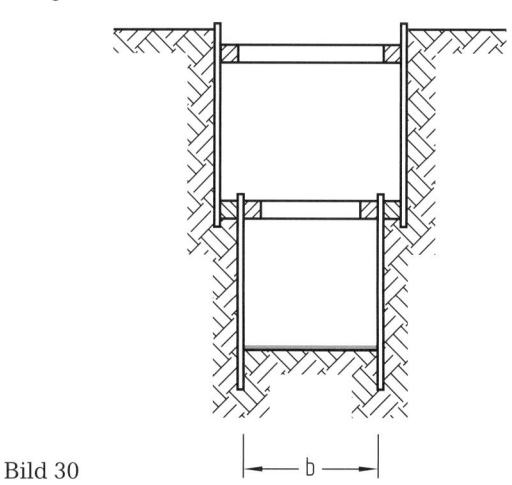

b = lichter Abstand der Verbohlung

bei gestaffeltem Verbau

Bild 30

b = Grabenbreite im Bereich der untersten Staffel

Auszug aus DIN 4124 (Ausgabe Oktober 2002):

„9.2.3 Die Festlegungen von 9.2.2 gelten nur, soweit nicht folgende Einschränkungen maßgebend sind:

a) Sofern bei äußerem Rohrschaftdurchmesser OD ≥ 0,60 m waagerechte Gurtungen weniger als 1,75 m über Grabensohle liegen, wird als lichte Mindestgrabenbreite der lichte Abstand der Gurtungen rechtwinklig zur Grabenachse gemessen. Bei einem äußeren Rohrschaftdurchmesser von 0,30 m < OD < 0,60 m gilt dies ebenfalls, wenn die Unterkante der waagerechten Gurtungen weniger als 0,50 m über der Oberkante Rohrschaft liegt.

b) Ist bei einem waagerechten Verbau der planmäßige Achsabstand von Brusthölzern oder stählernen Aufrichtern in dem fertig ausgehobenen und verbauten Graben innerhalb einer Bohlenlänge kleiner als 1,50 m, so gilt als lichte Mindestgrabenbreite der lichte Abstand zwischen den Brusthölzern bzw. Aufrichtern. Hilfskonstruktionen zum Umsteifen während des Aushubs bzw. während der Verfüllung und zusätzliche Konstruktionen zur Abstützung der untersten Bohlen nach 6.1.6 zählen hierbei nicht mit, wenn sie unmittelbar neben den planmäßigen Brusthölzern bzw. Aufrichtern angeordnet werden."

Folgende Einschränkungen gelten:

bei äußerem Rohrschaftdurchmesser von > 0,60 m und waagerechten Gurtungen weniger als 1,75 m über Grabensohle (Bild 31):

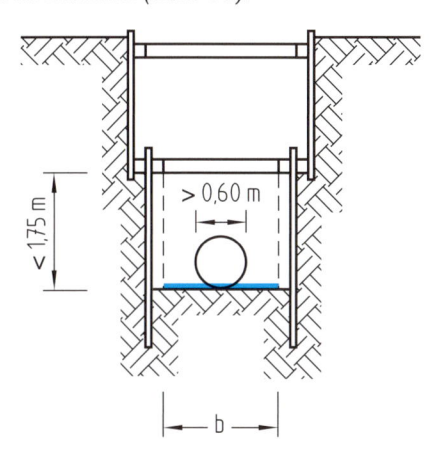

Bild 31

b = lichter Abstand zwischen den Brusthölzern

bei einem äußeren Rohrschaftdurchmesser von 0,30 m < OD < 0,60 m und waagerechten Gurtungen, deren Unterkante weniger als 0,50 m über der Oberkante Rohrschaft liegt (Bild 32):

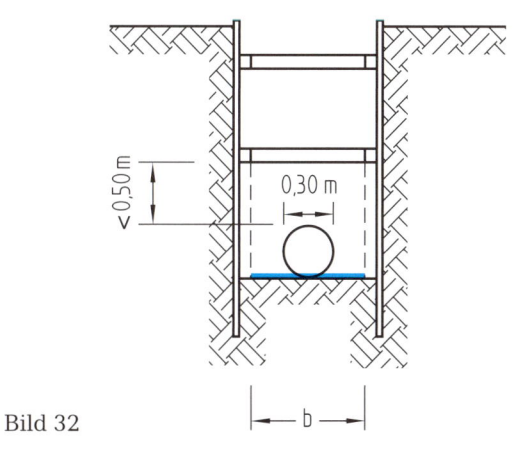

Bild 32

b = lichter Abstand zwischen den Brusthölzern

bei einem waagerechten Verbau mit einem Achsabstand der Brusthölzer von weniger als 1,50 m innerhalb einer Bohlenlänge (Bild 33):

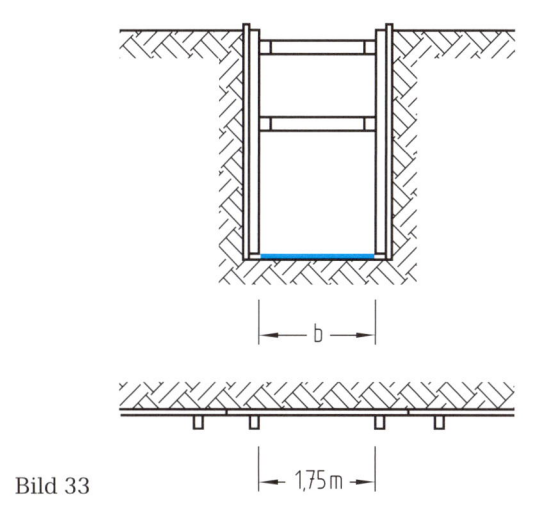

Bild 33

Auszug aus DIN 4124 (Ausgabe Oktober 2002):

9.2.4 Bei Gräben mit senkrechten Wänden bis zu einer Tiefe von 1,25 m, die zwar beim Ausheben und beim Verfüllen betreten werden, in denen aber neben den Leitungen kein Arbeitsraum zum Verlegen oder Prüfen von Leitungen benötigt wird, z.B. bei Drängräben, sind in Abhängigkeit von der Regelverlegetiefe die in Tabelle 1 angegebenen lichten Mindestgrabenbreiten einzuhalten. Als Regelverlegetiefe gilt der Abstand von der Geländeoberfläche bis zur Unterkante der Leitung. Sofern planmäßig tiefer ausgehoben wird als bis zur Regelverlegetiefe, z.B. um ein Sandbett einzubringen, und dazu der Graben in dieser Tiefe betreten werden muss, dann ist an Stelle der Regelverlegetiefe die tatsächliche Aushubtiefe maßgebend.

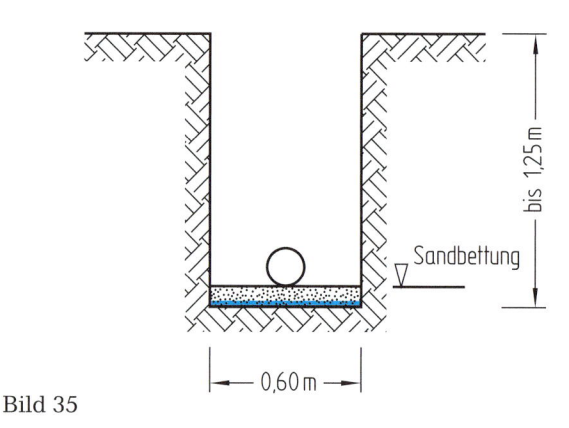

Bild 35

lichter Abstand der Erdwände $b_{Tab1} = 0,60$ m

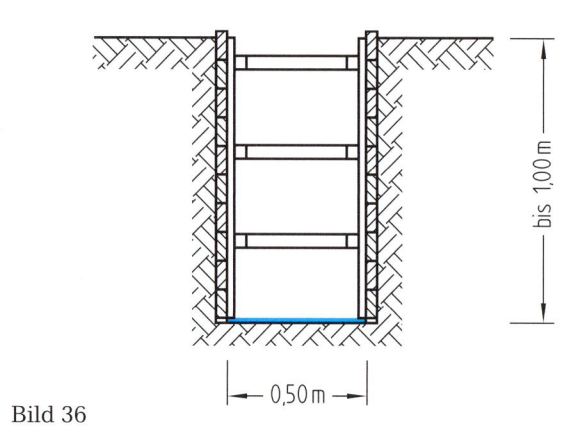

Lichte Mindestgrabenbreite für Gräben (Tabelle 1) ohne Arbeitsraum *(Bild 34 bis 36)*:

geböschter Graben

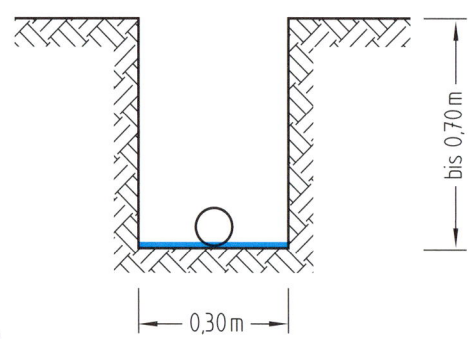

Bild 36

lichter Abstand der Holzbohlen $b_{Tab1} = 0,50$ m

Bild 34

lichter Abstand der Erdwände $b_{Tab1} = 0,30$ m

Tabelle 1 Lichte Mindestgrabenbreite für Gräben ohne Arbeitsraum (Tabelle gilt nicht für Abwasserkanäle und -leitungen nach DIN EN 1610)

Regelverlegetiefe	m	bis 0,70	über 0,70 bis 0,90	über 0,90 bis 1,00	über 1,00 bis 1,25
Lichte Mindestbreite b	m	0,30	0,40	0,50	0,60

"

DIN 18300

Auszug aus DIN 4124 (Ausgabe Oktober 2002):

„9.2.5 Bei Gräben, die einen Arbeitsraum zum Verlegen oder Prüfen von Leitungen oder Kanälen haben müssen, sind in Abhängigkeit vom Leitungs- bzw. vom äußeren Rohrschaftdurchmesser d bzw. bei Gräben mit senkrechten Wänden auch in Abhängigkeit von der Grabentiefe die in Tabelle 2 bzw. in Tabelle 3 angegebenen lichten Mindestgrabenbreiten einzuhalten, soweit in den folgenden Abschnitten nichts anderes bestimmt ist. Der jeweils größere Wert ist maßgebend. Im Übrigen gilt Folgendes:

a) Bei nicht kreisförmigen Querschnittsformen setzt sich die lichte Mindestgrabenbreite zusammen aus der größten Außenbreite des Rohrschaftes bzw. des Kanals und dem Arbeitsraum. Die maßgebende Breite des Arbeitsraums ergibt sich aus Tabelle 2 mit dem Ansatz von OD für die größte Außenhöhe des Rohrschaftes bzw. des Kanals.

b) Die mit „Umsteifung" beschriebene Spalte in Tabelle 2 ist nur anzuwenden, wenn während des Herablassens von langen Einzelrohren planmäßig Umsteifarbeiten erforderlich sind. Sie gilt für Mehrfachleitungen nur dann, wenn diese nicht nacheinander, sondern auf ganzer Breite gleichzeitig herabgelassen werden."

Tabelle 2 (vgl. Tabelle 6 DIN 4124) Lichte Mindestgrabenbreite für Gräben mit Arbeitsraum in Abhängigkeit vom äußeren Leitungs- bzw. Rohrschaftdurchmesser
(Tabelle gilt nicht für Abwasserkanäle und -leitungen nach DIN EN 1610)

Äußerer Leitungs- bzw. Rohrschaftdurchmesser OD m	Lichte Mindestbreite b m			
	Verbauter Graben		Geböschter Graben	
	Regelfall	Umsteifung	$\beta \leq 60°$	$\beta > 60°$
bis 0,40	b = OD + 0,40	b = OD + 0,70	b = OD + 0,40	
über 0,40 bis 0,80	b = OD + 0,70			
über 0,80 bis 1,40	b = OD + 0,85		b = OD + 0,40	b = OD + 0,70
über 1,40	b = OD + 1,00			

Tabelle 3 (vgl. Tabelle 7 DIN 4124) Lichte Mindestgrabenbreite für Gräben mit Arbeitsraum und senkrechten Wänden in Abhängigkeit von der Grabentiefe
(Tabelle gilt nicht für Abwasserkanäle und -leitungen nach DIN EN 1610)

Lichte Mindestbreite b m	Art und Tiefe des Grabens	Bemerkungen
0,60	Geböschter Graben bis 1,75 m	Siehe Bilder 2, 3 und 4
	Teilweise verbauter Graben bis 1,75 m	Siehe Bild 5
0,70	Verbauter Graben bis 1,75 m	
0,80	Verbauter Graben über 1,75 m bis 4,00 m	Siehe Bilder 1, 13 und 16
1,00	Verbauter Graben über 4,00 m	

Lichte Mindestgrabenbreite für Gräben in Abhängigkeit vom äußeren Leitungs- bzw. Rohrschaftdurchmesser (Tabelle 2) *(Bild 37 und 38)*:

geböschter Graben

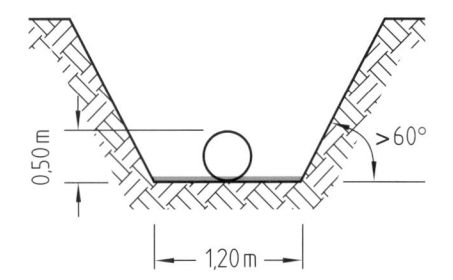

Bild 37

lichter Abstand der Erdwände $b_{Tab2} = 0{,}50 + 0{,}70 = 1{,}20\ m$

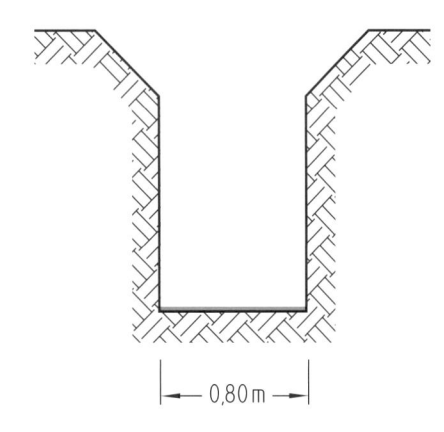

Bild 38

lichter Abstand der Erdwände $b_{Tab2} = 0{,}40 + 0{,}40 = 0{,}80\ m$

Lichte Mindestgrabenbreite für Gräben mit senkrechten Wänden in Abhängigkeit von der Grabentiefe (Tabelle 3) mit Arbeitsraum:

teilweise verbauter Graben

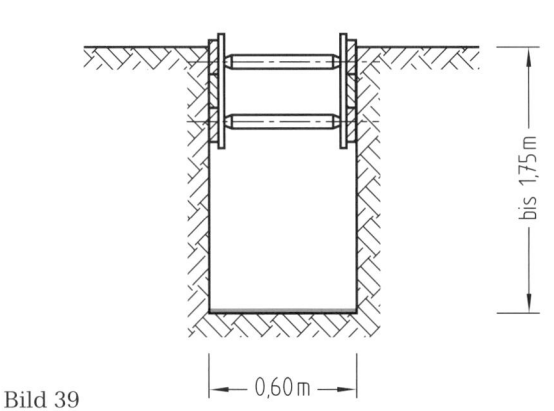

Bild 39

lichte Mindestbreite $b_{Tab3} = 0{,}60\ m$

verbauter Graben bis 1,75 m

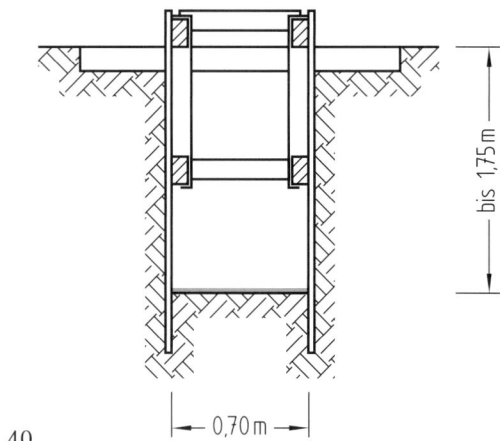

Bild 40

lichte Mindestbreite $b_{Tab3} = 0{,}70\ m$

verbauter Graben über 4,00 m

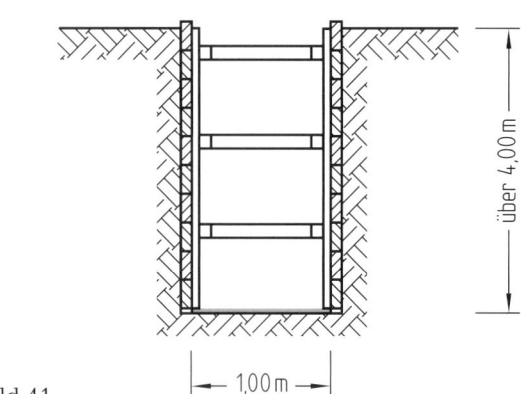

Bild 41

lichte Mindestbreite $b_{Tab3} = 1{,}00\ m$

Bei nicht kreisförmigen Querschnittsformen ergibt sich die lichte Mindestgrabenbreite aus der größten Außenbreite des Rohrschafts bzw. des Kanals und dem Arbeitsraum gemäß Tabelle 2, wobei OD = größte Außenhöhe des Rohrschafts bzw. des Kanals ist *(Bild 42):*

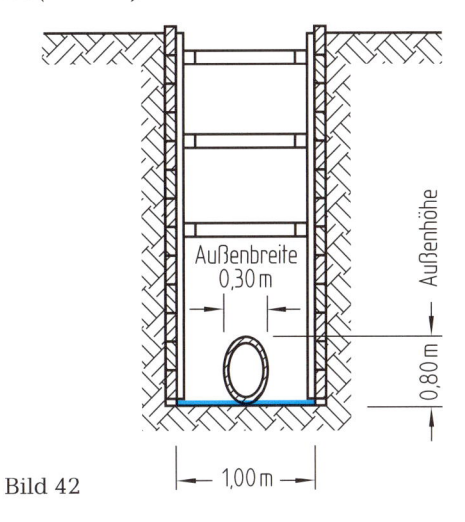

Bild 42

lichte Mindestgrabenbreite b_{Tab2} = Außenbreite des Rohrschafts $0{,}30 + 0{,}70 = 1{,}00$ m

Auszug aus DIN 4124 (Ausgabe Oktober 2002):

„*9.2.6 Die lichten Mindestgrabenbreiten nach 9.2.5 sind auch dann einzuhalten, wenn wegen vorhandener Bauteile, Leitungen, Kanäle oder anderer Hindernisse der Graben seitlich so verschoben wird, dass die geplante Leitung bzw. der geplante Kanal ausmittig zu liegen kommt.*

9.2.7 Wird der planmäßig vorgesehene Graben oberhalb der Leitung oder des Kanals auf einer Länge von mehr als 5,00 m durch ein längs verlaufendes Hindernis eingeengt, so muss die lichte Mindestgrabenbreite zwischen dem Hindernis und der gegenüberliegenden Grabenwand mindestens 0,60 m betragen. Außerdem sind im Bereich der Leitung bzw. des Kanals die in 9.2.5 genannten lichten Mindestgrabenbreiten einzuhalten, wobei das längs verlaufende Hindernis wie ein Gurt im Sinne von 9.2.3 a) zu berücksichtigen ist.

9.2.8 Bei Gräben für Mehrfachleitungen, die einen Arbeitsraum zum Verlegen oder Prüfen von Leitungen oder Kanälen haben müssen, errechnet sich die lichte Mindestgrabenbreite b nach Bild 43 aus

- *den jeweiligen halben lichten Mindestgrabenbreiten $1/2 \cdot b_1$ und $1/2 \cdot b_2$ nach Tabelle 2 für jede der beiden äußeren Leitungen,*

- *den halben äußeren Leitungs- bzw. Rohrschaftdurchmessern $1/2 \cdot OD_1$ und $1/2 \cdot OD_2$ dieser beiden Leitungen,*

- *gegebenenfalls den äußeren Leitungs- bzw. Rohrschaftdurchmessern von weiteren Leitungen bzw. Kanälen*

und

- *den Abständen z zwischen den Leitungen bzw. Kanälen.*

Der Abstand z richtet sich nach der Verlegetechnik und den Erfordernissen der Verdichtung. Muss der Zwischenraum betreten werden, dann ist die Breite z in Anlehnung an Tabelle 2 in Abhängigkeit vom äußeren Leitungs- bzw. Rohrschaftdurchmesser OD mit mindestens $1/2 \cdot 0{,}40$ m $= 0{,}20$ m bzw. $1/2 \cdot 0{,}70$ m $= 0{,}35$ m auszuführen.

Lichte Mindestgrabenbreite für Gräben mit Arbeitsraum für Mehrfachleitungen (nach DIN 4124)

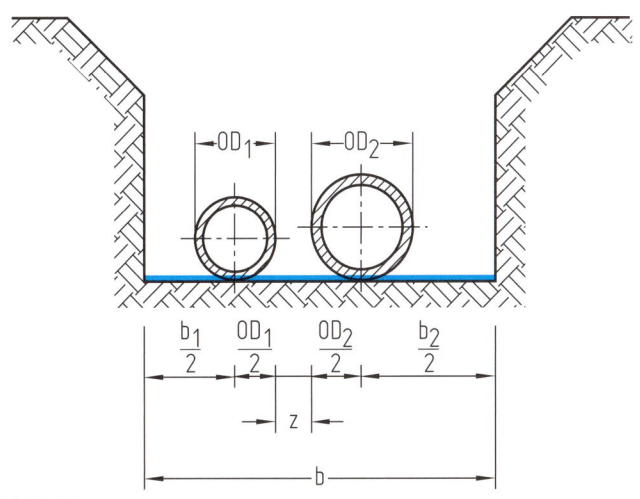

Bild 43

$z = 0{,}70$ (abhängig vom größeren Rohrschaftdurchmesser OD_2 gemäß Tabelle 2) $\cdot 1/2 = 0{,}35$ m

$OD_1 = 0{,}40$ m $\quad OD_2 = 0{,}80$ m

$b_{1\,Tab2} = 0{,}40 + 0{,}40 = 0{,}80$ m
$b_{2\,Tab2} = 0{,}80 + 0{,}70 = 1{,}50$ m

Lichte Mindestgrabenbreite $b = (0{,}80 + 0{,}20 + 0{,}40 + 1{,}50) \cdot 1/2 + 0{,}35 = 1{,}80$ m

9.2.9 Für Gräben mit unterschiedlichen Tiefen, so genannte Stufengräben, gelten die Festlegungen hinsichtlich der lichten Mindestgrabenbreiten sinngemäß. Als Grabentiefen sind die in Bild 44 mit h_1 und h_2 bezeichneten Höhen der beiden Einzelstufen anzunehmen."

Lichte Mindestgrabenbreite für Stufengräben mit Arbeitsraum (nach DIN 4124) 0,50 m

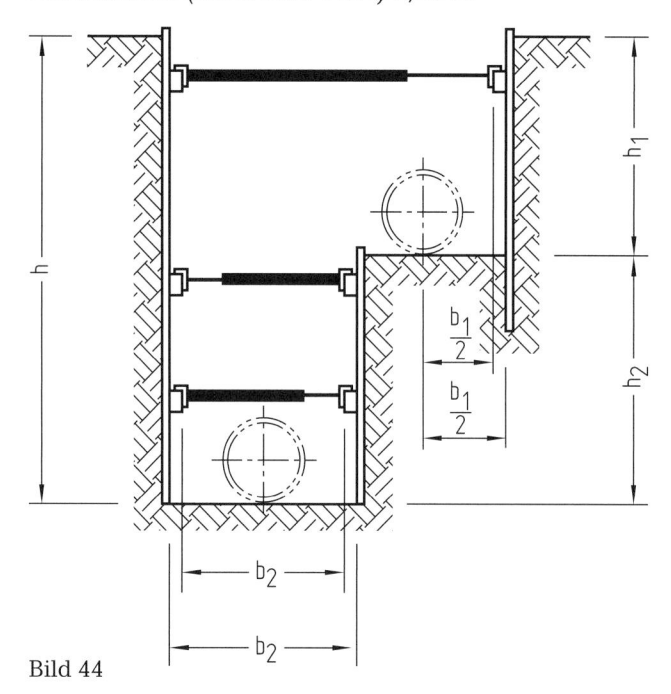

Bild 44

b_1 und b_2 sind gemäß 9.2.2 bzw. 9.2.3 a) zu ermitteln.

9.2.2 b_1 und b_2 = Abstand der Holzdielen

9.2.3 a) b_1 und b_2 = Abstand zwischen den Brusthölzern bei einem äußeren Rohrschaftdurchmesser von > 0,60 m und waagerechten Gurtungen weniger als 1,75 m über Grabensohle

„9.2.10 An Zwangspunkten, z. B. aufgrund schwieriger örtlicher Verhältnisse in Teilbereichen, ist es ausnahmsweise zulässig, die angegebenen lichten Mindestgrabenbreiten zu unterschreiten. In diesen Fällen sind besondere Sicherheitsvorkehrungen zu treffen und ist sicherzustellen, dass eine fachgerechte Bauausführung noch möglich ist.

9.2.11 Die in 9.2.4 bis 9.2.9 genannten lichten Mindestgrabenbreiten gelten nicht für Gräben, die bei dem vorgesehenen Arbeitsablauf nicht betreten werden müssen.

9.2.12 Für Rohrleitungen, die nach dem Verlegen mit Beton ummantelt werden, gelten sinngemäß die Regelungen für Baugruben nach 9.1, sofern dafür eine gesonderte Schalung benötigt wird."

5.2.3 Für abgeböschte Baugruben und Gräben gelten für die Ermittlung des Böschungsraumes die Böschungswinkel

– **40° für Bodenklasse 3 und 4,**

– **60° für Bodenklasse 5,**

– **80° für Bodenklasse 6 und 7,**

wenn kein Standsicherheitsnachweis erforderlich ist.

Ist ein Standsicherheitsnachweis zu führen, wird der Böschungsraum nach den danach ausgeführten Böschungswinkeln ermittelt.

In Böschungen ausgeführte erforderliche Bermen werden bei der Ermittlung des Böschungsraumes berücksichtigt.

Für die Ermittlung des Böschungsraumes gelten:

– 40° für die Bodenklassen 3 und 4,

– 60° für die Bodenklasse 5 und

– 80° für die Bodenklassen 6 und 7.

Die Einstufung der Bodenklassen 3 bis 7 regelt Abschnitt 2.3 dieser ATV.

Die sich daraus ergebenden Böschungswinkel sind fiktiv festgelegt; sie gelten ausschließlich für die Abrechnung, wenn kein Standsicherheitsnachweis erforderlich ist.

Ist ein Standsicherheitsnachweis erforderlich und ergeben sich daraus andere als o. g. Böschungswinkel, so gelten diese für die Abrechnung.

nicht verbaute Baugruben

mit den Bodenklassen 3 und 4 – leicht und mittelschwer lösbare Bodenarten

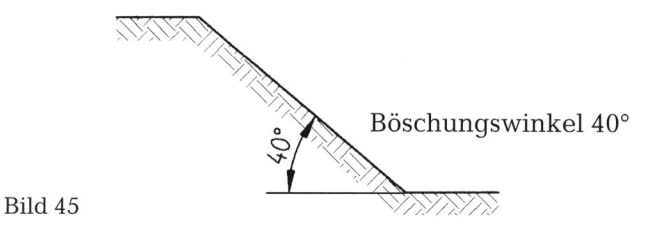

Böschungswinkel 40°

Bild 45

mit der Bodenklasse 5 – schwer lösbare Bodenarten

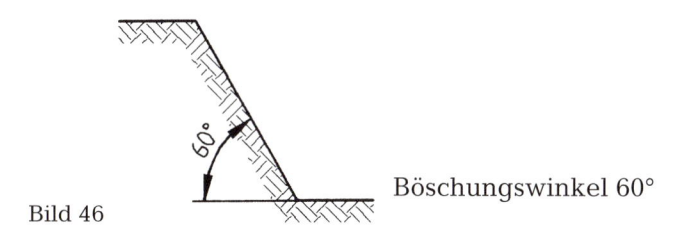

Bild 46 Böschungswinkel 60°

mit den Bodenklassen 6 und 7 – leicht lösbarer Fels und vergleichbare Bodenarten sowie schwer lösbarer Fels

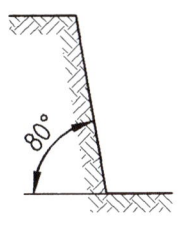

Bild 47 Böschungswinkel 80°

Sind Bermen anzuordnen, z. B. zum Auffangen abrutschender Steine, werden diese bei der Ermittlung des Böschungsraumes berücksichtigt.

nicht verbaute Baugruben mit Berme

mit den Bodenklassen 3 und 4 – leichte und mittelschwere Bodenarten

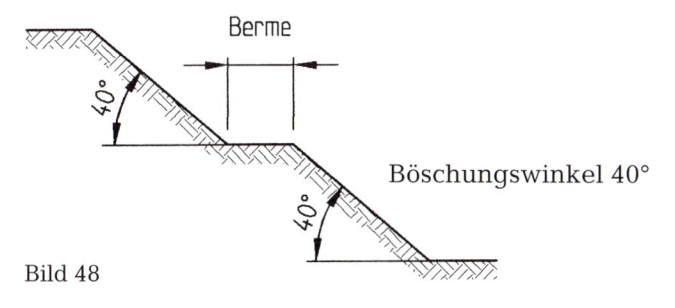

Bild 48 Böschungswinkel 40°

5.3 Hinterfüllen und Überschütten

Bei der Ermittlung des Raummaßes für Hinterfüllungen und Überschüttungen werden abgezogen

– **das Raummaß der Baukörper,**

– **das Raummaß jeder Leitung mit einem äußeren Querschnitt von mehr als 0,1 m².**

Für das Hinterfüllen und Überschütten wird bei Abrechnung nach Raummaß

– der Baukörper und

– jede Leitung mit einem äußeren Querschnitt von mehr als 0,1 m²

abgezogen.

Hinterfüllen von Baukörpern

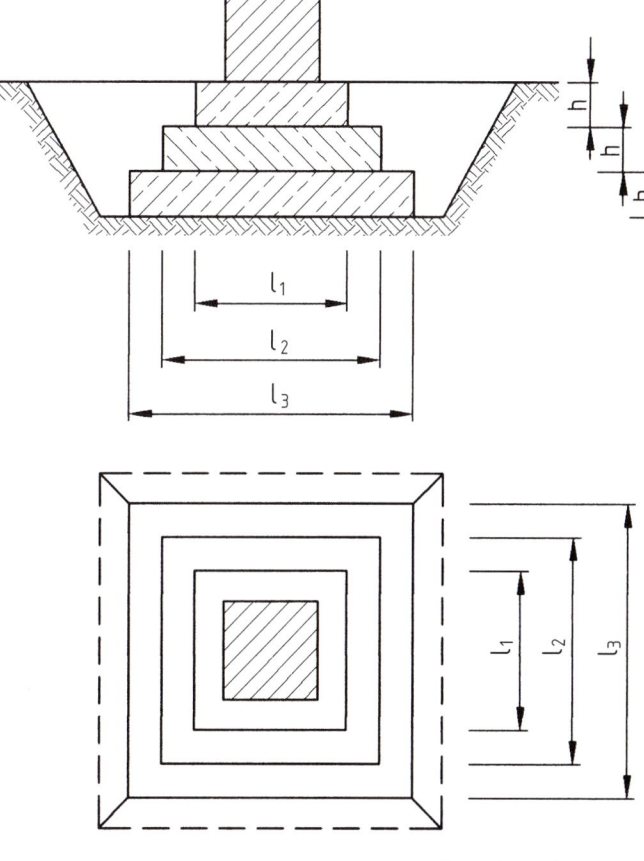

Bild 49 $V_{\text{Baukörper}} = (l_1^2 + l_2^2 + l_3^2) \cdot h$

Der Baukörper ist unabhängig von seinem Volumen beim Hinterfüllen abzuziehen.

Überschütten von Leitungen

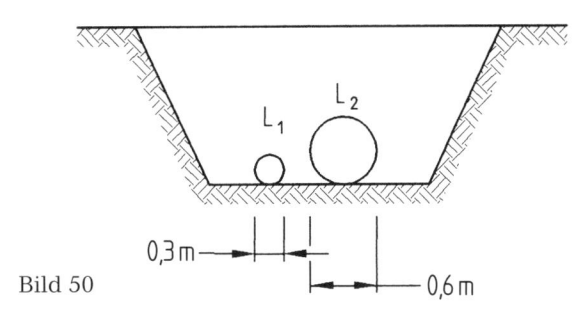

Bild 50

Leitungsquerschnitte:
$L_1 = 0{,}15\ m \cdot 0{,}15\ m \cdot 3{,}14 = 0{,}07\ m^2$
$L_2 = 0{,}30\ m \cdot 0{,}30\ m \cdot 3{,}14 = 0{,}28\ m^2$

Die Leitung L_1 mit einem äußeren Querschnitt von weniger als 0,1 m² wird beim Überschütten übermessen.

Die Leitung L_2 mit einem äußeren Querschnitt von mehr als 0,1 m² wird mit ihrem Volumen – äußerer Querschnitt mal Länge – beim Überschütten abgezogen.

5.4 Abtrag und Aushub

Die Mengen sind an der Entnahmestelle im Abtrag zu ermitteln.

Zur Ermittlung der Leistung sind grundsätzlich die Maße gemäß Abschnitt 5.2, insbesondere soweit es den Aushub betrifft, zugrunde zu legen.

Der Abtrag ist an Ort und Stelle – Ausführungspläne liegen dafür in der Regel nicht vor – durch Aufmaß mit Hilfe eines Flächennivellements und Bildung von Längs- und Querprofilen zu ermitteln *(Bild 51)*.

Abtrag

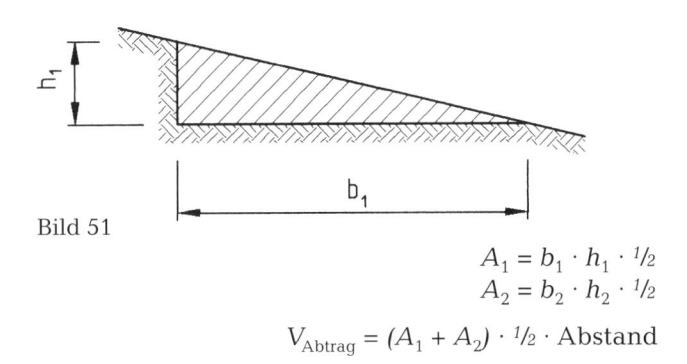

Bild 51

$A_1 = b_1 \cdot h_1 \cdot {}^1\!/_2$
$A_2 = b_2 \cdot h_2 \cdot {}^1\!/_2$

$V_{\text{Abtrag}} = (A_1 + A_2) \cdot {}^1\!/_2 \cdot \text{Abstand}$

Ist eine davon abweichende Art der Ermittlung, z. B. Abrechnung nach Transporteinheiten, zweckmäßig, so ist dies in der Leistungsbeschreibung entsprechend vorzugeben (siehe auch Abschnitt 0.3 dieser ATV).

5.5 Einbau

Die Mengen sind im fertigen Zustand im Auftrag zu ermitteln. Dabei werden abgezogen

– **das Raummaß von Baukörpern,**

– **das Raummaß jeder Leitung, von Sickerkörpern, Steinpackungen und dergleichen mit einem äußeren Querschnitt von mehr als 0,1 m².**

Bei Abrechnung der Leitungszone nach Längenmaß wird die Leitungsachse zugrunde gelegt.

Der Einbau ist im fertigen Zustand an den Auftragsstellen zu ermitteln *(Bild 52)*.

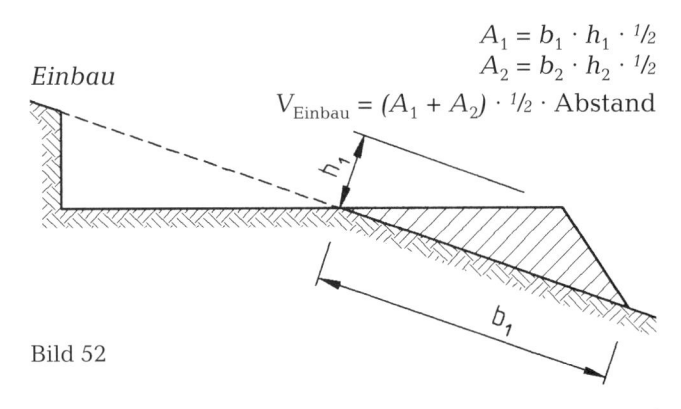

Einbau

$A_1 = b_1 \cdot h_1 \cdot {}^1\!/_2$
$A_2 = b_2 \cdot h_2 \cdot {}^1\!/_2$
$V_{\text{Einbau}} = (A_1 + A_2) \cdot {}^1\!/_2 \cdot \text{Abstand}$

Bild 52

Dabei werden bei Abrechnung nach Raummaß

– Baukörper und

– jede Leitung, Steinpackungen und dergleichen mit einem äußeren Querschnitt von mehr als 0,1 m² abgezogen.

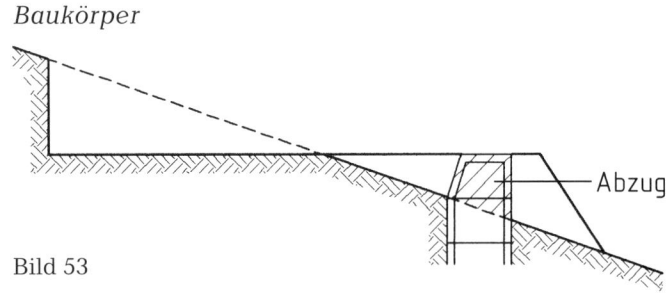

Baukörper

Bild 53

Der Entwässerungsschacht ist unabhängig von seinem Volumen bei der Ermittlung des Einbaus nach Raummaß in Abzug zu bringen.

Leitungen

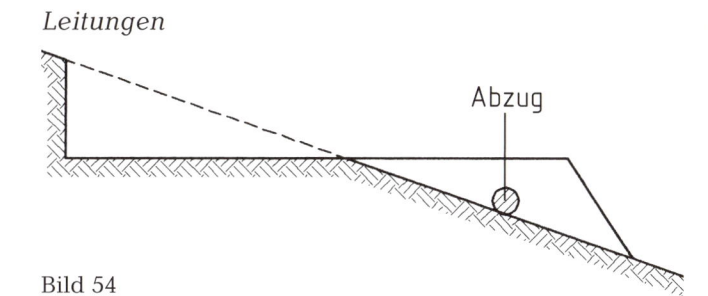

Bild 54

Die Leitung mit einem äußeren Querschnitt von weniger als 0,1 m² wird bei der Ermittlung des Einbaus nach Raummaß übermessen.

5.6 Verdichten

Verdichten von Boden in Gründungssohlen ist nach der Fläche der Gründungssohle zu ermitteln.

Verdichten von eingebautem Boden ist nach Abschnitt 5.5 zu ermitteln.

Das Verdichten von Boden in Gründungssohlen bemisst sich nach der Fläche der Gründungssohle.

Verdichten in Gründungssohlen

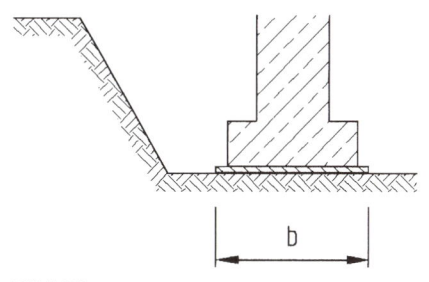

Bild 55

$$A_{\text{Gründungssohle}} = b \cdot l$$

Das Verdichten von eingebautem Boden ermittelt sich nach Abschnitt 5.5.

Entwässerungskanalarbeiten – DIN 18306

Ausgabe Dezember 2000

Geltungsbereich

Die ATV „Entwässerungskanalarbeiten" – DIN 18306 – gilt für das Herstellen von geschlossenen Entwässerungskanälen, von Grundleitungen der Grundstücksentwässerung im Erdreich, auch unter Gebäuden, einschließlich der dazugehörigen Schächte.

Sie gilt auch für das Herstellen von dichten Vorflutleitungen von Dränungen mit Rohren über Nennweite 200.

Die ATV DIN 18306 gilt nicht für

– die bei der Herstellung der Kanäle, Leitungen und Schächte auszuführenden Erdarbeiten (siehe ATV DIN 18300 „Erdarbeiten"),

– Verbauarbeiten (siehe ATV DIN 18303 „Verbauarbeiten"),

– Rohrvortriebsarbeiten (siehe ATV DIN 18319 „Rohrvortriebsarbeiten"),

– das Herstellen von Entwässerungsleitungen innerhalb von Gebäuden (siehe ATV DIN 18381 „Gas-, Wasser- und Entwässerungsanlagen innerhalb von Gebäuden"),

– Rohrleitungen in Schutzrohren und Rohrkanälen.

0.5 Abrechnungseinheiten

Im Leistungsverzeichnis sind die Abrechnungseinheiten wie folgt vorzusehen:

- *Entwässerungskanäle und -leitungen nach Längenmaß (m),*
- *Schutz- und Dichtungsanstriche, Beschichtungen nach Flächenmaß (m^2),*
- *Formstücke, z. B. Abzweige, angeformte Schachtaufsätze, Krümmer, nach Anzahl (Stück),*
- *Fertigteile wie Schachtunterteile, Schachtringe, Übergangsringe und Platten, Schachthälse usw., Einzelteile wie Schachtabdeckungen, Schmutzfänger, Steighilfen nach Anzahl (Stück),*
- *Schächte nach Raummaß der Wandungen (m^3), Längenmaß (m) oder Anzahl (Stück),*
- *Sohlschalen, Platten nach Längenmaß (m) oder Flächenmaß (m^2).*

5 Abrechnung

Ergänzend zur ATV DIN 18299, Abschnitt 5, gilt:

5.1 Bei Abrechnung nach Längenmaß werden die Achslängen zugrunde gelegt.

Bei Entwässerungskanälen und -leitungen aus vorgefertigten Rohren wird die lichte Weite von Schächten abgezogen, Formstücke werden übermessen.

Bei Entwässerungskanälen aus vorgefertigten Rohren mit Schachtaufsätzen und bei gemauerten sowie betonierten Entwässerungskanälen wird die lichte Weite der Schächte übermessen.

5.2 Die Schachttiefe wird von der Auflagerfläche der Schachtabdeckung bis zum tiefsten Punkt der Rinnensohle gerechnet.

Erläuterungen

0.5 Abrechnungseinheiten

Abschnitt 0.5 dient dazu, auf die üblichen und zweckmäßigen Abrechnungseinheiten für die jeweilige Teilleistung hinzuweisen. In der Leistungsbeschreibung ist die zutreffende Abrechnungseinheit festzulegen.

5 Abrechnung

Ergänzend zur ATV DIN 18299, Abschnitt 5, gilt:

Siehe Kommentierung zu Abschnitt 5 der ATV DIN 18299.

5.1 Bei Abrechnung nach Längenmaß werden die Achslängen zugrunde gelegt.

Bei Entwässerungskanälen und -leitungen aus vorgefertigten Rohren wird die lichte Weite von Schächten abgezogen, Formstücke werden übermessen.

Bei Entwässerungskanälen aus vorgefertigten Rohren mit Schachtaufsätzen und bei gemauerten sowie betonierten Entwässerungskanälen wird die lichte Weite der Schächte übermessen.

Entwässerungskanäle und -leitungen sind Druckleitungen, die aus vorgefertigten Rohren, sonstigen Fertigteilen oder am Ort aus Mauerwerk, Beton oder Stahlbeton hergestellt werden.

Entwässerungskanäle und -leitungen werden bei Abrechnung nach Längenmaß in der Achslänge (Mittelachse) gemessen.

Formstücke, z. B. Abzweige, Bogen, Passstücke mit und ohne Muffe, Anschlussstücke für den Anschluss an Bauwerke, Rohre aus anderen Werkstoffen, Übergangsstücke, werden in ihrer Achslänge übermessen und gemäß Abschnitt 4.2.4 als „Besondere Leistung" gesondert vergütet *(Bild 1 und 2)*.

Entwässerungskanäle und -leitungen

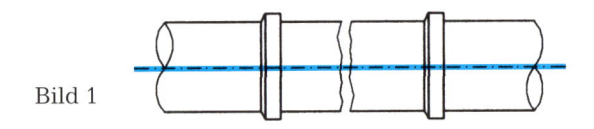

Bild 1

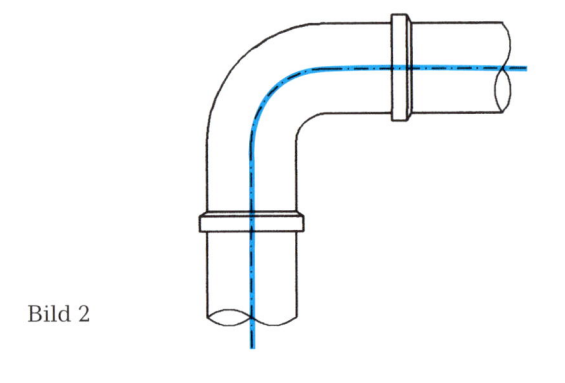

Bild 2

Abzweigende Kanäle und Leitungen werden in der Mittelachse vom Schnittpunkt mit der Mittelachse des Kanals oder der Leitung, von der sie abzweigen, bis zu ihren Enden gemessen *(Bild 3 und 4)*.

abzweigende Entwässerungskanäle und -leitungen

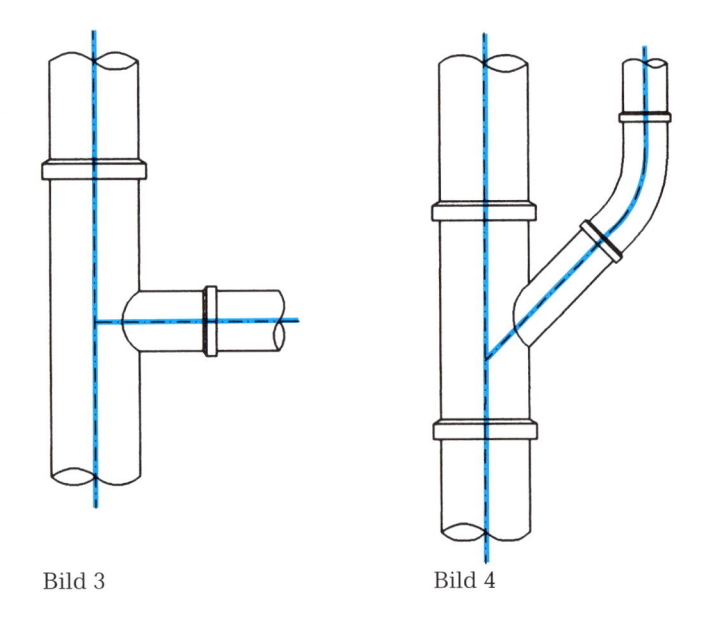

Bild 3 Bild 4

DIN 18306

Bei Abrechnung von Entwässerungskanälen und -leitungen aus vorgefertigten Rohren wird die lichte Weite von Schächten abgezogen. Formstücke, wie angeformte Muffen, werden dabei übermessen *(Bild 5)*.

Bei Abrechnung von Entwässerungskanälen aus vorgefertigten Rohren mit Schachtaufsätzen sowie von Entwässerungskanälen, die am Ort aus Mauerwerk oder Stahlbeton hergestellt werden, wird die lichte Weite der Schächte übermessen *(Bild 6 und 7)*.

Entwässerungskanäle und -leitungen aus vorgefertigten Rohren

Entwässerungskanäle aus vorgefertigten Rohren mit Schachtaufsatz

l_1 vorgefertigtes Betonrohr | lichte Weite Schacht | l_2 vorgefertigtes Betonrohr

Bild 5

$$L = l_1 + l_2$$

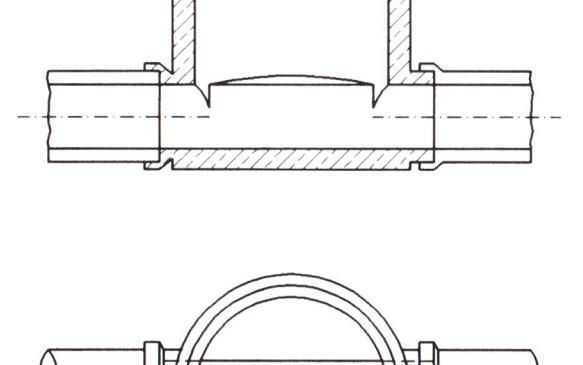

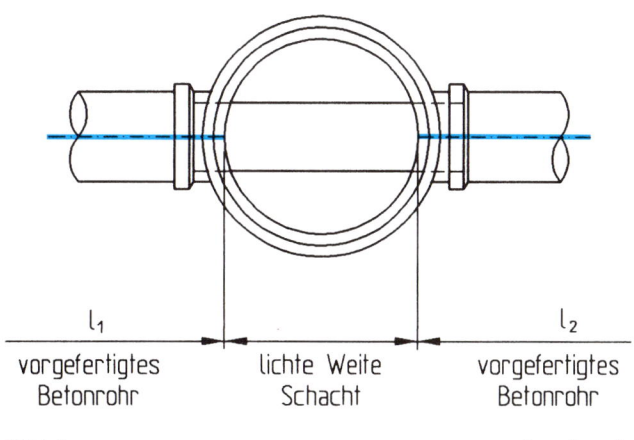

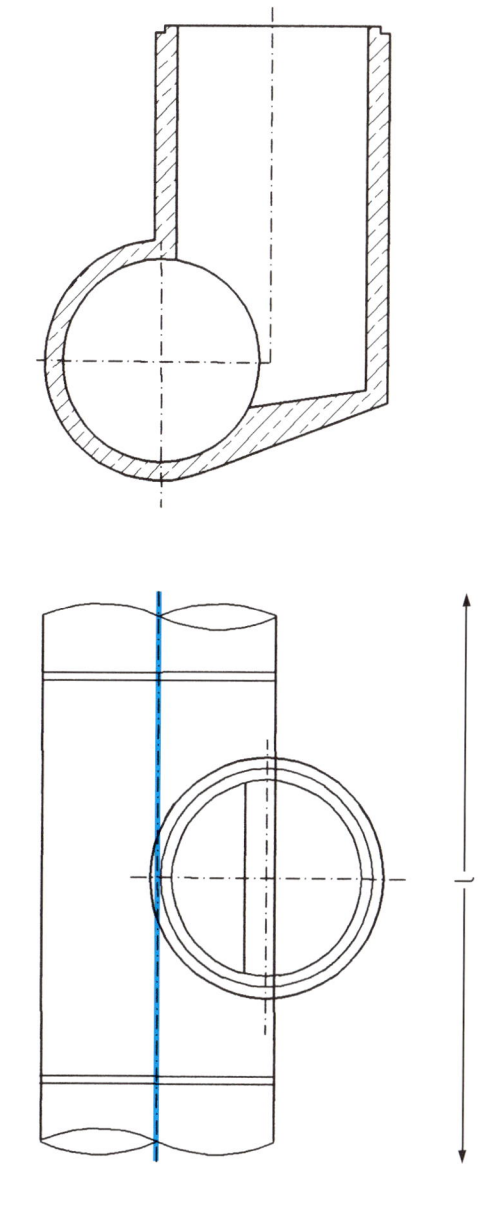

Bild 6

am Ort aus Mauerwerk, Beton oder Stahlbeton hergestellte Entwässerungskanäle

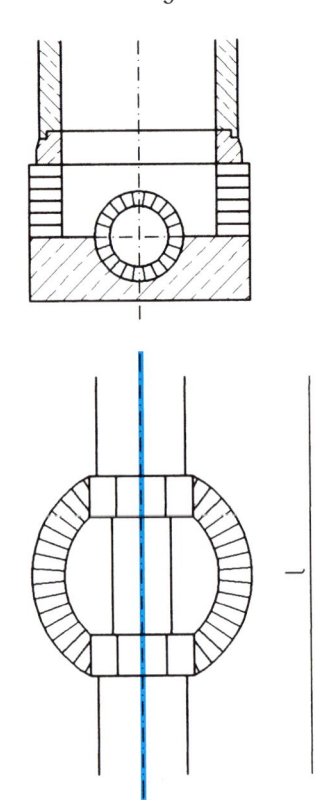

Bild 7

5.2 Die Schachttiefe wird von der Auflagerfläche der Schachtabdeckung bis zum tiefsten Punkt der Rinnensohle gerechnet.

Schächte für Be- und Entlüftung, Kontrolle, Wartung und Reinigung sowie für die Zusammenführung und Richtungs-, Neigungs- und Querschnittsänderungen von Kanälen und Leitungen werden nach der lichten Schachttiefe, von der Auflagerfläche der Schachtabdeckung bis zum tiefsten Punkt der Rinnensohle, gerechnet *(Bild 8)*.

Schachttiefe

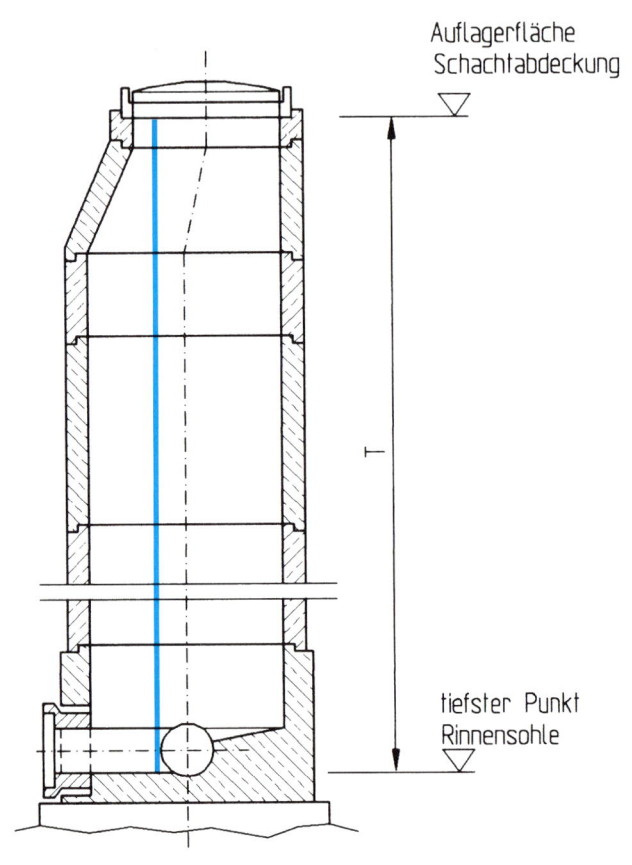

Bild 8

DIN 18314

Spritzbetonarbeiten – DIN 18314

Ausgabe Dezember 2002

Geltungsbereich

Die ATV „Spritzbetonarbeiten" – DIN 18314 – gilt für das Herstellen von Bauteilen aus bewehrtem und unbewehrtem Beton jeder Art, der im Spritzverfahren aufgetragen und dabei verdichtet wird.

Sie gilt auch für das Instandsetzen und das Verstärken von Bauteilen mit Spritzbeton.

Die ATV DIN 18314 gilt nicht für das Auftragen von Putzmörtel im Spritzverfahren (siehe ATV DIN 18350 „Putz- und Stuckarbeiten").

ATV DIN 18314, Abschnitt 5, gilt nicht für Spritzbeton als Sicherung bei Untertagebauarbeiten, soweit dafür in der ATV DIN 18312 „Untertagebauarbeiten" Regelungen enthalten sind.

0.5 Abrechnungseinheiten

Im Leistungsverzeichnis sind die Abrechnungseinheiten wie folgt vorzusehen:

0.5.1 Bauteile aus Spritzbeton, getrennt nach Beton, Schalung und Bewehrung, für

- *Beton, getrennt nach Arten und Maßen, nach Flächenmaß (m^2), Raummaß (m^3) oder Längenmaß (m),*
- *Schalung nach Flächenmaß (m^2),*
- *Kantenschalungen an Unterzügen, Stützen usw. nach Längenmaß (m),*
- *Bewehrung (Schneiden, Biegen, Verlegen) nach Gewicht (kg, t).*

0.5.2 Anzahl (Stück), getrennt nach Arten und Maßen, für

- *Bauteile aus Spritzbeton,*
- *Aussparungen, z.B. Öffnungen, Nischen, Hohlräume, Schlitze, Kanäle.*

5 Abrechnung

Ergänzend zur ATV DIN 18299, Abschnitt 5, gilt:

5.1 Die Auftragdicke wird bei unebenen Auftragflächen durch Profilvergleich vor und nach dem Auftrag ermittelt.

5.2 Die durch Bewehrung verdrängte Spritzbetonmenge wird nicht abgezogen.

5.3 Die Schalung für Begrenzungen und Aussparungen, z.B. für Ränder, Öffnungen, Nischen, Hohlräume, Schlitze, Kanäle, wird in der Abwicklung der geschalten Betonfläche gemessen.

5.4 Das Gewicht der Bewehrung wird nach den Stahllisten abgerechnet. Zur Bewehrung gehören z.B. die Verankerungen, Unterstützungen, Auswechselungen, Montageeisen. Maßgebend ist das errechnete Gewicht, bei genormten Stählen die Gewichte nach den DIN-Normen (Nenngewichte), bei anderen Stählen die Gewichte nach dem Profilbuch des Herstellers.

Bindedraht, Walztoleranzen und Verschnitt werden bei der Ermittlung des Abrechnungsgewichtes nicht berücksichtigt.

5.5 Es werden abgezogen:

5.5.1 Öffnungen, Aussparungen sowie einbindende Bauteile über 1 m^2 Oberfläche.

5.5.2 Beim Verfüllen von Hohlräumen die Aussparungen über 0,25 m^3 Einzelgröße.

Erläuterungen

0.5 Abrechnungseinheiten

Abschnitt 0.5 dient dazu, auf die üblichen und zweckmäßigen Abrechnungseinheiten für die jeweilige Teilleistung hinzuweisen. Bei Aufstellung der Leistungsbeschreibung ist die zutreffende Abrechnungseinheit festzulegen.

5 Abrechnung

Ergänzend zur ATV DIN 18299, Abschnitt 5, gilt:

Siehe Kommentierung zu Abschnitt 5 der ATV DIN 18299.

5.1 Die Auftragdicke wird bei unebenen Auftragflächen durch Profilvergleich vor und nach dem Auftrag ermittelt.

Bei unebenen Auftragflächen ist vor Ausführung der Leistung der Profilverlauf der Auftragfläche festzustellen und nach Ausführung die Dicke des Auftrags durch Vergleich mit dem ursprünglichen Zustand zu ermitteln *(Bild 1)*.

Die Auftragflächen sind dabei jene Teile der Oberfläche des Untergrundes, auf die der Baustoff – Spritzbeton – aufgetragen wird. Als Untergrund kommen in der Regel Bau-, Fels- und Erdkörper oder Schalungen in Frage.

Begradigung unebener Flächen

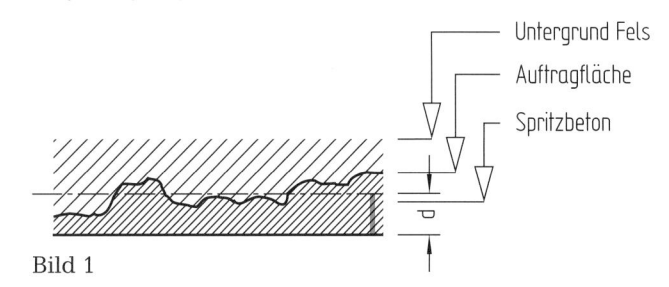

Bild 1

d = begradigte Auftragdicke, ermittelt durch Profilvergleich vor und nach dem Auftrag

5.2 Die durch Bewehrung verdrängte Spritzbetonmenge wird nicht abgezogen.

Die durch die Bewehrung und andere Stahleinlagen verdrängte Spritzbetonmenge wird nicht abgezogen, unabhängig davon, ob die Leistungsbeschreibung Spritzbeton einschließlich Bewehrung in einer Position oder Spritzbeton und Bewehrung in jeweils gesonderten Positionen vorsieht.

5.3 Die Schalung für Begrenzungen und Aussparungen, z.B. für Ränder, Öffnungen, Nischen, Hohlräume, Schlitze, Kanäle, wird in der Abwicklung der geschalten Betonfläche gemessen.

Schalung für Begrenzungen und Aussparungen wird in der Abwicklung der geschalten Betonfläche gemessen *(Bild 2 bis 5)*.

Ränder

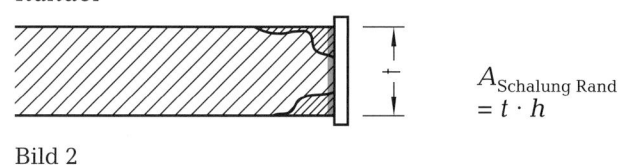

$A_{\text{Schalung Rand}} = t \cdot h$

Bild 2

Öffnungen

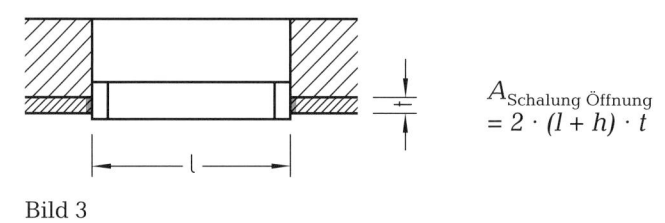

$A_{\text{Schalung Öffnung}} = 2 \cdot (l + h) \cdot t$

Bild 3

Nischen

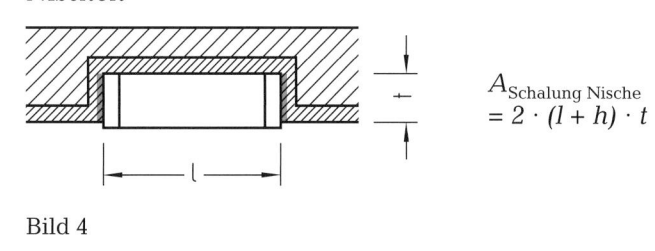

$A_{\text{Schalung Nische}} = 2 \cdot (l + h) \cdot t$

Bild 4

Schlitze, Kanäle

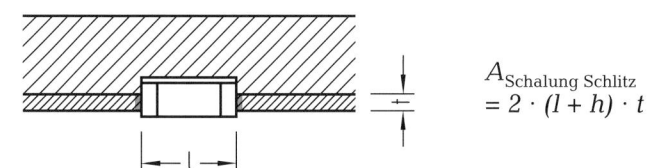

$A_{\text{Schalung Schlitz}} = 2 \cdot (l + h) \cdot t$

Bild 5

5.4 Das Gewicht der Bewehrung wird nach den Stahllisten abgerechnet. Zur Bewehrung gehören z. B. die Verankerungen, Unterstützungen, Auswechselungen, Montageeisen.

Maßgebend ist das errechnete Gewicht, bei genormten Stählen die Gewichte nach den DIN-Normen (Nenngewichte), bei anderen Stählen die Gewichte nach dem Profilbuch des Herstellers.

Bindedraht, Walztoleranzen und Verschnitt werden bei der Ermittlung des Abrechnungsgewichtes nicht berücksichtigt.

Das Gewicht der Bewehrung ist nach Stahllisten abzurechnen. Zu Unterstützungen zählen u. a. auch Stahlböcke, Abstandshalter aus Stahl, Verspannungen, Auswechselungen, Montageeisen.

Bei genormten Stählen ist das errechnete Gewicht nach den einschlägigen DIN-Normen maßgebend, bei anderen Stählen das nach dem Profilbuch des Herstellers.

Bindedraht, Walztoleranzen und Verschnitt sind in die Einheitspreise einzukalkulieren. Sie bleiben bei der Ermittlung des Abrechnungsgewichtes außer Betracht.

Bei Verwendung von Baustahlmatten ist darauf zu achten, dass bei der Planung und Bewehrung die Matten möglichst verschnittfrei vorgesehen werden. Ist trotz sorgfältiger Planung mit hohem Verschnitt zu rechnen, sollte dies in der Leistungsbeschreibung klar zum Ausdruck kommen.

5.5 Es werden abgezogen:

5.5.1 Öffnungen, Aussparungen sowie einbindende Bauteile über 1 m² Oberfläche.

Abgezogen werden Öffnungen, Aussparungen und einbindende Bauteile über 1 m² Oberfläche *(Bild 6 bis 8)*.

Öffnungen

Öffnungen sind funktional eigenständige, planmäßig angelegte, durch die gesamte Dicke eines Bauteils durchgehende, freigelassene Räume für den dauernden Gebrauch.

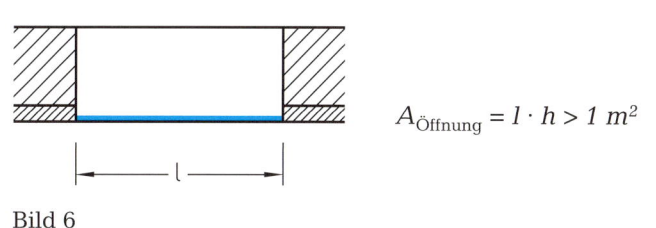

$A_{\text{Öffnung}} = l \cdot h > 1\ m^2$

Bild 6

Aussparungen

Aussparungen sind planmäßig hergestellte Freiräume, die im fertigen Bauwerk nicht oder mit anderen Materialien abgedeckt sind.

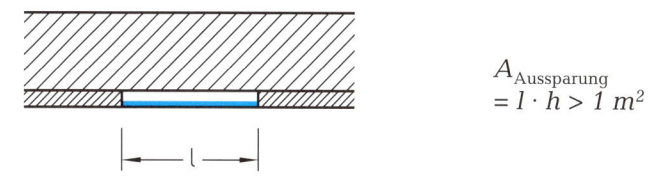

$A_{\text{Aussparung}} = l \cdot h > 1\ m^2$

Bild 7

Aussparungen, die im Zusammenhang mit dem Verfüllen von Hohlräumen vorzusehen sind, werden gemäß Abschnitt 5.5.2 über 0,25 m³ abgezogen *(Bild 9)*.

einbindende Bauteile

Einbindender Bauteil ist der Sammelbegriff für den Einbau eines Bauteils in einen anderen, z. B. in Unterzüge oder Balken einbindende Stützen.

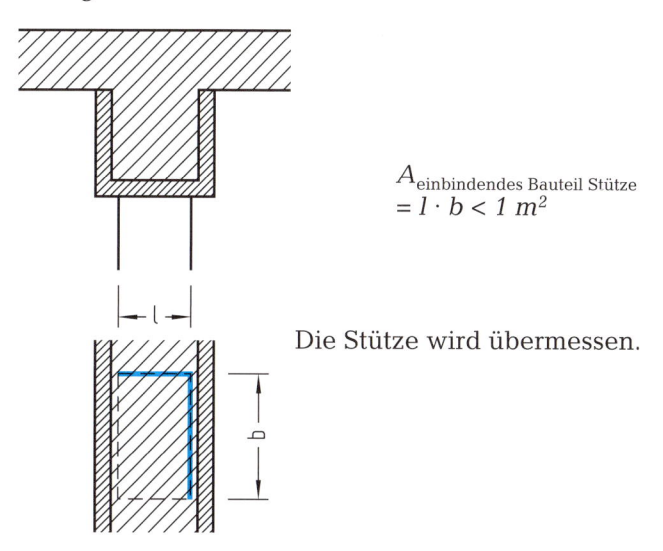

$A_{\text{einbindendes Bauteil Stütze}} = l \cdot b < 1\ m^2$

Die Stütze wird übermessen.

Bild 8

5.5.2 Beim Verfüllen von Hohlräumen die Aussparungen über 0,25 m³ Einzelgröße.

Abgezogen werden im Zusammenhang mit dem Verfüllen von Hohlräumen vorzusehende Aussparungen über 0,25 m³ Einzelgröße *(Bild 9)*.

Verfüllen eines Hohlraumes

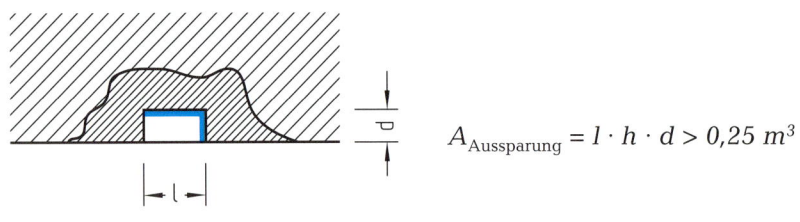

$$A_\text{Aussparung} = l \cdot h \cdot d > 0{,}25 \; m^3$$

Bild 9

DIN 18318

Verkehrswegebauarbeiten – Pflasterdecken, Plattenbeläge, Einfassungen – DIN 18318

Ausgabe Dezember 2000

Geltungsbereich

Die ATV „Verkehrswegebauarbeiten – Pflasterdecken, Plattenbeläge, Einfassungen" – DIN 18318 – gilt für das Befestigen von Straßen und Wegen aller Art, Plätzen, Höfen, Flugbetriebsflächen, Bahnsteigen und Gleisanlagen mit Pflaster und Platten sowie für das Herstellen von Einfassungen und Rinnen. Sie gilt auch für das Befestigen solcher Flächen mit Naturwerkstein, Betonwerkstein und Klinkerplatten.

0.5 Abrechnungseinheiten

Im Leistungsverzeichnis sind die Abrechnungseinheiten wie folgt vorzusehen:

0.5.1 Nachverdichten der Unterlage nach Flächenmaß (m^2).

0.5.2 Herstellen der planmäßigen Höhenlage, Neigung und der festgelegten Ebenheit der Unterlage nach Flächenmaß (m^2).

0.5.3 Pflasterdecken und Plattenbeläge

- *Pflasterdecken und Plattenbeläge nach Flächenmaß (m^2), getrennt nach Ausführungsarten (z. B. im Boden, nach Muster), nach Arten und Maßen der Pflastersteine oder der Platten,*
- *Abputzen aufgenommener Pflasterdecken und Plattenbeläge nach Flächenmaß (m^2), getrennt nach Arten der Fugenfüllung und der Unterlage, nach Arten und Maßen der Pflasterdecken und Plattenbeläge,*
- *Zuarbeiten oder Schneiden von Platten und Pflaster*
  - *für Verlegen und Versetzen an Kanten und Einfassungen nach Längenmaß (m),*
  - *für Verlegen und Versetzen an Einbauten und Aussparungen nach Anzahl (Stück),*
- *Zuarbeiten oder Schneiden von Platten aus Naturstein nach Anzahl (Stück).*

0.5.4 Fugenverguss oder Fugenfüllung

- *Fugenverguss und Fugenfüllung von Pflasterdecken und Plattenbelägen nach Flächenmaß (m^2), getrennt nach Befestigungsarten und Arten des Fugenvergusses oder der Fugenfüllung,*
- *Fugenverguss von Dehnungs- und Randfugen nach Längenmaß (m), getrennt nach Fugenmaßen und Arten des Fugenvergusses.*

0.5.5 Einfassungen

- *Bord- oder Einfassungssteine nach Längenmaß (m), getrennt nach Arten und Maßen,*
- *Fundamente mit oder ohne Rückenstütze von Einfassungen nach Raummaß (m^3) oder, getrennt nach Maßen, nach Längenmaß (m),*
- *Bearbeiten von Köpfen der Bord- und Einfassungssteine nach Anzahl (Stück), getrennt nach Arten und Maßen,*
- *Nacharbeiten der Schnurkante, Nacharbeiten oder Aufarbeiten eines vorhandenen Anlaufs (Fase) oder der Trittflächen an Bordsteinen nach Längenmaß (m), getrennt nach Arten und Maßen.*

5 Abrechnung

Ergänzend zur ATV DIN 18299, Abschnitt 5, gilt:

5.1 Einzelflächen unter 0,5 m² werden als 0,5 m² abgerechnet.

5.2 Für das Abputzen aufgenommener Pflasterdecken und Plattenbeläge wird das Maß der aufgenommenen Fläche abgerechnet.

5.3 Das Zuarbeiten oder Schneiden von Platten und Pflaster an Kanten und Einfassungen wird nach der Länge der Fuge zwischen Belag und Kante oder Einfassung abgerechnet.

5.4 Fugenverguss und Fugenfüllung von Pflasterdecken und Plattenbelägen werden nach der Fläche des Belags abgerechnet.

5.5 Die Länge der Einfassung wird an der Vorderseite der Bord- oder Einfassungssteine gemessen. Dies gilt auch bei der Abrechnung von Fundamenten mit und ohne Rückenstütze nach Längenmaß.

5.6 Nacharbeiten der Schnurkante, Nacharbeiten oder Aufarbeiten eines vorhandenen Anlaufs (Fase) oder der Trittflächen von Bordsteinen werden nach der Länge der bearbeiteten Bordsteine abgerechnet.

5.7 Bei der Abrechnung werden übermessen:

– Randfugen zwischen Pflasterdecke oder Plattenbelag und Einfassung, z. B. Bordsteine, Schiene,

– Fugen innerhalb der Pflasterdecke oder des Plattenbelags und Stoßfugen zwischen den einzelnen Bordsteinen oder Einfassungssteinen,

– Schienen, wenn beidseitig die gleiche Befestigungsart an die Schienen herangeführt ist,

– in der befestigten Fläche liegende oder in sie hineinragende Aussparungen oder Einbauten bis einschließlich 1 m² Einzelgröße, z. B. Schächte, Schieber, Maste, Stufen.

5.8 Aussparungen oder Einbauten über 1 m² Einzelgröße werden abgezogen; wenn sie in verschiedenen Befestigungsarten liegen, werden sie anteilig abgezogen.

Erläuterungen

0.5 Abrechnungseinheiten

Abschnitt 0.5 dient dazu, auf die üblichen und zweckmäßigen Abrechnungseinheiten für die jeweilige Teilleistung hinzuweisen. In der Leistungsbeschreibung ist die zutreffende Abrechnungseinheit festzulegen.

5 Abrechnung

Ergänzend zur ATV DIN 18299, Abschnitt 5, gilt:

Siehe Kommentierung zu Abschnitt 5 der ATV DIN 18299.

5.1 Einzelflächen unter 0,5 m² werden als 0,5 m² abgerechnet.

In der Leistungsbeschreibung unter 0,5 m² vorgegebene regelmäßige oder unregelmäßige Einzelflächen von Pflasterdecken und Plattenbelägen werden mit 0,5 m² abgerechnet. Dabei werden gemäß Abschnitt 5.7 Randfugen und Fugen innerhalb der Pflasterdecke oder des Plattenbelags übermessen *(Bild 1 bis 3)*.

Anpassung an eine Baumscheibe mit Mosaikpflaster

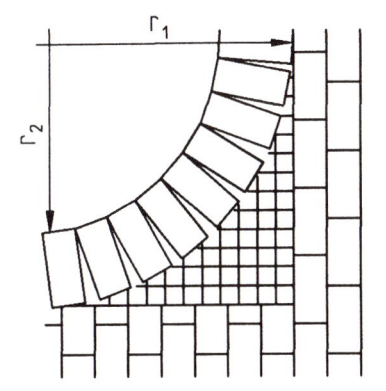

Bild 1 $A_{\text{Baumscheibe}} = (r_1^2 - r_2^2) \cdot 3,14 > 0,5\ m^2$
$A_{\text{Mosaikpflaster}} = r_1^2 - r_1^2 \cdot 3,14 \cdot \frac{1}{4} < 0,5\ m^2$

Die Umrandung der Baumscheibe ist, da größer als 0,5 m², mit ihrer Einzelfläche zu rechnen.

Die Mosaikpflasterfläche dagegen ist, da kleiner als 0,5 m², jeweils mit 0,5 m² abzurechnen.

Anpassung an einen Kanaldeckel mit Kleinsteinpflaster

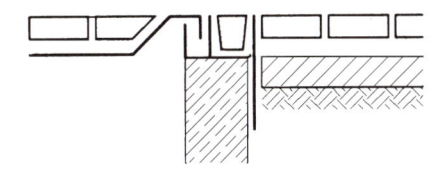

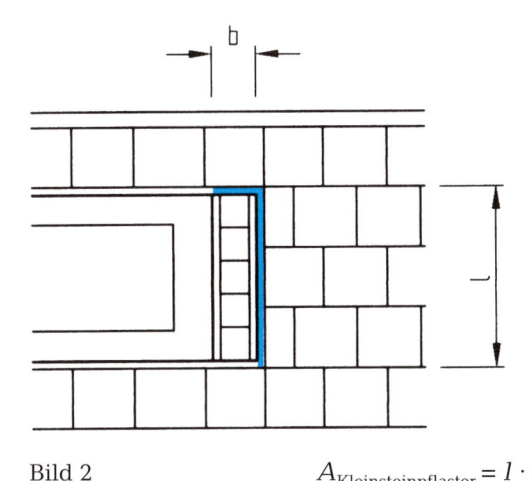

Bild 2 $A_{\text{Kleinsteinpflaster}} = l \cdot b < 0,5\ m^2$

Die Kleinsteinpflasterfläche ist, da kleiner als 0,5 m², mit 0,5 m² abzurechnen.

gepflasterte Treppenstufe innerhalb eines Gehweges

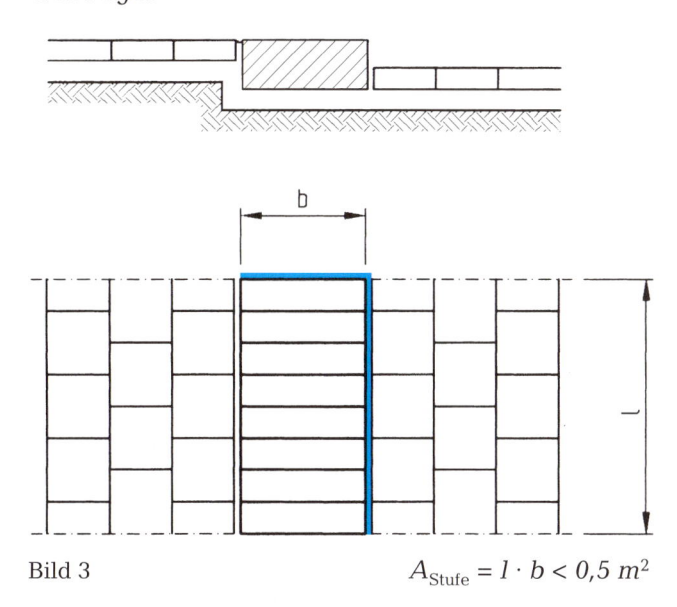

Bild 3 $A_{\text{Stufe}} = l \cdot b < 0,5\ m^2$

Die Stufenfläche ist, da kleiner als 0,5 m², mit 0,5 m² abzurechnen.

5.2 Für das Abputzen aufgenommener Pflasterdecken und Plattenbeläge wird das Maß der aufgenommenen Fläche abgerechnet.

Das Abputzen aufgenommener Pflasterdecken und Plattenbeläge wird mit dem Maß der aufgenommenen Fläche abgerechnet. Dabei bleiben sowohl die Regelungen des Abschnittes 5 als auch die der Abschnitte 5.7 und 5.8, soweit es die Bestimmungen für das Übermessen betrifft, außer Acht (Bild 4).

Abputzen der aufgenommenen Fläche der Einlaufrinne

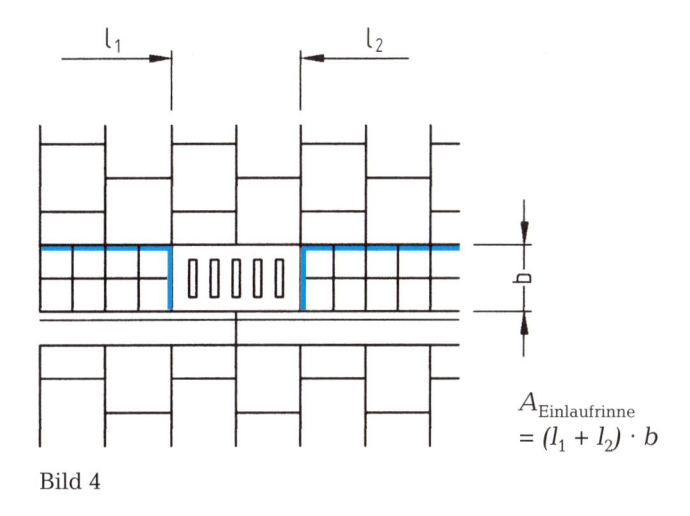

$A_{\text{Einlaufrinne}} = (l_1 + l_2) \cdot b$

Bild 4

Der Kanaleinlauf, der bei der Flächenberechnung für die Herstellung der Einlaufrinne gemäß Abschnitt 5.7 zu übermessen ist, bleibt, da kleiner als 1 m², hier außer Acht.

5.3 Das Zuarbeiten oder Schneiden von Platten und Pflaster an Kanten und Einfassungen wird nach der Länge der Fuge zwischen Belag und Kante oder Einfassung abgerechnet.

Das Zuarbeiten oder Schneiden von Platten und Pflaster an Kanten und Einfassungen, aber auch an Einbauten und Aussparungen, wird nach der Länge der Fuge zwischen Belag und Kante oder Einfassung gemessen und, soweit im Bauvertrag nicht vorgesehen, gemäß Abschnitt 4.2.4 als „Besondere Leistung" gesondert gerechnet *(Bild 5)*.

Zuarbeiten von Platten an Einfassungen

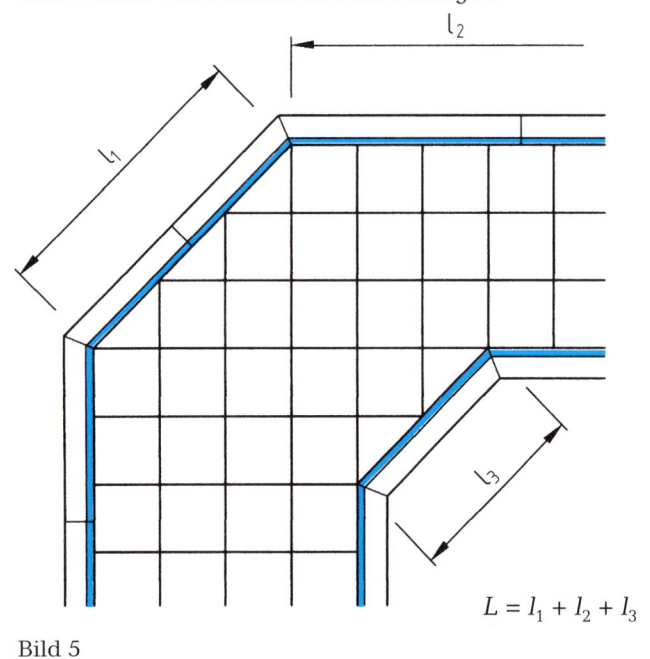

$L = l_1 + l_2 + l_3$

Bild 5

Vergießen bzw. Verschließen der Fugen

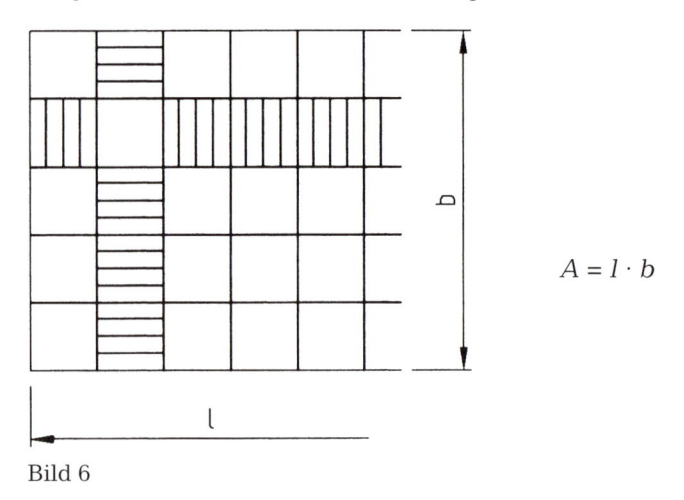

$A = l \cdot b$

Bild 6

5.5 Die Länge der Einfassung wird an der Vorderseite der Bord- oder Einfassungssteine gemessen. Dies gilt auch bei der Abrechnung von Fundamenten mit und ohne Rückenstütze nach Längenmaß.

Einfassungen, Bord- und Einfassungssteine werden bei Abrechnung nach Längenmaß an der Vorderseite gemessen *(Bild 7 und 8)*.

Einfassungen

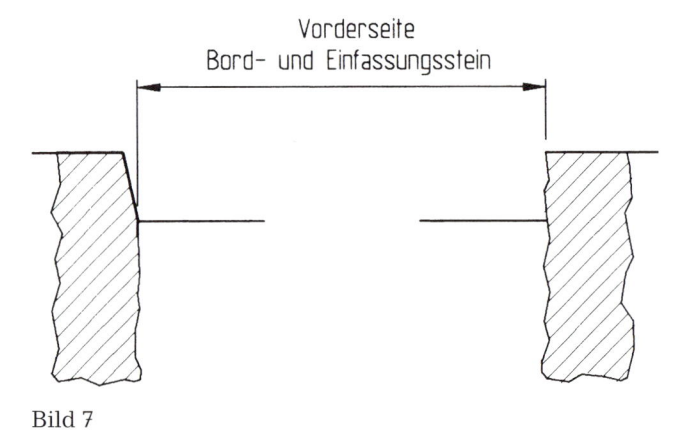

Vorderseite Bord- und Einfassungsstein

Bild 7

5.4 Fugenverguss und Fugenfüllung von Pflasterdecken und Plattenbelägen werden nach der Fläche des Belags abgerechnet.

Das Vergießen bzw. Verschließen der Pflaster- und Plattenfugen wird nach der Fläche des jeweiligen Belages gerechnet, ohne jedoch im Einzelnen zwischen klein- und großformatigen Teilflächen innerhalb des Belags zu unterscheiden *(Bild 6)*.

DIN 18318

Einfassungen

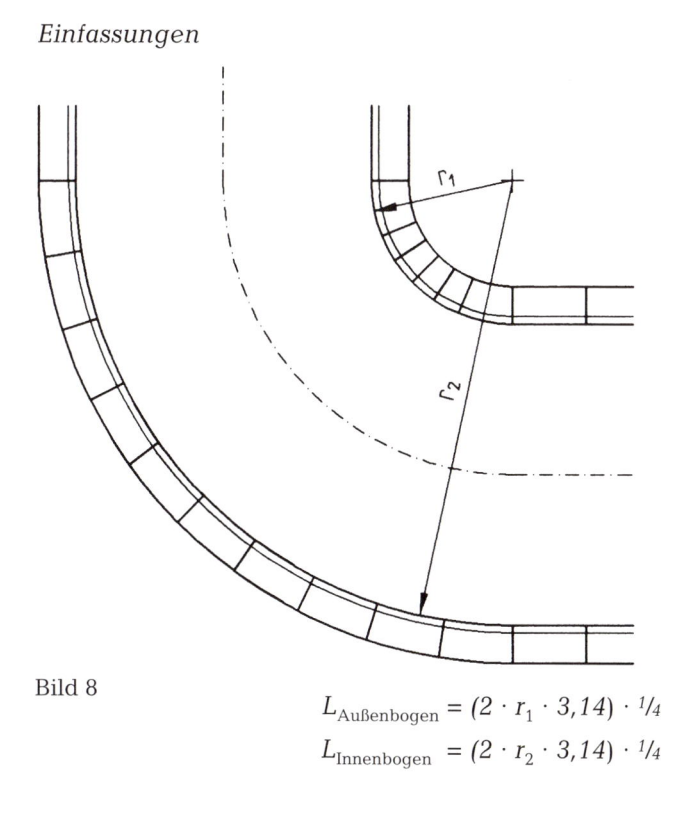

Bild 8

$$L_{\text{Außenbogen}} = (2 \cdot r_1 \cdot 3{,}14) \cdot \tfrac{1}{4}$$
$$L_{\text{Innenbogen}} = (2 \cdot r_2 \cdot 3{,}14) \cdot \tfrac{1}{4}$$

Dies gilt auch für die Abrechnung von Fundamenten mit und ohne Rückenstütze bei Abrechnung nach Längenmaß *(Bild 9)*.

Fundament für Einfassung

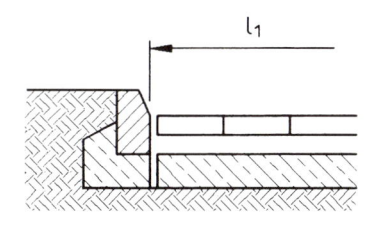

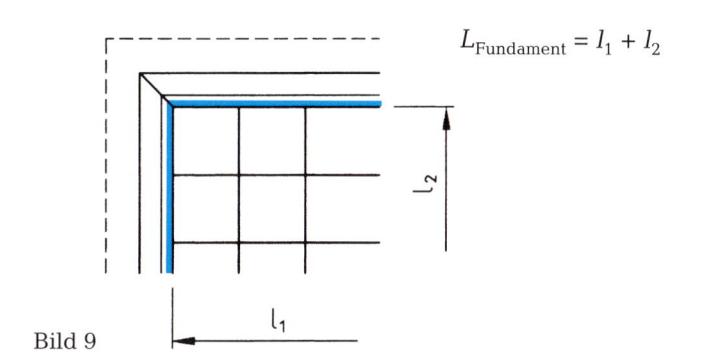

$$L_{\text{Fundament}} = l_1 + l_2$$

Bild 9

5.6 Nacharbeiten der Schnurkante, Nacharbeiten oder Aufarbeiten eines vorhandenen Anlaufs (Fase) oder der Trittflächen von Bordsteinen werden nach der Länge der bearbeiteten Bordsteine abgerechnet.

Das Nacharbeiten der Schnurkante, des etwaigen Anlaufs oder der Trittfläche von Bordsteinen wird bei Abrechnung nach Längenmaß nach der Länge der bearbeiteten Bordsteine gerechnet *(Bild 10 und 11)*.

Bordsteinflächen

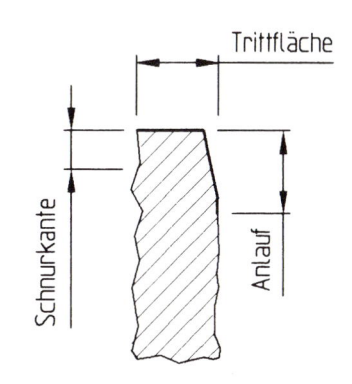

Bild 10

Nacharbeiten von Bordsteinen (Einfahrt – Grundriss)

Bild 11

5.7 Bei der Abrechnung werden übermessen:

- **Randfugen zwischen Pflasterdecke oder Plattenbelag und Einfassung, z.B. Bordstein, Schiene,**
- **Fugen innerhalb der Pflasterdecke oder des Plattenbelags und Stoßfugen zwischen den einzelnen Bordsteinen oder Einfassungssteinen,**
- **Schienen, wenn beidseitig die gleiche Befestigungsart an die Schienen herangeführt ist,**
- **in der befestigten Fläche liegende oder in sie hineinragende Aussparungen oder Einbauten bis einschließlich 1 m² Einzelgröße, z.B. Schächte, Schieber, Maste, Stufen.**

Bei der Abrechnung von Pflasterdecken und Plattenbelägen werden Raumfugen zwischen Pflasterdecke oder Plattenbelag und Einfassung sowie Fugen innerhalb der Pflasterdecke oder des Plattenbelags ebenso übermessen wie Stoßfugen zwischen den Bordsteinen oder Einfassungen *(Bild 12 und 13)*.

Randfugen und Fugen innerhalb des Belags

Bild 12

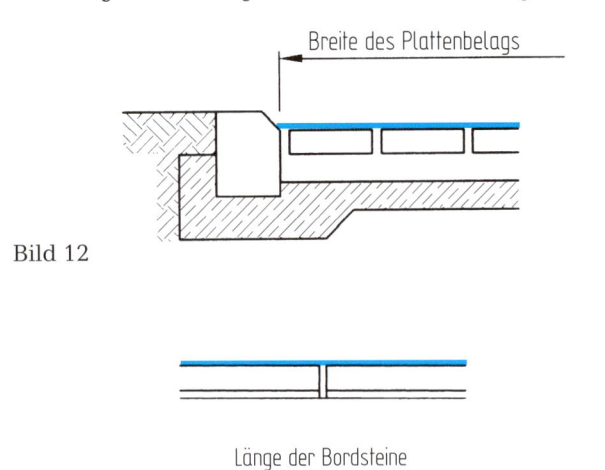

Bild 13

Des Weiteren werden bei der Abrechnung von Pflasterdecken oder Plattenbelägen Schienen übermessen, wenn beidseitig die gleiche Befestigungsart vorgesehen ist *(Bild 14 und 15)*.

Schienen innerhalb von Pflasterdecken

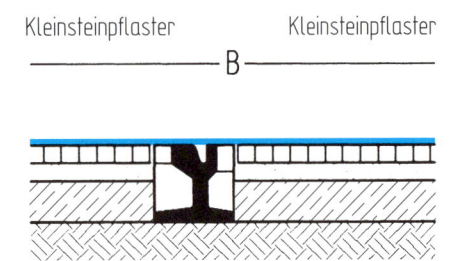

Bild 14

Beidseitig der Schiene grenzt Kleinsteinpflaster an, die Schiene ist zu übermessen.

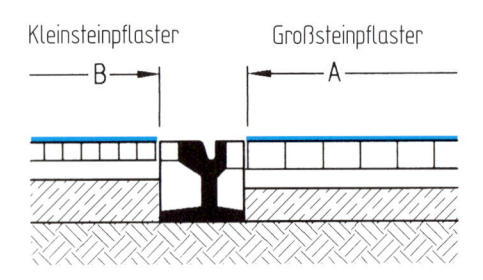

Bild 15

Kleinstein- und Großsteinpflaster grenzen jeweils an eine Schienenseite. Der jeweilige Belag wird nur bis zur Schiene gemessen.

Schließlich werden in Pflasterdecken oder Plattenbelägen liegende oder in sie hineinragende Aussparungen oder Einbauten bis 1 m² Einzelgröße übermessen *(Bild 16)*.

Aussparungen innerhalb von Plattenbelägen

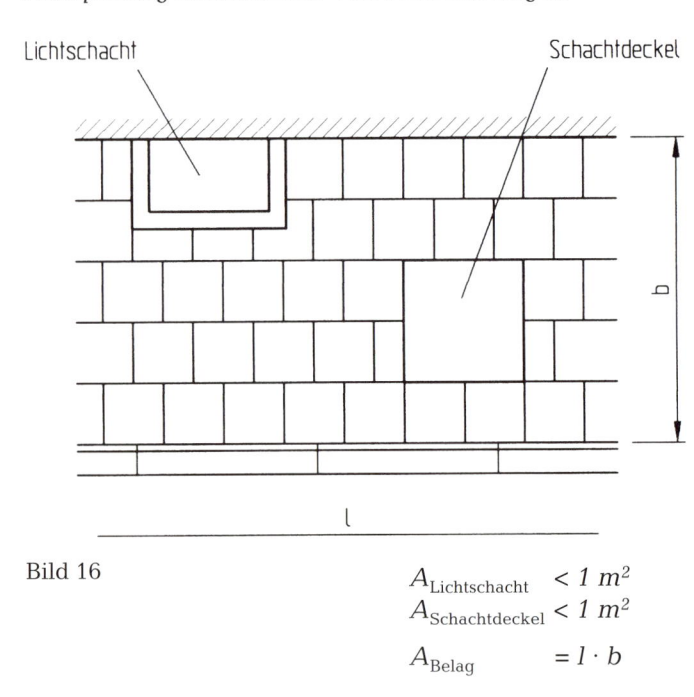

Bild 16

$A_{\text{Lichtschacht}} < 1\ m^2$
$A_{\text{Schachtdeckel}} < 1\ m^2$
$A_{\text{Belag}} = l \cdot b$

Lichtschacht und Schachtdeckel bleiben bei der Abrechnung des Plattenbelags unberücksichtigt.

5.8 Aussparungen oder Einbauten über 1 m² Einzelgröße werden abgezogen; wenn sie in verschiedenen Befestigungsarten liegen, werden sie anteilig abgezogen.

In Pflasterdecken oder Plattenbelägen liegende Aussparungen oder Einbauten über 1 m², z.B. Schachtabdeckungen, Pflanzbeete, werden abgezogen; wenn solche Aussparungen in verschiedenen Befestigungsarten liegen, werden sie anteilig abgezogen (*Bild 17*).

Aussparungen innerhalb verschiedener Befestigungsarten

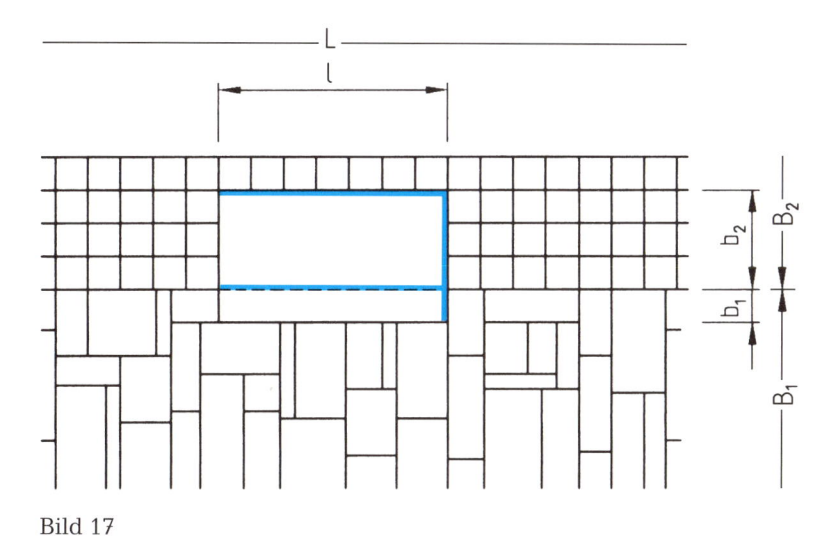

$A_{\text{Natursteinbelag}} = L \cdot B_1 - l \cdot b_1$

$A_{\text{Großsteinpflaster}} = L \cdot B_2 - l \cdot b_2$

$A_{\text{Pflanzbeet}} > 1\ m^2$

Bild 17

DIN 18320

Landschaftsbauarbeiten – DIN 18320

Ausgabe Dezember 2002

Geltungsbereich

Die ATV „Landschaftsbauarbeiten" – DIN 18320 – gilt für

- vegetationstechnische Bau-, Pflege- und Instandhaltungsarbeiten,
- ingenieurbiologische Sicherungsbauweisen,
- Bau-, Pflege- und Instandhaltungsarbeiten für Spiel- und Sportanlagen,
- Schutzmaßnahmen für Bäume, Pflanzenbestände und Vegetationsflächen.

Die ATV DIN 18320 gilt nicht für

- Bodenarbeiten, die anderen als vegetationstechnischen Zwecken dienen (siehe ATV DIN 18300 „Erdarbeiten"), und
- Pflanz- und Saatarbeiten zur Sicherung an Gewässern, Deichen und Küstendünen (siehe ATV DIN 18310 „Sicherungsarbeiten an Gewässern, Deichen und Küstendünen").

0.5 Abrechnungseinheiten

Im Leistungsverzeichnis sind die Abrechnungseinheiten wie folgt vorzusehen:

0.5.1 *Flächenmaß (m^2) für*

- *Säubern der Baustelle von störenden Stoffen,*
- *Aufnehmen von pflanzlichen Bodendecken,*
- *Sichern von Bodenflächen und Oberflächen von Bodenlagern,*
- *Auf- und Abtrag von Boden,*
- *Aufnehmen von Flächenbefestigungen,*
- *Bodenbearbeitung, z.B. Lockern, Ebnen, Verdichten,*
- *Einarbeiten von Dünger und Bodenverbesserungsstoffen,*
- *Rasen und wiesenähnliche Flächen,*
- *Nass- und Trockenansaaten,*
- *Deckbauweisen des Lebendverbaues,*
- *Herstellen von Filter-, Drän-, Trag- und Deckschichten,*
- *Schutzvorrichtungen für Pflanzflächen,*
- *Pflegeleistungen, z.B. Rasenschnitt, Gehölzschnitt, Heckenschnitt, Beregnen, Bodenlockerung, Pflanzenschutz, Winterschutzmaßnahmen.*

0.5.2 *Raummaß (m^3) für*

- *Auf- und Abtrag von Boden,*
- *Entfernen von ungeeigneten Bodenarten,*
- *Lagern von Boden, Kompost, sonstigen Schüttgütern und Bauholz,*
- *Ausbringen von Bodenverbesserungsstoffen,*
- *Bewässerung,*
- *Säubern der Baustelle von störenden Stoffen.*

0.5.3 *Längenmaß (m) für*

- *Faschinenverbau, Flechtwerke, Buschlagen, Heckenlagen, Pflanzgräben, Pflanzriefen,*
- *Einfriedungen, Einfassungen, Abgrenzungen, lineare Markierungen,*
- *Dränstränge, Rinnen, getrennt nach Art und Größe,*
- *Schnitt von Hecken.*

0.5.4 *Anzahl (Stück), getrennt nach Art und Größe, für*

- *Roden oder Herausnehmen von Pflanzen, Vegetationsstücken,*

- *Einschlagen von Pflanzen, Pflanzarbeiten, Setzen von Steckhölzern und Setzstangen, Verankerungen von Gehölzen,*
- *Pflanzgruben,*
- *Pflegen von Einzelpflanzen, Pflanzgefäßen,*
- *Schutzvorrichtungen für Pflanzen,*
- *Ausstattungsgegenstände, z. B. Bänke, Tische, Abfallbehälter, Spiel- und Sportgeräte,*
- *Markierungszeichen, Punktmarkierungen,*
- *Einläufe, Regner,*
- *Schneiden von Gehölzen.*

0.5.5 Gewicht (kg, t) für

- *Ausbringen von Saatgut für Nass- und Trockenansaaten,*
- *Ausbringen von Dünger,*
- *Säubern der Baustelle von störenden Stoffen.*

5 Abrechnung

Ergänzend zur ATV DIN 18299, Abschnitt 5, gilt:

5.1 Allgemeines

5.1.1 Der Ermittlung der Leistung – gleichgültig, ob sie nach Zeichnungen oder nach Aufmaß erfolgt – sind zugrunde zu legen:

– die tatsächlichen Maße; dabei werden Flächen bei der Ermittlung der Leistung in der Abwicklung gemessen;

– bei der Pflege von Dachbegrünungen die tatsächliche Vegetationsfläche einschließlich eventueller Randstreifen.

5.1.2 Flächen werden getrennt nach Flächenneigungen abgerechnet, wenn ihre Neigung steiler als 1:4 ist.

5.1.3 Abtrag wird an der Entnahmestelle ermittelt.

5.1.4 Bodenlager werden jeweils im Einzelnen nach ihrer Fertigstellung ermittelt.

5.1.5 Anschüttungen, Andeckungen, Einbau von Schichten werden im fertigen, Vegetationstragschichten im gesetzten Zustand zur Zeit der Abnahme an den Auftragstellen ermittelt.

5.1.6 Boden wird getrennt nach Bodengruppen nach DIN 18915 und, soweit 50 m Förderweg überschritten werden, auch gestaffelt nach Länge der Förderwege abgerechnet.

5.1.7 Ist nach Gewicht abzurechnen, so ist die Menge durch Wiegen, bei Schiffsladungen durch Schiffseiche, festzustellen.

5.1.8 Zu rodende Pflanzen werden vor dem Roden ermittelt, dabei Sträucher getrennt nach Höhe, Bäume getrennt nach Stammdurchmesser, der in 1 m Höhe über dem Gelände ermittelt wird. Bei mehrstämmigen Bäumen gilt als Durchmesser die Summe der Durchmesser der einzelnen Stämme.

5.1.9 Schnitt von Hecken wird nach der bearbeiteten Fläche ermittelt.

5.1.10 Bei der Auszählung von Flächenpflanzungen, z. B. aus bodendeckenden Stauden und Gehölzen, leichten Sträuchern und Heistern, werden Ausfälle bis zu 5 % der Gesamtstückzahl nicht berücksichtigt, wenn trotz Ausfall einzelner Pflanzen ein geschlossener Eindruck entsteht.

5.2 Es werden abgezogen:

5.2.1 Bei der Abrechnung nach Flächenmaß (m^2):

– bei Nass- und Trockenansaaten nach DIN 18918 Aussparungen über 100 m^2 Einzelfläche, z. B. Felsflächen, Bauwerke;

– bei sonstigen Flächen Aussparungen über 2,5 m^2 Einzelfläche, z. B. Bäume, Baumscheiben, Stützen, Einläufe, Felsnasen, Schrittplatten.

5.2.2 Bei der Abrechnung nach Längenmaß (m):

Unterbrechungen über 1 m Länge.

DIN 18320

Erläuterungen

0.5 Abrechnungseinheiten

Abschnitt 0.5 dient dazu, auf die üblichen und zweckmäßigen Abrechnungseinheiten für die jeweilige Teilleistung hinzuweisen. In der Leistungsbeschreibung ist die zutreffende Abrechnungseinheit festzulegen.

5 Abrechnung

Ergänzend zur ATV DIN 18299, Abschnitt 5, gilt:

Siehe Kommentierung zu Abschnitt 5 der ATV DIN 18299.

5.1 Allgemeines

5.1.1 Der Ermittlung der Leistung – gleichgültig, ob sie nach Zeichnungen oder nach Aufmaß erfolgt – sind zugrunde zu legen:

- **die tatsächlichen Maße; dabei werden Flächen bei der Ermittlung der Leistung in der Abwicklung gemessen;**
- **bei der Pflege von Dachbegrünungen die tatsächliche Vegetationsfläche einschließlich eventueller Randstreifen.**

Zur Ermittlung der Leistung sind die tatsächlichen Maße zugrunde zu legen.

Die tatsächlichen Maße sind dabei aus Zeichnungen oder an Ort und Stelle durch Aufmaß festzustellen, in der Regel mit Hilfe eines Flächennivellements und Bildung von Längs- und Querprofilen *(Bild 1)*.

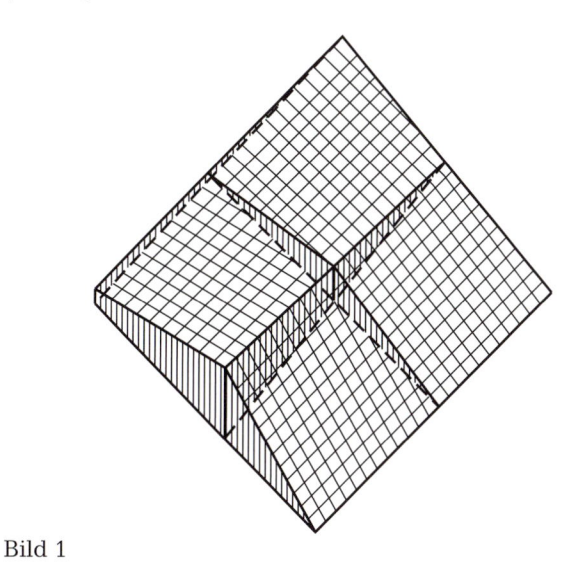

Bild 1

Bei der Pflege von Dachbegrünungen sind die tatsächlichen Vegetationsflächen einschließlich eventueller Randstreifen zugrunde zu legen *(Bild 2)*.

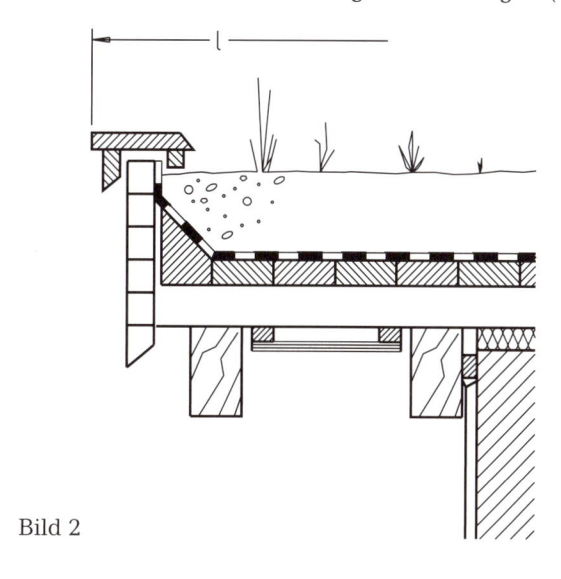

Bild 2

5.1.2 Flächen werden getrennt nach Flächenneigungen abgerechnet, wenn ihre Neigung steiler als 1:4 ist.

Längenmaße, Flächenmaße und Raummaße sind nach ihren tatsächlichen Maßen zu ermitteln.

Dabei werden ebene Flächen und Flächen mit einer Neigung flacher als 1:4 in ihrer tatsächlichen Form und Größe in der Abwicklung gemessen.

Flächen mit einer Neigung steiler als 1:4 sind getrennt nach ihrer jeweiligen Neigung, z.B.

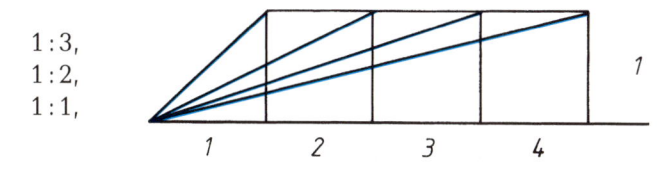

1:3,
1:2,
1:1,

in ihrer Abwicklung abzurechnen.

Die Neigung der zu bearbeitenden Flächen ist im Leistungsverzeichnis entsprechend anzugeben.

Profilierungen innerhalb der jeweiligen Neigungsfläche sind dabei zu berücksichtigen.

5.1.3 Abtrag wird an der Entnahmestelle ermittelt.

Abtrag ist in der Regel an der Entnahmestelle zu ermitteln, und zwar vor dem Entfernen *(Bild 3 und 4)*.

Es gelten die tatsächlichen Maße.

Bild 3

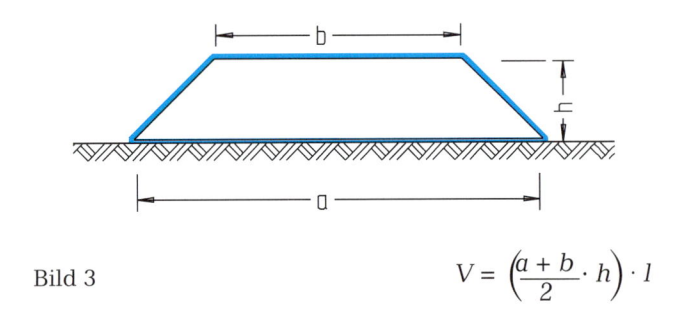

$$V = \left(\frac{a+b}{2} \cdot h\right) \cdot l$$

Ist eine davon abweichende Art der Ermittlung, z. B. bei Bauschutt und Müll nach loser Menge in Transportgefäßen oder nach Gewicht, zweckmäßiger, so ist dies in der Leistungsbeschreibung anzugeben (siehe auch Abschnitt 0.3).

5.1.4 Bodenlager werden jeweils im Einzelnen nach ihrer Fertigstellung ermittelt.

Bodenlager sind unmittelbar nach Abschluss der Arbeit aufzumessen. Ein späteres Aufmaß führt, bedingt durch Setzungen des Bodens, zu fehlerhaften Ergebnissen.

5.1.5 Anschüttungen, Andeckungen, Einbau von Schichten werden im fertigen, Vegetationstragschichten im gesetzten Zustand zur Zeit der Abnahme an den Auftragstellen ermittelt.

Anschüttungen, Andeckungen, Einbau von Schichten sind im fertigen Zustand zur Zeit der Abnahme an den Auftragstellen zu ermitteln *(Bild 4)*.

Ist eine davon abweichende Art der Ermittlung, z. B. an der Entnahmestelle oder nach Transporteinheiten bei Schüttgütern, zweckmäßig, so ist dies in der Leistungsbeschreibung anzugeben (siehe auch Abschnitt 0.3 der ATV).

5.1.6 Boden wird getrennt nach Bodengruppen nach DIN 18915 und, soweit 50 m Förderweg überschritten werden, auch gestaffelt nach Länge der Förderwege abgerechnet.

Die Bewertung der Böden und ihre Einordnung erfolgt nach Tabelle 1 der DIN 18915 „Vegetationstechnik im Landschaftsbau; Bodenarbeiten".

Ist zu erwarten, dass eine Trennung der Bodengruppen nicht oder nur sehr schwer möglich ist, sind hierfür entsprechende Eventualpositionen in der Leistungsbeschreibung vorzusehen.

Boden wird also getrennt nach Bodengruppen, daneben aber auch gestaffelt nach Länge der Förderwege abgerechnet, wobei z. B. folgende Staffelung der Förderwege zweckmäßig sein kann:

– bis 50 m,
– über 50 m bis 100 m,
– über 100 m bis 500 m,
– über 500 m bis 1000 m,
– über 1000 m bis 5000 m.

Als Förderweg gilt der kürzeste, praktisch mögliche Weg vom Schwerpunkt des Abtrags bis zum Schwerpunkt des Auftrags *(Bild 5 und 6)*. Bei geneigten Wegen ist die tatsächliche Länge zu messen *(Bild 7)*.

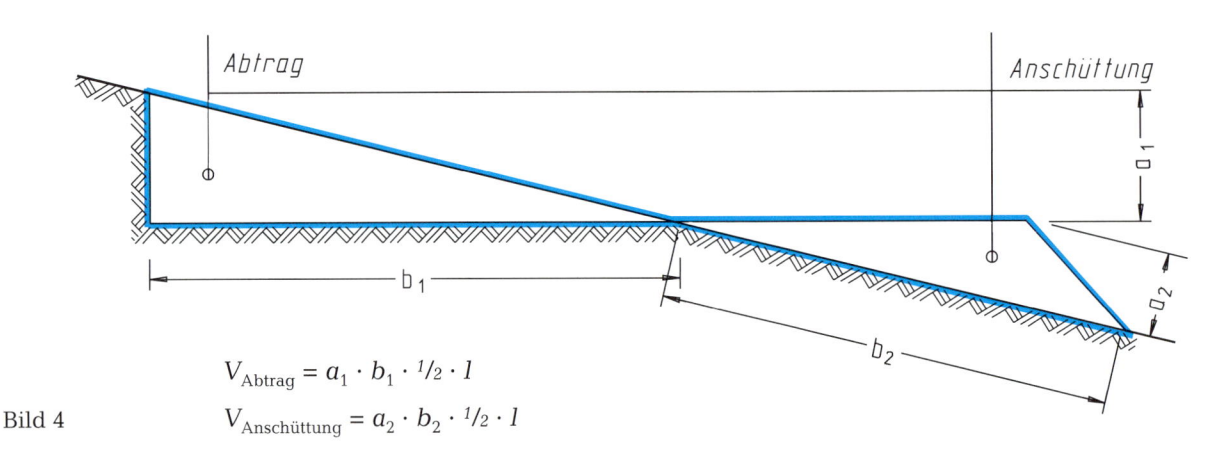

Bild 4

$$V_{\text{Abtrag}} = a_1 \cdot b_1 \cdot {}^1/_2 \cdot l$$
$$V_{\text{Anschüttung}} = a_2 \cdot b_2 \cdot {}^1/_2 \cdot l$$

DIN 18320

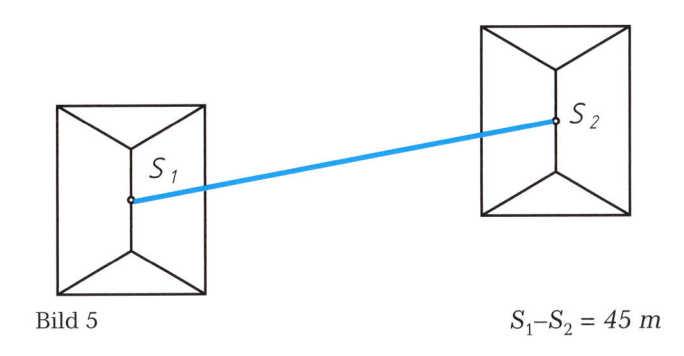

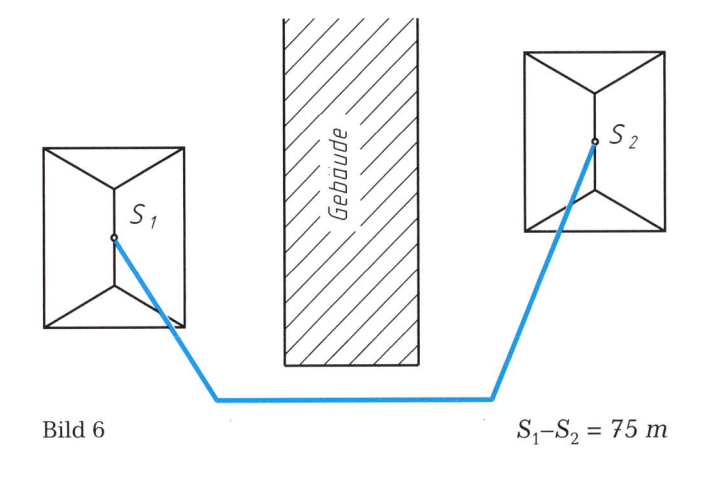

Bild 5 $S_1 – S_2 = 45\ m$

Bild 6 $S_1 – S_2 = 75\ m$

Bild 7

5.1.7 Ist nach Gewicht abzurechnen, so ist die Menge durch Wiegen, bei Schiffsladungen durch Schiffseiche, festzustellen.

5.1.8 Zu rodende Pflanzen werden vor dem Roden ermittelt, dabei Sträucher getrennt nach Höhe, Bäume getrennt nach Stammdurchmesser, der in 1 m Höhe über dem Gelände ermittelt wird. Bei mehrstämmigen Bäumen gilt als Durchmesser die Summe der Durchmesser der einzelnen Stämme.

Zu rodende Sträucher und Bäume sind getrennt zu ermitteln; Sträucher nach Höhe und Bäume nach Stammdurchmesser, der in 1 m Höhe über dem Gelände ermittelt wird, wobei bei mehrstämmigen Bäumen als Durchmesser die Summe der einzelnen Stämme gilt.

Wurzelstöcke und Baumstümpfe früheren Bewuchses werden, wenn nichts anderes festgelegt wird, nach ihren sichtbaren Schnittflächen gerechnet.

5.1.9 Schnitt von Hecken wird nach der bearbeiteten Fläche ermittelt.

Der Schnitt von Hecken ergibt sich aus der Summe der bearbeiteten Flächen. Dabei sind die Flächen (Innen- und Außenseiten, Kopfseiten sowie Deckseiten) jeweils in ihrer Abwicklung zu messen (Bild 8).

Schnitt einer Hecke

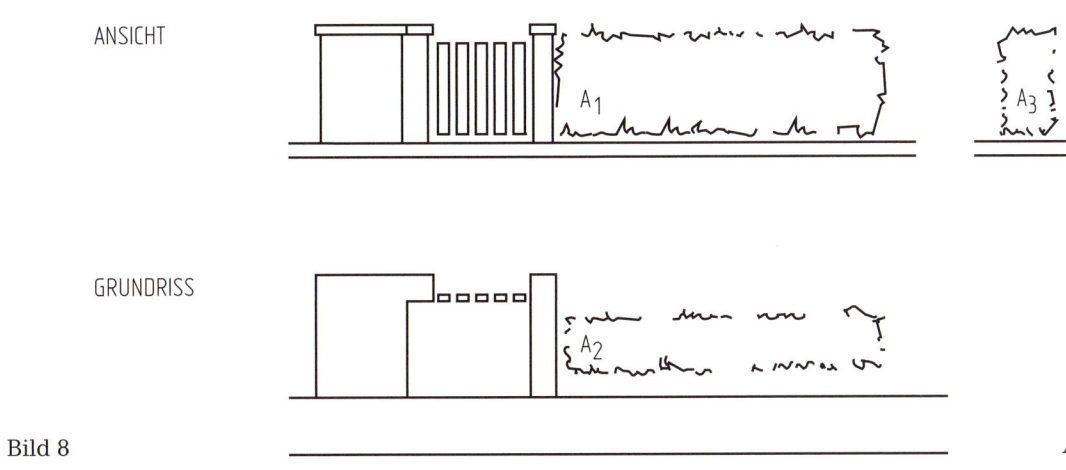

ANSICHT

GRUNDRISS

Bild 8 $A = 2 \cdot A_1 + A_2 + A_3$

5.1.10 Bei der Auszählung von Flächenpflanzungen, z. B. aus bodendeckenden Stauden und Gehölzen, leichten Sträuchern und Heistern, werden Ausfälle bis zu 5 % der Gesamtstückzahl nicht berücksichtigt, wenn trotz Ausfall einzelner Pflanzen ein geschlossener Eindruck entsteht.

5.2 Es werden abgezogen:

5.2.1 Bei der Abrechnung nach Flächenmaß (m²):

- bei Nass- und Trockenansaaten nach DIN 18918 Aussparungen über 100 m² Einzelfläche, z. B. Felsflächen, Bauwerke;
- bei sonstigen Flächen Aussparungen über 2,5 m² Einzelfläche, z. B. Bäume, Baumscheiben, Stützen, Einläufe, Felsnasen, Schrittplatten.

5.2.2 Bei der Abrechnung nach Längenmaß (m):

Unterbrechungen über 1 m Länge.

Bei Nass- und Trockensaaten nach DIN 18918 „Vegetationstechnik im Landschaftsbau; Ingenieurbiologische Sicherungsbauweisen; Sicherungen durch Ansaaten, Bepflanzungen, Bauweisen mit lebenden und nichtlebenden Stoffen und Bauteilen, kombinierte Bauweisen" werden bei Abrechnung nach Flächenmaß Aussparungen über 100 m² Einzelfläche, z. B. Felsflächen, Bauwerke, Wasserläufe, Wege, abgezogen. Die DIN 18918 gilt für Sicherungsbauweisen mit Saatgut zur Verhinderung von Erosionen und zur Begrünung von Flächen, die durch natürliche Einflüsse oder technische Maßnahmen von Oberboden entblößt sind.

Bei anderen Flächen, z. B. Flächensicherungen durch Saatverfahren nach DIN 18917 „Vegetationstechnik im Landschaftsbau; Rasen und Saatarbeiten", werden bei Abrechnung nach Flächenmaß Aussparungen über 2,5 m² Einzelfläche, z. B. Baumscheiben, Bäume, Schrittplatten, abgezogen *(Bild 9)*.

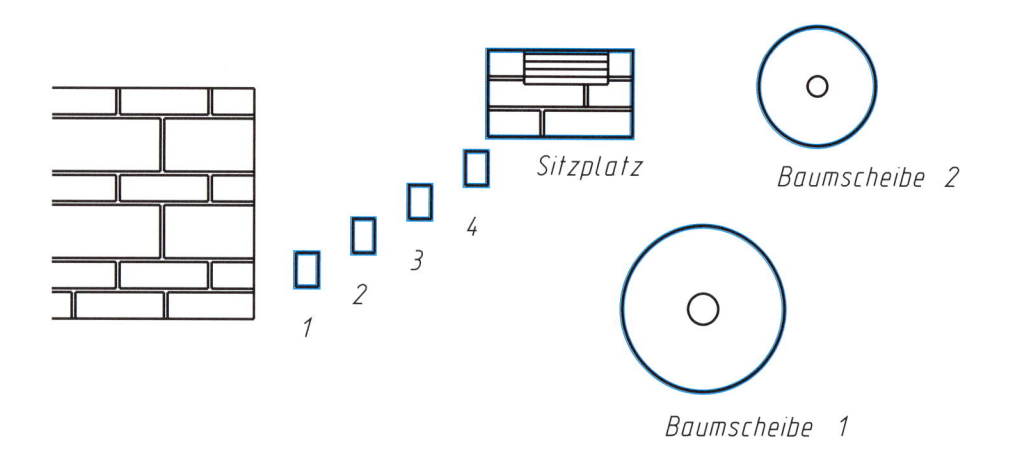

Bild 9

Zu übermessen sind:
- Baumscheibe 2
- Schrittplatten 1–4 $\Big\} \leq 2{,}5\ m^2$

Abgezogen werden:
- Sitzplatz
- Baumscheibe 1 $\Big\} > 2{,}5\ m^2$

DIN 18320

Bei Abrechnung nach Längenmaß werden Unterbrechungen über 1 m Länge abgezogen *(Bild 10)*.

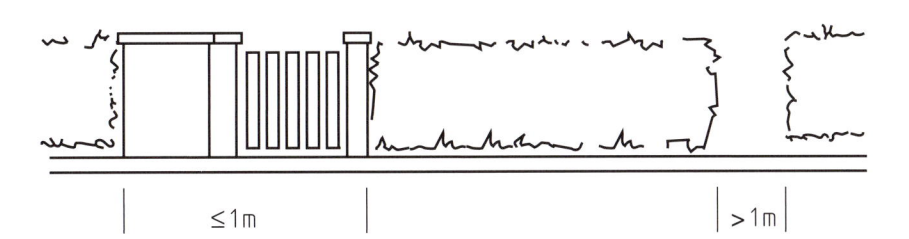

Bild 10   ≤1m   >1m

Zu übermessen ist:
– Gartenpforte   ≤ *1 m*

Abgezogen wird:
– Garteneingang   > *1 m*

DIN 18330

Mauerarbeiten – DIN 18330

Ausgabe Januar 2005

Geltungsbereich

Die ATV „Mauerarbeiten" – DIN 18330 – gilt für Mauerwerk jeder Art aus natürlichen und künstlichen Steinen.

Die ATV DIN 18330 gilt nicht für

- Quadermauerwerk (siehe ATV DIN 18332 „Naturwerksteinarbeiten"),
- Versetzen von Betonwerksteinen (siehe ATV DIN 18333 „Betonwerksteinarbeiten").
- Trockenbauarbeiten (siehe ATV DIN 18340 „Trockenbauarbeiten").
- Wärmedämm-Verbundsysteme (siehe ATV DIN 18345 „Wärmedämm-Verbundsysteme").

0.5 Abrechnungseinheiten

Im Leistungsverzeichnis sind die Abrechnungseinheiten wie folgt vorzusehen:

0.5.1 *Flächenmaß (m^2), getrennt nach Bauart und Maßen, für*
- *Mauerwerk,*
- *Ausmauern von Fachwerkwänden und Stahl- und Betonskeletten,*
- *leichte Trennwände,*
- *Sicht- und Verblendmauerwerk,*
- *Verblendschalen, Bekleidungen,*
- *Gewölbe,*
- *Ausfugen,*
- *Bodenbeläge aus Flach- oder Rollschichten,*
- *Auffüllungen von Decken,*
- *Dämmstoffschichten bei zweischaligem Mauerwerk,*
- *Abdichtungen, Dampfbremsen, Trenn- und Schutzschichten,*
- *Leichtbauplatten,*
- *Fertigteile und Fertigteildecken.*

0.5.2 *Raummaß (m^3), getrennt nach Bauart und Maßen, für*
- *Mauerwerk über 24 cm Dicke,*
- *Ausmauern von Stahlbetonskeletten,*
- *Pfeiler,*
- *Pfeilervorlagen gleicher Bauart wie das dahinter liegende Mauerwerk,*
- *gemauerte Schornsteine, getrennt nach Anzahl und Querschnitt der Züge und Dicken der Wangen,*
- *Dämmstoffe für die Auffüllung von Hohlräumen,*
- *Schüttungen.*

0.5.3 *Längenmaß (m), getrennt nach Bauart und Maßen, für*
- *Leibungen bei Sicht- und Verblendmauerwerk, Sohlbänke und Gesimse einschließlich etwaiger Auskragungen,*
- *gemauerte oder vorgefertigte Stürze, Überwölbungen und Entlastungsbögen über Öffnungen und Nischen,*
- *Pfeiler,*
- *Pfeilervorlagen,*
- *gemauerte Schornsteine, getrennt nach Anzahl und Querschnitt der Züge und Dicke der Wangen,*
- *Schornsteine aus Formstücken, getrennt nach Anzahl und Querschnitt der Züge,*
- *gemauerte Stufen,*
- *Ausmauern, Ummanteln oder Verblenden von Stahlträgern, Unterzügen, Stützen und dergleichen,*
- *Herstellen von Schlitzen,*
- *Ringanker,*
- *Schließen von Schlitzen,*
- *Herstellen von Bewegungs- und Trennfugen,*
- *Schneiden von Vormauersteinen,*
- *Abfangen der Außenschalen bei zweischaligen Außenwänden,*

- *Rollschichten, Mauerabdeckungen,*
- *Herstellen von Mauerwerksschrägen, z.B. Dachschrägen.*

0.5.4 Anzahl (Stück), getrennt nach Bauart und Maßen, für
- *Herstellen von Aussparungen, z.B. Öffnungen, Nischen, Schlitze, Durchbrüche,*
- *vorgefertigte Stürze, Überwölbungen und Entlastungsbögen über Öffnungen und Nischen,*
- *vorgefertigte Sohlbänke und Gesimse einschließlich etwaiger Auskragungen,*
- *Pfeiler,*
- *Schornsteinköpfe, getrennt nach Anzahl und Querschnitt der Züge,*
- *Schornsteinreinigungsverschlüsse, Rohrmuffen, Übergangsstücke und dergleichen,*
- *Kellerlichtschächte, Sinkkästen, Fundamente für Geräte und dergleichen,*
- *Liefern und Einbauen von Stahlteilen und Fertigteilen, z.B. Fertigteildecken,*
- *Liefern und Einsetzen von Ankerschienen, Anschluss- und Randprofilen,*
- *Liefern und Einbauen von Ankern, Bolzen und dergleichen,*
- *Liefern und Einbauen von Tür- und Fensterzargen, Überlagshölzern, Dübeln, Dübelsteinen und dergleichen,*
- *Schließen von Aussparungen, Durchbrüchen und dergleichen,*
- *Stahlteile und Walzstahlprofile, Fertigbauteile und Fertigteildecken,*
- *Schneiden von Vormauersteinen,*
- *Abfangungen der Außenschalen bei zweischaligem Mauerwerk.*

0.5.5 Masse (kg, t), getrennt nach Bauart und Maßen, für
- *Betonstahl, Stahlprofile, Anker, Bolzen,*
- *Schüttungen.*

5 Abrechnung

Ergänzend zur ATV DIN 18299, Abschnitt 5, gilt:

5.1 Allgemeines

5.1.1 Der Ermittlung der Leistung – gleichgültig, ob sie nach Zeichnung oder nach Aufmaß erfolgt – sind zugrunde zu legen:
- für Bauteile aus Mauerwerk, Sicht- und Verblendmauerwerk deren Maße,
- für Bodenbeläge die zu belegende Fläche bis zu den begrenzenden, ungeputzten bzw. unbekleideten Bauteilen,
- für Bodenbeläge ohne begrenzende Bauteile deren Maße,
- bei Fassaden mit mehrschaligem Aufbau für das Sicht- und Verblendmauerwerk und für die Dämmstoffschicht die Maße der Außenseite der Außenschale,
- für die Verfugung die Maße der zu verfugenden Fläche.

5.1.2 Fugen werden übermessen.

5.1.3 Bei Öffnungen und Nischen gelten deren Maße. Die Höhe bogenförmiger Öffnungen und Nischen ist um $1/3$ der Stichhöhe zu verringern.

5.1.4 Bei Mauerwerk, das bis Oberfläche Rohdecke durchgeht, wird von Oberfläche Rohdecke (bei Kellergeschossen von Oberfläche Fundament) bis Oberfläche Rohdecke gerechnet, bei anderem Mauerwerk die tatsächliche Höhe.

5.1.5 Bei Abrechnung nach Flächenmaß wird die Höhe von Mauerwerk mit oben abgeschrägtem Querschnitt bis zur höchsten Kante gerechnet.

5.1.6 Bei Wanddurchdringungen wird nur eine Wand durchgehend berücksichtigt, bei Wänden ungleicher Dicke die dickere Wand.

5.1.7 Bei der Ermittlung der Länge von Wänden werden durchbindende, einbindende und einliegende, gemauerte Schornsteine nicht gemessen, dabei gilt als Wangendicke des Schornsteins die erforderliche Mindestdicke. Das dabei nicht gemessene Wandmauerwerk rechnet zum Schornstein.

5.1.8 Als ein Bauteil gilt bei den Abzügen nach Flächenmaß und Raummaß auch jedes aus Einzelteilen zusammengesetzte Bauteil, z. B. Fenster- und Türumrahmungen, Fenster- und Türstürze, Rollladenkästen.

5.1.9 Rahmen, Riegel, Ständer, Deckenbalken, Vorlagen, Unterbrechungen bis 30 cm Einzelbreite, z. B. durch Fachwerksteile, werden übermessen.

5.1.10 Bei Abrechnung von Gewölben nach Flächenmaß (m^2) wird bei einer Stichhöhe unter einem Sechstel der Spannweite die überwölbte Grundfläche abgerechnet, bei größeren Stichhöhen die abgewickelte Untersicht.

5.1.11 Stürze, Überwölbungen und Entlastungsbögen werden gesondert gemessen, auch wenn die Öffnung oder Nische abgezogen wird.

5.1.12 Leibungen von Öffnungen über 2,5 m^2 Einzelgröße und von Nischen, soweit für das dahinter liegende Mauerwerk besondere Ansätze in der Leistungsbeschreibung vorgesehen sind, werden bei Sicht- und Verblendmauerwerk gesondert gerechnet.

5.1.13 Bei Abrechnung nach Längenmaß (m) werden Bauteile, wie

– Leibungen bei Sicht- und Verblendmauerwerk, Sohlbänke, Gesimse, Bänder, Stürze, Überwölbungen, Entlastungsbögen, Auskragungen, Rollschichten, Mauerwerksschrägen sowie gemauerte Stufen in ihrer größten Länge,

– geschnittene Vormauersteine in der Ansichtsfläche der sichtbaren Schnittlänge und

– Abfangungen für Mauerwerksschalen in der größten Länge des abgefangenen Bauteils,

gemessen.

5.1.14 Tür- und Fensterpfeiler im Wandmauerwerk werden, wenn sie schmaler als 50 cm sind und die beiderseits dieser Pfeiler liegenden Öffnungen abgezogen werden, gesondert gerechnet; andernfalls gelten sie als Wandmauerwerk.

5.1.15 Gemauerte Schornsteine werden in der Achse von Oberfläche Fundament bis Oberfläche Dachhaut gemessen. Breite und Dicke von durchbindenden, einbindenden und einliegenden Schornsteinen werden nach Abschnitt 5.1.7 berücksichtigt. Züge, Reinigungsöffnungen, Rohröffnungen und dergleichen werden übermessen, Verwahrungen (Auskragungen) werden nicht mitgerechnet.

5.1.16 Bei Schornsteinen aus Formstücken wird das Längenmaß in der Achse bis Oberkante Formstücke gemessen.

5.1.17 Bei der Abrechnung von Auffüllungen von Decken wird die Fläche des jeweils darüber liegenden Raumes zugrunde gelegt, Balken oder Träger werden übermessen.

5.1.18 Liefern, Schneiden, Biegen und Einbauen von Bewehrungsstahl werden gesondert gerechnet. Maßgebend ist die errechnete Masse. Bei genormten Stählen gelten die Angaben in den DIN-Normen, bei anderen Stählen die Angaben im Profilbuch des Herstellers.

5.2 Es werden abgezogen:

5.2.1 Bei Abrechnung nach Flächenmaß (m^2):

– Öffnungen (auch raumhoch) über 2,5 m^2 Einzelgröße,

– durchbindende Bauteile (Deckenplatten und dergleichen) über je 0,5 m^2 Einzelgröße,

– Nischen sowie Aussparungen für einbindende Bauteile, soweit für das dahinter liegende Mauerwerk besondere Ansätze in der Leistungsbeschreibung vorgesehen sind,

– bei Bodenbelägen aus Flach- oder Rollschichten Aussparungen über 0,5 m^2 Einzelgröße,

– bei Auffüllungen von Decken Aussparungen über 0,5 m^2 Einzelgröße.

5.2.2 Bei Abrechnung nach Raummaß (m^3):

– Öffnungen (auch raumhoch) und Nischen über 0,5 m^3 Einzelgröße,

– einbindende, durchbindende und eingebaute Bauteile über 0,5 m^3 Einzelgröße,

– Schlitze für Rohrleitungen und dergleichen über je 0,1 m^2 Querschnittsgröße.

Erläuterungen

0.5 Abrechnungseinheiten

Abschnitt 0.5 dient dazu, auf die üblichen und zweckmäßigen Abrechnungseinheiten für die jeweilige Teilleistung hinzuweisen. Bei Aufstellung der Leistungsbeschreibung ist die zutreffende Abrechnungseinheit festzulegen.

5 Abrechnung

Ergänzend zur ATV DIN 18299, Abschnitt 5, gilt:

Siehe Kommentierung zu Abschnitt 5 der ATV DIN 18299.

5.1 Allgemeines

5.1.1 Der Ermittlung der Leistung – gleichgültig, ob sie nach Zeichnung oder nach Aufmaß erfolgt – sind zugrunde zu legen:

– für Bauteile aus Mauerwerk, Sicht- und Verblendmauerwerk deren Maße,

Maße von Bauteilen aus Mauerwerk, Sicht- und Verblendmauerwerk (Bild 1 bis 3)

Bauteile aus Mauerwerk

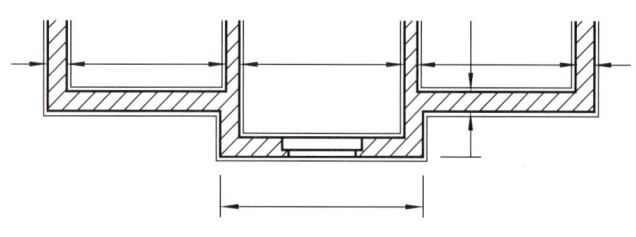

Bild 1

Bauteile aus Sicht- und Verblendmauerwerk

Verblendmauerwerk innen

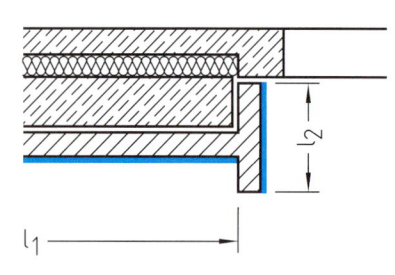

innen

Bild 2

$A = (l_1 + l_2) \cdot h$

Verblendmauerwerk innen

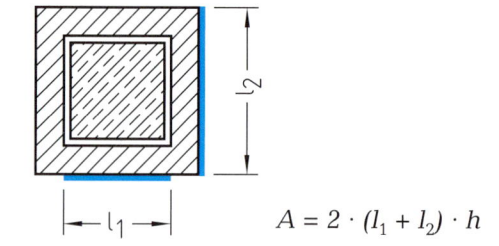

$A = 2 \cdot (l_1 + l_2) \cdot h$

Bild 3

Für das Sicht- und Verblendmauerwerk bei Fassaden mit mehrschaligem Aufbau gelten die Regelungen des Abschnittes 5.1.1, 4. Spiegel.

– für Bodenbeläge die zu belegende Fläche bis zu den begrenzenden, ungeputzten bzw. unbekleideten Bauteilen,

– für Bodenbeläge ohne begrenzende Bauteile deren Maße,

Maße von Bodenbelägen mit und ohne begrenzende Bauteile (Bild 4 und 5)

Grundriss

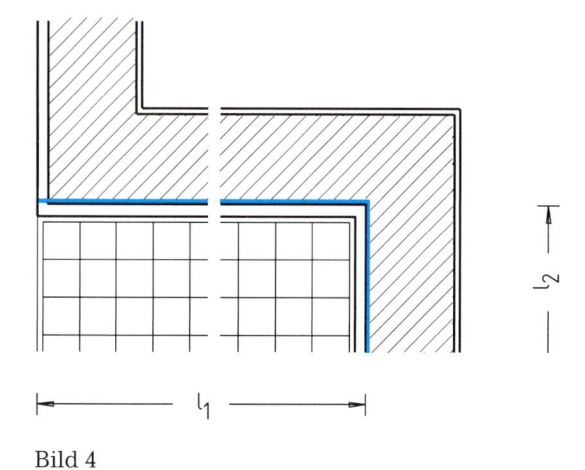

Bild 4

Schnitt

Bild 5

Stütze

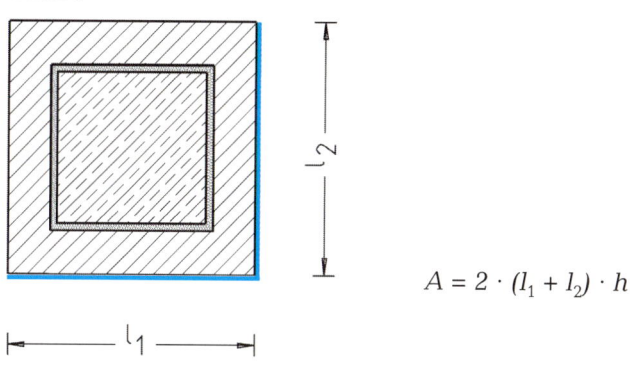

$A = 2 \cdot (l_1 + l_2) \cdot h$

Bild 8

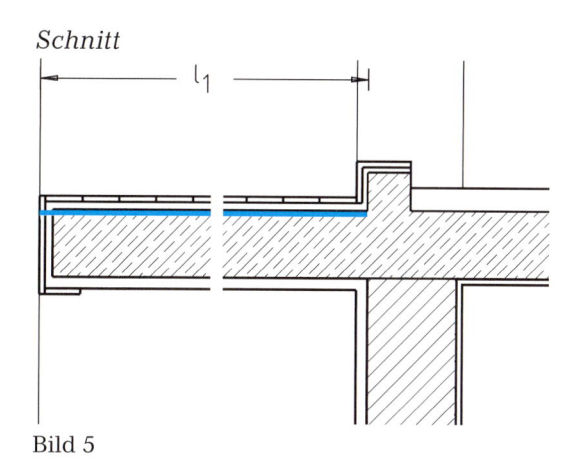

– **bei Fassaden mit mehrschaligem Aufbau für das Sicht- und Verblendmauerwerk und für die Dämmstoffschicht die Maße der Außenseite der Außenschale,**

Maße für das Sicht- und Verblendmauerwerk sowie für die Dämmstoffschicht bei Fassaden mit mehrschaligem Aufbau:

Hier gelten im Gegensatz zur Regelung des Abschnittes 5.1.1, 1. Spiegel, die Maße der Außenseite – also die Ansichtsfläche der Fassade. Auch die zur Leistung gehörende Dämmstoffschicht ist mit den Maßen der Außenseite der Außenschale abzurechnen *(Bild 6 bis 8)*.

Außeneck/Inneneck

Bild 6

$A = (l_1 + l_2 + l_3) \cdot h$

Wand

$A = l \cdot h$

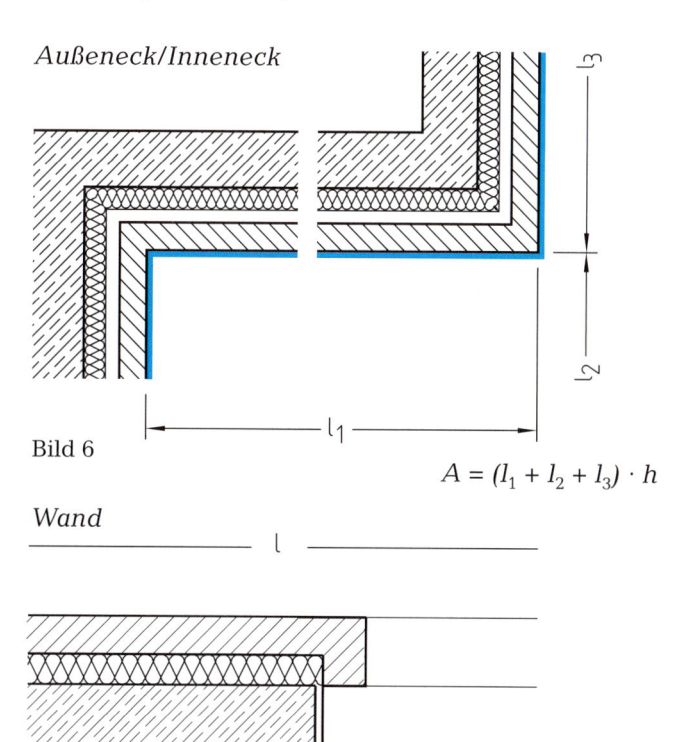

Bild 7

Öffnungen, auch raumhoch, über 2,5 m² Einzelgröße werden dabei gemäß Abschnitt 5.2 abgezogen, die Leibungen dafür gemäß Abschnitt 5.1.12 gesondert gerechnet.

– **für die Verfugung die Maße der zu verfugenden Fläche.**

Maße für die Verfugung:

Hier gelten die Maße der zu verfugenden Fläche, und zwar gleichermaßen für den Außen- wie auch für den Innenbereich *(Bild 9)*.

Das Maß für das Sicht- und Verblendmauerwerk stimmt deshalb in der Regel nur bei Fassaden überein.

Verfugung von Sicht- und Verblendmauerwerk

außen

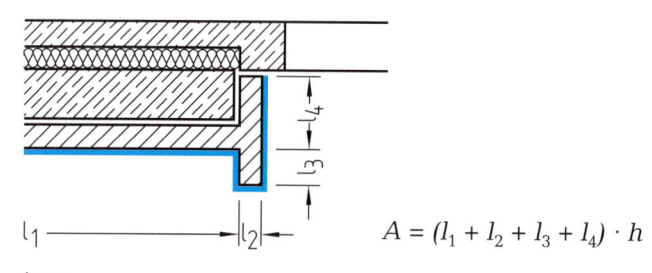

$A = (l_1 + l_2 + l_3 + l_4) \cdot h$

innen

Bild 9

Öffnungen, auch raumhoch, über 2,5 m² Einzelgröße werden dabei gemäß Abschnitt 5.2 abgezogen, die Leibungen dafür gemäß Abschnitt 5.1.12 gesondert gerechnet.

5.1.2 Fugen werden übermessen.

Fugen, z. B. Bewegungs-, Anschlussfugen, sind Bestandteil des Mauerwerks; sie werden übermessen.

5.1.3 Bei Öffnungen und Nischen gelten deren Maße. Die Höhe bogenförmiger Öffnungen und Nischen ist um ¹/₃ der Stichhöhe zu verringern.

Maßgebend für die Bestimmung der Öffnungs- und Nischengrößen sind deren Maße. Dabei wird nicht unterschieden zwischen Abrechnung nach Flächen- und Raummaß.

Bei Abrechnung nach Flächenmaß, insbesondere von Öffnungen mit Anschlag oder Nischen mit schrägen Leibungen, ist die Regelung „deren Maße" nicht eindeutig. Es empfiehlt sich, bereits in der Leistungsbeschreibung dafür entsprechende Abrechnungsregelungen, z.B. die lichten Öffnungsmaße, zugrunde zu legen.

Bei Abrechnung nach Flächenmaß gelten dann die lichten Öffnungs- bzw. Nischenmaße bis zu den sie begrenzenden, ungeputzten, ungedämmten bzw. nicht bekleideten Bauteilen *(Bild 10 und 11)*.

Bei Abrechnung von Öffnungen und Nischen nach Raummaß gelten deren Maße bis zu den sie begrenzenden, ungeputzten, ungedämmten bzw. nicht bekleideten Bauteilen *(Bild 12 und 13)*.

Öffnungsmaße

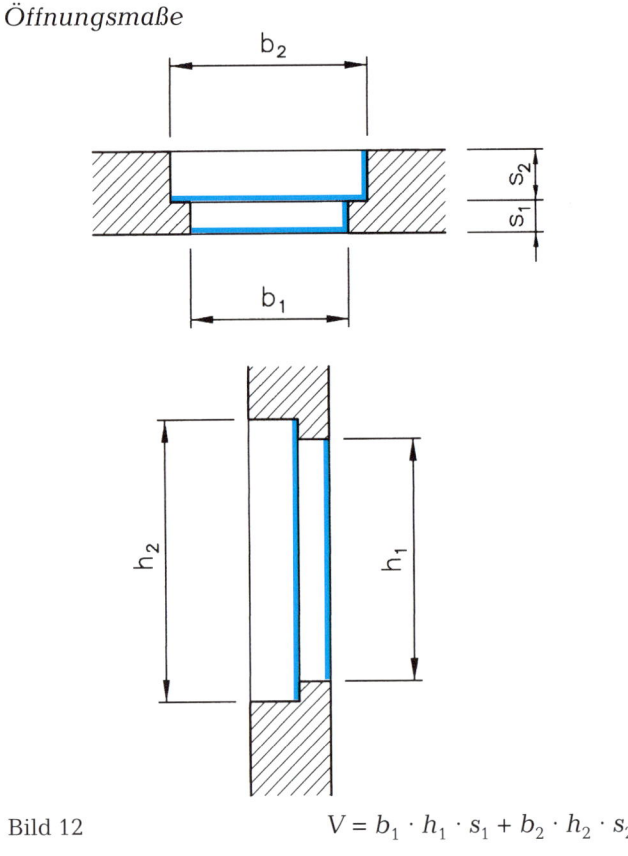

Bild 12 $\qquad V = b_1 \cdot h_1 \cdot s_1 + b_2 \cdot h_2 \cdot s_2$

Nischenmaße

Bild 13 $\qquad V = (b_1 + b_2) \cdot 1/2 \cdot s \cdot h$

Öffnungsmaße

$A = b \cdot h$

Bild 10

Nischenmaße

$A = b \cdot h$

Bild 11

Bei mehrschaligem Aufbau des Mauerwerks sind zur Bestimmung der Öffnungs- und Nischengrößen für das Sicht- und Verblendmauerwerk sowie für das Hintermauerwerk, soweit dies die Leistungsbeschreibung in gesonderten Positionen vorsieht, jeweils deren Maße zugrunde zu legen.

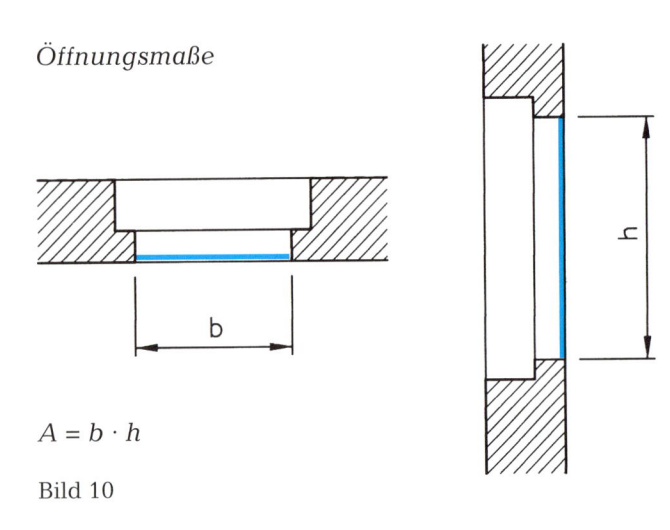

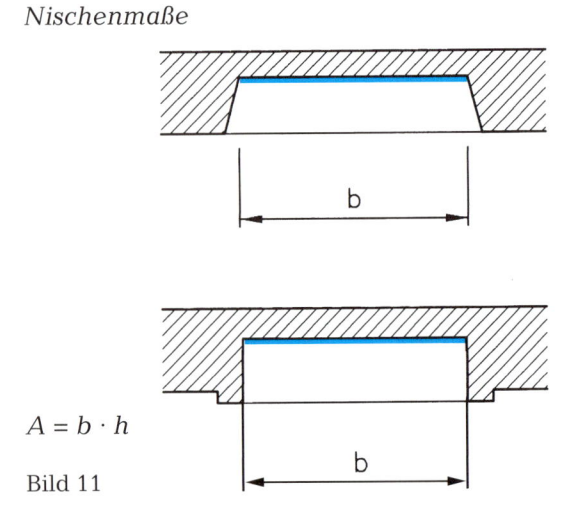

Bei bogenförmigen Öffnungen und Nischen ist die Höhe des Bogens um 1/3 zu verringern *(Bild 14 und 15)*.

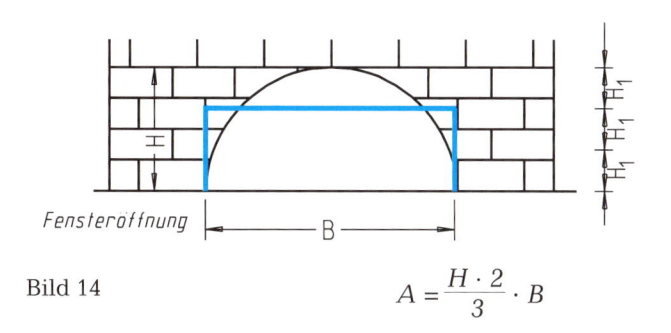

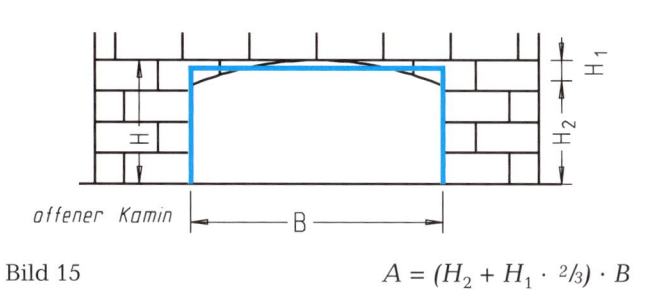

Bild 14

$$A = \frac{H \cdot 2}{3} \cdot B$$

Bild 15

$$A = (H_2 + H_1 \cdot {}^2\!/_3) \cdot B$$

5.1.4 Bei Mauerwerk, das bis Oberfläche Rohdecke durchgeht, wird von Oberfläche Rohdecke (bei Kellergeschossen von Oberfläche Fundament) bis Oberfläche Rohdecke gerechnet, bei anderem Mauerwerk die tatsächliche Höhe.

Begriffsbestimmung Rohdecke

Die Rohdecke ist der Teil der Decke ohne zusätzliche Schichten, z. B. Fußbodenkonstruktion.

Oberfläche und Unterfläche der Rohdecke bestimmen sich demnach wie folgt *(Bild 16 und 17)*:

Bild 16

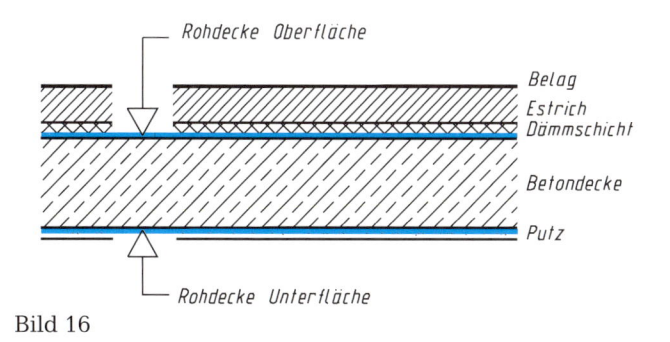

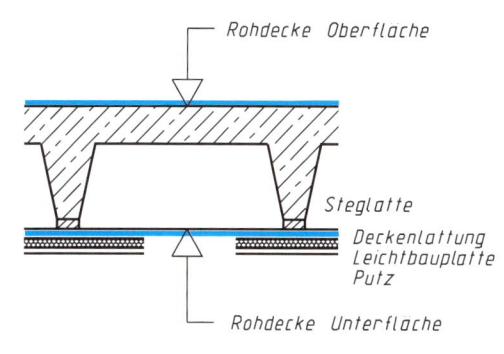

Bild 17

Durchgehendes Mauerwerk wird von Oberfläche Rohdecke bis Oberfläche Rohdecke gemessen *(Bild 18)*.

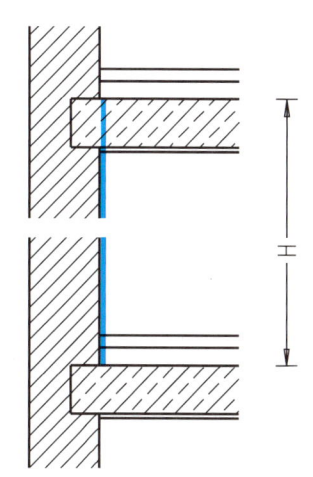

Bild 18

Mauerwerk gilt selbst dann als durchgehend, wenn andere Bauteile, z. B. Decken, einbinden. Unterbricht die Rohdecke das Mauerwerk, so gilt das Mauerwerk nicht als durchgehend. In diesem Fall ist die tatsächliche Höhe maßgebend *(Bild 19)*.

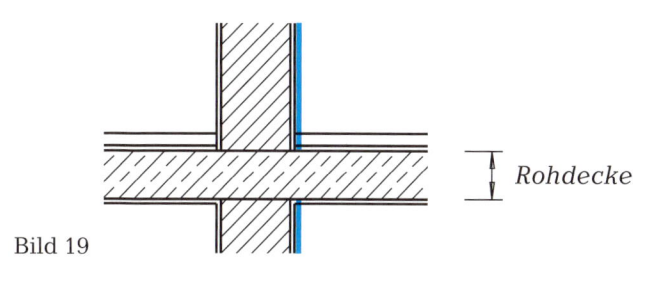

Bild 19

Bei Kellergeschossen gilt als Höhenmaß das Maß von der Oberfläche Fundament bis Oberfläche Rohdecke, bei nicht durchgehendem Mauerwerk bis Unterfläche Rohdecke *(Bild 20)*.

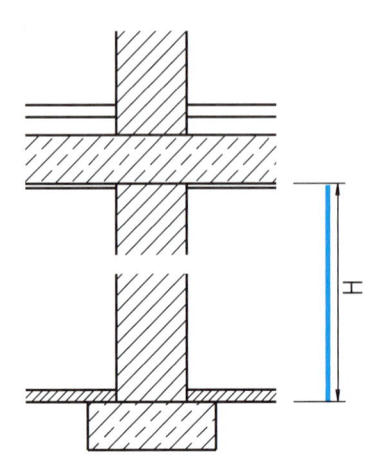

Bild 20

5.1.5 Bei Abrechnung nach Flächenmaß wird die Höhe von Mauerwerk mit oben abgeschrägtem Querschnitt bis zur höchsten Kante gerechnet.

Die Bestimmung dieses Abschnittes regelt lediglich das Aufmaß von Mauerwerk mit oben abgeschrägtem Querschnitt, z. B. Einfriedungsmauern. Für Mauerwerk, das in der ganzen Höhe abgeschrägt (andossiert) ist, z. B. Stützmauern, gilt diese Regelung nicht *(Bild 21)*.

Aufmaß von Mauerwerk nach Flächenmaß

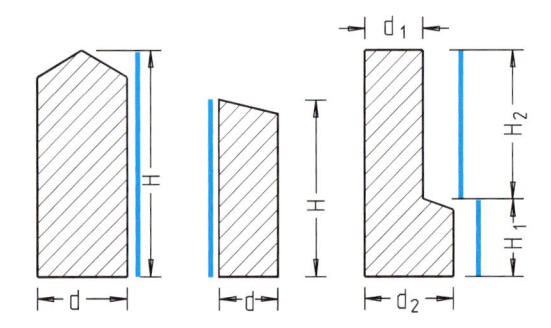

Bild 21 H = Höhe der Mauern

5.1.6 Bei Wanddurchdringungen wird nur eine Wand durchgehend berücksichtigt, bei Wänden ungleicher Dicke die dickere Wand.

Unter Wanddurchdringungen sind Wandkreuzungen, Wandeinbindungen und Wandecken zu verstehen.

Durchdringungen gleicher Bauart werden grundsätzlich nicht doppelt gemessen.

Bei Wänden ungleicher Dicke wird in der Regel die dickere gemessen *(Bild 22 und 23)*.

Wandkreuzungen

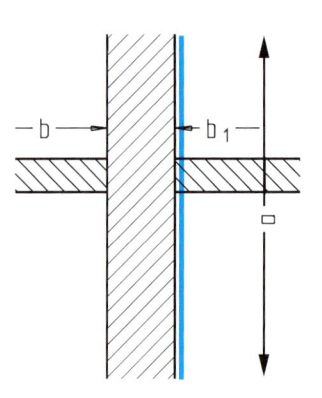

Bild 22   Die dickere Wand ist durchzumessen.

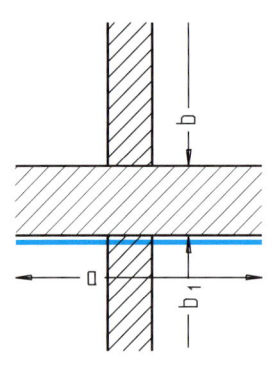

Bild 23

Bei einbindenden Wänden ist sinngemäß zu verfahren *(Bild 24 und 25)*.

Wandeinbindungen

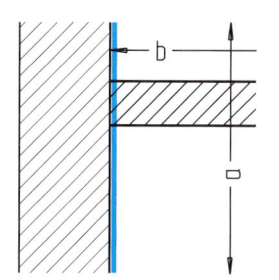

Bild 24

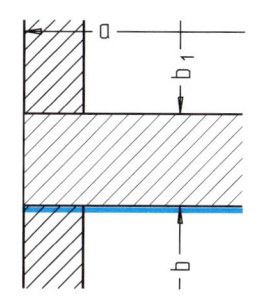

Bild 25

Beim Zusammenstoß gemauerter Wände gilt die Regelung ebenso *(Bild 26)*.

Wandecken

Bild 26

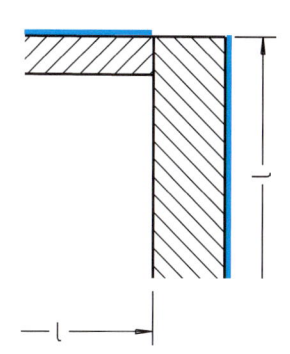

5.1.7 Bei der Ermittlung der Länge von Wänden werden durchbindende, einbindende und einliegende, gemauerte Schornsteine nicht gemessen, dabei gilt als Wangendicke des Schornsteins die erforderliche Mindestdicke. Das dabei nicht gemessene Wandmauerwerk rechnet zum Schornstein.

Bei der Ermittlung der Länge von Wänden werden gemauerte Schornsteine abgezogen. Unabhängig vom Mauerwerksverband gilt als Begrenzung des Schornsteins innerhalb der Wand die erforderliche Mindestdicke der Schornsteinwangen. Das so gemessene Schornsteinmauerwerk bleibt für das Wandmauerwerk unberücksichtigt *(Bild 27 bis 29)*.

durchbindendes Schornsteinmauerwerk

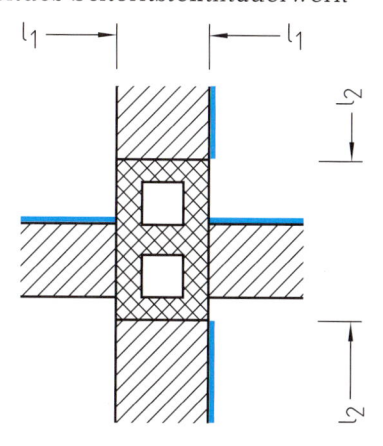

Bild 27

Länge des Wandmauerwerks:

$L = l_1 + l_2$

einbindendes Schornsteinmauerwerk

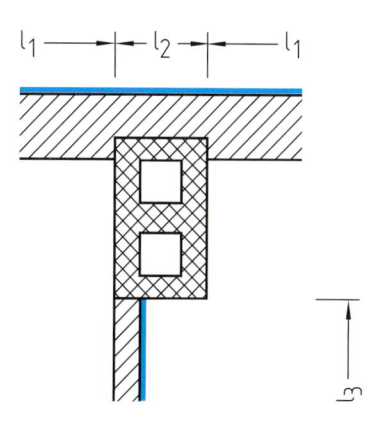

Bild 28

Länge des Wandmauerwerks:

$L = l_1 + l_2 + l_3$

einliegendes Schornsteinmauerwerk

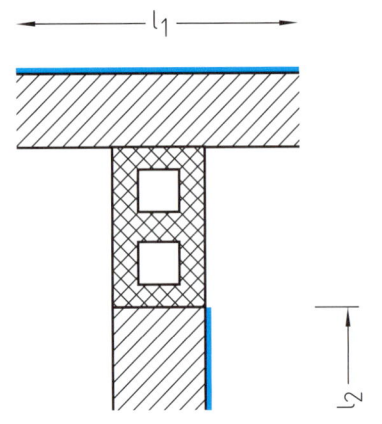

Bild 29

Länge des Wandmauerwerks:

$L = l_1 + l_2$

5.1.8 Als ein Bauteil gilt bei den Abzügen nach Flächenmaß und Raummaß auch jedes aus Einzelteilen zusammengesetzte Bauteil, z.B. Fenster- und Türumrahmungen, Fenster- und Türstürze, Rollladenkästen.

Bei der Ermittlung der jeweiligen Übermessungsgrößen gelten auch aus mehreren Teilen zusammengesetzte Bauteile als ein Bauteil *(Bild 30 bis 32).*

Fenster- und Türumrahmungen

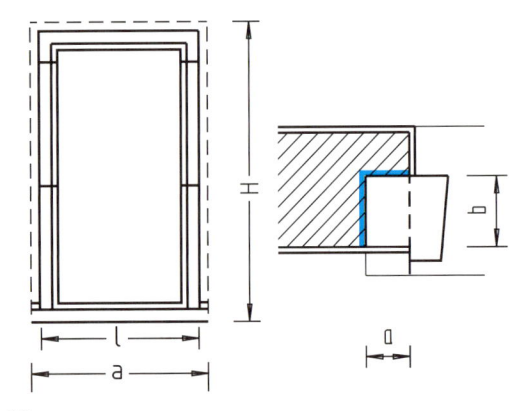

Bild 30

Abzug, falls

$V = 2(H + l) \cdot a \cdot b > 0{,}5\ m^3$

Die aus Einzelteilen zusammengesetzte Umrahmung gilt zur Bestimmung des Einbindungsmaßes als ein Bauteil.

Bauteile über je $0{,}5\ m^2$ Einzelgröße bzw. über je $0{,}5\ m^3$ Einzelgröße werden gemäß Abschnitt 5.2 abgezogen.

Fenster- und Türstürze

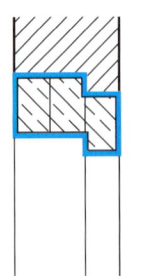

Nebeneinander liegende Stahlbetonstürze gelten als ein Bauteil.

Bild 31

Rollladenkästen

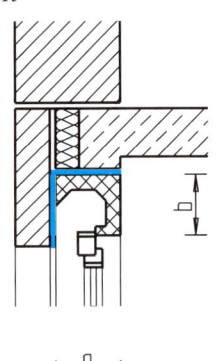

Bild 32

5.1.9 Rahmen, Riegel, Ständer, Deckenbalken, Vorlagen, Unterbrechungen bis 30 cm Einzelbreite, z.B. durch Fachwerksteile, werden übermessen.

Deckenbalken, Fachwerksteile u.Ä. werden bis 30 cm Einzelbreite übermessen *(Bild 33).*

Das Fachwerksteil ist, da es *< 30 cm* ist, zu übermessen.

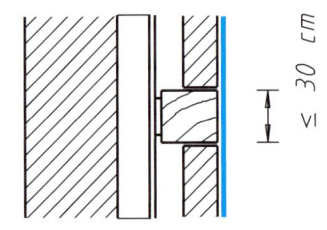

Bild 33

In die Wand eingreifende Deckenbalken sind ebenso bis 30 cm Einzelbreite zu übermessen *(Bild 34)*.

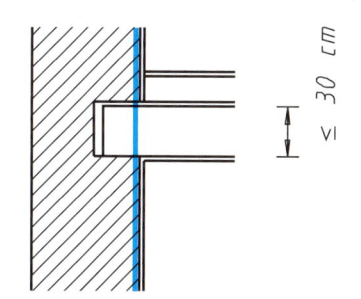

Bild 34

Dabei ist jedoch zu beachten, dass bei Abrechnung nach Flächenmaß gemäß Abschnitt 5.2.1 einbindende Bauteile unabhängig von ihrer Größe zu übermessen sind, soweit für das dahinter liegende Mauerwerk kein besonderer Ansatz in der Leistungsbeschreibung vorgesehen ist. Es empfiehlt sich, einen ggf. auftretenden Widerspruch in der Leistungsbeschreibung auszuräumen.

5.1.10 Bei Abrechnung von Gewölben nach Flächenmaß (m^2) wird bei einer Stichhöhe unter einem Sechstel der Spannweite die überwölbte Grundfläche abgerechnet, bei größeren Stichhöhen die abgewickelte Untersicht.

Die Abrechnung von Gewölben nach Flächenmaß erfolgt je nach Stichhöhe nach der überwölbten Grundfläche oder nach der abgewickelten Untersicht.

Stichhöhe ist die lichte Höhe des Gewölbes, bezogen auf den Fußpunkt der Widerlager.

Aufmaß des Gewölbes nach der überdeckten Grundfläche, da die Stichhöhe kleiner als $1/6$ der Spannweite ist *(Bild 35)*:

$s < 1/6$ Spannweite

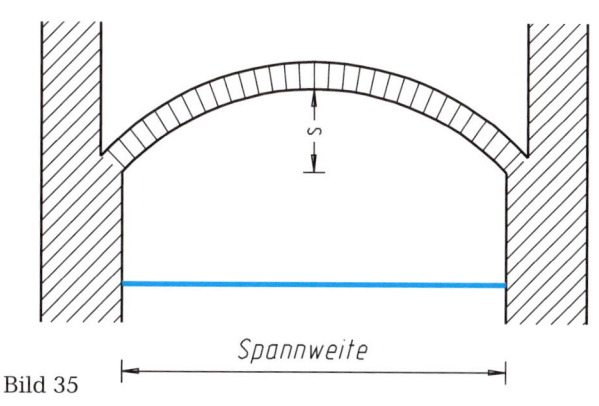

Bild 35

Einbindungen des Gewölbes in das Mauerwerk bleiben dabei unberücksichtigt; diese werden ggf. mit dem Mauerwerk der Wände abgegolten.

Aufmaß des Gewölbes in seiner abgewickelten Untersicht, da die Stichhöhe größer als $1/6$ der Spannweite ist *(Bild 36)*:

$s > 1/6$ Spannweite

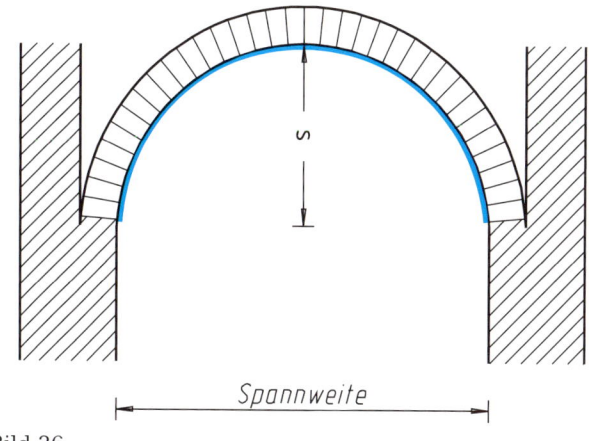

Bild 36

5.1.11 Stürze, Überwölbungen und Entlastungsbögen werden gesondert gemessen, auch wenn die Öffnung oder Nische abgezogen wird.

Gemauerte Stürze, Überwölbungen und Entlastungsbögen sind selbst dann besonders zu vergüten, wenn die zu überbrückende Öffnung oder Nische abgezogen wird *(Bild 37)*.

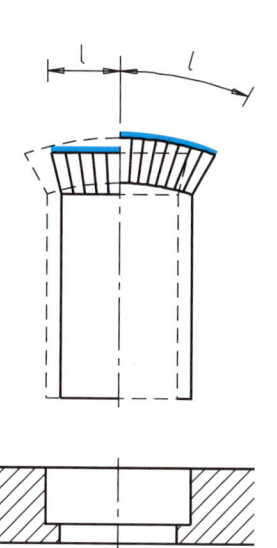

Bild 37

Entsprechend der Regelung dieses Abschnittes bedarf es hierzu einer gesonderten Position im Leistungsverzeichnis, wenn eine sachgerechte Kalkulation und Abrechnung gewährleistet sein soll.

Gemauerte Stürze, Überwölbungen und Entlastungsbögen sind entsprechend den Hinweisen im Abschnitt 0.5 nach Längenmaß oder Anzahl vorzugeben.

Die Abrechnung erfolgt zusätzlich zu den Kosten des Mauerwerks mit den entsprechenden Mehrkosten für die Herstellung der Stürze, Überwölbungen und Entlastungsbögen.

5.1.12 Leibungen von Öffnungen über 2,5 m² Einzelgröße und von Nischen, soweit für das dahinter liegende Mauerwerk besondere Ansätze in der Leistungsbeschreibung vorgesehen sind, werden bei Sicht- und Verblendmauerwerk gesondert gerechnet.

Maßgebend für die Bestimmung der Öffnungs- und Nischengrößen sind, wie unter Abschnitt 5.1.3 bereits dargestellt, deren Maße.

Leibungen von Öffnungen über 2,5 m² Einzelgröße und von Nischen, soweit für das dahinter liegende Mauerwerk besondere Ansätze in der Leistungsbeschreibung vorgesehen sind, werden bei Sicht- und Verblendmauerwerk gesondert gerechnet *(Bild 38 bis 41)*.

Entsprechend dieser Regelung sind im Interesse einer ordnungsgemäßen Leistungsbeschreibung Leibungen unter Angabe der Tiefe in einer gesonderten Position nach Längenmaß (siehe Abschnitt 0.5.3) zu erfassen.

Die Tiefe der Leibung ist durch die Wanddicke begrenzt.

Öffnung im Verblendmauerwerk

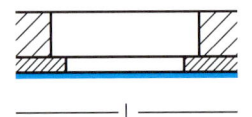

Bild 38

Die Öffnung ist kleiner als 2,5 m², sie wird übermessen, die Leibung bleibt unberücksichtigt.

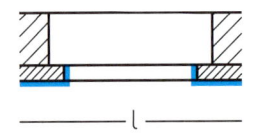

Bild 39

Die Öffnung ist größer als 2,5 m², sie ist abzuziehen. Die Leibung ist gesondert zu rechnen.

Nische im Verblendmauerwerk

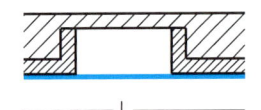

Bild 40

Unabhängig von der Größe der Nische sind gemäß Abschnitt 5.2 Nischen bei Abrechnung nach Flächenmaß abzuziehen, soweit für das dahinter liegende Mauerwerk besondere Ansätze in der Leistungsbeschreibung vorgesehen sind.

Ansätze sind nicht vorhanden, die Nische ist deshalb unabhängig von ihrer Größe zu messen, die Leibungen bleiben unberücksichtigt.

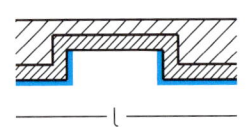

Bild 41

Für das dahinter liegende Mauerwerk ist ein Ansatz in der Leistungsbeschreibung vorgesehen. Die Nische ist deshalb abzuziehen; die Leibungen sind gesondert zu rechnen.

5.1.13 Bei Abrechnung nach Längenmaß (m) werden Bauteile, wie

- **Leibungen bei Sicht- und Verblendmauerwerk, Sohlbänke, Gesimse, Bänder, Stürze, Überwölbungen, Entlastungsbögen, Auskragungen, Rollschichten, Mauerwerksschrägen sowie gemauerte Stufen in ihrer größten Länge,**

- **geschnittene Vormauersteine in der Ansichtsfläche der sichtbaren Schnittlänge und**

- **Abfangungen für Mauerwerksschalen in der größten Länge des abgefangenen Bauteils,**

   gemessen.

In ihrer größten Länge werden gemessen:

– Leibungen bei Sicht- und Verblendmauerwerk *(Bild 42)*

$L_{\text{Leibung}} = 2 \cdot l_1 + l_2$

Die Tiefe der Leibung ist in der Abwicklung zu messen.

– Sohlbänke *(Bild 42)*

$L_{\text{Sohlbank}} = l_3$

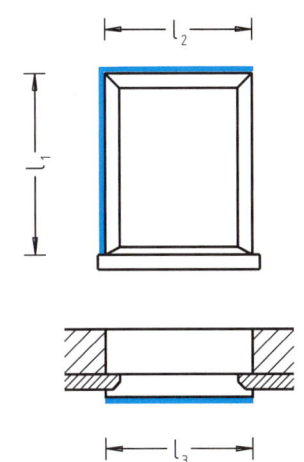

Bild 42

– Gesimse, Bänder, Auskragungen *(Bild 43)*

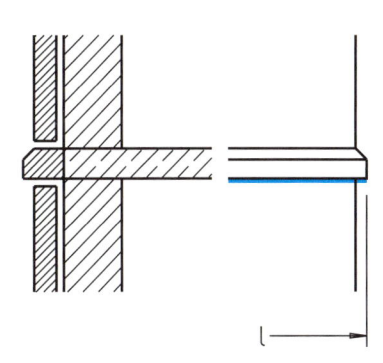

Bild 43

– Stürze, Entlastungsbögen *(Bild 44)*

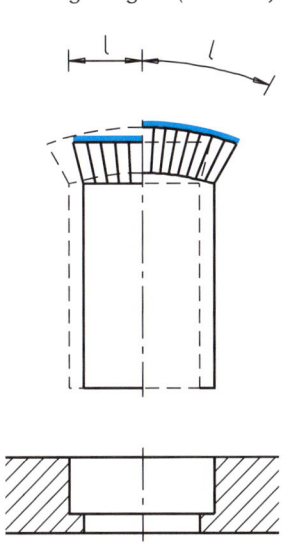

Bild 44

– Überwölbungen *(Bild 45)*

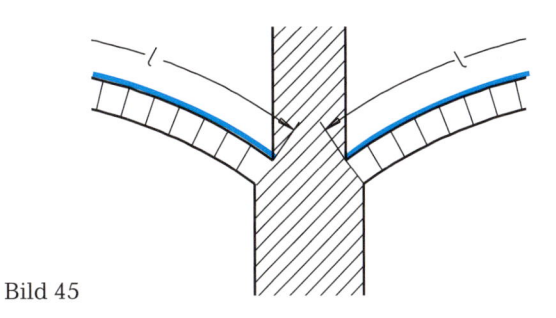

Bild 45

– Rollschichten, gemauerte Stufen *(Bild 46)*

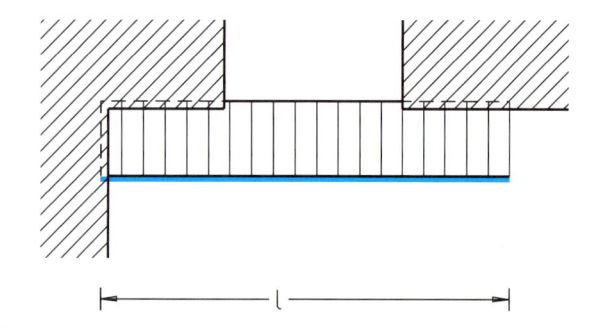

Bild 46

Kopfleisten werden dabei zur Länge nicht hinzugerechnet; bei seitlich herangeführten Stufen jedoch deren Länge *(Bild 47 und 48)*.

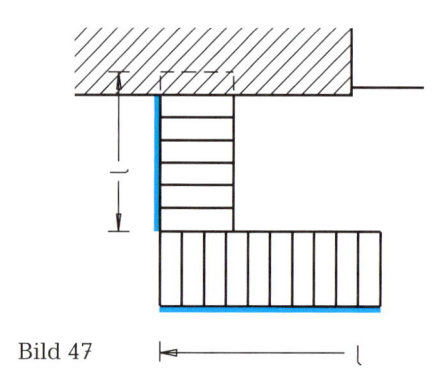

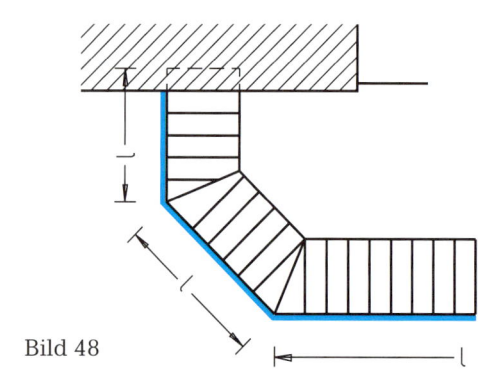

Bild 47

Bild 48

– Mauerwerksschrägen *(Bild 49)*

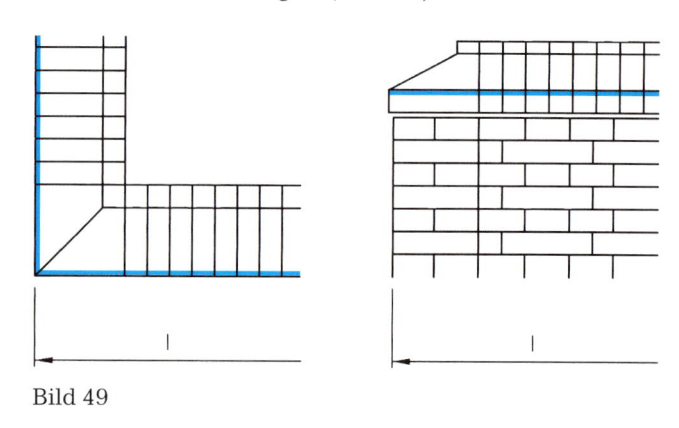

Bild 49

In der Ansichtsfläche sichtbare Schnittlängen werden gemessen:

– geschnittene Vormauersteine *(Bild 50)*

Bild 50

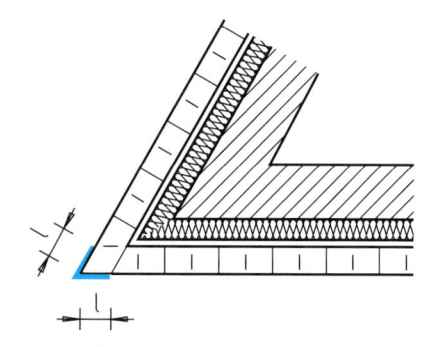

Gemessen wird die in der Ansichtsfläche sichtbare Schnittlänge.

Die Regelung trifft auf alle geschnittenen Vormauersteine, auch auf solche zu, die aufgrund des Mauerwerkverbandes zu schneiden sind, soweit die Schnittlänge in der Ansichtsfläche sichtbar ist.

DIN 18330

In der größten Länge des abgefangenen Bauteils werden gemessen:

– Abfangungen für Mauerwerksschalen *(Bild 51)*

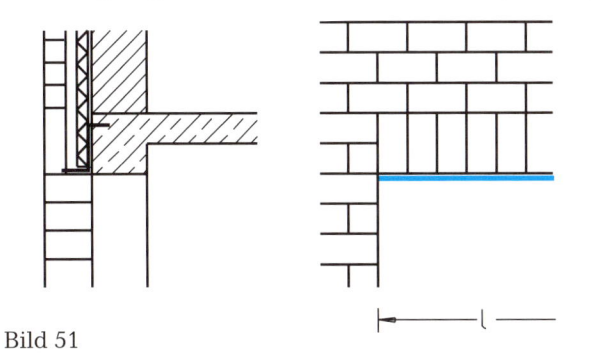

Bild 51

Die Abfangung wird in der größten Länge des abgefangenen Bauteils (Sturz) gemessen.

5.1.14 Tür- und Fensterpfeiler im Wandmauerwerk werden, wenn sie schmaler als 50 cm sind und die beiderseits dieser Pfeiler liegenden Öffnungen abgezogen werden, gesondert gerechnet; andernfalls gelten sie als Wandmauerwerk.

Tür- und Fensterpfeiler werden gesondert gerechnet, wenn sie schmaler als 50 cm sind und die beiderseits dieser Pfeiler liegenden Öffnungen abgezogen werden.

Es müssen also zwei Voraussetzungen erfüllt sein. Sind die Pfeiler breiter als 50 cm oder wird nur eine der beiderseits liegenden Öffnungen abgezogen, dann gelten sie als Wandmauerwerk *(Bild 52)*.

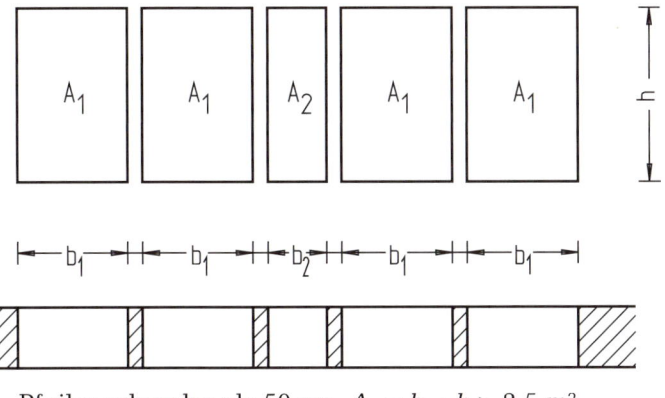

Pfeiler schmaler als 50 cm $A_1 = b_1 \cdot h > 2{,}5 \ m^2$
$A_2 = b_2 \cdot h < 2{,}5 \ m^2$

Bild 52

Abrechnung nach Flächenmaß bzw. Raummaß:

Die mittlere Öffnung ist kleiner als 2,5 m² bzw. 0,5 m³, sie ist deshalb gemäß Abschnitt 5.2 zu übermessen.

Die beiden begrenzenden Pfeiler, obwohl schmaler als 50 cm, gelten als Mauerwerk, da nur jeweils eine der beiderseits liegenden Öffnungen abgezogen wird.

Die übrigen Öffnungen sind größer als 2,5 m² bzw. 0,5 m³. Sie werden abgezogen.

Die beiden äußeren Pfeiler, schmaler als 50 cm, werden gesondert gerechnet, da beide Voraussetzungen – Pfeiler schmaler als 50 cm und Abzug der Öffnungen beiderseits dieser Pfeiler – erfüllt sind. Sie sind, falls in der Leistungsbeschreibung nicht vorgesehen, gemäß Abschnitt 4.2.12 als „Besondere Leistung" zu vergüten.

Die Abrechnung erfolgt mit dem Mehraufwand für die Herstellung des Pfeilers zusätzlich zum Mauerwerk, wobei sich die Höhe jeweils durch das gemeinsame Maß der beiderseits dieser Pfeiler angrenzenden Öffnungen ergibt *(Bild 53)*.

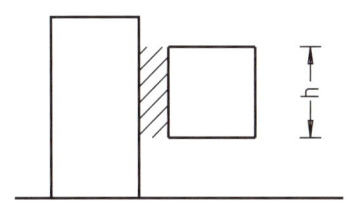

Bild 53

Pfeiler, die z.B. aus statischen Gründen aus einem anderen Material als die Wand hergestellt werden, sind grundsätzlich gesondert zu rechnen.

5.1.15 Gemauerte Schornsteine werden in der Achse von Oberfläche Fundament bis Oberfläche Dachhaut gemessen.

Breite und Dicke von durchbindenden, einbindenden und einliegenden Schornsteinen werden nach Abschnitt 5.1.7 berücksichtigt. Züge, Reinigungsöffnungen, Rohröffnungen und dergleichen werden übermessen, Verwahrungen (Auskragungen) werden nicht mitgerechnet.

Die Höhe gemauerter Schornsteine ermittelt sich von der Oberfläche Fundament bis zur Oberfläche Dachkante in der Achse *(Bild 54)*.

Bild 55

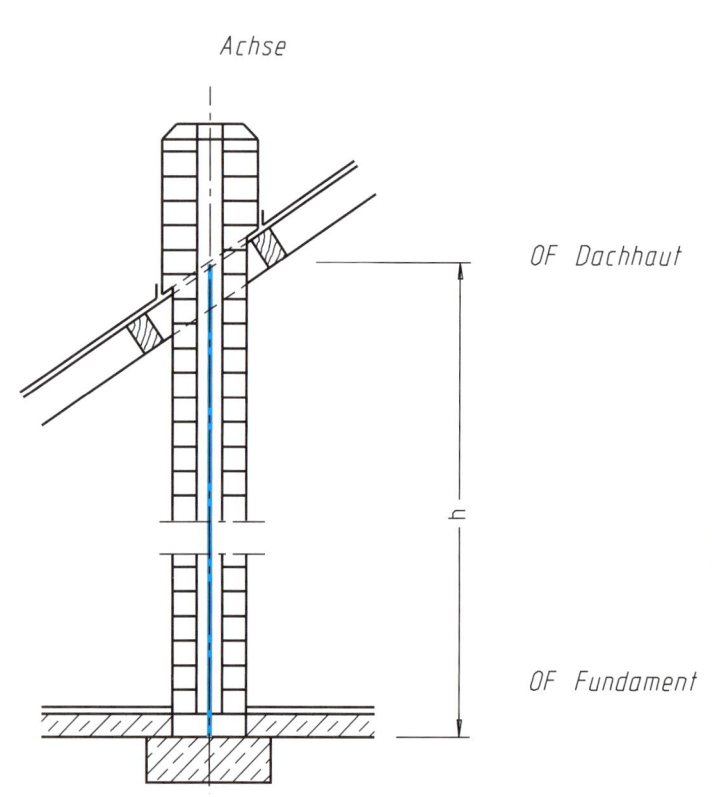

Bild 54

Als Oberfläche der Dachhaut gilt die jeweils obere Ebene der Dacheindeckung, z. B. beim Hohlpfannendach der obere Wulst.

Schornsteinschrägen sind in der Achse bis zu ihrem Schnittpunkt getrennt nach Zügen zu rechnen *(Bild 55)*.

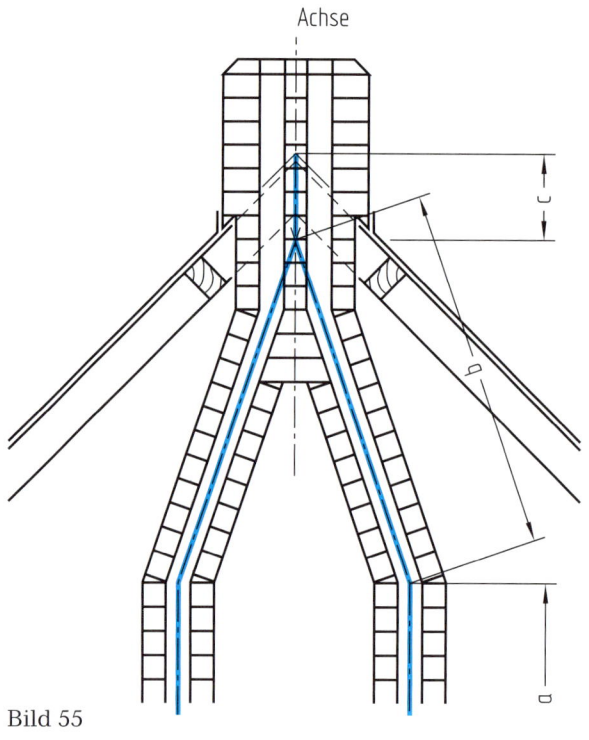

Aufmaß von Schornsteinmauerwerk

Gemauerte Schornsteine sind gemäß Abschnitt 0.5 nach Raummaß oder nach Längenmaß, getrennt nach Anzahl und Querschnitt der Züge und Dicke der Wangen, im Leistungsverzeichnis vorzugeben.

Breite und Dicke von durchbindenden, einbindenden und einliegenden Schornsteinen werden gemäß Abschnitt 5.1.7 vom Wandmauerwerk unabhängig gerechnet. Dabei werden Züge, Reinigungsöffnungen und dergleichen übermessen *(Bild 56 bis 58)*.

durchbindendes Schornsteinmauerwerk

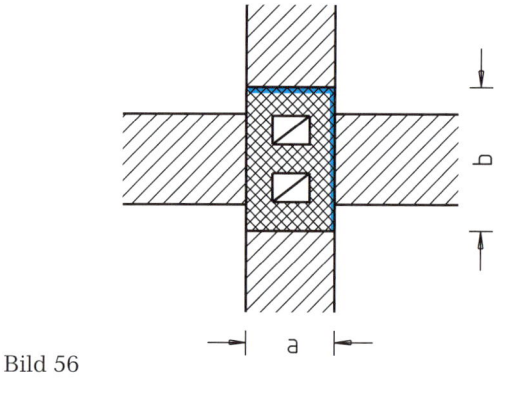

Bild 56

Querschnittsfläche Schornstein = $a \cdot b$

einbindendes Schornsteinmauerwerk

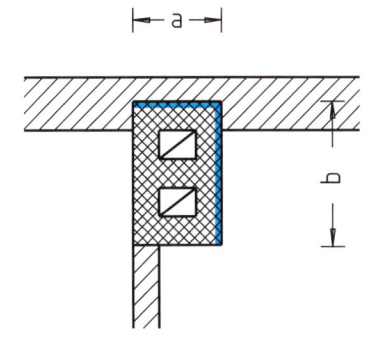

Bild 57

Querschnittsfläche Schornstein = $a \cdot b$

einliegendes Schornsteinmauerwerk

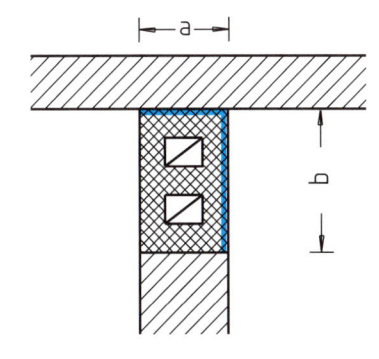

Bild 58

Querschnittsfläche Schornstein = $a \cdot b$

Dabei rechnet das gemäß Abschnitt 5.1.7 nicht beim Wandmauerwerk erfasste Mauerwerk zum Schornstein.

Verwahrungen (Auskragungen), z.B. in Höhe der Balkenlage, bleiben unberücksichtigt *(Bild 59)*.

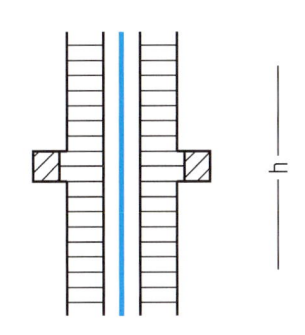

Bild 59

Für die Abrechnung der Schornsteinköpfe sieht Abschnitt 5 keine besonderen Regelungen vor. Abschnitt 0.5 weist zwar darauf hin, Schornsteinköpfe getrennt nach Anzahl und Querschnitt der Züge im Leistungsverzeichnis vorzugeben.

Im Interesse einer zweifelsfreien Abrechnung ist jedoch dazu die Höhenangabe des Schornsteinkopfes zusätzlich erforderlich.

5.1.16 Bei Schornsteinen aus Formstücken wird das Längenmaß in der Achse bis Oberkante Formstücke gemessen.

Schornsteine aus Formstücken können im Mauerwerk eingebunden werden oder aber auch als selbstständiger Bauteil frei stehend aufgebaut werden.

Die Länge der Schornsteine aus Formstücken wird in der Achse von der Fläche ab, auf der der Schornstein aufgesetzt ist, bis Oberkante Formstücke gemessen *(Bild 60)*.

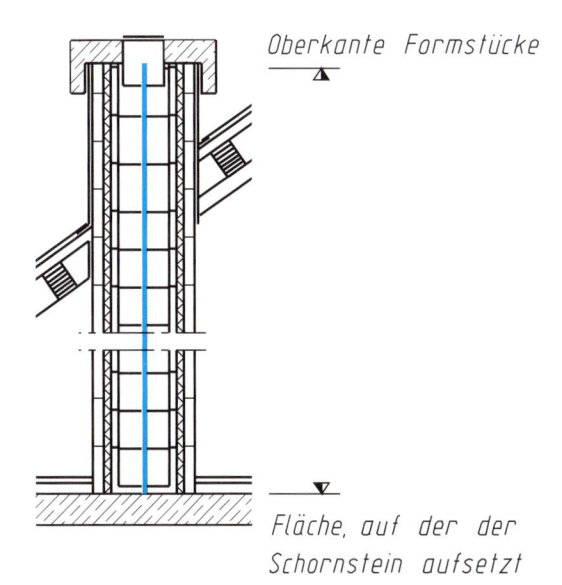

Bild 60

Die Schornsteinabdeckung ist ggf. nach Anzahl, getrennt nach Bauart und Maßen, im Leistungsverzeichnis vorzusehen.

5.1.17 Bei der Abrechnung von Auffüllungen von Decken wird die Fläche des jeweils darüber liegenden Raumes zugrunde gelegt, Balken oder Träger werden übermessen.

Auffüllungen von Decken werden nach der Fläche des jeweils darüber liegenden Raumes nach den Maßen gemäß Abschnitt 5.1.1 gerechnet *(Bild 61)*.

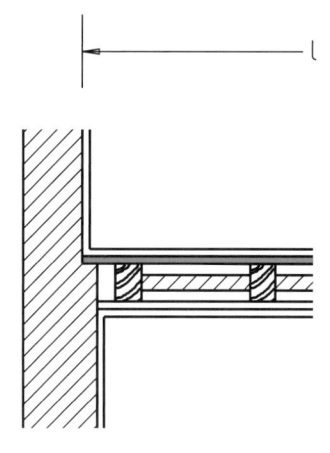

Bild 61

Dabei werden Balken und Träger innerhalb der Auffüllung übermessen. Aussparungen, z.B. für Treppen, werden über 0,5 m² Einzelgröße gemäß Abschnitt 5.2.1 abgezogen.

5.1.18 Liefern, Schneiden, Biegen und Einbauen von Bewehrungsstahl werden gesondert gerechnet. Maßgebend ist die errechnete Masse. Bei genormten Stählen gelten die Angaben in den DIN-Normen, bei anderen Stählen die Angaben im Profilbuch des Herstellers.

Das Liefern, Schneiden, Biegen und Einbauen von Betonstahl, von Stahlprofilen, Ankern, Bolzen u. Ä. werden gesondert gerechnet. Gemäß Abschnitt 0.5 ist hierfür als Abrechnungseinheit Masse/Gewicht vorzugeben, die/das sich

– für genormte Stähle nach den DIN-Normen und

– für andere Stähle nach Massen/Gewichten aus dem Profilbuch des Herstellers

errechnet.

5.2 Es werden abgezogen:

5.2.1 Bei Abrechnung nach Flächenmaß (m²):

– Öffnungen (auch raumhoch) über 2,5 m² Einzelgröße,

– durchbindende Bauteile (Deckenplatten und dergleichen) über je 0,5 m² Einzelgröße,

– Nischen sowie Aussparungen für einbindende Bauteile, soweit für das dahinter liegende Mauerwerk besondere Ansätze in der Leistungsbeschreibung vorgesehen sind,

– bei Bodenbelägen aus Flach- oder Rollschichten Aussparungen über 0,5 m² Einzelgröße,

– bei Auffüllungen von Decken Aussparungen über 0,5 m² Einzelgröße.

5.2.2 Bei Abrechnung nach Raummaß (m³):

– Öffnungen (auch raumhoch) und Nischen über 0,5 m³ Einzelgröße,

– einbindende, durchbindende und eingebaute Bauteile über 0,5 m³ Einzelgröße,

– Schlitze für Rohrleitungen und dergleichen über je 0,1 m² Querschnittsgröße.

Für die Bemessung der Übermessungsgrößen sind deren Maße gemäß Abschnitt 5.1.1 zugrunde zu legen.

Bei Abrechnung nach Flächenmaß (m²) werden abgezogen:

– Öffnungen, auch raumhohe Öffnungen, über 2,5 m² Einzelgröße *(Bild 62 und 63)*

Siehe hierzu auch Abschnitt 5.1.3.

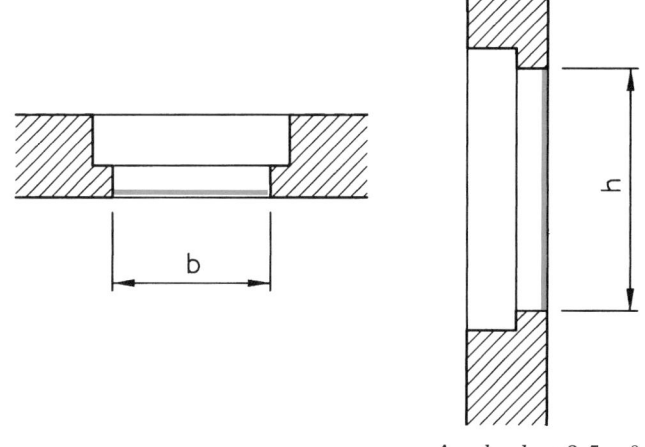

$A = b \cdot h < 2{,}5\ m^2$

Bild 62   Die Öffnung ist zu übermessen.

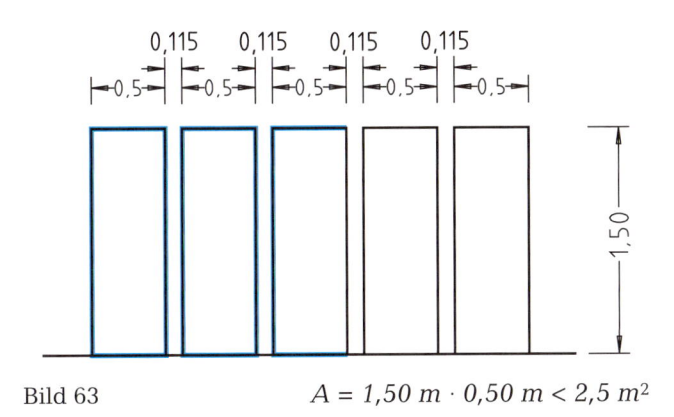

DIN 18330

Bild 63 $A = 1{,}50\ m \cdot 0{,}50\ m < 2{,}5\ m^2$

Die Einzelgröße je Öffnung ist kleiner als 2,5 m², die Öffnungen sind zu übermessen.

Die Pfeiler zwischen den Öffnungen sind gemäß Abschnitt 5.1.14 dem Wandmauerwerk zuzuordnen.

– durchbindende Bauteile (Deckenplatten und dergleichen) über je 0,5 m² Einzelgröße *(Bild 64 bis 66)*

Als Abzugsmaß gilt die Aussparung in der Mauerwerksfläche, die von einem durchgehenden Bauteil eingenommen wird.

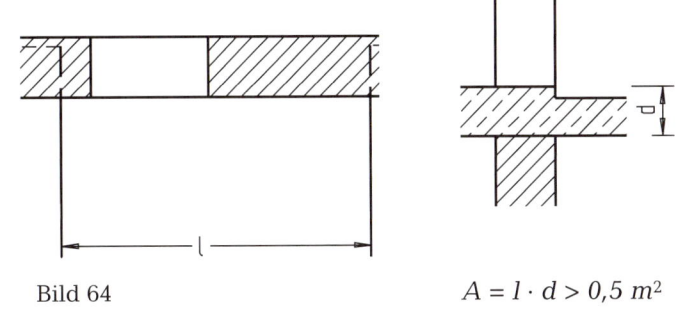

Bild 64 $A = l \cdot d > 0{,}5\ m^2$

Die durchbindende Deckenplatte im Bereich des Balkons unterbricht das Mauerwerk in einer Fläche von $A = l \cdot d > 0{,}5\ m^2$; sie wird abgezogen.

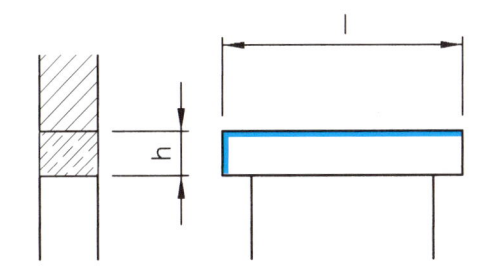

Bild 65

Der durchbindende Stahlbetonsturz unterbricht das Mauerwerk in einer Fläche von $l \cdot h > 0{,}5\ m^2$; er ist abzuziehen.

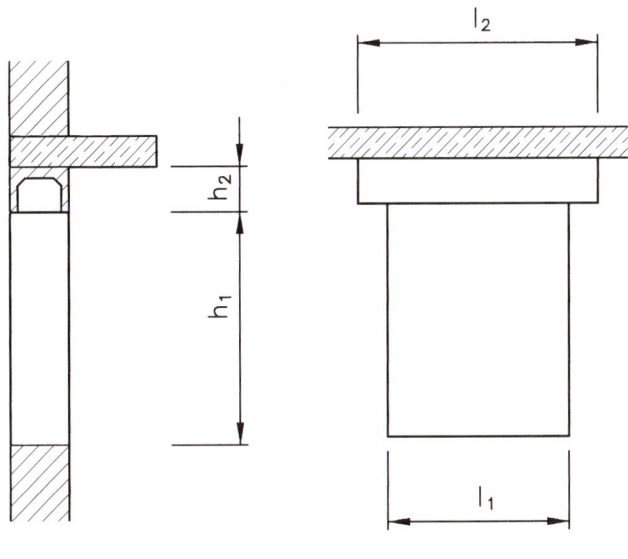

Bild 66

Der durchbindende Rollladenkasten unterbricht das Mauerwerk in einer Fläche von $l_2 \cdot h_2 > 0{,}5\ m^2$; er ist abzuziehen.

Die Aussparung für den Rollladenkasten gilt jedoch bei nachträglichem Einbau des Rollladenkastens als Teil der Öffnung. Die Übermessungsgröße ermittelt sich dann mit $h_1 \cdot l_1 + h_2 \cdot l_2$.

– Nischen sowie Aussparungen für einbindende Bauteile, soweit für das dahinter liegende Mauerwerk besondere Ansätze in der Leistungsbeschreibung vorgesehen sind (siehe hierzu auch Abschnitt 5.1.3)

Nischen und Aussparungen werden unabhängig von ihrer Größe abgezogen, soweit für das dahinter liegende Mauerwerk ein besonderer Ansatz in der Leistungsbeschreibung vorgesehen ist *(Bild 67 bis 69)*.

Aufmaß von Nischen

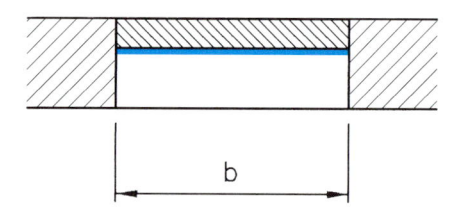

Bild 67 $\qquad A = b \cdot h$

Das hinter der Nische liegende Mauerwerk ist in der Leistungsbeschreibung gesondert vorgegeben.

Die Nische wird deshalb bei Abrechnung des Mauerwerks nach Flächenmaß abgezogen.

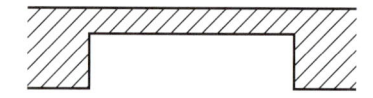

Bild 68

Übermessen dagegen wird beim Aufmaß des Mauerwerks die Nischenöffnung, wenn für das hinter der Nische liegende Mauerwerk kein besonderer Ansatz in der Leistungsbeschreibung vorgegeben ist.

Aufmaß von Aussparungen für einbindende Bauteile

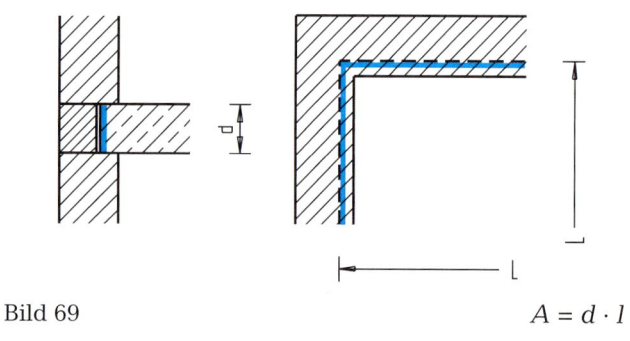

Bild 69 $\qquad A = d \cdot l$

Das hinter der Betondecke liegende Mauerwerk ist in der Leistungsbeschreibung gesondert vorgegeben.

Die Aussparung für die Betondecke kommt deshalb beim Aufmaß des Mauerwerks zum Abzug.

Enthält die Leistungsbeschreibung keine Angabe für das hinter der Betondecke liegende Mauerwerk, wird das vom einbindenden Bauteil verdrängte Mauerwerk übermessen.

Die Abrechnung erfolgt gemäß Abschnitt 5.1.4.

– bei Bodenbelägen aus Flach- oder Rollschichten Aussparungen über 0,5 m² Einzelgröße *(Bild 70)*

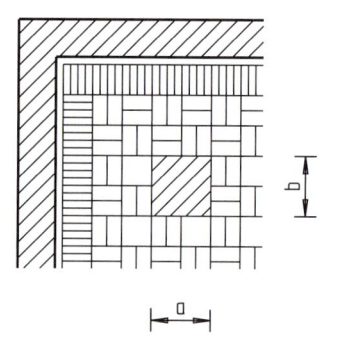

Bild 70 $\qquad A_{\text{Pflanzbeet}} = a \cdot b < 0,5\ m^2$

Die Aussparung für das Pflanzbeet wird übermessen; sie ist kleiner als 0,5 m².

– bei Auffüllungen von Decken Aussparungen über 0,5 m² Einzelgröße *(Bild 71)*

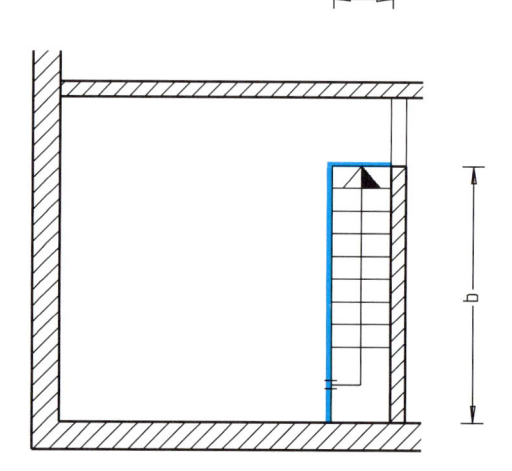

Bild 71 $\qquad A = a \cdot b > 0,5\ m^2$

Die Auffüllung der Decke wird in der Fläche des darüber liegenden Raumes gemäß Abschnitt 5.1.17 gerechnet.

Der Treppenausschnitt wird bei Abrechnung nach Flächenmaß abgezogen, falls $A > 0,5\ m^2$.

DIN 18330

Bei Abrechnung nach Raummaß (m³) werden abgezogen:

– Öffnungen und Nischen über 0,5 m³ Einzelgröße *(Bild 72 und 73)*

Siehe hierzu auch Abschnitt 5.1.3.

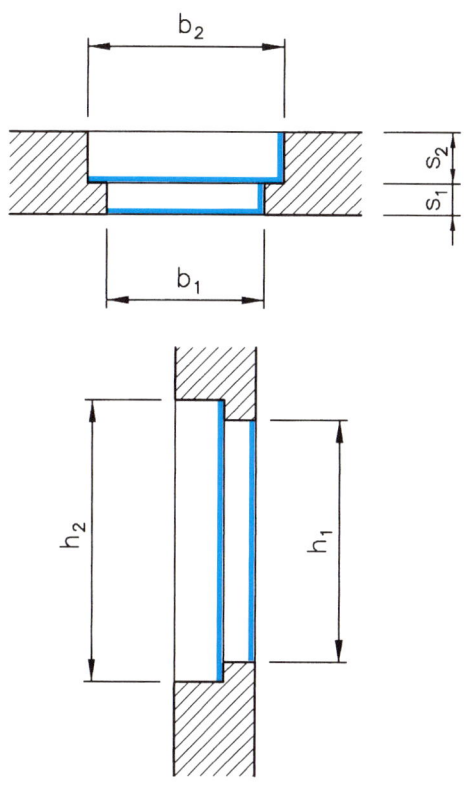

Bild 72 $\quad V = b_1 \cdot h_1 \cdot s_1 + b_2 \cdot h_2 \cdot s_2 > 0{,}5\ m^3$

Die Öffnung ist größer als 0,5 m³; sie ist beim Aufmaß des Mauerwerks abzuziehen.

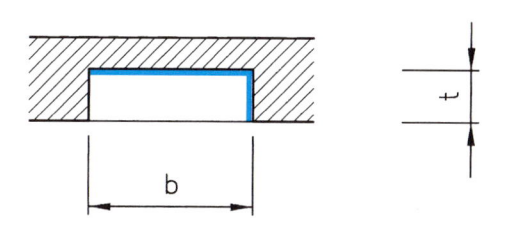

Bild 73 $\quad V = b \cdot t \cdot h > 0{,}5\ m^3$

Im Unterschied zur Abrechnung nach Flächenmaß, die den Abzug von Nischen grundsätzlich vorsieht, wenn für das dahinter liegende Mauerwerk ein besonderer Ansatz in der Leistungsbeschreibung vorgesehen ist, werden bei Abrechnung nach Raummaß Nischen über 0,5 m³ Einzelgröße abgezogen.

Der Rauminhalt der Nische wird abgezogen, falls $V > 0{,}5\ m^3$.

– einbindende, durchbindende und eingebaute Bauteile über 0,5 m³ Einzelgröße *(Bild 74 bis 77)*

Zum Abzug kommt das jeweils durch das einbindende, durchbindende oder eingebaute Bauteil verdrängte Mauerwerk über 0,5 m³ Einzelgröße.

einbindende Bauteile

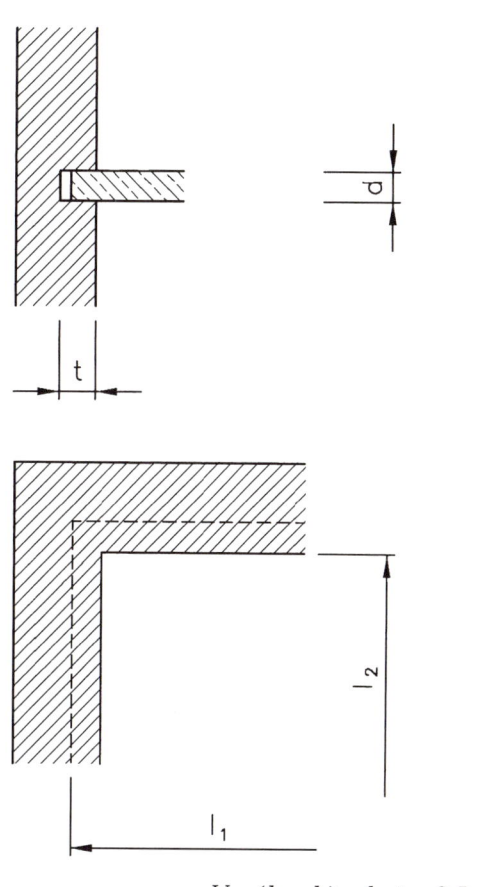

Bild 74 $\quad V = (l_1 + l_2) \cdot d \cdot t < 0{,}5\ m^3$

Der Rauminhalt der Einbindung ist kleiner als 0,5 m³; die Aussparung ist deshalb beim Aufmaß des Mauerwerks zu übermessen.

durchbindende Bauteile

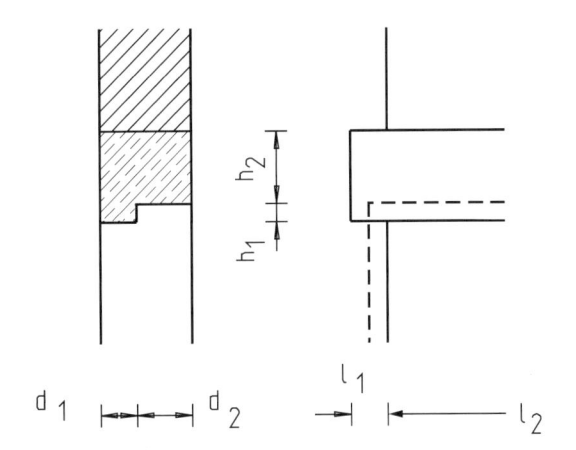

Bild 75

Die Durchbindung, z.B. eines Sturzes, errechnet sich aufgrund seiner Maße *(Bild 75)*.

Der Rauminhalt beträgt demnach

$V = [(h_1 + h_2) \cdot d_1 + h_2 \cdot d_2] \cdot l_2 + (h_1 + h_2) \cdot (d_1 + d_2) \cdot l_1 \cdot 2$.

Der Rauminhalt der Durchbindung ist, falls größer als 0,5 m³, beim Aufmaß des Mauerwerks abzuziehen.

Zur Bestimmung der Übermessungsgröße durchbindender Betonstürze mit Aussparungen für Rollläden gelten ebenso deren Maße *(Bild 76)*.

V = wie vor

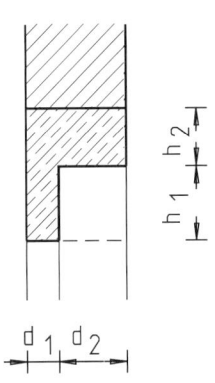

Bild 76

Die Aussparung für den Rolladenkasten $h_1 \cdot d_2 \cdot l$ ist bei nachträglichem Einbau des Rolladenkastens hinsichtlich der Ermittlung der Übermessungsgröße der Fensteröffnung zuzuschlagen.

eingebaute Bauteile

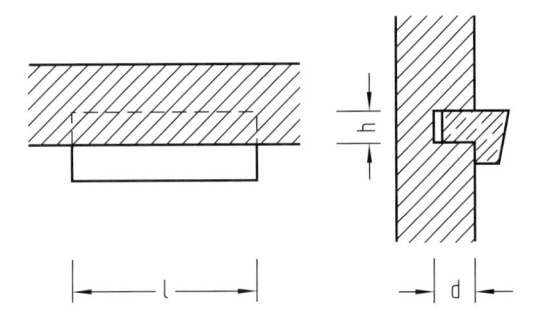

Bild 77 $\qquad V = h \cdot d \cdot l < 0,5 \ m^3$

Die Mauerwerksaussparung für die Konsole errechnet sich aufgrund ihrer Maße.

Der Rauminhalt beträgt demnach

$V = h \cdot d \cdot l < 0,5 \ m^3$.

Der Rauminhalt ist kleiner als 0,5 m³; er ist beim Aufmaß des Mauerwerks zu übermessen.

– Schlitze für Rohrleitungen und dergleichen über je 0,1 m² Querschnittsgröße *(Bild 78)*

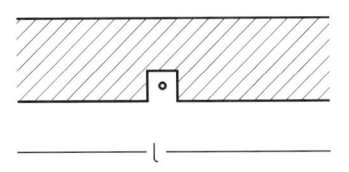

Bild 78

Maßgebend dafür, ob die Schlitze abgezogen werden, ist der Querschnitt des Schlitzes.

Die Querschnittsfläche errechnet sich aus der Breite und Tiefe des Schlitzes. Falls diese Fläche größer als 0,1 m² ist, ist sie mit der Länge des Schlitzes abzuziehen.

DIN 18330

Sicht- und Verblendmauerwerk

innen

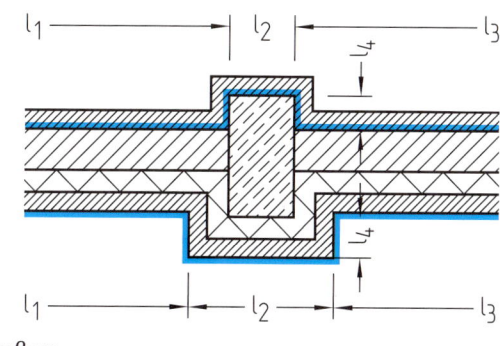

außen

Bild 5

Maßgebend für die Abrechnung des Sicht- und Verblendmauerwerks außen sind gemäß Abschnitt 5.1.1, 4. Spiegel, die Maße der Außenseite der Außenschale, also

$$A = (l_1 + l_2 + l_3 + 2 \cdot l_4) \cdot h.$$

Dies gilt in gleicher Weise für die Dämmung.

Die Abrechnung des Sicht- und Verblendmauerwerks innen erfolgt nach Abschnitt 5.1.1, 1. Spiegel, nach deren Maßen, also

$$A = (l_1 + l_2 + l_3 + 2 \cdot l_4) \cdot h.$$

Stumpf- bzw. spitzwinklige Wände aus Mauerwerk

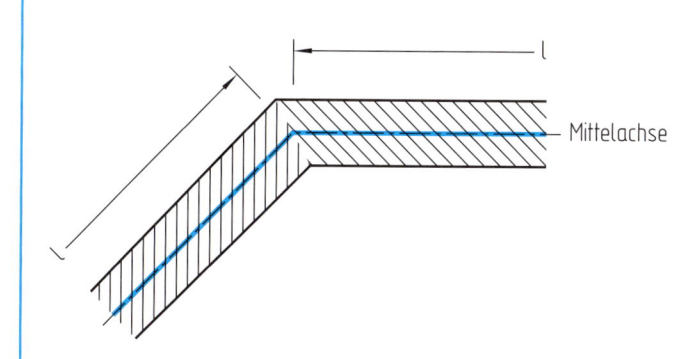

Bild 6

Für Bauteile aus Mauerwerk gelten gemäß Abschnitt 5.1.1, 1. Spiegel, deren Maße. Die Länge des Mauerwerks ermittelt sich deshalb, um Doppel- bzw. Mindervergütung zu vermeiden, in der Mittelachse.

Abzug von Nischen, soweit für das dahinter liegende Mauerwerk besondere Ansätze in der Leistungsbeschreibung vorgesehen sind

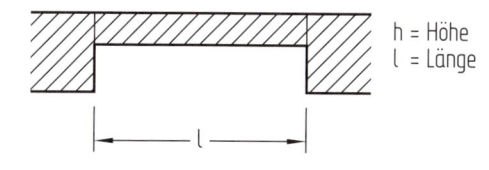

h = Höhe
l = Länge

Bild 7

Die Leistungsbeschreibung sieht jeweils in gesonderten Positionen

– Mauerwerk der Außenwand in m² bzw. in m³ und

– Mauerwerk der Nische in m²

vor.

Abschnitt 5.2.1 sieht bei Abrechnung nach Flächenmaß den Abzug der Nische unabhängig von ihrer Größe vor, soweit für das dahinter liegende Mauerwerk besondere Ansätze in der Leistungsbeschreibung vorgesehen sind.

Die Nische ist deshalb beim Aufmaß des Mauerwerks mit der Fläche $A = l \cdot h$ abzuziehen.

Bei Abrechnung nach Raummaß wird die Nische gemäß Abschnitt 5.2.2 über 0,5 m³ grundsätzlich abgezogen. Die gesonderte Vorgabe des Nischenmauerwerks spielt dabei keine Rolle.

DIN 18331

Betonarbeiten – DIN 18331

Ausgabe Januar 2005

Geltungsbereich

Die ATV „Betonarbeiten" – DIN 18331 – gilt für das Herstellen von Bauteilen aus bewehrtem oder unbewehrtem Beton jeder Art.

Die ATV DIN 18331 gilt nicht für

– Einpressarbeiten (siehe ATV DIN 18309 „Einpressarbeiten"),

– Schlitzwandarbeiten (siehe ATV DIN 18313 „Schlitzwandarbeiten mit stützenden Flüssigkeiten"),

– Spritzbetonarbeiten (siehe ATV DIN 18314 „Spritzbetonarbeiten"),

– Oberbauschichten mit hydraulischen Bindemitteln (siehe ATV DIN 18316 „Verkehrswegebauarbeiten; Oberbauschichten mit hydraulischen Bindemitteln"),

– Betonwerksteinarbeiten (siehe ATV DIN 18333 „Betonwerksteinarbeiten"),

– Betonerhaltungsarbeiten (siehe ATV DIN 18349 „Betonerhaltungsarbeiten"),

– Estricharbeiten (siehe ATV DIN 18353 „Estricharbeiten").

0.5 Abrechnungseinheiten

Im Leistungsverzeichnis sind die Abrechnungseinheiten wie folgt vorzusehen:

0.5.1 *Raummaß (m^3), getrennt nach Bauart und Maßen, für*

– *massige Bauteile, z.B. Fundamente, Stützmauern, Widerlager, Füll- und Mehrbeton,*

– *Brückenüberbauten, Pfeiler.*

0.5.2 *Flächenmaß (m^2), getrennt nach Bauart und Maßen, für*

– *Beton-Sauberkeitsschichten (Unterbeton),*

– *Wände, Silo- und Behälterwände, wandartige Träger, Brüstungen, Attiken, Fundament- und Bodenplatten, Decken,*

– *Fertigteile,*

– *Treppenlaufplatten mit oder ohne Stufen, Treppenpodestplatten,*

– *Herstellen von Aussparungen, z.B. Öffnungen, Nischen, Hohlräume, Schlitze, Kanäle, sowie von Profilierungen,*

– *Schließen von Aussparungen,*

– *Dämmstoff-, Trenn- und Schutzschichten sowie gleichzustellende Maßnahmen,*

– *Abdeckungen,*

– *besondere Ausführungen von Betonflächen, z.B. Anforderungen an die Schalung, nachträgliche Bearbeitung oder sonstige Maßnahmen,*

– *Schalung.*

0.5.3 *Längenmaß (m), getrennt nach Bauart und Maßen, für*

– *Stützen, Pfeilervorlagen, Balken, Fenster- und Türstürze, Unter- und Überzüge,*

– *Fertigteile,*

– *Stufen,*

– *Herstellen von Schlitzen, Kanälen, Profilierungen,*

– *Schließen von Schlitzen und Kanälen,*

– *Herstellen von Fugen einschließlich Liefern und Einbauen von Fugenbändern, Fugenblechen, Verpressschläuchen, Fugenfüllungen,*

– *Betonpfähle,*

– *Umwehrungen,*

– *Schalung für Decken-, Wand- und Plattenränder, Schlitze, Kanäle, Profilierungen.*

0.5.4 *Anzahl (Stück), getrennt nach Bauart und Maßen, für*

– *Stützen, Pfeilervorlagen, Balken, Fenster- und Türstürze, Unter- und Überzüge,*

- *Fertigteile, Fertigteile mit Konsolen, Winkelungen und dergleichen,*
- *Stufen,*
- *Herstellen von Aussparungen, z. B. Öffnungen, Nischen, Hohlräume, Schlitze, Kanäle, sowie von Profilierungen,*
- *Schließen von Aussparungen,*
- *Herstellen von Vouten, Auflagerschrägen, Konsolen,*
- *Einbauen bzw. Liefern und Einsetzen von Einbauteilen, Bewehrungsanschlüssen, Verwahrkästen, Dübelleisten, Ankerschienen, Verbindungselementen, ISO-Körben und dergleichen,*
- *Betonpfähle, Herrichten der Pfahlköpfe, Fußverbreiterungen,*
- *Abdeckungen, Umwehrungen,*
- *Schalung für Aussparungen, Profilierungen, Vouten, Konsolen und dergleichen,*
- *vorkonfektionierte Formteile, z. B. Ecken und Knoten bei Fugenbändern und dergleichen,*
- *Fertigteile mit besonders bearbeiteter oder strukturierter Oberfläche.*

0.5.5 *Masse (kg, t), getrennt nach Bauart und Maßen, für*

- *Liefern, Schneiden, Biegen und Verlegen von Bewehrungen und Unterstützungen,*
- *Einbauteile, Verbindungselemente und dergleichen.*

5 Abrechnung

Ergänzend zur ATV DIN 18299, Abschnitt 5, gilt:

5.1 Beton

5.1.1 Allgemeines

5.1.1.1 Der Ermittlung der Leistung – gleichgültig, ob sie nach Zeichnung oder nach Aufmaß erfolgt – sind zugrunde zu legen:

– für Bauteile aus Beton deren Maße,

– für Bauteile mit werksteinmäßiger Bearbeitung die Maße, die die Bauteile vor der Bearbeitung hatten,

– für besonders bearbeitete oder strukturierte Oberflächen die Maße der besonders bearbeiteten Fläche.

5.1.1.2 Durch die Bewehrung, z. B. Betonstabstähle, Profilstähle, Spannbetonbewehrungen mit Zubehör, Ankerschienen, verdrängte Betonmengen werden nicht abgezogen.

Einbetonierte Pfahlköpfe, Walzprofile und Spundwände werden nicht abgezogen.

5.1.1.3 Bauteile, die in ihrem Querschnitt eine abgeschrägte bzw. profilierte Kopffläche (Stirnfläche) aufweisen, z. B. Bauteile mit Ausklinkerungen für Deckenauflager und dergleichen, Attiken mit geneigter Oberseite, werden mit den Maßen ihrer größeren Ansichtsfläche gerechnet.

5.1.1.4 Der Ermittlung der Leistungen sind die Bauteildefinitionen nach DIN 1045-1, Abschnitt 3, zugrunde zu legen.

5.1.1.5 Geneigt liegende oder gekrümmte Decken werden mit ihren tatsächlichen Maßen gerechnet.

5.1.1.6 Decken und Auskragungen werden zwischen ihren Begrenzungsflächen gerechnet. Eingebaute Dämmstoffschichten und dergleichen werden dabei übermessen.

5.1.1.7 Sind Betonbauteile durch vorgegebene Fugen oder in anderer Weise baulich voneinander abgegrenzt, so wird jedes Bauteil mit seinen tatsächlichen Maßen abgerechnet.

5.1.1.8 Durchdringungen, Einbindungen

– Durchdringungen

Bei Wänden wird nur eine Wand durchgerechnet, bei ungleicher Dicke die dickere.

Bei Unterzügen und Balken wird nur ein Unterzug bzw. Balken durchgerechnet, bei ungleicher Höhe der höhere, bei gleicher Höhe der breitere.

– Einbindungen

Bei Wänden, Pfeilervorlagen und Stützen, die in Decken einbinden, wird die Höhe von Oberseite Rohdecke bzw. Fundament bis Unterseite Rohdecke gerechnet.

Bei Stürzen und Unterzügen wird die Höhe von deren Unterseite bis Unterseite Deckenplatte gerechnet, bei Unterzügen von der Oberseite Deckenplatte bis zur Oberseite des Überzuges.

Im Bereich von Deckenversprüngen werden Bauteile, die konstruktiv wie Unter- oder Überzüge ausgebildet sind, auch als solche gerechnet.

Binden Stützen in Unterzüge oder Balken ein, werden die Unterzüge und Balken durchgemessen, wenn sie breiter als die Stützen sind. Die Stützen werden in diesem Fall bis Unterseite Unterzug oder Balken gerechnet.

Bei der Einbindung von Unterzügen oder Balken in Wänden werden die Wände durchgemessen.

5.1.1.9 Bei Abrechnung von Bauteilen nach Flächenmaß werden Nischen, Schlitze, Kanäle, Fugen und dergleichen übermessen.

5.1.1.10 Fugenbänder, Fugenbleche und dergleichen werden nach ihrer größten Länge gerechnet, z. B. bei Schrägschnitten, Gehrungen; Formteile sowie vorkonfektionierte Knoten und Ecken werden dabei übermessen.

5.1.1.11 Betonpfähle werden von planmäßiger Oberseite Pfahlkopf (Ortbetonpfähle von der Oberseite nach Bearbeitung) bis zur vorgeschriebenen Unterseite Pfahlfuß bzw. Pfahlspitze gerechnet.

Bei Ortbetonpfählen bleiben Mehrmengen des Betons bis zu 10 % über die theoretische Menge hinaus unberücksichtigt.

5.1.2 Es werden abgezogen:

5.1.2.1 Bei Abrechnung nach Raummaß (m^3):

- Öffnungen (auch raumhoch), Nischen, Kassetten, Hohlkörper und dergleichen über $0,5\,m^3$ Einzelgröße,
- Schlitze, Kanäle, Profilierungen und dergleichen über $0,1\,m^3$ je m Länge,
- durchdringende und einbindende Bauteile, z. B. Einzelbalken, Balkenstege bei Plattenbalkendecken, Stützen, Einbauteile, Betonfertigteile, Rollladenkästen, Rohre, über $0,5\,m^3$ Einzelgröße, wenn sie durch vorgegebene Betonierfugen oder in anderer Weise baulich abgegrenzt sind; als ein Bauteil gilt dabei auch jedes aus Einzelteilen zusammengesetzte Bauteil, z. B. Fenster- und Türumrahmungen, Fenster- und Türstürze, Gesimse.

5.1.2.2 Bei Abrechnung nach Flächenmaß (m^2):

Öffnungen (auch raumhoch), Durchdringungen und Einbindungen über $2,5\,m^2$ Einzelgröße.

5.1.2.3 Bei der Ermittlung der Abzugsmaße sind die kleinsten Maße der Aussparung, z. B. Öffnung, Durchdringung, Einbindung, zugrunde zu legen.

5.2 Schalung

5.2.1 Allgemeines

5.2.1.1 Die Schalung von Bauteilen wird in der Abwicklung der geschalten Flächen gerechnet. Nischen, Schlitze, Kanäle, Fugen, eingebaute Dämmstoffschichten und dergleichen werden übermessen.

5.2.1.2 Deckenschalung wird zwischen Wänden und Unterzügen oder Balken nach den geschalten Flächen der Deckenplatten gerechnet. Die Schalung von freiliegenden Begrenzungsseiten der Deckenplatte wird gesondert gerechnet.

5.2.1.3 Schalung für Aussparungen, z. B. für Öffnungen, Nischen, Hohlräume, Schlitze, Kanäle, sowie für Profilierungen wird bei der Abrechnung nach Flächenmaß in der Abwicklung der geschalten Betonfläche gerechnet.

5.2.2 Es werden abgezogen:

Öffnungen (auch raumhoch), Durchdringungen, Einbindungen, Anschlüsse von Bauteilen und dergleichen über $2,5\,m^2$ Einzelgröße.

Bei der Ermittlung der Abzugsmaße sind die kleinsten Maße der Aussparung, z. B. Öffnung, Durchdringung, Einbindung, zugrunde zu legen.

5.3 Bewehrung

5.3.1 Die Masse der Bewehrung wird nach den Stahllisten abgerechnet. Zur Bewehrung gehören auch die Unterstützungen z. B. Stahlböcke, Abstandhalter aus Stahl, Gitterträger bei Verbundbauteilen, sowie Spiralbewehrungen, Verspannungen, Auswechselungen, Montageeisen, nicht jedoch Zubehör zur Spannbewehrung nach Abschnitt 4.1.7.

5.3.2 Maßgebend ist die errechnete Masse. Bei genormten Stählen gelten die Angaben in den DIN-Normen, bei anderen Stählen die Angaben im Profilbuch des Herstellers.

5.3.3 Bindedraht, Walztoleranzen und Verschnitt werden bei der Ermittlung der Abrechnungsmassen nicht berücksichtigt. Bei der Abrechnung von Betonstahlmatten wird jedoch ein durch den Auftragnehmer nicht zu vertretender Verschnitt, dessen Masse über 10 % der eingebauten Masse der eingebauten Betonstahlmatten liegt, zusätzlich gerechnet.

Erläuterungen

0.5 Abrechnungseinheiten

Abschnitt 0.5 dient dazu, auf die üblichen und zweckmäßigen Abrechnungseinheiten für die jeweilige Teilleistung hinzuweisen. Bei Aufstellung der Leistungsbeschreibung ist die zutreffende Abrechnungseinheit festzulegen.

5 Abrechnung

Ergänzend zur ATV DIN 18299, Abschnitt 5, gilt:

Siehe Kommentierung zu Abschnitt 5 der ATV DIN 18299.

5.1 Beton

5.1.1 Allgemeines

5.1.1.1 Der Ermittlung der Leistung – gleichgültig, ob sie nach Zeichnung oder nach Aufmaß erfolgt – sind zugrunde zu legen:

– für Bauteile aus Beton deren Maße,

Für Bauteile aus Beton sind deren Maße zugrunde zu legen *(Bild 1 bis 3)*.

Maße von Bauteilen aus Beton

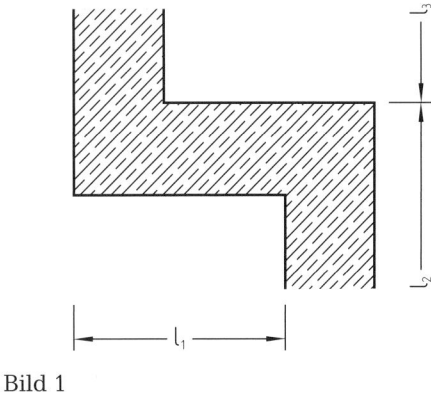

Bild 1

l_1, l_2, l_3
Maße der Betonwände

Aneinander stoßende Wände werden nicht doppelt gemessen. Das Maß der Dicke ermittelt sich nach der Dicke des unbehandelten Bauteils.

Stützmauer, schräg zulaufend

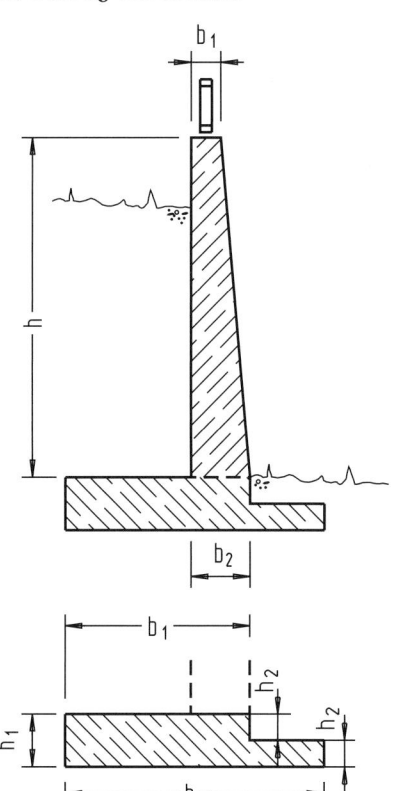

Bild 2

Querschnittsfläche Wand = $\frac{1}{2} \cdot (b_1 + b_2) \cdot h$
Querschnittsfläche Sohle = $b_1 \cdot h_1 + (b_2 - b_1) \cdot h_2$

Handelt es sich dagegen bei der Fundamentsohle um ein eigenständiges Bauteil, so ist, da die Kopfseite ausgeklinkt ist, gemäß Abschnitt 5.1.1.3 mit den Maßen der größeren Ansichtsfläche zu rechnen.

Querschnittsfläche Sohle = $b_2 \cdot h_1$

Flügel eines Brückenlagers

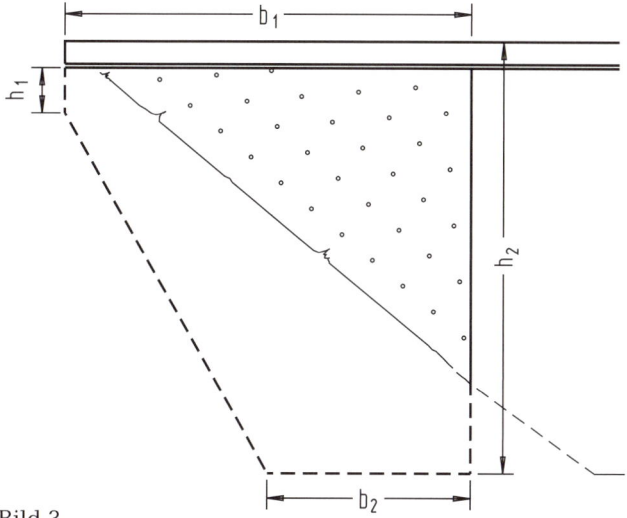

Bild 3

Ansichtsfläche = $b_1 \cdot h_1 + {}^1/_2 \cdot (b_1 + b_2) \cdot (h_2 - h_1)$

- **für Bauteile mit werksteinmäßiger Bearbeitung die Maße, die die Bauteile vor der Bearbeitung hatten,**

Verputzte oder anderweitig nachträglich bekleidete Bauteile werden nach den Maßen ohne Putz oder Bekleidung gemessen. Auch dann, wenn das Bauteil werksteinmäßig bearbeitet wird, z.B. gewaschen, gestrahlt, gestockt, gespitzt, scharriert oder bossiert, geschliffen und poliert, bei der Bearbeitung also in seiner Dicke verändert wird, gelten die Maße, die das Bauteil vor der Bearbeitung hatte *(Bild 4)*.

werksteinmäßig bearbeitete Stütze

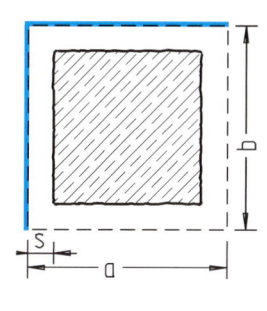

Bild 4

s = abgetragenes Material

Querschnittsfläche = $a \cdot b$
Abwicklung Stütze = $2 \cdot (a + b) \cdot h$

- **für besonders bearbeitete oder strukturierte Oberflächen die Maße der besonders bearbeiteten Fläche.**

Für besonders bearbeitete oder strukturierte Oberflächen, z.B. Stahlbetonbrüstung in Waschbeton oder profiliert, gelten die Maße der besonders bearbeiteten Flächen *(Bild 5 und 6)*.

Stahlbetonbrüstung – Waschbeton

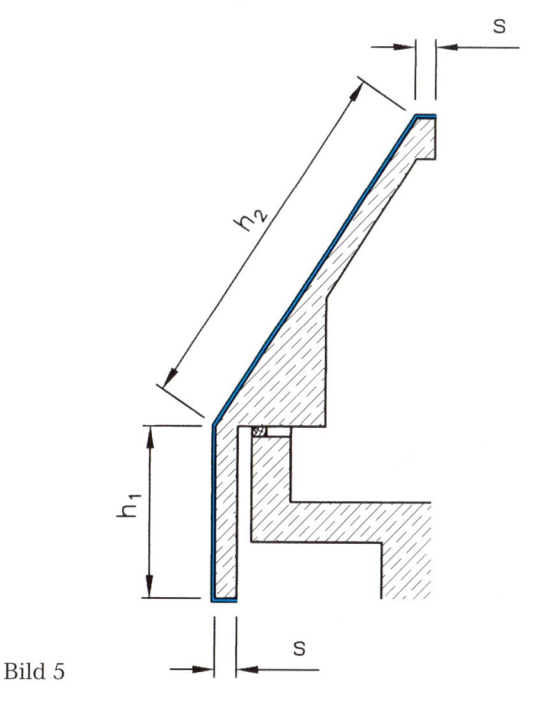

Bild 5

Oberfläche Waschbeton = $(s + h_1 + h_2 + s) \cdot l$

Stahlbetonbrüstung – profiliert

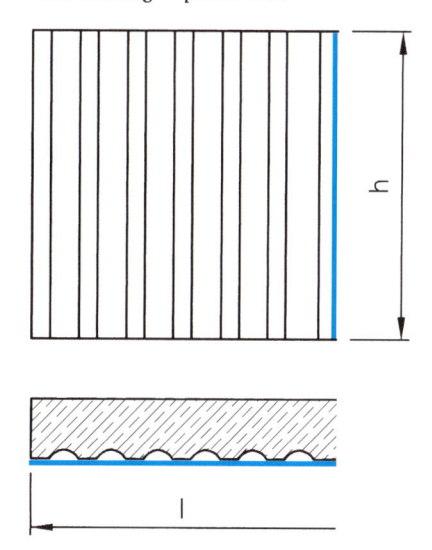

Bild 6

Im Interesse einer vereinfachten Abrechnung ist es jedoch sinnvoll, in der Leistungsbeschreibung zu vereinbaren, dass hierfür die äußere Begrenzungslinie und nicht die Abwicklung der strukturierten Teilfläche zugrunde zu legen ist.

5.1.1.2 Durch die Bewehrung, z. B. Betonstabstähle, Profilstähle, Spannbetonbewehrungen mit Zubehör, Ankerschienen, verdrängte Betonmengen werden nicht abgezogen.

Einbetonierte Pfahlköpfe, Walzprofile und Spundwände werden nicht abgezogen.

Diese Regelung bezieht sich auf Stahl, der konstruktiv und statisch Bestandteil des Bauteils ist, einschließlich Unterstützungen, Verspannungen, Montageeisen, Spannkanäle der Spannbetonbewehrung und dergleichen.

Die Regelung gilt auch dann, wenn Beton und Stahlbeton getrennt nach Beton und Bewehrung abzurechnen sind.

Nicht unter diese Regelung fallen z. B. Stahlrohre, die gemäß Abschnitt 5.1.2.1 über 0,5 m³ Einzelgröße abzuziehen sind.

Einbetonierte Pfahlköpfe, Walzprofile und Spundwände aus Stahlbeton oder Stahl werden ohne Rücksicht auf ihre Größe nicht abgezogen *(Bild 7)*.

einbetonierte Pfahlköpfe

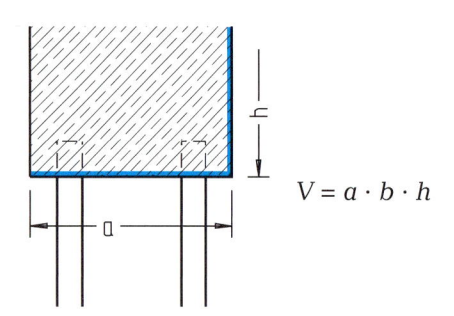

$V = a \cdot b \cdot h$

Bild 7

5.1.1.3 Bauteile, die in ihrem Querschnitt eine abgeschrägte bzw. profilierte Kopffläche (Stirnfläche) aufweisen, z. B. Bauteile mit Ausklinkungen für Deckenauflager und dergleichen, Attiken mit geneigter Oberseite, werden mit den Maßen ihrer größeren Ansichtsfläche gerechnet.

Bauteile, die in ihrem Querschnitt eine abgeschrägte bzw. profilierte Kopf- oder Stirnfläche aufweisen, werden mit den Maßen ihrer größeren Ansichtsfläche gerechnet. Damit soll die Abrechnung von Bauteilen, z. B. Attiken mit geneigter Oberseite, Bauteilen mit Ausklinkungen auf der Kopf- oder Stirnfläche, vereinfacht werden, wobei unter Kopffläche die Draufsicht und unter Stirnfläche die senkrechte Vorder- und Rückseite des Bauteils zu verstehen ist (Bild 8 bis 13).

Definition von Bauteilflächen

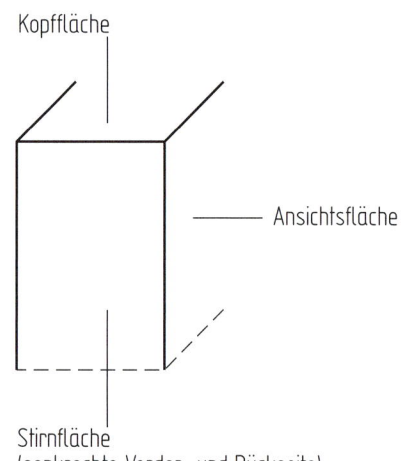

Bild 8

Bauteil mit abgeschrägter bzw. profilierter Kopffläche

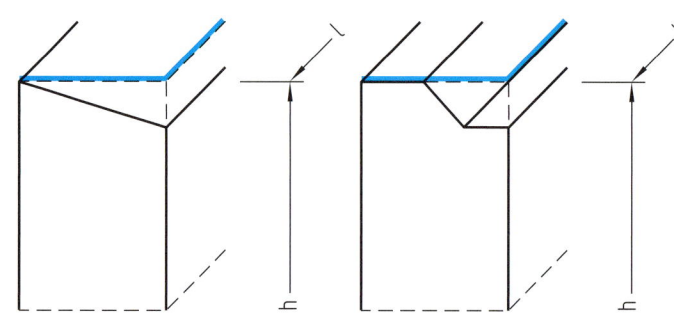

abgeschrägte Kopffläche   profilierte Kopffläche

Bild 9   größere Ansichtsfläche = $h \cdot l$

Bauteil mit abgeschrägter bzw. profilierter Stirnfläche

abgeschrägte Stirnfläche   profilierte Stirnfläche

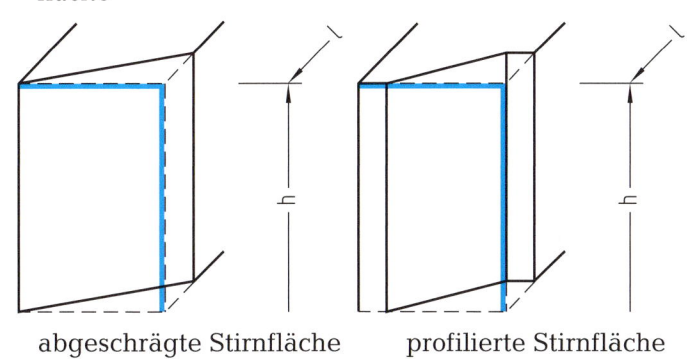

Bild 10   größere Ansichtsfläche = $h \cdot l$

Die Abrechnung mit den Maßen der größeren Ansichtsfläche ist insofern gerechtfertigt, als die hier aufgezeigten Kopf- und Stirnflächenausbildungen einen höheren Aufwand an Schalung und Verarbeitung erfordern. Die Bestimmungen des Abschnittes 5.1.2 sind in diesem Zusammenhang nicht relevant.

Nicht unter diese Regelung fallen Bauteile, deren abgeschrägte und/oder profilierte Kopf- oder Stirnfläche jeweils in der Längsrichtung verläuft. Die Abrechnung erfolgt in diesem Fall gemäß Abschnitt 5.1.1.1.

Bauteil mit abgeschrägter Kopffläche in der Längsrichtung

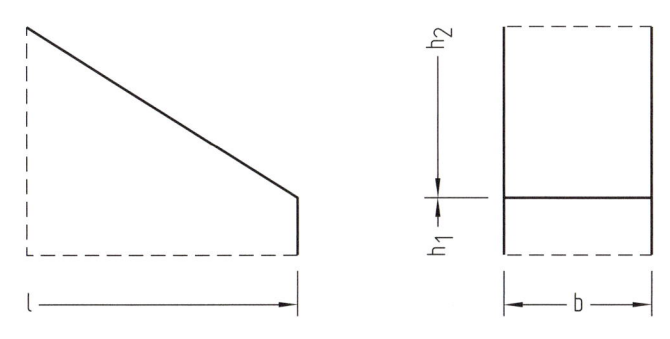

Bild 11   Ansichtsfläche = $l \cdot (h_1 + h_2 \cdot {}^1\!/_2)$

Abrechnung gemäß Abschnitt 5.1.1.1

Bauteil mit abgeschrägter Stirnfläche in der Längsrichtung

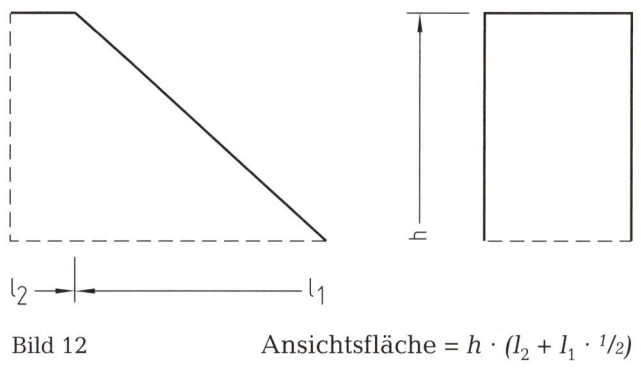

Bild 12   Ansichtsfläche = $h \cdot (l_2 + l_1 \cdot {}^1\!/_2)$

Abrechnung gemäß Abschnitt 5.1.1.1

Bauteil mit geneigter Kopffläche und Ausklinkung

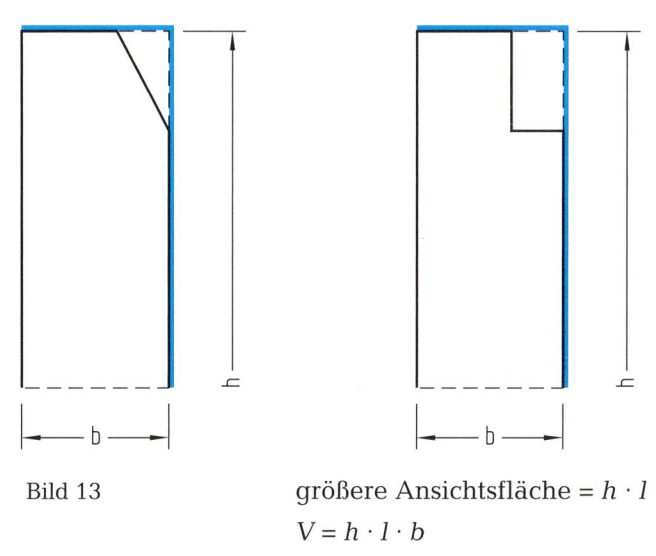

Bild 13   größere Ansichtsfläche = $h \cdot l$

$V = h \cdot l \cdot b$

5.1.1.4 Der Ermittlung der Leistungen sind die Bauteildefinitionen nach DIN 1045-1, Abschnitt 3, zugrunde zu legen.

Nach DIN 1045-1, Abschnitt 3 „Begriffe und Formelzeichen", werden u. a. Bauteile wie folgt definiert:

– Fertigteil:

Bauteil, das nicht in seiner endgültigen Lage, sondern in einem Werk oder an anderer Stelle hergestellt wird; werden spezielle Regelungen für Fertigteile angewendet, setzt dies die im jeweiligen Fall beschriebenen Maßnahmen voraus (z. B. Schutz vor Witterungseinflüssen, Qualitätssicherung);

– Segmenttragwerk:

in Tragrichtung aus einzelnen Fertigteilen (Segmenten) zusammengesetztes und mit Spanngliedern zusammengespanntes Tragwerk,

- Mehrschichttafel/Sandwichtafel:

  Fertigteil, das im Allgemeinen aus einer Trag- und einer Vorsatzschicht aus Stahlbeton mit einer dazwischen liegenden Wärmedämmschicht besteht,

- Verbundbauteil:

  Bauteil aus einem Fertigteil und einer Ortbetonergänzung mit Verbindungselementen oder ohne Verbindungselemente,

- unbewehrtes Bauteil:

  Bauteil ohne Bewehrung oder mit einer Bewehrung, die unterhalb der jeweils erforderlichen Mindestbewehrung liegt,

- vorwiegend auf Biegung beanspruchtes Bauteil:

  Bauteil mit einer bezogenen Lastausmitte im Grenzzustand der Tragfähigkeit von $e_d/h > 3{,}5$,

- Druckglied:

  vorwiegend auf Druck beanspruchtes, stab- oder flächenförmiges Bauteil mit einer bezogenen Lastausmitte im Grenzzustand der Tragfähigkeit von $e_d/h < 3{,}5$,

- Balken/Plattenbalken:

  stabförmiges, vorwiegend auf Biegung beanspruchtes Bauteil mit einer Stützweite von mindestens der zweifachen Querschnittshöhe und mit einer Querschnitts- bzw. Stegbreite von höchstens der vierfachen Querschnittshöhe,

- Platte:

  ebenes, durch Kräfte rechtwinklig zur Mittelfläche vorwiegend auf Biegung beanspruchtes, flächenförmiges Bauteil, dessen kleinste Stützweite mindestens das Zweifache seiner Bauteildicke beträgt und mit einer Bauteilbreite von mindestens der vierfachen Bauteildicke,

- Stütze:

  stabförmiges Druckglied, dessen größere Querschnittsabmessung das Vierfache der kleineren Abmessung nicht übersteigt,

- Scheibe/Wand:

  ebenes, durch Kräfte parallel zur Mittelfläche beanspruchtes, flächenförmiges Bauteil, dessen größere Querschnittsabmessung das Vierfache der kleineren übersteigt,

- wandartiger Träger/scheibenartiger Träger:

  ebenes, durch Kräfte parallel zur Mittelfläche beanspruchtes, scheibenartiges Bauteil, dessen Stützweite weniger als das Zweifache seiner Querschnittshöhe beträgt.

5.1.1.5 Geneigt liegende oder gekrümmte Decken werden mit ihren tatsächlichen Maßen gerechnet.

Geneigt liegende oder gekrümmte Decken werden mit ihren tatsächlichen Maßen gemessen.

Bei Abrechnung nach Flächenmaß ist die Regelung „tatsächliche Maße" nicht eindeutig.

Es empfiehlt sich, bereits in der Leistungsbeschreibung entsprechende Festlegungen, z. B. für geneigt liegende oder gekrümmte Decken gelten die jeweils „größten Maße", zu treffen.

Bei Abrechnung nach Raummaß dagegen errechnen sich die tatsächlichen Maße jeweils aus dem Mittel der äußeren und inneren Abmessungen (Bild 14 und 15).

schräge oder gekrümmte Decken

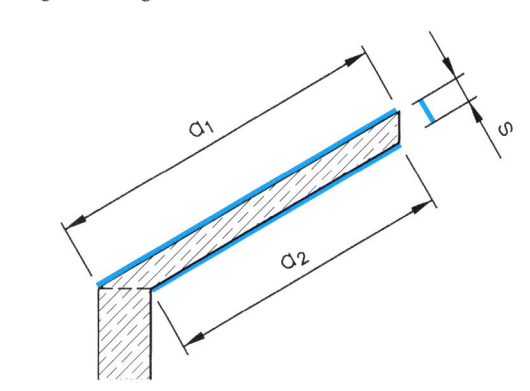

Bild 14

$V = {}^1/_2 \cdot (a_1 + a_2) \cdot l \cdot s$
$A = a_1 \cdot l$

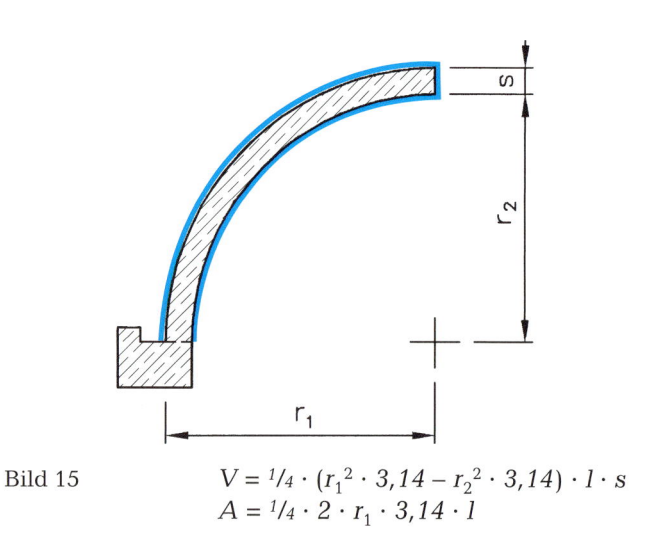

Bild 15

$V = {}^1/_4 \cdot (r_1^2 \cdot 3{,}14 - r_2^2 \cdot 3{,}14) \cdot l \cdot s$
$A = {}^1/_4 \cdot 2 \cdot r_1 \cdot 3{,}14 \cdot l$

5.1.1.6 Decken und Auskragungen werden zwischen ihren Begrenzungsflächen gerechnet. Eingebaute Dämmstoffschichten und dergleichen werden dabei übermessen.

Decken und Auskragungen (Bauteildefinition beachten) werden zwischen den äußeren Begrenzungen gemessen. Dämmstoffschichten werden dabei übermessen *(Bild 16 bis 19)*.

eingespannte Deckenplatte

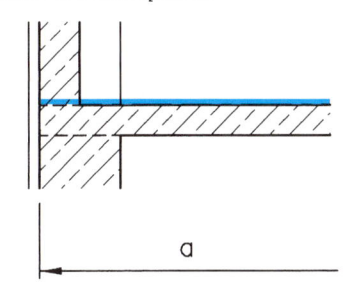

Bild 16

auskragende Deckenplatte

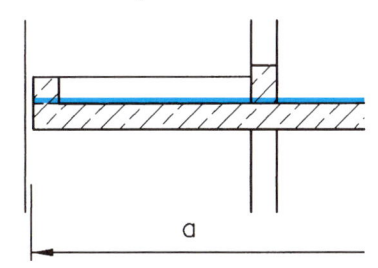

Bild 17

aufliegende Deckenplatte

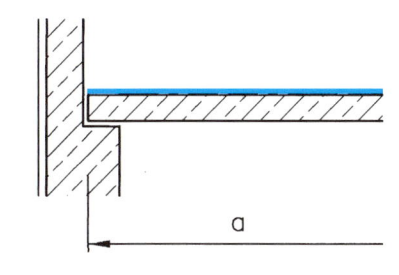

Bild 18

Deckenplatte mit Dämmstoffschicht

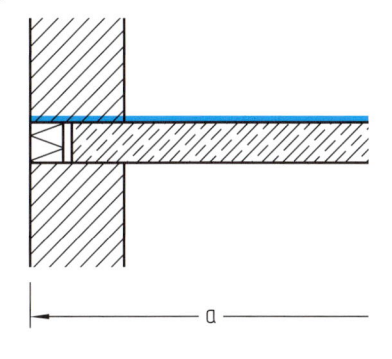

Bild 19

5.1.1.7 Sind Betonbauteile durch vorgegebene Fugen oder in anderer Weise baulich voneinander abgegrenzt, so wird jedes Bauteil mit seinen tatsächlichen Maßen abgerechnet.

Bauteile, die durch Fugen oder in anderer Weise, z. B. unterschiedliche Betonzusammensetzung, baulich abgegrenzt sind, werden jeweils mit den tatsächlichen Maßen gerechnet *(Bild 20 und 21)*.

Unterzug – Stütze, durch vorgegebene Fuge abgegrenzt

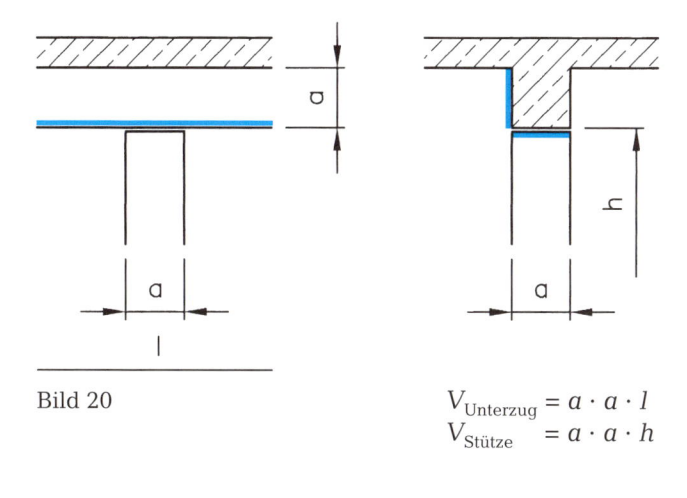

Bild 20

$V_{\text{Unterzug}} = a \cdot a \cdot l$
$V_{\text{Stütze}} = a \cdot a \cdot h$

Wand und Stütze, durch unterschiedliche Betonzusammensetzung abgegrenzt

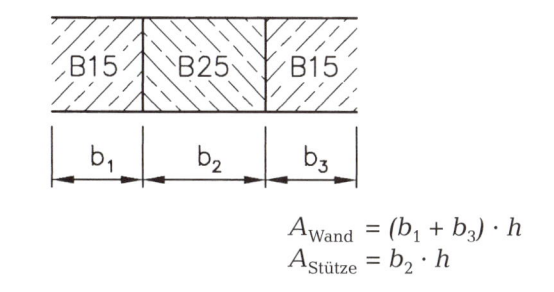

Bild 21

$A_{\text{Wand}} = (b_1 + b_3) \cdot h$
$A_{\text{Stütze}} = b_2 \cdot h$

Dabei sollten sowohl Unterzug und Stütze als auch Wand und Stütze in der Leistungsbeschreibung jeweils gesondert vorgegeben sein.

5.1.1.8 Durchdringungen, Einbindungen

– **Durchdringungen**

Bei Wänden wird nur eine Wand durchgerechnet, bei ungleicher Dicke die dickere.

Bei Unterzügen und Balken wird nur ein Unterzug bzw. Balken durchgerechnet, bei ungleicher Höhe der höhere, bei gleicher Höhe der breitere.

Sich durchdringende Wände werden im Kreuzungsbereich nur einmal gerechnet, bei ungleicher Dicke die dickere *(Bild 22)*.

Durchdringungen

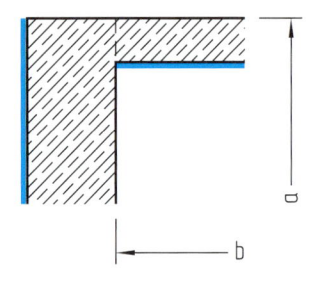

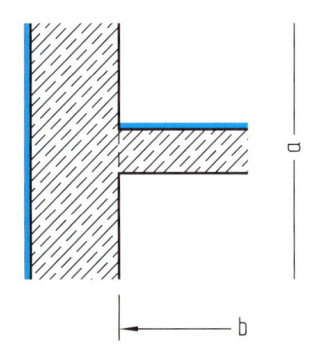

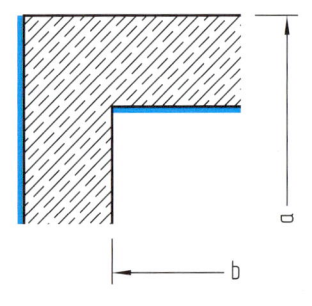

Bild 22

Sich durchdringende Unterzüge und Balken werden ebenso im Kreuzungsbereich nur einmal gerechnet, bei ungleicher Höhe der höhere, bei gleicher Höhe der breitere *(Bild 23)*.

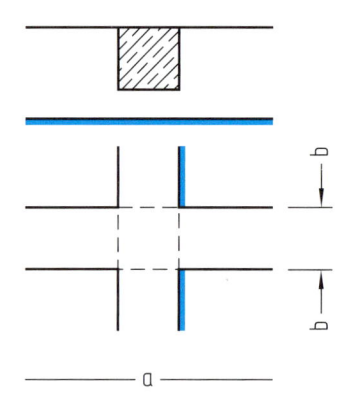

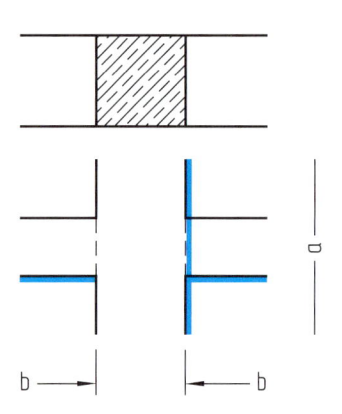

Bild 23

– **Einbindungen**

Bei Wänden, Pfeilervorlagen und Stützen, die in Decken einbinden, wird die Höhe von Oberseite Rohdecke bzw. Fundament bis Unterseite Rohdecke gerechnet.

Bei Stürzen und Unterzügen wird die Höhe von deren Unterseite bis Unterseite Deckenplatte gerechnet, bei Überzügen von der Oberseite Deckenplatte bis zur Oberseite des Überzuges.

Im Bereich von Deckenversprüngen werden Bauteile, die konstruktiv wie Unter- oder Überzüge ausgebildet sind, auch als solche gerechnet.

Binden Stützen in Unterzüge oder Balken ein, werden die Unterzüge und Balken durchgemessen, wenn sie breiter als die Stützen sind. Die Stützen werden in die-

sem Fall bis Unterseite Unterzug oder Balken gerechnet.

Bei der Einbindung von Unterzügen oder Balken in Wänden werden die Wände durchgemessen.

In Decken einbindende Wände, Pfeilervorlagen und Stützen werden von Oberseite Rohdecke bzw. Fundament bis Unterseite Rohdecke gerechnet *(Bild 24 bis 26).*

– bei Stahlbetonplatten die Ober- bzw. Unterseite der Stahlbetondecke

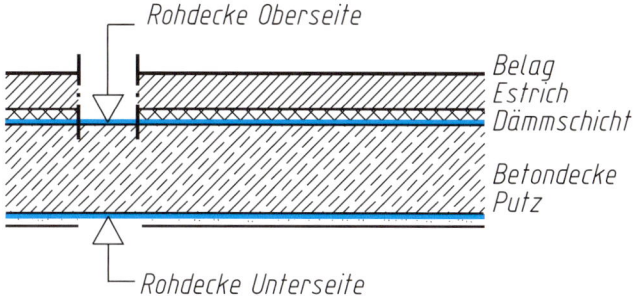

Bild 24

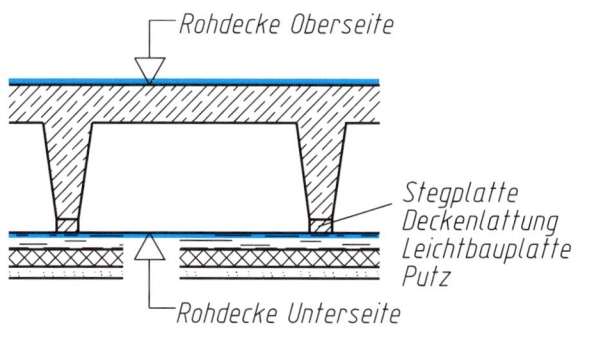

Bild 25

– bei Stahlbetonrippendecken die Oberseite der Betondecke bzw. die Unterseite der Steglatten

Wände, Pfeilervorlagen, Stützen

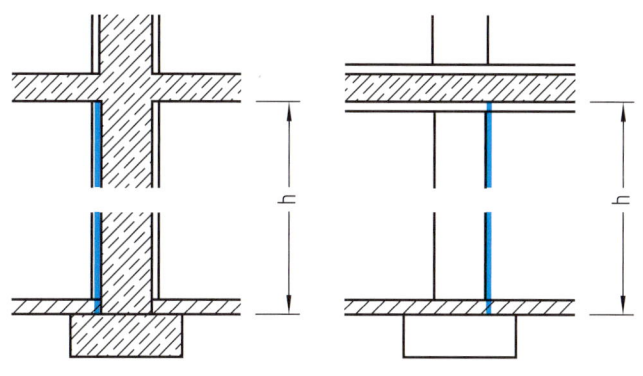

Bild 26

Stürze, Unterzüge und Überzüge

Bei Stürzen und Unterzügen wird die Höhe von der Unterseite der Stürze und Unterzüge bis zur Unterseite der Rohdecke gerechnet, bei Überzügen von der Oberseite Deckenplatte bis zur Oberseite des Überzugs *(Bild 27 und 28).*

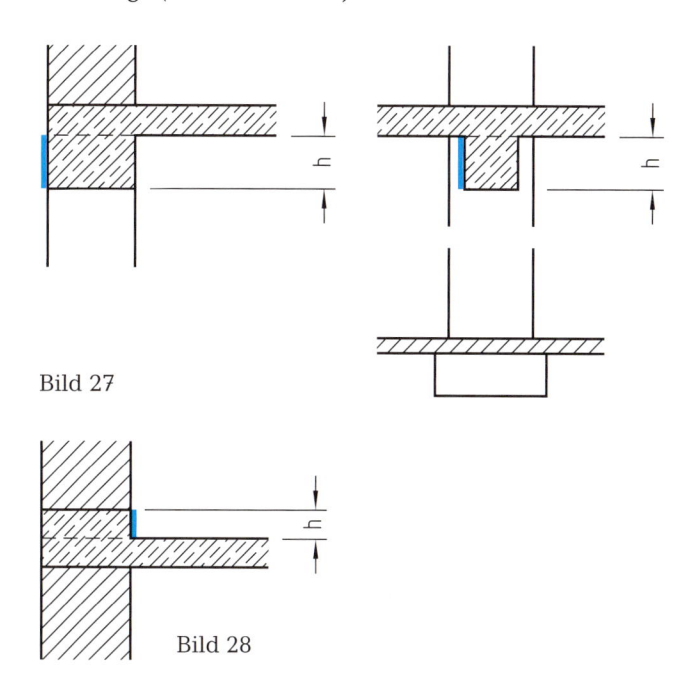

Bild 27

Bild 28

Im Bereich von Deckenversprüngen werden Unter- oder Überzüge als solche gerechnet *(Bild 29).*

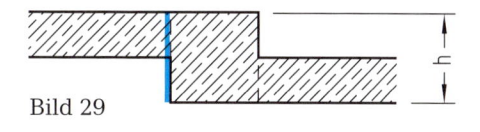

Bild 29

In Unterzüge oder Balken einzubindende Stützen werden bis zur Unterseite Unterzug oder Balken gemessen, wenn die Unterzüge oder Balken breiter als die Stützen sind *(Bild 30).*

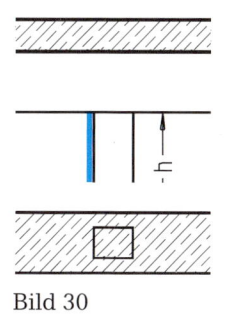

Bild 30

Für den Fall, dass die Stützen breiter als der Unterzug sind, sind gesonderte Festlegungen für die Abrechnung im Bauvertrag zu treffen. Es empfiehlt sich, z. B. das jeweils breitere Bauteil durchzumessen, bei gleicher Dicke die Stütze.

Abschnitt 5 sieht hierfür keine Regelung vor.

Binden Unterzüge oder Balken in Wände ein, werden die Wände durchgemessen *(Bild 31)*.

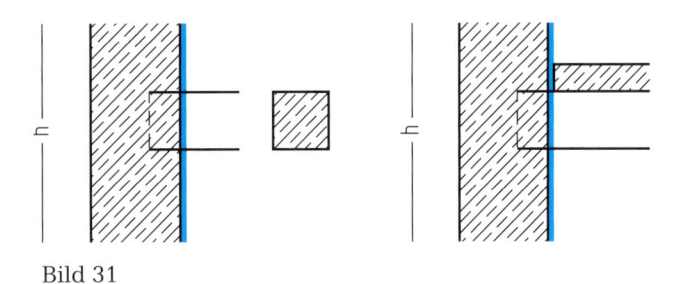

Bild 31

Sind Unterzüge oder Balken jedoch durch vorgegebene Betonierfugen oder in anderer Weise baulich abgegrenzt, sind sie gemäß Abschnitt 5.1.2.1 über 0,5 m³ Einzelgröße abzuziehen.

5.1.1.9 Bei Abrechnung von Bauteilen nach Flächenmaß werden Nischen, Schlitze, Kanäle, Fugen und dergleichen übermessen.

Nischen, Schlitze, Kanäle, Fugen u. Ä. werden bei Abrechnung von Bauteilen nach Flächenmaß grundsätzlich übermessen *(Bild 32)*.

5.1.1.10 Fugenbänder, Fugenbleche und dergleichen werden nach ihrer größten Länge gerechnet, z. B. bei Schrägschnitten, Gehrungen; Formteile sowie vorkonfektionierte Knoten und Ecken werden dabei übermessen.

Fugenbänder und -bleche zur Abdichtung von Arbeits-, Bewegungs- und Stoßfugen werden in der größten Länge, bei Schrägschnitten außen gemessen *(Bild 33)*.

Nischen, Schlitze, Kanäle

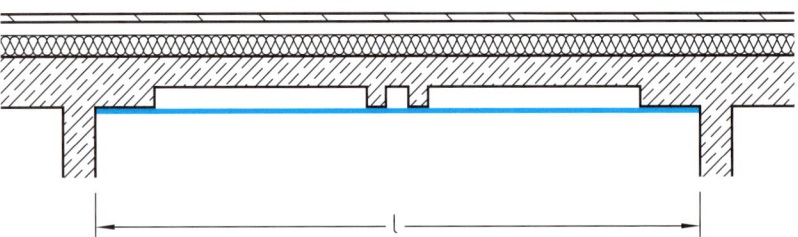

Bild 32

Fugenbänder

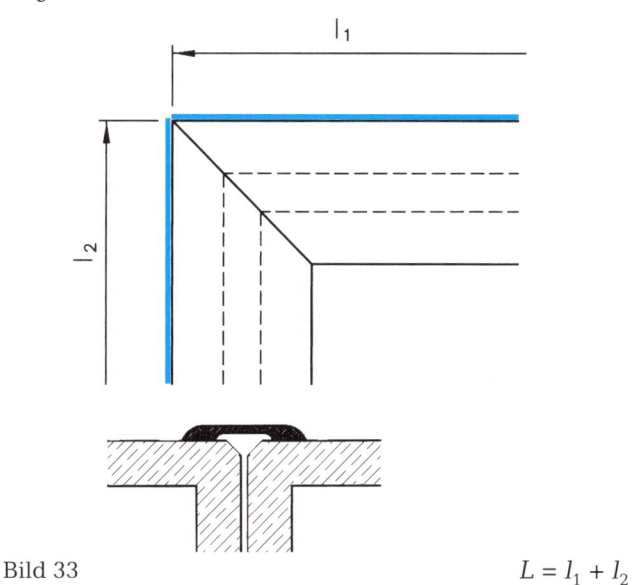

Bild 33 $\qquad L = l_1 + l_2$

5.1.1.11 Betonpfähle werden von planmäßiger Oberseite Pfahlkopf (Ortbetonpfähle von der Oberseite nach Bearbeitung) bis zur vorgeschriebenen Unterseite Pfahlfuß bzw. Pfahlspitze gerechnet.

Bei Ortbetonpfählen bleiben Mehrmengen des Betons bis zu 10 % über die theoretische Menge hinaus unberücksichtigt.

Die Länge eines Pfahles hängt von der Belastung und der Bodenart ab. Gemessen wird sie in der Regel von der planmäßigen Oberseite des Pfahlkopfes bis zur vorgeschriebenen Unterseite Pfahlfuß *(Bild 34)*.

Betonpfähle

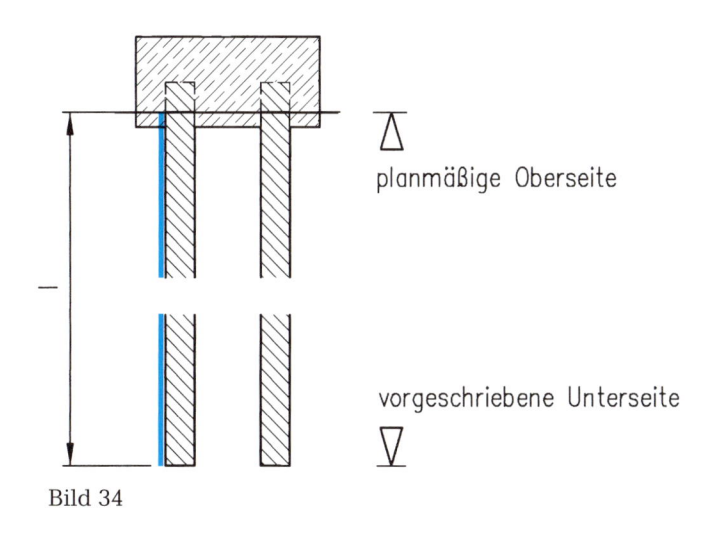

Bild 34

Der in Fundament oder Tragrost eingreifende Pfahlkopf bleibt dabei unberücksichtigt.

Bei Ortbetonpfählen wird von der fertigen Oberseite des Pfahlkopfes ausgegangen. Des Weiteren bleiben bei Ortbetonpfählen Mehrungen an Beton gegenüber der theoretischen Menge bis zu 10 % unberücksichtigt.

5.1.2 Es werden abgezogen:

5.1.2.1 Bei Abrechnung nach Raummaß (m³):

– **Öffnungen (auch raumhoch), Nischen, Kassetten, Hohlkörper und dergleichen über 0,5 m³ Einzelgröße,**

– **Schlitze, Kanäle, Profilierungen und dergleichen über 0,1 m³ je m Länge,**

Bei Abrechnung nach Raummaß werden abgezogen *(Bild 35 bis 40)*:

Öffnungen, auch raumhohe Öffnungen, über 0,5 m³ Einzelgröße

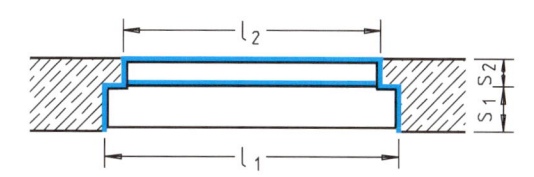

Bild 35 $\qquad V = l_1 \cdot h_1 \cdot s_1 + l_2 \cdot h_2 \cdot s_2 > 0{,}5\ m^3$

Nischen über 0,5 m³ Einzelgröße

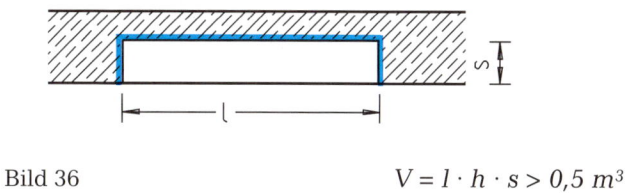

Bild 36 $\qquad V = l \cdot h \cdot s > 0{,}5\ m^3$

Kassetten über 0,5 m³ Einzelgröße

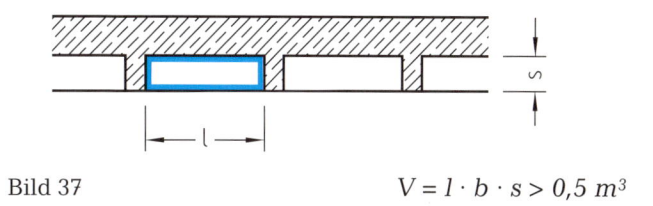

Bild 37 $\qquad V = l \cdot b \cdot s > 0{,}5\ m^3$

Hohlkörper über 0,5 m³ Einzelgröße

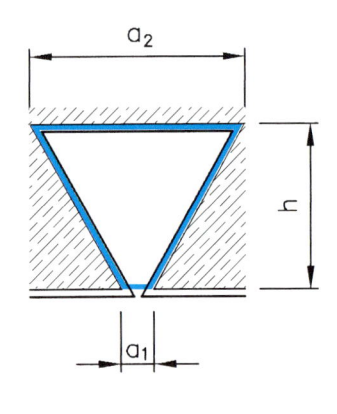

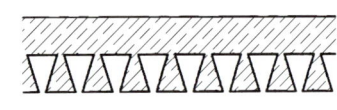

Bild 38 $\quad V = \frac{1}{2} \cdot (a_1 + a_2) \cdot h \cdot l > 0{,}5\ m^3$

Schlitze, Kanäle u.Ä. über 0,1 m³ je m Länge

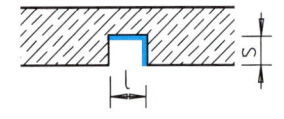

Bild 39 $\quad V = l \cdot s \cdot 1\ m > 0{,}1\ m^3$

Profilierungen über 0,1 m³ je m Länge

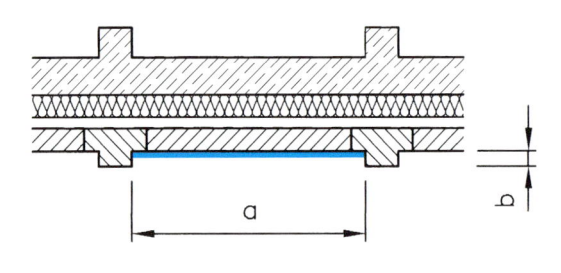

Bild 40 $\quad V = a \cdot b \cdot 1\ m > 0{,}1\ m^3$

– **durchdringende oder einbindende Bauteile, z. B. Einzelbalken, Balkenstege bei Plattenbalkendecken, Stützen, Einbauteile, Betonfertigteile, Rollladenkästen, Rohre, über 0,5 m³ Einzelgröße, wenn sie durch vorgegebene Betonierfugen oder in anderer Weise baulich abgegrenzt sind; als ein Bauteil gilt dabei auch ein anderes aus Einzelteilen zusammengesetzte Bauteil, z. B. Fenster- und Türumrahmungen, Fenster- und Türstürze, Gesimse.**

Des Weiteren werden bei Abrechnung nach Raummaß Durchdringungen und Einbindungen von Bauteilen über 0,5 m³ Einzelgröße abgezogen, wenn sie durch vorgegebene Betonfugen oder in anderer Weise baulich abgegrenzt sind.

Durchdringung ist der Sammelbegriff für das Durchdringen eines Bauteils durch ein anderes.

Einbindung ist der Sammelbegriff für das Einbinden eines Bauteils in ein anderes.

Durchdringungen – Einbindungen,

durch vorgegebene Betonierfugen oder in anderer Weise baulich voneinander abgegrenzt

Bei Abrechnung nach Raummaß werden abgezogen *(Bild 41 bis 47):*

Einzelbalken über 0,5 m³ Einzelgröße

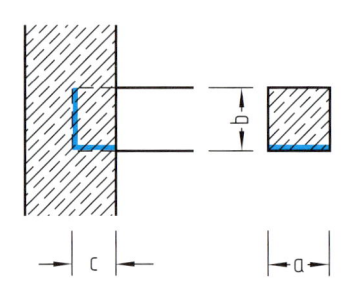

Bild 41 $\quad V = a \cdot b \cdot c > 0{,}5\ m^3$

Balkensteg bei Plattenbalkendecken über 0,5 m³ Einzelgröße

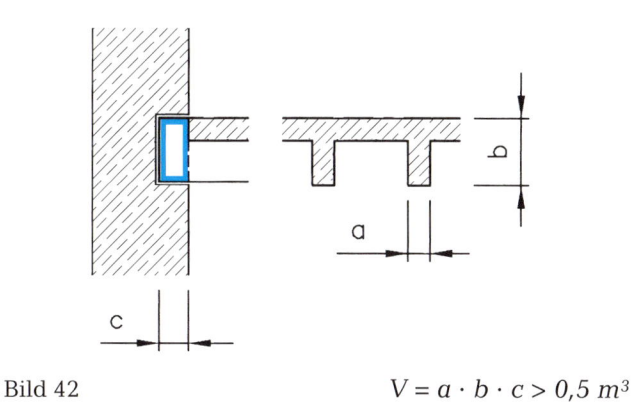

Bild 42 $V = a \cdot b \cdot c > 0{,}5\ m^3$

Stütze über 0,5 m³ Einzelgröße

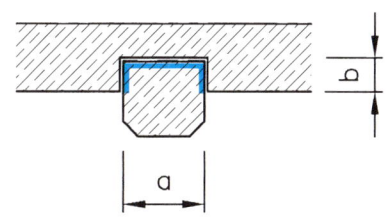

Bild 43 $V = a \cdot b \cdot h > 0{,}5\ m^3$

Einbauteil über 0,5 m³ Einzelgröße

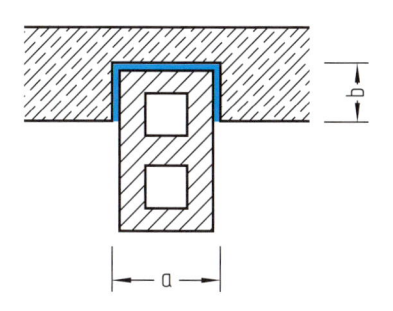

Bild 44 $V = a \cdot b \cdot h > 0{,}5\ m^3$

Betonfertigteile über 0,5 m³ Einzelgröße

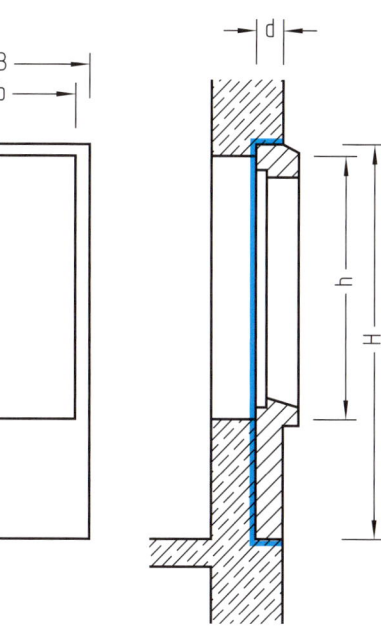

Bild 45 $V = B \cdot H \cdot d - b \cdot h \cdot d > 0{,}5\ m^3$

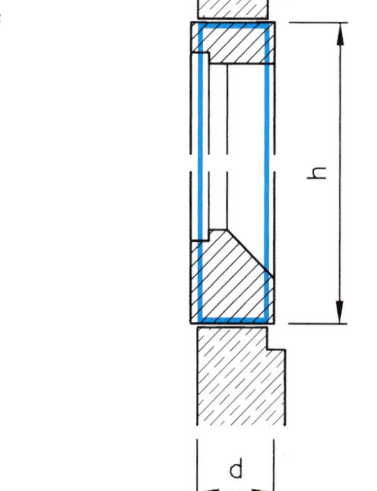

Bild 46 $V = b \cdot d \cdot h > 0{,}5\ m^3$

Rollladenkasten über 0,5 m³

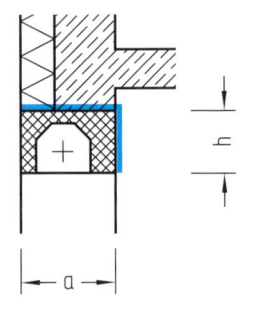

Bild 47 $V = a \cdot b \cdot h > 0{,}5\ m^3$

Einbindungen und Durchdringungen von Rohren werden ebenso abgezogen, wenn die dadurch verdrängte Betonmenge 0,5 m³ überschreitet.

Bei der Ermittlung der jeweiligen Übermessungsgrößen gelten auch aus mehreren Teilen zusammengesetzte Bauteile als ein Bauteil.

Es wird bei Abrechnung nach Raummaß über 0,5 m³ abgezogen *(Bild 48)*.

Fenster- und Türumrahmungen über 0,5 m³

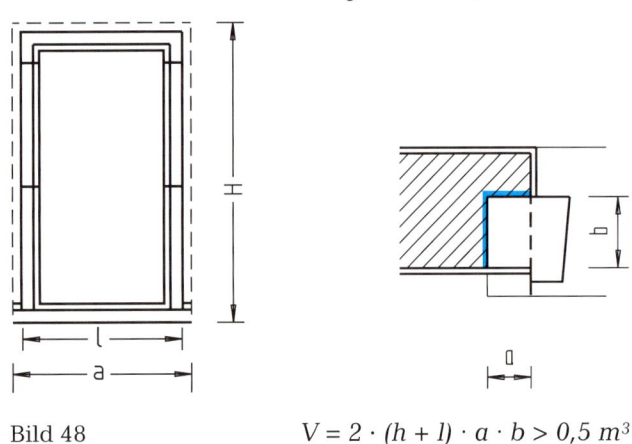

Bild 48 $V = 2 \cdot (h + l) \cdot a \cdot b > 0{,}5\ m^3$

5.1.2.2 Bei Abrechnung nach Flächenmaß (m²):

Öffnungen (auch raumhoch) Durchdringungen und Einbindungen über 2,5 m² Einzelgröße.

5.1.2.3 Bei der Ermittlung der Abzugsmaße sind die kleinsten Maße der Aussparung, z. B. Öffnung, Durchdringung, Einbindung, zugrunde zu legen.

Zur Bestimmung der Übermessungsgrößen nach Flächenmaß sind für Öffnungen, Durchgänge, Einbindungen deren kleinsten Maße zugrunde zu legen. Es gelten demnach die lichten Öffnungsmaße.

Bei Abrechnung nach Flächenmaß werden abgezogen *(Bild 49 bis 51)*:

Öffnungen, auch raumhohe Öffnungen, über 2,5 m² Einzelgröße

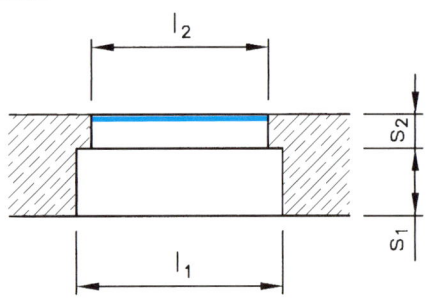

Bild 49 $A = l_2 \cdot h_2 > 2{,}5\ m^2$

Durchdringungen und Einbindungen über 2,5 m² Einzelgröße

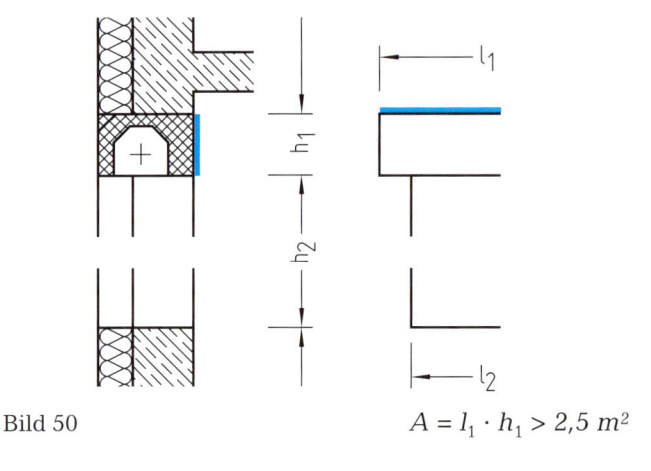

Bild 50 $A = l_1 \cdot h_1 > 2{,}5\ m^2$

Die Fensteröffnung ist gesondert zu betrachten und, falls $l_2 \cdot h_2 > 2{,}5\ m^2$, abzuziehen.

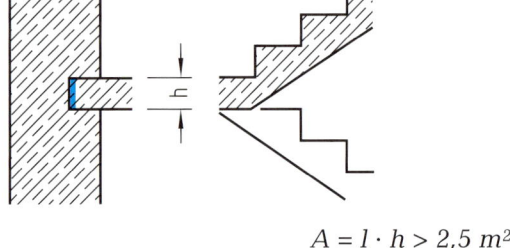

Bild 51 $A = l \cdot h > 2{,}5\ m^2$

Anzumerken ist dabei, dass im Gegensatz zu Abschnitt 5.1.2.1 gemäß Abschnitt 5.1.1.9 Nischen, Schlitze, Kanäle, Fugen u. Ä. bei Abrechnung nach Flächenmaß grundsätzlich nicht abgezogen werden.

5.2 Schalung

5.2.1 Allgemeines

5.2.1.1 Die Schalung von Bauteilen wird in der Abwicklung der geschalten Flächen gerechnet. Nischen, Schlitze, Kanäle, Fugen, eingebaute Dämmstoffschichten und dergleichen werden übermessen.

Schalung für Balken, Stützen, Wände und dergleichen wird in der Abwicklung der zu schalenden Flächen gemessen *(Bild 52 und 53)*.

Balken, Stützen

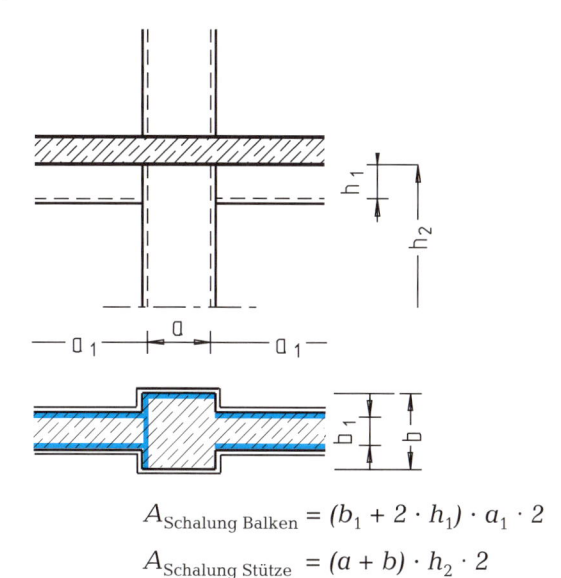

Bild 52

$$A_{\text{Schalung Balken}} = (b_1 + 2 \cdot h_1) \cdot a_1 \cdot 2$$
$$A_{\text{Schalung Stütze}} = (a + b) \cdot h_2 \cdot 2$$

Die Schalung für Balken und Stützen wird in der Abwicklung der geschalten Betonflächen gemessen. Dabei werden die Schalungsausschnitte für den Anschluss des Balkens an die Stütze gemäß Abschnitt 5.2.2 übermessen, da sie kleiner als 2,5 m² sind.

Wände

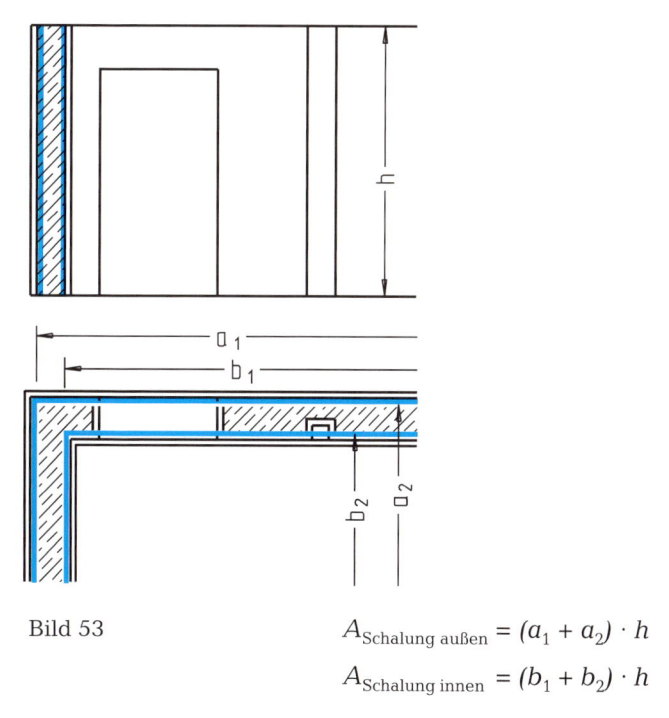

Bild 53

$$A_{\text{Schalung außen}} = (a_1 + a_2) \cdot h$$
$$A_{\text{Schalung innen}} = (b_1 + b_2) \cdot h$$

Die Türöffnung wird gemäß Abschnitt 5.2.2 übermessen, da sie kleiner als 2,5 m² ist. Der Schlitz, wie auch Nischen, Kanäle, Fugen, eingebaute Dämmstoffschichten und dergleichen, werden unabhängig von ihrer Einzelgröße übermessen. Die Schalung für die Türöffnung und den Schlitz wird jedoch gemäß Abschnitt 5.2.1.3 zusätzlich in der Abwicklung der geschalten Flächen gerechnet *(Bild 54)*.

Öffnungen, Schlitze

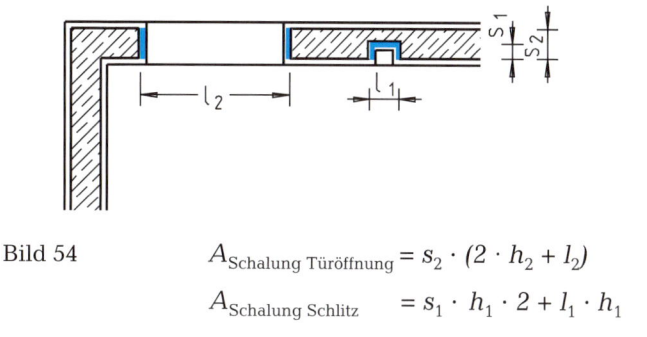

Bild 54

$$A_{\text{Schalung Türöffnung}} = s_2 \cdot (2 \cdot h_2 + l_2)$$
$$A_{\text{Schalung Schlitz}} = s_1 \cdot h_1 \cdot 2 + l_1 \cdot h_1$$

5.2.1.2 Deckenschalung wird zwischen Wänden und Unterzügen oder Balken nach den geschalten Flächen der Deckenplatten gerechnet. Die Schalung von freiliegenden Begrenzungsseiten der Deckenplatte wird gesondert gerechnet.

Deckenschalung ist in der Abwicklung der zu schalenden Deckenflächen zu messen *(Bild 55 und 56)*.

Deckenschalung

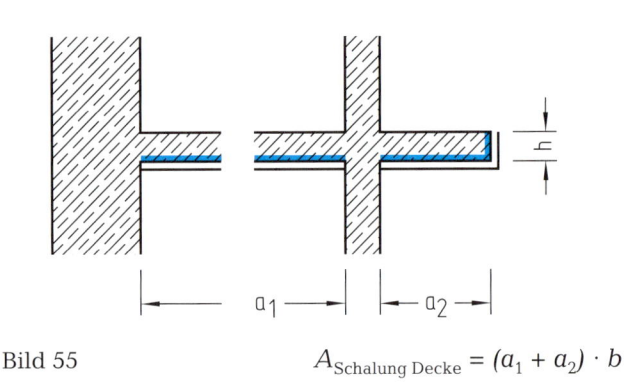

Bild 55 $\quad A_{\text{Schalung Decke}} = (a_1 + a_2) \cdot b$

Die Schalung frei liegender Begrenzungsseiten wird dabei zusätzlich gerechnet. Dazu zählt auch die Schalung von Rändern von Durchdringungen, Öffnungen und dergleichen innerhalb der Decke.

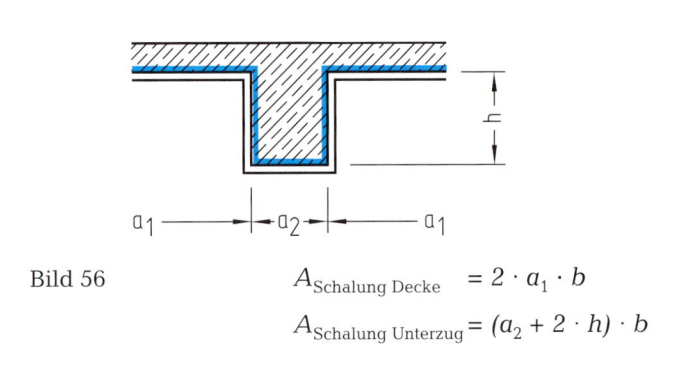

Bild 56 $\quad A_{\text{Schalung Decke}} = 2 \cdot a_1 \cdot b$
$\phantom{\text{Bild 56}} \quad A_{\text{Schalung Unterzug}} = (a_2 + 2 \cdot h) \cdot b$

5.2.1.3 Schalung für Aussparungen, z. B. für Öffnungen, Nischen, Hohlräume, Schlitze, Kanäle, sowie für Profilierungen wird bei der Abrechnung nach Flächenmaß in der Abwicklung der geschalten Betonfläche gerechnet.

Die Schalung für Aussparungen wird in der Abwicklung der geschalten Betonflächen gemessen, und zwar gesondert zur Schalung des Bauteiles nach Abschnitt 5.2.1.1 *(Bild 57 bis 59)*.

Nische oder Schlitze

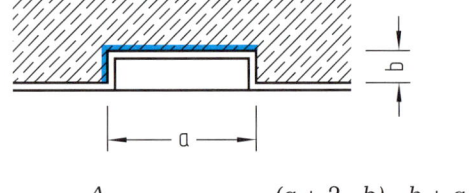

Bild 57 $\quad A_{\text{Schalung Nische}} = (a + 2 \cdot b) \cdot h + a \cdot b$
$\phantom{\text{Bild 57}} \quad A_{\text{Schalung Schlitz}} = (a + 2 \cdot b) \cdot h$

Öffnung

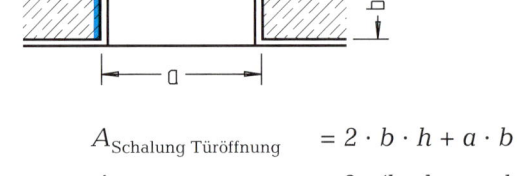

Bild 58 $\quad A_{\text{Schalung Türöffnung}} = 2 \cdot b \cdot h + a \cdot b$
$\phantom{\text{Bild 58}} \quad A_{\text{Schalung Fensteröffnung}} = 2 \cdot (b \cdot h + a \cdot b)$

Profilierungen

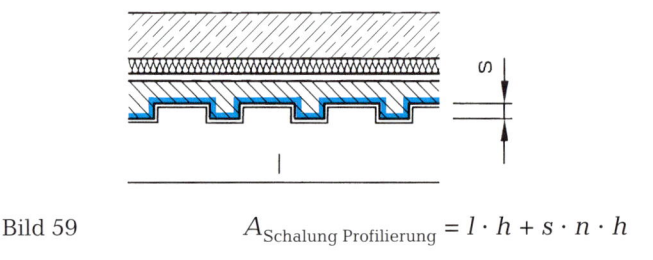

Bild 59 $\quad A_{\text{Schalung Profilierung}} = l \cdot h + s \cdot n \cdot h$

Im Interesse einer vereinfachten Kalkulation und Abrechnung ist zu empfehlen, im Bauvertrag nicht die Abwicklung der geschalten Betonfläche, sondern das Maß der Bekleidung für die Abrechnung der Schalung der profilierten Fläche zugrunde zu legen.

5.2.2 Es werden abgezogen:

Öffnungen (auch raumhoch), Durchdringungen, Einbindungen, Anschlüsse von Bauteilen und dergleichen über 2,5 m² Einzelgröße.

Bei der Ermittlung der Abzugsmaße sind die kleinsten Maße der Aussparung, z. B. Öffnung, Durchdringung, Einbindung, zugrunde zu legen.

Öffnungen (auch raumhoch), Durchdringungen, Einbindungen, Anschlüsse von Bauteilen und dergleichen über 2,5 m² Einzelgröße werden abgezogen *(Bild 60 bis 62)*.

Es werden abgezogen:

Öffnungen (auch raumhoch), über 2,5 m² Einzelgröße

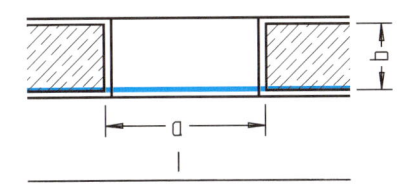

Bild 60

$A_{\text{Schalung Wand}} = 2 \cdot l \cdot h$ abzüglich der Türöffnung $2 \cdot a \cdot h$

Die Regelung des Abschnittes 5.2.1.3, wonach die Schalung für die Türöffnung zu rechnen ist, bleibt davon unberührt, also zuzüglich $2 \cdot b \cdot h_1 + a \cdot b$.

Durchdringungen über 2,5 m² Einzelgröße

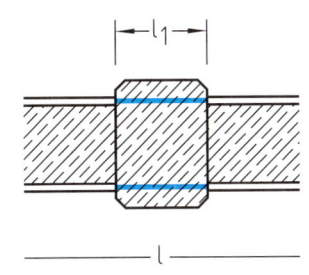

Bild 61

$A_{\text{Schalung Wand}} = 2 \cdot l \cdot h - 2 \cdot l_1 \cdot h$, bei gleichzeitigem Einbau der Fertigteilstütze

Einbindungen über 2,5 m² Einzelgröße

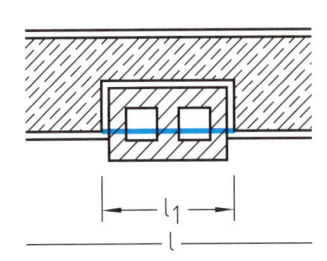

Bild 62 $A_{\text{Schalung Wand}} = 2 \cdot l \cdot h - l_1 \cdot h$

5.3 Bewehrung

5.3.1 Die Masse der Bewehrung wird nach den Stahllisten abgerechnet. Zur Bewehrung gehören auch die Unterstützungen, z. B. Stahlböcke, Abstandhalter aus Stahl, Gitterträger bei Verbundbauteilen, sowie Spiralbewehrungen, Verspannungen, Auswechselungen, Montageeisen, nicht jedoch Zubehör zur Spannbewehrung nach Abschnitt 4.1.7.

Die Masse der Bewehrung ist nach Stahllisten abzurechnen.

Nicht zur Masse der Bewehrung zählt das Zubehör zur Spannbewehrung, z. B. Hüllrohre, Spannköpfe, Kupplungsstücke.

5.3.2 Maßgebend ist die errechnete Masse. Bei genormten Stählen gelten die Angaben in den DIN-Normen, bei anderen Stählen die Angaben im Profilbuch des Herstellers.

Bei genormten Stählen ist die errechnete Masse nach den einschlägigen DIN-Normen maßgebend, bei anderen Stählen die nach dem Profilbuch des Herstellers.

Die Abrechnung von Gitterträgern bei Elementdecken sollte im Einzelfall geregelt werden.

5.3.3 Bindedraht, Walztoleranzen und Verschnitt werden bei der Ermittlung der Abrechnungsmassen nicht berücksichtigt. Bei der Abrechnung von Betonstahlmatten wird jedoch ein durch den Auftragnehmer nicht zu vertretender Verschnitt, dessen Masse über 10 % der eingebauten Betonstahlmatten liegt, zusätzlich gerechnet.

Bindedraht, Walztoleranzen und Verschnitt sind in die Einheitspreise einzukalkulieren. Sie bleiben bei der Ermittlung der Abrechnungsmasse außer Betracht.

Ein durch den Auftragnehmer nicht zu vertretender Verschnitt von Betonstahlmatten, der 10 % der eingebauten Matten übersteigt, wird zusätzlich gerechnet.

BEISPIELE AUS DER PRAXIS

Betonfertigteil-Brüstung mit strukturierter Oberfläche

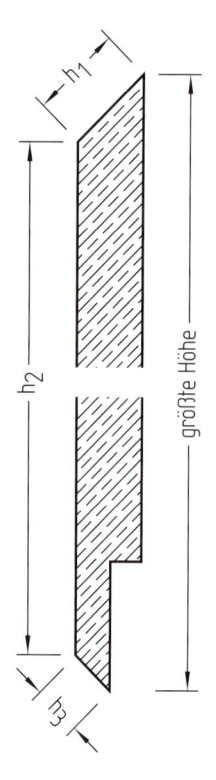

Bild 1

Gemäß Abschnitt 5.1.1.1, 1. Spiegel, sind für Bauteile aus Beton deren Maße zugrunde zu legen; Bauteile jedoch, die in ihrem Querschnitt eine abgeschrägte Kopf- bzw. profilierte Stirnfläche aufweisen, werden gemäß Abschnitt 5.1.1.3 mit den Maßen ihrer größeren Ansichtsfläche gerechnet.

größere Ansichtsfläche = größte Höhe $\cdot$ L
$V = L \cdot$ größte Höhe $\cdot B$

Für die Abrechnung der besonders bearbeiteten Oberfläche gilt Abschnitt 5.1.1.1, 3. Spiegel. Danach sind für besonders bearbeitete oder strukturierte Oberflächen die Maße der besonders bearbeiteten Flächen zugrunde zu legen. Die besonders bearbeitete Oberfläche ist in ihrer Abwicklung zu rechnen.

$A = L \cdot (h_1 + h_2 + h_3)$

Dies setzt allerdings voraus, dass diese Leistung in der Leistungsbeschreibung in einer gesonderten Position vorgegeben ist.

Geschossdecken mit Fertigteilen

dicht verlegte Fertigteile aller Art, z. B. Platten, Stahlbetonhohldielen, Balken, Plattenbalken

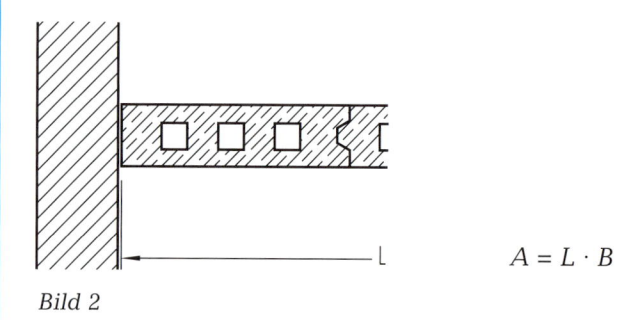

$A = L \cdot B$

Bild 2

Gemäß Abschnitt 5.1.1.6 werden Decken zwischen den äußeren Begrenzungsflächen der Decke oder Auskragung gerechnet.

Gemäß Abschnitt 0.5 sind die Abrechnungseinheiten für Decken und Fertigteile nach Flächenmaß, getrennt nach Bauart und Maßen, vorzusehen. Das hat den Vorteil, dass nur Öffnungen, Durchdringungen und Einbindungen über 2,5 m² Einzelgröße abgezogen werden. Dies ist eine Übermessungsgröße, die in diesem Zusammenhang nur eine untergeordnete Rolle spielt.

Balkendecke ohne Zwischenbauteile, z. B. unmittelbar nebeneinander verlegte Fertigteile

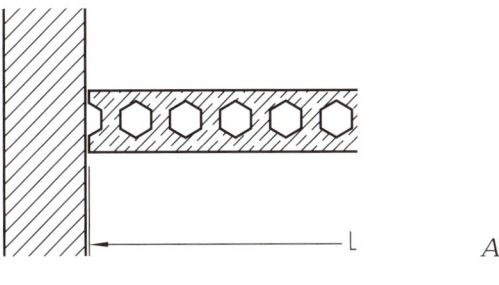

$A = L \cdot B$

Bild 3

Fertigplatten mit statisch wirksamer Ortbetonschicht, z. B. Decke aus Filigranfertigteilen

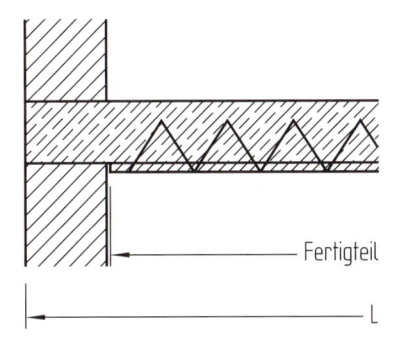

Fertigteil

$A = L \cdot B$

Bild 4

Rippendecken mit vorgefertigten Rippen und Ortbetonplatte mit statisch wirkenden Deckenziegeln

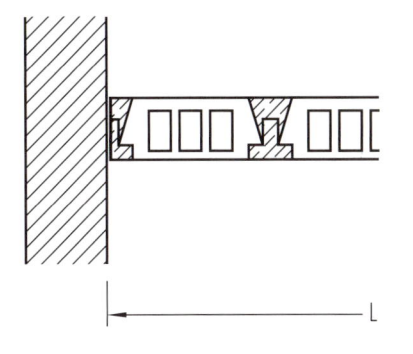

$A = L \cdot B$

Bild 5

Die dargestellten Geschossdecken mit Fertigteilen werden in der Regel ohne Schalung eingebaut. Sie werden aus vorgefertigten Teilen erstellt; die Decken aus Filigranfertigteilen und die Rippendecken in der Regel mit wirksamer Ortbetontragschicht, zum Teil mit statisch mitwirkenden Deckenziegeln. Sie sind erst dann tragfähig, wenn sie im endgültigen Zustand eine zusammenhängende ebene Fläche bilden. Ihre Maße ermitteln sich zwischen den äußeren Begrenzungsflächen auch für den Fall, dass z. B. die Leistungsbeschreibung die Fertigteile und die Ortbetonschicht in gesonderten Positionen mit jeweils unterschiedlichen Maßen vorgibt *(Bild 4)*.

Problematisch wird es, wenn Decken nach Raummaß ausgeschrieben und entsprechend abzurechnen sind.

Gemäß Abschnitt 5.1.2.1 sind neben Öffnungen, Durchdringungen und Einbindungen, Nischen, Kassetten, Hohlkörpern u. Ä. über 0,5 m³ Einzelgröße auch Schlitze, Kanäle, Profilierungen u. Ä. über 0,1 m³ je m Länge abzuziehen.

Es stellt sich dabei immer wieder die Frage, und das insbesondere bei lückenhafter Leistungsbeschreibung, wie mit den Hohlkörpern, z. B. der Balkendecke *(Bild 2 und 3)*, oder mit den ausgesparten Räumen, z. B. der Kassettendecke in Ortbeton *(Bild 6)*, zu verfahren ist, zumal Hohlkörper, Nischen, Kassetten, wie bereits erwähnt, über 0,5 m³ Einzelgröße abzuziehen sind.

Der Aufsteller einer Leistungsbeschreibung muss deshalb jeweils entscheiden, welche von mehreren möglichen Lösungen gewollt ist, und diese eindeutig beschreiben, ggf. mit der Einschränkung, dass bei Ermittlung der Abrechnungsmaße für die Decke, z. B. einer Balkendecke oder einer Kassettendecke, die Freiräume entgegen der Regelung des Abschnittes 5.1.2.1 einbezogen werden.

Der Bieter andererseits ist gefordert, Zweifelsfragen zum Leistungsverzeichnis bereits vor Angebotsabgabe zu klären, um spätere Widersprüche zu vermeiden.

Geschossdecken ohne Fertigteile

Kassettendecke in Ortbeton

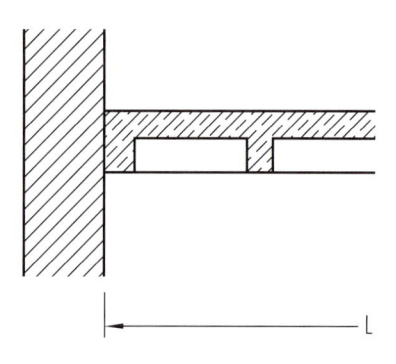

$A = L \cdot B$

Bild 6

Unterzug- und Stützenschalung

Mittelstütze unter Unterzug

Grundriss

Schnitt

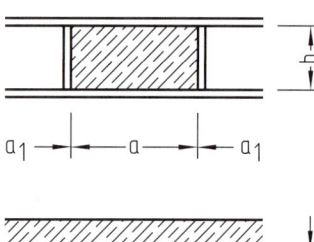

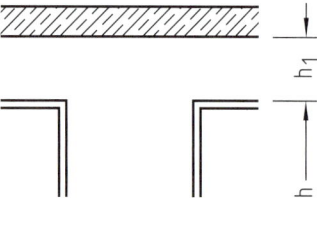

Bild 7

Gemäß Abschnitt 5.2.1.1 wird die Schalung von Bauteilen (Balken, Stützen) in der Abwicklung der geschalten Flächen gerechnet. Dabei werden gemäß Abschnitt 5.2.2 u. a. Durchdringungen, Einbindungen und Anschlüsse von Bauteilen über 2,5 m² Einzelgröße abgezogen.

Zu Bild 7

$A_{\text{Schalung Unterzug}} = (b + 2 \cdot h_1) \cdot (a + 2 \cdot a_1)$

Die unterseitige Schalung des Unterzugs ist durchzumessen, da der Schalungsausschnitt für die Einbindung der Stütze in den Unterzug $a \cdot b < 2{,}5\ m^2$ ist.

$A_{\text{Schalung Stütze}} = 2 \cdot (a + b) \cdot h$

Zu Bild 8

$A_{\text{Schalung Unterzug 1}} = (b + 2 \cdot h_1) \cdot (b + 2 \cdot a_1)$

Die unterseitige und seitliche Schalung des Unterzugs 1 ist durchzumessen, da die Schalungsausschnitte für die Einbindung der Stütze in den Unterzug $b \cdot b$ jeweils $< 2{,}5\ m^2$ sind.

$A_{\text{Schalung Unterzug 2}} = (b + 2 \cdot h_1) \cdot l$

Die unterseitige und seitliche Schalung des Unterzugs 2 ist bis zum quer verlaufenden Unterzug 1 zu messen. Dabei ist die unterseitige Schalung im Bereich der Stütze bis zum quer verlaufenden Unterzug 1 zu übermessen, da $(a - b) \cdot b < 2{,}5\ m^2$ ist.

$A_{\text{Schalung Stütze}} = 2 \cdot (a + b) \cdot h$

Endstütze unter Unterzug U2 und quer verlaufendem Unterzug U1

Grundriss　　　　Schnitt　　　　　　　　Schnitt

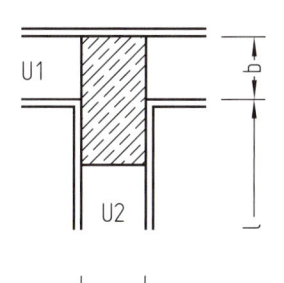

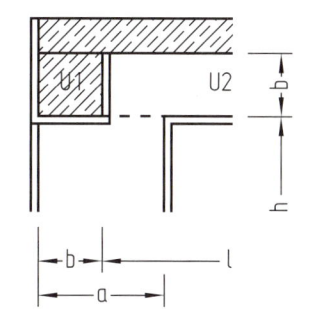

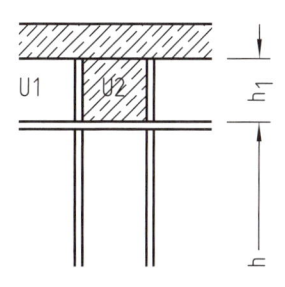

Bild 8

Deckenschalung

Gemäß Abschnitt 5.2.1.2 wird die Deckenschalung zwischen Wänden und Unterzügen oder Balken nach den geschalten Flächen der Deckenplatten gerechnet. Die Schalung von frei liegenden Begrenzungsseiten der Deckenplatte wird gesondert gerechnet. Die Schalung für Aussparungen, z. B. Öffnungen, wird gemäß Abschnitt 5.2.1.3 in der Abwicklung der geschalten Betonfläche gerechnet. Dabei werden z. B. Öffnungen über 2,5 m² Einzelgröße abgezogen.

Begriffsbestimmung

Öffnung

Öffnungen sind funktional eigenständige, planmäßig angelegte, durch die gesamte Dicke eines Bauteils durchgehende, frei gelassene Räume.

Zu Bild 9

Die Deckenschalung errechnet sich demnach:

$$A_{\text{Deckenschalung}} = (l_1 + l_2) \cdot (b_1 + b_2) + (l_2 + b_2) \cdot 2 \cdot s$$
abzüglich $l_2 \cdot b_2$, falls > 2,5 m²
zuzüglich Schalung Öffnung
$(l_2 + b_2) \cdot 2 \cdot s$

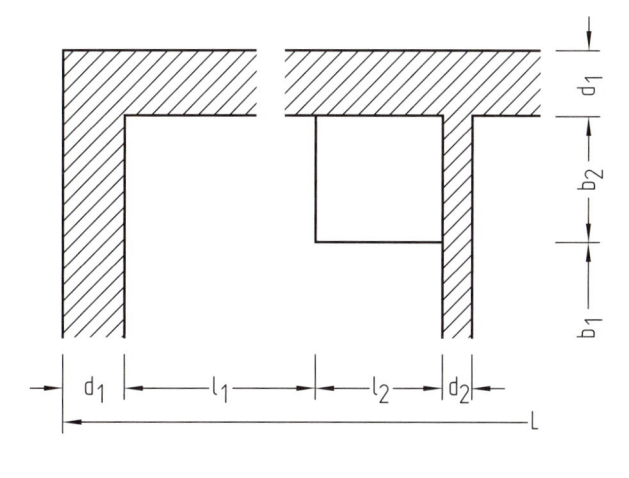

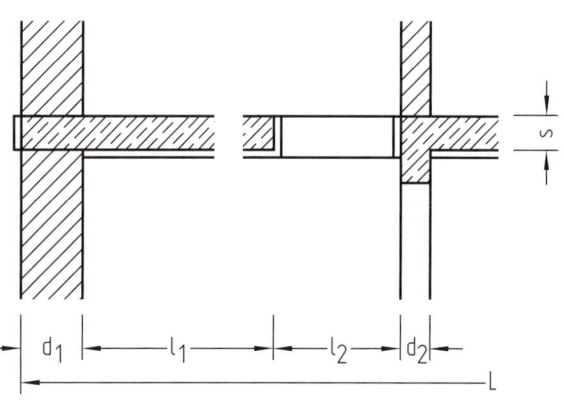

Bild 9

DIN 18332

Naturwerksteinarbeiten – DIN 18332

Ausgabe Dezember 2002

Geltungsbereich

Die ATV „Naturwerksteinarbeiten" – DIN 18332 – gilt auch für Verblend- und Quadermauerwerk aus Naturwerkstein.

Die ATV DIN 18332 gilt nicht für

– Befestigen von Straßen, Wegen, Plätzen, Betriebsflächen und Bahnsteigen mit Naturwerkstein (siehe ATV DIN 18318 „Verkehrswegebauarbeiten – Pflasterdecken, Plattenbeläge, Einfassungen"),

– Mauerwerk aus natürlichen Steinen (siehe ATV DIN 18330 „Mauerarbeiten") und

– Ansetzen und Verlegen von Solnhofener Platten, Natursteinfliesen und Natursteinriemchen (siehe ATV DIN 18352 „Fliesen- und Plattenarbeiten").

0.5 Abrechnungseinheiten

Im Leistungsverzeichnis sind die Abrechnungseinheiten wie folgt vorzusehen:

0.5.1 *Flächenmaß (m^2), getrennt nach Bauart und Maßen, für*

- *Ausgleichsschichten,*
- *Bewehrungen, Trag- und Unterkonstruktionen,*
- *Bodenbeläge, Decken- und Wandbekleidungen,*
- *Dämmschichten, Trennschichten,*
- *Außenwandbekleidungen,*
- *Fensterbänke, Abdeckplatten,*
- *Bekleidungen an Säulen, Pfeilern und Lisenen,*
- *freistehende Wände,*
- *Unterböden mit und ohne Schüttungen,*
- *Verblendmauerwerk,*
- *Vorbehandeln des Untergrundes,*
- *Oberflächenbehandlung.*

0.5.2 *Raummaß (m^3), getrennt nach Bauart und Maßen, für*

- *mittragendes Verblendmauerwerk,*
- *Quadermauerwerk,*
- *Vierungen bei Instandhaltungsarbeiten,*
- *Werkstücke.*

0.5.3 *Längenmaß (m), getrennt nach Bauart und Maßen, für*

- *Abdeckplatten, sichtbare Stirnflächen, Wassernasen,*
- *Anschlag-, Trenn-, Eckschutz- und Verankerungsschienen,*
- *Bewegungs- und Anschlussfugen mit Fugendichtstoffen oder Profilen, Fugeninstandhaltung,*
- *Eckausbildungen bei Verblend- und Quadermauerwerk, abgedickte Sichtkanten,*
- *Eckausbildungen mit zweiseitigen Gehrungsschnitten,*
- *Eck- und Randplatten,*
- *Falze, Gehrungen, Nuten, Profile,*
- *Gesimse, Fensterbänke, Tür- und Fensterumrahmungen,*
- *Gleitschutzkanten, -profile,*
- *Schräg- und nichtwinkelige Schnitte,*
- *Sockelleisten,*
- *Stufen und Schwellen.*

0.5.4 Anzahl (Stück), getrennt nach Bauart und Maßen, für

- *Anarbeiten an gebogene, nicht rechtwinkelige sowie nicht lot- und fluchtrecht begrenzende Bauteile,*
- *Ankertaschen für verdeckt sitzende Anker,*
- *bearbeitete Seitenansichten (seitliche Köpfe), Profilwiederkehren, Verkröpfungen,*
- *Bohrungen, Ausklinkungen, Aussparungen, Ausnehmungen,*
- *Einbauen von Anschlag-, Trenn- und Eckschutzschienen, Mattenrahmen, Winkelrahmen, Roste und Tragkonstruktionen für andere Einbauteile,*
- *Werkstücke,*
- *Pfeiler, Säulen und Lisenen,*
- *Wasserrillen,*
- *Stufen, Schwellen, abgetreppte und schräge Sockelleisten,*
- *Vierungen und Ausbesserungen mit Restauriermörtel bei Instandhaltungsarbeiten,*
- *Installations- und Einbauteile.*

5 Abrechnung

Ergänzend zur ATV DIN 18299, Abschnitt 5, gilt:

5.1 Allgemeines

5.1.1 Der Ermittlung der Leistung – gleichgültig, ob sie nach Zeichnung oder nach Aufmaß erfolgt – sind zugrunde zu legen:

5.1.1.1 Bei Innenbekleidungen, Bodenbelägen, Ausgleichsschichten, Trennschichten, Dämmschichten, Unterböden, Oberflächenbehandlungen, Bewehrungen, Trag- und Unterkonstruktionen

– auf Flächen mit begrenzenden Bauteilen die Maße der zu bekleidenden bzw. zu belegenden Flächen bis zu den begrenzenden, ungedämmten, ungeputzten bzw. unbekleideten Bauteilen,

– auf Flächen ohne begrenzende Bauteile die Maße der zu bekleidenden bzw. zu belegenden Flächen.

5.1.1.2 Bei Wandbekleidungen, die an Sockel anschließen, das Maß ab Oberseite Sockel, bei Wandbekleidungen, die unmittelbar auf den Bodenbelag aufsetzen, das Maß ab Oberseite Bodenbelag.

5.1.1.3 Bei Fassaden die Maße der Bekleidung.

5.1.2 Bei Abrechnung nach Längenmaß (m) wird die größte Bauteil-/Werkstücklänge gerechnet. Bei zusammengesetzten Werkstücken ergibt sich die Gesamtlänge aus der Summe der Längen der einzelnen Werkstücke einschließlich der Fugenbreiten.

Schräge Sockelplatten (Bischofsmützen) werden an der Oberkante, abgetreppte Sockelplatten abgewickelt gemessen.

5.1.3 Bei der Abrechnung nach Flächenmaß (m^2) werden Fugen übermessen, bearbeitete Leibungen und bearbeitete Stirnflächen hinzugerechnet.

Einzelstücke, z. B. Abdeckungen, Fensterbänke, mit einer Breite unter 20 cm werden mit 20 cm Breite, mit einem Flächenmaß unter 0,25 m^2 mit 0,25 m^2 abgerechnet. Bei nicht rechtwinkeligen und ausgeklinkten Flächen von Einzelstücken wird das kleinste umschriebene Rechteck gemessen. Aussparungen, Ausnehmungen und Öffnungen an Einzelplatten und Einzelwerkstücken werden übermessen.

5.1.4 Bei Abrechnung von zusammengesetzten Werkstücken und Mauerwerk nach Raummaß (m^3) werden Fugen übermessen. Bei zweihäuptigem Mauerwerk werden etwaige Zwischenschichten übermessen.

Bei Werkstücken wird der kleinste umschriebene rechtwinkelige Körper zugrunde gelegt, an welchem das Werkstück mit Rücksicht auf das natürliche Lager des Steines ausgeführt werden kann. Raummaße unter 0,03 m^3 werden mit 0,03 m^3 abgerechnet.

5.2 Es werden abgezogen:

5.2.1 Bei Abrechnung nach Flächenmaß (m²):

Öffnungen und Aussparungen in Bekleidungen und Belägen über 0,1 m² Einzelgröße.

5.2.2 Bei Abrechnung nach Längenmaß (m):

Unterbrechungen über 1 m Einzellänge.

5.2.3 Bei Abrechnung nach Raummaß (m³):

Öffnungen, Aussparungen und Nischen, einbindende, durchbindende und eingebaute Bauteile über 0,5 m³ Einzelgröße, Schlitze für Rohrleitungen und dergleichen über je 0,1 m² Querschnittsfläche.

Erläuterungen

0.5 Abrechnungseinheiten

Abschnitt 0.5 dient dazu, auf die üblichen und zweckmäßigen Abrechnungseinheiten für die jeweilige Teilleistung hinzuweisen. Bei Aufstellung der Leistungsbeschreibung ist die zutreffende Abrechnungseinheit festzulegen.

5 Abrechnung

Ergänzend zur ATV DIN 18299, Abschnitt 5, gilt:

Siehe Kommentierung zu Abschnitt 5 der ATV DIN 18299.

5.1 Allgemeines

5.1.1 Der Ermittlung der Leistung – gleichgültig, ob sie nach Zeichnung oder nach Aufmaß erfolgt – sind zugrunde zu legen:

5.1.1.1 Bei Innenbekleidungen, Bodenbelägen, Ausgleichsschichten, Trennschichten, Dämmschichten, Unterböden, Oberflächenbehandlungen, Bewehrungen, Trag- und Unterkonstruktionen

– **auf Flächen mit begrenzenden Bauteilen die Maße der zu bekleidenden bzw. zu belegenden Flächen bis zu den begrenzenden, ungedämmten, ungeputzten bzw. unbekleideten Bauteilen,**

– **auf Flächen ohne begrenzende Bauteile die Maße der zu bekleidenden bzw. zu belegenden Flächen.**

Der Ermittlung der Leistung für Innenbekleidungen, Bodenbeläge, Ausgleichsschichten, Trennschichten, Dämmschichten, Unterböden, Oberflächenbehandlungen, Bewehrungen, Trag- und Unterkonstruktionen sind

– auf Flächen mit begrenzten Bauteilen seitlich, oben und unten grundsätzlich die Maße der zu bekleidenden bzw. zu belegenden Flächen ohne Berücksichtigung etwaiger Dämmungen und sonstiger Bekleidungen zugrunde zu legen *(Bild 1 bis 6)*;

– auf Flächen ohne begrenzende Bauteile die Maße der zu bekleidenden bzw. zu belegenden Flächen maßgebend *(Bild 7 und 8)*.

auf Innenflächen mit begrenzenden Bauteilen

Innenwandbekleidungen

seitlich

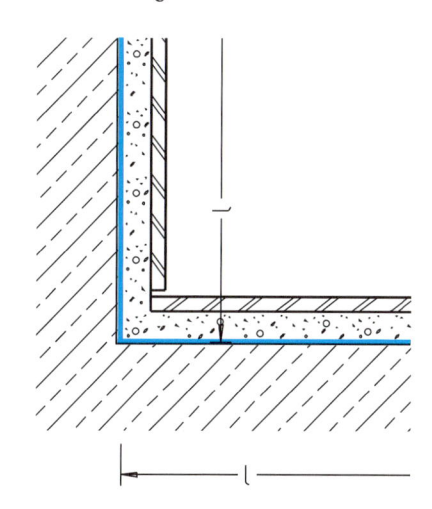

Bild 1

oben

Bild 2

unten

Bild 3

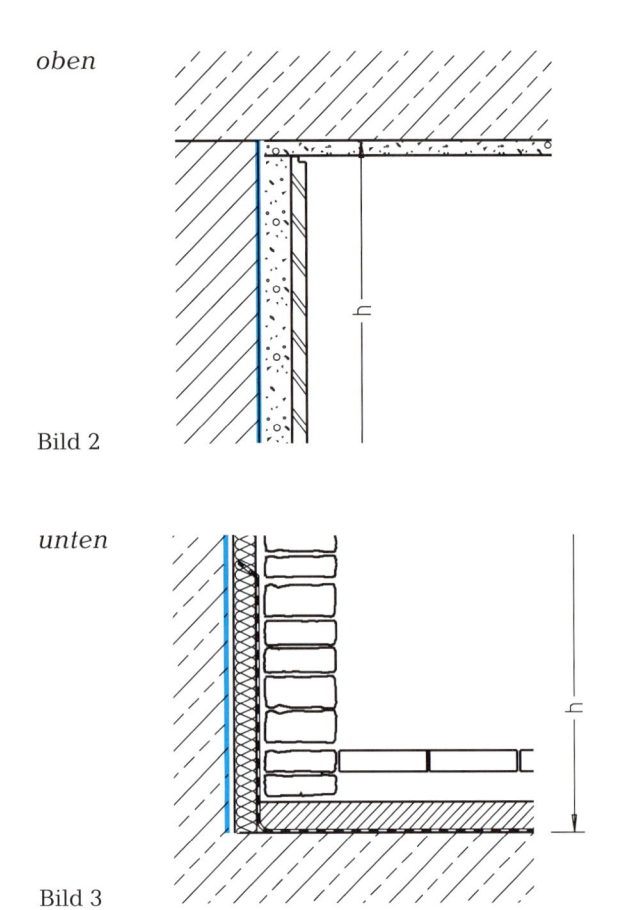

frei endend

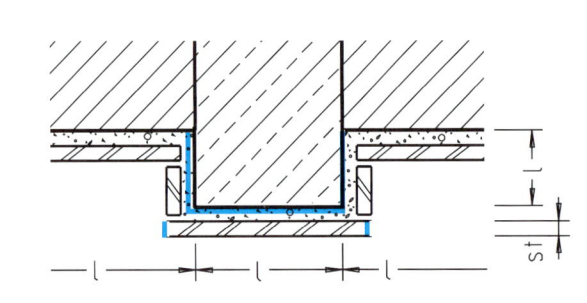

Bild 4

Bild 5

Bodenbeläge

Bild 6

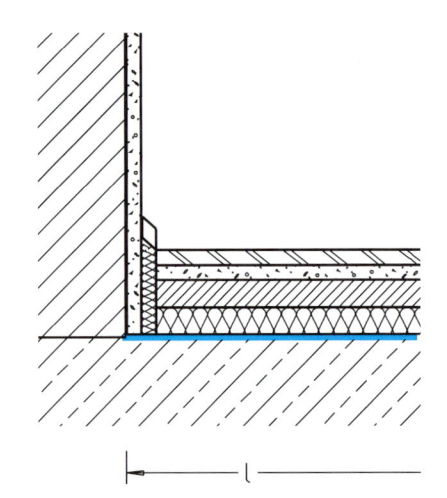

Ausgleichsschichten, Trennschichten, Dämmschichten, Unterböden, Oberflächenbekleidungen, Bewehrungen, Trag- und Unterkonstruktionen sind, soweit diese die Leistungsbeschreibung vorgibt, mit den gleichen Maßen abzurechnen.

auf Innenflächen ohne begrenzende Bauteile

vorspringende Ecke

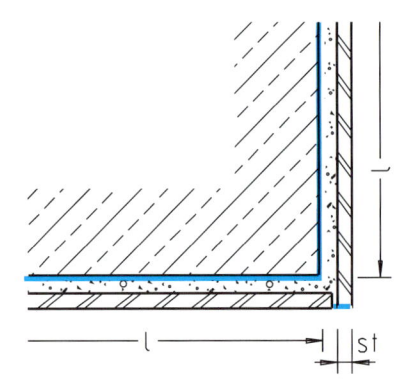

Bild 7

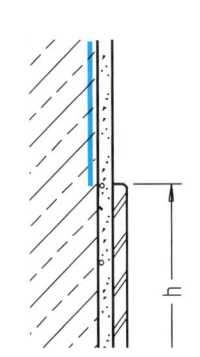

DIN 18332

Stützenverkleidung

Bild 8

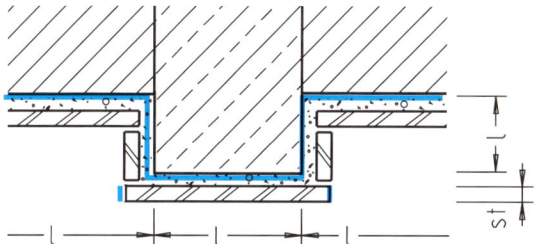

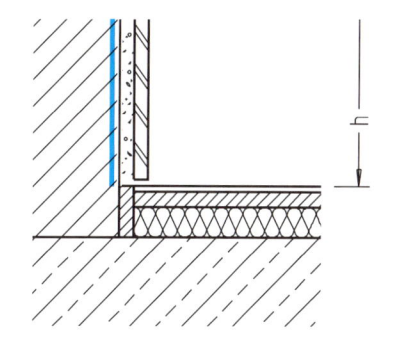

Bild 10

Dabei werden Fugen gemäß Abschnitt 5.1.3 bei Abrechnung nach Flächenmaß übermessen und bearbeitete Stirnflächen (st) hinzugerechnet.

5.1.1.3 Bei Fassaden die Maße der Bekleidung.

Bei Fassaden sind im Gegensatz zu Abschnitt 5.1.1.1 nicht die Konstruktionsmaße der zu bekleidenden Flächen, sondern die fertigen Maße der Bekleidung selbst zugrunde zu legen *(Bild 11 und 12)*.

Dabei werden Fugen übermessen und bearbeitete Stirnflächen hinzugerechnet (siehe Abschnitt 5.1.3).

5.1.1.2 Bei Wandbekleidungen, die an Sockel anschließen, das Maß ab Oberseite Sockel, bei Wandbekleidungen, die unmittelbar auf den Bodenbelag aufsetzen, das Maß ab Oberseite Bodenbelag.

Schließen Innenwandbekleidungen an Sockel an oder setzen sie unmittelbar auf den Bodenbelag auf, so ist bei der Ermittlung des Höhenmaßes entgegen Abschnitt 5.1.1.1 nicht vom begrenzenden Bauteil, sondern von der Oberseite des Sockels bzw. Bodenbelages auszugehen *(Bild 9 und 10)*.

Außenecke

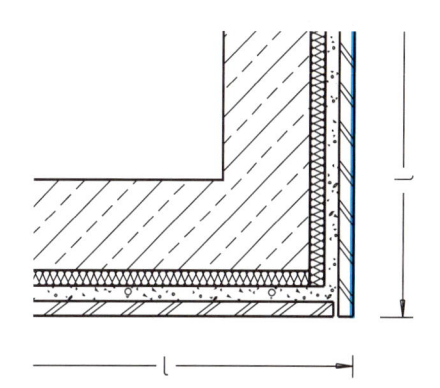

Bild 11

Stützenverkleidung

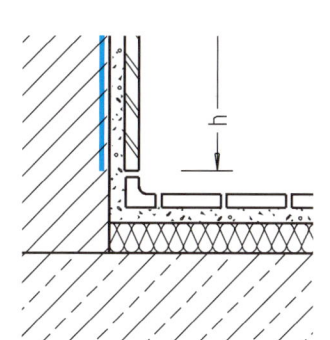

Bild 9

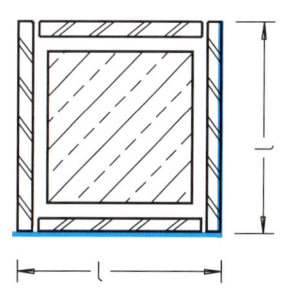

Bild 12

Mit der Herstellung der Fassade verlegte Dämmschichten, Trag- und Unterkonstruktionen sind grundsätzlich mit den Maßen der Fassadenbekleidung abzurechnen. Dabei ist es ohne Bedeutung, ob diese in einer oder verschiedenen Leistungspositionen vorgegeben sind. Maßgebend ist, dass die Leistung als ein einziger Auftrag vergeben ist.

Dies bedeutet jedoch nicht, dass die Gesamtflächen der einzelnen Schichten in jedem Fall übereinstimmen müssen, insbesondere dann nicht, wenn Teilflächen einer Fassade z. B. ungedämmt bleiben.

Die Beurteilung der Übermessungsgrößen in Außenbekleidungen, Unterkonstruktionen und Dämmschichten erfolgt jedoch stets nach den Maßen der fertigen Bekleidung, selbst wenn es sich dabei um unterschiedliche Flächen handelt *(Bild 13)*.

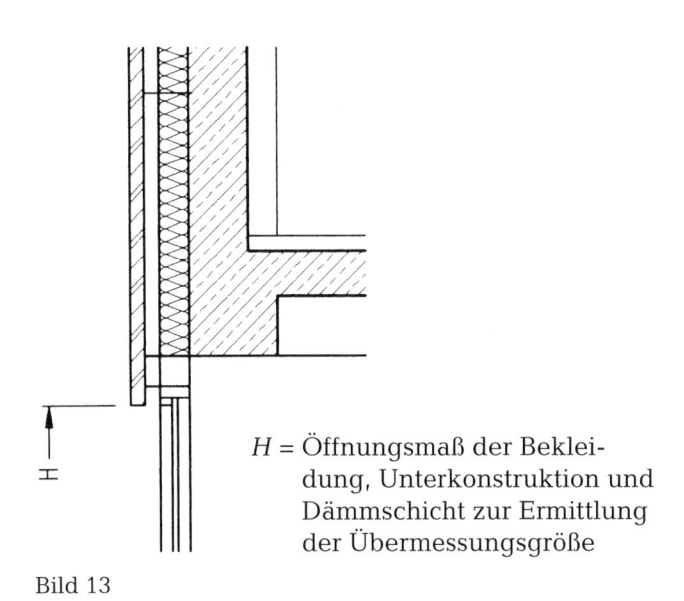

5.1.2 Bei Abrechnung nach Längenmaß (m) wird die größte Bauteil-/Werkstücklänge gerechnet. Bei zusammengesetzten Werkstücken ergibt sich die Gesamtlänge aus der Summe der Längen der einzelnen Werkstücke einschließlich der Fugenbreiten.

Schräge Sockelplatten (Bischofsmützen) werden an der Oberkante, abgetreppte Sockelplatten abgewickelt gemessen.

Die Abrechnung nach Längenmaß empfiehlt sich insbesondere für Bauteile und Werkstücke, z. B. Gesimse, Umrahmungen, Sohlbänke, Sockel.

Bei zusammengesetzten Werkstücken werden dabei die Fugen übermessen. Die größte Bauteil-/Werkstücklänge ergibt sich aus der längeren Grundlinie des kleinstumschriebenen Rechteckes *(Bild 14 und 15)*.

Fensterbank

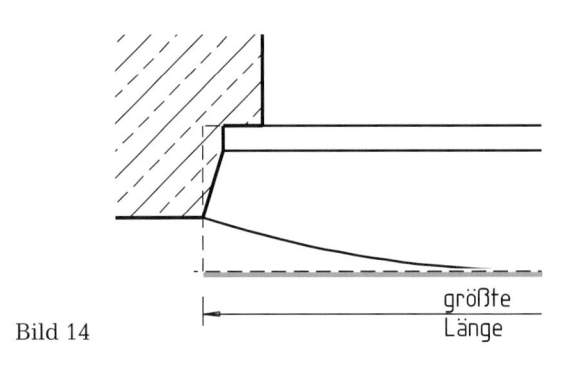

Bild 14

H = Öffnungsmaß der Bekleidung, Unterkonstruktion und Dämmschicht zur Ermittlung der Übermessungsgröße

Bild 13

Türumrahmung

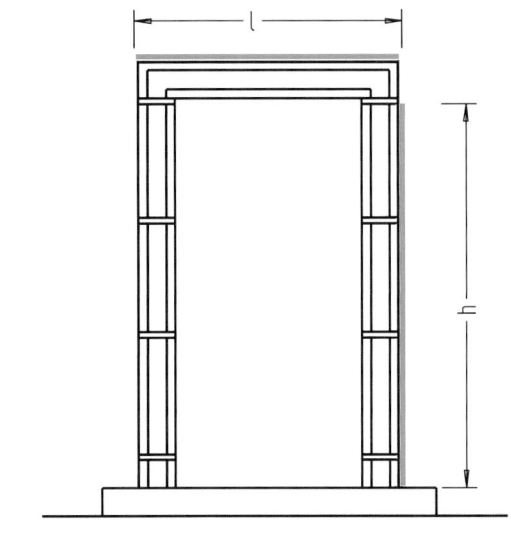

Bild 15

Schräge Sockelplatten, sog. Bischofsmützen, werden an der Oberkante gemessen *(Bild 16)*.

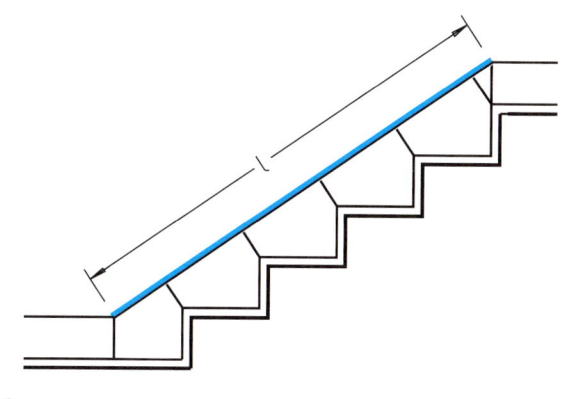

Bild 16

Abgetreppte Sockelplatten werden abgewickelt gemessen *(Bild 17)*.

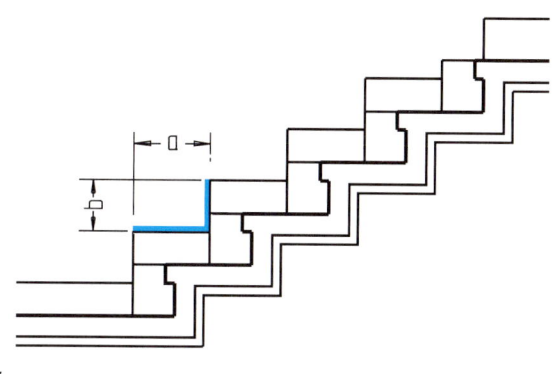

Bild 17

5.1.3 Bei der Abrechnung nach Flächenmaß (m²) werden Fugen übermessen, bearbeitete Leibungen und bearbeitete Stirnflächen hinzugerechnet.

Einzelstücke, z. B. Abdeckungen, Fensterbänke, mit einer Breite unter 20 cm werden mit 20 cm Breite, mit einem Flächenmaß unter 0,25 m² mit 0,25 m² abgerechnet. Bei nicht rechtwinkeligen und ausgeklinkten Flächen von Einzelstücken wird das kleinste umschriebene Rechteck gemessen. Aussparungen, Ausnehmungen und Öffnungen an Einzelplatten und Einzelwerkstücken werden übermessen.

Bearbeitete Leibungen und bearbeitete sichtbare Stirnflächen (st) werden bei Abrechnung nach Flächenmaß stets hinzugerechnet, also auch dann, wenn es sich um Leibungen von Öffnungen handelt, die übermessen werden *(Bild 18 und 19)*.

Fensterleibung, außen

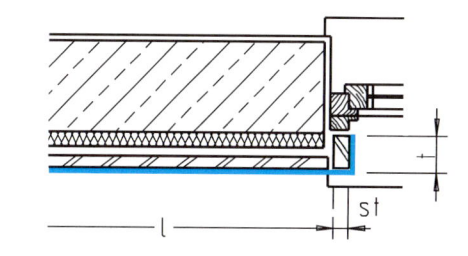

Bild 18

Nischenleibung, innen

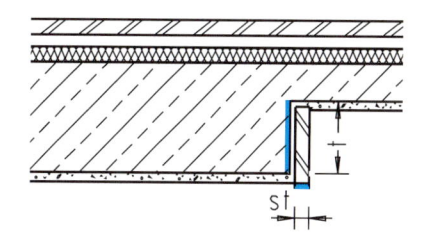

Bild 19

Einzelstücke werden bei Abrechnung nach Flächenmaß bei einer Breite unter 20 cm mit 20 cm und bei einer Fläche unter 0,25 m² mit 0,25 m² abgerechnet.

Nicht rechtwinklige und ausgeklinkte Einzelstücke werden nach dem kleinstumschriebenen Rechteck gemessen *(Bild 20)*.

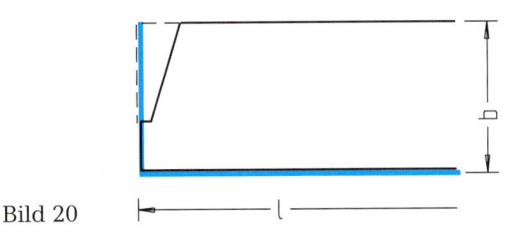

Bild 20

$A = l \cdot b$, jedoch mindestens 0,25 m²

Aussparungen, Ausnehmungen und Öffnungen an Einzelstücken werden dabei grundsätzlich übermessen, also auch dann, wenn sie größer als 0,1 m² sind.

5.1.4 Bei Abrechnung von zusammengesetzten Werkstücken und Mauerwerk nach Raummaß (m³) werden Fugen übermessen. Bei zweihäuptigem Mauerwerk werden etwaige Zwischenschichten übermessen.

Bei Werkstücken wird der kleinste umschriebene rechtwinkelige Körper zugrunde gelegt, an welchem das Werkstück mit Rücksicht auf das natürliche Lager des Steines ausgeführt werden kann. Raummaße unter 0,03 m³ werden mit 0,03 m³ abgerechnet.

Zusammengesetzte Werkstücke und Mauerwerk werden bei Abrechnung nach Raummaß (m³) einschließlich der Fugen gemessen.

Bei zweihäuptigem, beiderseits bündigem Mauerwerk werden etwaige Zwischenschichten übermessen *(Bild 21)*.

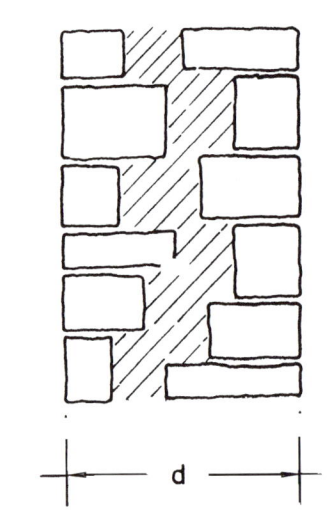

Bild 21

Bei Werkstücken ist bei Abrechnung nach Rauminhalt der kleinste umschriebene rechtwinklige Körper, innerhalb dessen das Werkstück mit Rücksicht auf das natürliche Lager des Steins ausgeführt werden kann, zugrunde zu legen *(Bild 22)*.

Unter natürlichem Lager ist die Schichtung des Gesteins zu verstehen.

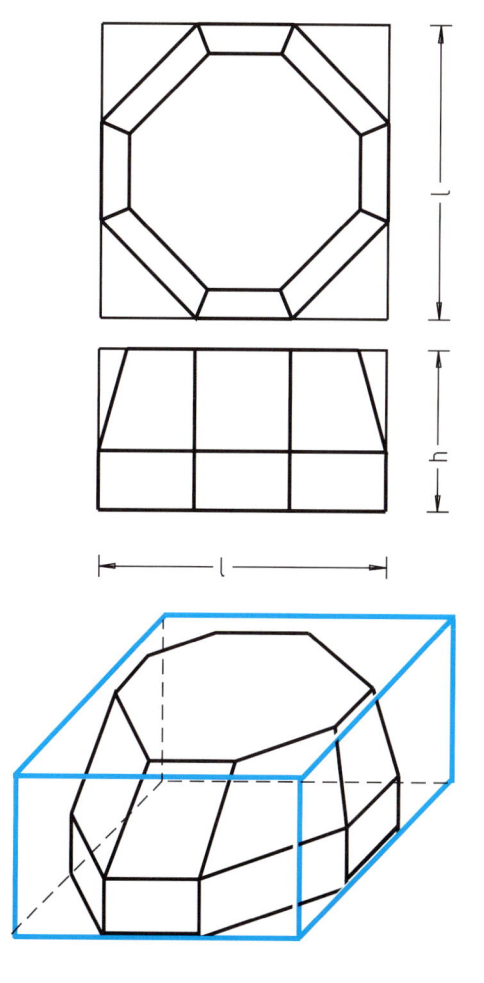

Bild 22

Auf dieser Grundlage errechnete Raumkörper sind bei einem Inhalt von weniger als 0,03 m³ mit 0,03 m³ abzurechnen.

5.2 Es werden abgezogen:

5.2.1 Bei Abrechnung nach Flächenmaß (m²):

Öffnungen und Aussparungen in Bekleidungen und Belägen über 0,1 m² Einzelgröße.

Aussparungen und Öffnungen

Aussparungen und Öffnungen sind bei Innenbekleidungen und -bodenbelägen gemäß Abschnitt 5.1.1.1, bei Fassaden gemäß Abschnitt 5.1.1.3 zu messen.

Abgezogen werden Aussparungen und Öffnungen über 0,1 m² Einzelgröße bei Abrechnung nach Flächenmaß *(Bild 23 und 24)*.

Aussparungen

Aussparungen sind planmäßig hergestellte Freiräume, die im fertigen Bauwerk nicht oder mit anderen Materialien abgedeckt sind.

Aussparung Schaukasten

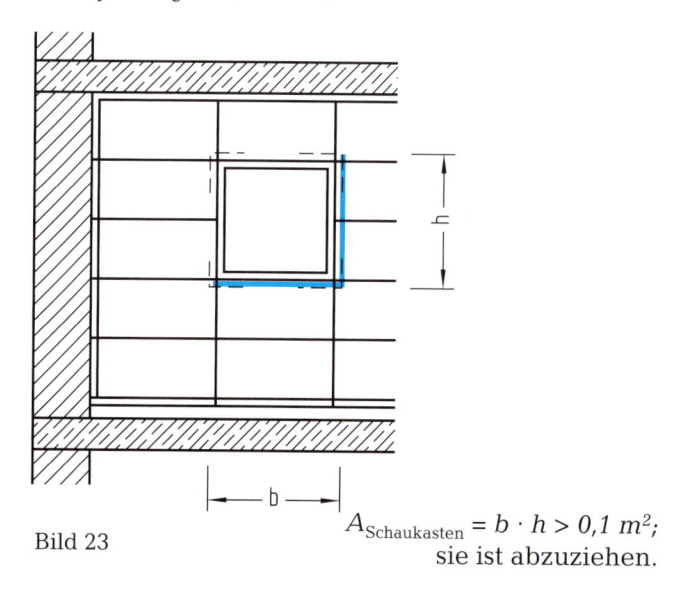

Bild 23 $A_{\text{Schaukasten}} = b \cdot h > 0{,}1\ m^2;$ sie ist abzuziehen.

Aussparung Pfeilervorlage

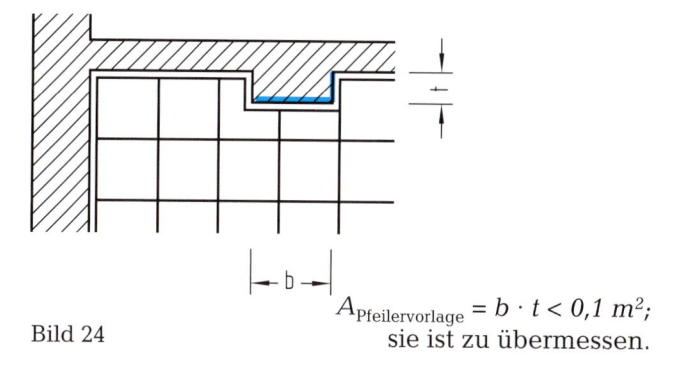

Bild 24 $A_{\text{Pfeilervorlage}} = b \cdot t < 0{,}1\ m^2;$ sie ist zu übermessen.

Öffnungen

Öffnungen sind funktional eigenständige, planmäßig angelegte, durch die gesamte Dicke eines Bauteils durchgehende, frei gelassene Räume für den dauernden Gebrauch, z.B. Fenster- und Türöffnungen. Öffnungen setzen das Vorhandensein sichtbarer Stürze nicht voraus *(Bild 25 und 26)*.

Innenwand mit geschosshohem Durchgang

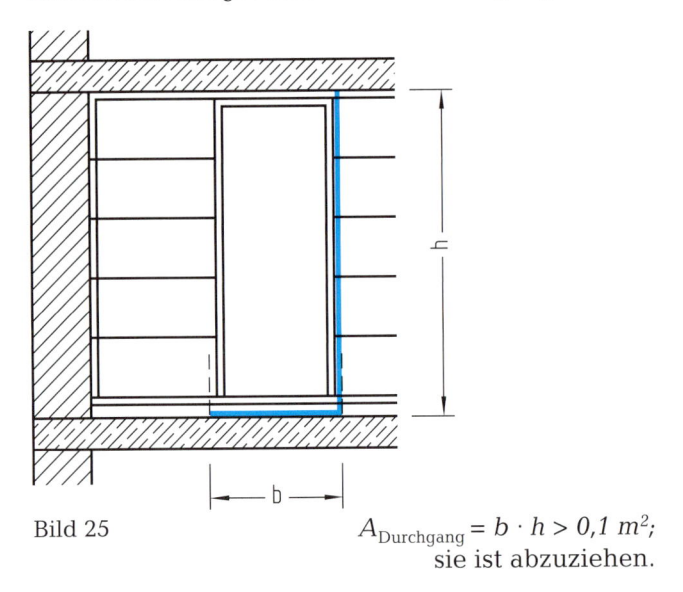

Bild 25 $A_{\text{Durchgang}} = b \cdot h > 0{,}1 \ m^2$;
sie ist abzuziehen.

Außenwand mit Fenster

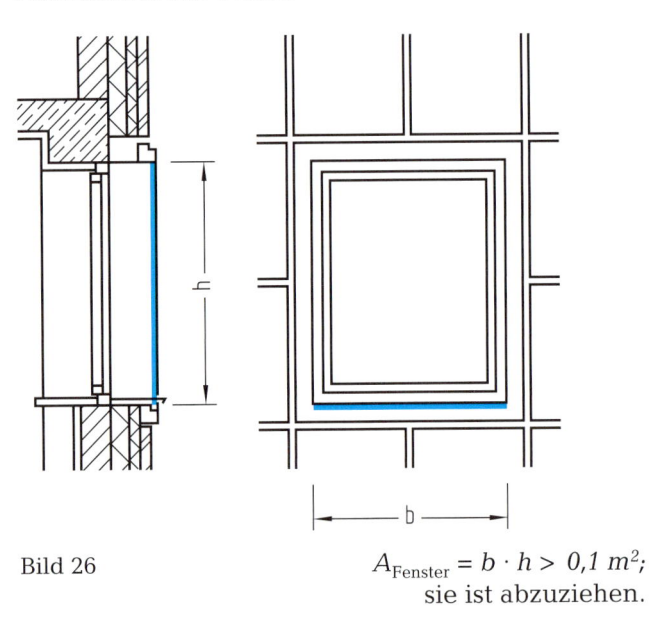

Bild 26 $A_{\text{Fenster}} = b \cdot h > 0{,}1 \ m^2$;
sie ist abzuziehen.

5.2.2 Bei Abrechnung nach Längenmaß (m):

Unterbrechungen über 1 m Einzellänge.

Abgezogen werden Unterbrechungen über 1 m Einzellänge.

5.2.3 Bei Abrechnung nach Raummaß (m³):

Öffnungen, Aussparungen und Nischen, einbindende, durchbindende und eingebaute Bauteile über 0,5 m³ Einzelgröße, Schlitze für Rohrleitungen und dergleichen über je 0,1 m² Querschnittsfläche.

Abgezogen werden Aussparungen, Öffnungen und Nischen, einbindende, durchbindende und eingebaute Bauteile über 0,5 m³ Einzelgröße sowie Schlitze für Rohrleitungen und dergleichen über je 0,1 m² Querschnittsfläche bei Abrechnung nach Raummaß.

Betonwerksteinarbeiten – DIN 18333

Ausgabe Dezember 2000

Geltungsbereich

Die ATV „Betonwerksteinarbeiten" – DIN 18333 – gilt für das Einbauen, Verlegen und Versetzen von Betonwerkstein.

Die ATV DIN 18333 gilt nicht für

- Beläge aus Gehwegplatten und Pflastersteinen aus Beton (siehe ATV DIN 18318 „Verkehrswegebauarbeiten – Pflasterdecken, Plattenbeläge, Einfassungen"),
- das Herstellen von Bauteilen aus bewehrtem oder unbewehrtem Beton (siehe ATV DIN 18331 „Beton- und Stahlbetonarbeiten").

0.5 Abrechnungseinheiten

Im Leistungsverzeichnis sind die Abrechnungseinheiten wie folgt vorzusehen:

0.5.1 *Flächenmaß (m^2), getrennt nach Bauart und Maßen, für*

- *Bodenbeläge,*
- *Wandbekleidungen,*
- *Werkstücke,*
- *nachträgliche Oberflächenbehandlung.*

0.5.2 *Raummaß (m^3), getrennt nach Bauart und Maßen, für*

- *Werkstücke.*

0.5.3 *Längenmaß (m), getrennt nach Bauart und Maßen, für*

- *Gesimse,*
- *Profilbänder,*
- *Sockel,*
- *Kehlen,*
- *abgerundete Kanten,*
- *Treppenstufen und Treppenwangen,*
- *Fensterbänke,*
- *Mauerabdeckplatten,*
- *Einfassungen,*
- *Werkstücke,*
- *Schließen von Fugen,*
- *Schrägschnitte,*
- *bearbeitete Köpfe und Verkröpfungen.*

0.5.4 *Anzahl (Stück), getrennt nach Bauart und Maßen, für*

- *Werkstücke, z. B. Mülltonnenschränke,*
- *Fensterbänke (innen und außen),*
- *Treppenstufen und Treppenwangen,*
- *abgetreppte Sockel je Stufe,*
- *schräge Sockel (Bischofsmützen),*
- *bearbeitete Köpfe und Verkröpfungen,*
- *Fensterumrahmungen,*
- *Türumrahmungen,*
- *Säulen,*
- *Pfeiler und Pfeilervorlagen,*
- *Aussparungen für Rohrdurchführungen,*
- *Dübel, Geländerpfosten, Bodeneinläufe und dergleichen,*
- *Gehrungen.*

5 Abrechnung

Ergänzend zur ATV DIN 18299, Abschnitt 5, gilt:

5.1 Allgemeines

5.1.1 Der Ermittlung der Leistung – gleichgültig, ob sie nach Zeichnung oder nach Aufmaß erfolgt – sind zugrunde zu legen:

5.1.1.1 bei Innen-Wandbekleidungen und Bodenbelägen

– auf Flächen mit begrenzenden Bauteilen die Maße der zu bekleidenden bzw. zu belegenden Flächen, bis zu den begrenzenden, ungedämmten bzw. unbekleideten Bauteilen,

– auf Flächen ohne begrenzende Bauteile die Maße der zu bekleidenden bzw. zu belegenden Flächen.

5.1.1.2 bei Wandbekleidungen, die an Stehsockel, Kehlsockel, Kehlleisten oder ausgerundeten Ecken als Sockel anschließen oder unmittelbar auf den Bodenbelag aufsetzen, das Maß ab Oberseite Sockel oder Oberseite Bodenbelag.

5.1.1.3 bei Fassaden die Maße der Bekleidung.

5.1.2 Bei Abrechnung nach Längenmaß wird die größte Bauteil- bzw. Werkstücklänge gerechnet. Bei zusammengesetzten Werkstücken ergibt sich die Gesamtlänge aus der Summe der Längen der einzelnen Werkstücke einschließlich der Fugenbreiten.

Die Länge bearbeiteter Köpfe von Werkstücken wird der Werkstücklänge hinzugerechnet.

5.1.3 Bei Abrechnung nach Flächenmaß werden Fugen übermessen, bearbeitete Leibungen und bearbeitete sichtbare Stirnflächen hinzugerechnet.

Bei Einzelwerkstücken wird die Fläche des kleinstumschriebenen Rechtecks gemessen.

5.1.4 Bei Abrechnung nach Raummaß gelten die Maße des kleinsten umschriebenen Quaders ohne Abzug etwaiger Dämmschichten, Aussparungen und Fugen.

5.2 Es werden abgezogen:

5.2.1 Bei Abrechnung nach Flächenmaß (m²):

Aussparungen, z. B. Öffnungen in Bekleidungen und Belägen, über 0,1 m² Einzelgröße.

5.2.2 Bei Abrechnung nach Längenmaß (m):

Unterbrechungen über 1 m Einzellänge.

Erläuterungen

0.5 Abrechnungseinheiten

Abschnitt 0.5 dient dazu, auf die üblichen und zweckmäßigen Abrechnungseinheiten für die jeweilige Teilleistung hinzuweisen. Bei Aufstellung der Leistungsbeschreibung ist die zutreffende Abrechnungseinheit festzulegen.

5 Abrechnung

Ergänzend zur ATV DIN 18299, Abschnitt 5, gilt:

Siehe Kommentierung zu Abschnitt 5 der ATV DIN 18299.

5.1 Allgemeines

5.1.1 Der Ermittlung der Leistung – gleichgültig, ob sie nach Zeichnung oder nach Aufmaß erfolgt – sind zugrunde zu legen:

5.1.1.1 bei Innen-Wandbekleidungen und Bodenbelägen

- **auf Flächen mit begrenzenden Bauteilen die Maße der zu bekleidenden bzw. zu belegenden Flächen, bis zu den begrenzenden, ungedämmten bzw. unbekleideten Bauteilen,**

- **auf Flächen ohne begrenzende Bauteile die Maße der zu bekleidenden bzw. zu belegenden Flächen.**

Die Abrechnungsmaße für Bekleidungen und Bodenbeläge im Innenbereich sind wie folgt zu ermitteln:

- auf Flächen mit begrenzenden Bauteilen ohne Berücksichtigung eventueller Bekleidungen

  - seitlich, oben und unten an ihrem Zusammenstoß mit anderen Bauteilen *(Bild 1 bis 4)*,
  - frei endend am Ende der Bekleidung *(Bild 5)*,

- auf Flächen ohne begrenzende Bauteile nach den zu bekleidenden bzw. zu belegenden Flächen *(Bild 6 und 7)*.

Für Außenwandbekleidungen sind die Maße der Bekleidung zugrunde zu legen.

auf Innenflächen mit begrenzenden Bauteilen

seitlich

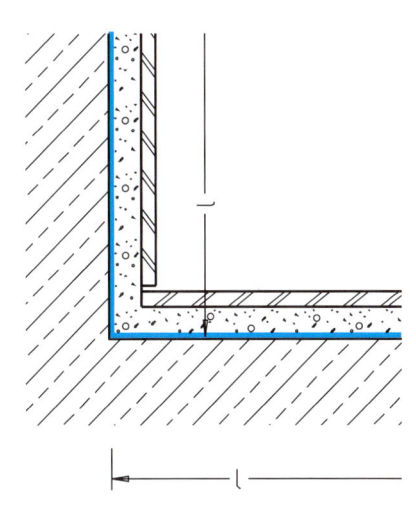

Bild 1

oben

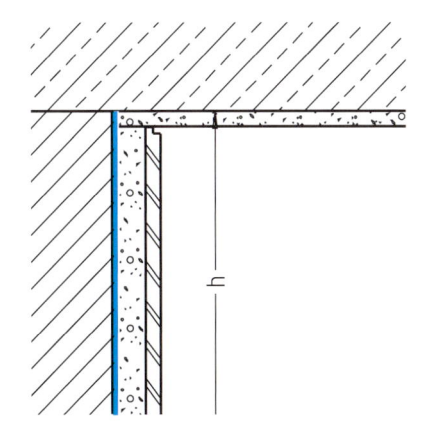

Bild 2

unten

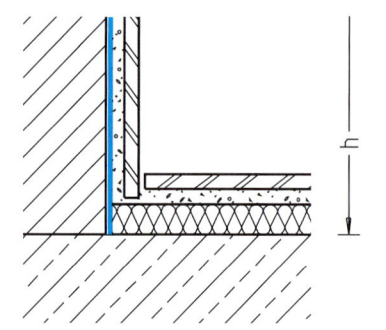

Bild 3

Bodenbeläge

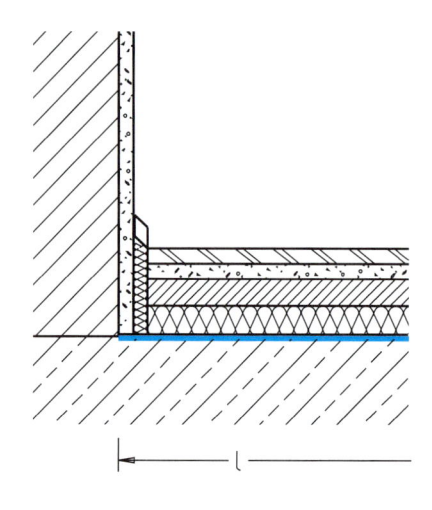

Bild 4

frei endend

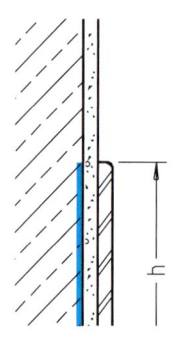

Bild 5

auf Innenflächen ohne begrenzende Bauteile

vorspringende Ecke

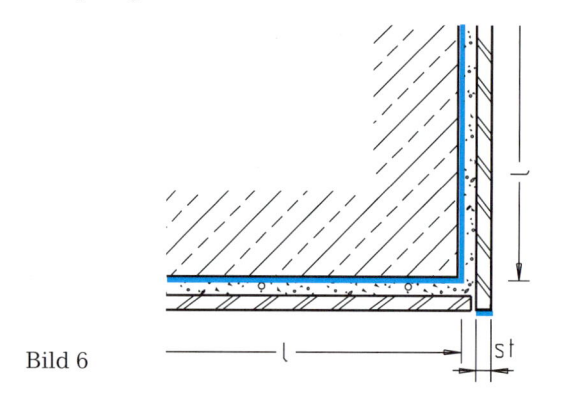

Bild 6

Stützenverkleidung

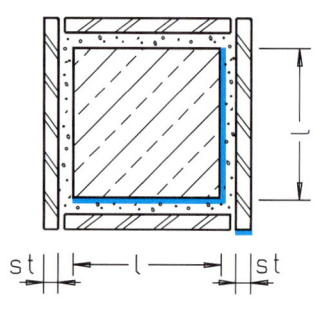

Bild 7

Fugen und bearbeitete Stirnflächen (st) werden nach Abschnitt 5.1.3 bei Abrechnung nach Flächenmaß hinzugerechnet.

DIN 18333

5.1.1.2 bei Wandbekleidungen, die an Stehsockel, Kehlsockel, Kehlleisten oder ausgerundeten Ecken als Sockel anschließen oder unmittelbar auf den Bodenbelag aufsetzen, das Maß ab Oberseite Sockel oder Oberseite Bodenbelag.

Schließen Innenwandbekleidungen an Sockel an oder setzen sie unmittelbar auf den Bodenbelag auf, so ist bei der Ermittlung des Höhenmaßes nicht vom begrenzenden Bauteil, sondern von der Oberseite des Sockels bzw. des Bodenbelages auszugehen *(Bild 8 und 9)*.

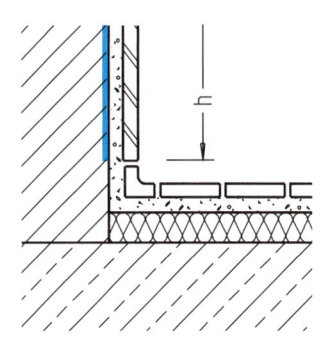

Bild 8

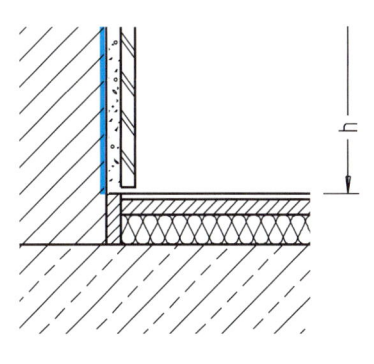

Bild 9

5.1.1.3 bei Fassaden die Maße der Bekleidung.

Außenwandbekleidung

Bei Außenwandbekleidungen (Fassaden) werden die Maße der Bekleidung zugrunde gelegt *(Bild 10 und 11)*.

Außenecke

Bild 10

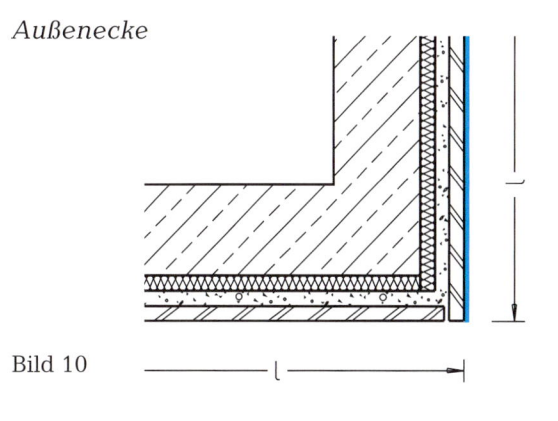

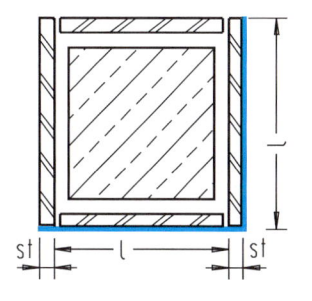

Bild 11

Dabei werden sichtbare Stirnflächen gemäß Abschnitt 5.1.3 hinzugerechnet, Fugen übermessen.

Unterbrechungen der Außenwandbekleidungen werden nach Abschnitt 5.2.1 bis 0,1 m² übermessen.

5.1.2 Bei Abrechnung nach Längenmaß wird die größte Bauteil- bzw. Werkstücklänge gerechnet. Bei zusammengesetzten Werkstücken ergibt sich die Gesamtlänge aus der Summe der Längen der einzelnen Werkstücke einschließlich der Fugenbreiten.

Die Länge bearbeiteter Köpfe von Werkstücken wird der Werkstücklänge hinzugerechnet.

Nicht nur monolithische Werkstücke, z. B. Säulen, Stufen, sondern auch aus einzelnen Stücken zusammengesetzte Bauteile sind, wenn sie nach Längenmaß abzurechnen sind, in der größten Länge zu rechnen. Die größte Bauteil- bzw. Werkstücklänge ergibt sich somit einschließlich der Fugen in der Regel aus der Summe der jeweils größten Seitenlängen der Einzelstücke *(Bild 12 bis 15)*.

Abdeckplatte als Einzelstück

Bild 12

Stufe als Einzelstück

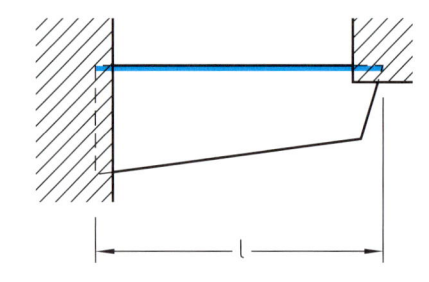

Bild 13

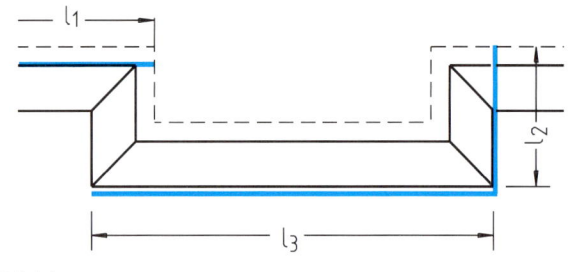

Bild 14

Die größte Länge eines aus Einzelstücken zusammengesetzten Gesimses ist unter Berücksichtigung der Einbindung in das Mauerwerk demnach teils an der Rückseite, teils an der Vorderseite gegeben.

Sie setzt sich zusammen aus

$2 \cdot (l_1 + l_2) + l_3 = \ldots$

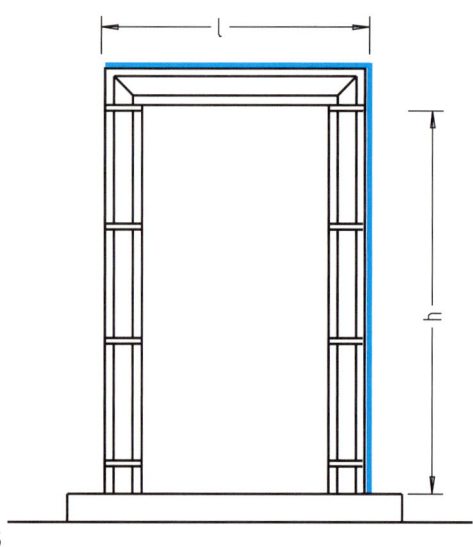

Bild 15

Die größte Länge einer Umrahmung setzt sich zusammen aus

$l + 2 \cdot h = \ldots$

Bearbeitete Köpfe von Werkstücken, z.B. Gesimse, Stufen, sind gemäß Abschnitt 0.5 nach Längenmaß (m) oder Anzahl (Stück) im Leistungsverzeichnis vorzusehen.

Erfolgt die Abrechnung nach Längenmaß, ist die größte Länge des bearbeiteten Kopfes der Länge des Werkstückes hinzuzurechnen *(Bild 16 bis 18)*.

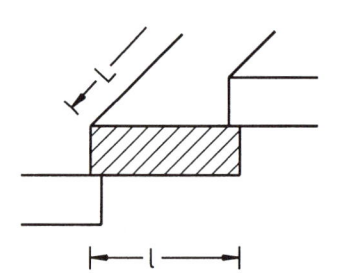

Bild 16

Länge des Werkstückes = L
Länge des Kopfes = l

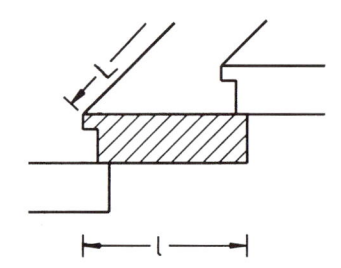

Bild 17

Länge des Werkstückes = L
Länge des Kopfes = l

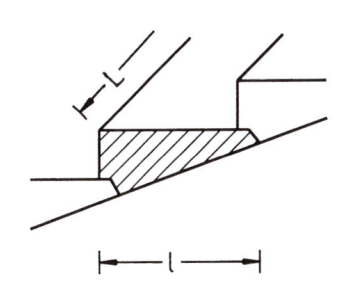

Bild 18

Länge des Werkstückes = L
Länge des Kopfes = l

5.1.3 Bei Abrechnung nach Flächenmaß werden Fugen übermessen, bearbeitete Leibungen und bearbeitete sichtbare Stirnflächen hinzugerechnet.

Bei Einzelwerkstücken wird die Fläche des kleinstumschriebenen Rechtecks gemessen.

An allen Öffnungen, unabhängig von ihrer Größe, werden bearbeitete Leibungen und bearbeitete sichtbare Stirnflächen dem Flächenmaß der Bekleidung hinzugerechnet, also auch dann, wenn es sich um Leibungen von Öffnungen handelt, die übermessen werden.

Das gilt gleichermaßen für Innen- wie auch für Außenbekleidungen, wobei die Bestimmungen der Abschnitte 5.1.1.1 bis 5.1.1.3 grundsätzlich zu beachten sind *(Bild 19 und 20)*.

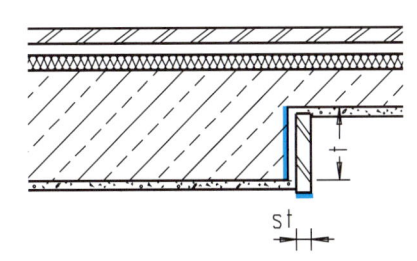

Bild 19

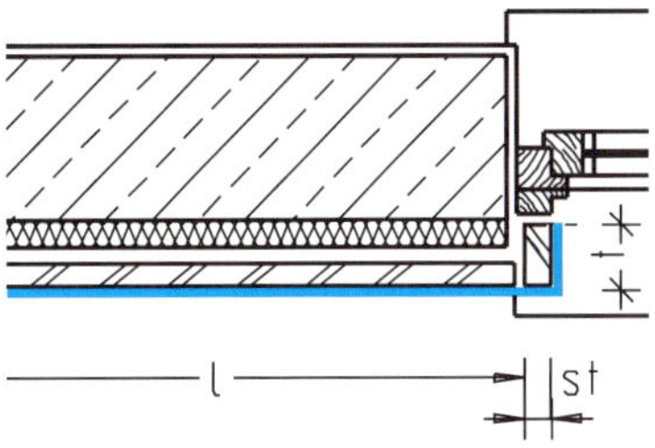

Bild 20

Öffnungen und Aussparungen sind dabei über 0,1 m² Einzelgröße abzuziehen.

Auch die mit dichtenden Stoffen geschlossenen Fugen zwischen Leibungsplatte und Außenbekleidung sind zu übermessen.

Bei Einzelwerkstücken, die nach Flächenmaß abgerechnet werden, ist das kleinstumschriebene Rechteck dafür maßgebend *(Bild 21)*.

Abdeckplatte

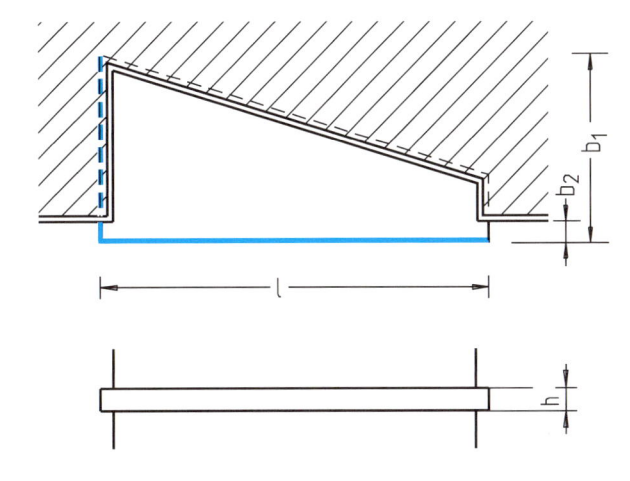

Bild 21

Das kleinstumschriebene Rechteck wird gemessen $A = b_1 \cdot l$, hinzugerechnet werden die bearbeiteten sichtbaren Stirnflächen $(2 \cdot b_2 + l) \cdot h$.

5.1.4 Bei Abrechnung nach Raummaß gelten die Maße des kleinsten umschriebenen Quaders ohne Abzug etwaiger Dämmschichten, Aussparungen und Fugen.

Bei der Abrechnung nach Raummaß werden Aussparungen, gleich welcher Größe, etwaige Dämmschichten und Fugen nicht abgezogen.

Es gelten die Maße des kleinstumschriebenen Quaders *(Bild 22 bis 24)*.

Brüstungsplatte

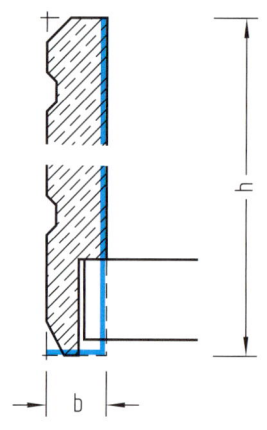

Bild 22 $\qquad V = l \cdot b \cdot h$

Die Aussparungen werden dabei übermessen.

Stehstufe

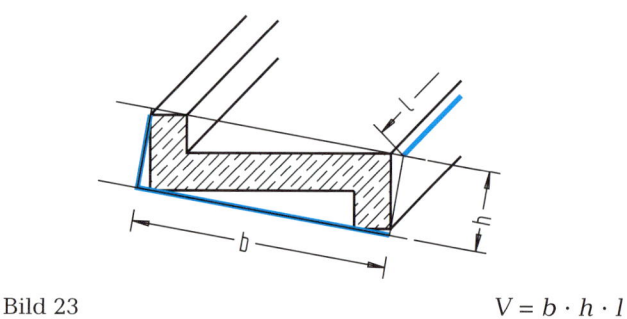

Bild 23 $\qquad V = b \cdot h \cdot l$

Die Abrechnung erfolgt nach dem kleinsten umschriebenen Quader.

Winkelstufe

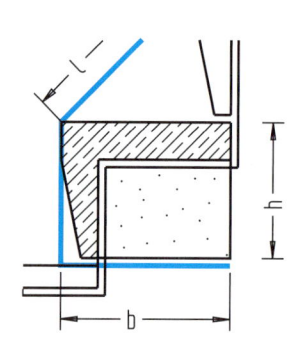

Bild 24 $\qquad V = b \cdot h \cdot l$

5.2 Es werden abgezogen:

5.2.1 Bei Abrechnung nach Flächenmaß (m²):

Aussparungen, z.B. Öffnungen in Bekleidungen und Belägen, über 0,1 m² Einzelgröße.

Aussparungen und Öffnungen

Aussparungen und Öffnungen sind bei Innenbekleidungen und -bodenbelägen gemäß Abschnitt 5.1.1.1, bei Fassaden gemäß Abschnitt 5.1.1.3 zu messen.

Abgezogen werden Aussparungen und Öffnungen über 0,1 m² Einzelgröße bei Abrechnung nach Flächenmaß *(Bild 25 und 26)*.

Aussparungen

Aussparungen sind planmäßig hergestellte Freiräume, die im fertigen Bauwerk nicht oder mit anderen Materialien abgedeckt sind.

Aussparung Schaukasten

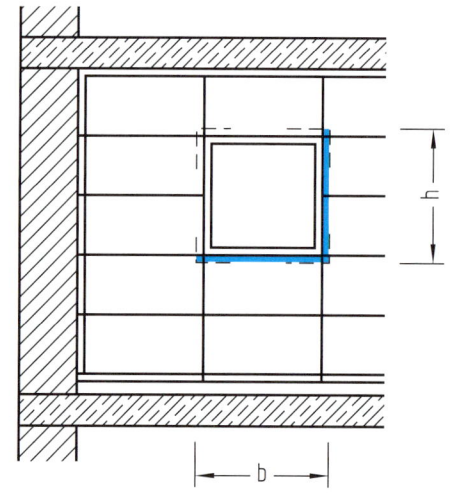

Bild 25 $\qquad A_{\text{Schaukasten}} = b \cdot h > 0{,}1\ m^2;$ sie ist abzuziehen.

DIN 18333

Aussparung Pfeilervorlage

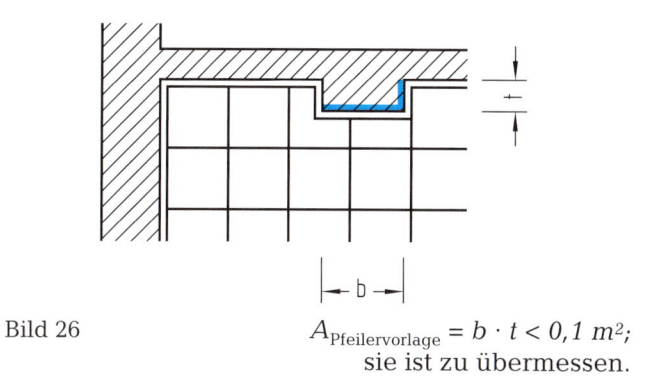

Bild 26

$A_{\text{Pfeilervorlage}} = b \cdot t < 0{,}1\ m^2$;
sie ist zu übermessen.

Öffnungen

Öffnungen sind funktional eigenständige, planmäßig angelegte, durch die gesamte Dicke eines Bauteils durchgehende, frei gelassene Räume für den dauernden Gebrauch, z. B. Fenster- und Türöffnungen. Öffnungen setzen das Vorhandensein sichtbarer Stürze nicht voraus *(Bild 27 und 28)*.

Innenwand mit geschosshohem Durchgang

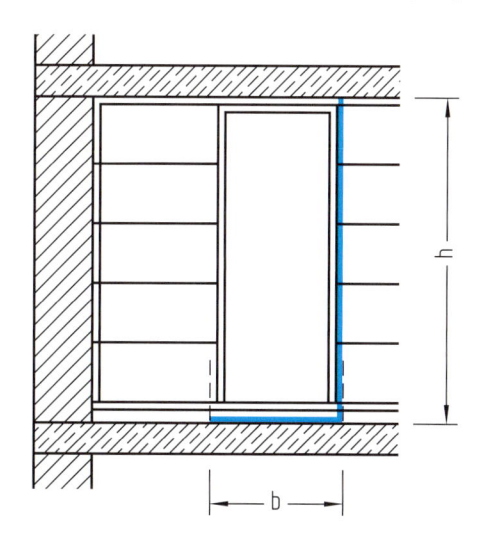

Bild 27

$A_{\text{Durchgang}} = b \cdot h > 0{,}1\ m^2$;
sie ist abzuziehen.

Außenwand mit Fenster

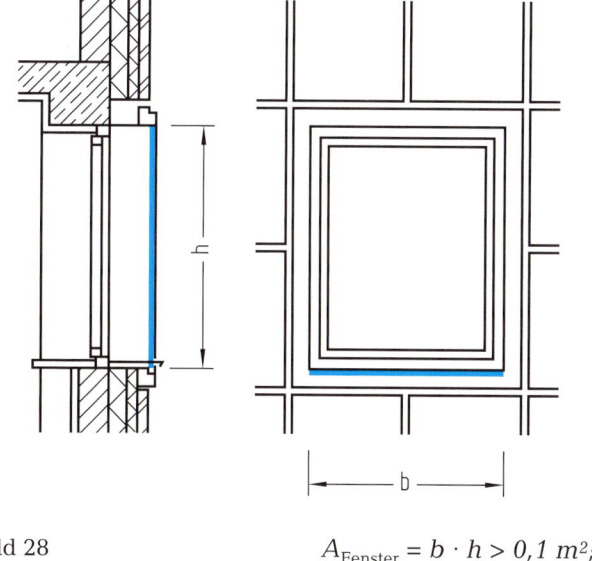

Bild 28

$A_{\text{Fenster}} = b \cdot h > 0{,}1\ m^2$;
sie ist abzuziehen.

5.2.2 Bei Abrechnung nach Längenmaß (m):

Unterbrechungen über 1 m Einzellänge.

Abgezogen werden Unterbrechungen über 1 m Einzellänge.

DIN 18334

Zimmer- und Holzbauarbeiten – DIN 18334

Ausgabe Januar 2005

Geltungsbereich

Die ATV „Zimmer- und Holzbauarbeiten" – DIN 18334 – gilt für alle Konstruktionen des Holzbaues und Ingenieurholzbaues.

Die ATV DIN 18334 gilt nicht für

– Schalarbeiten bei Beton und Stahlbetonarbeiten (siehe ATV DIN 18331 „Betonarbeiten"),

– Verbau bei Baugrubenarbeiten (siehe ATV DIN 18303 „Verbauarbeiten"),

– Trockenbauarbeiten (siehe ATV DIN 18340 „Trockenbauarbeiten"),

– Parkettarbeiten (siehe ATV DIN 18356 „Parkettarbeiten"),

– gestemmte Türen und Tore (siehe ATV DIN 18355 „Tischlerarbeiten"),

– großformatige, hinterlüftete Außenwandbekleidungen mit Unterkonstruktionen (siehe ATV DIN 18351 „Fassadenarbeiten").

0.5 Abrechnungseinheiten

Im Leistungsverzeichnis sind die Abrechnungseinheiten wie folgt vorzusehen:

0.5.1 *Flächenmaß (m^2), getrennt nach Bauart und Maßen, für*

- *Wände, Böden, Verschläge,*
- *Bekleidungen, Beplankungen, Schalungen, Lattungen, Unterkonstruktionen,*
- *vorgefertigte Flächenbauteile, Vorsatzschalen,*
- *Holzwerkstoffplatten,*
- *Dämmstoffschichten, Dampfbremsen, Trenn- und Schutzschichten,*
- *Füllungen in Treppengeländern,*
- *Oberflächenbearbeitungen, z.B. Hobeln, Schleifen,*
- *Holzschutz.*

0.5.2 *Raummaß (m^3), getrennt nach Bauart und Maßen, für*

- *Holz für Verzimmerungen,*
- *Holzschutz,*
- *Brettschichtholz,*
- *Brettstapelelemente, Brettsperrholz,*
- *Furnierstreifenholz, Balkenschichtholz.*

0.5.3 *Längenmaß (m), getrennt nach Bauart und Maßen, für*

- *Abbinden und Aufstellen, Einbauen oder Verlegen von Stützen, Balken, Trägern, Schwellen, Schienen, Leibungen, Sohlbänken, Umrahmungen, Überlagshölzern, Lagerhölzern und dergleichen Bauteilen,*
- *Abgraten, Auskehlen und Abschrägen von Hölzern,*
- *Liefern, Abbinden und Aufstellen oder Verlegen von zusammengesetzten, vorgefertigten, parallelgurtigen Holzbauteilen, z.B. Brettschichthölzer, hölzerne I-Träger,*
- *Fasen und Profilieren von Holzkanten,*
- *Schneiden von Entlastungsnuten,*
- *Schalungen und Bekleidungen, z.B. an Ortgängen, Attiken, Pfeilern, Unterzügen, Rohrleitungen, Abschottungen,*
- *An- und Abschlüsse aus Profilen aus Holz oder anderen Baustoffen, Eckausbildungen,*
- *Fugenausbildungen und Fugenabdichtungen,*
- *Fuß- und Scheuerleisten, Verleistungen,*

- *Treppenbauteile, z.B. Wangen, Geländer, Handläufe,*
- *Schutzschichten unter Hölzern, z.B. unter Schwellen, Balken,*
- *Windverbände,*
- *Einfriedungen,*
- *Holzschutz.*

0.5.4 *Anzahl (Stück), getrennt nach Bauart und Maßen, für*

- *Schiftersparrenschnitte,*
- *Abbinden und Aufstellen/Verlegen von Hölzern bei schwierigen Verzimmerungen, z.B. bei Türmen, Kuppeln, Dachgauben, geschweiften Dachflächen, Grat- und Kehlsparren,*
- *Bearbeiten von Sparren-, Pfetten- und Balkenköpfen, z.B. Hobeln, Profilieren, Ausnehmen,*
- *Auswechselungen, z.B. an Kaminen, Treppen, Dachflächenfenstern, Dachausstiegen,*
- *Aufschieblinge, Keilhölzer und Gefälleteile,*
- *vorgefertigte Bauteile, z.B. genagelte, gedübelte, geleimte oder andersartig verbundene Binder, Rahmen, Stützen, Unterzüge, Träger,*
- *Verstärkungen, z.B. bei Aussparungen, Ausklinkungen, angeschnittenen Kassetten, sowie Querzugverstärkungen,*
- *Herstellen und/oder Schließen von Öffnungen für Einbauteile, z.B. für Stützen, Türen, Fenster, Oberlichter, Leuchten, Gitter, Revisionsklappen, Installationseinrichtungen,*
- *Sackbohrungen, Verstöpselungen,*
- *Einsetzen von Installations- und Einbauteilen, z.B. Dachflächenfenstern, Dachausstiegen, Einschubtreppen, Lichtbändern, Fenstern, Zargen, Türen, Toren, Läden, Schwellen, Rollladenkästen, Sonnenschutzvorrichtungen,*
- *Verschalungen und Bekleidungen an Schornsteinköpfen und dergleichen,*
- *Treppen- und Treppenbauteile,*
- *Beläge und Schutzabdeckungen,*
- *Dämmstoffe und Schutzschichten an Balkenköpfen,*
- *statisch nachzuweisende und konstruktiv erforderliche Bauteile, z.B. Dübel, Bolzen, Anker, Verbindungsmittel, Abhänger, Abstandshalter, Konsolen, Stahlblechformteile,*
- *Holzschutz.*

0.5.5 *Masse (kg, t), getrennt nach Bauart und Maßen, für*

- *statisch nachzuweisende und konstruktiv erforderliche, geschweißte Bauteile aus Stahl, Profilstahl oder aus anderen Metallen.*

5 Abrechnung

Ergänzend zur ATV DIN 18299, Abschnitt 5, gilt:

5.1 Allgemeines

5.1.1 Der Ermittlung der Leistung – gleichgültig, ob sie nach Zeichnung oder nach Aufmaß erfolgt – sind zugrunde zu legen:

5.1.1.1 Bei Abrechnung nach Raummaß (m³)

- die größte Länge einschließlich der Zapfen und anderer Holzverbindungen,
- der volle Querschnitt (bei gehobelten Konstruktionen und Bauteilen der Einbauquerschnitt) ohne Abzug von Aussparungen, Ausklinkungen, Abschrägungen, Querschnittsschwächungen und dergleichen.

5.1.1.2 Bei Abrechnung nach Flächenmaß (m²)

- bei Flächen ohne begrenzende Bauteile deren Maße, z.B. die Maße der Schalung, Dämmstoffschicht, Bekleidung,
- bei Flächen mit begrenzenden Bauteilen die Maße der zu belegenden Flächen bis zu den sie begrenzenden, ungeputzten, ungedämmten bzw. nicht bekleideten Bauteilen,
- bei Fassaden die Maße der Bekleidung.

5.1.1.3 Für Wände in Holzbauweise

- deren Maße bis zu den sie begrenzenden, nicht bekleideten Bauteilen,

– bei abgewinkelten Wänden die größte abgewickelte Bauteillänge,

– bei Wanddurchdringungen nur eine Wand durchgehend, bei Wänden ungleicher Dicke die dickere Wand.

5.1.1.4 Für verzimmerte Hölzer bei Abrechnung nach Längenmaß die größte Länge einschließlich der Holzverbindungen.

5.1.1.5 Für sonstige Bauteile die größten, gegebenenfalls abgewickelten Bauteillängen, dabei werden Fugen übermessen.

5.1.1.6 Für statisch nachzuweisende und konstruktive Stahlteile sind bei Abrechnung nach Masse (kg) folgende Grundsätze anzuwenden:

– bei genormten Profilen die Masse nach DIN-Normen,

– bei anderen Profilen die Masse aus den Profilbüchern der Hersteller,

– bei Blechen und Bändern aus Stahl 7,85 kg, aus Edelstahl 7,9 kg je m^2 Fläche und 1 mm Dicke.

Bei Kleineisenteilen bis 15 kg Einzelmasse darf die Masse durch Wiegen ermittelt werden.

Bei verzinkten Stahlkonstruktionen werden den Massen 5% für die Verzinkung zugeschlagen.

Statisch nachzuweisende und konstruktiv erforderliche Bauteile, z.B. Dübel, Bolzen, Anker, Verbindungselemente, Abhänger, Abstandshalter, Konsolen, Stahlblechformteile, werden gesondert gerechnet.

5.1.2 In Decken, Wänden, Dächern, Schalungen, Wand- und Deckenbekleidungen, Vorsatzschalen, Dämmstoff-, Trenn- und Schutzschichten, Dampfbremsen, Abdichtungen sowie leichten Außenwandbekleidungen werden Aussparungen, z.B. Öffnungen, Nischen, bis zu 2,5 m^2 Einzelgröße übermessen.

5.1.3 Unmittelbar zusammenhängende, verschiedenartige Aussparungen, z.B. Öffnung mit angrenzender Nische, werden getrennt gerechnet.

5.1.4 Bindet eine Aussparung anteilig in angrenzende, getrennt zu rechnende Flächen ein, wird zur Ermittlung der Übermessungsgröße die jeweils anteilige Aussparungsfläche gerechnet.

5.1.5 Rückflächen von Nischen werden mit ihren Maßen gesondert gerechnet.

5.1.6 In Böden und den dazugehörigen Dämmstoff-, Trenn- und Schutzschichten, Schüttungen, Dampfbremsen und Abdichtungen werden Aussparungen, z.B. für Pfeilervorlagen, Kamine, Rohrdurchführungen, bis 0,5 m^2 Einzelgröße übermessen.

5.1.7 Unterbrechungen bis 30 cm Einzelbreite, z.B. durch Fachwerkteile, Vorlagen, Stützen, Unterzüge, Sparren, Lattungen, Unterkonstruktionen, werden bei Zwischenböden, Dämmstoff-, Trenn- und Schutzschichten, Schüttungen, Dampfbremsen, Abdichtungen, Schalungen, Bekleidungen und dergleichen übermessen.

5.1.8 Bei Lattungen, Sparschalungen, Blindböden, Verschlägen und Bekleidungen aus Latten, Brettern, Paneelen, Lamellen und dergleichen werden die Zwischenräume übermessen.

5.1.9 Herstellen von Aussparungen für Einzelleuchten, Lichtbänder, Lichtkuppeln, Luftauslässe, Revisionsöffnungen, Stützen, Pfeilervorlagen, Installationsdosen, Rohrdurchführungen, Kabel und dergleichen wird getrennt nach Maßen gesondert gerechnet.

5.2 Es werden abgezogen:

5.2.1 Bei Abrechnung nach Flächenmaß (m^2):

Aussparungen, z.B. Öffnungen (auch raumhoch), Nischen, über 2,5 m^2 Einzelgröße, in Böden über 0,5 m^2 Einzelgröße.

Bei der Ermittlung der Abzugsmaße sind die kleinsten Maße der Aussparung, z.B. Öffnung, Durchdringung, Einbindung, zugrunde zu legen.

5.2.2 Bei Abrechnung nach Längenmaß (m):

Unterbrechungen über 1 m Einzellänge.

Erläuterungen

0.5 Abrechnungseinheiten

Abschnitt 0.5 dient dazu, auf die üblichen und zweckmäßigen Abrechnungseinheiten für die jeweilige Teilleistung hinzuweisen. Bei Aufstellung der Leistungsbeschreibung ist die zutreffende Abrechnungseinheit festzulegen.

5 Abrechnung

Ergänzend zur ATV DIN 18299, Abschnitt 5, gilt:

Siehe Kommentierung zu Abschnitt 5 der ATV DIN 18299.

5.1 Allgemeines

5.1.1 Der Ermittlung der Leistung – gleichgültig, ob sie nach Zeichnung oder nach Aufmaß erfolgt – sind zugrunde zu legen:

5.1.1.1 Bei Abrechnung nach Raummaß (m^3)

- **die größte Länge einschließlich der Zapfen und anderer Holzverbindungen,**
- **der volle Querschnitt (bei gehobelten Konstruktionen und Bauteilen der Einbauquerschnitt) ohne Abzug von Aussparungen, Ausklinkungen, Abschrägungen, Querschnittsschwächungen und dergleichen.**

Verzimmerte Hölzer

Verzimmerte Hölzer sind Bauschnitthölzer aus Nadel- und Laubholz, das an vier Seiten in ganzer Länge von der Säge gestreift ist, wie Kanthölzer, Bohlen, Bretter und Latten.

Brettschichthölzer

Brettschichthölzer bestehen aus mindestens drei beidseitig faserparallel verleimten Brettern oder Brettlagen aus Nadelholz.

Es ist zu unterscheiden zwischen:

– Hölzern mit gleich bleibendem Querschnitt,

– Hölzern als Sonderformen mit sich veränderndem Querschnitt und

– Hölzern, deren Gesamtquerschnitt sich aus mehreren Einzelhölzern mit verschiedenen Querschnitten zusammensetzt.

Bei Hölzern mit gleich bleibendem Querschnitt ist zur Ermittlung des Raummaßes die größte Länge einschließlich Versatz, Zapfen, rechtwinklig oder schräg ausgeklinkten Enden u. Ä. sowie der volle Querschnitt ohne Abzug von Ausklinkungen, Durchbrüchen und sonstigen Querschnittsschwächungen zugrunde zu legen *(Bild 1 bis 7)*.

größte Längen, volle Querschnitte

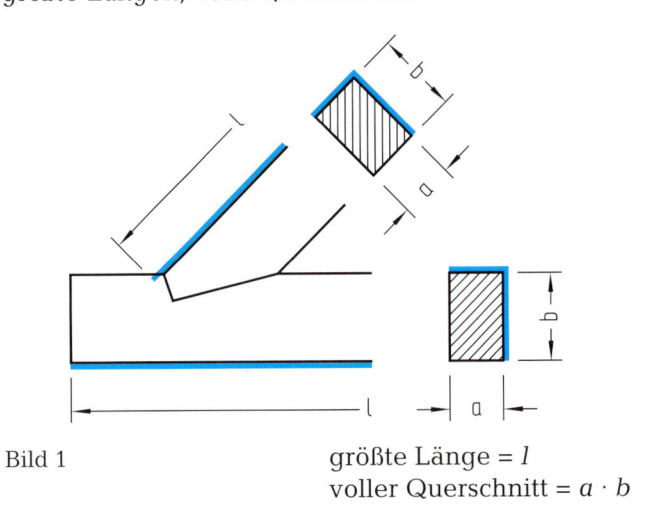

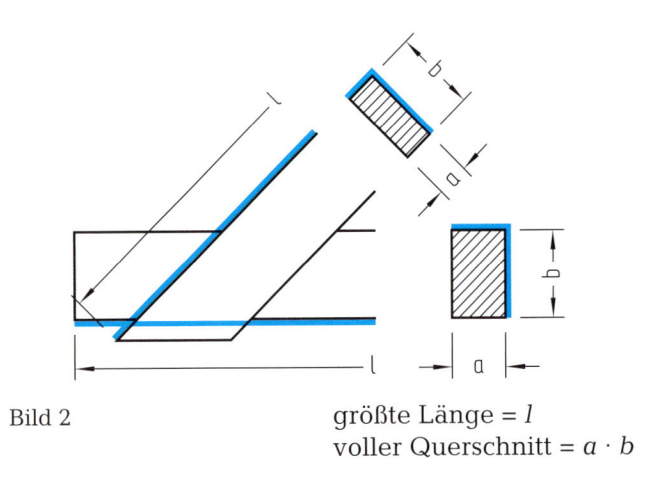

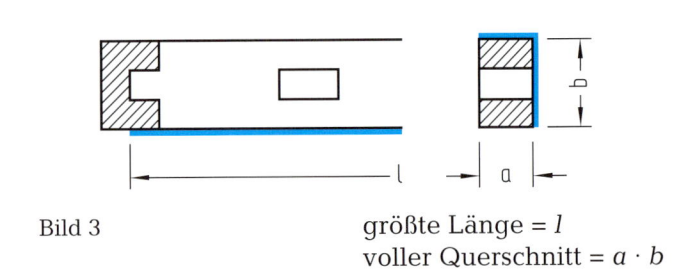

Bild 1   größte Länge = l
         voller Querschnitt = $a \cdot b$

Bild 2   größte Länge = l
         voller Querschnitt = $a \cdot b$

Bild 3   größte Länge = l
         voller Querschnitt = $a \cdot b$

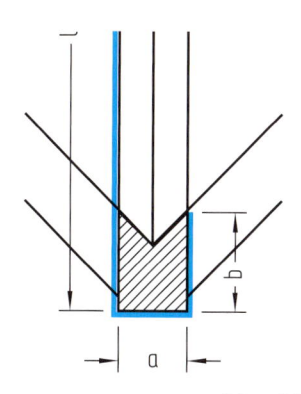

DIN 18334

Bild 4   größte Länge = l
voller Querschnitt = $a \cdot b$

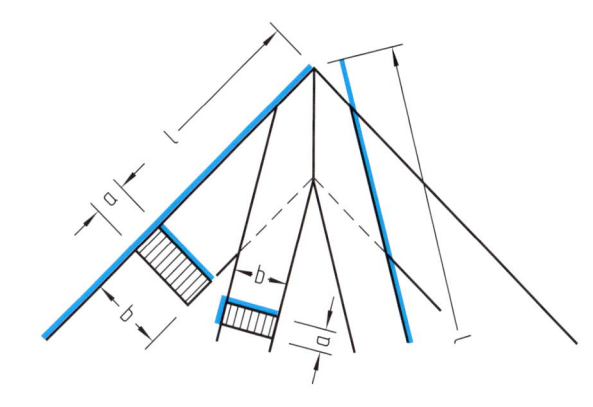

Bild 7   größte Länge = l
voller Querschnitt = $a \cdot b$

Hölzer mit sich verändernden Querschnitten, z.B. Satteldachträger mit geradem oder schrägem Untergurt aus Brettschichtholz, Biegeträger aus nachgiebig miteinander verbundenen Querschnittsteilen, sind bei Abrechnung nach Raummaß ebenso nach dem vollen Querschnitt und der größten Länge abzurechnen.

Dies setzt jedoch voraus, im Interesse einer ordnungsgemäßen Preiskalkulation in der Leistungsbeschreibung insbesondere Bauart, Form und Abmessungen, soweit diese den vollen Querschnitt und die größte Länge betreffen, vorzugeben *(Bild 8 bis 13)*.

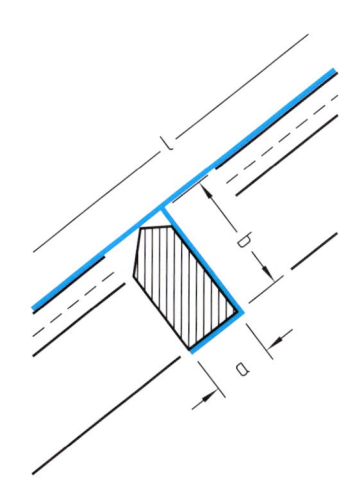

Bild 5   größte Länge = l
voller Querschnitt = $a \cdot b$

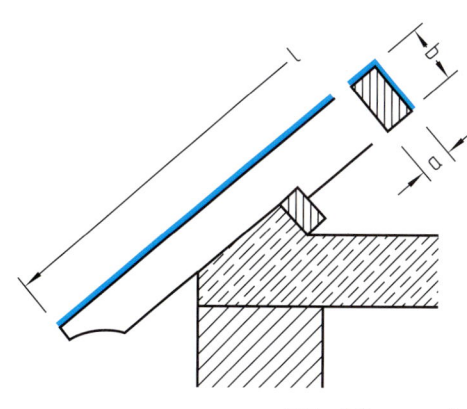

Bild 6   größte Länge = l
voller Querschnitt = $a \cdot b$

143

Satteldachträger mit geradem Untergurt

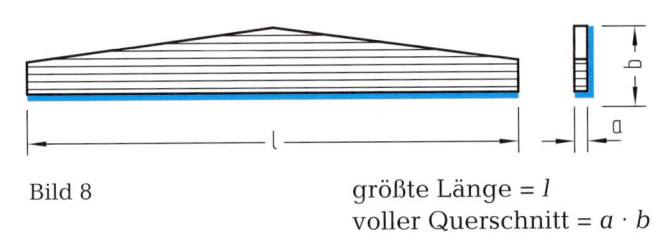

Bild 8   größte Länge = l
voller Querschnitt = $a \cdot b$

Satteldachträger mit schrägem Untergurt

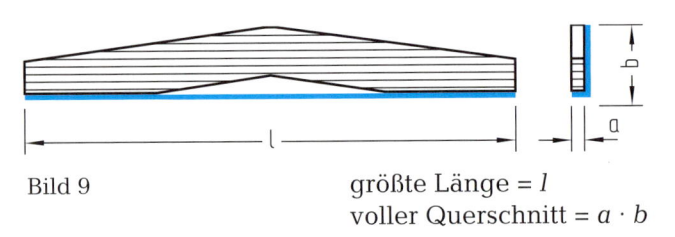

Bild 9   größte Länge = l
voller Querschnitt = $a \cdot b$

Biegeträger aus nachgiebig miteinander verbundenen Querschnittsteilen

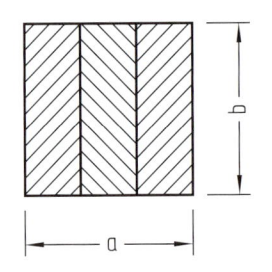

Bild 10   voller Querschnitt = $a \cdot b$

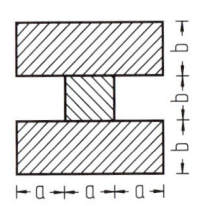

Bild 11   voller Querschnitt = $7 \cdot a \cdot b$

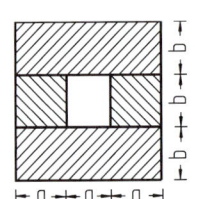

Bild 12   voller Querschnitt = $8 \cdot a \cdot b$

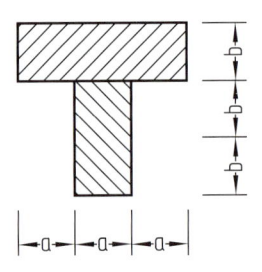

Bild 13   voller Querschnitt = $5 \cdot a \cdot b$

Beim Einsatz gehobelter Hölzer ermittelt sich der volle Querschnitt nach den Maßen der eingebauten Hölzer.

5.1.1.2 Bei Abrechnung nach Flächenmaß (m²)

- **bei Flächen ohne begrenzende Bauteile deren Maße, z. B. die Maße der Schalung, Dämmstoffschicht, Bekleidung,**
- **bei Flächen mit begrenzenden Bauteilen die Maße der zu belegenden Flächen bis zu den sie begrenzenden, ungeputzten, ungedämmten bzw. nicht bekleideten Bauteilen,**
- **bei Fassaden die Maße der Bekleidung.**

Bei Abrechnung nach Flächenmaß gelten bei Flächen ohne begrenzende Bauteile deren Maße, d. h. die Maße der Bekleidungen, der Schalungen, der Dämmstoffschichten u. Ä. *(Bild 14 und 15)*.

Bekleidungen im Innenbereich ohne begrenzende Bauteile

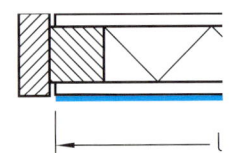

Bild 14

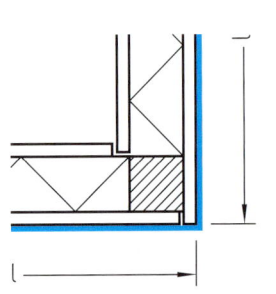

Bild 15

DIN 18334

Bei Flächen mit begrenzenden Bauteilen gelten die Maße der zu belegenden Fläche bis zu den sie begrenzenden, ungeputzten, ungedämmten bzw. nicht bekleideten Bauteilen *(Bild 16 bis 18)*.

Bekleidungen im Innenbereich mit begrenzenden Bauteilen

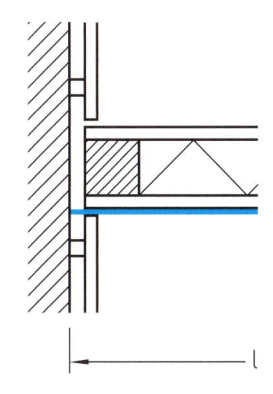

Bild 16

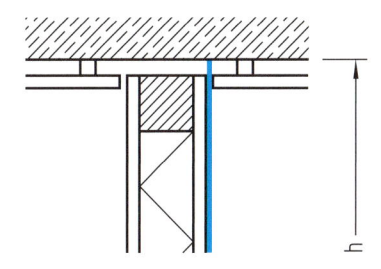

Bild 17

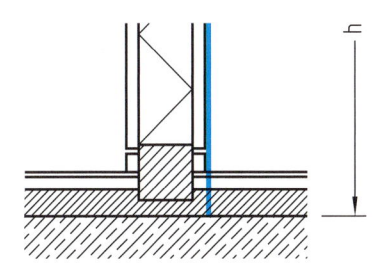

Bild 18

Bei Fassaden gelten die Maße der Bekleidung.

Mit der Herstellung der Fassade verlegte Dämmstoffschichten, Trag- und Unterkonstruktionen sind grundsätzlich mit den Maßen der Fassade abzurechnen *(Bild 19 bis 22)*.

Bekleidungen im Außenbereich

Dachschalung

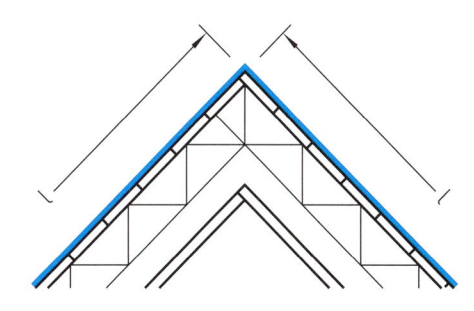

Bild 19

Dachanschluss

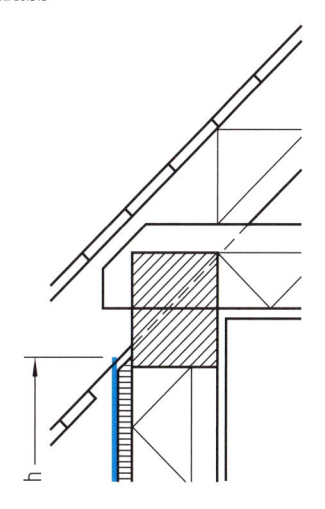

Bild 20

Auskragung

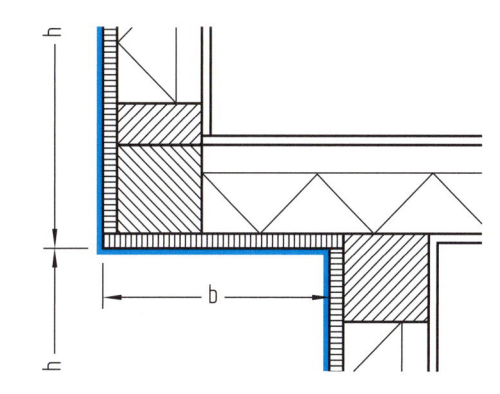

Bild 21

Sockel

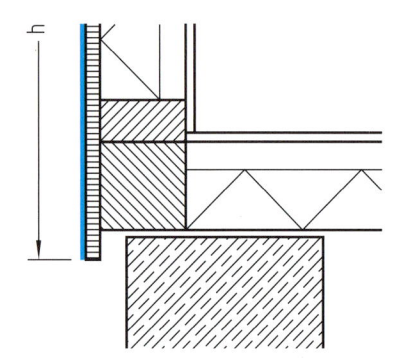

Bild 22

Unterbrechungen der Außenwandbekleidung werden nach Abschnitt 5.1.2 bis zu 2,5 m² Einzelgröße übermessen. Dabei ist von den Maßen der fertigen Bekleidung auszugehen.

5.1.1.3 Für Wände in Holzbauweise

– **deren Maße bis zu den sie begrenzenden, nicht bekleideten Bauteilen,**

– **bei abgewinkelten Wänden die größte abgewickelte Bauteillänge,**

– **bei Wanddurchdringungen nur eine Wand durchgehend, bei Wänden ungleicher Dicke die dickere Wand.**

Für Wände in Holzbauweise gelten deren Maße bis zu den sie begrenzenden, nicht bekleideten Bauteilen *(Bild 23 und 24)*.

Wände in Holzbauweise

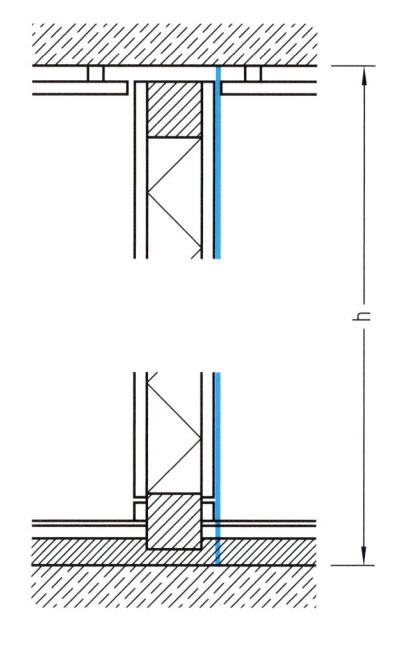

Bild 23

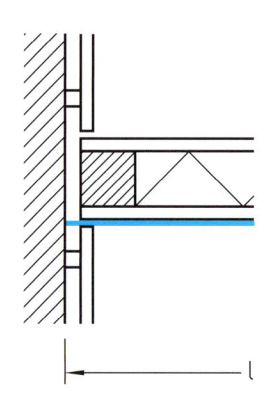

Bild 24

Dabei wird bei abgewinkelten Wänden mit recht-, stumpf- oder spitzwinkligen Stößen die größte abgewickelte Bauteillänge gemessen *(Bild 25 bis 27)*.

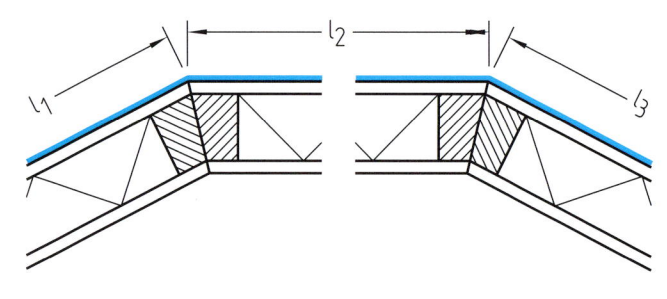

Bild 25   größte Abwicklung $l = l_1 + l_2 + l_3$

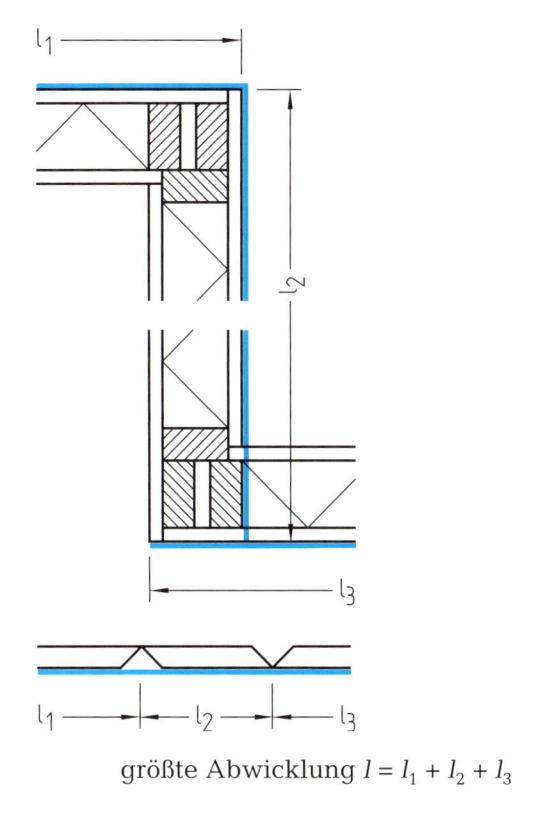

Bei Wänden ungleicher Dicke wird die dickere durchgehend gerechnet *(Bild 29)*.

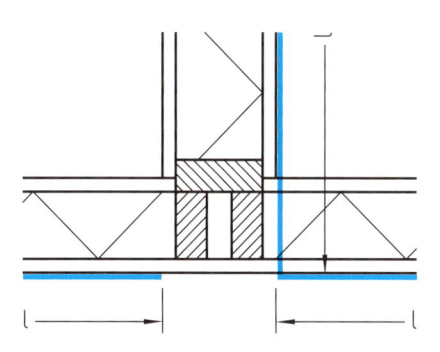

Bild 29

Bild 26 größte Abwicklung $l = l_1 + l_2 + l_3$

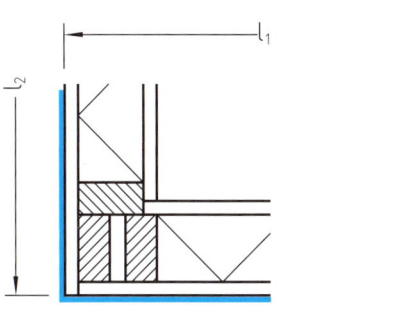

Bild 27 größte Abwicklung $l = l_1 + l_2$

Bei Wanddurchdringungen wird nur eine Wand durchgehend gerechnet *(Bild 28)*.

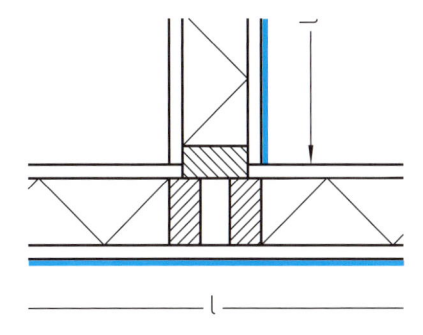

Bild 28

5.1.1.4 Für verzimmerte Hölzer bei Abrechnung nach Längenmaß die größte Länge einschließlich der Holzverbindungen.

Bei Abrechnung nach Längenmaß werden verzimmerte Hölzer, Bauschnitt- und Brettschichthölzer in der größten Länge einschließlich Versatz, Zapfen, rechtwinklig oder schräg ausgeklinkten Enden und ähnlichen Holzverbindungen gerechnet *(Bild 30, auch Bild 1 bis 7)*.

Fachwerkknoten

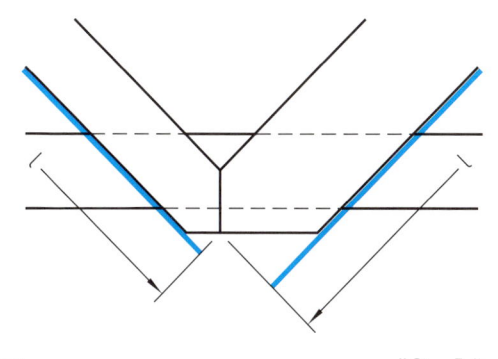

Bild 30 größte Länge = l

5.1.1.5 Für sonstige Bauteile die größten, gegebenenfalls abgewickelten Bauteillängen, dabei werden Fugen übermessen.

Für sonstige Bauteile, z. B. An- und Abschlüsse, Ort- und Traufbrett, ist, soweit die Abrechnung nach Längenmaß erfolgt, die größte Länge zu messen.

Bei der Abrechnung von Profilleisten, Stab- und Dreikantleisten ist die größte Länge ggf. in der Abwicklung zu messen, z. B. bei einspringenden Ecken innen, bei ausspringenden außen *(Bild 31)*.

Profilleisten

Bild 31   größte Abwicklung $l = l_1 + l_2 + l_3$

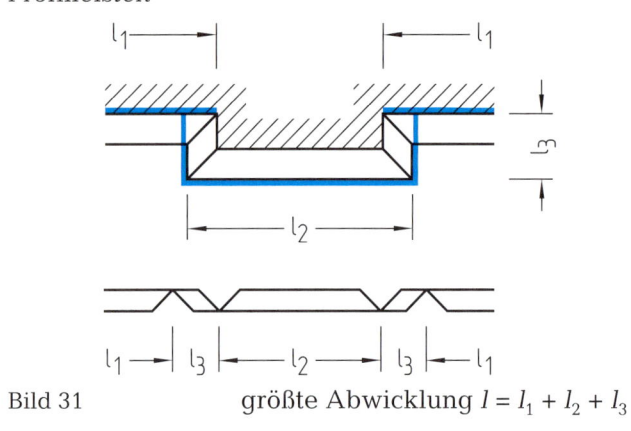

Fugen werden übermessen.

5.1.1.6 Für statisch nachzuweisende und konstruktive Stahlteile sind bei Abrechnung nach Masse (kg) folgende Grundsätze anzuwenden:

- **bei genormten Profilen die Masse nach DIN-Normen,**
- **bei anderen Profilen die Masse aus den Profilbüchern der Hersteller,**
- **bei Blechen und Bändern aus Stahl 7,85 kg, aus Edelstahl 7,9 kg je m² Fläche und 1 mm Dicke.**

Bei Kleineisenteilen bis 15 kg Einzelmesse darf die Masse durch Wiegen ermittelt werden.

Bei verzinkten Stahlkonstruktionen werden den Massen 5 % für die Verzinkung zugeschlagen.

Statisch nachzuweisende und konstruktiv erforderliche Bauteile, z. B. Dübel, Bolzen, Anker, Verbindungselemente, Abhänger, Abstandshalter, Konsolen, Stahlblechformteile, werden gesondert gerechnet.

Bei Abrechnung statisch nachzuweisender und konstruktiver Stahlteile nach Masse ist diese nach festgelegten Vorgaben zu berechnen. Dabei werden

- für genormte Profile die Masse nach DIN,
- für andere Profile die Masse aus den Profilbüchern der Hersteller,
- für Bleche und Bänder
  - aus Stahl 7,85 kg/m² Fläche und 1 mm Dicke,
  - aus Edelstahl 7,9 kg/m² Fläche und 1 mm Dicke

zugrunde gelegt.

Lediglich bei Kleineisenteilen bis 15 kg Einzelmasse darf die Masse durch Wiegen ermittelt werden.

Für verzinkte Stahlkonstruktionen wird der Mehraufwand für die Verzinkung mit 5 % der berechneten Masse abgegolten.

Dübel, Bolzen, Anker, Verbindungselemente, Abhänger, Abstandshalter, Konsolen, Stahlblechformteile und dergleichen werden, soweit statisch nachzuweisen und konstruktiv erforderlich, gesondert gerechnet.

5.1.2 In Decken, Wänden, Dächern, Schalungen, Wand- und Deckenbekleidungen, Vorsatzschalen, Dämmstoff-, Trenn- und Schutzschichten, Dampfbremsen, Abdichtungen sowie leichten Außenwandbekleidungen werden Aussparungen, z. B. Öffnungen, Nischen, bis zu 2,5 m² Einzelgröße übermessen.

Begriffsbestimmung

Aussparungen sind planmäßig hergestellte Freiräume, z. B. zur Aufnahme von Bauteilen, technischen Anlagen, Leitungen, Rohren, die im fertigen Bauwerk entweder offen oder mit anderen Materialien abgedeckt sind.

Öffnungen sind funktional eigenständige, planmäßig angelegte, durch die gesamte Dicke eines Bauteils durchgehende, frei gelassene Räume für den dauernden Gebrauch, z. B. Fenster- und Türöffnungen, auch geschosshohe Durchgänge.

DIN 18334

Nischen sind planmäßig auf Dauer angelegte Freiräume, die das Bauteil nicht durchdringen und zur Gliederung der Wandfläche oder zur Aufnahme von Schränken, Heizkörpern u. Ä. dienen. Die obere und untere Begrenzung kann durch die Decke bzw. durch den Fußboden gebildet sein.

Bei Abrechnung der Innen- und Außenwandbekleidungen nach Flächenmaß werden Aussparungen, Öffnungen und Nischen bis zu 2,5 m² Einzelgröße übermessen *(Bild 32)*.

Aussparungen, z. B. Öffnungen, Nischen

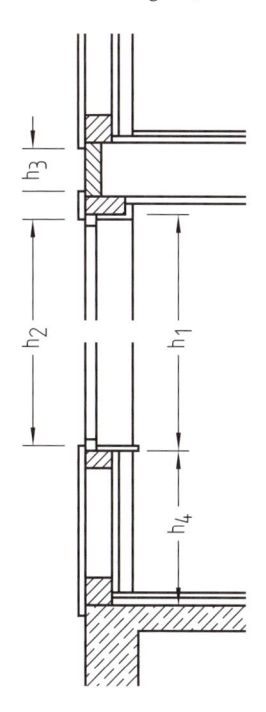

Bild 32

$A_{\text{Öffnung innen}} = b \cdot h_1 > 2{,}5\ m^2$; sie ist abzuziehen.

$A_{\text{Öffnung außen}} = b \cdot h_2 > 2{,}5\ m^2$; sie ist abzuziehen.

$A_{\text{Aussparung}} = l \cdot h_3 > 2{,}5\ m^2$; sie ist abzuziehen.

$A_{\text{Nische}} = b \cdot h_4 < 2{,}5\ m^2$; sie ist zu übermessen; die Rückfläche der Nische ist, falls sie bekleidet ist, gemäß Abschnitt 5.1.5 zusätzlich zu rechnen.

Leibungen von Öffnungen, Aussparungen und Nischen sind grundsätzlich mit ihren Maßen zu berücksichtigen, unabhängig von der Größe der Öffnung, Aussparung und Nische.

Leibungen sind als solche einzuordnen, wenn sie innerhalb des Bauteils liegen. Ragt die Leibungsfläche über das Bauteil hinaus, ist sie als Teil der Wand zu behandeln *(Bild 33)*.

Definition der Leibung

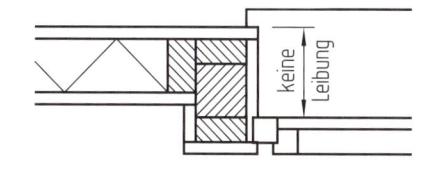

Bild 33

5.1.3 Unmittelbar zusammenhängende, verschiedenartige Aussparungen, z. B. Öffnung mit angrenzender Nische, werden getrennt gerechnet.

Grenzen Öffnung und Nische unmittelbar aneinander, so sind Öffnung und Nische zur Beurteilung der Übermessung getrennt zu rechnen *(Bild 34 bis 36)*.

Öffnung, Nische

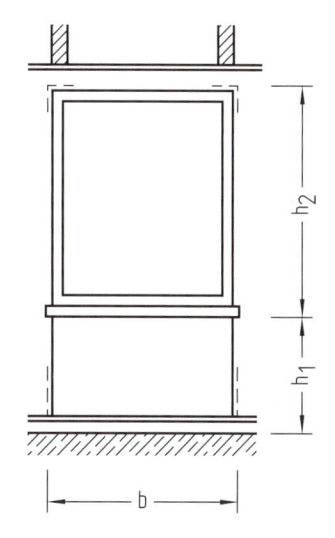

Bild 34

$A_{\text{Öffnung}} = b \cdot h_2 > 2{,}5\ m^2$; sie ist abzuziehen.

$A_{\text{Nische}} = b \cdot h_1 < 2{,}5\ m^2$; sie ist zu übermessen.

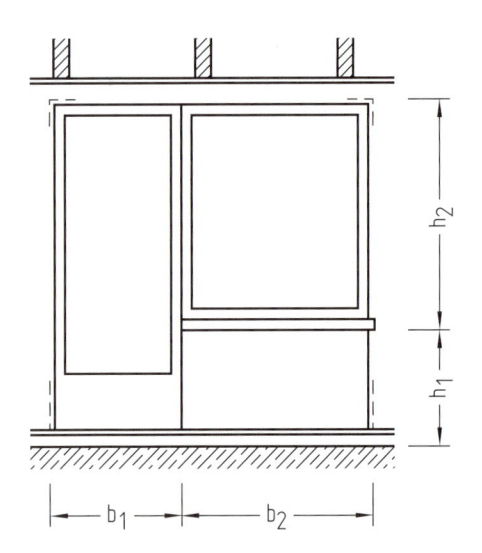

Bild 35

$A_{\text{Öffnung}} = b_1 \cdot (h_1 + h_2) + b_2 \cdot h_2 > 2{,}5\ m^2$;
sie ist abzuziehen.

$A_{\text{Nische}} = b_2 \cdot h_1 < 2{,}5\ m^2$; sie ist zu übermessen.

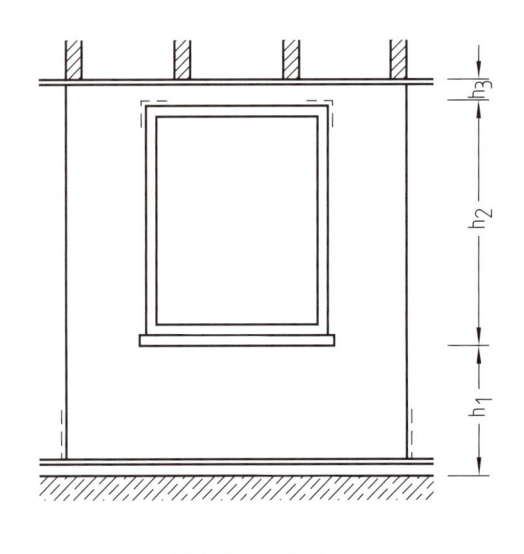

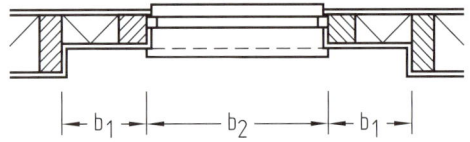

Bild 36

$A_{\text{Öffnung}} = b_2 \cdot h_2 > 2{,}5\ m^2$; sie ist abzuziehen.

$A_{\text{Nische}} = (2 \cdot b_1 + b_2) \cdot (h_1 + h_2 + h_3) - b_2 \cdot h_2 > 2{,}5\ m^2$;
sie ist abzuziehen.

Die Leibungen sind in jedem Fall, unabhängig davon, ob übermessen oder abgezogen wird, zusätzlich zu rechnen.

5.1.4 Bindet eine Aussparung anteilig in angrenzende, getrennt zu rechnende Flächen ein, wird zur Ermittlung der Übermessungsgröße die jeweils anteilige Aussparungsfläche gerechnet.

Aussparungen, Öffnungen, Nischen, die in angrenzende, getrennt zu rechnende Flächen einbinden, sind zur Ermittlung der Übermessungsgröße jeweils gesondert, bezogen auf die davon tangierte Einzelfläche, zu ermitteln. So sind z. B. Aussparungen in Dachflächen für den den First durchdringenden Schornstein oder Fenster übereck bezogen auf die jeweilige Dach- bzw. auf die jeweilige Raum- oder Fassadenfläche zu rechnen *(Bild 37 und 38)*.

Aussparung in der Dachfläche

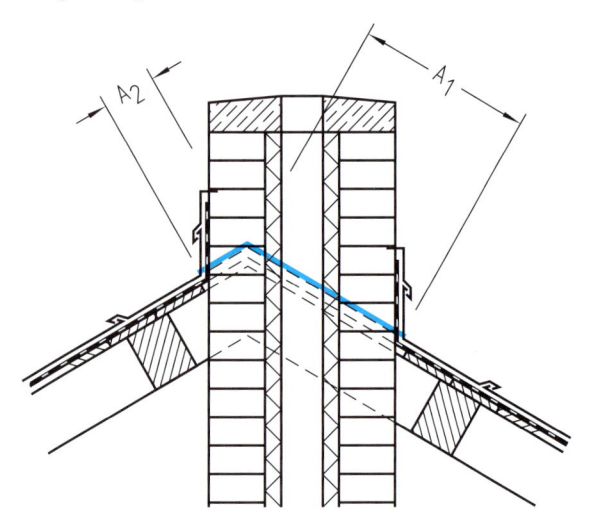

Bild 37 $A_1 > 2{,}5\ m^2$; sie ist abzuziehen.

$A_2 < 2{,}5\ m^2$; sie ist zu übermessen.

Fenster übereck

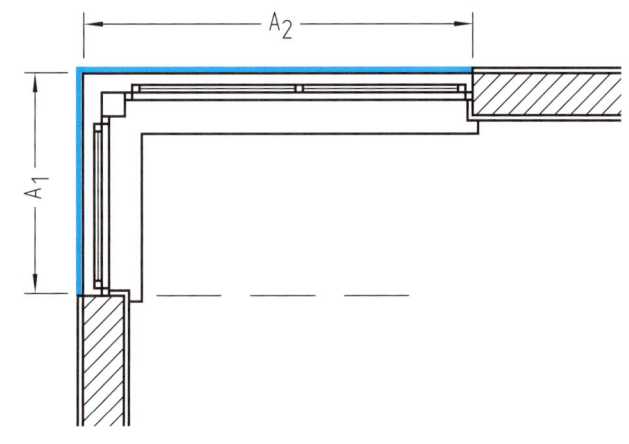

Bild 38 $A_1 = h \cdot l_1 < 2{,}5\ m^2$; sie ist zu übermessen.

$A_2 = h \cdot l_2 > 2{,}5\ m^2$; sie ist abzuziehen.

5.1.5 Rückflächen von Nischen werden mit ihren Maßen gesondert gerechnet.

Unabhängig von der Einzelgröße der Nische ist die Rückfläche der Nische, falls sie in die zu erbringende Leistung einbezogen ist, gesondert zu rechnen.

Zusammenfassend ist in Verbindung mit Abschnitt 5.1.2 demnach festzuhalten:

- Nische bis 2,5 m² Einzelgröße:
  Die Nische wird übermessen.
  Die Leibungen und die Rückfläche der Nische werden zusätzlich gerechnet.

- Nische über 2,5 m² Einzelgröße:
  Die Nische wird abgezogen.
  Die Leibungen und die Rückfläche der Nische werden zusätzlich gerechnet.

- Nische mit Öffnung jeweils bis 2,5 m² Einzelgröße:
  Die Nische und die Öffnung werden übermessen.
  Die Leibungen der Nische und der Öffnung sowie die Rückfläche der Nische werden zusätzlich gerechnet.

- Nische über 2,5 m² Einzelgröße mit Öffnung bis 2,5 m² Einzelgröße:
  Die Nische wird abgezogen, die Öffnung übermessen.
  Die Leibungen der Nische und der Öffnung sowie die Rückfläche der Nische werden zusätzlich gerechnet.

- Nische mit Öffnung jeweils über 2,5 m² Einzelgröße:
  Die Nische und die Öffnung werden abgezogen.
  Die Leibungen der Nische und der Öffnung sowie die Rückfläche der Nische werden zusätzlich gerechnet.

5.1.6 In Böden und den dazugehörigen Dämmstoff-, Trenn- und Schutzschichten, Schüttungen, Dampfbremsen und Abdichtungen werden Aussparungen, z. B. für Pfeilervorlagen, Kamine, Rohrdurchführungen, bis 0,5 m² Einzelgröße übermessen.

Aussparungen in Böden und den dazugehörigen Dämmstoff-, Trenn- und Schutzschichten, Schüttungen, Dampfbremsen und Abdichtungen, z. B. für Pfeilervorlagen, Kamine, Rohrdurchführungen, werden bis 0,5 m² Einzelgröße übermessen *(Bild 39)*.

Aussparungen in Böden

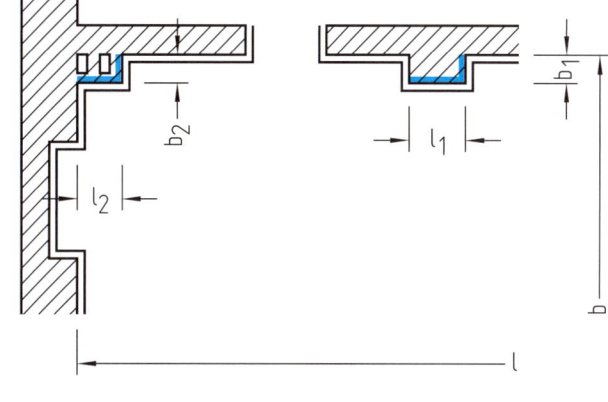

Bild 39

Die Abrechnung des Bodens erfolgt bei Abrechnung nach Flächenmaß gemäß Abschnitt 5.1.1.2 nach den Maßen der zu belegenden Flächen bis zu den sie begrenzenden, nicht bekleideten Bauteilen; $A = l \cdot b$.

Die Pfeilervorlage $A = l_1 \cdot b_1 < 0{,}5\ m^2$ ist dabei zu übermessen.

Der Kaminvorsprung $A = l_2 \cdot b_2 > 0{,}5\ m^2$ ist abzuziehen.

Rohrdurchführungen werden im Allgemeinen übermessen, da die Querschnitte der üblichen zur Ausführung kommenden Rohre weit unter der Übermessungsgröße liegen; 0,5 m² entspricht in etwa einem Rohrdurchmesser von 0,8 m. Nebeneinander liegende Rohre sind einzeln aufzumessen, falls der Boden zwischen den Rohren durchgeführt wird.

Rücksprünge, wie Fenster- und Türnischen, werden unabhängig von ihrer Größe zusätzlich gerechnet.

5.1.7 Unterbrechungen bis 30 cm Einzelbreite, z. B. durch Fachwerkteile, Vorlagen, Stützen, Unterzüge, Sparren, Lattungen, Unterkonstruktionen, werden bei Zwischenböden, Dämmstoff-, Trenn- und Schutzschichten, Schüttungen, Dampfbremsen, Abdichtungen, Schalungen, Bekleidungen und dergleichen übermessen.

Begriffsdefinition

Unterbrechungen sind planmäßig hergestellte Freiräume, die die vorgegebene Leistung in der Höhe, Länge oder Breite unterbrechen, wobei aber anders als bei einem Ende einer Leistung die gleiche Leistung nach einem/einer Zwischenraum/Unterbrechung wieder neu weitergeführt wird *(Bild 40 und 41)*.

Unterbrechung (Ende einer Leistung, Zwischenraum, Weiterführung der gleichen Leistung)

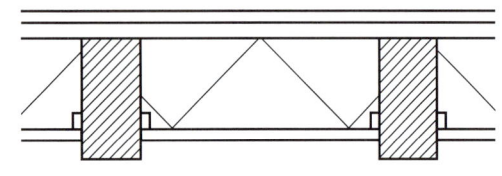

Bild 40

keine Unterbrechung (Ende einer Leistung)

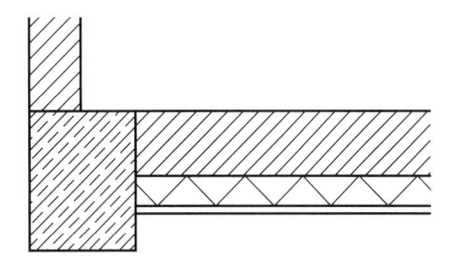

Bild 41

Zwischenböden, Dämmstoff-, Trenn- und Schutzschichten, Schüttungen, Dampfbremsen, Abdichtungen, Schalungen, Bekleidungen und dergleichen sind bei Abrechnung nach Flächenmaß gemäß Abschnitt 5.1.1.2 abzurechnen.

Unterbrechungen bis 30 cm Einzelbreite, z. B. durch Fachwerkteile, Vorlagen, Stützen, Unterzüge, Sparren, Lattungen, Unterkonstruktionen, werden dabei übermessen *(Bild 42 bis 46)*.

Fachwerkteile

Holzbalkendecke mit Einschub

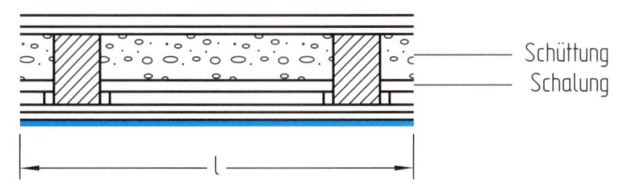

Bild 42

Für die Abrechnung der Schalung und der Schüttung werden Deckenbalken bis 30 cm Einzelbreite übermessen.

Sparren

Dachschräge

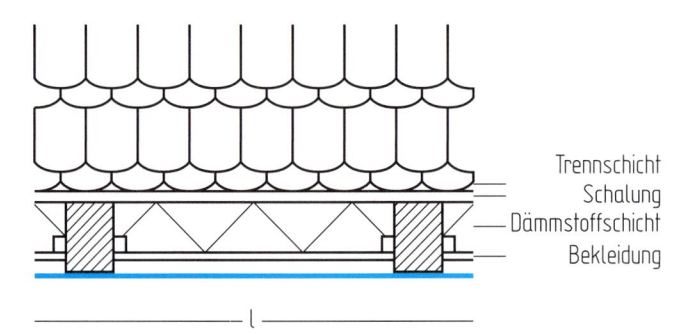

Bild 43

Für die Abrechnung der Bekleidung, der Dämmstoff- und Trennschicht sowie der Schalung werden Sparren bis 30 cm Einzelbreite übermessen.

DIN 18334

Vorlagen

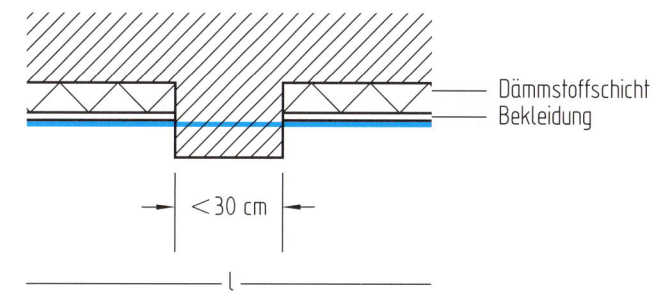

Bild 44

Für die Abrechnung der Bekleidung und der Dämmstoffschicht werden Vorlagen bis 30 cm Einzelbreite übermessen.

Stützen

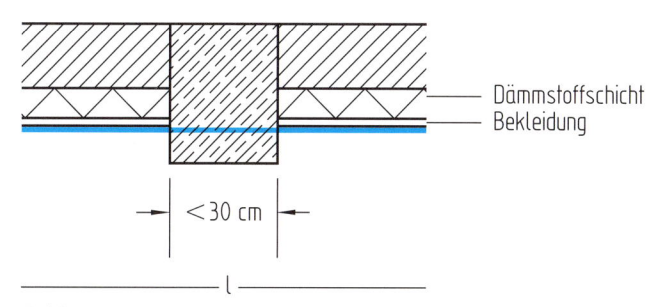

Bild 45

Für die Abrechnung der Bekleidung und der Dämmstoffschicht werden Stützen bis 30 cm Einzelbreite übermessen.

Unterzüge

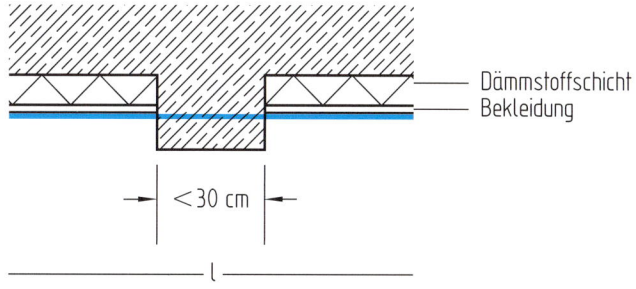

Bild 46

Für die Abrechnung der Bekleidung und der Dämmstoffschicht werden Unterzüge bis 30 cm Einzelbreite übermessen.

5.1.8 Bei Lattungen, Sparschalungen, Blindböden, Verschlägen und Bekleidungen aus Latten, Brettern, Paneelen, Lamellen und dergleichen werden die Zwischenräume übermessen.

Lattungen, Sparschalungen, Blindböden, Verschläge und Bekleidungen aus Latten, Brettern, Paneelen, Lamellen u. Ä. sind bei Abrechnung nach Flächenmaß gemäß Abschnitt 5.1.1.2 abzurechnen; Zwischenräume bleiben dabei außer Acht *(Bild 47)*.

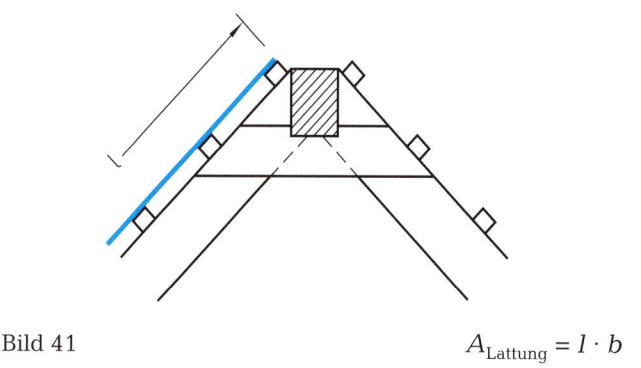

Bild 41 $A_{\text{Lattung}} = l \cdot b$

5.1.9 Herstellen von Aussparungen für Einzelleuchten, Lichtbänder, Lichtkuppeln, Luftauslässe, Revisionsöffnungen, Stützen, Pfeilervorlagen, Installationsdosen, Rohrdurchführungen, Kabel und dergleichen wird getrennt nach Maßen gesondert gerechnet.

Aussparungen, z. B. für Schalter, Rohrdurchführungen, Kabel, Revisionsöffnungen, Stützen, werden grundsätzlich nach Anzahl ermittelt und in der Regel als „Besondere Leistung" zusätzlich gerechnet.

5.2 Es werden abgezogen:

5.2.1 Bei Abrechnung nach Flächenmaß (m²):

Aussparungen, z. B. Öffnungen (auch raumhoch), Nischen, über 2,5 m² Einzelgröße, in Böden über 0,5 m² Einzelgröße.

Bei der Ermittlung der Abzugsmaße sind die kleinsten Maße der Aussparung, z. B. Öffnung, Durchdringung, Einbindung, zugrunde zu legen.

Aussparungen, z. B. Öffnungen, Nischen, sind gemäß Abschnitt 5.1.1.1 zu messen, wobei zur Ermittlung der Übermessungsgrößen die jeweils kleinsten Maße zugrunde zu legen sind *(Bild 48 und 49)*.

Abgezogen werden:

Aussparungen, Öffnungen, Nischen über 2,5 m² Einzelgröße

in Böden über 0,5 m² Einzelgröße

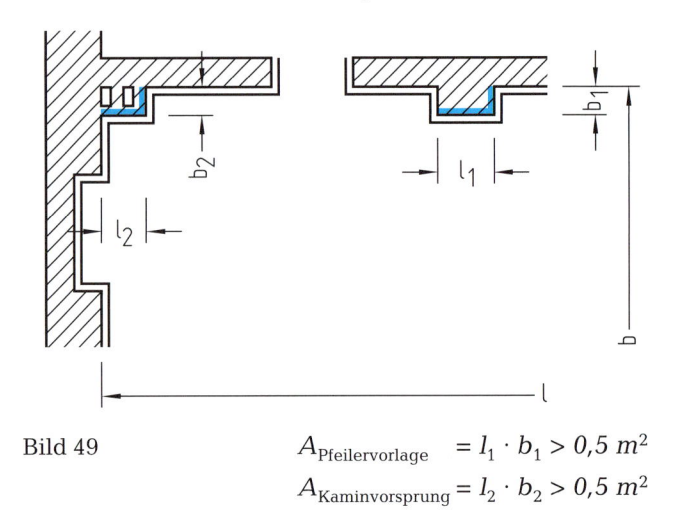

Bild 49

$A_{\text{Pfeilervorlage}} = l_1 \cdot b_1 > 0{,}5 \; m^2$

$A_{\text{Kaminvorsprung}} = l_2 \cdot b_2 > 0{,}5 \; m^2$

5.2.2 Bei Abrechnung nach Längenmaß (m):

Unterbrechungen über 1 m Einzellänge.

Unterbrechungen sind bei Abrechnung nach Längenmaß abzuziehen, falls ihre Einzellänge mehr als 1 m beträgt.

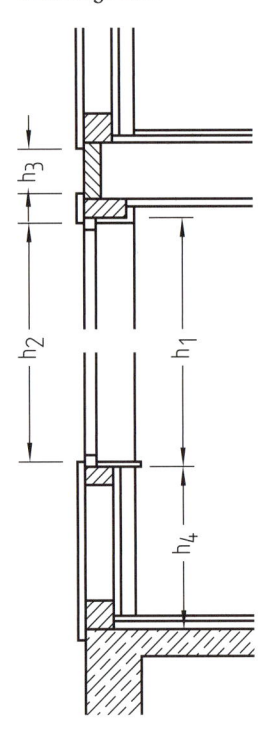

$A_{\text{Öffnung innen}} = b \cdot h_1 > 2{,}5 \; m^2$

$A_{\text{Öffnung außen}} = b \cdot h_2 > 2{,}5 \; m^2$

$A_{\text{Aussparung}} = l \cdot h_3 > 2{,}5 \; m^2$

$A_{\text{Nische}} = b \cdot h_4 > 2{,}5 \; m^2$

Bild 48

DIN 18335

Stahlbauarbeiten – DIN 18335

Ausgabe Dezember 2002

Geltungsbereich

Die ATV „Stahlbauarbeiten" – DIN 18335 – gilt für Stahlbauleistungen des konstruktiven Ingenieurbaus im Hoch- und Tiefbau einschließlich des Stahlverbundbaus.

Die ATV DIN 18335 gilt nicht für Metallbau- und Schlosserarbeiten (siehe ATV DIN 18360 „Metallbauarbeiten").

0.5 Abrechnungseinheiten

Im Leistungsverzeichnis sind die Abrechnungseinheiten wie folgt vorzusehen:

0.5.1 Stahlbauteile nach Gewicht (kg, t), Längenmaß (m), Flächenmaß (m²), Raummaß (m³) oder Anzahl (Stück).

0.5.2 Verbundteile aus Stahl und Beton oder Stahlbeton nach Längenmaß (m), Flächenmaß (m²), Raummaß (m³), Anzahl (Stück) oder getrennt

– Stahlbauteile nach Abschnitt 0.5.1,

– Beton- und Stahlbetonteile nach ATV DIN 18331 „Beton- und Stahlbetonarbeiten".

0.5.3 Lagerkörper, Übergangskonstruktionen und andere besondere Bauteile nach Gewicht (kg, t), Längenmaß (m), Flächenmaß (m²) oder Anzahl (Stück);

wenn sie mit der Hauptkonstruktion gewogen werden, nach Längenmaß (m), Flächenmaß (m²) oder Anzahl (Stück) als Zulage zur Hauptkonstruktion.

5 Abrechnung

Ergänzend zur ATV DIN 18299, Abschnitt 5, gilt:

5.1 Allgemeines

Bei Abrechnung nach Gewicht wird dieses durch Berechnen ermittelt. Das Gewicht von Formstücken, z. B. Guss- oder Schmiedeteilen, wird jedoch durch Wiegen ermittelt.

5.2 Gewichtsermittlung durch Berechnen

5.2.1 Für die Ermittlung der Maße gelten:

– bei Flachstählen bis 180 mm Breite sowie bei Form- und Stabstählen die größte Länge,

– bei Flachstählen über 180 mm Breite und bei Blechen die Fläche des kleinsten umschriebenen, aus geraden oder nach außen gekrümmten Linien bestehenden Vielecks, bei hochkantig gebogenen Flachstählen jedoch anstatt der Sehne die nach innen gekrümmte Linie,

– bei angeschnittenen, ausgeklinkten oder beigezogenen Trägern der volle Querschnitt.

Ausschnitte und einspringende Ecken werden übermessen.

5.2.2 Bei der Berechnung des Gewichtes ist zugrunde zu legen:

– bei genormten Profilen das Gewicht nach DIN-Norm,

- bei anderen Profilen das Gewicht aus dem Profilbuch des Herstellers,
- bei Blechen, Breitflachstählen und Bandstählen das Gewicht von 7,85 kg je m² Fläche und mm Dicke,
- bei Formstücken aus Stahl die Dichte von 7,85 kg/dm³ und bei solchen aus Gusseisen (Grauguss) die Dichte von 7,25 kg/dm³.

Verbindungsmittel, z.B. Schrauben, Niete, Schweißnähte, bleiben unberücksichtigt.

5.2.3 Walztoleranz und Verschnitt bleiben unberücksichtigt.

5.3 Gewichtsermittlung durch Wiegen

Sämtliche Bauteile sind zu wiegen. Von gleichen Bauteilen braucht nur eine angemessene Anzahl gewogen zu werden.

Erläuterungen

0.5 Abrechnungseinheiten

Abschnitt 0.5 dient dazu, auf die üblichen und zweckmäßigen Abrechnungseinheiten für die jeweilige Teilleistung hinzuweisen. In der Leistungsbeschreibung ist die zutreffende Abrechnungseinheit festzulegen.

5 Abrechnung

Ergänzend zur ATV DIN 18299, Abschnitt 5, gilt:

Siehe Kommentierung zu Abschnitt 5 der ATV DIN 18299.

5.1 Allgemeines

Bei Abrechnung nach Gewicht wird dieses durch Berechnen ermittelt. Das Gewicht von Formstücken, z.B. Guss- oder Schmiedeteilen, wird jedoch durch Wiegen ermittelt.

Soll bei Abrechnung nach Gewicht nicht nur das Gewicht von Formstücken durch Wiegen ermittelt werden, ist gemäß Abschnitt 0.3.2 in der Leistungsbeschreibung dies eindeutig und im Einzelnen anzugeben.

5.2 Gewichtsermittlung durch Berechnen

5.2.1 Für die Ermittlung der Maße gelten:

- **bei Flachstählen bis 180 mm Breite sowie bei Form- und Stabstählen die größte Länge,**
- **bei Flachstählen über 180 mm Breite und bei Blechen die Fläche des kleinsten umschriebenen, aus geraden oder nach außen gekrümmten Linien bestehenden Vielecks, bei hochkantig gebogenen Flachstählen jedoch anstatt der Sehne die nach innen gekrümmte Linie,**
- **bei angeschnittenen, ausgeklinkten oder beigezogenen Trägern der volle Querschnitt.**

Ausschnitte und einspringende Ecken werden übermessen.

Bei Flachstählen bis 180 mm Breite, bei Form- und Stabstählen ist das Längenmaß Voraussetzung zur Gewichtsberechnung; es gilt die größte Länge. Ausschnitte und einspringende Ecken werden dabei übermessen *(Bild 1 bis 5)*.

Als Flachstähle bezeichnet man Erzeugnisse mit einem etwa rechteckigen Querschnitt, deren Breite größer als die Dicke ist.

Als Form- und Stabstähle bezeichnet man Stahlstangen, die durch Walzen eine bestimmte Form erhalten, z.B. T- oder U-Form.

Flachstahl bis 180 mm Breite

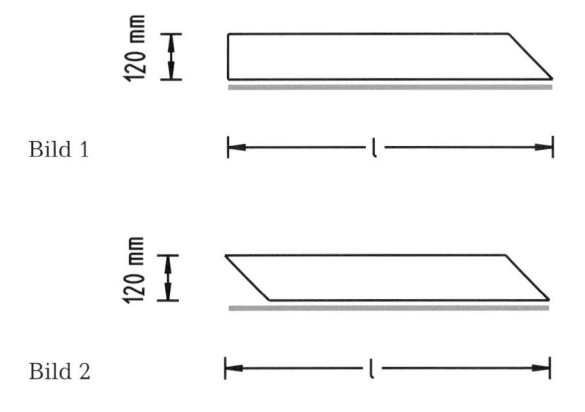

Bild 1

Bild 2

DIN 18335

Form- und Stabstähle

Ausschnitte und einspringende Ecken

Bild 3

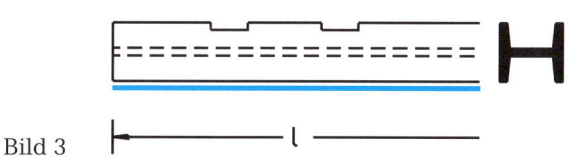

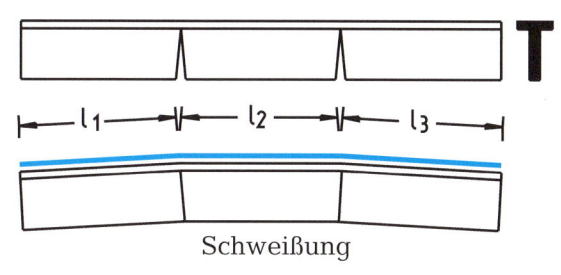

Bild 4

Länge des gebogenen Stahls: $l_1 + l_2 + l_3 = l$

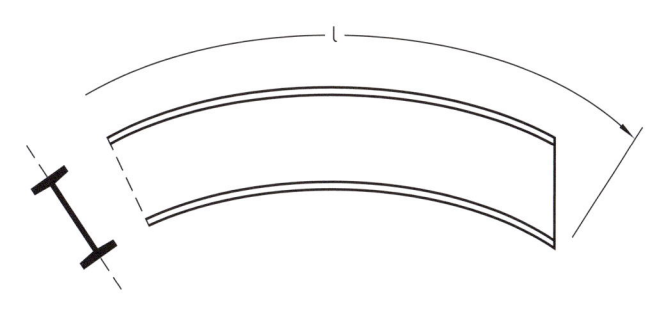

Bild 5

Für die Errechnung der Länge bei gebogenen Stab- und Formstählen ist die Mittelachse (y-Achse) maßgebend.

Bei Flachstählen über 180 mm Breite und bei Blechen ist das Flächenmaß Voraussetzung zur Gewichtsberechnung; es gilt die Fläche des kleinsten umschriebenen, aus geraden oder nach außen gekrümmten Linien bestehenden Vielecks, wobei Ausschnitte und einspringende Ecken übermessen werden. Als Bleche bezeichnet man Erzeugnisse, die bei der Fertigung zu einer Rolle aufgewickelt oder in Tafeln meist in quadratischer oder rechteckiger Form geliefert werden.

Bei Ausschnitten und einspringenden Ecken handelt es sich um die aus dem oben definierten Vieleck ausgenommenen Bereiche *(Bild 6)*.

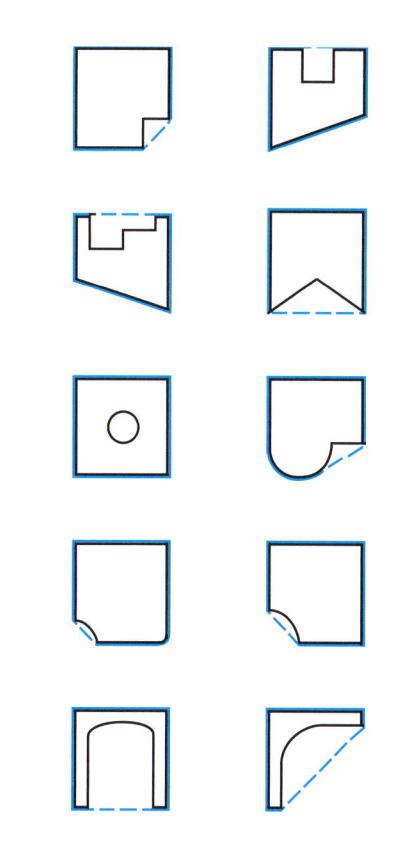

Bild 6

In der Regel lässt sich also das kleinste umschriebene Vieleck durch das sog. „Gummibandverfahren" ermitteln *(Bild 7 bis 19)*.

Flachstähle über 180 mm Breite und Bleche

Vieleck

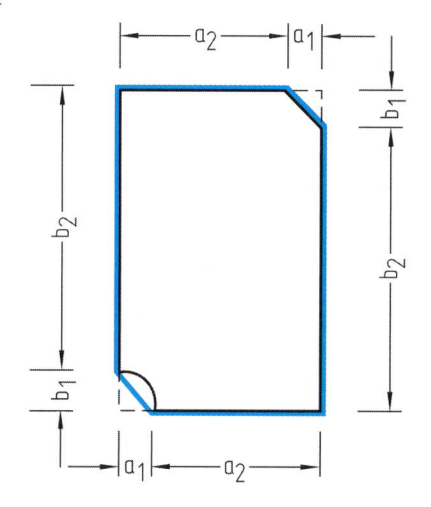

$A = (a_1 + a_2) \cdot (b_1 + b_2) - 2 \cdot (a_1 \cdot b_1) \cdot \frac{1}{2}$

Bild 7

Vieleck

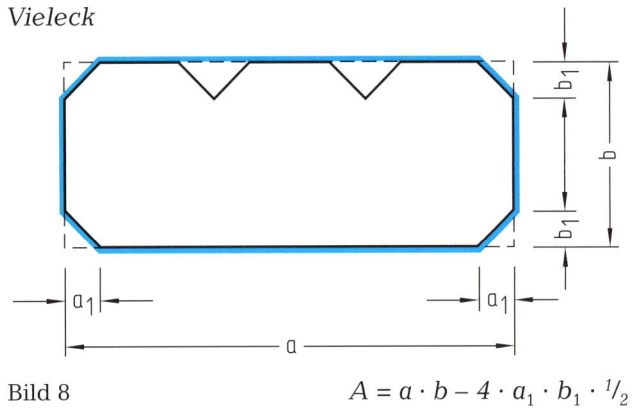

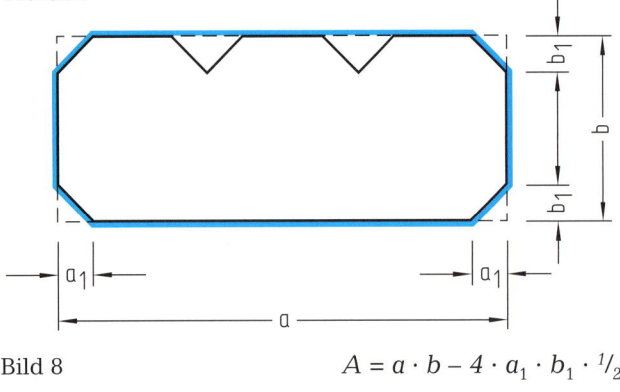

Bild 8 $\quad A = a \cdot b - 4 \cdot a_1 \cdot b_1 \cdot \tfrac{1}{2}$

Kreis mit Ausschnitt

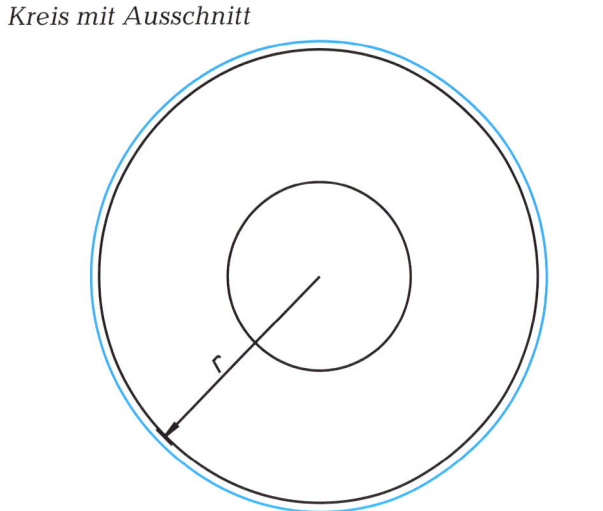

Bild 9 $\quad A = r^2 \cdot \pi$

Der Ausschnitt wird übermessen.

Weitere Beispiele

Vieleck

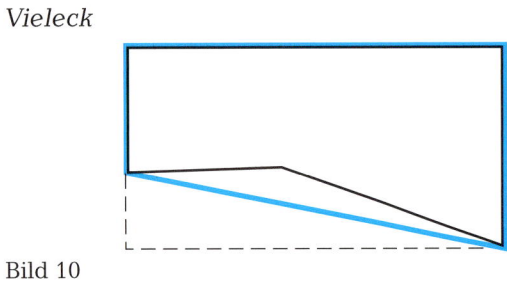

Bild 10

Vieleck

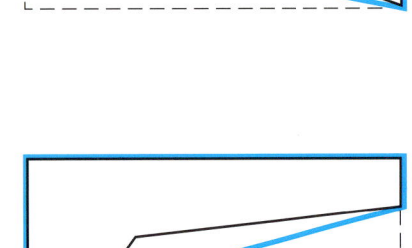

Bild 11

Vieleck

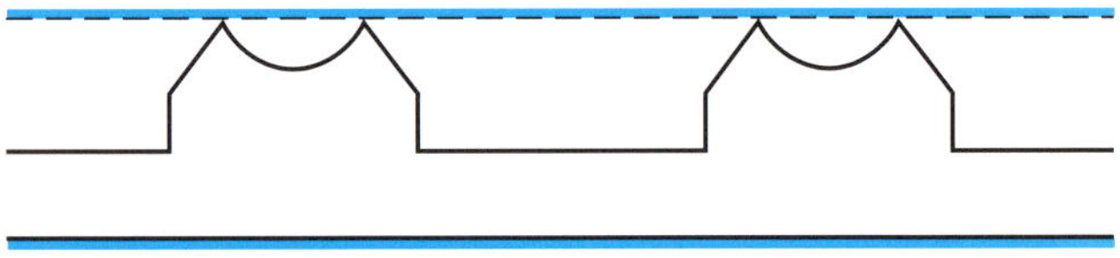

Bild 12

Vieleck mit nach außen gekrümmter Linie

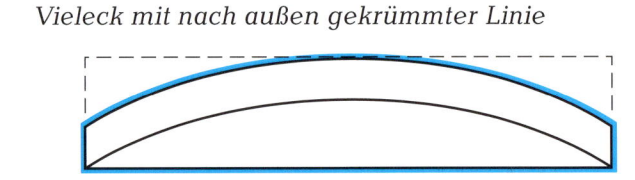

Bild 13

Vieleck mit nach außen gekrümmter Linie

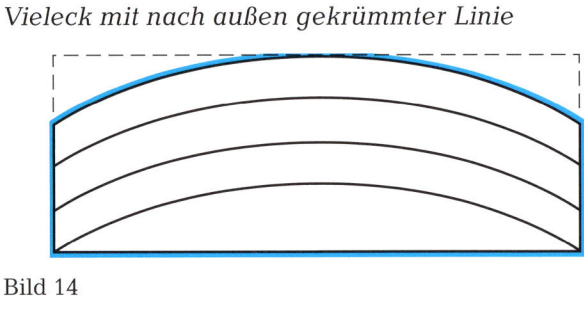

Bild 14

Vieleck mit nach außen gekrümmter Linie

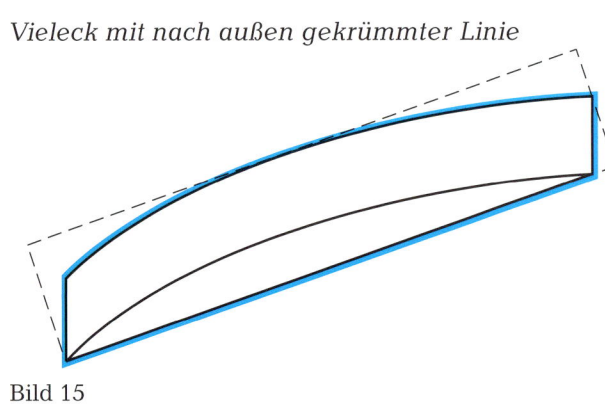

Bild 15

Aus mehreren Teilen zusammengesetzte und verschweißte Blechflächen sind getrennt zu rechnen *(Bild 16 bis 19)*.

Vieleck

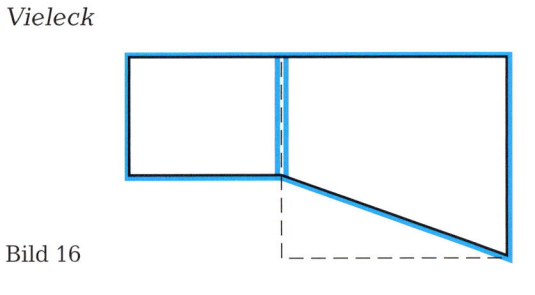

Bild 16

DIN 18335

Vieleck

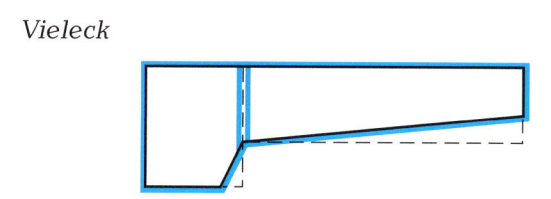

Bild 17

Vieleck

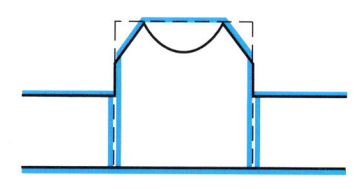

Bild 18

Vieleck mit nach außen gekrümmter Linie

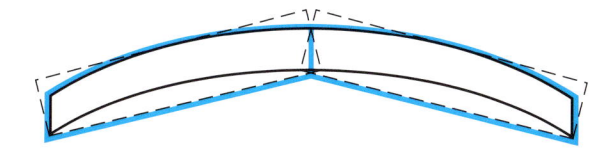

Bild 19

Bei hochkantig gebogenen Flachstählen ist an Stelle der Sehne die nach innen gekrümmte Linie zu messen *(Bild 20)*.

hochkantig gebogener Flachstahl

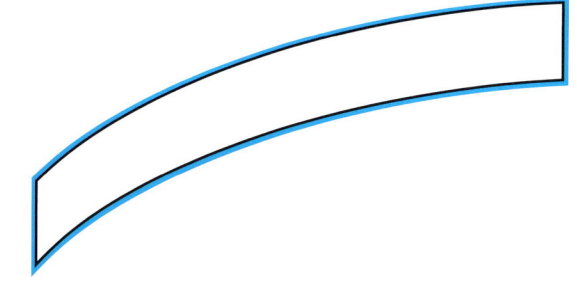

Bild 20

Bei angeschnittenen, ausgeklinkten oder beigezogenen Trägern ist der volle Querschnitt Voraussetzung zur Gewichtsberechnung *(Bild 21 bis 28)*.

Abflanschung von I-Trägern

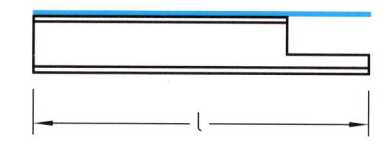

Bild 21

Ausflanschung von I-Trägern

Bild 22

Ausklinkung von I-Trägern

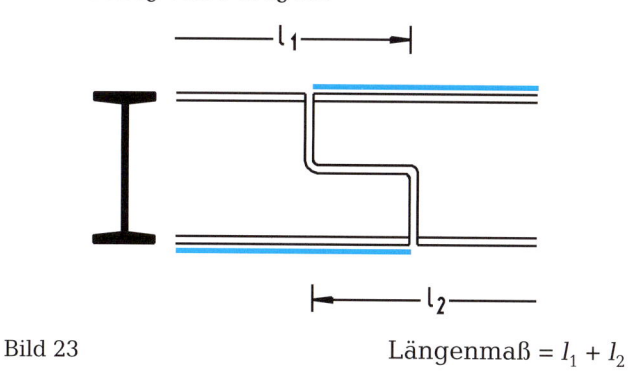

Bild 23   Längenmaß = $l_1 + l_2$

Trägerauflager-Ausklinkung des I-Trägers

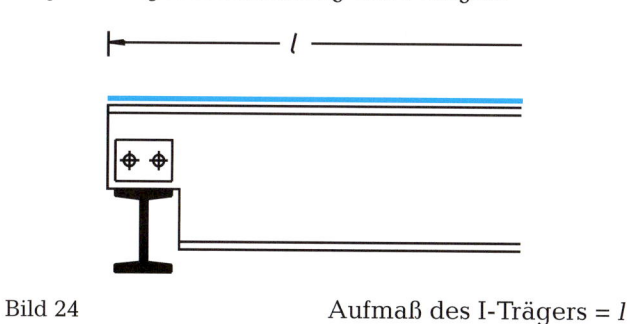

Bild 24   Aufmaß des I-Trägers = l

Auf Gehrung gestoßene T-Träger

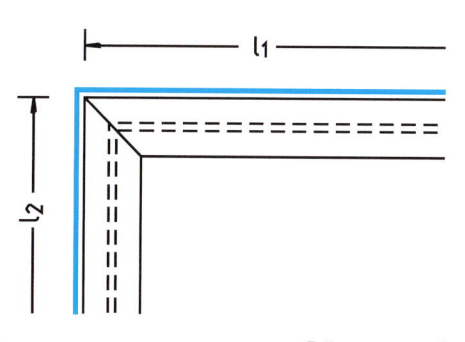

Bild 25   Längenmaß = $l_1 + l_2$

Winkelanschluss

Bild 26

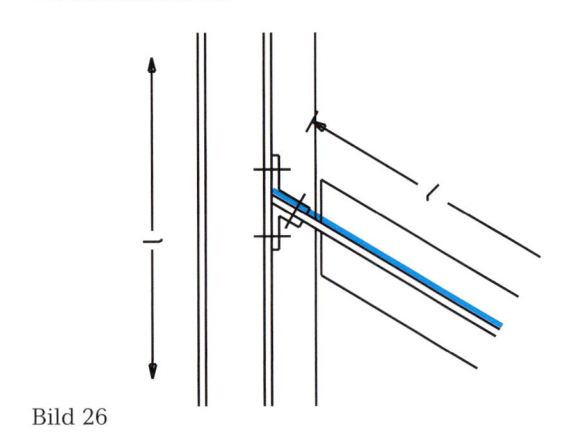

Winkelanschluss eines I-Trägers mit beiderseitiger Lasche

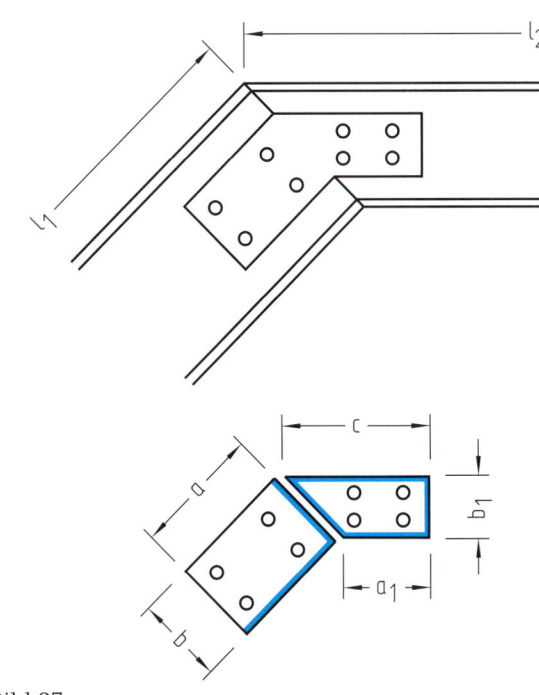

Bild 27

Lasche, aus zwei Blechen bestehend

Flächenaufmaß des Bleches:

$$a \cdot b + \frac{a_1 + c}{2} \cdot b_1$$

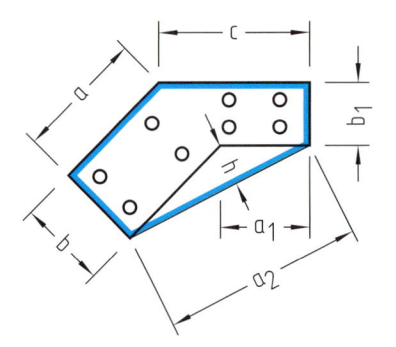

Bild 28

Lasche, aus einem Blech bestehend

Flächenaufmaß des Bleches:

$$a \cdot b + \frac{a_1 + c}{2} \cdot b_1 + {}^1\!/_2 \cdot a_2 \cdot h$$

5.2.2 Bei der Berechnung des Gewichtes ist zugrunde zu legen:

- bei genormten Profilen das Gewicht nach DIN-Norm,
- bei anderen Profilen das Gewicht aus dem Profilbuch des Herstellers,
- bei Blechen, Breitflachstählen und Bandstählen das Gewicht von 7,85 kg je m² Fläche und mm Dicke,
- bei Formstücken aus Stahl die Dichte von 7,85 kg/dm³ und bei solchen aus Gusseisen (Grauguss) die Dichte von 7,25 kg/dm³.

Verbindungsmittel, z. B. Schrauben, Niete, Schweißnähte, bleiben unberücksichtigt.

5.2.3 Walztoleranz und Verschnitt bleiben unberücksichtigt.

Walztoleranzen, d. h. die unvermeidbaren Differenzen zwischen den tatsächlichen Gewichten und den in den DIN-Normen oder Profilbüchern der Hersteller angegebenen Gewichten, und Verschnitt bleiben bei der Feststellung der Gewichte unberücksichtigt.

5.3 Gewichtsermittlung durch Wiegen

Sämtliche Bauteile sind zu wiegen. Von gleichen Bauteilen braucht nur eine angemessene Anzahl gewogen zu werden.

Grundsätzlich wird bei Abrechnung nach Gewicht gemäß Abschnitt 5.1 dieses durch Berechnen ermittelt. Das Gewicht von Formstücken aber, z. B. Guss- oder Schmiedeteile, wird durch Wiegen ermittelt. Dabei genügt es, von gleichen Bauteilen nur eine angemessene Anzahl zu wiegen.

DIN 18336

Abdichtungsarbeiten – DIN 18336

Ausgabe Dezember 2002

Geltungsbereich

Die ATV „Abdichtungsarbeiten" – DIN 18336 – gilt für Abdichtungen mit Bitumenwerkstoffen, Metallbändern und Kunststoff- und Elastomer-Dichtungsbahnen gegen Bodenfeuchte und nichtstauendes Sickerwasser, nichtdrückendes und drückendes Wasser sowie gegen aufstauendes Sickerwasser und für zugehörige Schutzschichten. Sie gilt auch für Abdichtungen unter Intensivbegrünungen.

Die ATV DIN 18336 gilt nicht für

– wasserundurchlässigen Beton (siehe ATV DIN 18331 „Beton- und Stahlbetonarbeiten"),

– Dachabdichtungen (siehe ATV DIN 18338 „Dachdeckungs- und Dachabdichtungsarbeiten") und Abdichtungen von extensiv begrünten Dachflächen,

– Gussasphaltarbeiten (siehe ATV DIN 18354 „Gussasphaltarbeiten"),

– Abdichtungen der Fahrbahntafeln von Brücken, die zu öffentlichen Straßen gehören,

– Abdichtungen von Deponien, Erdbauwerken und bergmännisch erstellten Tunneln,

– Abdichtungen spritzwasserbelasteter Nassräume im Wohnungsbau.

0.5 Abrechnungseinheiten

Im Leistungsverzeichnis sind die Abrechnungseinheiten wie folgt vorzusehen:

0.5.1 *Flächenmaß (m^2), getrennt nach Bauart und Maßen, für*

- *Abdichtungen von Wandflächen einschließlich der Flächen von rückläufigen Stößen,*
- *Abdichtungen von Bodenplatten einschließlich der Flächen von rückläufigen Stößen, getrennt nach Neigungen bis 1:1 und über 1:1,*
- *Abdichtungen von Deckenflächen,*
- *Verstärkungen in der Fläche,*
- *Vorbehandeln des Abdichtungsuntergrundes,*
- *Schutzschichten und Schutzmaßnahmen,*
- *Dämm- und Dränschichten, Trennschichten, Dampfsperren und dergleichen.*

0.5.2 *Längenmaß (m), getrennt nach Bauart und Maßen, für*

- *Abdichtungen über Bewegungsfugen, getrennt nach Neigungen der Flächen bis 1:1 und über 1:1,*
- *waagerechte Abdichtungen in Wänden gegen aufsteigende Feuchte,*
- *Übergänge, Anschlüsse und Abschlüsse,*
- *Kehranschlüsse,*
- *rückläufige Stöße,*
- *Verstärkung an Kanten, Kehlen, Anschlüssen, Abschlüssen und Übergängen,*
- *Ausbildung von Hohlkehlen,*
- *Klebe- und Anschlussflansche, Los-/Festflanschkonstruktionen,*
- *Klemmschienen, Klemmprofile, beschichtete Bleche, Abdeckungen und dergleichen,*
- *in Streifen verlegte Dämm- und Trennschichten.*

0.5.3 *Anzahl (Stück), getrennt nach Bauart und Maßen, für*

- *Anschlüsse der Abdichtung an Durchdringungen, getrennt nach Neigungen der Flächen bis 1:1 und über 1:1, in denen die Durchdringungen angeordnet sind,*
- *Klebe- und Anschlussflansche, Los-/Festflanschkonstruktionen,*
- *Manschetten, Schellen, Klemmschienen, Klemmprofile, beschichtete Bleche und dergleichen,*
- *Telleranker, Einbauteile und dergleichen.*

5 Abrechnung

Ergänzend zur ATV DIN 18299, Abschnitt 5, gilt:

5.1 Der Ermittlung der Leistung – gleichgültig, ob sie nach Zeichnungen oder nach Aufmaß erfolgt – sind zugrunde zu legen:

5.1.1 Bei Abdichtungen, Voranstrichen, Trenn-, Sperr-, Dämm-, Drän- sowie Schutzschichten und dergleichen

– auf Flächen, die von Bauteilen, z. B. Attiken, Wänden, begrenzt sind, die Fläche bis zu den begrenzenden, ungeputzten bzw. unbekleideten Bauteilen,

– auf Flächen ohne begrenzende Bauteile die Maße der Abdichtung.

5.1.2 Für die Länge von Abdichtungen oder Abdichtungsverstärkungen über Fugen, an Übergängen, Anschlüssen, Kehranschlüssen, rückläufigen Stößen, Abschlüssen, Kanten und Kehlen die größte, bei gebogenen Bauteilen die äußere abgewickelte Länge.

5.1.3 Bei rückläufigen Stößen ihre Flächen, zusätzlich zu der Länge der Stöße, sowohl als Bodenplatten- als auch als Wandabdichtung.

5.2 Es werden übermessen:

– bei der Ermittlung des Flächenmaßes Aussparungen, z. B. Öffnungen, Durchdringungen, bis zu einer Einzelgröße von 2,50 m²,

– bei der Ermittlung des Längenmaßes Unterbrechungen bis zu einer Einzellänge von 1,00 m,

– Fugen.

Erläuterungen

0.5 Abrechnungseinheiten

Abschnitt 0.5 dient dazu, auf die üblichen und zweckmäßigen Abrechnungseinheiten für die jeweilige Teilleistung hinzuweisen. In der Leistungsbeschreibung ist die zutreffende Abrechnungseinheit festzulegen.

5 Abrechnung

Ergänzend zur ATV DIN 18299, Abschnitt 5, gilt:

Siehe Kommentierung zu Abschnitt 5 der ATV DIN 18299.

5.1 Der Ermittlung der Leistung – gleichgültig, ob sie nach Zeichnungen oder nach Aufmaß erfolgt – sind zugrunde zu legen:

5.1.1 Bei Abdichtungen, Voranstrichen, Trenn-, Sperr-, Dämm-, Drän- sowie Schutzschichten und dergleichen

– auf Flächen, die von Bauteilen, z. B. Attiken, Wänden, begrenzt sind, die Fläche bis zu den begrenzenden, ungeputzten bzw. unbekleideten Bauteilen,

– auf Flächen ohne begrenzende Bauteile die Maße der Abdichtung.

Die Abrechnungsmaße für Abdichtungen sind wie folgt zu ermitteln:

– auf Flächen mit begrenzenden Bauteilen ohne Berücksichtigung von Putz und Bekleidungen *(Bild 1)*,

– auf Flächen ohne begrenzende Bauteile nach den Maßen der Abdichtung *(Bild 2 und 3)*

mit begrenzenden Bauteilen

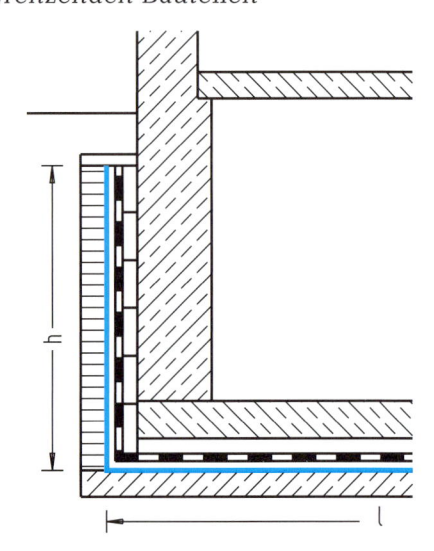

Bild 1

DIN 18336

ohne begrenzende Bauteile

Bild 2

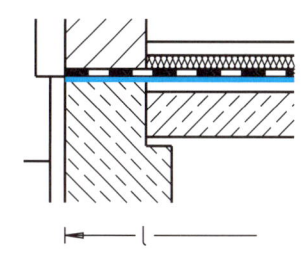

Beispiele mit und ohne begrenzende Bauteile
Abdichtung für Wannen-Bauwerk

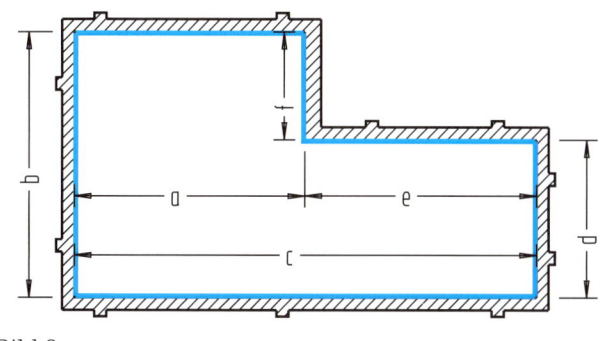

Bild 3

Fläche Sohlenabdichtung = $a \cdot b + d \cdot e$

Fläche Wandabdichtung = $(a+b+c+d+e+f) \cdot$ Höhe

- über Fugen, an Übergängen, Anschlüssen, Abschlüssen, Kanten und Kehlen die Länge von Abdichtungen oder Abdichtungsverstärkungen nach der größten Bauteillänge, bei gebogenen Bauteilen die äußere abgewickelte Länge (Bild 4 und 5)

5.1.2 Für die Länge von Abdichtungen oder Abdichtungsverstärkungen über Fugen, an Übergängen, Anschlüssen, Kehranschlüssen, rückläufigen Stößen, Abschlüssen, Kanten und Kehlen die größte, bei gebogenen Bauteilen die äußere abgewickelte Länge.

Fugenabdichtung

Über Fugen, Übergängen, Kehlen usw. die größte Bauteillänge

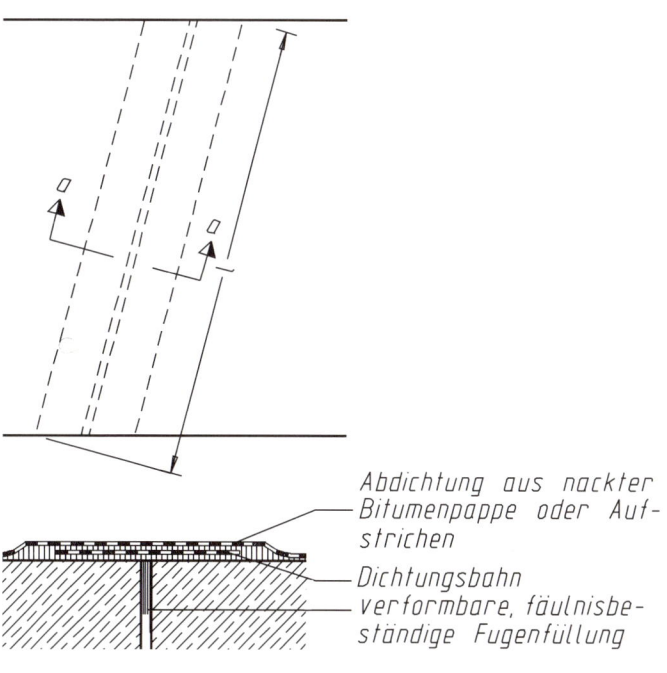

Bild 4

Abzurechnende Länge der Abdichtungsverstärkung = l

Abdichtung einer Sohlenvertiefung

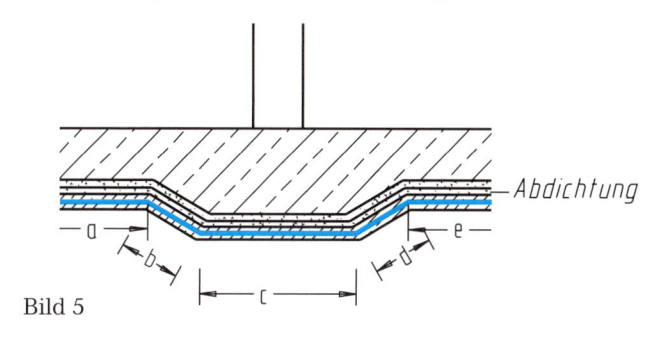

Bild 5

Fläche Sohlenabdichtung = $(a+b+c+d+e) \cdot$ Breite

5.1.3 Bei rückläufigen Stößen ihre Flächen, zusätzlich zu der Länge der Stöße, sowohl als Bodenplatten- als auch als Wandabdichtung.

Rückläufige Stöße werden sowohl in der Länge als auch in der Fläche gerechnet.

Die Länge ergibt sich aus Abschnitt 5.1, der diese in der größten Bauteillänge bestimmt, die Fläche aus Abschnitt 5.2, der zusätzlich zur Länge des Stoßes die Fläche des rückläufigen Stoßes sowohl als Sohl- als auch Wandabdichtung rechnet *(Bild 6)*.

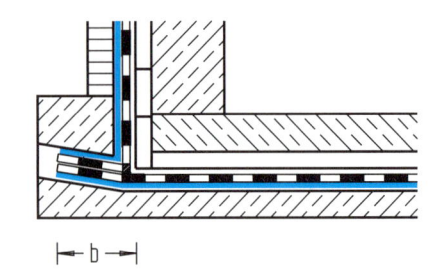

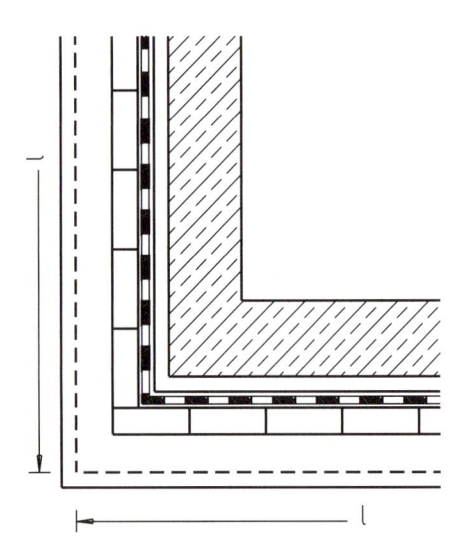

Bild 6

$$A_{Stoß} = [l \cdot b + (l - b) \cdot b] \cdot 2$$
$$L_{Stoß} = 2 \cdot l$$

5.2 Es werden übermessen:

– **bei der Ermittlung des Flächenmaßes Aussparungen, z. B. Öffnungen, Durchdringungen, bis zu einer Einzelgröße von 2,50 m².**

– **bei der Ermittlung des Längenmaßes Unterbrechungen bis zu einer Einzellänge von 1,00 m,**

– **Fugen.**

Durchdringung einer Abdichtung

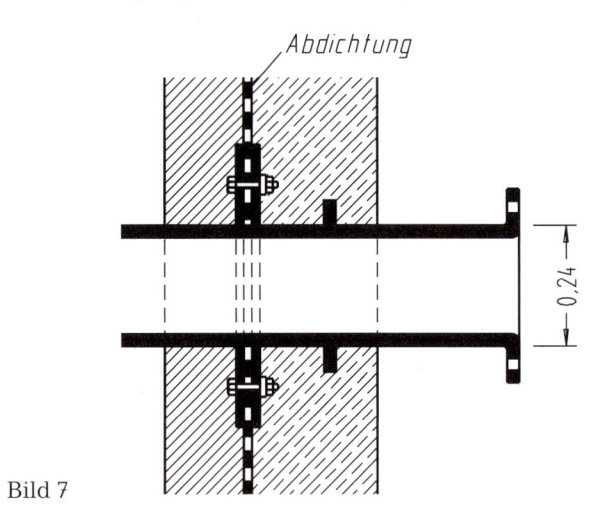

Bild 7

Da die Aussparung in der Abdichtung kleiner als 2,5 m² ist, wird die Aussparung beim Aufmaß der Abdichtung übermessen.

DIN 18338

Dachdeckungs- und Dachabdichtungsarbeiten – DIN 18338

Ausgabe Dezember 2002

Geltungsbereich

Die ATV „Dachdeckungs- und Dachabdichtungsarbeiten" – DIN 18338 – gilt für Dachdeckungen und Dachabdichtungen einschließlich der erforderlichen Dichtungs-, Dämm- und Schutzschichten. Sie gilt auch für Außenwandbekleidungen mit Dachdeckungsstoffen.

Die ATV DIN 18338 gilt nicht für

– das Herstellen von Dachdeckungen mit am Bau zu fälzenden Metallbauteilen und Metallanschlüssen (siehe ATV DIN 18339 „Klempnerarbeiten"),

– das Herstellen von Deckunterlagen aus Latten oder als Schalung und das Herstellen von Außenwandbekleidungen mit Holzschindeln (siehe ATV DIN 18334 „Zimmer- und Holzbauarbeiten"),

– Abdichtungen gegen Bodenfeuchtigkeit, nichtdrückendes und drückendes Wasser (siehe ATV DIN 18336 „Abdichtungsarbeiten") sowie

– Metallbauarbeiten (siehe ATV DIN 18360 „Metallbauarbeiten").

0.5 Abrechnungseinheiten

Im Leistungsverzeichnis sind die Abrechnungseinheiten wie folgt vorzusehen:

0.5.1 *Flächenmaß (m^2), getrennt nach Bauart und Maßen, für*

– *Dachdeckungen, z. B. mit Papp- oder Strohdocken, Verstrich, Klammerbefestigung,*

– *Dachabdichtungen,*

– *Voranstriche, Trennschichten, Sperrschichten, Dämmschichten, Schutzschichten, Unterspannbahnen, Kiesschüttungen, Plattenbeläge, Schichten für Begrünungen,*

– *Außenwandbekleidungen.*

0.5.2 *Längenmaß (m), getrennt nach Bauart und Maßen, für*

– *Deckungen oder Abdichtungen von Firsten, Graten, Kehlen, Ortgängen u. Ä.,*

– *Deckungen oder Abdichtungen von Brandwänden,*

– *Profile, Abdeckungen, Kanten, Abschlüsse und Anschlüsse, z. B. an Lichtkuppeln, Dachflächenfenster, Dachaufbauten,*

– *Bohlen,*

– *Abdichtung über Bauwerksfugen,*

– *Verstärkungen der Abdichtungen in den Flächen an Kanten, Kehlen, Anschlüssen, Abschlüssen, Übergängen, Durchdringungen u. Ä.,*

– *Bekleidungen von Leibungen,*

– *Laufroste,*

– *Schneefanggitter u. Ä.*

0.5.3 *Anzahl (Stück), getrennt nach Bauart und Maßen, für*

– *Anschlüsse an Öffnungen und Durchdringungen, z. B. Abläufe, Rohre, Schornsteine,*

– *Gaubenpfosten und Gauben,*

– *Lichtkuppeln, Dachflächenfenster, Lichtplatten, Glasformstücke u. Ä.,*

– *Sicherheitsdachhaken, Trittstufen, Stützen, Lüfter u. Ä.,*

– *Einzelformziegel und -stücke, z. B. Lüfterziegel, Eckziegel.*

5 Abrechnung

Ergänzend zur ATV DIN 18299, Abschnitt 5, gilt:

5.1 Allgemeines

5.1.1 Der Ermittlung der Leistung – gleichgültig, ob sie nach Zeichnung oder Aufmaß erfolgt – sind zugrunde zu legen:

5.1.1.1 Bei Dachdeckungen, Dachabdichtungen, Voranstrichen, Trennschichten, Sperrschichten, Schutzschichten, Kiesschüttungen, Plattenbelägen und dergleichen

- auf Flächen, die von Bauteilen, z. B. Attiken, Wänden, begrenzt sind, die Fläche bis zu den begrenzenden, ungeputzten bzw. unbekleideten Bauteilen,
- auf Flächen ohne begrenzende Bauteile die Maße der Dachdeckung oder Dachabdichtung, Voranstriche, Trennschichten, Sperrschichten, Schutzschichten, Kiesschüttungen, Plattenbeläge und dergleichen.

5.1.1.2 Bei Dämmschichten die Maße der Dämmung. Bohlen, Sparren und dergleichen werden übermessen.

5.1.1.3 Bei Außenwandbekleidungen die Maße der Bekleidung.

5.1.2 Schließen Dachdeckungen oder Dachabdichtungen an Firste, Grate und Kehlen an, wird bis Mitte First, Grat oder Kehle gerechnet.

5.1.3 Bei Abrechnung nach Flächenmaß (m^2) werden eingebaute Formstücke, z. B. Lüfterziegel, Einzelformziegel, Eckziegel, Glasformstücke, übermessen.

5.1.4 Bindet eine Aussparung anteilig in angrenzende, getrennt zu rechnende Flächen ein, wird zur Ermittlung der Übermessungsgröße die jeweils anteilige Aussparungsfläche gerechnet.

5.1.5 Bei Abrechnung nach Längenmaß (m) wird die größte Bauteillänge gemessen, z. B. bei An- und Abschlüssen.

5.1.6 Bei Deckungen, Bekleidungen und Abdichtungen von Firsten, Graten, Kehlen, Ortgängen und dergleichen wird die Länge in der Mittellinie einfach gemessen.

5.2 Es werden abgezogen:

5.2.1 Bei Abrechnung nach Flächenmaß (m^2):

Aussparungen über 2,5 m^2 Einzelgröße in der Dachdeckung, Dachabdichtung bzw. Außenwandbekleidung, z. B. für Schornsteine, Fenster, Oberlichter, Gauben.

5.2.2 Bei Abrechnung nach Längenmaß (m):

Unterbrechungen über 1 m Einzellänge.

Erläuterungen

0.5 Abrechnungseinheiten

Abschnitt 0.5 dient dazu, auf die üblichen und zweckmäßigen Abrechnungseinheiten für die jeweilige Teilleistung hinzuweisen. Bei Aufstellung der Leistungsbeschreibung ist die zutreffende Abrechnungseinheit festzulegen.

5 Abrechnung

Ergänzend zur ATV DIN 18299, Abschnitt 5, gilt:

Siehe Kommentierung zu Abschnitt 5 der ATV DIN 18299.

5.1 Allgemeines

5.1.1 Der Ermittlung der Leistung – gleichgültig, ob sie nach Zeichnung oder Aufmaß erfolgt – sind zugrunde zu legen:

5.1.1.1 Bei Dachdeckungen, Dachabdichtungen, Voranstrichen, Trennschichten, Sperrschichten, Schutzschichten, Kiesschüttungen, Plattenbelägen und dergleichen

– auf Flächen, die von Bauteilen, z.B. Attiken, Wänden, begrenzt sind, die Fläche bis zu den begrenzenden, ungeputzten bzw. unbekleideten Bauteilen,

– auf Flächen ohne begrenzende Bauteile die Maße der Dachdeckung oder Dachabdichtung, Voranstriche, Trennschichten, Sperrschichten, Schutzschichten, Kiesschüttungen, Plattenbeläge und dergleichen.

5.1.1.2 Bei Dämmschichten die Maße der Dämmung. Bohlen, Sparren und dergleichen werden übermessen.

5.1.1.3 Bei Außenwandbekleidungen die Maße der Bekleidung.

Die Abrechnungsmaße für Dachdeckungen, Dachabdichtungen, Voranstriche, Trennschichten, Sperrschichten, Schutzschichten, Kiesschüttungen, Plattenbeläge und dergleichen sind unabhängig vom Neigungsgrad in der Schräge und nicht in der senkrechten Projektion wie folgt zu ermitteln:

– auf Flächen mit begrenzenden Bauteilen, z.B. Attiken, Wände, bis zu diesen ohne Berücksichtigung von Putz bzw. Bekleidungen *(Bild 1 bis 3)*

Flächen mit begrenzenden Bauteilen

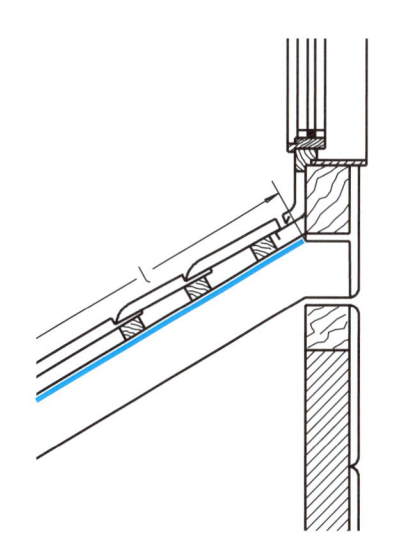

Bild 1

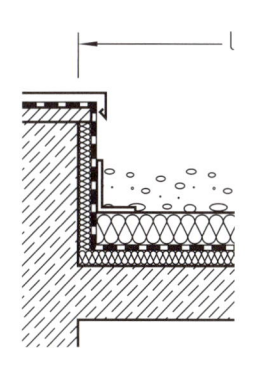

Bild 2

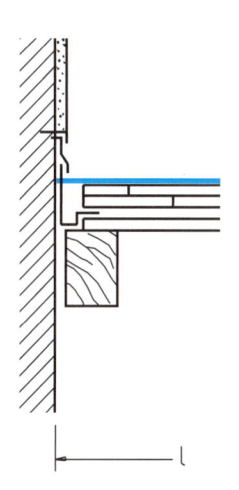

Bild 3

– auf Flächen ohne begrenzende Bauteile die Maße der Dachdeckung oder Dachabdichtung. Dabei wird parallel zur deckenden bzw. zur bekleidenden Fläche an der Oberkante des verwendeten Materials gemessen *(Bild 4 bis 9)*.

Flächen ohne begrenzende Bauteile

an der Traufe

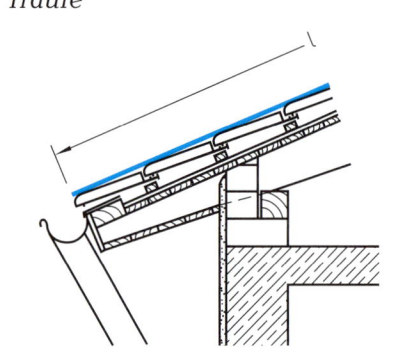

Bild 4

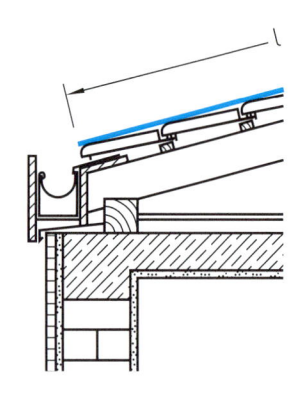

Bild 5

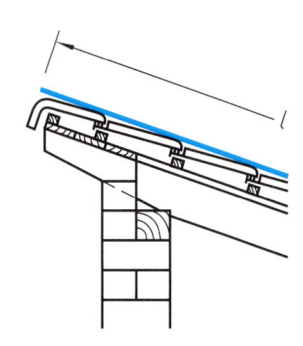

Bild 6

am Ortgang

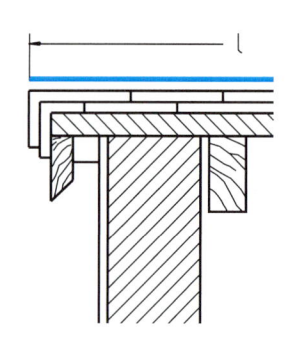

Bild 7

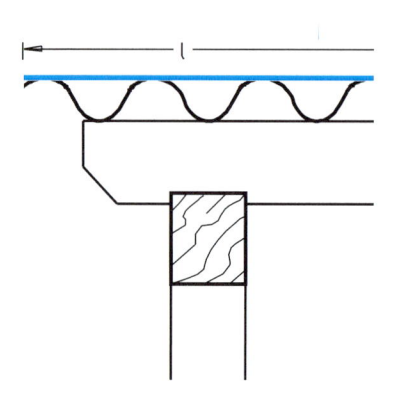

Bild 8

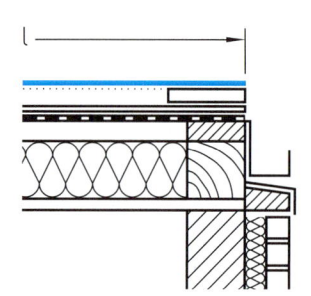

Bild 9

Etwaige Durchbrechungen der Dachfläche werden gemäß Abschnitt 5.2.1 von dieser abgezogen, wenn sie im Einzelfall größer als 2,5 m² sind *(Bild 10)*.

Bild 10

Gekrümmte und gebogene Flächen bei Dachdeckungen, Dachabdichtungen, Voranstrichen, Trennschichten, Sperrschichten und dergleichen werden in ihrer Abwicklung gemessen *(Bild 11)*. Dabei bleiben Wölbungen und sonstige Flächen vergrößernde Formungen der Dachelemente sowie deren Überlappungen unberücksichtigt.

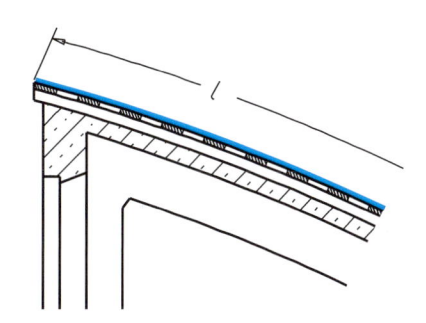

Bild 11

Dämmschichten und Außenwandbekleidungen werden nach den Maßen der erbrachten Leistung gerechnet, wobei bei Dämmungen die Dämmung begrenzende und unterbrechende Bohlen, Sparren und dergleichen übermessen werden *(Bild 12 und 13)*.

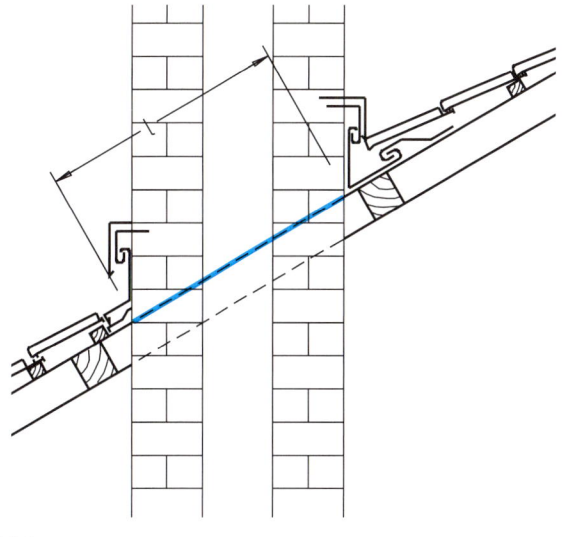

Dämmschichten

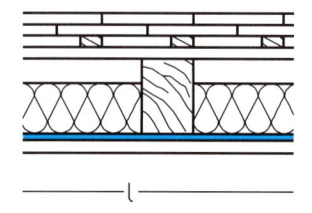

Bild 12

Bild 13

Bei Außenwandbekleidungen sind grundsätzlich die Außenmaße des bekleidenden Stoffes zugrunde zu legen.

Wölbungen, z. B. von Faserzementplatten, sind dabei zu berücksichtigen *(Bild 14)*.

Außenwandbekleidung

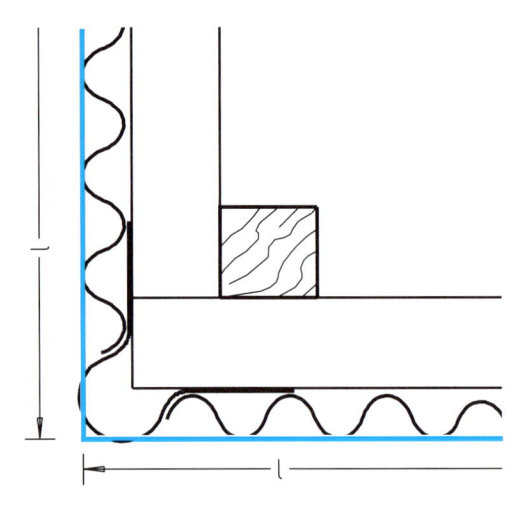

Bild 14

Etwaige Unterbrechungen der Wandfläche sind nach Abschnitt 5.2.1 über 2,5 m² Einzelfläche abzuziehen.

Das Eckformstück ist in der Regel zusätzlich nach Längenmaß zu berechnen. Die Länge wird gemäß Abschnitt 5.1.5 ermittelt.

5.1.2 Schließen Dachdeckungen oder Dachabdichtungen an Firste, Grate und Kehlen an, wird bis Mitte First, Grat oder Kehle gerechnet.

Als Begrenzung am First und am Grat gilt die Schnittstelle der Oberfläche der Deckelemente *(Bild 15)*.

First

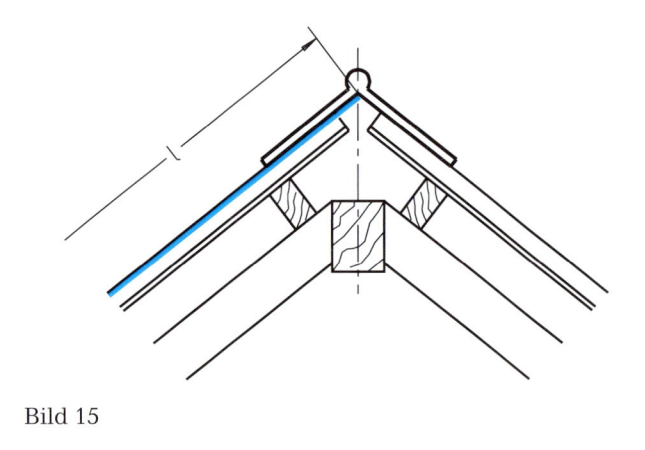

Bild 15

Ebenso ist in Dachkehlen die Dachdeckung und Dachabdichtung bis zur Schnittlinie der Oberfläche der Dachelemente zu messen *(Bild 16)*.

Kehle

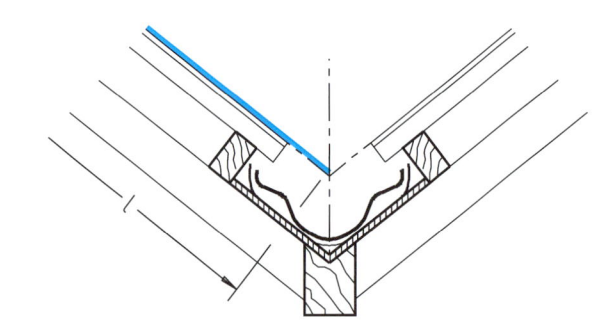

Bild 16

Die Eindeckung des Firstes und der Kehle sollten gesondert abgerechnet werden. Es handelt sich dabei für die Preisbildung um eine gegenüber der Deckung ungleichartige Leistung.

Eingebaute Formstücke, z. B. Lüfterziegel, Einzelformziegel, Eckziegel, Glasformstücke, bleiben gemäß Abschnitt 5.1.3 unberücksichtigt.

5.1.3 Bei Abrechnung nach Flächenmaß (m²) werden eingebaute Formstücke, z. B. Lüfterziegel, Einzelformziegel, Eckziegel, Glasformstücke, übermessen.

5.1.4 Bindet eine Aussparung anteilig in angrenzende, getrennt zu rechnende Flächen ein, wird zur Ermittlung der Übermessungsgröße die jeweils anteilige Aussparungsfläche gerechnet.

Aussparungen werden bei Abrechnung nach Flächenmaß gemäß Abschnitt 5.2.1 abgezogen, wenn sie größer als 2,5 m² sind.

Die Übermessungsgrößen von Aussparungen, die in angrenzende, getrennt zu rechnende Flächen einbinden, sind jeweils getrennt, bezogen auf die davon tangierte Einzelfläche, zu ermitteln, bei über Dach führenden Bauteilen, z. B. Schornsteinen, auf die jeweilige Dachfläche, bei Außenwandbekleidungen, z. B. Fenster übereck, auf die jeweilige Fassadenfläche *(Bild 17 und 18)*.

Die Aussparungen werden übermessen.

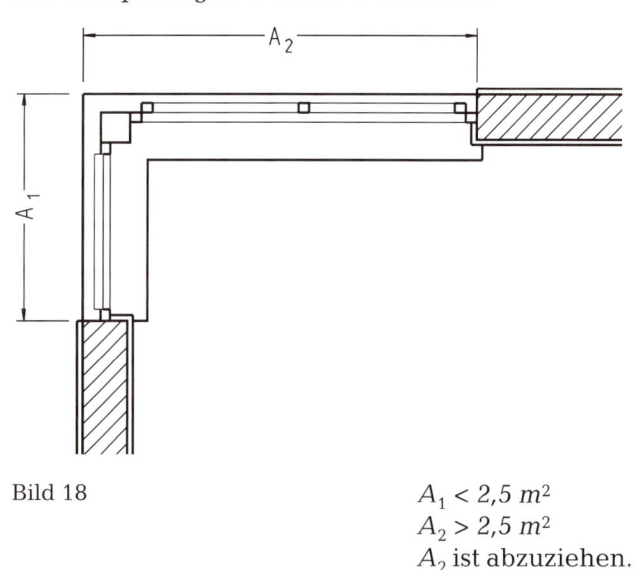

Bild 18

$A_1 < 2{,}5\ m^2$
$A_2 > 2{,}5\ m^2$
A_2 ist abzuziehen.

5.1.5 Bei Abrechnung nach Längenmaß (m) wird die größte Bauteillänge gemessen, z. B. bei An- und Abschlüssen.

Die größte Bauteillänge ergibt sich in der Regel aus der größten Seitenlänge des Bauteils, bei schräg geschnittenen Teilen, wie An- und Abschlüssen, Überhangstreifen, aus der Längsseite des Rechtecks, das das Bauteil umschreibt *(Bild 19)*.

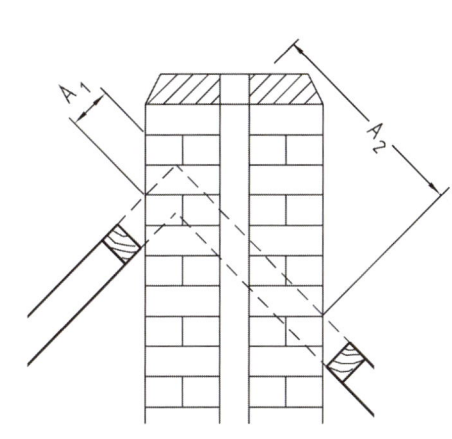

Bild 17

$A_1 < 2{,}5\ m^2$
$A_2 < 2{,}5\ m^2$
$A_1 + A_2 > 2{,}5\ m^2$

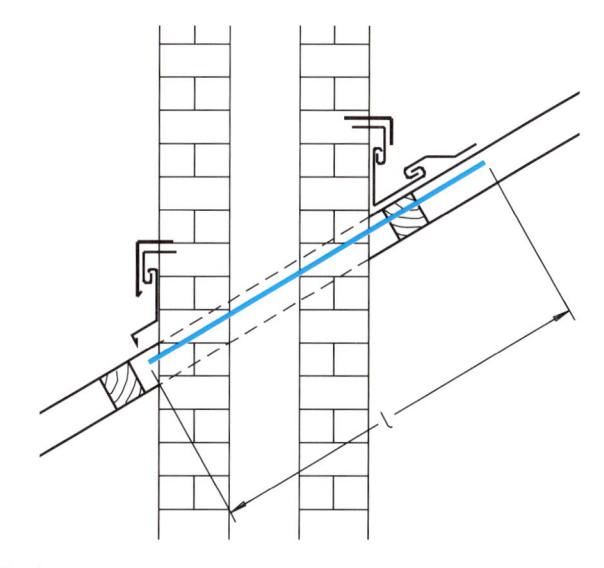

Bild 19

5.1.6 Bei Deckungen, Bekleidungen und Abdichtungen von Firsten, Graten, Kehlen, Ortgängen und dergleichen wird die Länge in der Mittellinie einfach gemessen.

Die Länge von First, Grat, Kehle und dergleichen wird in der Linie gemessen, die in der Schnittstelle der Oberflächen der Deckelemente verläuft; sie ist gemäß Abschnitt 5.1.5 mit der jeweils größten Abmessung zu ermitteln *(Bild 20)*.

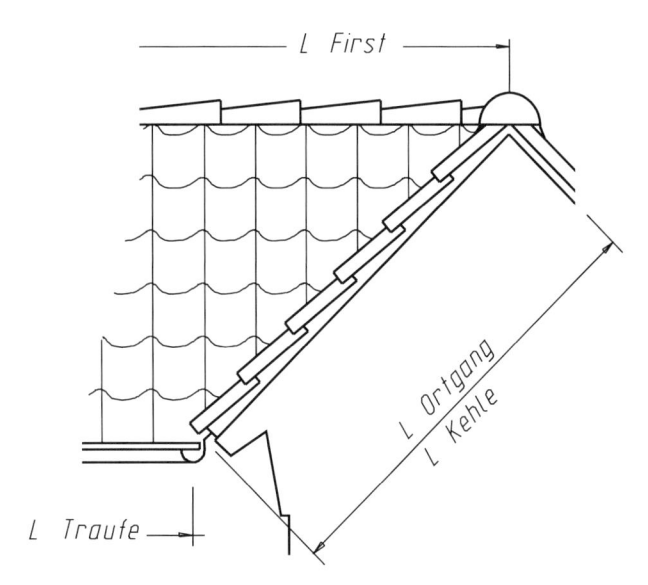

Bild 20

Unterbrechungen, z. B. durch Schornstein, Oberlicht, werden gemäß Abschnitt 5.2.2 über 1 m Einzellänge abgezogen.

5.2 Es werden abgezogen:

5.2.1 Bei Abrechnung nach Flächenmaß (m²):

Aussparungen über 2,5 m² Einzelgröße in der Dachdeckung, Dachabdichtung bzw. Außenwandbekleidung, z. B. für Schornsteine, Fenster, Oberlichter, Gauben.

5.2.2 Bei Abrechnung nach Längenmaß (m):

Unterbrechungen über 1 m Einzellänge.

DIN 18339

Klempnerarbeiten – DIN 18339

Ausgabe Dezember 2002

Geltungsbereich

Die ATV „Klempnerarbeiten" – DIN 18339 – gilt für das Ausführen von Metalldächern, von Metall-Wandbekleidungen mit am Bau zu falzenden Metallbauteilen und von Bauklempnerarbeiten.

Die ATV DIN 18339 gilt nicht für

– Deckungen mit genormten Well- und Pfannenblechen (siehe ATV DIN 18338 „Dachdeckungs- und Dachabdichtungsarbeiten"),

– Fassaden und Bekleidungen mit Metallbauteilen (siehe ATV DIN 18360 „Metallbauarbeiten"),

– Blecharbeiten bei Dämmarbeiten (siehe ATV DIN 18421 „Dämmarbeiten an technischen Anlagen"),

– großformatige, hinterlüftete Außenwandbekleidungen mit Unterkonstruktionen (siehe ATV DIN 18351 „Fassadenarbeiten").

0.5 Abrechnungseinheiten

Im Leistungsverzeichnis sind die Abrechnungseinheiten wie folgt vorzusehen:

0.5.1 Flächenmaß (m^2), getrennt nach Bauart und Maßen, für

- *Dachdeckungen, Wandbekleidungen und dergleichen,*
- *Trenn- und Dämmschichten und dergleichen.*

0.5.2 Längenmaß (m), getrennt nach Bauart und Maßen, für

- *geformte Bleche, Blechprofile, z.B. Firste, Grate, Traufen, Kehlen, An- und Abschlüsse, Einfassungen, Gefällestufen, Bewegungselemente, Abdeckungen für Gesimse, Ortgänge, Fensterbänke, Leibungen, Stürze, Überhangstreifen,*
- *Schneefanggitter, einschließlich Stützen,*
- *Rinnen und Traufbleche,*
- *Wulstverstärkungen an Rinnen,*
- *Regenfallrohre,*
- *Strangpressprofile,*
- *in Streifen verlegte Trenn- und Dämmschichten.*

0.5.3 Anzahl (Stück), getrennt nach Bauart und Maßen, für

- *Ecken bei geformten Blechen und Blechprofilen,*
- *Formstücke bei Strangpressprofilen,*
- *Leiterhaken, Laufroste, Halterungen für Laufroste, Dachlukendeckel, Schneefanggitter, Einfassungen für Durchdringungen, z.B. Lüftungshauben, Dachentlüfter, Rohre und Stützen für Geländer,*
- *Bewegungsausgleicher, z.B. an Dachrinnen, Traufblechen, An- und Abschlüssen, Gesims- und Mauerabdeckungen,*
- *Rinnenwinkel, Bodenstücke, Ablaufstutzen, Rinnenkessel, Rinnenhalter, Spreizen, Gliederbogen, konische Rohre für Ablaufstutzen, Regenrohrklappen, Rohranschlüsse, Rohrbogen, -abzweige, -wulste, -kappen und -winkel, Standrohre, Rohrschellen und Abdeckplatten, Laub- und Schmutzfänger, Wasserspeier und dergleichen,*
- *Abdeckhauben an Schornsteinen, Schächten und dergleichen.*

5 Abrechnung

Ergänzend zur ATV DIN 18299, Abschnitt 5, gilt:

5.1 Allgemeines

5.1.1 Der Ermittlung der Leistung – gleichgültig, ob sie nach Zeichnung oder nach Aufmaß erfolgt – sind zugrunde zu legen:

5.1.1.1 Bei Metalldeckungen, Anstrichen, Schutz- und Trennschichten, Kiesschüttungen und dergleichen

– auf Flächen ohne begrenzende Bauteile die Maße der Deckungen, Anstrichflächen, Schutz- und Trennschichten,

– auf Flächen mit begrenzenden Bauteilen die Maße der Deckungen bzw. Bekleidungen bis zu den begrenzenden, ungeputzten bzw. unbekleideten Bauteilen,

– bei Fassaden die Maße der Bekleidung.

5.1.1.2 Bei Trenn- und Dämmschichten werden Bohlen, Sparren und dergleichen übermessen.

5.1.2 Metall-Außenwandbekleidungen

5.1.2.1 In Flächen von Metall-Außenwandbekleidungen liegende, unbekleidete Rahmen, Riegel, Ständer, Unterzüge, Vorlagen und dergleichen bis 0,3 m Einzelbreite werden übermessen.

5.1.2.2 Bei der Abrechnung von Einzelelementen nach Flächenmaß (m²) wird bei nicht rechtwinkeligen oder ausgeklinkten Flächen das kleinste umschriebene Rechteck des Einzelteils gerechnet.

5.1.3 Bauklempnerarbeiten

5.1.3.1 Bei Schrägschnitten von Abkantungen und Profilen wird die jeweils größte Kantenlänge zugrunde gelegt.

5.1.3.2 Bei geformten Blechen und Blechprofilen werden Überdeckungen und Überfälzungen übermessen.

5.1.3.3 Dachrinnen und Traufbleche werden an den Vorderwulsten gemessen, Rinnenwinkel, Rinnenböden, Rinnenstutzen und Bewegungsausgleicher werden übermessen und zusätzlich nach Anzahl berechnet.

5.1.3.4 Regenfallrohre werden in der Mittellinie gemessen, Winkel und Bogen sowie Abzweige werden übermessen und zusätzlich nach Anzahl berechnet.

5.2 Es werden abgezogen:

5.2.1 Bei Abrechnung nach Flächenmaß (m²):

Aussparungen und Öffnungen über 2,5 m² Einzelgröße, z.B. Schornsteine, Fenster, Oberlichter, Entlüftungen.

5.2.2 Bei Abrechnung nach Längenmaß (m):

Unterbrechungen von mehr als 1 m Länge.

Erläuterungen

0.5 Abrechnungseinheiten

Abschnitt 0.5 dient dazu, auf die üblichen und zweckmäßigen Abrechnungseinheiten für die jeweilige Teilleistung hinzuweisen. Bei Aufstellung der Leistungsbeschreibung ist die zutreffende Abrechnungseinheit festzulegen.

5 Abrechnung

Ergänzend zur ATV DIN 18299, Abschnitt 5, gilt:

Siehe Kommentierung zu Abschnitt 5 der ATV DIN 18299.

5.1 Allgemeines

5.1.1 Der Ermittlung der Leistung – gleichgültig, ob sie nach Zeichnung oder nach Aufmaß erfolgt – sind zugrunde zu legen:

5.1.1.1 Bei Metalldeckungen, Anstrichen, Schutz- und Trennschichten, Kiesschüttungen und dergleichen

- **auf Flächen ohne begrenzende Bauteile die Maße der Deckungen, Anstrichflächen, Schutz- und Trennschichten,**

- **auf Flächen mit begrenzenden Bauteilen die Maße der Deckungen bzw. Bekleidungen bis zu den begrenzenden, ungeputzten bzw. unbekleideten Bauteilen,**

- **bei Fassaden die Maße der Bekleidung.**

Bei Metalldeckungen, Anstrichen, Schutz- und Trennschichten, Kiesschüttungen und dergleichen sind

– auf Flächen ohne begrenzende Bauteile die Maße der Deckungen zugrunde zu legen *(Bild 1 bis 4)*.

Metalldeckungen

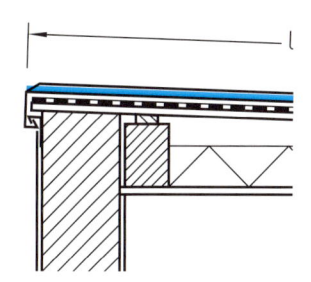

Bild 1

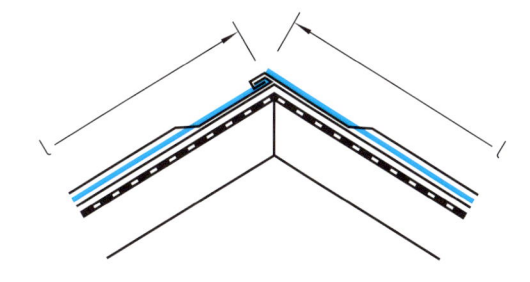

Bild 2

Überdeckungen und Überfälzungen werden dabei gemäß Abschnitt 5.1.3.2 übermessen. Mit der Metalldeckung verlegte Schutz- und Trennschichten sowie Anstrichflächen sind grundsätzlich mit den Maßen der Metalldeckung abzurechnen. Nicht maßgebend ist dabei, ob diese in einer oder verschiedenen Leistungspositionen vorgegeben sind. Maßgebend allein ist, dass die Leistung vertragsgemäß als Ganzes zu erbringen ist. Ist dies nicht der Fall, sind Anstrichflächen, Schutz- und Trennschichten mit ihren Maßen abzurechnen.

Gekrümmte und gebogene Flächen sind in der Abwicklung zu messen.

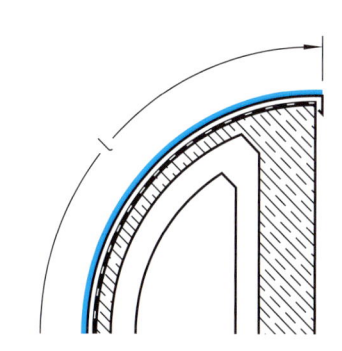

Bild 3

Kiesschüttungen

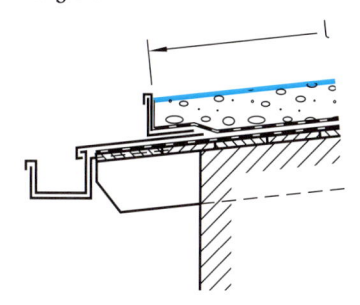

Bild 4

– Auf Flächen mit begrenzenden Bauteilen sind die Maße der Deckungen bis zu den begrenzenden, ungeputzten Bauteilen zugrunde zu legen *(Bild 5 bis 8)*.

Metalldeckungen

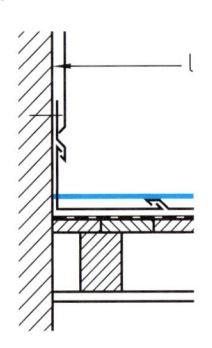

Bild 5

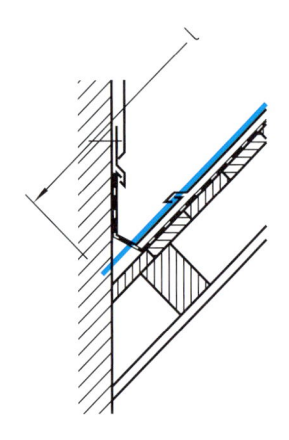

Bild 6

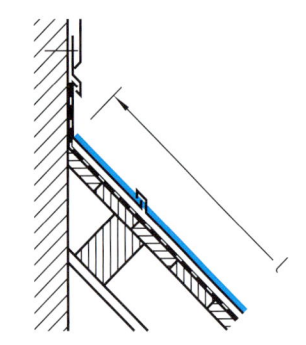

Bild 7

Wandanschlüsse und dergleichen werden in der Regel gesondert nach Längenmaß abgerechnet. Für die Abrechnung von Schutz- und Trennschichten sowie Anstrichflächen ist analog der Regelung „Flächen ohne begrenzende Bauteile" zu verfahren.

Kiesschüttungen

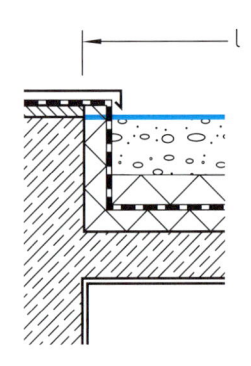

Bild 8

– Bei Fassaden sind die Maße der fertigen Bekleidung zugrunde zu legen *(Bild 9 bis 13)*.

Fassade

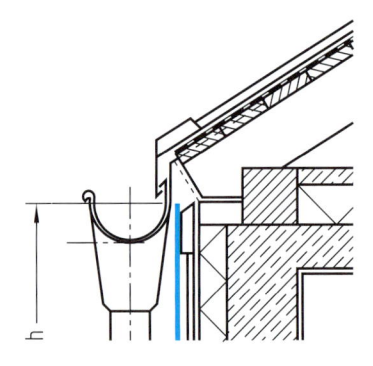

Bild 9

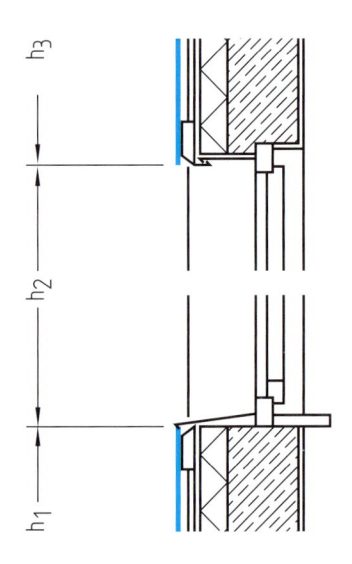

Bild 10

Fassade

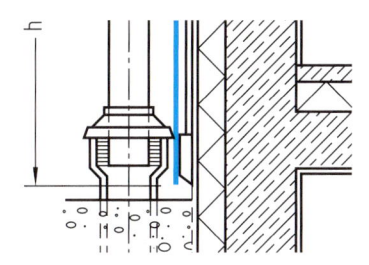

Bild 11

Öffnungen über 2,5 m² Einzelgröße werden gemäß Abschnitt 5.2.1 abgezogen.

Die Leibungen sind, falls sie mitbehandelt werden, zur Fassadenfläche hinzuzurechnen, gleichgültig, ob die Öffnung übermessen oder abgezogen wird. Es ist deshalb geboten, im Interesse einer zuverlässigen Preisermittlung Leibungen nach Art und Maß in der Leistungsbeschreibung vorzugeben.

Außenecke

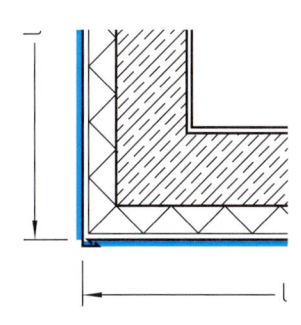

Bild 12

Innenecke

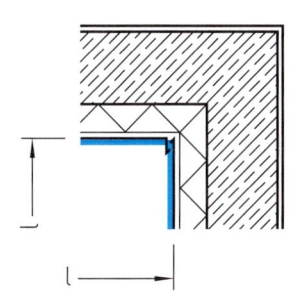

Bild 13

5.1.1.2 Bei Trenn- und Dämmschichten werden Bohlen, Sparren und dergleichen übermessen.

Trenn- und Dämmschichten im Zusammenhang mit Metall-Dachdeckungen werden gemäß Abschnitt 5.1.1.1 gerechnet; dabei sind Bohlen, Sparren und dergleichen zu übermessen *(Bild 14)*.

Trenn- und Dämmschichten

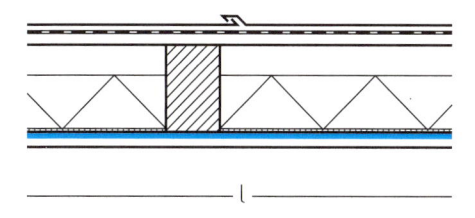

Bild 14 $\qquad L = l$

5.1.2 Metall-Außenwandbekleidungen

5.1.2.1 In Flächen von Metall-Außenwandbekleidungen liegende, unbekleidete Rahmen, Riegel, Ständer, Unterzüge, Vorlagen und dergleichen bis 0,3 m Einzelbreite werden übermessen.

Unbekleidet bleibende Rahmen, Riegel, Ständer, Vorlagen und dergleichen innerhalb von Metall-Außenwandbekleidungen werden bis 0,3 m Einzelbreite übermessen. Sie sind selbst dann zu übermessen, wenn die Einzelfläche solcher Bauteile größer als 2,5 m² ist. Abschnitt 5.2.1 ist hier nicht relevant *(Bild 15)*.

Rahmen

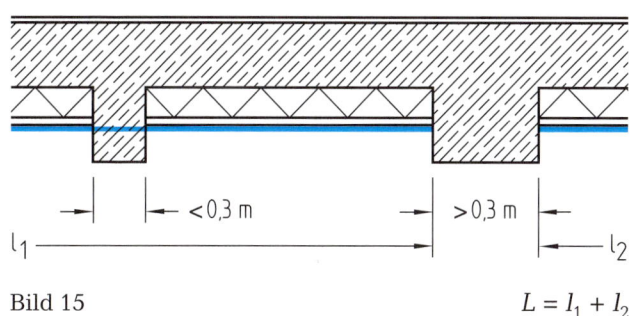

Bild 15 $\qquad L = l_1 + l_2$

5.1.2.2 Bei der Abrechnung von Einzelelementen nach Flächenmaß (m²) wird bei nicht rechtwinkeligen oder ausgeklinkten Flächen das kleinste umschriebene Rechteck des Einzelteils gerechnet.

Sind bei Metall-Außenwandbekleidungen Einzelelemente mit nicht rechtwinkligen oder ausgeklinkten Flächen vorgegeben, so ist bei Abrechnung nach Flächenmaß das kleinste umschriebene Rechteck des Einzelelements zu rechnen *(Bild 16)*.

nicht rechtwinkliges Einzelelement

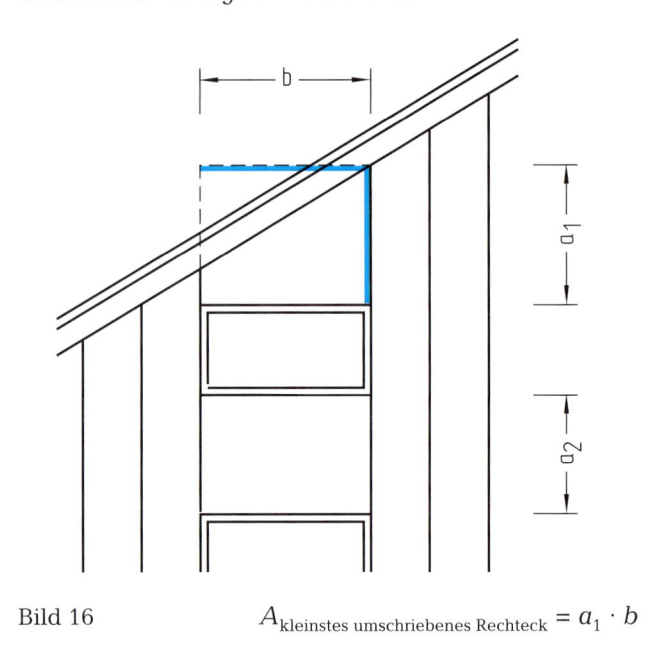

Bild 16 $A_{\text{kleinstes umschriebenes Rechteck}} = a_1 \cdot b$

5.1.3 Bauklempnerarbeiten

5.1.3.1 Bei Schrägschnitten von Abkantungen und Profilen wird die jeweils größte Kantenlänge zugrunde gelegt.

Bei schräg geschnittenen Abkantungen und Profilen ist stets die größte Kantenlänge zugrunde zu legen *(Bild 17)*.

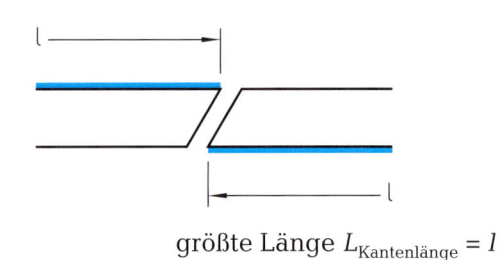

Bild 17 größte Länge $L_{\text{Kantenlänge}} = l$

Die größte Kantenlänge ergibt sich grundsätzlich aus der jeweils größten Seitenlänge des Bauteils *(Bild 18 und 19)*.

Gesimsabdeckung

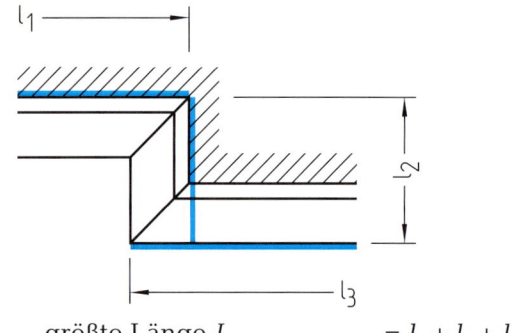

Bild 18 größte Länge $L_{\text{Gesimsabdeckung}} = l_1 + l_2 + l_3$

Fensterbank

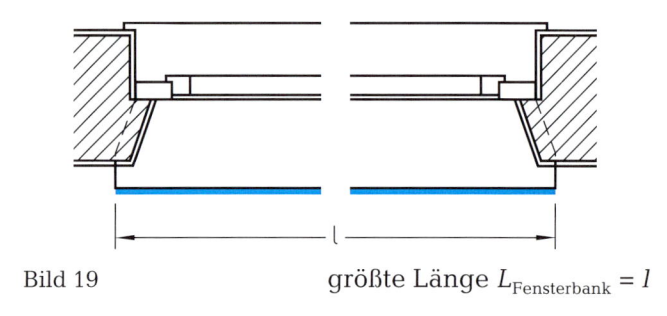

Bild 19 größte Länge $L_{\text{Fensterbank}} = l$

5.1.3.2 Bei geformten Blechen und Blechprofilen werden Überdeckungen und Überfälzungen übermessen.

Überdeckungen und Überfälzungen bei Blechen und Blechprofilen werden übermessen *(Bild 20 und 21)*.

Überdeckungen

Bild 20

Überfälzungen

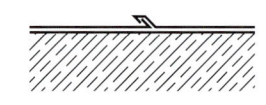

Bild 21

DIN 18339

5.1.3.3 Dachrinnen und Traufbleche werden an den Vorderwulsten gemessen, Rinnenwinkel, Rinnenböden, Rinnenstutzen und Bewegungsausgleicher werden übermessen und zusätzlich nach Anzahl berechnet.

Dachrinnen und Traufbleche sind an den Vorderwulsten zu messen *(Bild 22 und 23)*.

Außenwinkel

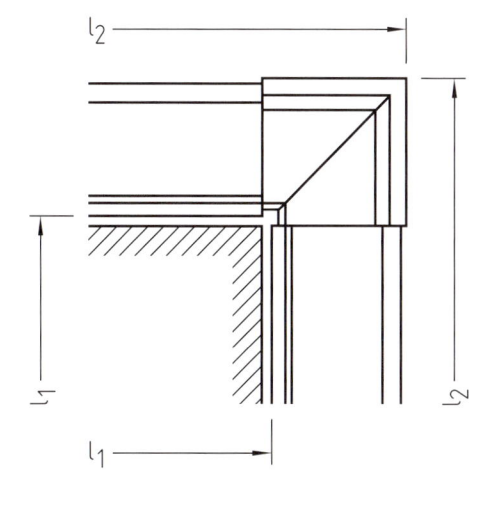

$L_{\text{Dachrinne}} = l_2$
$L_{\text{Traufblech}} = l_1$

Bild 22

Innenwinkel

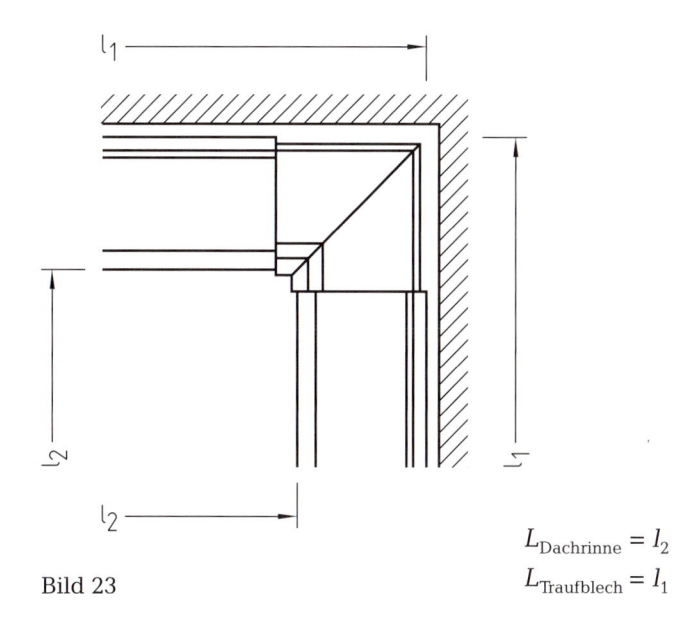

$L_{\text{Dachrinne}} = l_2$
$L_{\text{Traufblech}} = l_1$

Bild 23

Rinnenwinkel, Rinnenböden, Rinnenstutzen und Bewegungsausgleicher werden übermessen, jedoch zusätzlich nach Anzahl gerechnet.

5.1.3.4 Regenfallrohre werden in der Mittellinie gemessen, Winkel und Bogen sowie Abzweige werden übermessen und zusätzlich nach Anzahl berechnet.

Regenfallrohre werden in der Mittellinie vom Schnittpunkt der Mittellinie mit der Dachrinne bis zum unteren Ende im Standrohr gemessen *(Bild 24)*.

Regenfallrohr

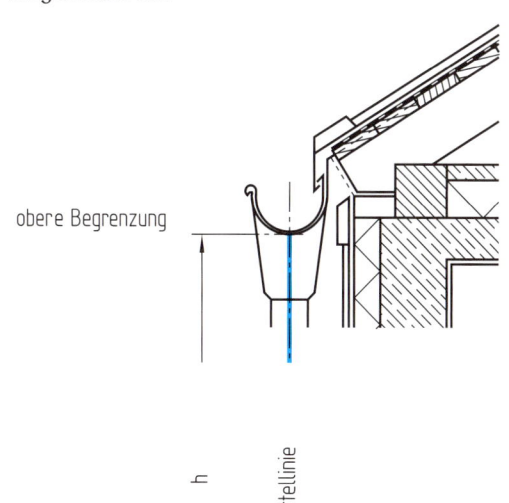

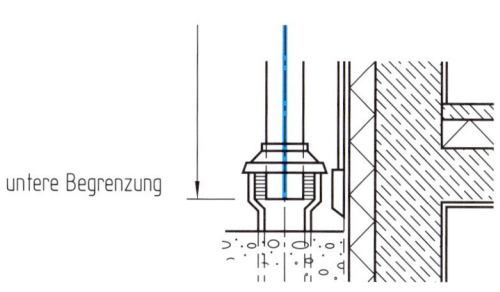

Bild 24

Winkel, Bogen und Abzweige werden übermessen, jedoch zusätzlich nach Anzahl gerechnet.

5.2 Es werden abgezogen:

5.2.1 Bei Abrechnung nach Flächenmaß (m²):

Aussparungen und Öffnungen über 2,5 m² Einzelgröße, z.B. Schornsteine, Fenster, Oberlichter, Entlüftungen.

Begriffsbestimmung

Aussparungen sind planmäßig hergestellte Freiräume, z.B. zur Aufnahme von Bauteilen, technischen Anlagen, Schornsteinen, die die hergestellten Freiräume ausfüllen.

Öffnungen sind funktional eigenständige, planmäßig angelegte, durch die gesamte Dicke eines Bauteils durchgehende, frei gelassene Räume für den dauernden Gebrauch, z.B. Fenster- und Türöffnungen.

Für die Bemessung der Übermessungsgrößen sind bei Abrechnung nach Flächenmaß die Maße gemäß Abschnitt 5.1.1.1 zugrunde zu legen *(Bild 25 und 26)*.

Abgezogen werden:

Aussparungen, Öffnungen über 2,5 m² Einzelgröße

Bild 26 $A_{\text{Öffnung}} = b \cdot h > 2{,}5\ m^2$

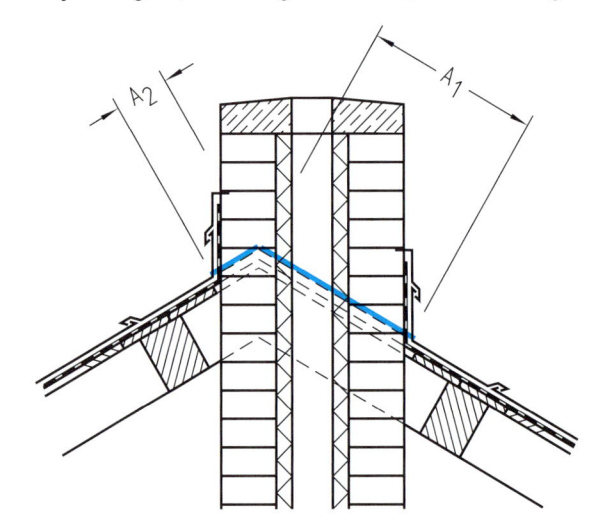

Bild 25 $A_1 > 2{,}5\ m^2$; sie ist abzuziehen.
$A_2 < 2{,}5\ m^2$; sie ist zu übermessen.

Aussparungen und Öffnungen, die in angrenzende, getrennt zu rechnende Flächen einbinden, sind jeweils gesondert, bezogen auf die davon tangierte Einzelfläche, zu ermitteln, bei über Dach führenden Bauteilen, z.B. Schornsteinen, auf die jeweilige Dachfläche, bei Außenwandbekleidungen, z.B. Fenster übereck, auf die jeweilige Fassadenfläche.

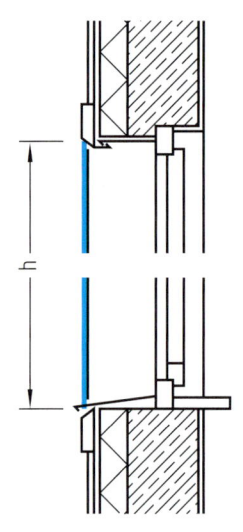

5.2.2 Bei Abrechnung nach Längenmaß (m):

Unterbrechungen von mehr als 1 m Länge.

Unterbrechungen sind bei Abrechnung nach Längenmaß abzuziehen, falls ihre Einzellänge größer als 1 m ist.

DIN 18340

Trockenbauarbeiten – DIN 18340

Ausgabe Januar 2005

Geltungsbereich

Die ATV „Trockenbauarbeiten" – DIN 18340 – gilt für Raum bildende Bauteile des Ausbaus, die in trockener Bauweise hergestellt werden. Sie umfasst insbesondere das Herstellen von offenen und geschlossenen Deckenbekleidungen und Unterdecken, Wandbekleidungen, Trockenputz und Vorsatzschalen, Trenn-, Montage- und Systemwänden, Fertigteilestrichen, Trockenunterböden und Systemböden sowie die Montage von Zargen, Türen und anderen Einbauteilen in vorgenannte Konstruktionen.

Die ATV DIN 18340 „Trockenbauarbeiten" gilt nicht für

– Konstruktionen des Holzbaues (siehe ATV DIN 18334 „Zimmer- und Holzbauarbeiten"),

– Putz- und Stuckarbeiten (siehe ATV DIN 18350 „Putz- und Stuckarbeiten"),

– Estricharbeiten (siehe ATV DIN 18353 „Estricharbeiten"),

– Tischlerarbeiten (siehe ATV DIN 18355 „Tischlerarbeiten"),

– Metallbauarbeiten (siehe ATV DIN 18360 „Metallbauarbeiten"),

– Maler- und Lackierarbeiten (siehe ATV DIN 18363 „Maler- und Lackierarbeiten"),

– Bodenbelagarbeiten (siehe ATV DIN 18365 „Bodenbelagarbeiten").

0.5 Abrechnungseinheiten

Im Leistungsverzeichnis sind die Abrechnungseinheiten wie folgt vorzusehen:

0.5.1 *Flächenmaß (m^2), für Flächen über 5 m^2, getrennt nach Bauart und Maßen, für*

- *Reinigung und Vorbehandlung des Untergrundes,*
- *flächige Unterkonstruktionen für Decken, Wände und Böden,*
- *Dämmstoffschichten und Vliese,*
- *Deckenbekleidungen und Unterdecken,*
- *nichttragende Trennwände,*
- *Wandbekleidungen,*
- *Vorsatzschalen,*
- *Leibungsbekleidungen von Öffnungen und Nischen mit einer Tiefe über 100 cm, z. B. für Fenster, Türen, Lichtkuppeln,*
- *Schürzen, Abschottungen, Ablagen, Abdeckungen und seitliche Bekleidungen, Friese, Abtreppungen und dergleichen mit einer Breite über 100 cm je Ansichtsfläche,*
- *Verkofferungen bzw. Bekleidungen mit einer Abwicklung über 100 cm, z. B. an Lisenen, Pfeilern, Stützen, Trägern, Unterzügen sowie um Rohre, Leitungen,*
- *Schwert- und Reduzierelemente mit einer Breite über 100 cm,*
- *Trenn- und Schutzschichten, Schutzbeläge, Folien, Bahnen, Dampfbremsen und dergleichen mit einer Breite über 100 cm,*
- *Auffüllungen und Schüttungen,*
- *Doppel-, Hohlraum- und Trockenunterböden und sonstige Systemböden, Fertigteilestriche,*
- *Schließen von Aussparungen.*

0.5.2 *Längenmaß (m), getrennt nach Bauart und Maßen, für*

- *Leibungsbekleidungen von Öffnungen und Nischen mit einer Tiefe bis 100 cm, z. B. für Fenster, Türen, Lichtkuppeln,*
- *Schürzen, Abschottungen, Ablagen, Abdeckungen und seitliche Bekleidungen, Friese, Abtreppungen und dergleichen mit einer Breite bis 100 cm je Ansichtsfläche,*

- *Verkofferungen bzw. Bekleidungen mit einer Abwicklung bis 100 cm, z.B. an Lisenen, Pfeilern, Stützen, Trägern, Unterzügen sowie um Rohre, Leitungen,*
- *Trenn- und Schutzschichten, Schutzbeläge, Folien, Bahnen, Dampfbremsen und dergleichen mit einer Breite bis 100 cm,*
- *luftdichte Anschlüsse an Bauteile,*
- *Zuschnitte von Bekleidungen und Bodenelementen, z.B. gerade, schräg, gebogen, andersartig geformt,*
- *Fensterbänke, Fenster- und Türumrahmungen und dergleichen,*
- *Schattenfugen, Nuten und dergleichen,*
- *Aussparungen mit einem Seitenverhältnis größer als 4 zu 1 und einer größten Länge über 200 cm, z.B. Öffnungen für Lichtbänder, Oberlichtbänder, Lüftungsauslässe, Kabelkanäle, Führungsschienen, Einbauteile,*
- *Unterkonstruktionen, Verstärkungen, Aussteifungen, Auswechselungen und Überbrückungen mit einer Länge über 200 cm für Auf- und Einbauteile, z.B. für Türen, Oberlichter, Trag- und Führungsschienen, Beleuchtungsbänder, Revisionsöffnungen, Hängeschränke, Bodenaufbauten, Ausklinkungen, angeschnittene Kassetten und Paneele,*
- *Schwert- und Reduzierelemente mit einer Breite bis 100 cm,*
- *gleitende Decken-, Wand- und Bodenanschlüsse,*
- *Weitspannträger mit einer Länge über 200 cm,*
- *Wandabzweigungen, Bekleidungen der Stirnseiten bei freien Wandenden und freien Deckenabschlüssen,*
- *Einbindungen von Wand- und Deckenkonstruktionen in Decklagen von begrenzenden Bauteilen,*
- *Anarbeiten an vorhandene Bauteile bzw. Einarbeiten von Einbauteilen mit einer Länge über 100 cm je einzuarbeitende Seite in Decken und Wandflächen, z.B. bei Stützen, Pfeilervorlagen, Unterzügen, Rohren, Installationskanälen, Tür- und Fensterelementen, Dachflächenfenstern,*
- *Ausbildung von Innen- und Außenecken,*
- *Anschluss-, Bewegungs- und Gebäudetrennfugen,*
- *Dichtungsbänder, Dichtungsprofile, Verfugungen,*
- *Trennstreifen bei Anschlüssen an Bauteile und Einbauteile,*
- *Profile, Leisten, Randwinkel, Wandwinkel, Sockelleisten, Randstreifen und dergleichen sowie zurückgesetzte und hinterlegte Sockelanschlüsse über 200 cm Einzellänge.*

0.5.3 Anzahl (Stück), getrennt nach Bauart und Maßen, für

- *Flächen bis 5 m²,*
- *Aussparungen mit einem Seitenverhältnis bis zu 4 zu 1 oder einer größten Länge unter 200 cm, z.B. für Türen, Fenster, Nischen, Stützen, Pfeilervorlagen, Rohre, Einzelleuchten, Lichtkuppeln, Lüftungsauslässe, Schalter, Steckdosen, Kabel, Einbauteile,*
- *Unterkonstruktionen, Verstärkungen, Aussteifungen, Auswechselungen und Überbrückungen mit einer Länge bis 200 cm für Auf- und Einbauteile, z.B. für Türen, Oberlichter, Trag- und Führungsschienen, Beleuchtungsbänder, Revisionsöffnungen, Hängeschränke, Bodenaufbauten, Ausklinkungen, angeschnittene Kassetten und Paneele,*
- *Weitspannträger mit einer Länge bis 200 cm,*
- *Einbau von Revisionsklappen, Einzelleuchten, Lüftungsgittern, Luftauslässen, Tragständern, Zargen, Türen und dergleichen,*
- *Schließen von Aussparungen bis 5 m²,*
- *Anarbeiten an vorhandene Bauteile bzw. Einarbeiten von Einbauteilen mit einer Länge bis 100 cm je einzuarbeitende Seite in Decken und Wandflächen, z.B. bei Stützen, Pfeilervorlagen, Unterzügen, Rohren, Installationskanälen, Tür- und Fensterelementen, Dachflächenfenstern,*
- *luftdichte Anschlüsse an Einbauteile und Installationen,*
- *zurückgesetzte und hinterlegte Sockelanschlüsse bis 200 cm Einzellänge, z.B. an Stützen, Pfeilern, Nischen,*
- *Sonderformate, z.B. Passplatten,*
- *Revisionswerkzeug, Reserveelemente und dergleichen,*
- *Richtungswechsel von Wänden und Friesen, Gehrungen von Profilen und dergleichen, z.B. im Fugenbereich, bei Nuten.*

5 Abrechnung

Ergänzend zur ATV DIN 18299, Abschnitt 5, gilt:

5.1 Allgemeines

5.1.1 Der Ermittlung der Leistung – gleichgültig, ob sie nach Zeichnung oder nach Aufmaß erfolgt – sind für Bekleidungen, Unterkonstruktionen, Dampfbremsen, Dämmstoff-, Trenn- und Schutzschichten, Schüttungen, Oberflächenbehandlungen, Schutzfolien, Haftbrücken und dergleichen zugrunde zu legen:

- bei Flächen ohne begrenzende Bauteile die Maße der Bekleidung, z. B. bei freistehenden Vorsatzschalen und Wandscheiben, Bekleidungen von Pfeilern und Stützen,

- bei Flächen mit begrenzenden Bauteilen die Maße der zu behandelnden Flächen bis zu den sie begrenzenden, ungeputzten, ungedämmten, unbekleideten Bauteilen.

Systemböden, Trockenunterböden, Estriche, leichte Trennwände sowie Unterdecken und abgehängte Decken gelten als begrenzende Bauteile, sofern ihre Oberflächen nicht durchdrungen werden.

5.1.2 Bei der Ermittlung der Maße wird jeweils das größte, gegebenenfalls abgewickelte Bauteilmaß zugrunde gelegt, z. B. bei Gewölben, Teilbeplankungen, Wandanschlüssen, Wandecken, Wandeinbindungen und -abzweigungen umlaufenden Friesen sowie bei An- und Einarbeitungen von vorhandenen Bauteilen, Einbauteilen und dergleichen.

5.1.3 Die Wandhöhen überwölbter Räume werden bis zum Gewölbeanschnitt, die Wandhöhe der Schildwände bis zu $2/3$ des Gewölbestichs gerechnet.

5.1.4 Unmittelbar zusammenhängende, verschiedenartige Aussparungen, z. B. Öffnung mit angrenzender Nische, werden getrennt gerechnet. Gleichartige Aussparungen, die durch konstruktive Elemente getrennt sind, werden ebenfalls getrennt gerechnet.

5.1.5 Bindet eine Aussparung anteilig in angrenzende, getrennt zu rechnende Flächen ein, wird zur Ermittlung der Übermessungsgröße die jeweils anteilige Aussparungsfläche gerechnet.

5.1.6 Unterbrechungen bis 30 cm Einzelbreite, z. B. durch Fachwerkteile, Vorlagen, Stützen, Unterzüge, Balken, Friese, Vertiefungen, Verkofferungen, werden bei gedämmten, bekleideten, beschichteten und geputzten Flächen übermessen.

5.1.7 Rückflächen von Nischen, ganz oder teilweise bekleidete freie Wandenden und Wandoberseiten, Unterseiten von Schürzenbekleidungen und Leibungen werden unabhängig von ihrer Einzelgröße mit ihrem Maß gesondert gerechnet.

5.1.8 Sonderformate, z. B. Passplatten, werden gesondert gerechnet.

5.1.9 Gehrungen bei Friesen, Fugen, Nuten, Profilen und dergleichen werden je Richtungswechsel einmal gerechnet.

5.1.10 Bei Abrechnung von Einzelteilen von Bekleidungen nach Flächenmaß (m^2) wird das kleinste umschriebene Rechteck zugrunde gelegt.

5.1.11 Flächen bis 5 m^2 werden getrennt gerechnet.

5.2 Es werden abgezogen:

5.2.1 Bei Abrechnung nach Flächenmaß (m^2):

Aussparungen, z. B. Öffnungen (auch raumhoch), Nischen, über 2,5 m^2 Einzelgröße, in Böden Aussparungen über 0,5 m^2 Einzelgröße. Bei der Ermittlung der Abzugsmaße sind die kleinsten Maße der Aussparung zugrunde zu legen.

5.2.2 Bei Abrechnung nach Längenmaß (m):

Unterbrechungen über 1 m Einzellänge.

Erläuterungen

0.5 Abrechnungseinheiten

Abschnitt 0.5 dient dazu, auf die üblichen und zweckmäßigen Abrechnungseinheiten für die jeweilige Teilleistung hinzuweisen. Bei Aufstellung der Leistungsbeschreibung ist die zutreffende Abrechnungseinheit festzulegen.

5 Abrechnung

Ergänzend zur ATV DIN 18299, Abschnitt 5, gilt:

Siehe Kommentierung zu Abschnitt 5 der ATV DIN 18299.

5.1 Allgemeines

5.1.1 Der Ermittlung der Leistung – gleichgültig, ob sie nach Zeichnung oder nach Aufmaß erfolgt – sind für Bekleidungen, Unterkonstruktionen, Dampfbremsen, Dämmstoff-, Trenn- und Schutzschichten, Schüttungen, Oberflächenbehandlungen, Schutzfolien, Haftbrücken und dergleichen zugrunde zu legen:

– **bei Flächen ohne begrenzende Bauteile die Maße der Bekleidung, z. B. bei freistehenden Vorsatzschalen und Wandscheiben, Bekleidungen von Pfeilern und Stützen,**

– **bei Flächen mit begrenzenden Bauteilen die Maße der zu behandelnden Flächen bis zu den sie begrenzenden, ungeputzten, ungedämmten, unbekleideten Bauteilen.**

Systemböden, Trockenunterböden, Estriche, leichte Trennwände sowie Unterdecken und abgehängte Decken gelten als begrenzende Bauteile, sofern ihre Oberflächen nicht durchdrungen werden.

Trockenbauarbeiten, z. B. das Herstellen von offenen und geschlossenen Deckenbekleidungen und Unterdecken, Wandbekleidungen, Trockenputz und Vorsatzschalen, Trenn-, Montage- und Systemwänden, Fertigteilestrichen, Trockenunterböden und Systemböden, werden

– bei Flächen ohne begrenzende Bauteile nach den Maßen der Bekleidung *(Bild 1 und 2)* und

– bei Flächen mit begrenzenden Bauteilen nach den Maßen der zu behandelnden Flächen bis zu den sie begrenzenden, ungeputzten, ungedämmten, unbekleideten Bauteilen gerechnet *(Bild 3 bis 7)*.

Begrenzende Bauteile im Sinne dieser Abrechnungsbestimmungen sind z. B. Rohwände, Stützen, Rohdecken, Unterzüge, tragende Hölzer, Stahlträger.

Systemböden, Trockenunterböden, Estriche, leichte Trennwände sowie Unterdecken und abgehängte Decken gelten dann als begrenzende Bauteile, wenn ihre Oberflächen nicht durchdrungen werden. Nicht darunter fallen Einbauteile, wie Lüftungskanäle, Verkleidungen von Installationsleitungen, Einbauschränke.

Flächen ohne begrenzende Bauteile in der Länge und Breite

Es gelten die Maße der Bekleidung *(Bild 1 und 2)*.

Dabei werden mit der Herstellung der Bekleidung verlegte Dämmstoff-, Trenn- und Schutzschichten, Unterkonstruktionen und dergleichen ebenso mit den Maßen der Bekleidung gerechnet.

Außenecke

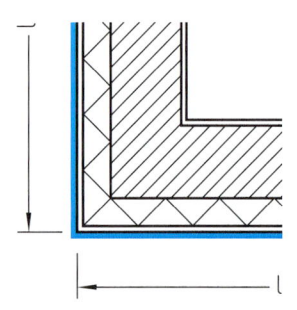

Bild 1

Bekleidung von Stützen

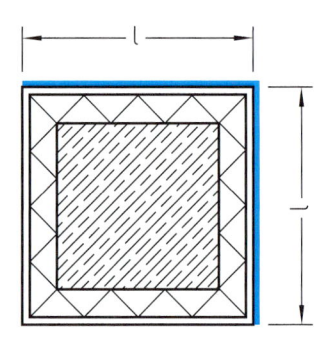

Bild 2

Flächen mit begrenzenden Bauteilen in der Länge und Breite

Als begrenzende Flächen gelten:

– bei Wänden die Rohwand *(Bild 3)*

– bei leichten Trennwänden, sofern ihre Oberflächen durchdrungen werden, die Rohwand *(Bild 4)*,

sofern ihre Oberflächen nicht durchdrungen werden, die leichte Trennwand *(Bild 5)*.

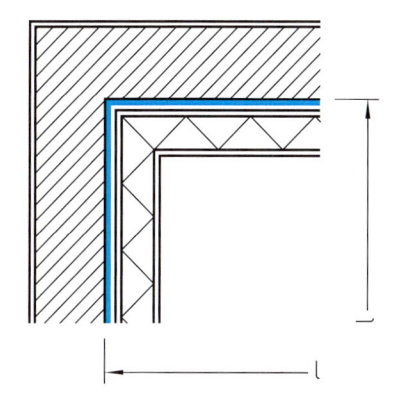

Innenecke

Bild 3

Montagewand seitlich

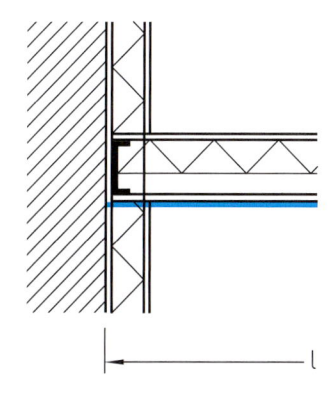

Bild 4

Maßgebend als begrenzendes Bauteil ist die Rohwand; die Montagewand durchdringt die Vorsatzschale.

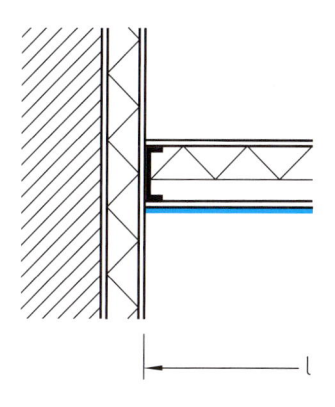

Bild 5

Maßgebend als begrenzendes Bauteil ist die Vorsatzschale; die Montagewand durchdringt nicht die Vorsatzschale.

Flächen mit begrenzenden Bauteilen in der Höhe

Als begrenzende Flächen gelten:

– bei Betondecken die vom Auftragnehmer der Betonarbeiten horizontal abgeglichene Ober- bzw. Unterseite der Betondecke *(Bild 6)*,

– bei Holzbalkendecken die Ober- bzw. Unterseite der Balken *(Bild 7)*,

– bei Stahlträgerdecken die Ober- bzw. Unterseite der Stahlträger *(Bild 8)*,

– bei Systemböden, Trockenunterböden, Estrichen, Unterdecken und abgehängten Decken, sofern ihre Oberflächen durchdrungen werden, die Ober- bzw. Unterseite der Rohdecke, sofern ihre Oberflächen nicht durchdrungen werden, die Oberseite Fußbodenkonstruktion bzw. Unterseite Deckenkonstruktion *(Bild 9 bis 12)*.

bei Betondecken

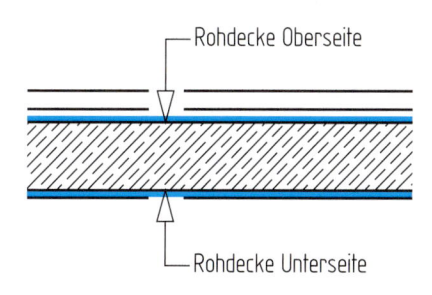

Bild 6

bei Holzbalkendecken

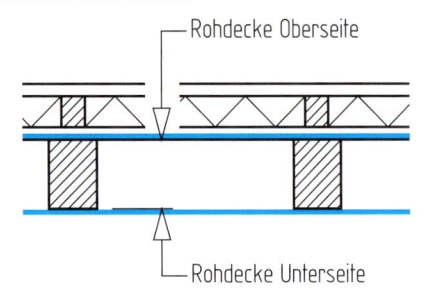

Bild 7

bei Stahlträgerdecken

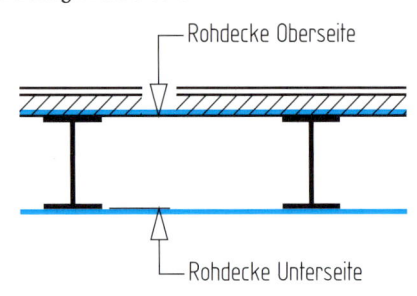

Bild 8

bei Systemböden, Unterdecken und abgehängten Decken

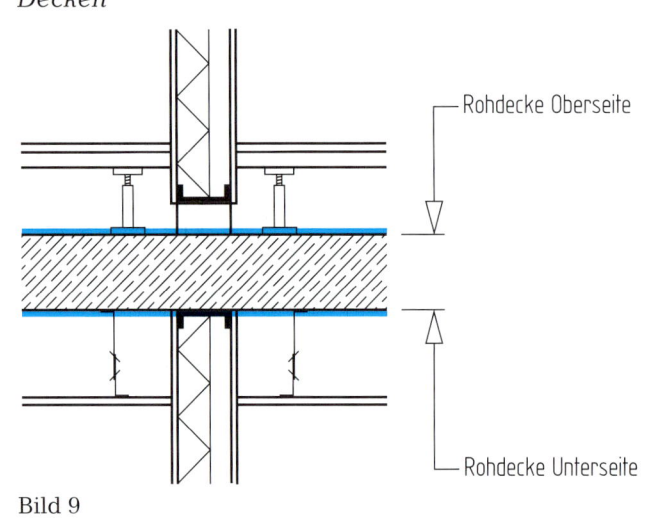

Bild 9

Die Montagewand durchdringt sowohl Systemboden als auch abgehängte Decke; maßgebend als begrenzendes Bauteil ist die Ober- bzw. Unterseite der Rohdecke. Ober- und Unterseite der Rohdecke sind auch dann maßgebend, falls die Montagewand Systemboden bzw. abgehängte Decke nur knapp durchdringt.

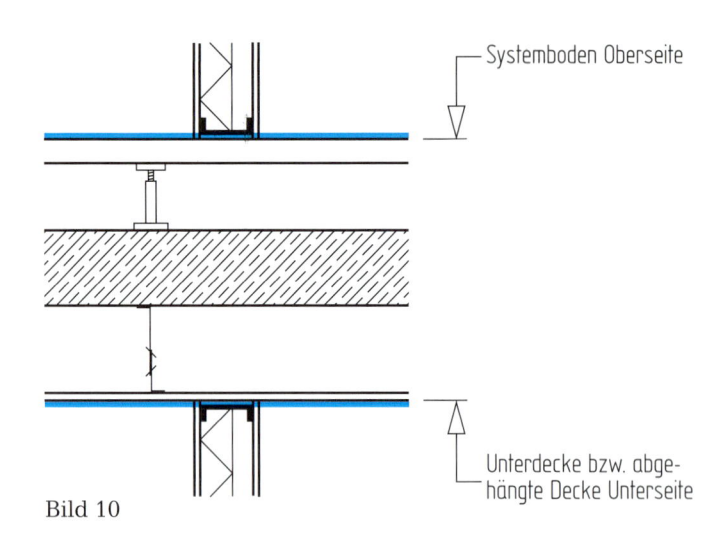

Bild 10

Die Montagewand durchdringt weder Systemboden noch abgehängte Decke; maßgebend als begrenzendes Bauteil ist die Ober- bzw. Unterseite der Fußboden- bzw. Deckenkonstruktion.

bei Estrichen und Trockenunterböden

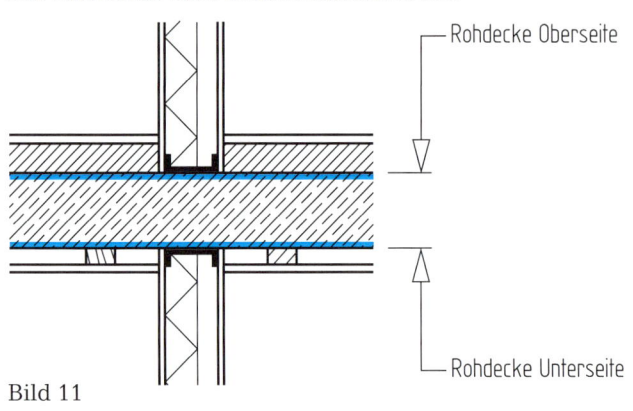

Bild 11

Die Montagewand durchdringt den Estrich bzw. den Unterboden; maßgebend als begrenzendes Bauteil ist die Oberseite der Rohdecke.

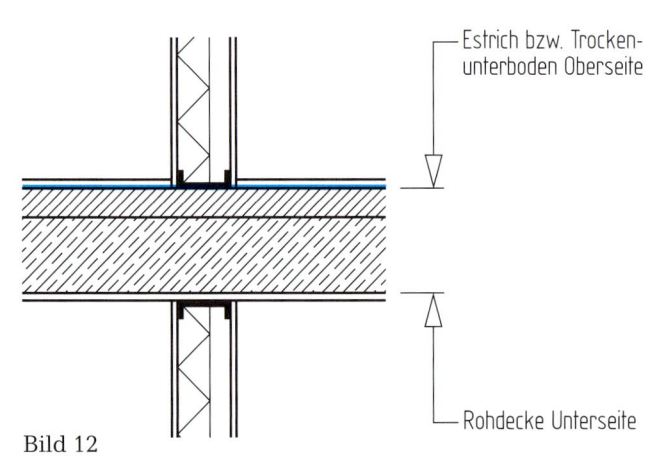

Bild 12

Die Montagewand durchdringt den Estrich bzw. den Unterboden nicht; maßgebend als begrenzendes Bauteil ist die Oberseite des Estrichs.

Die Montagewand schließt unmittelbar an den Unterzug an, die Bekleidung führt einseitig an der Seite des Unterzuges bis zur Decke vorbei; maßgebend als begrenzendes Bauteil ist die unbehandelte Unterseite des Unterzuges. Die einseitige Bekleidung des Unterzuges ist mengenmäßig beim Aufmaß der Montagewand nicht erfasst; sie ist ggf. zusätzlich zu rechnen, falls die Leistungsbeschreibung dafür keinen Ansatz vorsieht *(Bild 13)*.

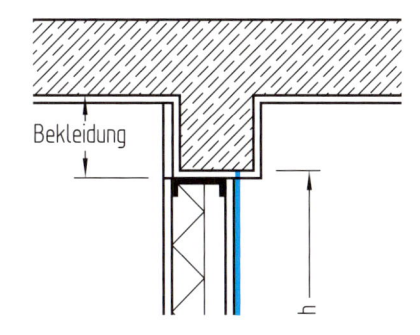

Bild 13

Die Montagewand schließt unmittelbar an die Stütze bzw. die Vorsatzschale an; maßgebend als begrenzendes Bauteil sind die unbehandelten Seitenteile der Stütze bzw. die Vorsatzschale *(Bild 14 und 15)*. Die einseitige Bekleidung der Stütze ist mengenmäßig beim Aufmaß der Montagewand nicht erfasst; sie ist ggf. zusätzlich zu rechnen, falls die Leistungsbeschreibung dafür keinen Ansatz vorsieht.

Unterbrechungen bis 30 cm Einzelbreite werden übermessen (siehe Abschnitt 5.1.6).

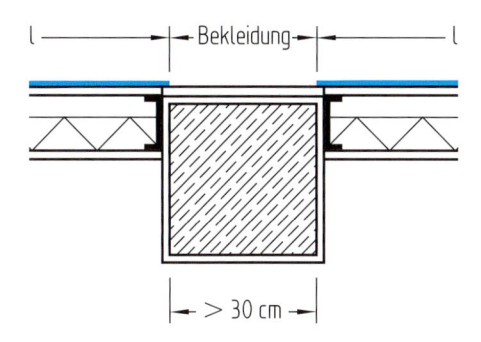

Bild 14

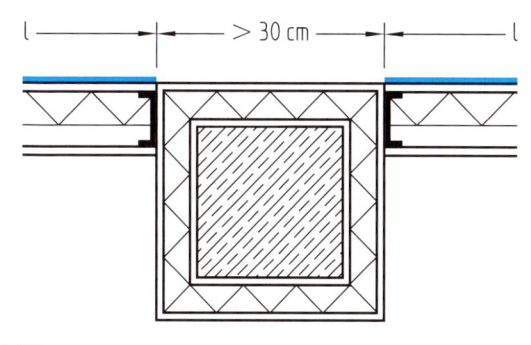

Bild 15

5.1.2 Bei der Ermittlung der Maße wird jeweils das größte, gegebenenfalls abgewickelte Bauteilmaß zugrunde gelegt, z. B. bei Gewölben, Teilbeplankungen, Wandanschlüssen, Wandecken, Wandeinbindungen und -abzweigungen, umlaufenden Friesen sowie bei An- und Einarbeitungen von vorhandenen Bauteilen, Einbauteilen und dergleichen.

Diese Regelung findet, wie aus den aufgeführten Beispielen erkennbar, u. a. auch bei Flächenbauteilen Anwendung, deren Länge, Breite oder Höhe nicht geradlinig verläuft. Der Ermittlung der Leistung ist in diesen Fällen das jeweils größte, ggf. abgewickelte Bauteilmaß unter Berücksichtigung der Regelungen des Abschnittes 5.1.1 zugrunde zu legen *(Bild 16 bis 21)*.

gewölbte Decken

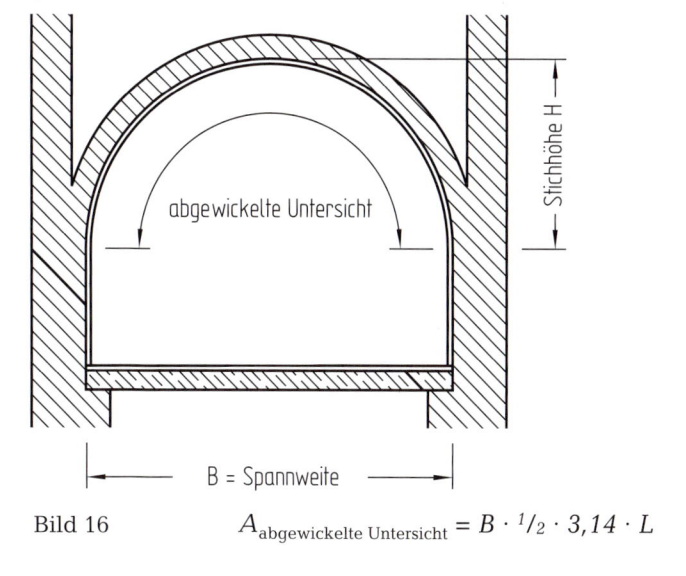

Bild 16 $A_\text{abgewickelte Untersicht} = B \cdot {}^1/_2 \cdot 3{,}14 \cdot L$

Wandanschlüsse – Wandecken

Bei abgewinkelten Wänden mit recht-, stumpf- oder spitzwinkligen Stößen wird die größte abgewickelte Länge, Breite oder Höhe gemessen.

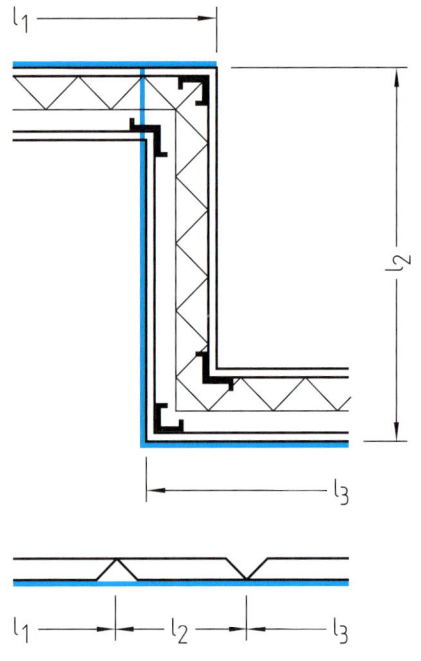

Bild 17　　　　　　　　Abwicklung = $l_1 + l_2 + l_3$

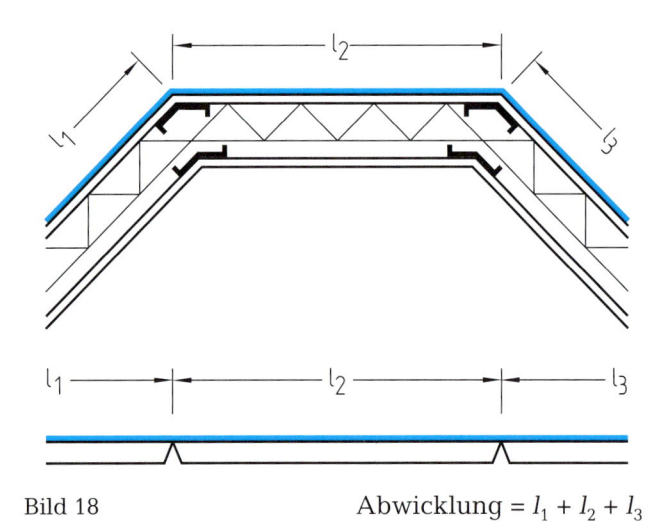

Bild 18　　　　　　　　Abwicklung = $l_1 + l_2 + l_3$

Bild 19　　　　　　　　Abwicklung = $l_1 + l_2$

Wandeinbindungen und -abzweigungen

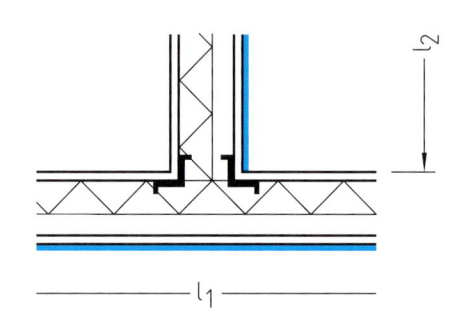

Bild 20　　　　　　　　Abwicklung = $l_1 + l_2$

Deckenrandfries

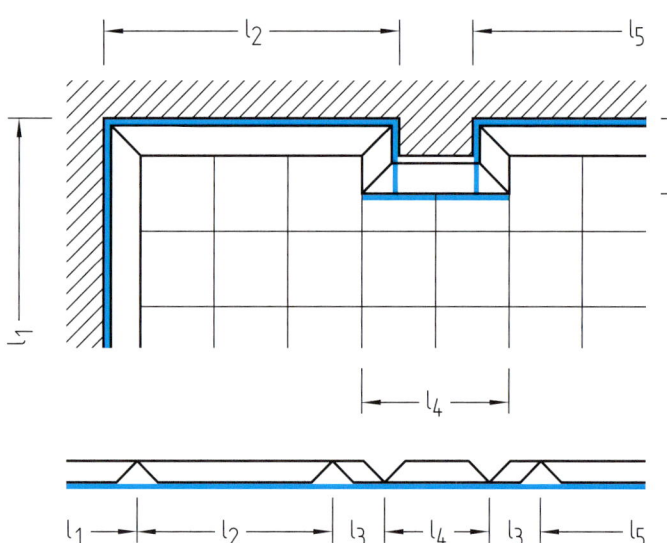

Bild 21
Abwicklung Deckenrandfries = $l_1 + l_2 + l_3 + l_4 + l_5$

5.1.3 Die Wandhöhen überwölbter Räume werden bis zum Gewölbeanschnitt, die Wandhöhe der Schildwände bis zu $^2/_3$ des Gewölbestichs gerechnet.

Die Wandhöhen überwölbter Räume – Seiten- und Schildwände – werden grundsätzlich den Abrechnungsregelungen des Abschnittes 5.1.1 entsprechend ermittelt. Daneben gilt: Die Höhe der Seitenwände ist bis zum Gewölbeanschnitt und die Höhe der Schildwände bis zum Gewölbescheitel, reduziert um $^1/_3$ des Gewölbestiches, zu rechnen *(Bild 22)*.

Wandhöhen überwölbter Räume

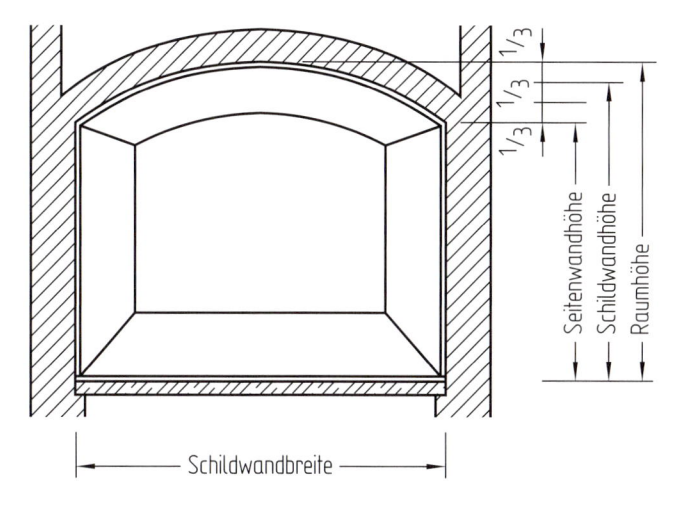

Bild 22

5.1.4 Unmittelbar zusammenhängende, verschiedenartige Aussparungen, z. B. Öffnung mit angrenzender Nische, werden getrennt gerechnet. Gleichartige Aussparungen, die durch konstruktive Elemente getrennt sind, werden ebenfalls getrennt gerechnet.

Grenzen verschiedenartige Aussparungen, z. B. Öffnungen und Nischen, unmittelbar aneinander, so sind Öffnungen und Nischen zur Beurteilung der Übermessung gemäß Abschnitt 5.2.1 getrennt zu rechnen *(Bild 23)*.

Im Zusammenhang mit der Begriffsdefinition „Aussparung, Öffnung, Nische" siehe Abschnitt 5.2.1.

Aussparungen, z. B. Öffnungen, Nischen

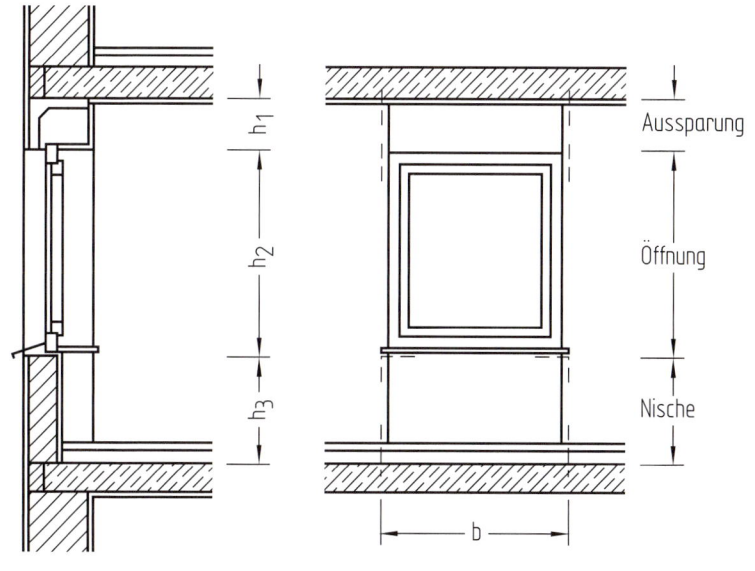

Bild 23

$A_{\text{Aussparung}} = b \cdot h_1 < 2{,}5 \; m^2$; sie ist zu übermessen.
$A_{\text{Öffnung}} = b \cdot h_2 > 2{,}5 \; m^2$; sie ist abzuziehen.
$A_{\text{Nische}} = b \cdot h_3 < 2{,}5 \; m^2$; sie ist zu übermessen.

Die Leibungen und die Rückfläche der Nische werden gemäß Abschnitt 5.1.7 unabhängig von ihrer Einzelgröße gesondert gerechnet.

Gleichartige Aussparungen, z. B. Tür-Fenster-Kombination, werden nur dann getrennt gerechnet, wenn sie durch konstruktive Elemente voneinander getrennt sind *(Bild 24)*.

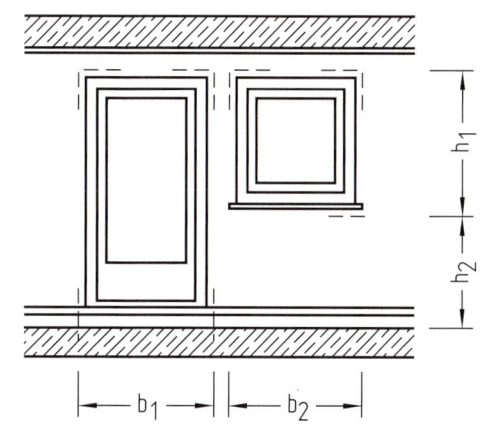

Bild 24

$A_{\text{Türöffnung}} = b_1 \cdot (h_1 + h_2) < 2{,}5 \; m^2$;
sie ist zu übermessen.

$A_{\text{Fensteröffnung}} = b_2 \cdot h_1 < 2{,}5 \; m^2$;
sie ist zu übermessen.

Hängen dagegen Tür und Fenster unmittelbar zusammen, gelten sie als eine Öffnung *(Bild 25)*.

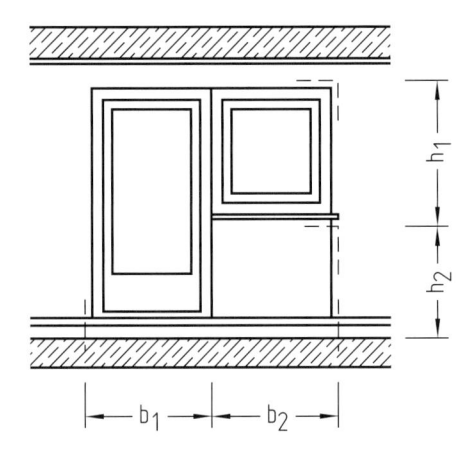

Bild 25

$A_{\text{Öffnung}} = b_1 \cdot (h_1 + h_2) + b_2 \cdot h_1 > 2{,}5 \text{ m}^2;$ sie ist abzuziehen.

$A_{\text{Nische}} = b_2 \cdot h_2 < 2{,}5 \text{ m}^2;$ sie ist zu übermessen.

Die Leibungen und die Rückfläche der Nische sind gesondert zu rechnen.

5.1.5 Bindet eine Aussparung anteilig in angrenzende, getrennt zu rechnende Flächen ein, wird zur Ermittlung der Übermessungsgröße die jeweils anteilige Aussparungsfläche gerechnet.

Aussparungen, z. B. Öffnungen, Nischen, die in angrenzende, getrennt zu rechnende Flächen einbinden, sind zur Beurteilung der Übermessung jeweils gesondert, bezogen auf die davon tangierte Einzelfläche, zu ermitteln. So sind z. B. Fenster übereck bezogen auf die jeweilige Raumfläche zu rechnen *(Bild 26 und 27)*.

Öffnung, über mehrere Wandflächen zusammenhängend

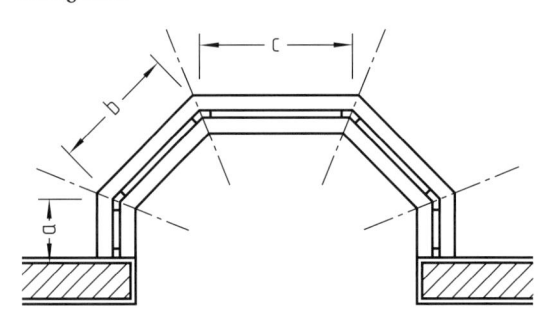

Bild 27

5.1.6 Unterbrechungen bis 30 cm Einzelbreite, z. B. durch Fachwerkteile, Vorlagen, Stützen, Unterzüge, Balken, Friese, Vertiefungen, Verkofferungen, werden bei gedämmten, bekleideten, beschichteten und geputzten Flächen übermessen.

Begriffsdefinition

Unterbrechungen sind planmäßig hergestellte Freiräume, die die vorgegebene Leistung in der Höhe, Länge oder Breite unterbrechen, wobei aber anders als bei einem Ende einer Leistung die gleiche Leistung nach einem/einer Zwischenraum/ Unterbrechung wieder neu weitergeführt wird *(Bild 28 und 29)*.

keine Unterbrechung (Ende einer Leistung)

Öffnung übereck

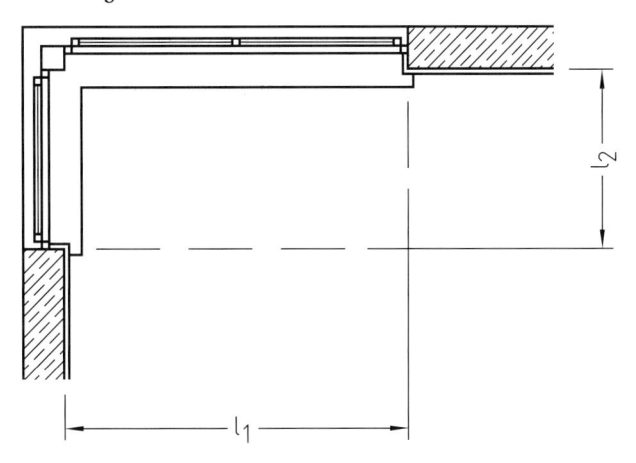

Bild 26

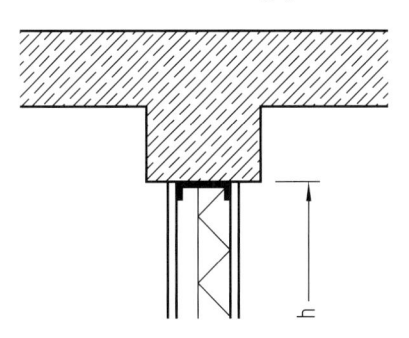

Bild 28

Unterbrechung (Ende einer Leistung, Zwischenraum, Weiterführung der gleichen Leistung)

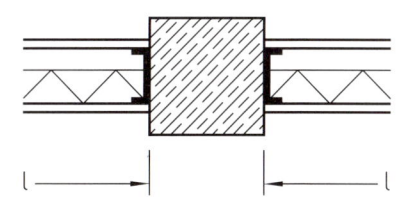

Bild 29

Gedämmte, bekleidete, beschichtete und geputzte Flächen werden bei Abrechnung nach Flächenmaß gemäß Abschnitt 5.1.1 abgerechnet. Dabei werden Unterbrechungen bis 30 cm Einzelbreite, z. B. durch Fachwerkteile, Vorlagen, Stützen, Unterzüge, Balken, Friese, Vertiefungen, Verkofferungen, übermessen *(Bild 30 bis 36)*.

Fachwerkteile

Bild 30 $\qquad A_{\text{Wandbekleidung}} = l \cdot h$

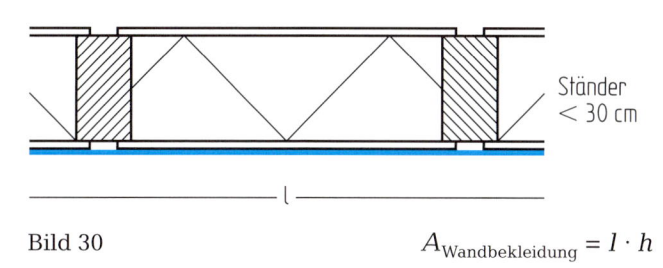

Fachwerkteile bis 30 cm Einzelbreite werden übermessen.

Vorlagen

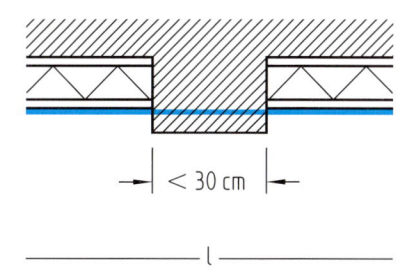

Bild 31 $\qquad A_{\text{Wandbekleidung}} = l \cdot h$

Vorlagen bis 30 cm Einzelbreite werden übermessen.

Stützen

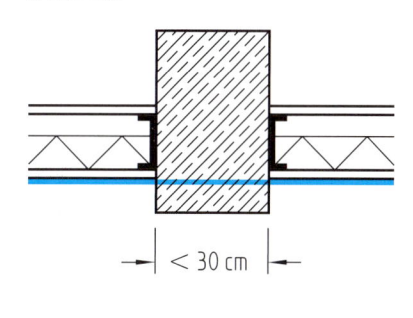

Bild 32 $\qquad A_{\text{Wandbekleidung}} = l \cdot h$

Stützen bis 30 cm Einzelbreite werden übermessen.

Unterzüge

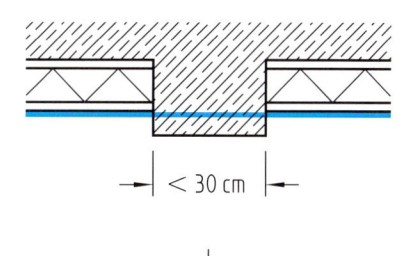

Bild 33 $\qquad A_{\text{Deckenbekleidung}} = l \cdot b$

Unterzüge bis 30 cm Einzelbreite werden übermessen.

Balken

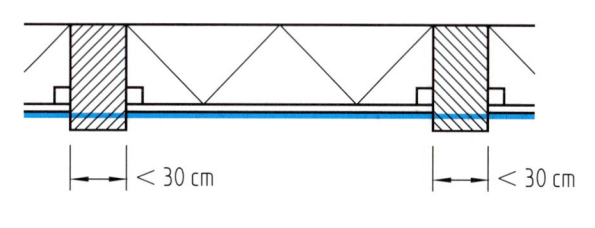

Bild 34 $\qquad A_{\text{Deckenbekleidung}} = l \cdot b$

Deckenbalken bis 30 cm Einzelbreite werden übermessen.

Friese, Vertiefungen

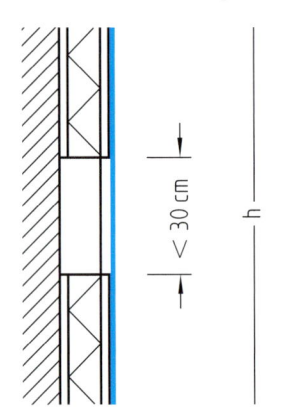

Bild 35 $\qquad A_{\text{Wandbekleidung}} = l \cdot h$

Friese und Vertiefungen bis 30 cm Einzelbreite werden übermessen.

Verkofferungen

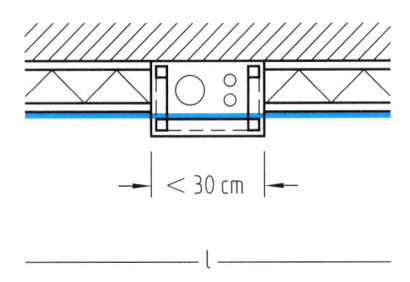

Bild 36 $\qquad A_{\text{Wandbekleidung}} = l \cdot h$

Verkofferungen bis 30 cm Einzelbreite werden übermessen.

5.1.7 Rückflächen von Nischen, ganz oder teilweise bekleidete freie Wandenden und Wandoberseiten, Unterseiten von Schürzenbekleidungen und Leibungen werden unabhängig von ihrer Einzelgröße mit ihrem Maß gesondert gerechnet.

Ganz oder teilweise bekleidete Rückflächen von Nischen werden unabhängig von ihrer Einzelgröße zusätzlich gerechnet, auch dann, wenn die Nische nicht zum Abzug kommt.

Ebenso sind ganz oder teilweise bekleidete freie Wandenden, Wandoberseiten, Unterseiten von Schürzenbekleidungen und Leibungen mit ihrem Maß gesondert zu rechnen *(Bild 37 und 38)*.

Nischenrückfläche

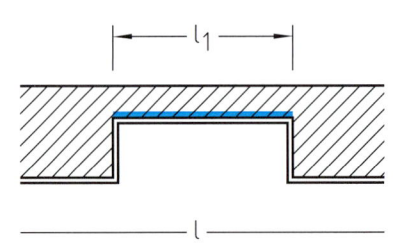

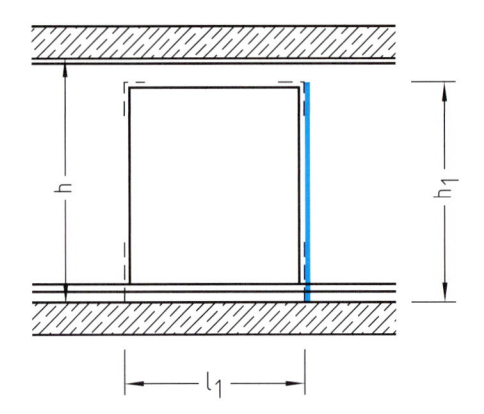

Bild 37

$A_{\text{Wand}} = l \cdot h + l_1 \cdot h_1$, falls $l_1 \cdot h_1 < 2{,}5\ m^2$;
Die Leibungen bleiben unberücksichtigt.

Wandenden und -oberseiten sowie Unterseiten

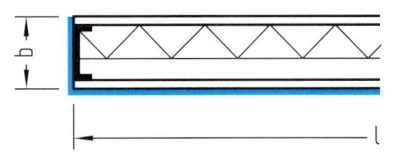

Bild 38

$A_{\text{Wandende}} = b \cdot l$
$A_{\text{Wandoberseite}} = b \cdot h$

Leibungen

Leibungen von Aussparungen, z.B. Öffnungen, Nischen, sind als solche einzuordnen, wenn sie innerhalb des Bauteils liegen. Ragt die Leibungsfläche über das Bauteil hinaus, ist sie als Teil der Wand zu behandeln *(Bild 39)*.

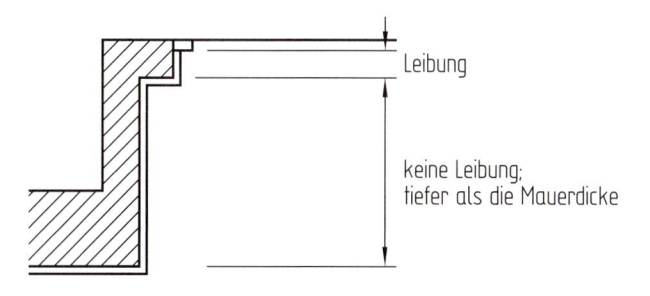

Bild 39

Die Abrechnungseinheiten für Leibungsbekleidungen von Öffnungen und Nischen mit einer Tiefe über 100 cm sind gemäß Abschnitt 0.5 nach Flächenmaß, die Abrechnungseinheiten von Öffnungen und Nischen mit einer Tiefe bis 100 cm im Leistungsverzeichnis nach Längenmaß vorzusehen und abzurechnen.

5.1.8 Sonderformate, z.B. Passplatten, werden gesondert gerechnet.

Sonderformate, z.B. Passplatten, bis 5 m² sind gemäß Abschnitt 0.5.3 im Leistungsverzeichnis nach Anzahl, getrennt nach Bauart und Maßen, vorzugeben und abzurechnen.

5.1.9 Gehrungen bei Friesen, Fugen, Nuten, Profilen und dergleichen werden je Richtungswechsel einmal gerechnet.

Gehrungen von Profilen und dergleichen, z.B. im Fugenbereich, bei Nuten, sowie Richtungswechsel von Wänden und Friesen sind gemäß Abschnitt 0.5.3 im Leistungsverzeichnis nach Anzahl vorzugeben und je Richtungswechsel einmal zu rechnen.

5.1.10 Bei Abrechnung von Einzelteilen von Bekleidungen nach Flächenmaß (m²) wird das kleinste umschriebene Rechteck zugrunde gelegt.

Bei Abrechnung von z.B. unregelmäßig geformten Einzelteilen nach Flächenmaß ist das kleinste umschriebene Rechteck zugrunde zu legen. Die längste gerade Seite bildet dabei die Grundlage *(Bild 40)*.

unregelmäßig geformtes Einzelteil

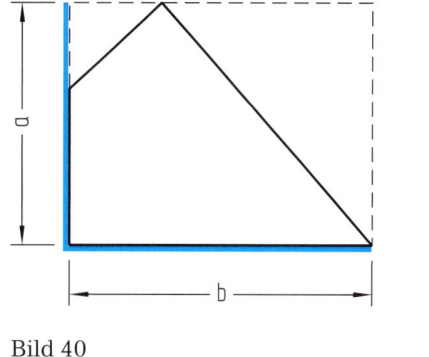

Bild 40 $\qquad A = a \cdot b$

5.1.11 Flächen bis 5 m² werden getrennt gerechnet.

Flächen bis 5 m² sind gemäß Abschnitt 0.5.3 im Leistungsverzeichnis nach Anzahl, getrennt nach Bauart und Maßen, vorzugeben und getrennt abzurechnen.

5.2 Es werden abgezogen:

5.2.1 Bei Abrechnung nach Flächenmaß (m²):

Aussparungen, z.B. Öffnungen (auch raumhoch), Nischen, über 2,5 m² Einzelgröße, in Böden Aussparungen über 0,5 m² Einzelgröße. Bei der Ermittlung der Abzugsmaße sind die kleinsten Maße der Aussparung zugrunde zu legen.

Aussparungen, z.B. Öffnungen, Nischen

Begriffsbestimmung

Aussparungen

Aussparungen sind planmäßig hergestellte Freiräume, die im fertigen Bauwerk entweder nicht oder mit gewerkspezifisch anderen Materialien abgedeckt sind.

Öffnungen

Öffnungen sind funktional eigenständige, planmäßig angelegte, durch die gesamte Dicke eines Bauteils durchgehende, frei gelassene Räume für den dauernden Gebrauch, z. B. Fenster- und Türöffnungen, auch geschosshohe Durchgänge.

Nischen

Nischen sind planmäßig auf Dauer angelegte Freiräume, die das Bauteil nicht durchdringen und zur Gliederung der Wandfläche oder zur Aufnahme von Schränken, Heizkörpern und dergleichen dienen. Die obere und untere Begrenzung kann durch die Unter- bzw. Oberseite gebildet sein.

Aussparungen, z. B. Öffnungen, Nischen, sind gemäß Abschnitt 5.1.1 zu messen, wobei zur Ermittlung der Übermessungsgrößen gemäß Abschnitt 5.2.1 die jeweils kleinsten Maße zugrunde zu legen sind.

Abgezogen werden:

Aussparungen, z. B. Öffnungen, Nischen, über 2,5 m² Einzelgröße (Bild 41)

in Böden über 0,5 m² Einzelgröße (Bild 42 und 43)

Pfeilervorlage

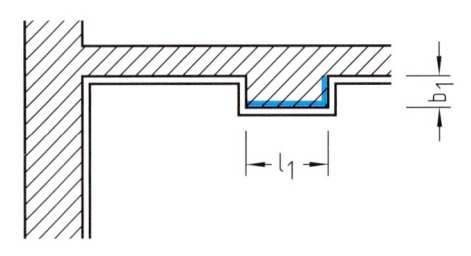

Bild 42

$A_{\text{Pfeilervorlage}} = l_1 \cdot b_1 > 0{,}5\ m^2$; sie ist abzuziehen.

Kaminvorsprung

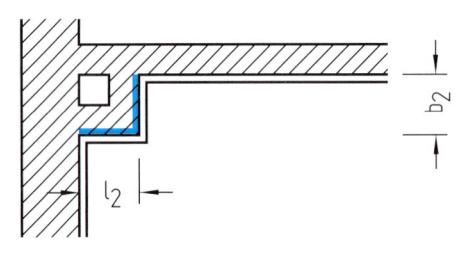

Bild 43

$A_{\text{Kaminvorsprung}} = l_2 \cdot b_2 > 0{,}5\ m^2$; sie ist abzuziehen.

5.2.2 Bei Abrechnung nach Längenmaß (m):

Unterbrechungen über 1 m Einzellänge.

Bild 41

$A_{\text{Aussparung}} = b \cdot h_1 < 2{,}5\ m^2$; sie ist zu übermessen.
$A_{\text{Öffnung}} = b \cdot h_2 > 2{,}5\ m^2$; sie ist abzuziehen.
$A_{\text{Nische}} = b \cdot h_3 < 2{,}5\ m^2$; sie ist zu übermessen, ihre Rückfläche, falls bekleidet, zusätzlich zu rechnen.

DIN 18345

Wärmedämm-Verbundsysteme – DIN 18345

Ausgabe Januar 2005

Geltungsbereich

Die ATV Wärmedämm-Verbundsysteme – DIN 18345 – gilt für die Ausführung von Wärmedämm-Verbundsystemen einschließlich der der Zulassung entsprechenden Oberfläche.

0.5 Abrechnungseinheiten

Im Leistungsverzeichnis sind die Abrechnungseinheiten wie folgt vorzusehen:

0.5.1 Flächenmaß (m^2), getrennt nach Bauart und Maßen, für

- Wärmedämm-Verbundsysteme getrennt nach Wänden, Decken, ebenen und gebogenen Flächen,
- Vorbehandeln des Untergrundes,
- Ausgleichen von unebenen Untergründen,
- Auffütterungen bei Flächen über 2,5 m^2 Einzelgröße,
- zusätzliche flächige Bewehrungen.

0.5.2 Längenmaß (m), getrennt nach Bauart und Maßen, für

- Leibungen,
- Schürzen, Brandbarrieren, Abdeckungen und dergleichen mit einer Breite bis 100 cm je Seite,
- Wärmedämm-Verbundsysteme an Pfeilern, Lisenen, Stützen, Unterzügen, Abtreppungen und dergleichen mit einer Breite bis 100 cm je Ansichtsfläche,
- Zuschnitte bei Schrägen sowie bei gebogenen oder andersartig geformten Bauteilen,
- Perimeterdämmungen mit einer Höhe bis 100 cm,
- Fensterbänke, Fenster- und Türumrahmungen, Faschen, Dekorprofile, Putzbänder, Bossenfugen, Schattenfugen und dergleichen,
- Hilfskonstruktionen im Bereich von Decken und Wänden zur Aufnahme von Installationsteilen, Beleuchtungskörpern und dergleichen,
- Ausschnitte für Leitungen und dergleichen,
- Profile, Anputzleisten, Gewebewinkel und dergleichen sowie Kantenausbildung ohne Profile,
- Anschlüsse an andere Bauteile, Anschluss-, Bewegungs- und Gebäudetrennfugen, Fugendichtbänder,
- Armierungsputze und zusätzliche flächige Bewehrungen bis 100 cm Breite,
- An- und Beiarbeiten an Bau- und Einbauteilen, Dachgesimsen und dergleichen,
- Dichtungsbänder, Dichtungsprofile, Ausspritzungen.

0.5.3 Anzahl (Stück), getrennt nach Bauart und Maßen, für

- Wärmedämm-Verbundsysteme auf Flächen bis 2,5 m^2 Einzelgröße,
- Herstellen von Aussparungen für Einzelleuchten, Luftauslässe, Revisionsöffnungen, Stützen, Pfeilervorlagen, Schalterdosen, Rohrdurchführungen, Kabel, Installationsteile und dergleichen,

- *Einbauen von Hilfskonstruktionen oder Montagezylindern für Markisen, Werbeträger, Einzelleuchten, Revisionsöffnungen, Installationsteile und dergleichen,*
- *Diagonalbewehrungen und Armierungspfeile sowie Sturzeckwinkel an Ecken von Aussparungen,*
- *Ecken, Gehrungen, Kreuzungen, Verkröpfungen und Endungen von Dekorprofilen,*
- *Schließen von Verankerungsöffnungen, Gerüstankerlöchern, Öffnungen und Durchbrüchen,*
- *Anarbeiten an Installationen, Rohre, überstehende Schalterdosen,*
- *Auffütterungen bei Flächen bis 2,5 m² Einzelgröße.*

5 Abrechnung

Ergänzend zur ATV DIN 18299, Abschnitt 5, gilt:

5.1 Allgemeines

5.1.1 Der Ermittlung der Leistung – gleichgültig, ob sie nach Zeichnung oder nach Aufmaß erfolgt – sind für Wärmedämm-Verbundsysteme die Maße der fertigen Oberfläche zugrunde zu legen.

5.1.2 Bei der Ermittlung der Maße wird jeweils das größte, gegebenenfalls abgewickelte Bauteilmaß zugrunde gelegt, z.B. bei Wandanschlüssen, umlaufenden Friesen, Faschen, An- und Einarbeitungen von vorhandenen Bauteilen, Einbauteilen und dergleichen. Fugen werden übermessen.

5.1.3 Dekorprofile und -elemente werden übermessen und gesondert gerechnet.

5.1.4 Gehrungen, Kreuzungen, Verkröpfungen und Endungen von Dekorgesimsen werden gesondert gerechnet.

5.1.5 Rückflächen von Nischen, auch wenn sie durch geringere Dämmstoffdicken gebildet werden, werden unabhängig von ihrer Einzelgröße mit ihren Maßen gesondert gerechnet.

5.1.6 Unmittelbar zusammenhängende, verschiedenartige Aussparungen, z.B. Öffnung mit angrenzender Nische, werden getrennt gerechnet.

5.1.7 Bindet eine Aussparung anteilig in angrenzende, getrennt zu rechnende Flächen ein, wird zur Ermittlung der Übermessungsgröße die jeweils anteilige Aussparungsfläche gerechnet.

5.1.8 Unterbrechungen bis 30 cm Einzelbreite, z.B. durch Fachwerkteile, Vorlagen, Stützen, Balken, Friese, Vertiefungen, werden übermessen.

5.1.9 Bei vieleckigen Einzelflächen ist zur Ermittlung der Maße das kleinste umschriebene Rechteck zugrunde zu legen.

5.2 Es werden abgezogen:

5.2.1 Bei Abrechnung nach Flächenmaß (m²):

Aussparungen, z.B. Öffnungen, Nischen, über 2,5 m² Einzelgröße. Bei der Ermittlung der Abzugsmaße sind die kleinsten Maße der Aussparung zugrunde zu legen.

5.2.2 Bei Abrechnung nach Längenmaß (m):

Unterbrechungen über 1 m Einzellänge.

Erläuterungen

0.5 Abrechnungseinheiten

Abschnitt 0.5 dient dazu, auf die üblichen und zweckmäßigen Abrechnungseinheiten für die jeweilige Teilleistung hinzuweisen. In der Leistungsbeschreibung ist die zutreffende Abrechnungseinheit festzulegen.

5 Abrechnung

Ergänzend zur ATV DIN 18299, Abschnitt 5, gilt:

Siehe Kommentierung zu Abschnitt 5 der ATV DIN 18299.

5.1 Allgemeines

5.1.1 Der Ermittlung der Leistung – gleichgültig, ob sie nach Zeichnung oder nach Aufmaß erfolgt – sind für Wärmedämm-Verbundsysteme die Maße der fertigen Oberfläche zugrunde zu legen.

Bei Wärmedämm-Verbundsystemen handelt es sich um die mit Bauteilen mechanisch verbundene Bekleidung im Außenbereich, z. B. die Bekleidung von Wänden, Stützen, Brüstungen, Attiken, Durchfahrten, Auskragungen.

Wärmedämm-Verbundsysteme setzen sich zusammen aus:

– einer auf dem Untergrund verklebten und/oder mechanisch befestigten Wärmedämmschicht,

– einem Armierungsputz mit Armierungsgewebe und

– einer Putzbeschichtung zur Gestaltung der Oberfläche.

Wärmedämm-Verbundsysteme werden nach den Maßen der fertigen Oberfläche abgerechnet. Für die Bestandteile Wärmedämmschicht, Armierungsputz mit Armierungsgewebe und Putz-Schlussbeschichtung gelten, selbst wenn die Leistungsbeschreibung sie in einzelnen Leistungspositionen vorsieht, die Maße der fertigen Bekleidung.

Maße der fertigen Oberfläche (Bild 1 bis 5)

Außenecke

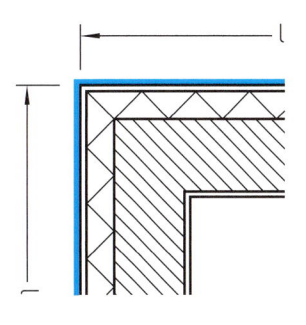

Bild 1

Innenecke

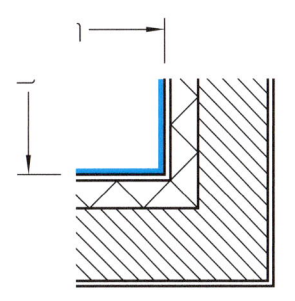

Bild 2

Beispiel in der Länge und Breite

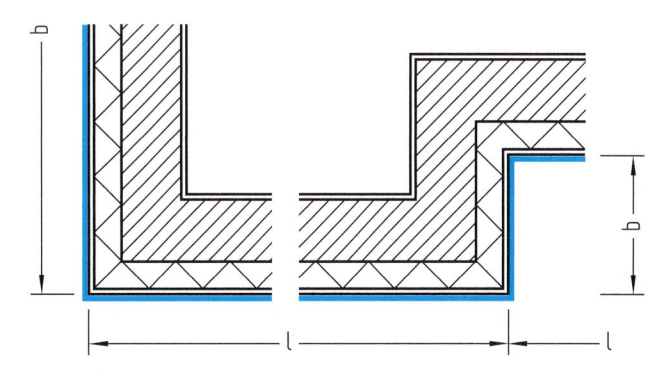

Bild 3

Beispiel in der Höhe

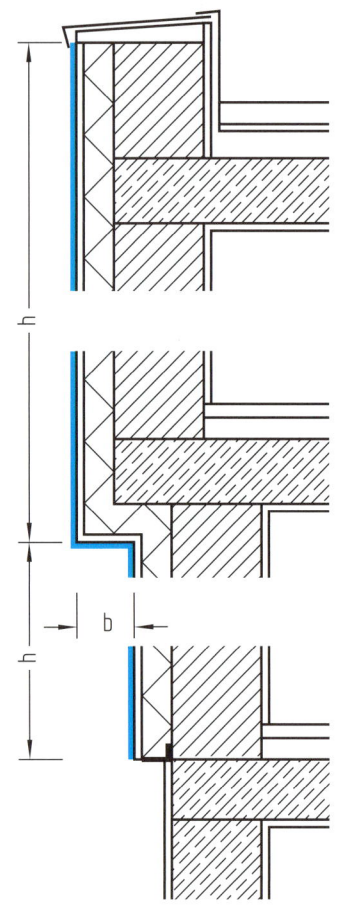

Bild 4

Stütze

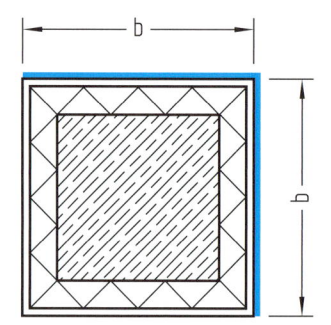

Bild 5

5.1.2 Bei der Ermittlung der Maße wird jeweils das größte, gegebenenfalls abgewickelte Bauteilmaß zugrunde gelegt, z. B. bei Wandanschlüssen, umlaufenden Friesen, Faschen, An- und Einarbeitungen von vorhandenen Bauteilen, Einbauteilen und dergleichen. Fugen werden übermessen.

Leistungen hinsichtlich der gestalterischen Wirkung von Bauteilen, z. B. die Einteilung von Wandflächen durch umlaufende Friese, Faschen, An- und Einarbeitungen von vorhandenen Bauteilen, Einbauteilen, werden nach den jeweils größten ggf. abgewickelten Bauteilmaßen ermittelt. Fugen werden dabei übermessen *(Bild 6 bis 10)*.

Gesimse, umlaufende Friese, Faschen, An- und Einarbeitungen von vorhandenen Bauteilen

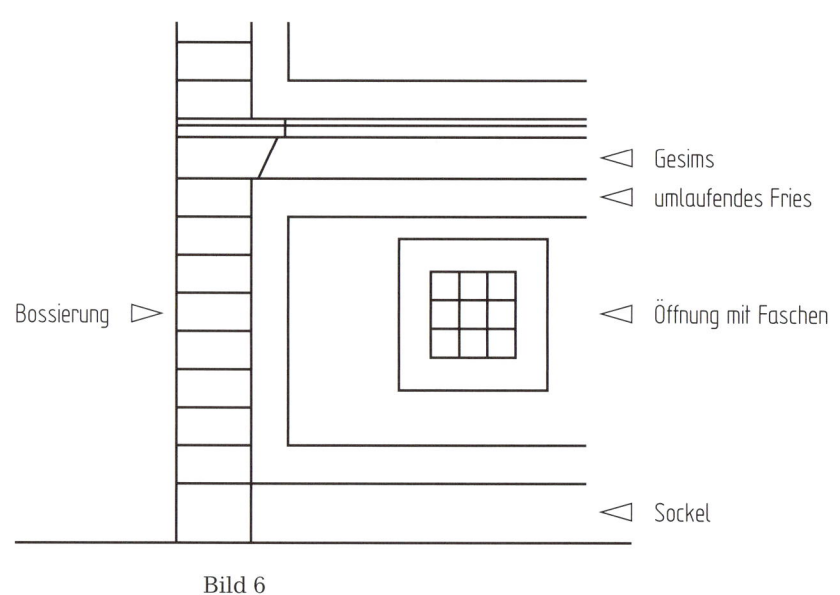

Bild 6

Gesimse

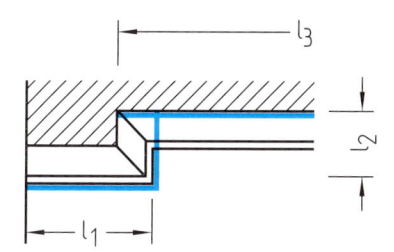

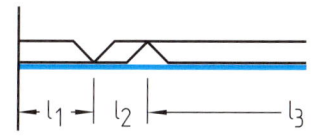

Bild 7

größte Länge in der Abwicklung = $l_1 + l_2 + l_3$

Gesimse sind mit dem größten, ggf. abgewickelten Bauteilmaß zu rechnen.

umlaufende Friese

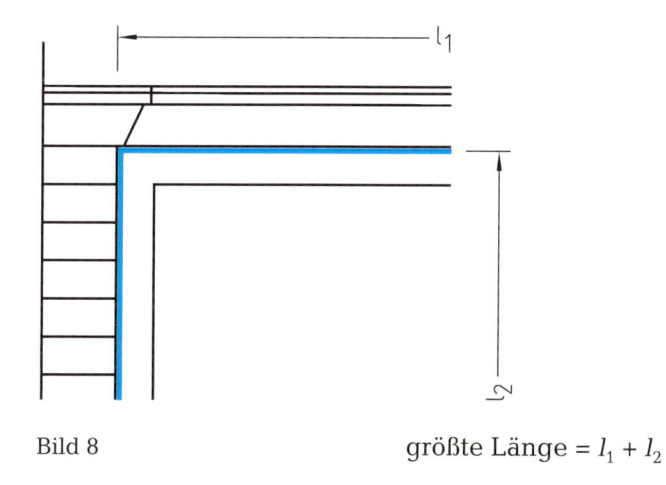

Bild 8 größte Länge = $l_1 + l_2$

Umlaufende Friese sind mit dem größten, ggf. abgewickelten Bauteilmaß zu rechnen.

Faschen

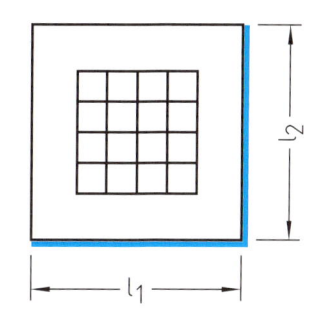

Bild 9 größte Länge = $2 \cdot (l_1 + l_2)$

Faschen sind mit dem größten, ggf. abgewickelten Bauteilmaß zu rechnen.

An- und Einarbeitungen von vorhandenen Bauteilen

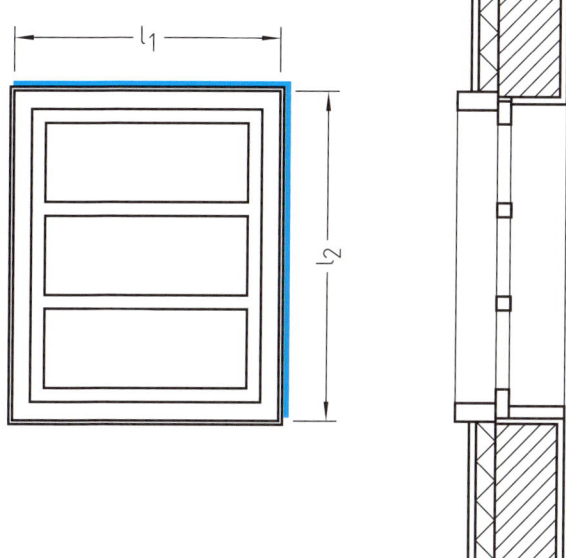

Bild 10
größte Länge in der Abwicklung = $2 \cdot (l_1 + l_2)$

An- und Einarbeitungen vorhandener Bauteile sind mit dem größten, ggf. abgewickelten Bauteilmaß zu rechnen.

5.1.3 Dekorprofile und -elemente werden übermessen und gesondert gerechnet.

Dekorprofile und -elemente sind fertige Profile und Elemente an Bauteilen. Sie sind zu übermessen und gesondert zu rechnen.

5.1.4 Gehrungen, Kreuzungen, Verkröpfungen und Endungen von Dekorgesimsen werden gesondert gerechnet.

Herstellen von Ecken, Gehrungen, Kreuzungen, Verkröpfungen, und Endungen an Dekorprofilen sind gemäß Abschnitt 0.5.3 im Leistungsverzeichnis nach Anzahl, getrennt nach Bauart und Maßen, vorzugeben und als „Besondere Leistung" gemäß Abschnitt 4.2.24 gesondert zu rechnen.

5.1.5 Rückflächen von Nischen, auch wenn sie durch geringere Dämmstoffdicken gebildet werden, werden unabhängig von ihrer Einzelgröße mit ihren Maßen gesondert gerechnet.

Gemäß Abschnitt 5.2.1 sind Nischen über 2,5 m² Einzelgröße abzuziehen, im Umkehrschluss bis 2,5 m² Einzelgröße zu übermessen. Die Rückflächen der Nischen jedoch sind, selbst wenn sie nur durch geringere Dämmstoffschichten gebildet werden, unabhängig von ihrer Einzelgröße zusätzlich zu rechnen *(Bild 11)*.

Nischenrückfläche

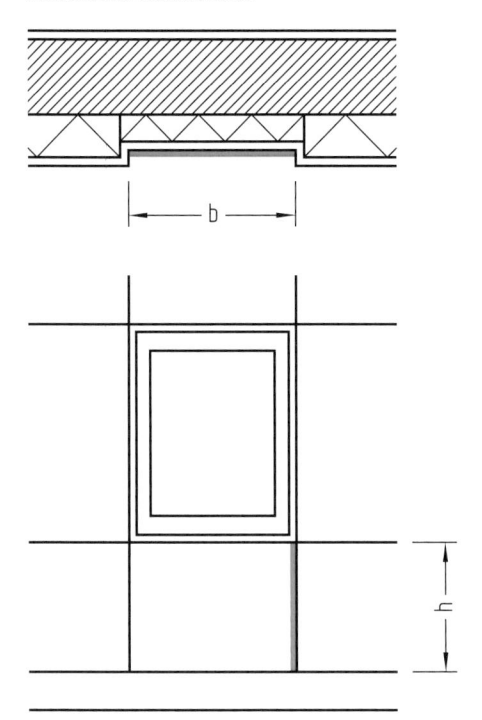

Bild 11

Nischenrückfläche = $l \cdot h < 2{,}5~m^2$; sie ist zu übermessen und zusätzlich zu rechnen.

5.1.6 Unmittelbar zusammenhängende, verschiedenartige Aussparungen, z. B. Öffnung mit angrenzender Nische, werden getrennt gerechnet.

Grenzen verschiedenartige Aussparungen, z.B. Öffnungen und Nischen, unmittelbar aneinander, so sind Öffnungen und Nischen zur Beurteilung der Übermessung getrennt zu rechnen *(Bild 12)*.

Aussparungen, Öffnungen, Nischen

Im Zusammenhang mit der Begriffsbestimmung siehe Abschnitt 5.2.1.

DIN 18345

Fenster mit Brüstungsnische

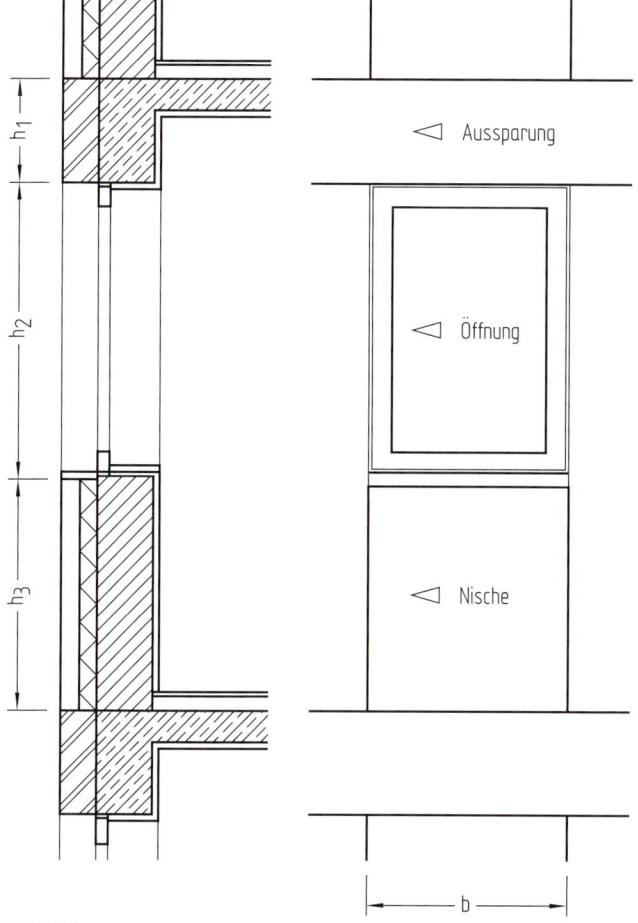

Bild 12

$A_{\text{Aussparung}} = b \cdot h_1 < 2{,}5\ m^2$; sie ist zu übermessen.

$A_{\text{Öffnung}} = b \cdot h_2 > 2{,}5\ m^2$; sie ist abzuziehen.

$A_{\text{Nische}} = b \cdot h_3 < 2{,}5\ m^2$; sie ist zu übermessen und ihre Rückfläche gemäß Abschnitt 5.1.5 zusätzlich zu rechnen.

Die Leibungen von Aussparungen, z. B. Öffnungen, Nischen, sind unabhängig davon, ob die Aussparungen, z. B. Öffnungen, Nischen, übermessen oder abgezogen werden, grundsätzlich gesondert zu rechnen, in der Regel gemäß Abschnitt 0.5.2 nach Längenmaß.

5.1.7 Bindet eine Aussparung anteilig in angrenzende, getrennt zu rechnende Flächen ein, wird zur Ermittlung der Übermessungsgröße die jeweils anteilige Aussparungsfläche gerechnet.

Aussparungen, Öffnungen, Nischen, die in angrenzende, getrennt zu rechnende Flächen einbinden, sind zur Ermittlung der Übermessungsgröße jeweils gesondert, bezogen auf die davon tangierte Einzelfläche, zu rechnen. So sind z. B. Fenster übereck bezogen auf die jeweilige Fassadenfläche zu ermitteln *(Bild 13)*.

Öffnung übereck

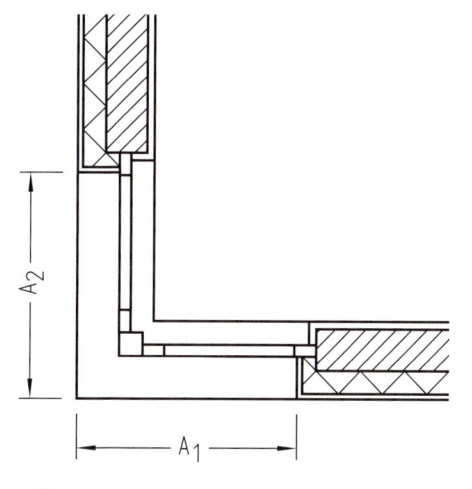

Bild 13

$A_1 > 2{,}5\ m^2$; sie ist abzuziehen.

$A_2 < 2{,}5\ m^2$; sie ist zu übermessen.

Leibungen werden grundsätzlich gesondert gerechnet.

5.1.8 Unterbrechungen bis 30 cm Einzelbreite, z.B. durch Fachwerkteile, Vorlagen, Stützen, Balken, Friese, Vertiefungen, werden übermessen.

Begriffsdefinition

Unterbrechungen sind planmäßig hergestellte Freiräume, die die vorgegebene Leistung in der Höhe, Länge oder Breite unterbrechen, wobei aber anders als bei einem Ende der Leistung die gleiche Leistung nach einem/einer Zwischenraum/Unterbrechung wieder neu weitergeführt wird *(Bild 14 und 15)*.

Unterbrechung (Ende einer Leistung, Zwischenraum, Weiterführung der gleichen Leistung)

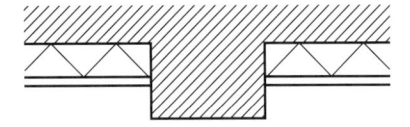

Bild 14

keine Unterbrechung (Ende einer Leistung)

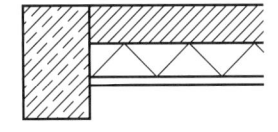

Bild 15

Für Wärmedämm-Verbundsysteme sind die Maße der fertigen Oberfläche gemäß Abschnitt 5.1.1 maßgebend. Unterbrechungen bis 30 cm Einzelbreite, z.B. durch Fachwerkteile, Vorlagen, Stützen, Balken, Friese, Vertiefungen, werden dabei übermessen *(Bild 16 bis 19)*.

Sichtfachwerk

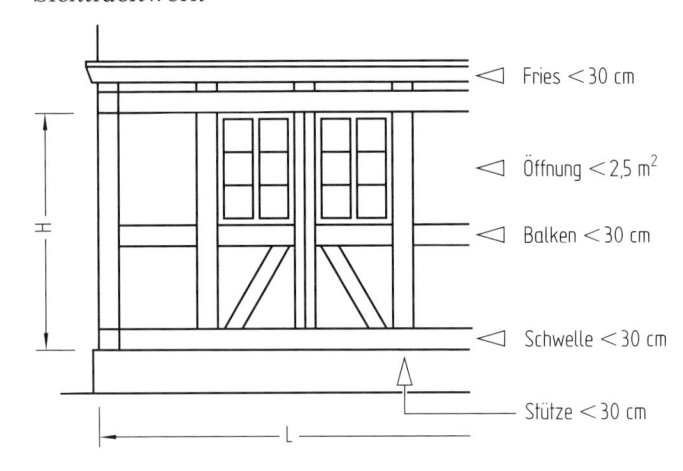

Bild 16

Stützen, Balken, Friese bis 30 cm Einzelbreite werden übermessen.

fertige Oberfläche = $L \cdot H$,
falls die Einzelbreite der Unterbrechungen durch die Fachwerkteile < 30 cm und die Einzelgröße der Öffnungen < 2,5 m^2 sind.

fertige Oberfläche = $L \cdot H$ abzüglich der Öffnungen, falls die Einzelbreite der Unterbrechungen durch die Fachwerkteile < 30 cm und die Einzelgröße der Öffnungen > 2,5 m^2 sind.

fertige Oberfläche = $L \cdot H$ abzüglich der Fachwerkteile, falls die Einzelbreite der Unterbrechungen durch die Fachwerkteile > 30 cm und die Einzelgröße der Öffnungen < 2,5 m^2 sind.

fertige Oberfläche = $L \cdot H$ abzüglich der Fachwerkteile und der Öffnungen,
falls die Einzelbreite der Unterbrechungen durch die Fachwerkteile > 30 cm und die Einzelgröße der Öffnungen > 2,5 m^2 sind.

Bei der Ermittlung der Übermessungsgrößen ist dabei gemäß Abschnitt 5.1.7 von der jeweiligen Aussparungsfläche auszugehen *(Bild 17)*.

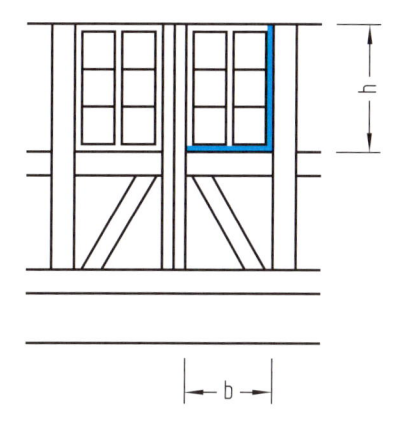

Bild 17

$A_{\text{Öffnung}} = b \cdot h$

Die die Öffnungen umgebenden Fachwerkteile spielen bei der Beurteilung der Übermessung der Öffnungen keine Rolle.

Die Übermessung der Fachwerkteile und der Öffnungen ist demnach ausschließlich von der Einzelbreite der Fachwerkteile bzw. der Einzelgröße der Öffnungen abhängig.

Vorlagen

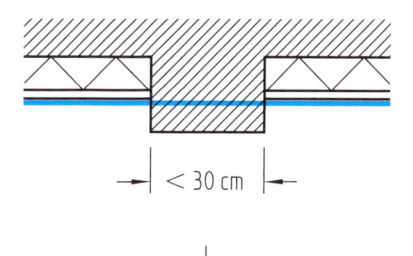

Bild 18

Vorlagen bis 30 cm Einzelbreite werden übermessen.

Vertiefungen

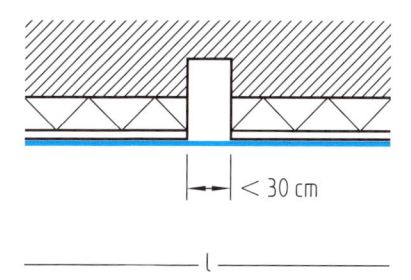

Bild 19

Vertiefungen bis 30 cm Einzelbreite werden übermessen.

5.1.9 Bei vieleckigen Einzelflächen ist zur Ermittlung der Maße das kleinste umschriebene Rechteck zugrunde zu legen.

Bei Abrechnung von z. B. unregelmäßig geformten Einzelteilen nach Flächenmaß ist das kleinste umschriebene Rechteck zugrunde zu legen. Die längste Gerade bildet dabei in der Regel die Grundlage *(Bild 20)*.

vieleckige Einzelfläche

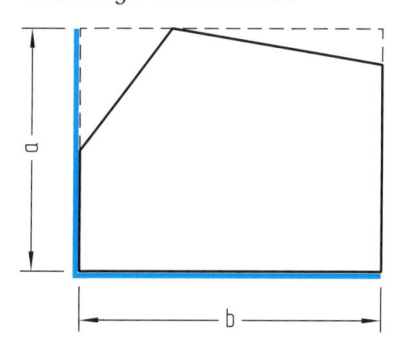

Bild 20

5.2 Es werden abgezogen:

5.2.1 Bei Abrechnung nach Flächenmaß (m²):

Aussparungen, z.B. Öffnungen, Nischen, über 2,5 m² Einzelgröße. Bei der Ermittlung der Abzugsmaße sind die kleinsten Maße der Aussparung zugrunde zu legen.

Aussparungen, z.B. Öffnungen, Nischen

Begriffsbestimmung

Aussparungen

Aussparungen sind planmäßig hergestellte Freiräume, die im fertigen Bauwerk entweder nicht oder mit gewerkspezifisch anderen Materialien abgedeckt sind.

Öffnungen

Öffnungen sind funktional eigenständige, planmäßig angelegte, durch die gesamte Dicke eines Bauteils durchgehende, frei gelassene Räume für den dauernden Gebrauch, z.B. Fenster- und Türöffnungen, auch geschosshohe Durchgänge.

Nischen

Nischen sind planmäßig auf Dauer angelegte Freiräume, die das Bauteil nicht durchdringen und zur Gliederung der Wandfläche oder zur Aufnahme von Schränken, Heizkörpern und dergleichen dienen. Die obere und untere Begrenzung kann durch die Unter- bzw. Oberseite gebildet sein.

Aussparungen, z.B. Öffnungen, Nischen, sind gemäß Abschnitt 5.1.1 zu messen, wobei zur Ermittlung der Übermessungsgrößen die jeweils kleinsten Maße zugrunde zu legen sind.

Abgezogen werden:

Aussparungen, z. B. Öffnungen, Nischen, über 2,5 m² Einzelgröße *(Bild 21)*

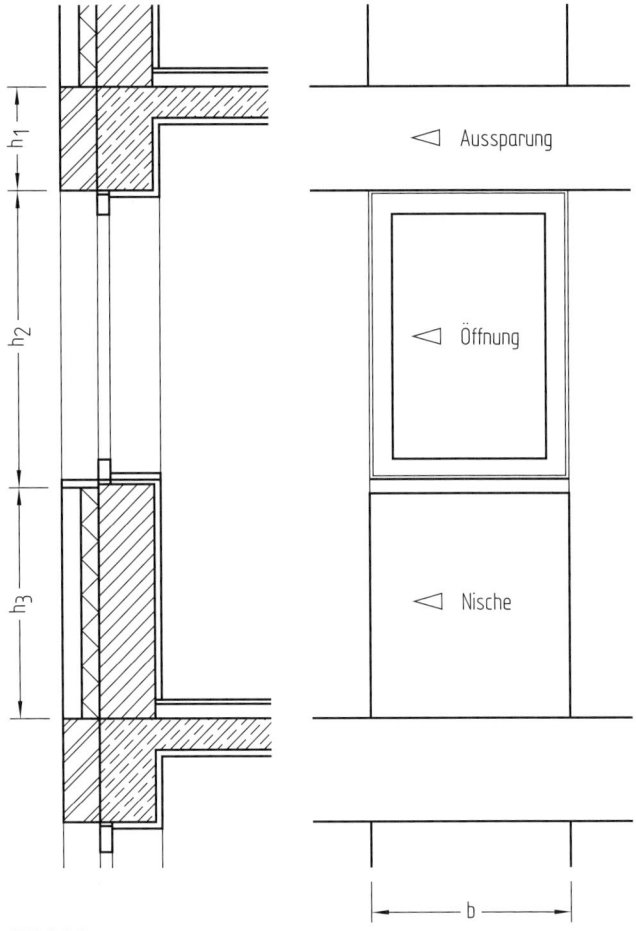

Bild 21

$A_{\text{Aussparung}} = b \cdot h_1 < 2{,}5\ m^2$; sie ist zu übermessen.

$A_{\text{Öffnung}} = b \cdot h_2 > 2{,}5\ m^2$; sie ist abzuziehen.

$A_{\text{Nische}} = b \cdot h_3 < 2{,}5\ m^2$; sie ist zu übermessen und ihre Rückfläche gemäß Abschnitt 5.1.5 zusätzlich zu rechnen.

5.2.2 Bei Abrechnung nach Längenmaß (m):

Unterbrechungen über 1 m Einzellänge.

Betonerhaltungsarbeiten – DIN 18349

Ausgabe Dezember 2002

Geltungsbereich

Die ATV „Betonerhaltungsarbeiten" – DIN 18349 – gilt für Arbeiten zur Erhaltung und Instandsetzung von Bauwerken und Bauteilen aus bewehrtem oder unbewehrtem Beton sowie für das Aufbringen zugehöriger Oberflächenschutzsysteme.

Die ATV DIN 18349 gilt nicht für

– das Herstellen von Bauteilen aus bewehrtem oder unbewehrtem Beton im Spritzverfahren (siehe ATV DIN 18314 „Spritzbetonarbeiten"),

– das Herstellen von Bauteilen aus Beton (siehe ATV DIN 18331 „Beton- und Stahlbetonarbeiten"),

– die Oberflächenbehandlung von Bauten und Bauteilen (siehe ATV DIN 18363 „Maler- und Lackierarbeiten").

0.5 Abrechnungseinheiten

Im Leistungsverzeichnis sind die Abrechnungseinheiten wie folgt vorzusehen:

0.5.1 *Flächenmaß (m^2), getrennt nach Bauart und Maßen, für*

- *Wände, Decken, Fundamente, Bodenplatten, Treppenlaufplatten, Podeste,*
- *örtlich begrenzte Fehlstellen, z. B. Ausbrüche von mehr als $1 m^2$ Einzelgröße, getrennt nach der jeweils größten Tiefe,*
- *Überzüge, Unterzüge, Stützen, Balken, Vorlagen, Fenster- und Türstürze mit mehr als 1,6 m in der Abwicklung,*
- *Bearbeitung von Oberflächen,*
- *Schalungen,*
- *flächige Abdeck- und Schutzmaßnahmen mit Folien, Platten und dergleichen,*
- *Einhausungen,*
- *flächige Verdämmungen.*

0.5.2 *Längenmaß (m), getrennt nach Bauart und Maßen, für*

- *Überzüge, Unterzüge, Stützen, Balken, Vorlagen, Fenster- und Türstürze bis zu 1,6 m in der Abwicklung,*
- *Gesimse, Leibungen, Faschen,*
- *Fachwerke,*
- *Stufen und Treppenwangen,*
- *Ausbilden von Kanten, Tropfkanten, Abfasungen bei mehr als 1 m Einzellänge,*
- *örtlich begrenzte Fehlstellen, z. B. Ausbrüche bis 0,1 m Breite und über 1 m Einzellänge, getrennt nach der jeweils größten Tiefe,*
- *Schalung für Schlitze, Reprofilierungen, Vouten, Konsolen und dergleichen über 1 m Einzellänge,*
- *Freilegen von Betonstahl über 1 m Einzellänge, getrennt nach Durchmesser bis 16 mm und über 16 mm,*
- *Korrosionsschutz von Betonstahl über 1 m Einzellänge,*
- *Profilstahl,*
- *Herstellen von Fugen,*
- *Verfüllen von Rissen, getrennt nach Verfahren, Zweck und Art der Füllstoffe,*
- *Angleichen der Bauteiloberfläche im Bereich von gefüllten Rissen an die benachbarte Betonstruktur,*
- *Abdichten der Fugen mit Fugenbändern, Injektionsschläuchen, Fugenprofilen, Fugenfüllungen und dergleichen.*

0.5.3 Anzahl (Stück), getrennt nach Bauart und Maßen, für

- *Konsolen,*
- *örtlich begrenzte Fehlstellen, z. B. Ausbrüche über 0,1 m Breite, getrennt nach der jeweils größten Tiefe und Flächengröße*
  bis zu 0,01 m^2,
  bis zu 0,10 m^2,
  bis zu 0,25 m^2,
  bis zu 0,50 m^2,
  bis zu 0,75 m^2,
  bis zu 1,00 m^2,
- *Freilegen von Betonstahl bis 0,5 m Einzellänge,*
- *Freilegen von Betonstahl über 0,5 m bis 1 m Einzellänge,*
- *Korrosionsschutz von Betonstahl bis 1 m Einzellänge,*
- *Schalung für Schlitze, Reprofilierungen, Vouten, Konsolen und dergleichen, bis 1 m Einzellänge,*
- *vorkonfektionierte Formteile, z. B. Ecken und Knoten bei Fugenbändern und Profilen,*
- *Kleben von Verstärkungen (Lamellen, Stahllaschen),*
- *Vorbereiten der Betonunterlage für die Verklebung von Verstärkungen (Lamellen, Stahllaschen),*
- *Abdeckmaßnahmen an Türen, Fenstern, Zwischenwänden, Markisen, Geländern und dergleichen,*
- *Verfüllen von Aussparungen,*
- *Verankerungsdübel,*
- *Bauwerksuntersuchungen, Prüfungen, z. B. Prüfen der Oberflächenzugfestigkeit,*
- *Beseitigen von störenden Fremdkörpern, z. B. Bindedraht, Nägel, Kunststoffteile, Holzteile,*
- *Schalungen für Aussparungen,*
- *Packer,*
- *Einhausungen.*

0.5.4 Gewicht (kg), für

- *Füllstoffe, und getrennt nach Bauart und Maßen, für*
- *Liefern, Schneiden, Biegen und Verlegen von Bewehrungen und Lagesicherungen,*
- *Einbauteile, Bewehrungsanschlüsse, Dübelleisten, Ankerschienen, Verbindungselemente und dergleichen.*

5 Abrechnung

Ergänzend zur ATV DIN 18299, Abschnitt 5, gilt:

5.1 Allgemeines

5.1.1 Der Ermittlung der Leistung – gleichgültig, ob sie nach Zeichnung oder Aufmaß erfolgt – sind die Maße der behandelten Fläche zugrunde zu legen.

5.1.2 Die Wandhöhen überwölbter Räume werden bis zum Gewölbeanschnitt, die Wandhöhe der Schildwände bis zu $^2/_3$ des Gewölbestiches gerechnet.

5.1.3 Bei der Flächenermittlung von gewölbten Decken mit einer Stichhöhe unter $^1/_6$ der Spannweite wird die Fläche des überdeckten Raumes gerechnet. Gewölbe mit größerer Stichhöhe werden nach der Fläche der abgewickelten Untersicht gerechnet.

5.1.4 Bei Kreuzungen von Unterzügen oder Balken mit Stützen werden die Unterzüge und Balken durchgemessen, wenn sie breiter als die Stützen sind. Die Stützen werden in diesem Fall bis Unterseite Unterzug oder Balken gerechnet.

5.1.5 Bei ungleichmäßiger Dicke von Ausbrüchen und Schichten wird die größte Bearbeitungstiefe durch Profilvergleich vor und nach der Ausführung ermittelt.

5.1.6 Aussparungen, z. B. Nischen, Öffnungen, werden, auch falls sie unmittelbar zusammenhängen, getrennt gerechnet.

5.1.7 In behandelten Flächen liegende Rahmen, Riegel, Ständer, Unterzüge und Vorlagen bis 0,3 m Einzelbreite werden übermessen, die behandelten Seiten gesondert gerechnet. Deren Beschichtung in anderer Technik oder anderem Farbton wird gesondert gerechnet.

5.1.8 Treppenwangen werden in ihrer größten Breite gerechnet.

5.1.9 Reprofilierungen von Kanten werden in der Abwicklung gesondert gerechnet.

5.1.10 Freilegen von Bewehrungsstahl, Ausbrüche sowie Wiederherstellen der Oberfläche werden nach den größten Maßen gerechnet.

Bei Abrechnung nach Flächenmaß (m²) wird mit dem kleinsten umschriebenen Rechteck gerechnet.

5.1.11 Bei Abrechnung der Schalung nach Flächenmaß wird das kleinste umschriebene Rechteck gerechnet.

5.1.12 Schutzabdeckungen werden in ihrer Abwicklung gerechnet.

5.2 Bewehrungsstahl

5.2.1 Die Vorbehandlung und der Korrosionsschutz des Bewehrungsstahles werden jeweils gesondert gerechnet. Kreuzungspunkte werden übermessen.

5.2.2 Liefern, Schneiden, Biegen und Einbauen von Bewehrungsstahl werden gesondert gerechnet. Maßgebend ist bei genormten Profilen das Gewicht nach DIN-Normen mit einem Zuschlag von 2 % für Walzwerktoleranzen, bei anderen Profilen das Gewicht aus den Profilbüchern der Hersteller.

5.2.3 Bindedraht, Walztoleranzen und Verschnitt bleiben bei der Ermittlung des Abrechnungsgewichtes unberücksichtigt.

5.3 Fugenabdichtungen

Fugenbänder und Fugenprofile werden in ihrer größten Länge (Schrägschnitt, Gehrungen) gerechnet.

5.4 Füllen von Rissen und Hohlräumen

5.4.1 Mehr- oder Minderverbrauch von Füllstoffen wird gesondert gerechnet.

5.4.2 Angleichen der abgedichteten Risse an die Betonstruktur wird nach der Risslänge gesondert gerechnet.

5.4.3 Bei Abrechnung flächiger Verdämmungen nach Flächenmaß (m²) wird mit dem kleinsten umschriebenen Rechteck gerechnet.

5.5 Es werden abgezogen:

5.5.1 Bei Abrechnung nach Flächenmaß (m²):

Aussparungen, z.B. Öffnungen, Nischen, über 2,5 m² Einzelgröße.

5.5.2 Bei Abrechnung nach Längenmaß (m):

Unterbrechungen über 1 m Einzellänge.

Erläuterungen

0.5 Abrechnungseinheiten

Abschnitt 0.5 dient dazu, auf die üblichen und zweckmäßigen Abrechnungseinheiten für die jeweilige Teilleistung hinzuweisen. Bei Aufstellung der Leistungsbeschreibung ist die zutreffende Abrechnungseinheit festzulegen.

Im Interesse einer ordnungsgemäßen Preiskalkulation ist dies für die einzelnen Arbeitsgänge und -techniken für Betonerhaltungsarbeiten sowie für die Ausbesserung von Betonschäden und -ausbrüchen von besonderer Bedeutung.

Der Verbrauch an Stoffen ist nicht nur von der Größe der Schäden, sondern auch von der Tiefe der Ausbrüche und der Rautiefe der Oberfläche abhängig. Die Bearbeitung kleiner Schäden erfordert gerade in diesem Bereich ungleich mehr an Arbeitszeit als großflächige Schäden. Es ist deshalb in diesem Zusammenhang notwendig, z.B. vergütungsabhängige Grenzwerte für die Tiefe eines Ausbruches bzw. für die Rautiefe der Oberfläche festzulegen.

So sind im Abschnitt 0.5.1 Ausbrüche von mehr als 1 m² Einzelgröße, getrennt nach der jeweils größten Tiefe, nach Flächenmaß (m²) vorgesehen. Abschnitt 0.5.2 sieht hierzu Ausbrüche bis 0,1 m Breite und über 1 m Einzellänge, getrennt nach der jeweils größten Tiefe, im Längenmaß (m) vor.

Abschnitt 0.5.3 gibt Ausbrüche über 0,1 m Breite, getrennt nach der jeweils größten Tiefe und Fläche, differenziert bis zu 1 m² nach Anzahl (Stück) vor.

Allein am Beispiel der Ausbrüche wird deutlich, wie differenziert die ATV die Möglichkeiten der Festlegungen in der Leistungsbeschreibung als Voraussetzung für eine VOB-gerechte Ausschreibung, Kostenermittlung und Abrechnung vorsieht.

5 Abrechnung

Ergänzend zur ATV DIN 18299, Abschnitt 5, gilt:

Siehe Kommentierung zu Abschnitt 5 der ATV DIN 18299.

5.1 Allgemeines

5.1.1 Der Ermittlung der Leistung – gleichgültig, ob sie nach Zeichnung oder Aufmaß erfolgt – sind die Maße der behandelten Fläche zugrunde zu legen.

Die Ermittlung der Leistung nach Zeichnung oder Aufmaß erfolgt für Bauteile nach den Maßen der behandelten Flächen, z. B.:

- Gesamtflächen, wenn alle Flächen eines Gebäudes oder Bauwerkes untersucht, gereinigt und nach beendeter Instandsetzung beschichtet werden müssen,
- Teilflächen, wenn geschädigte Flächen eines Gebäudes oder Bauwerks nur teilweise ausgebessert werden müssen.

Dabei gelten für die Ermittlung der Leistung innen und außen die Maße der jeweils behandelten Flächen *(Bild 1 und 2)*.

Unterzug

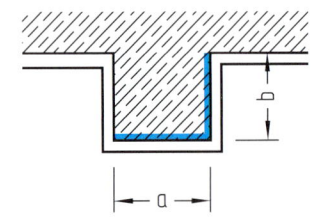

Bild 1

Kragplatte

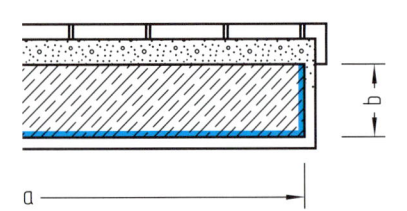

Bild 2

5.1.2 Die Wandhöhen überwölbter Räume werden bis zum Gewölbeanschnitt, die Wandhöhe der Schildwände bis zu $2/3$ des Gewölbestiches gerechnet.

Die Berechnung der Wandhöhen überwölbter Räume und die der Schildwände ist aus *Bild 3* ersichtlich.

Wandhöhen überwölbter Räume

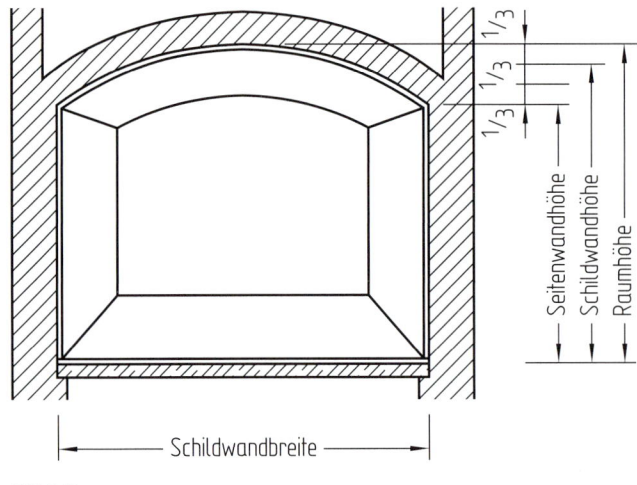

Bild 3

5.1.3 Bei der Flächenermittlung von gewölbten Decken mit einer Stichhöhe unter $1/6$ der Spannweite wird die Fläche des überdeckten Raumes gerechnet. Gewölbe mit größerer Stichhöhe werden nach der Fläche der abgewickelten Untersicht gerechnet.

Die Flächenermittlung von gewölbten Decken ist aus *Bild 4* ersichtlich.

Flächenermittlung gewölbter Decken

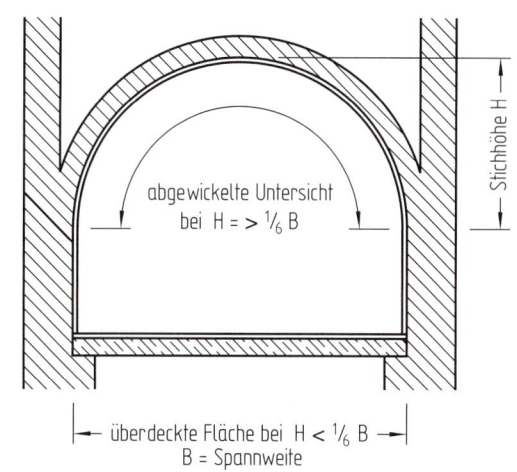

Bild 4

Aufmaß gewölbte Decken

Abgewickelte Untersicht bei $H > \frac{1}{6} B$

$A_{\text{abgewickelte Untersicht}} = B \cdot \frac{1}{2} \cdot 3{,}14 \cdot L$

Überdeckte Fläche bei $H < \frac{1}{6} B$

$A_{\text{überdeckte Fläche}} = B \cdot L$

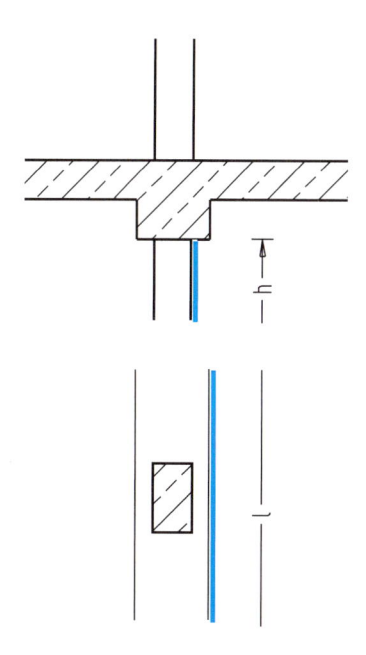

Bild 5

Für den Fall, dass die Stütze gleich breit oder breiter als der Unterzug oder Balken ist, sind gesonderte Festlegungen für die Abrechnung im Bauvertrag zu treffen.

Abschnitt 5.1.4 sieht dafür keine Regelung vor.

5.1.4 Bei Kreuzungen von Unterzügen oder Balken mit Stützen werden die Unterzüge und Balken durchgemessen, wenn sie breiter als die Stützen sind. Die Stützen werden in diesem Fall bis Unterseite Unterzug oder Balken gerechnet.

Die Flächenermittlung bei Kreuzungen von Unterzügen und Balken mit Stützen ist aus *Bild 5* ersichtlich.

Flächenermittlung, wenn der Unterzug breiter ist als die Stütze:

– Der Unterzug ist durchzumessen.
– Die Höhe der Stütze ist bis Unterseite Unterzug zu messen.

5.1.5 Bei ungleichmäßiger Dicke von Ausbrüchen und Schichten wird die größte Bearbeitungstiefe durch Profilvergleich vor und nach der Ausführung ermittelt.

Sanierungsmaßnahmen an Stahlbetonkonstruktionen sind in der Regel mit besonderem Aufwand verbunden. Es ist deshalb für den Auftraggeber, aber auch für den Auftragnehmer besonders wichtig, dass der Preis und die Leistung stimmen.

Insbesondere bei der Sanierung von Ausbrüchen und Schichten offenbart sich das wahre Schadensausmaß erst im Verlauf der Reparaturarbeiten. Es ist deshalb gerade in diesem Zusammenhang ratsam, vergütungsabhängige Grenzwerte für die Tiefe des Ausbruchs bzw. für die „Rautiefe der Oberfläche" in der Ausschreibung anzugeben. Die Tiefen der Ausbrüche sind dann gemeinsam mit dem Auftraggeber zu überprüfen und festzulegen.

Bei einer größeren Zahl punktuell verteilter Einzelschäden bedarf es demnach in der Ausschreibung der Abgrenzung der Fläche nach Ausbruchtiefen, wobei für Flächen mit Tiefen, die im Leistungsverzeichnis nicht vorgesehen sind, gemäß § 2 Nr. 6 VOB/B ein neuer Preis zu vereinbaren ist.

5.1.6 Aussparungen, z.B. Nischen, Öffnungen, werden, auch falls sie unmittelbar zusammenhängen, getrennt gerechnet.

Liegt eine Nische unter einem Fenster, so werden Nische und Fenster jeweils unabhängig voneinander gerechnet *(Bild 6)*.

Fenster mit Brüstungsnische

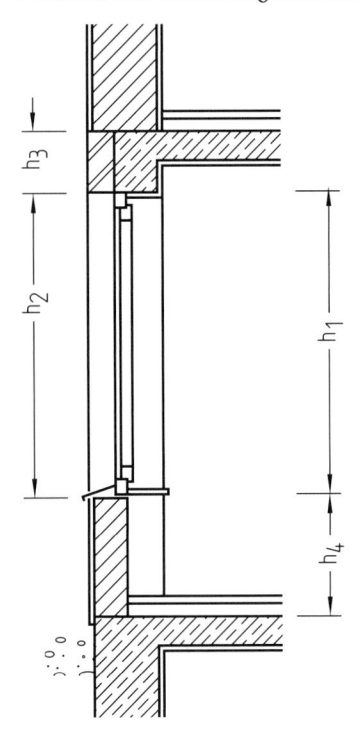

Bild 6

Fenster > 2,5 m²
Nische ≤ 2,5 m²

Jedes Element ist getrennt zu rechnen und je nach Größe zu übermessen bzw. gemäß Abschnitt 5.5.1 abzuziehen.

Die Fensteröffnung ist abzuziehen.

Die Nische ist, soweit < 2,5 m², zu übermessen.

Die vorliegende Fassung regelt

– nicht mehr die gesonderte Berechnung behandelter Leibungen von Aussparungen, z.B. von Öffnungen, Nischen, über 2,5 m² Einzelgröße und

– nicht mehr die gesonderte Berechnung von Rückflächen von Nischen, gleich welcher Größe.

Dies bedeutet, dass Leibungen auch von Öffnungen zu messen sind, die gemäß Abschnitt 5.5.1 nicht abgezogen werden, und dass Rückflächen von Nischen selbst dann abzuziehen sind, wenn ihre Flächen behandelt sind.

Während diese Neuregelung also einerseits mit der Bemessung aller behandelten Leibungen, z.B. die Übermessung der nicht behandelten Öffnung bis 2,5 m² Einzelgröße, gestattet, verbietet sie andererseits die Bemessung behandelter Flächen, z.B. die Rückflächen der Nische über 2,5 m² Einzelgröße.

Es empfiehlt sich deshalb, bereits in der Leistungsbeschreibung bzw. vor Vertragsabschluss entsprechend darauf hinzuweisen und eine Klärung herbeizuführen.

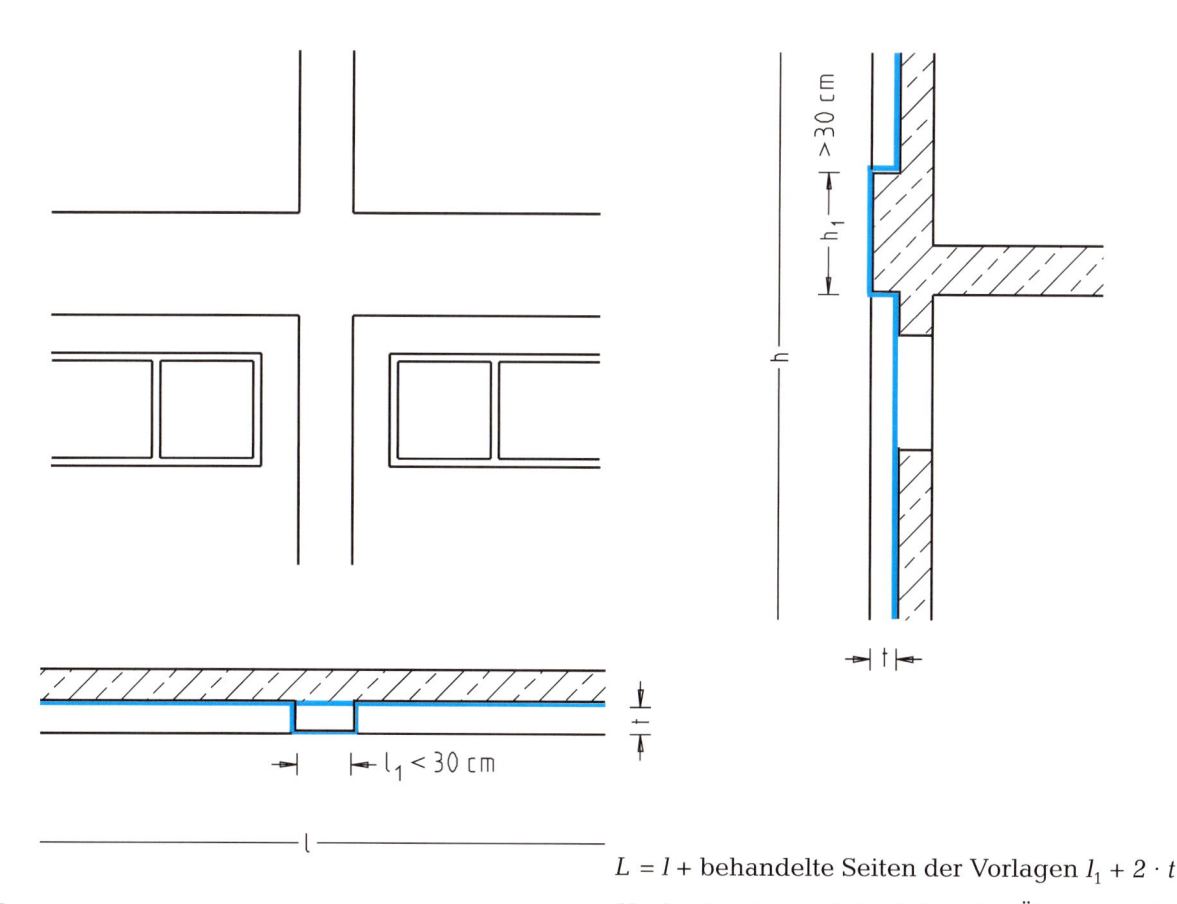

Bild 7

$L = l +$ behandelte Seiten der Vorlagen $l_1 + 2 \cdot t$

$H = h - h_1 +$ behandelte Seiten des Überzuges $h_1 + 2 \cdot t$

5.1.7 In behandelten Flächen liegende Rahmen, Riegel, Ständer, Unterzüge und Vorlagen bis 0,3 m Einzelbreite werden übermessen, die behandelten Seiten gesondert gerechnet. Deren Beschichtung in anderer Technik oder anderem Farbton wird gesondert gerechnet.

Die Regelung über die Abrechnung von Flächen mit zu behandelnden Unter-, Überzügen, Vorlagen und dergleichen unterscheidet sich insoweit, als diese bis 30 cm übermessen werden. Sie legt außerdem fest, dass die behandelten Seitenflächen der Unter- und Überzüge, Vorlagen und dergleichen unabhängig von ihrer Breite zusätzlich zu rechnen sind *(Bild 7)*.

Ist darüber hinaus die Beschichtung des Rahmenwerkes in anderer Technik oder anderem Farbton vorgeschrieben, so sind diese Flächen gesondert zu rechnen.

5.1.8 Treppenwangen werden in ihrer größten Breite gerechnet.

Die größte Breite einer Treppenwange ist bestimmt durch den senkrechten Abstand der Oberkante und der Unterkante an der breitesten Stelle *(Bild 8)*.

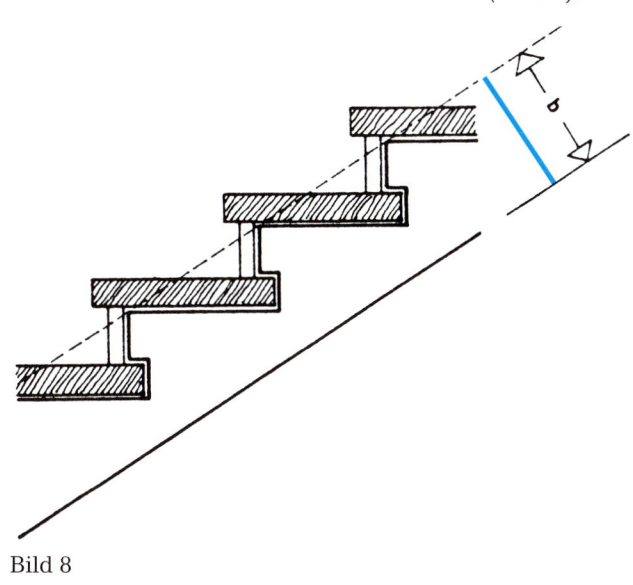

Bild 8

5.3 Fugenabdichtungen

Fugenbänder und Fugenprofile werden in ihrer größten Länge (Schrägschnitt, Gehrungen) gerechnet.

Fugenbänder und Fugenprofile zur Instandsetzung von undichten Fugen, wie Dehnungsfugen, Arbeitsfugen, werden in ihrer größten Länge gemessen, bei Schrägschnitt oder Gehrungen das Außenmaß *(Bild 14)*.

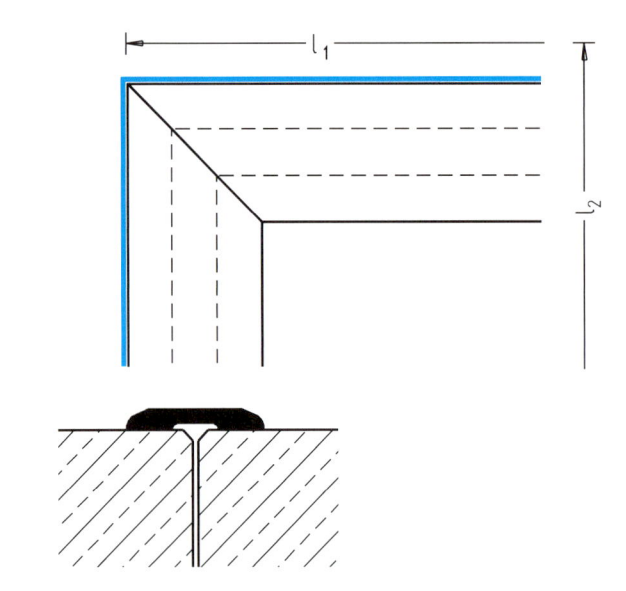

Bild 14 $\qquad l = l_1 + l_2$

5.4 Füllen von Rissen und Hohlräumen

5.4.1 Mehr- oder Minderverbrauch von Füllstoffen wird gesondert gerechnet.

In der Regel kommen zur Anwendung

– Epoxidharze,

– Polyurethan-Harze,

die durch Injektion oder Tränkung eingebracht werden. Gemäß Abschnitt 0.5.4 wird der Ausschreibende darauf hingewiesen, den Verbrauch an Füllgut für Risse nach Gewicht (kg) auszuschreiben und den voraussichtlichen Verbrauch vorzugeben.

Der Mehr- oder Minderverbrauch ist gegen Nachweis zu vergüten. Der Nachweis erfolgt über Leergebinde.

5.4.2 Angleichen der abgedichteten Risse an die Betonstruktur wird nach der Risslänge gesondert gerechnet.

Entscheidend für die Abrechnung dieser Leistung ist die Risslänge. Die Rissbreite und der Verlauf des Risses, insbesondere bei längeren Rissen, ist in der Leistungsbeschreibung anzugeben.

5.4.3 Bei Abrechnung flächiger Verdämmungen nach Flächenmaß (m²) wird mit dem kleinsten umschriebenen Rechteck gerechnet.

Flächige Verdämmungen, in der Regel Beschichtungen von 2 bis 5 mm Dicke und einer Breite von ca. 5 cm nach jeder Seite des Risses, werden bei Abrechnung nach Flächenmaß mit dem kleinsten umschriebenen Rechteck gerechnet *(Bild 15)*.

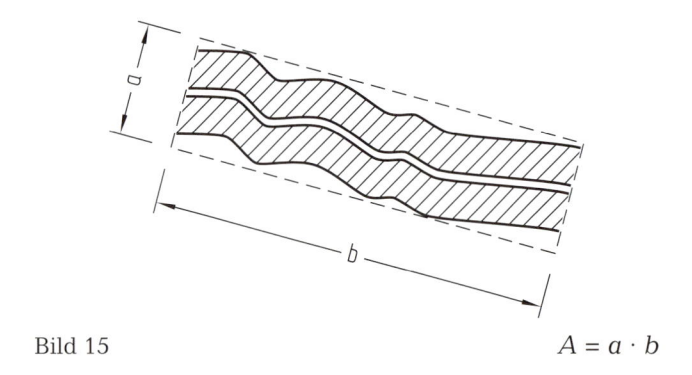

Bild 15 $\qquad A = a \cdot b$

214

DIN 18349

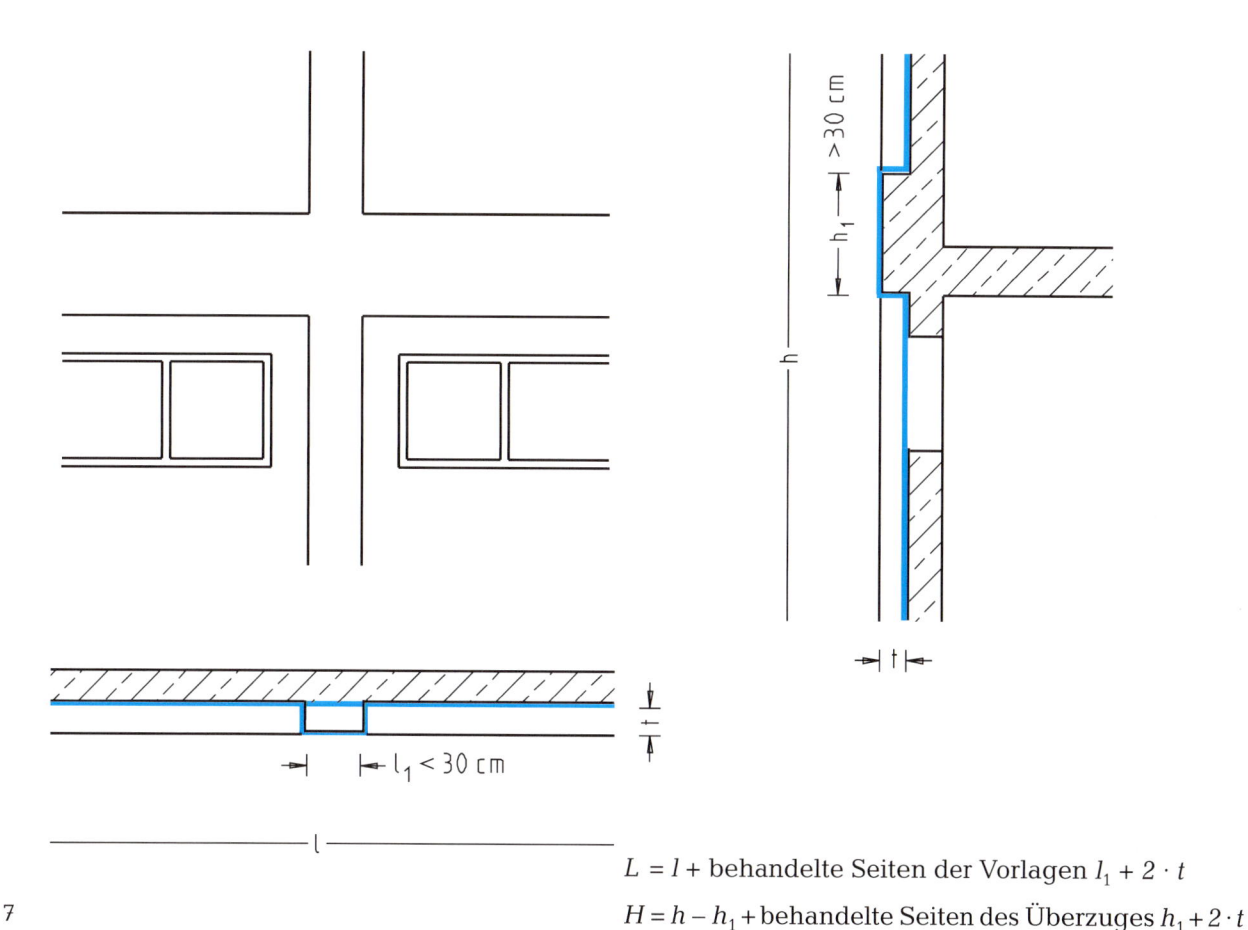

$L = l +$ behandelte Seiten der Vorlagen $l_1 + 2 \cdot t$

$H = h - h_1 +$ behandelte Seiten des Überzuges $h_1 + 2 \cdot t$

Bild 7

5.1.7 In behandelten Flächen liegende Rahmen, Riegel, Ständer, Unterzüge und Vorlagen bis 0,3 m Einzelbreite werden übermessen, die behandelten Seiten gesondert gerechnet. Deren Beschichtung in anderer Technik oder anderem Farbton wird gesondert gerechnet.

Die Regelung über die Abrechnung von Flächen mit zu behandelnden Unter-, Überzügen, Vorlagen und dergleichen unterscheidet sich insoweit, als diese bis 30 cm übermessen werden. Sie legt außerdem fest, dass die behandelten Seitenflächen der Unter- und Überzüge, Vorlagen und dergleichen unabhängig von ihrer Breite zusätzlich zu rechnen sind *(Bild 7)*.

Ist darüber hinaus die Beschichtung des Rahmenwerkes in anderer Technik oder anderem Farbton vorgeschrieben, so sind diese Flächen gesondert zu rechnen.

5.1.8 Treppenwangen werden in ihrer größten Breite gerechnet.

Die größte Breite einer Treppenwange ist bestimmt durch den senkrechten Abstand der Oberkante und der Unterkante an der breitesten Stelle *(Bild 8)*.

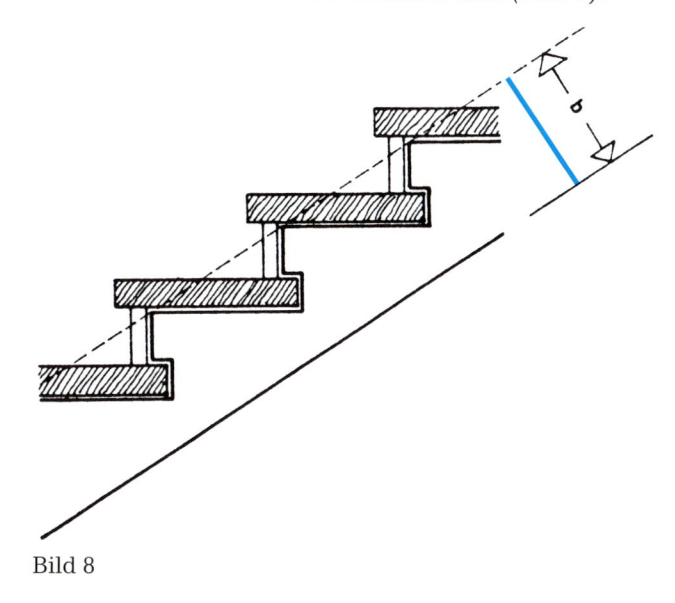

Bild 8

5.1.9 Reprofilierungen von Kanten werden in der Abwicklung gesondert gerechnet.

Sanierungsmaßnahmen, z.B. an Stützen, Unterzügen, Kragplatten mit Wiederinstandsetzen von Kanten, Tropfkanten und Nuten, sind in der Regel mit hohen Aufwendungen verbunden.

Aus diesem Grunde ist neben der Abrechnung des Ausbruches nach den größten Maßen bzw. bei Abrechnung nach Flächenmaß unter Zugrundelegung des kleinsten umschriebenen Rechtecks gemäß Abschnitt 5.1.10 die Instandsetzung der Kante, der Tropfkante und der Nuten zusätzlich gesondert zu rechnen *(Bild 9)*.

Die Abrechnung des Ausbruches nach Flächenmaß erfolgt gemäß Abschnitt 5.1.10 nach der jeweils größten Tiefe:

$A = a \cdot (b_1 + b_2 + b_3)$

Die Profilierung der Kante ist gemäß Abschnitt 5.1.9 zusätzlich zu rechnen:

$A = a \cdot (b_1 + b_2 + b_3)$

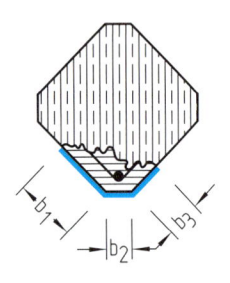

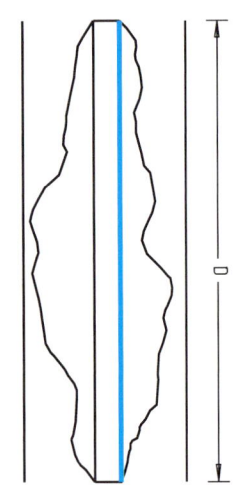

Bild 9

5.1.10 Freilegen von Bewehrungsstahl, Ausbrüche sowie Wiederherstellen der Oberfläche werden nach den größten Maßen gerechnet.

Bei Abrechnung nach Flächenmaß (m²) wird mit dem kleinsten umschriebenen Rechteck gerechnet.

Die Abrechnung freigelegter Bewehrungsstähle sollte grundsätzlich nach Längenmaß (m) oder nach Anzahl (Stück) erfolgen, weil der Reparaturverlauf weitgehend der Bewehrung folgt und damit für ein Flächenaufmaß ungünstige Umrisse bietet.

Vergütungsabhängige Grenzwerte für die Breite und Tiefe der Ausbrüche sind in der Ausschreibung festzulegen (siehe auch Abschnitt 5.1.5 und Erläuterung).

Für die Abrechnung solcher Leistungen sind die jeweils größten Maße zugrunde zu legen *(Bild 10 und 11)*.

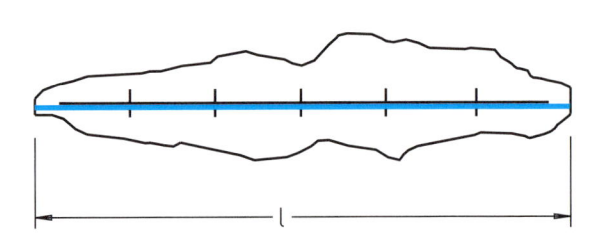

Bild 10

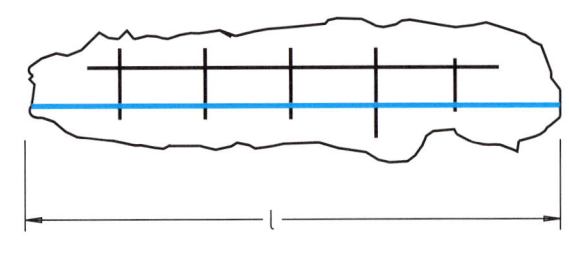

Bild 11

Bei Abrechnung nach Flächenmaß ist das jeweils kleinste umschriebene Rechteck zugrunde zu legen *(Bild 12)*.

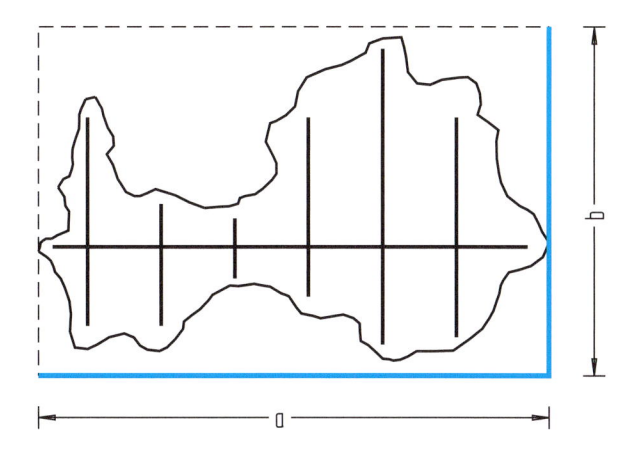

Bild 12

Auch hier ist es notwendig, die größte Tiefe des Ausbruchs im Bauvertrag festzulegen und vor Wiederherstellen der Oberfläche zu ermitteln (siehe auch Abschnitt 5.1.5).

5.1.11 Bei Abrechnung der Schalung nach Flächenmaß wird das kleinste umschriebene Rechteck gerechnet.

Ausbesserungen an lotrechten Flächen erfordern eine dichte und ausreichend ausgesteifte Schalung.

Bei Abrechnung nach Flächenmaß wird das kleinste umschriebene Rechteck gerechnet *(Bild 13)*.

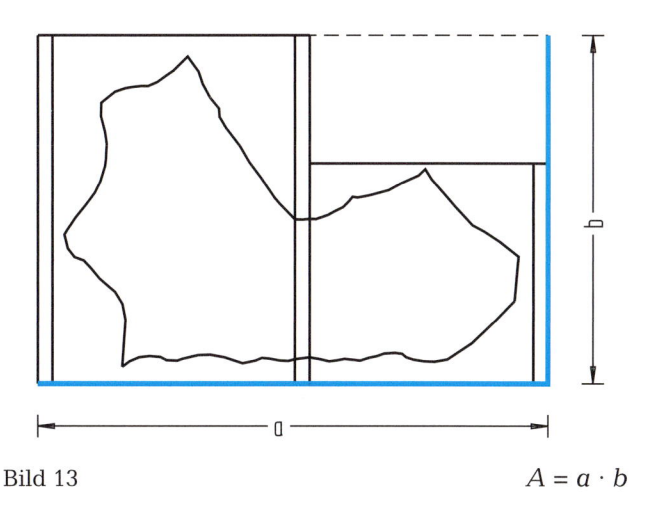

Bild 13 $A = a \cdot b$

5.1.12 Schutzabdeckungen werden in ihrer Abwicklung gerechnet.

Schutzabdeckungen, Einhausungen und dergleichen sind gemäß Abschnitt 0.5, nach Flächenmaß oder nach Stück getrennt, nach Abmessungen auszuschreiben. Wird nach Flächenmaß gerechnet, gelten die Maße der äußeren Ansichtsfläche der Schutzabdeckung in ihrer Abwicklung.

5.2 Bewehrungsstahl

5.2.1 Die Vorbehandlung und der Korrosionsschutz des Bewehrungsstahles werden jeweils gesondert gerechnet. Kreuzungspunkte werden übermessen.

Das Entrosten der freigelegten Bewehrungsstähle und das Konservieren der entrosteten Bewehrung durch Korrosionsschutzbeschichtungen werden zusätzlich unter Angabe des Durchmessers nach Längenmaß oder bis 1 m Einzellänge gemäß Abschnitt 0.5.3 nach Anzahl gerechnet.

5.2.2 Liefern, Schneiden, Biegen und Einbauen von Bewehrungsstahl werden gesondert gerechnet. Maßgebend ist bei genormten Profilen das Gewicht nach DIN-Normen mit einem Zuschlag von 2 % für Walzwerktoleranzen, bei anderen Profilen das Gewicht aus den Profilbüchern der Hersteller.

Auch das Liefern, Schneiden, Biegen und Einbauen von Bewehrungsstahl werden zusätzlich gerechnet. Bei Abrechnung nach Gewicht ist bei genormten Profilen das Gewicht nach DIN-Normen mit einem Zuschlag von 2 % für Walztoleranzen maßgebend, bei anderen Profilen das Gewicht aus dem Profilbuch des Herstellers.

5.2.3 Bindedraht, Walztoleranzen und Verschnitt bleiben bei der Ermittlung des Abrechnungsgewichtes unberücksichtigt.

Der Aufwand für Bindedraht, Walztoleranzen und Verschnitt ist in die Einheitspreise einzurechnen.

5.3 Fugenabdichtungen

Fugenbänder und Fugenprofile werden in ihrer größten Länge (Schrägschnitt, Gehrungen) gerechnet.

Fugenbänder und Fugenprofile zur Instandsetzung von undichten Fugen, wie Dehnungsfugen, Arbeitsfugen, werden in ihrer größten Länge gemessen, bei Schrägschnitt oder Gehrungen das Außenmaß *(Bild 14)*.

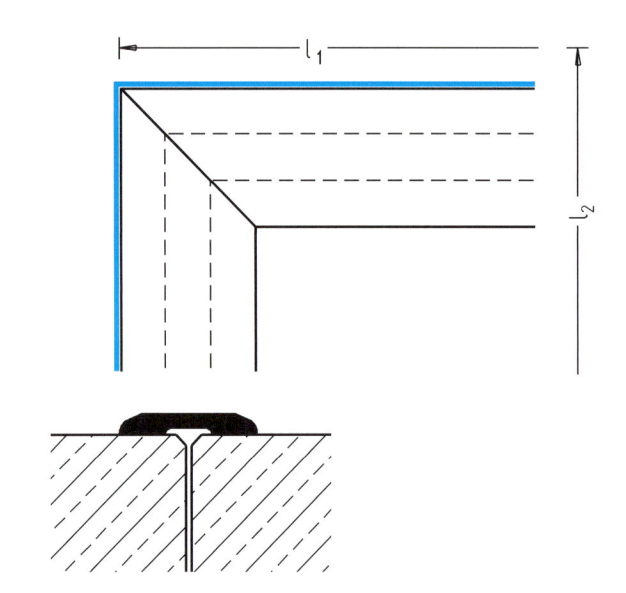

Bild 14 $\qquad l = l_1 + l_2$

5.4 Füllen von Rissen und Hohlräumen

5.4.1 Mehr- oder Minderverbrauch von Füllstoffen wird gesondert gerechnet.

In der Regel kommen zur Anwendung

– Epoxidharze,
– Polyurethan-Harze,

die durch Injektion oder Tränkung eingebracht werden. Gemäß Abschnitt 0.5.4 wird der Ausschreibende darauf hingewiesen, den Verbrauch an Füllgut für Risse nach Gewicht (kg) auszuschreiben und den voraussichtlichen Verbrauch vorzugeben.

Der Mehr- oder Minderverbrauch ist gegen Nachweis zu vergüten. Der Nachweis erfolgt über Leergebinde.

5.4.2 Angleichen der abgedichteten Risse an die Betonstruktur wird nach der Risslänge gesondert gerechnet.

Entscheidend für die Abrechnung dieser Leistung ist die Risslänge. Die Rissbreite und der Verlauf des Risses, insbesondere bei längeren Rissen, ist in der Leistungsbeschreibung anzugeben.

5.4.3 Bei Abrechnung flächiger Verdämmungen nach Flächenmaß (m²) wird mit dem kleinsten umschriebenen Rechteck gerechnet.

Flächige Verdämmungen, in der Regel Beschichtungen von 2 bis 5 mm Dicke und einer Breite von ca. 5 cm nach jeder Seite des Risses, werden bei Abrechnung nach Flächenmaß mit dem kleinsten umschriebenen Rechteck gerechnet *(Bild 15)*.

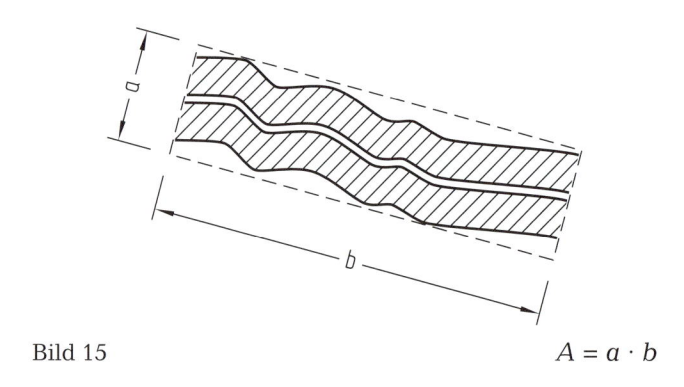

Bild 15 $\qquad A = a \cdot b$

5.5 Es werden abgezogen:

5.5.1 Bei Abrechnung nach Flächenmaß (m²):

Aussparungen, z.B. Öffnungen, Nischen, über 2,5 m² Einzelgröße.

Öffnungen sind funktional eigenständige, planmäßig angelegte, durch die gesamte Dicke eines Bauteils durchgehende, frei gelassene Räume für den dauernden Gebrauch, z.B. Fenster- und Türöffnungen.

Aussparungen sind planmäßig hergestellte Freiräume, die im fertigen Bauwerk nicht oder mit anderen Materialien abgedeckt sind.

Nischen sind planmäßig auf Dauer angelegte Freiräume der Wand- und Deckenfläche.

Abgezogen werden Öffnungen, Aussparungen und Nischen über 2,5 m² Einzelgröße bei Abrechnung nach Flächenmaß *(Bild 16)*.

Siehe hierzu Erläuterungen zu Abschnitt 5.1.6.

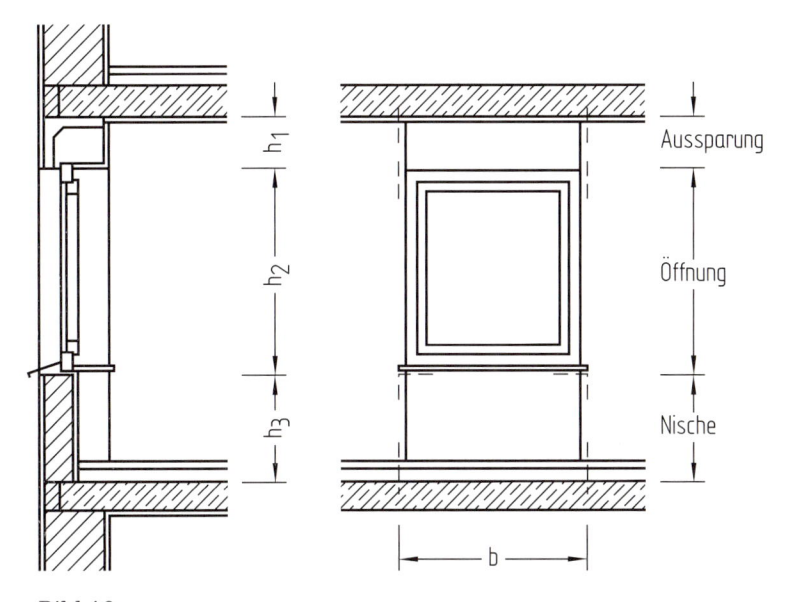

Bild 16

$A_{\text{Aussparung}} = b \cdot h_1 < 2{,}5\ m^2$; sie ist zu übermessen.
$A_{\text{Öffnung}} \;\;= b \cdot h_2 > 2{,}5\ m^2$; sie ist abzuziehen.
$A_{\text{Nische}} \;\;\;= b \cdot h_3 < 2{,}5\ m^2$; sie ist zu übermessen.

5.5.2 Bei Abrechnung nach Längenmaß (m):

Unterbrechungen über 1 m Einzellänge.

Putz- und Stuckarbeiten – DIN 18350

Ausgabe Januar 2005

Geltungsbereich

Die ATV „Putz- und Stuckarbeiten" – DIN 18350 – gilt für Putz, Stuck und Wärmedämmputz.

0.5 Abrechnungseinheiten

Im Leistungsverzeichnis sind die Abrechnungseinheiten wie folgt vorzusehen:

0.5.1 *Flächenmaß (m^2), getrennt nach Bauart und Maßen, für*

- *Wand- und Deckenputz innen und außen, getrennt nach Art des Putzes, ebenen und gebogenen Flächen,*
- *Glättputze, Spachtelungen und abgestuckte Flächen,*
- *flächige Vorbehandlungen,*
- *Ausgleichen von unebenen Untergründen, Mehrputzdicken je 5 mm, Auffütterungen,*
- *Abschlagen, Aufpicken, Aufrauen, Verfestigen von Altuntergrundflächen,*
- *Drahtputzwände und -decken,*
- *flächige Bewehrungen und Putzträger,*
- *Dämmstoffschichten an Decken und Wänden,*
- *Wandbekleidungen,*
- *Vorsatzschalen, zu spritzende Vormauerungen,*
- *Unterkonstruktionen,*
- *Folien, Dampfsperren und dergleichen.*

0.5.2 *Längenmaß (m), getrennt nach Bauart und Maßen, für*

- *Leibungen,*
- *Schürzen, Abschottungen, Ablagen, Abdeckungen und dergleichen mit einer Breite von 100 cm je Seite,*
- *Pfeiler, Lisenen, Stützen, Unterzüge, Abtreppungen, Ummantelungen und dergleichen mit einer Breite von 100 cm je Ansichtsfläche,*
- *Schließen von Fugen in Betonfertigteilen bis zu einer Gesamtbearbeitungsbreite von 20 cm,*
- *Zuschnitte von Putzträgerplatten schräg, gebogen oder andersartig geformt,*
- *Putz an Gesimsen und Kehlen sowie Rundungen,*
- *Putzanschlüsse und Putzabschlüsse,*
- *Stuckprofile, Friese, Faschen, Putzbänder, Schattenfugen und dergleichen,*
- *Sohlbänke, Fenster- und Türumrahmungen,*
- *Unterkonstruktionen für Bauteile bis 100 cm Ansichtsfläche, z. B. im Bereich von Leibungen, Pfeilern, Lisenen, Stützen und Unterzügen,*
- *Hilfskonstruktionen im Bereich von Decken und Wänden zur Aufnahme von Installationsteilen, Beleuchtungskörpern und dergleichen,*
- *Ausschnitte in Dämmstoffschichten für Leitungen auf zu bekleidenden Flächen,*
- *Putzprofile, Kantenprofile, Pariser Leisten, Putzlehren, Putzbretter, Putzleisten, Sockelprofile, Randwinkel, Lüftungsprofile, Abschlussprofile, Anputzleisten, Gewebewinkel, Vorhangschienen und dergleichen sowie Kantenausbildung ohne Profile,*
- *Anschlüsse an andere Bauteile, Anschluss-, Bewegungs- und Gebäudetrennfugen, Fugendichtbänder, Rissüberbrückungen,*
- *Streifenbewehrungen und Streifenputzträger bis 100 cm Breite,*
- *An- und Beiputzarbeiten an Fenstern, Türen, Treppen- und Podestwangen, Einbauteilen, Schlitzen,*
- *Streifenputz und dergleichen bis 100 cm Einzelbreiten,*
- *Dichtungsbänder, Dichtungsprofile, Ausspritzungen,*
- *Folien, Dampfbremsen bis 100 cm Breite.*

0.5.3 *Anzahl (Stück), getrennt nach Bauart und Maßen, für*

- *Verputzen von Flächen bis 2,5 m^2 Einzelgröße,*
- *Herstellen von Aussparungen für Einzelleuchten, Lichtbänder, Lichtkuppeln, Lüftungsgitter, Luftauslässe, Revisionsöffnungen, Stützen, Pfeilervorlagen, Schalter, Steckdosen, Rohrdurchführungen, Kabel, Installationsteile und dergleichen,*
- *Einbauen von Hilfskonstruktionen oder Montagezylindern für Einzelleuchten, Mar-*

kisen, Werbeträger, Lichtbänder, Lichtkuppeln, Luftauslässe, Revisionsöffnungen, Installationsteile und dergleichen,
- *Diagonalbewehrung an Ecken von Öffnungen, Aussparungen und Nischen,*
- *Rosetten, Ornamente, Konsolen und dergleichen,*
- *Ecken, Gehrungen, Kreuzungen, Verkröpfungen und Endungen von Stuckprofilen, Gesimsen und Kehlen,*

- *Verputzen von Schornsteinköpfen, Konsolen und dergleichen,*
- *Schließen von Verankerungsöffnungen, z. B. bei Gerüsten,*
- *Schließen und/oder Verputzen von Öffnungen und Durchbrüchen,*
- *Anarbeiten an Installationen, Rohre, überstehende Schalterdosen.*

5 Abrechnung

Ergänzend zur ATV DIN 18299, Abschnitt 5, gilt:

5.1 Allgemeines

5.1.1 Der Ermittlung der Leistung – gleichgültig, ob sie nach Zeichnung oder nach Aufmaß erfolgt – sind zugrunde zu legen:

für Putz, Stuck, Dämmstoff-, Trenn- und Schutzschichten, Auffütterungen, Bekleidungen, Dampfbremsen, Dübelungen, Vorsatzschalen, Unterkonstruktionen, flächige Bewehrungen und Putzträger, Folien sowie Vorbereiten von Untergründen

– auf Innenflächen ohne begrenzende Bauteile die Maße der zu putzenden, zu dämmenden, zu bekleidenden bzw. mit Stuck zu versehenden Flächen,

– auf Innenflächen mit begrenzenden Bauteilen die Maße der zu behandelnden Flächen bis zu den sie begrenzenden, ungeputzten, ungedämmten bzw. nicht bekleideten Bauteilen,

– bei Fassaden die Maße der geputzten Flächen.

5.1.2 Bei der Ermittlung der Maße wird jeweils das größte, gegebenenfalls abgewickelte Bauteilmaß zugrunde gelegt, z. B. bei Wandanschlüssen, umlaufenden Friesen, Faschen, An- und Einarbeitungen von vorhandenen Bauteilen, Einbauteilen und dergleichen. Fugen werden übermessen.

5.1.3 Die Wandhöhen überwölbter Räume werden bis zum Gewölbeanschnitt, die Wandhöhe der Schildwände bis zu $2/3$ des Gewölbestichs gerechnet.

5.1.4 Bei der Flächenermittlung von gewölbten Decken werden diese nach der Fläche der abgewickelten Untersicht gerechnet.

5.1.5 Gehrungen, Kreuzungen, Verkröpfungen und Endungen von Stuckgesimsen werden gesondert gerechnet.

5.1.6 In Decken, Wänden, Dächern, Schalungen, Wand- und Deckenbekleidungen, Vorsatzschalen, Dämmstoffschichten, Dampfbremsen sowie leichten Außenwandbekleidungen werden Aussparungen, z. B. Öffnungen, Nischen, bis zu 2,5 m² Einzelgröße übermessen.

5.1.7 Rückflächen von Nischen werden unabhängig von ihrer Einzelgröße mit ihren Maßen gesondert gerechnet.

5.1.8 Unmittelbar zusammenhängende, verschiedenartige Aussparungen, z. B. Öffnung mit angrenzender Nische, werden getrennt gerechnet.

5.1.9 Bindet eine Aussparung anteilig in angrenzende, getrennt zu rechnende Flächen ein, wird zur Ermittlung der Übermessungsgröße die jeweils anteilige Aussparungsfläche gerechnet.

5.1.10 Unterbrechungen bis 30 cm Einzelbreite, z. B. durch Fachwerkteile, Gesimse, Vorlagen, Stützen, Balken, Friese, Vertiefungen, werden übermessen.

5.1.11 Bei vieleckigen Einzelflächen ist zur Ermittlung der Maße das kleinste umschriebene Rechteck zugrunde zu legen.

5.2 Es werden abgezogen:

5.2.1 Bei Abrechnung nach Flächenmaß (m²):

Aussparungen, z. B. Öffnungen (auch raumhoch), Nischen, über 2,5 m² Einzelgröße.

Bei der Ermittlung der Abzugsmaße sind die kleinsten Maße der Aussparung zugrunde zu legen.

5.2.2 Bei Abrechnung nach Längenmaß (m):

Unterbrechungen über 1 m Einzellänge.

Erläuterungen

0.5 Abrechnungseinheiten

Abschnitt 0.5 dient dazu, auf die üblichen und zweckmäßigen Abrechnungseinheiten für die jeweilige Teilleistung hinzuweisen. Bei Aufstellung der Leistungsbeschreibung ist die zutreffende Abrechnungseinheit festzulegen.

5 Abrechnung

Ergänzend zur ATV DIN 18299, Abschnitt 5, gilt:

Siehe Kommentierung zu Abschnitt 5 der ATV DIN 18299.

5.1 Allgemeines

5.1.1 Der Ermittlung der Leistung – gleichgültig, ob sie nach Zeichnung oder nach Aufmaß erfolgt – sind zugrunde zu legen:

Für Putz, Stuck, Dämmstoff-, Trenn- und Schutzschichten, Auffütterungen, Bekleidungen, Dampfbremsen, Dübelungen, Vorsatzschalen, Unterkonstruktionen, flächige Bewehrungen und Putzträger, Folien sowie Vorbereiten von Untergründen

- auf Innenflächen ohne begrenzende Bauteile die Maße der zu putzenden, zu dämmenden, zu bekleidenden bzw. mit Stuck zu versehenden Flächen,
- auf Innenflächen mit begrenzenden Bauteilen die Maße der zu behandelnden Flächen bis zu den sie begrenzenden, ungeputzten, ungedämmten bzw. nicht bekleideten Bauteilen,
- bei Fassaden die Maße der geputzten Flächen,

Die Abrechnungsregeln für Putz, Stuck, Dämmstoff-, Trenn- und Schutzschichten, Auffütterungen, Bekleidungen, Dampfbremsen, Dübelungen, Vorsatzschalen, Unterkonstruktionen, flächige Bewehrungen und Putzträger, Folien sowie Vorbereiten von Untergründen unterscheiden zwischen:

– Innenarbeiten und

– Arbeiten an Fassaden.

Für Innenarbeiten bestimmen sich die Abrechnungsmaße

– auf Flächen ohne begrenzende Bauteile nach den Maßen der zu putzenden, zu dämmenden, zu bekleidenden bzw. mit Stuck zu versehenden Flächen *(Bild 1 und 2)*,

– auf Flächen mit begrenzenden Bauteilen nach den Maßen der zu behandelnden Flächen bis zu den sie begrenzenden, ungeputzten, ungedämmten bzw. nicht bekleideten Bauteilen, d. h. seitlich, oben und unten an ihrem Zusammenstoß mit anderen Bauteilen *(Bild 3 und 4)*.

Für Arbeiten an Fassaden bestimmen sich die Abrechnungsmaße nach der geputzten Fläche *(Bild 9 bis 13)*.

Für Innenarbeiten gilt:

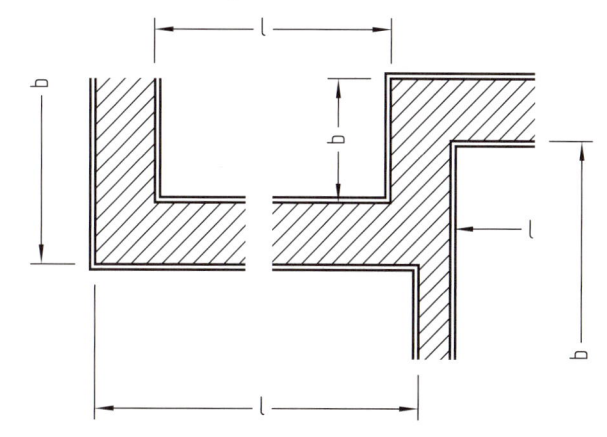

Bild 1

Begrenzende Bauteile im Sinne dieser Abrechnungsvorschrift sind z. B. Rohwände, Stützen, Rohdecken, Unterzüge, tragende Hölzer, Stahlträger. Nicht darunter fallen dagegen Einbauteile, wie Lüftungskanäle, abgehängte Decken, aufgeständerte Fußbodenkonstruktionen, Verkleidungen von Rohrleitungen und dergleichen, Schränke, Fensterbänke.

Flächen ohne begrenzende Bauteile in der Länge und Breite

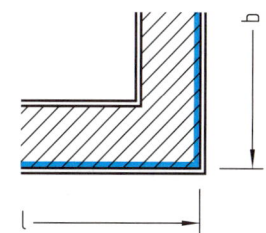

Bild 2

Flächen mit begrenzenden Bauteilen in der Länge und Breite

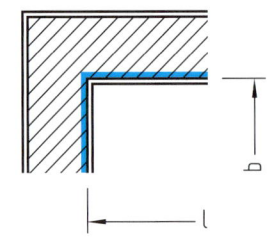

Bild 3

Flächen mit begrenzenden Bauteilen in der Höhe

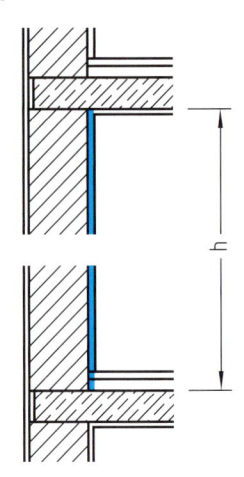

Bild 4

Als Ober- und Unterseite der Rohdecke gelten:

- bei Betondecken die vom Auftragnehmer der Betonarbeiten horizontal abgeglichene Ober- bzw. Unterseite der Betondecke *(Bild 5)*,
- bei Holzgebälk die Ober- bzw. Unterseite der Balken *(Bild 6)*,
- bei Stahlträgerdecken die Ober- bzw. Unterseite der Stahlträger *(Bild 7)*,
- bei aufgeständerten Fußbodenkonstruktionen die Oberseite der Rohdecke, bei abgehängten Decken die Unterseite der Rohdecke *(Bild 8)*.

Betondecke

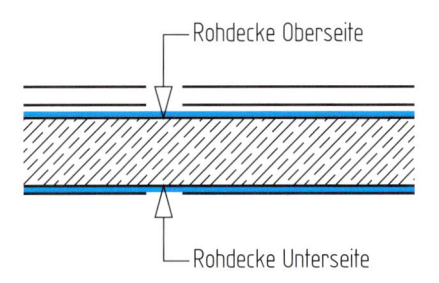

Bild 5

Holzbalkendecke

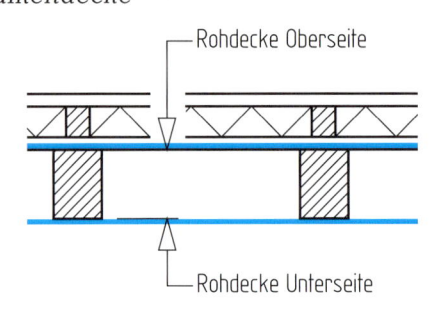

Bild 6

Stahlträgerdecke

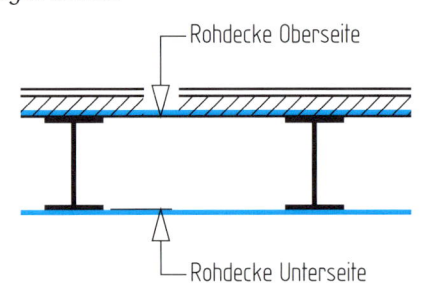

Bild 7

aufgeständerte Fußbodenkonstruktion bzw. abgehängte Decke

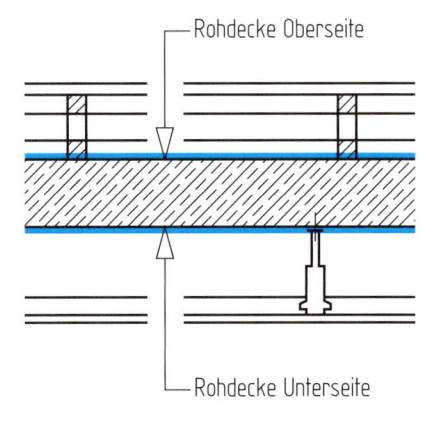

Bild 8

DIN 18350

Dort, wo Unsicherheiten über die Zuordnung der Ober- und Unterseite der Rohdecke zu erwarten sind, empfiehlt es sich, bereits in der Leistungsbeschreibung besonders darauf hinzuweisen, um spätere Meinungsverschiedenheiten auszuschließen. Bei sichtbarer Holzbalken- oder Stahlträgerdecke (Bild 6 und 7) z.B. stellt sich die Frage, wie die zwischen den Holzbalken bzw. Stahlträgern zu behandelnden Flächen abgerechnet werden, zumal sie bei der Abrechnung des Wandputzes mengenmäßig nicht erfasst sind. Im Interesse einer ordnungsgemäßen Kalkulation und Abrechnung sollten solche Flächen in der Leistungsbeschreibung gesondert vorgegeben sein.

Für Arbeiten an Fassaden gilt:

in der Länge und Breite

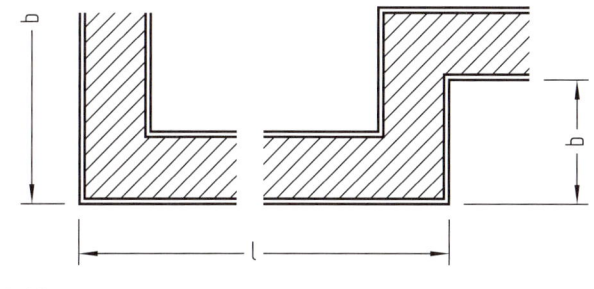

Bild 9

in der Höhe

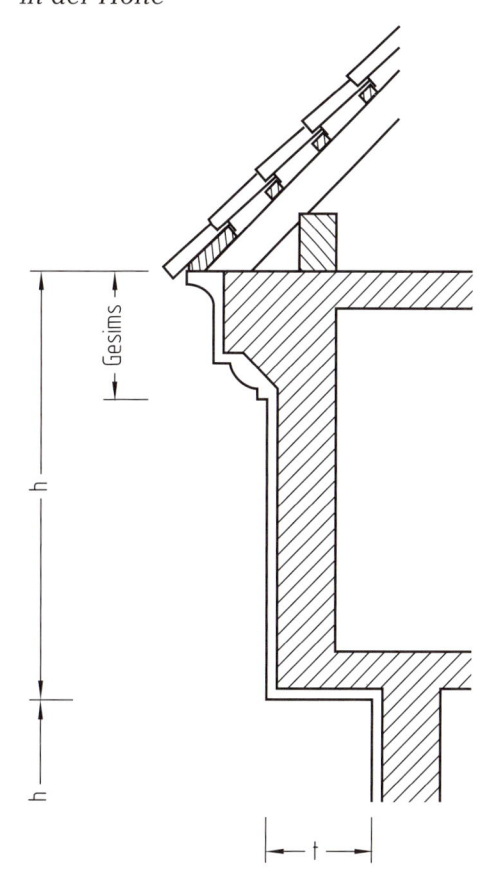

Bild 10

Das Putzgesims ist zu übermessen und gemäß Abschnitt 4.2 als „Besondere Leistung" zusätzlich zu rechnen.

Außenecke

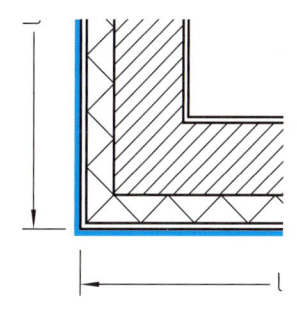

Bild 11

Innenecke

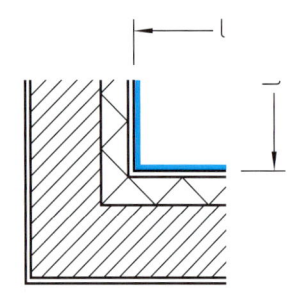

Bild 12

Stütze

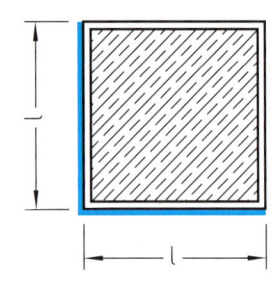

Bild 13

Wandanschlüsse

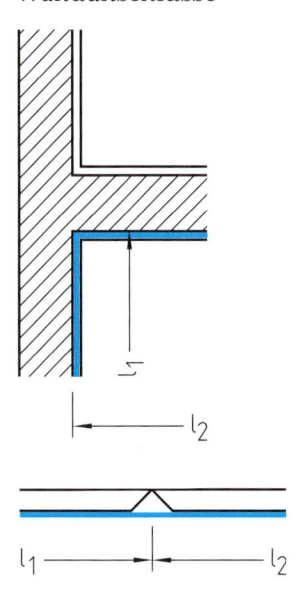

Bild 14

größte Länge in der Abwicklung = $l_1 + l_2$

5.1.2 Bei der Ermittlung der Maße wird jeweils das größte, gegebenenfalls abgewickelte Bauteilmaß zugrunde gelegt, z. B. bei Wandanschlüssen, umlaufenden Friesen, Faschen, An- und Einarbeitungen von vorhandenen Bauteilen, Einbauteilen und dergleichen. Fugen werden übermessen.

Leistungen, wir das Herstellen von

– Wandanschlüssen,

– umlaufenden Friesen,

– Faschen

– An- und Einarbeitungen von vorhandenen Bauteilen, Einbauteilen und dergleichen,

– Kehlen, Gesimsen, Leibungen,

werden nach dem jeweils größten, ggf. abgewickelten Bauteilmaß gerechnet. Fugen werden dabei übermessen *(Bild 14 bis 20)*.

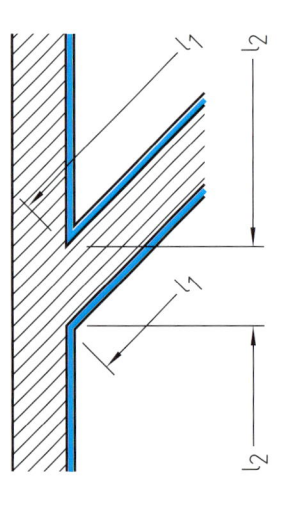

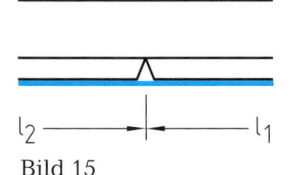

Bild 15

größte Länge in der Abwicklung = $l_1 + l_2$

DIN 18350

umlaufender Fries

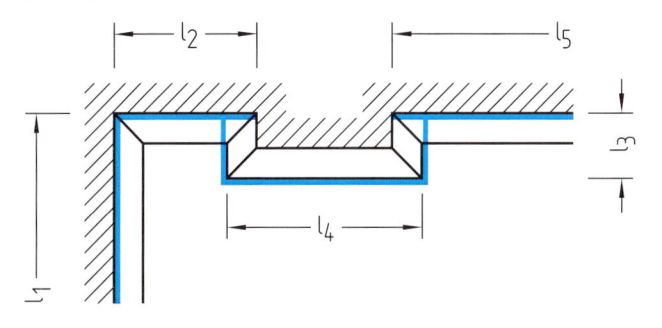

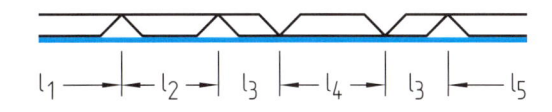

Bild 16

größte Länge in der Abwicklung =
$l_1 + l_2 + 2 \cdot l_3 + l_4 + l_5$

Faschen

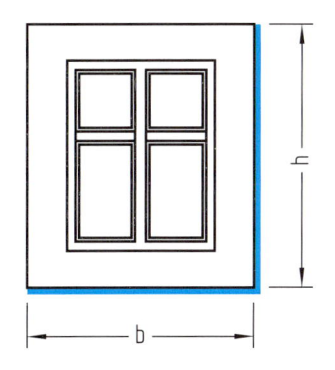

Bild 17

größte Länge in der Abwicklung = $2 \cdot (b + h)$

An- und Einarbeitungen von vorhandenen Bauteilen, Einbauteilen und dergleichen

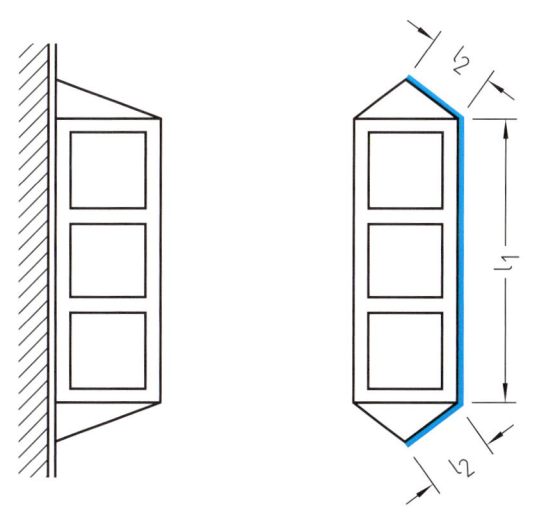

Bild 18

größte Länge in der Abwicklung = $2 \cdot (l_1 + 2 \cdot l_2)$

Gesims

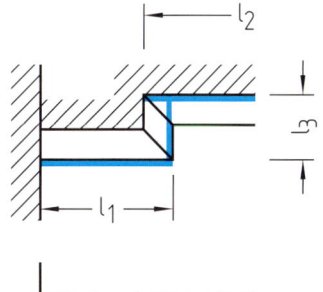

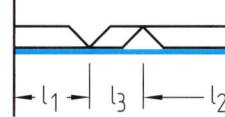

Bild 19

größte Länge in der Abwicklung = $l_1 + l_2 + l_3$

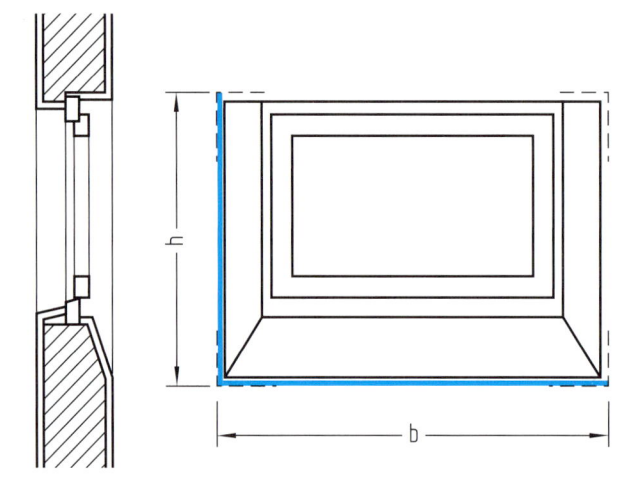

Sohlbank und Leibungen

Bild 20

größte Länge$_{\text{Leibungen}}$ = $2 \cdot h + b$

größte Länge$_{\text{Sohlbank}}$ = b

Leibungen und Sohlbank sind gemäß Abschnitt 0.5.2 getrennt nach Bauart und Maßen im Leistungsverzeichnis nach Längenmaß vorzugeben und mit dem größten Maß abzurechnen.

5.1.3 Die Wandhöhen überwölbter Räume werden bis zum Gewölbeanschnitt, die Wandhöhe der Schildwände bis zu ²/₃ des Gewölbestichs gerechnet.

Die Wandhöhen überwölbter Räume – Seiten- und Schildwände – werden grundsätzlich den Abrechnungsregelungen des Abschnittes 5.1.1 entsprechend ermittelt. Danach ist bei Wänden ohne begrenzende Bauteile die Höhe der zu bekleidenden Wand, bei Wänden mit begrenzenden Bauteilen die Höhe der zu bekleidenden Wand bis zum begrenzenden, unbekleideten Bauteil maßgebend.

Daneben gilt: Die Höhe der Seitenwand ist bis zum Gewölbeanschnitt und die Höhe der Schildwand bis zum Scheitel des Gewölbes, reduziert um ¹/₃ des Gewölbestiches, zu rechnen *(Bild 21)*.

Wandhöhen überwölbter Räume

Bild 21

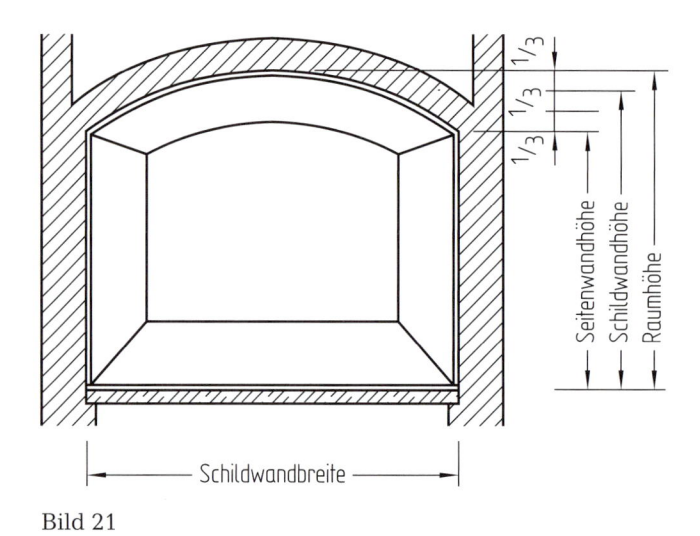

5.1.4 Bei der Flächenermittlung von gewölbten Decken werden diese nach der Fläche der abgewickelten Untersicht gerechnet.

Gewölbte Decken werden bei Abrechnung nach Flächenmaß nach der Fläche der abgewickelten Untersicht gerechnet *(Bild 22)*.

Flächen gewölbter Decken

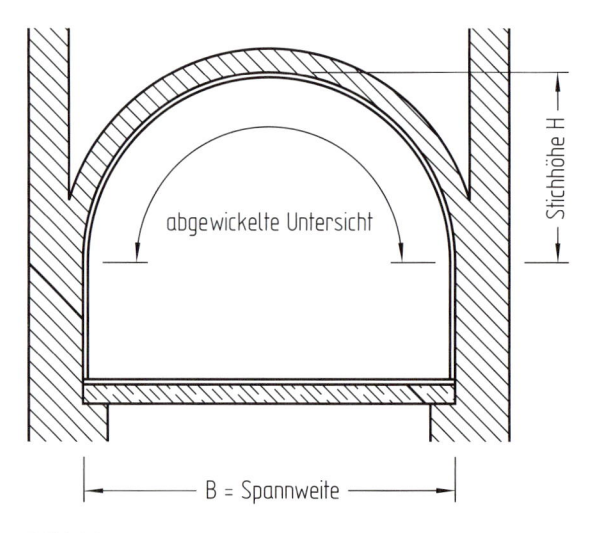

Bild 22

$A_{\text{abgewickelte Untersicht}} = B \cdot 1/2 \cdot 3{,}14 \cdot L$

5.1.5 Gehrungen, Kreuzungen, Verkröpfungen und Endungen von Stuckgesimsen werden gesondert gerechnet.

Das Herstellen von Ecken, Gehrungen, Kreuzungen, Verkröpfungen und Endungen von Stuckgesimsen, Gesimsen, Kehlen und dergleichen ist gemäß Abschnitt 4.2 „Besondere Leistung". Gemäß Abschnitt 0.5.3 sollte im Leistungsverzeichnis entsprechend darauf hingewiesen werden. Die Abrechnung erfolgt gesondert.

5.1.6 In Decken, Wänden, Dächern, Schalungen, Wand- und Deckenbekleidungen, Vorsatzschalen, Dämmstoffschichten, Dampfbremsen sowie leichten Außenwandbekleidungen werden Aussparungen, z.B. Öffnungen, Nischen, bis zu 2,5 m² Einzelgröße übermessen.

Aussparungen, z.B. Öffnungen, Nischen

Begriffsbestimmung

Aussparungen

Aussparungen sind planmäßig hergestellte Freiräume, die im fertigen Bauwerk entweder nicht oder mit gewerkspezifisch anderen Materialien abgedeckt sind.

Öffnungen

Öffnungen sind funktional eigenständige, planmäßig angelegte, durch die gesamte Dicke eines Bauteils durchgehende, frei gelassene Räume für den dauernden Gebrauch, z.B. Fenster- und Türöffnungen, auch geschosshohe Durchgänge.

Nischen

Nischen sind planmäßig auf Dauer angelegte Freiräume, die das Bauteil nicht durchdringen und zur Gliederung der Wandfläche oder zur Aufnahme von Schränken, Heizkörpern und dergleichen dienen. Die obere und untere Begrenzung kann durch die Unter- bzw. Oberseite gebildet sein.

Aussparungen, z.B. Öffnungen, Nischen, sind gemäß Abschnitt 5.1.1 zu messen, wobei zur Ermittlung der Übermessungsgrößen gemäß Abschnitt 5.2.1 die jeweils kleinsten Maße zugrunde zu legen sind *(Bild 23)*.

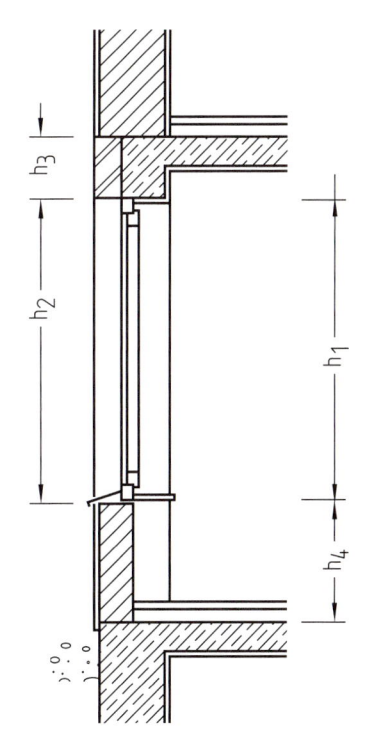

Bild 23

$A_{\text{Öffnung innen}} = b \cdot h_1 > 2,5\ m^2$; sie ist abzuziehen.

$A_{\text{Öffnung außen}} = b \cdot h_2 > 2,5\ m^2$; sie ist abzuziehen.

$A_{\text{Aussparung}} = l \cdot h_3 < 2,5\ m^2$; sie ist zu übermessen.

$A_{\text{Nische}} = b \cdot h_4 < 2,5\ m^2$; sie ist zu übermessen.

Die Rückfläche der Nische wird gemäß Abschnitt 5.1.7 mit ihrem Maß gesondert gerechnet.

Leibungen von Aussparungen, z.B. Öffnungen, Nischen, werden gesondert unabhängig von der jeweiligen Übermessungsgröße gerechnet, jedoch nur dann, wenn sie geputzt, gedämmt oder anderweitig behandelt sind.

Leibungen von Aussparungen, z.B. Öffnungen, Nischen, sind als solche einzuordnen, wenn sie innerhalb des Bauteils liegen. Die Leibungsfläche muss also grundsätzlich innerhalb der Mauerdicke liegen. Ragt die Leibungsfläche über das Bauteil hinaus, ist sie als Teil der Wand zu behandeln *(Bild 24)*.

Definition der Leibung

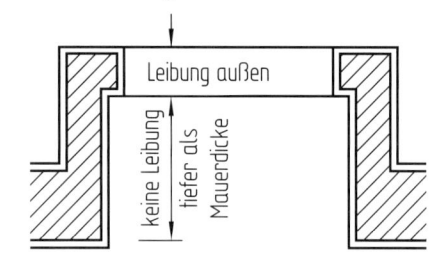

Bild 24

Die Abrechnung erfolgt gemäß Abschnitt 0.5.2 nach Längenmaß.

Im Interesse einer eindeutigen und zuverlässigen Preiskalkulation und Abrechnung ist dringend zu empfehlen, im Bauvertrag getrennt nach Leibungstiefe gesonderte Positionen dafür vorzusehen.

Leibungen von Öffnungen

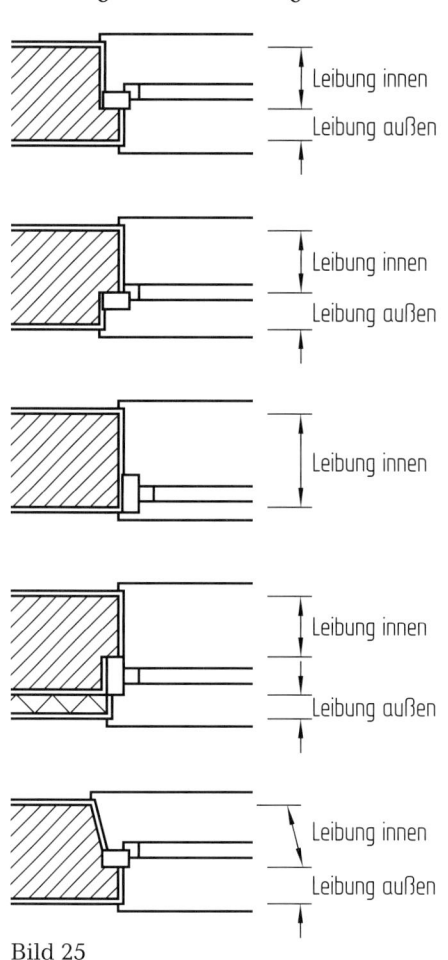

Bild 25

Leibungen von Aussparungen

Bild 26

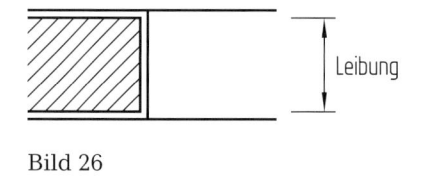

Leibungen von Nischen

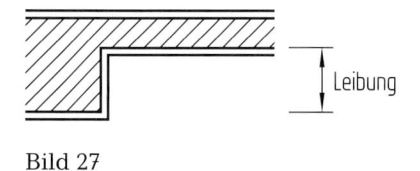

Bild 27

DIN 18350

Aussparungen

Aussparungen, z. B. Altputzflächen im Zusammenhang mit Putzausbesserungen, Flächen unter Doppelböden oder über abgehängten Decken, Flächen, die unbehandelt bleiben oder mit anderen Materialien, wie Naturstein, bekleidet sind, Aussparungen in Decken und der dazugehörigen Dämmstoffschicht und Dampfbremse, werden bis zu 2,5 m² Einzelgröße übermessen bzw. über 2,5 m² Einzelgröße gemäß Abschnitt 5.2.1 abgezogen (Bild 28 bis 31).

Aussparungen bei aufgeständerter Fußbodenkonstruktion und abgehängter Decke

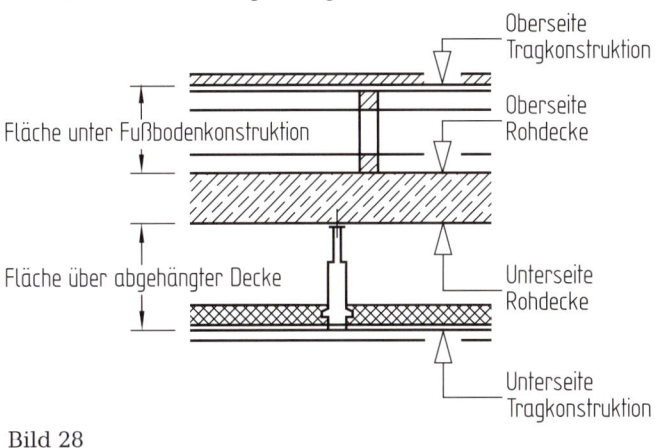

Bild 28

Aussparungen unter Doppelböden und über Unterdecken werden bis 2,5 m² Einzelgröße je Wandfläche übermessen. Begrenzende Bauteile für die jeweilige Wand bleiben unverändert Rohdecke Ober- bzw. Unterseite. Die Größe der Aussparung unter dem Doppelboden und über der Unterdecke ergibt sich aus der Länge der Wand und aus dem Abstand begrenzendes Bauteil bis Ober- bzw. Unterseite der Tragkonstruktion.

$A_{\text{unter Doppelboden}} = L \cdot \text{Abstand}_{\text{Oberseite Rohdecke bis Oberseite Tragkonstruktion}} < 2{,}5\ m^2$; sie ist zu übermessen.

$A_{\text{über Unterdecke}} = L \cdot \text{Abstand}_{\text{Unterseite Rohdecke bis Unterseite Tragkonstruktion}} < 2{,}5\ m^2$; sie ist zu übermessen.

Aussparung Natursteingesims

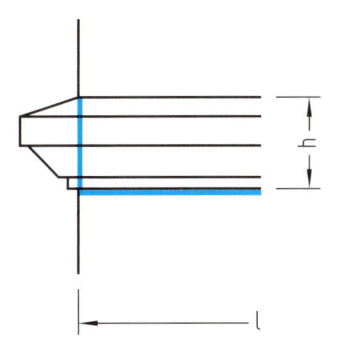

Bild 29

$A_{\text{Natursteingesims}} = l \cdot h < 2{,}5\ m^2$, sie ist zu übermessen.

Im Zusammenhang mit Unterbrechungen bis 30 cm Einzelbreite siehe Abschnitt 5.1.10.

Kamin

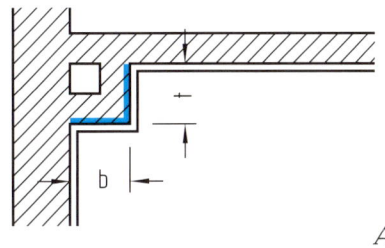

Bild 30

$A_{\text{Kamin}} = b \cdot t < 2{,}5\ m^2$; sie ist zu übermessen.

Pfeilervorlage

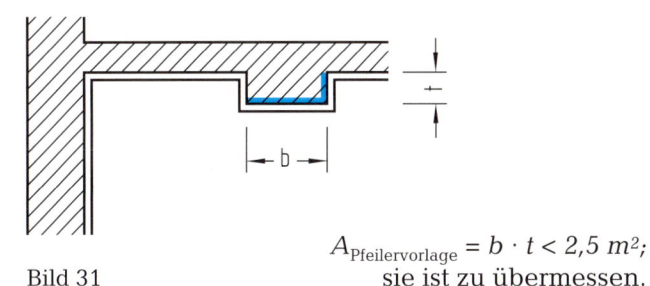

Bild 31

$A_{\text{Pfeilervorlage}} = b \cdot t < 2{,}5\ m^2$; sie ist zu übermessen.

Öffnungen

Öffnungen setzen das Vorhandensein von Stürzen oder gar Brüstungen nicht voraus. Begrenzende Bauteile sind – auch bei geschosshohen Durchgängen – die seitlichen Rohwände und die Unterseite Rohdecke *(Bild 32 bis 36).*

Wand mit geschosshohem mittigem Durchgang

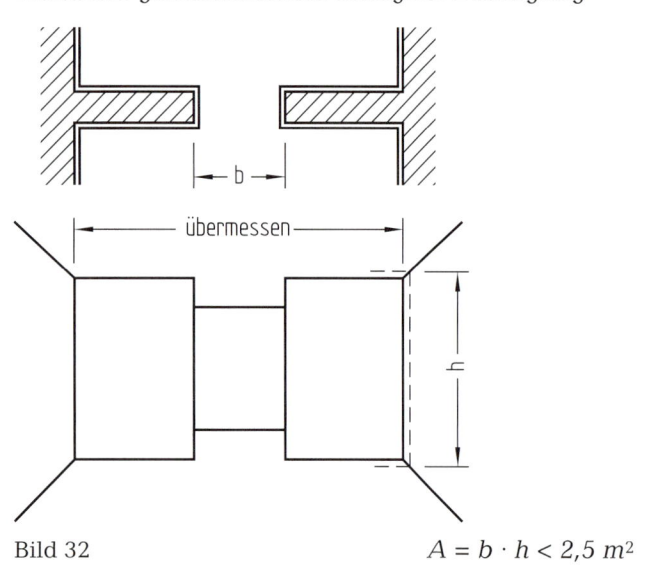

Bild 32 $\qquad A = b \cdot h < 2{,}5\ m^2$

Wand mit geschosshohem seitlichem Durchgang

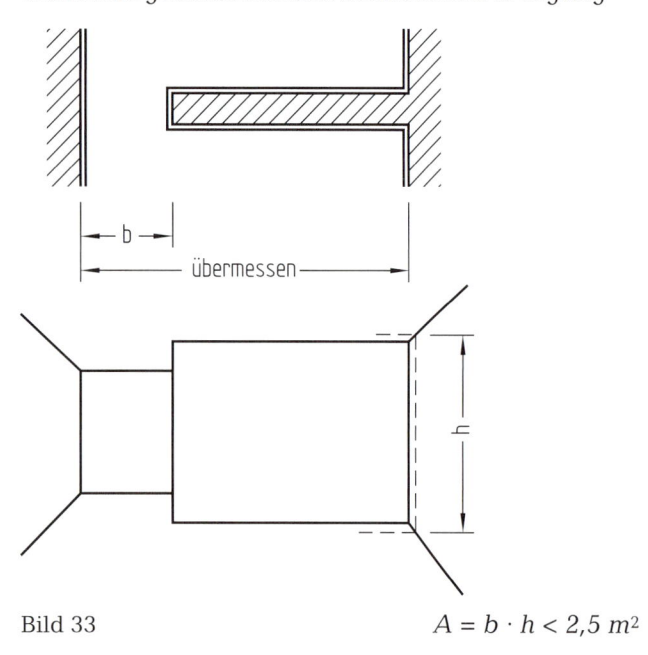

Bild 33 $\qquad A = b \cdot h < 2{,}5\ m^2$

Wand mit Oberlicht und geschosshohem Durchgang

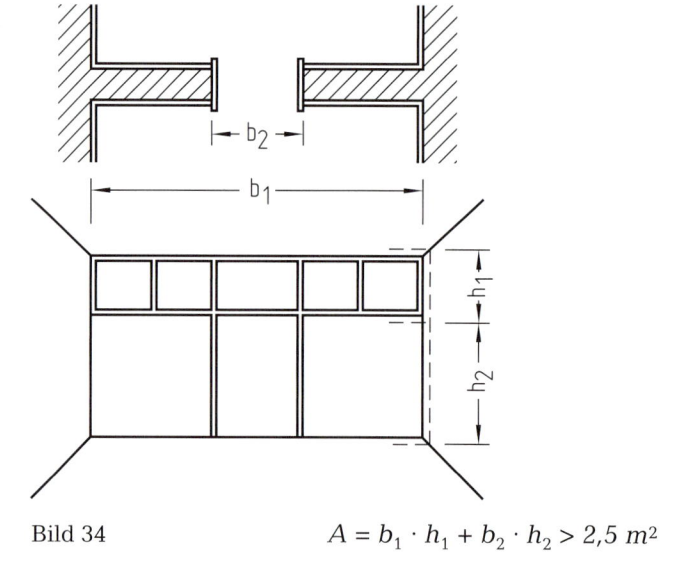

Bild 34 $\qquad A = b_1 \cdot h_1 + b_2 \cdot h_2 > 2{,}5\ m^2$

Öffnungen werden je Raum bei Ermittlung – z. B. der Putzfläche – getrennt gemessen und bis zu 2,5 m² Einzelgröße übermessen bzw. über 2,5 m² Einzelgröße gemäß Abschnitt 5.2.1 abgezogen. Die Öffnung zwischen Raum A und Raum B wird je Raum getrennt gemessen und bis zu 2,5 m² Einzelgröße übermessen.

Öffnung mit geputzter Umrahmung

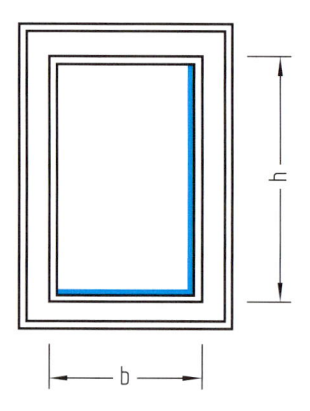

Bild 35

$A = b \cdot h < 2{,}5\ m^2$, sie ist zu übermessen.

Die Umrahmung der Öffnung ist Bestandteil der Putzfassade; sie wird in der Regel übermessen und gemäß Abschnitt 4.2.36 als „Besondere Leistung" gesondert nach dem jeweils größten, ggf. abgewickelten Bauteilmaß vergütet.

Öffnung mit Natursteinumrahmung

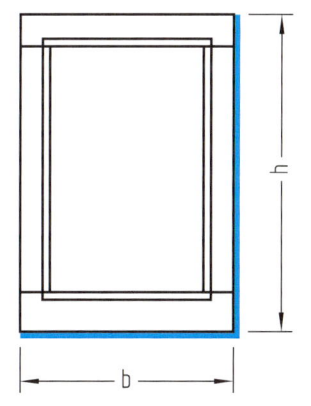

Bild 36

$A = b \cdot h < 2{,}5 \ m^2$, sie ist zu übermessen.

Die Natursteinumrahmung innerhalb einer Putzfassade ist als Aussparung einzuordnen. Die innerhalb der Aussparung befindliche Öffnung ist in diesem Zusammenhang ohne Bedeutung.

Nischen

Nischen werden bis zu 2,5 m² Einzelgröße übermessen bzw. über 2,5 m² Einzelgröße gemäß Abschnitt 5.2.1 abgezogen *(Bild 37)*.

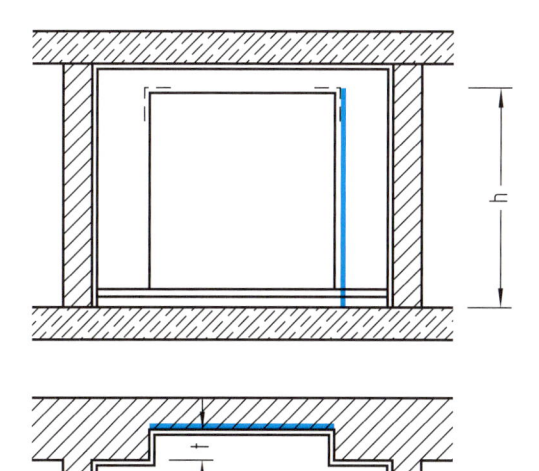

Bild 37

Zusammenfassend ist in Verbindung mit Abschnitt 5.1.7 beispielhaft festzustellen:

– Nische bis zu 2,5 m² Einzelgröße:
 Die Nische wird übermessen. Die Leibungen werden gesondert gerechnet. Die Rückfläche der Nische ist, falls behandelt, unabhängig von ihrer Größe zusätzlich zu rechnen.

– Nische über 2,5 m² Einzelgröße:
 Die Nische wird abgezogen. Die Leibungen werden gesondert gerechnet. Die Rückfläche der Nische ist, falls behandelt, zusätzlich zu rechnen.

– Nische mit Öffnung jeweils bis zu 2,5 m² Einzelgröße:
 Nische und Öffnung werden übermessen. Die Leibungen werden gesondert berechnet. Die Rückfläche der Nische ist, falls behandelt, zusätzlich zu rechnen.

– Nische über 2,5 m² Einzelgröße mit Öffnung bis zu 2,5 m² Einzelgröße:
 Die Nische wird abgezogen, die Öffnung übermessen. Die Leibungen der Nische und der Öffnung werden gesondert gerechnet. Die Rückfläche der Nische ist, falls behandelt, zusätzlich zu rechnen.

– Nische mit Öffnung jeweils über 2,5 m² Einzelgröße:
 Nische und Öffnung werden abgezogen. Die Leibungen der Nische und der Öffnung werden gesondert gerechnet. Die Rückfläche der Nische ist, falls behandelt, zusätzlich zu rechnen.

5.1.7 Rückflächen von Nischen werden unabhängig von ihrer Einzelgröße mit ihren Maßen gesondert gerechnet.

Gemäß Abschnitt 5.1.6 werden Nischen bis zu 2,5 m² Einzelgröße übermessen. Davon unabhängig wird deren Rückfläche, falls sie behandelt ist, grundsätzlich zusätzlich gerechnet *(Bild 38)*.

Die Leibungen sind unabhängig von der Nischengröße grundsätzlich gesondert zu rechnen.

Nischenrückfläche

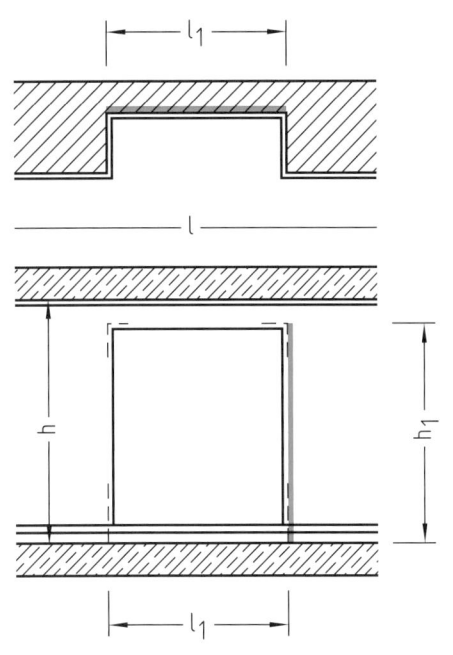

Bild 38

$A_{\text{Wand}} = l \cdot h + l_1 \cdot h_1$, falls $l_1 \cdot h_1 < 2{,}5\ m^2$

5.1.8 Unmittelbar zusammenhängende, verschiedenartige Aussparungen, z. B. Öffnung mit angrenzender Nische, werden getrennt gerechnet.

Grenzen verschiedenartige Aussparungen, z. B. Öffnungen und Nischen, unmittelbar aneinander, so sind Öffnungen und Nischen zur Beurteilung der Übermessung getrennt zu rechnen *(Bild 39)*.

Aussparungen, Öffnungen, Nischen

Im Zusammenhang mit der Begriffsdefinition „Aussparung, Öffnung, Nische" siehe Abschnitt 5.1.6.

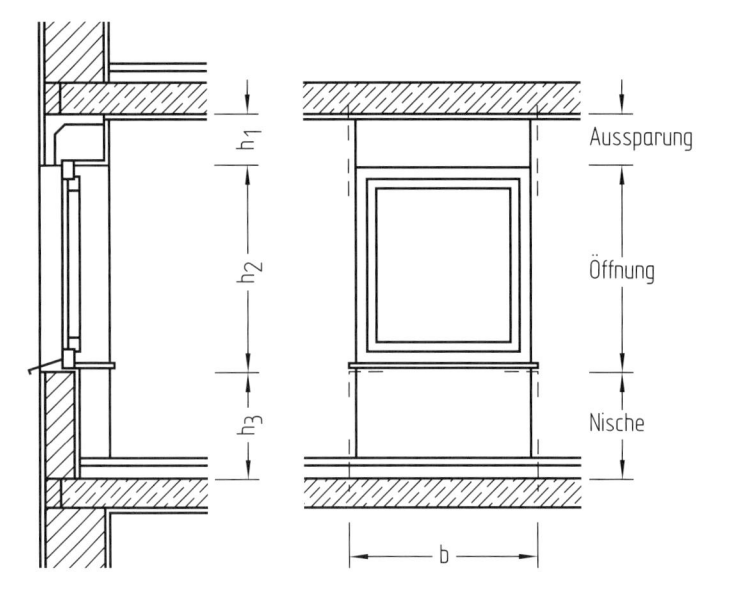

Bild 39

$A_{\text{Aussparung}} = b \cdot h_1 < 2{,}5\ m^2$; sie ist zu übermessen.

$A_{\text{Öffnung}} = b \cdot h_2 > 2{,}5\ m^2$; sie ist abzuziehen.

$A_{\text{Nische}} = b \cdot h_3 < 2{,}5\ m^2$; sie ist zu übermessen.

Die Rückfläche der Nische ist gemäß Abschnitt 5.1.7 zusätzlich zu rechnen. Die Leibungen sind unabhängig von der jeweiligen Übermessungsgröße grundsätzlich gesondert zu rechnen.

Balkontür-Fenster-Kombination (sog. Bockfenster)

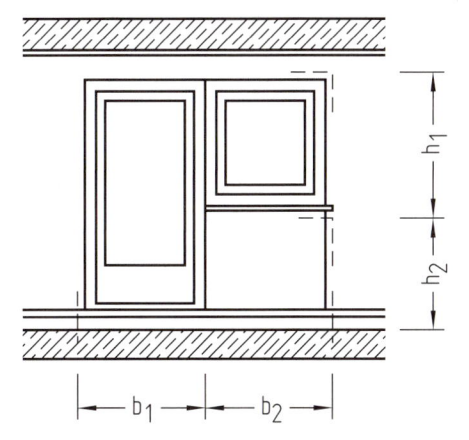

Bild 40

Hängen Tür und Fenster unmittelbar zusammen, gelten sie als eine Öffnung.

$A_{\text{Öffnung}} = b_1 \cdot (h_1 \cdot h_2) + b_2 \cdot h_1 > 2{,}5 \; m^2;$
  sie ist abzuziehen.

$A_{\text{Nische}} = b_2 \cdot h_2 < 2{,}5 \; m^2;$
  sie ist zu übermessen.

Leibungen sind grundsätzlich, Rückflächen von Nischen gemäß Abschnitt 5.1.7 gesondert zu rechnen.

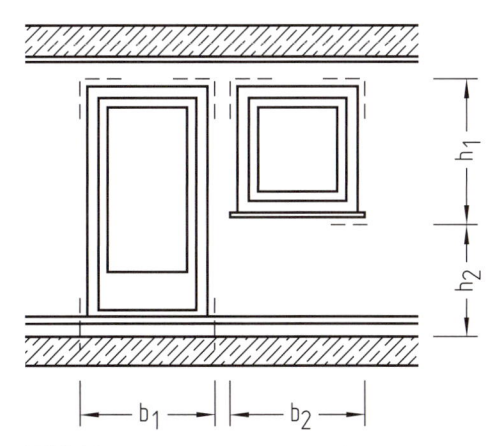

Bild 41

Sind Tür und Fenster konstuktiv durch Mauerwerk oder andere Bauteile getrennt, gelten sie jeweils als eine Öffnung.

$A_{\text{Türöffnung}} = b_1 \cdot (h_1 + h_2) < 2{,}5 \; m^2;$
  sie ist zu übermessen.

$A_{\text{Fensteröffnung}} = b_2 \cdot h_1 < 2{,}5 \; m^2;$
  sie ist zu übermessen.

$A_{\text{Nische}} = b_2 \cdot h_2 < 2{,}5 \; m^2;$
  sie ist zu übermessen.

Leibungen sind grundsätzlich, Rückflächen von Nischen gemäß Abschnitt 5.1.7 gesondert zu rechnen.

5.1.9 Bindet eine Aussparung anteilig in angrenzende, getrennt zu rechnende Flächen ein, wird zur Ermittlung der Übermessungsgröße die jeweils anteilige Aussparungsfläche gerechnet.

Aussparungen, Öffnungen, Nischen, die in angrenzende, getrennt zu rechnende Flächen einbinden, sind zur Ermittlung der Übermessungsgröße jeweils gesondert, bezogen auf die davon tangierte Einzelfläche, zu ermitteln. So sind z.B. Fenster übereck bezogen auf die jeweilige Raum- oder Fassadenfläche zu rechnen *(Bild 42 bis 44)*.

Öffnung übereck

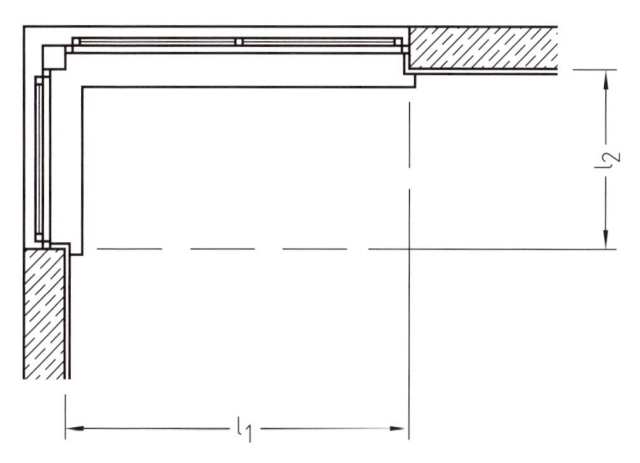

Bild 42

Auch übeer mehrere Wandflächen zusammenhängende Öffnungen werden je Wandfläche getrennt gerechnet *(Bild 43)*.

Öffnung, über mehrere Wandflächen zusammenhängend

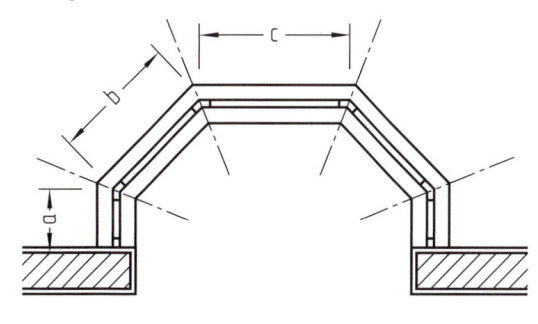

Bild 43

Liegen Öffnungen in Flächen mit verschiedenen Putzarten oder Putzsystemen, so wird bei Ermittlung der Öffnungsgröße jeweils die der Putzart oder dem Putzsystem anteilig zugehörige Fläche gerechnet *(Bild 44)*.

Öffnung in unterschiedlichen Putzsystemen

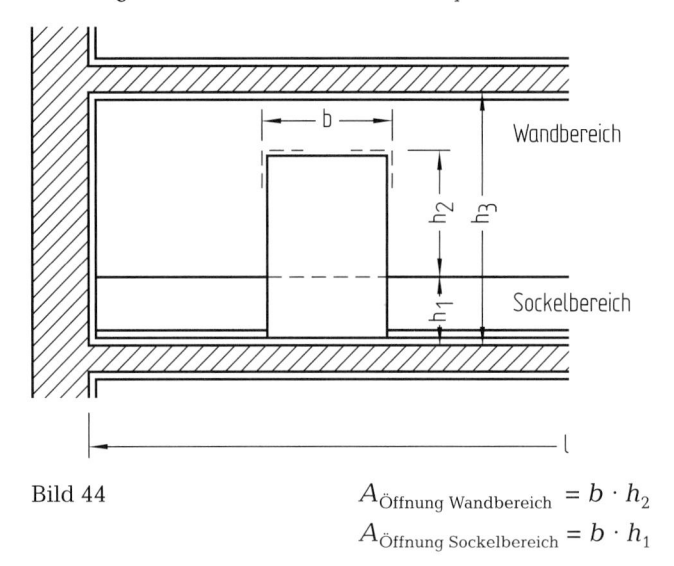

Bild 44

$$A_{\text{Öffnung Wandbereich}} = b \cdot h_2$$
$$A_{\text{Öffnung Sockelbereich}} = b \cdot h_1$$

5.1.10 Unterbrechungen bis 30 cm Einzelbreite, z.B. durch Fachwerkteile, Gesimse, Vorlagen, Stützen, Balken, Friese, Vertiefungen, werden übermessen.

Begriffsdefinition

Unterbrechungen sind planmäßig hergestellte Freiräume, die die vorgegebene Leistung in der Höhe, Länge oder Breite unterbrechen, wobei aber anders als bei einem Ende einer Leistung die gleiche Leistung nach einem/einer Zwischenraum/ Unterbrechung wieder neu weitergeführt wird *(Bild 45 und 46)*.

keine Unterbrechung (Ende einer Leistung)

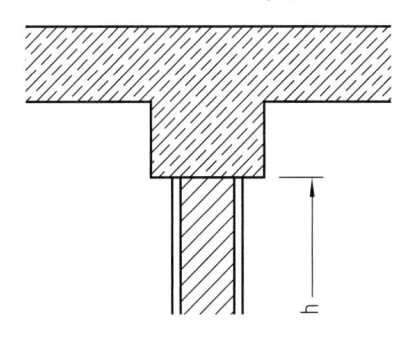

Bild 45

Unterbrechung (Ende einer Leistung, Zwischenraum, Weiterführung der gleichen Leistung)

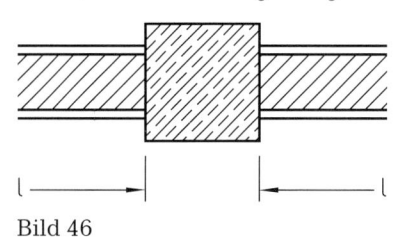

Bild 46

Gedämmte, bekleidete, beschichtete und geputzte Flächen werden bei Abrechnung nach Flächenmaß gemäß Abschnitt 5.1.1 abgerechnet. Unterbrechungen bis 30 cm Einzelbreite, z.B. durch Fachwerkteile, Gesimse, Vorlagen, Stützen, Balken, Friese, Vertiefungen, werden übermessen *(Bild 47 bis 52)*.

Fachwerkteile

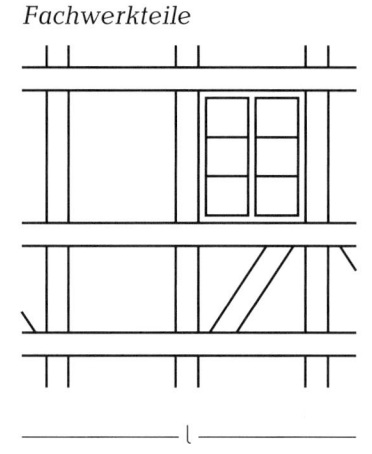

Bild 47   Fachwerkteile < 30 cm

Fachwerkteile bis 30 cm werden übermessen.

Gesimse

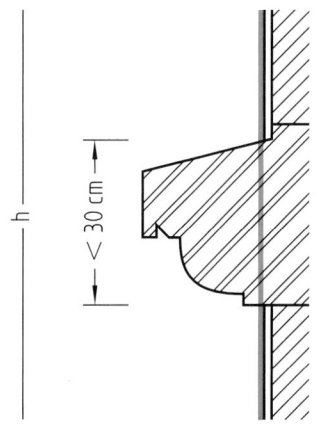

Bild 48   Gesims < 30 cm

Gesimse bis 30 cm werden übermessen.

Vorlagen

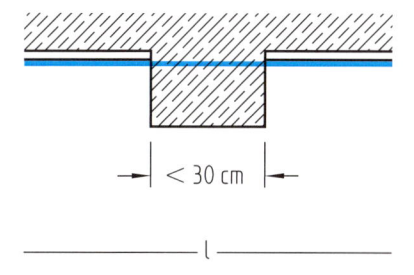

Bild 49
Vorlagen bis 30 cm werden übermessen.

Stützen

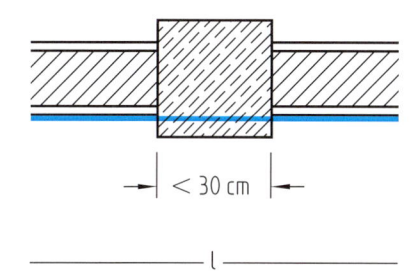

Bild 50
Stützen bis 30 cm werden übermessen.

Balken

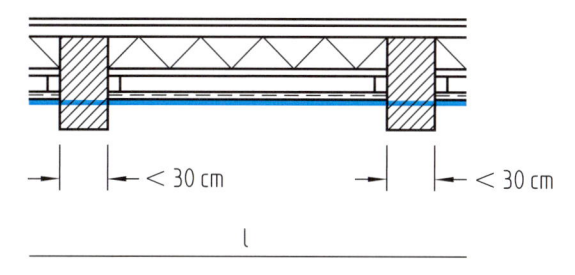

Bild 51
Deckenbalken bis 30 cm werden übermessen.

Friese, Vertiefungen

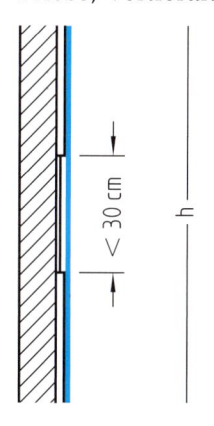

Bild 52
Friese und Vertiefungen bis 30 cm werden übermessen.

5.1.11 Bei vieleckigen Einzelflächen ist zur Ermittlung der Maße das kleinste umschriebene Rechteck zugrunde zu legen.

Vieleckige Einzelflächen sind zwar gemäß Abschnitt 5.1.1 zu messen, jedoch ist dabei das jeweils kleinste umschriebene Rechteck zugrunde zu legen *(Bild 53)*.

vieleckige Deckenfläche

$A = a \cdot b$

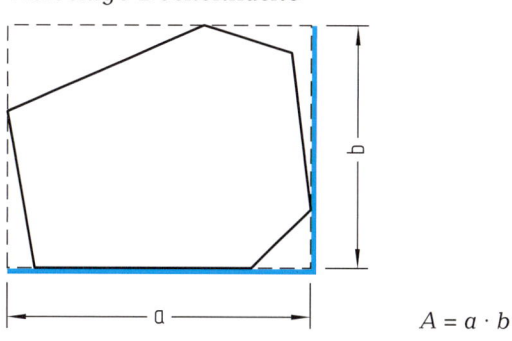

Bild 53

5.2 Es werden abgezogen:

5.2.1 Bei Abrechnung nach Flächenmaß (m²):

Aussparungen, z. B. Öffnungen (auch raumhoch), Nischen, über 2,5 m² Einzelgröße.

Bei der Ermittlung der Abzugsmaße sind die kleinsten Maße der Aussparung zugrunde zu legen.

Aussparungen, z. B. Öffnungen, Nischen, sind gemäß Abschnitt 5.1.1 zu messen, wobei zur Ermittlung der Übermessungsgrößen die jeweils kleinsten Maße zugrunde zu legen sind.

Abgezogen werden:

Aussparungen, z. B. Öffnungen, auch raumhohe Öffnungen, Nischen, über 2,5 m² Einzelgröße (Bild 54 und 55)

in Decken über 2,5 m² Einzelgröße

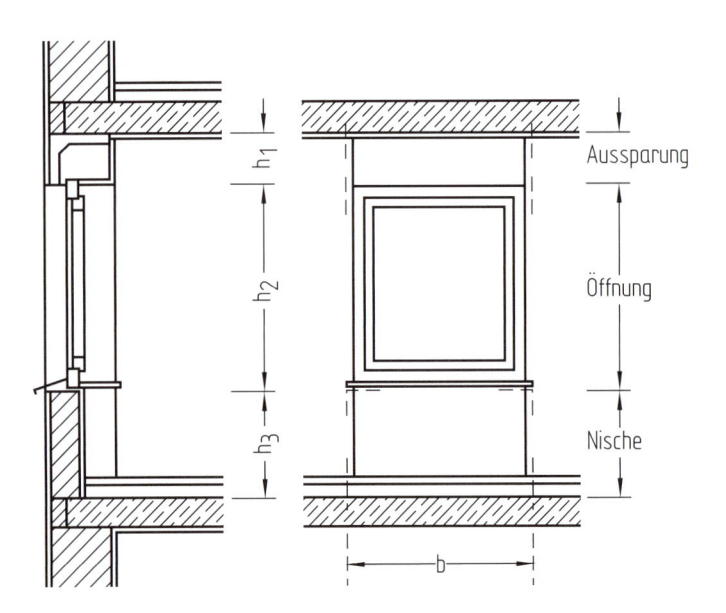

Bild 54

$A_{\text{Aussparung}} = b \cdot h_1 < 2,5\ m^2$; sie ist zu übermessen.
$A_{\text{Öffnung}} = b \cdot h_2 > 2,5\ m^2$; sie ist abzuziehen.
$A_{\text{Nische}} = b \cdot h_3 < 2,5\ m^2$; sie ist zu übermessen und ihre Rückfläche gemäß Abschnitt 5.1.7 zusätzlich zu rechnen.

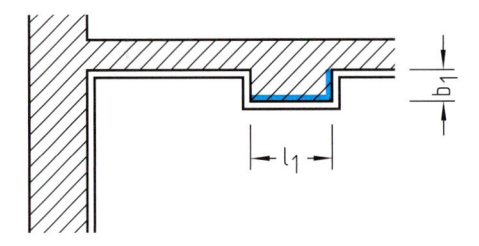

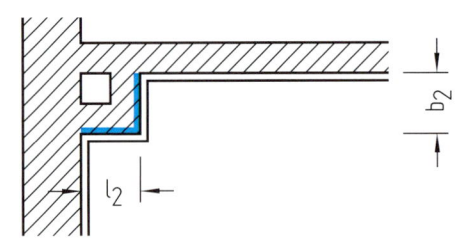

Bild 55

$A_{\text{Pfeilervorlage}} = l_1 \cdot b_1 < 2,5\ m^2$; sie ist zu übermessen.
$A_{\text{Kaminvorsprung}} = l_2 \cdot b_2 < 2,5\ m^2$; sie ist zu übermessen.

5.2.2 Bei Abrechnung nach Längenmaß (m):

Unterbrechungen über 1 m Einzellänge.

Die Übermessungsgröße bei Abrechnung nach Längenmaß ist bis zu 1 m Länge festgelegt.

DIN 18 350

BEISPIELE AUS DER PRAXIS

Übermessung bzw. Abzug von Öffnungen, Aussparungen und Nischen
(siehe in diesem Zusammenhang auch Abschnitt 5.1.6)

Gemäß Abschnitt 5.1.6 werden Öffnungen, Aussparungen und Nischen in Decken, Wänden und Außenbekleidungen bis zu 2,5 m² Einzelgröße übermessen bzw. über 2,5 m² Einzelgröße gemäß Abschnitt 5.2.1 abgezogen.

Ganz oder teilweise behandelte Leibungen von Öffnungen, Aussparungen und Nischen werden gesondert gerechnet.

Rückflächen von Nischen werden gemäß Abschnitt 5.1.7 unabhängig von ihrer Einzelgröße zusätzlich gerechnet.

Öffnungen sind planmäßig angelegte, durch die gesamte Dicke eines Bauteils durchgehende, frei gelassene Räume für den dauernden Gebrauch.

Öffnungen

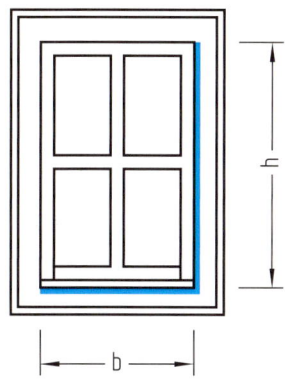

– Öffnungen mit geputzten Umrahmungen

Die Umrahmung der Öffnung ist Bestandteil der Putzfassade. Sie wird in der Regel übermessen und gemäß Abschnitt 4.2.36 als „Besondere Leistung" zusätzlich vergütet.

Die Öffnung ist, falls ihre Einzelfläche $b \cdot h$ größer als 2,5 m² ist, bei Abrechnung nach Flächenmaß abzuziehen.

Die Leibungen werden gesondert gerechnet.

Bild 1 $A = b \cdot h$

– Öffnungen mit Natursteinumrahmungen

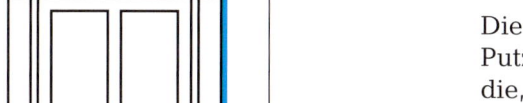

Die Natursteinumrahmung innerhalb einer Putzfassade ist als Aussparung einzuordnen, die, falls ihre Einzelfläche $b \cdot h$ größer als 2,5 m² ist, bei Abrechnung nach Flächenmaß abzuziehen ist. Die innerhalb der Aussparung liegende Öffnung ist in diesem Zusammenhang ohne Bedeutung.

Bild 2 $A = b \cdot h$

Aussparungen

Aussparungen sind planmäßig angelegte Freiräume, die nicht oder anders behandelt werden.

Aussparungen in geputzten Wänden und Decken

– Rohrschacht

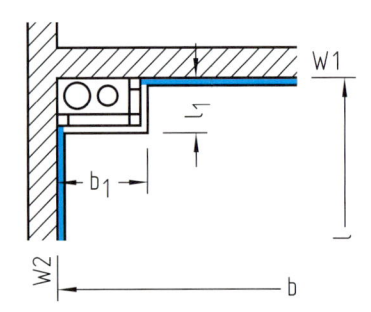

Wand- und Deckenputz sowie die Verkleidung eines Rohrschachtes mit Gipskartonplatten sind in der Leistungsbeschreibung jeweils in gesonderten Positionen vorgegeben.

Die Verkleidung des Rohrschachtes ist hinsichtlich des Wand- und Deckenputzes als Aussparung einzuordnen.

Bild 3

Es ist wie folgt zu rechnen:

$A_{\text{Wand 1}} = b \cdot h$ abzüglich $b_1 \cdot h$, falls $> 2{,}5\ m^2$
$A_{\text{Wand 2}} = l \cdot h$ abzüglich $l_1 \cdot h$, falls $> 2{,}5\ m^2$
$A_{\text{Decke}} = b \cdot l$, falls $b_1 \cdot l_1 < 2{,}5\ m^2$
$A_{\text{Verkleidung mit Gipskartonplatten}} = (b_1 + l_1) \cdot h$

– Vormauerung (unbehandelt)

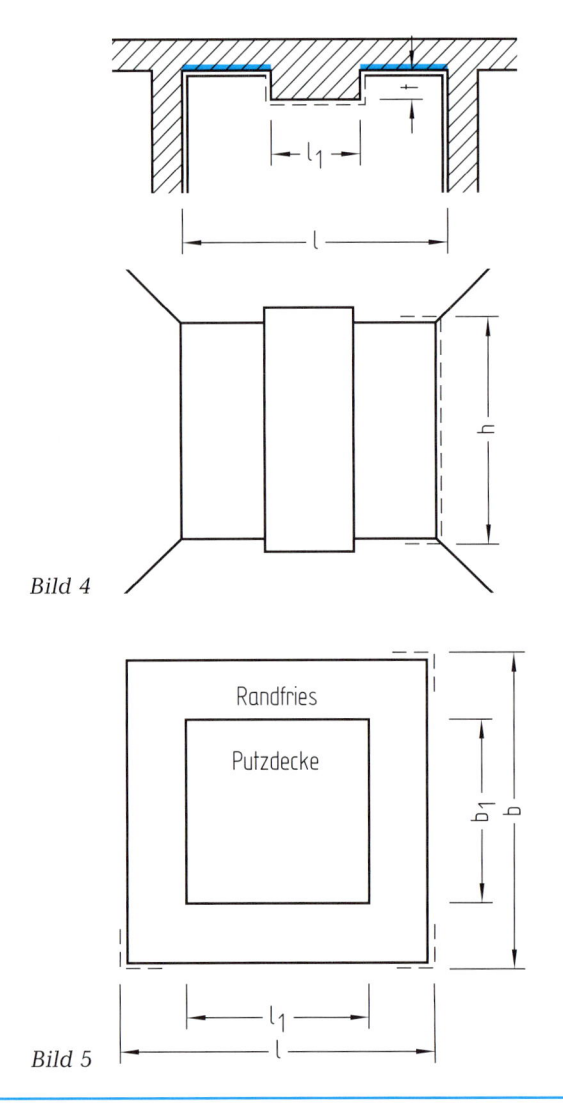

Die unbehandelte Vormauerung ist hinsichtlich des Deckenputzes als Aussparung und im Zusammenhang mit dem Wandputz als Unterbrechung im Sinne des Abschnittes 5.1.10 einzuordnen.

Es ist wie folgt zu rechnen:

$A_{\text{Decke}} = l \cdot b$ abzüglich $l_1 \cdot t$, falls $> 2{,}5\ m^2$
$A_{\text{Wand}} = l \cdot h$, falls $l_1 < 30\ cm$
$A_{\text{Wand}} = l \cdot h$ abzüglich $l_1 \cdot h$, falls $> 30\ cm$

– Vormauerung (wie Wandfläche behandelt)

$A_{\text{Wand}} = l \cdot h$ zuzüglich $2 \cdot t \cdot h$

Bild 4

– abgehängte Putzdecke mit zurückgesetztem Randfries

Putzdecken mit Randfries sind in der Leistungsbeschreibung jeweils gesondert vorgegeben.

Es ist wie folgt zu rechnen:

$A_{\text{Putzdecke}} = l_1 \cdot b_1$
$A_{\text{Randfries}} = l \cdot b - l_1 \cdot b_1$

Bild 5

DIN 18350

Nischen

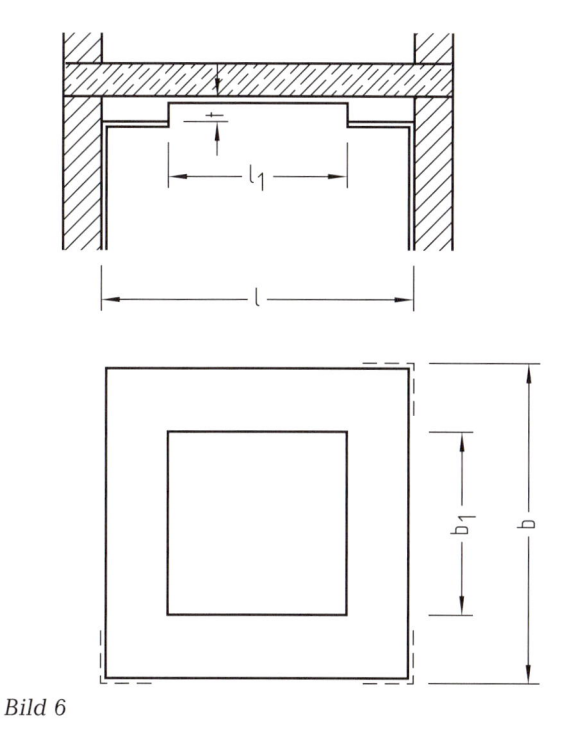

Nischen sind planmäßig auf Dauer angelegte Freiräume zur Gliederung der Wand- und Deckenfläche.

– abgehängte Decke mit vorspringendem Randfries

Es ist wie folgt zu rechnen:

$A_{\text{Decke}} = l \cdot b$ abzüglich $l_1 \cdot b_1$, falls $> 2{,}5\ m^2$
 zuzüglich Leibungen $2 \cdot (l_1 + b_1) \cdot t$
 zuzüglich Rückwand $l_1 \cdot b_1$

Bild 6

Leibungen

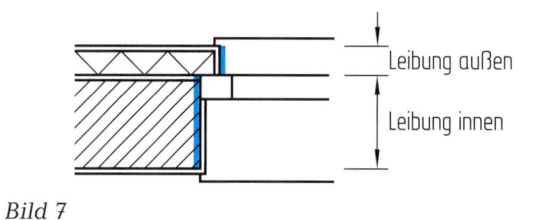

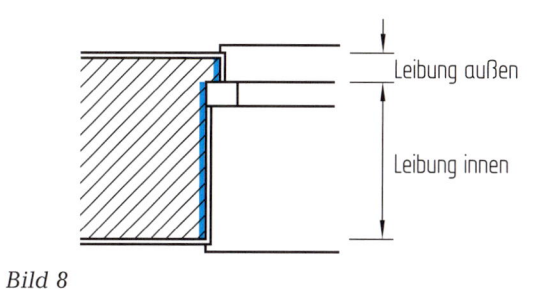

Bild 7

Die folgenden Beispiele verdeutlichen die Abrechnung von Leibungen *(siehe auch Bild 25)*.

Selbst Vorsprünge, die bei vormals bündig eingebauten Fenstern, Türen und dergleichen nachträglich durch Aufbringen von Dämmungen, z. B. Wärmeputz, entstehen, sind Leibungen.

Leibungen von Öffnungen, Aussparungen und Nischen sind im Interesse einer ordnungsgemäßen Preisberechnung in der Leistungsbeschreibung unter Angabe der Maße gesondert vorzugeben.

Bild 8

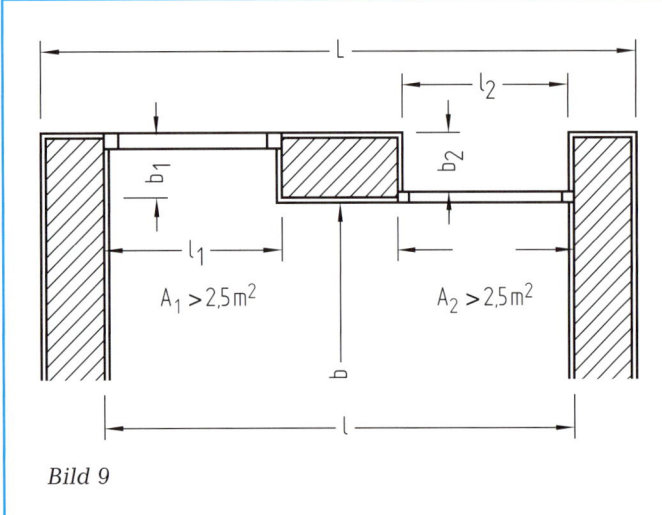

Bild 9

Auch dann, wenn die Leibungsflächen größer als die zu übermessende Öffnung sind, ist gemäß Abschnitt 5.1.6 zu verfahren. Gerade dieses Beispiel macht deutlich, wie wichtig es ist, in der Leistungsbeschreibung Leibungen gesondert vorzugeben.

$A_{\text{Wandfläche innen}} = 2 \cdot (b + l) \cdot h$ abzüglich Öffnungen A_1 und A_2, da $> 2{,}5\ m^2$
zuzüglich Leibungen
$A_1 = b_1 \cdot (2 \cdot h_1 + l_1)$

$A_{\text{Wandfläche außen}} = L \cdot H$ abzüglich Öffnungen A_1 und A_2, da $> 2{,}5\ m^2$
zuzüglich Leibungen
$A_2 = b_2 \cdot (2 \cdot h_2 + l_2)$

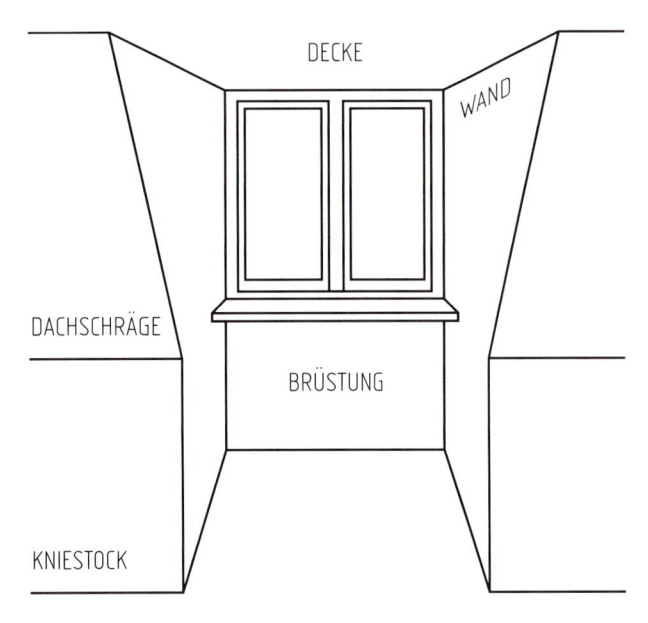

Bild 10

Bei den Seitenflächen von Dachgauben handelt es sich nicht um Leibungen; sie sind den Wandflächen zuzuordnen und gemäß Abschnitt 5.1.1 zu messen.

DIN 18350

Begrenzende Bauteile

Bild 11

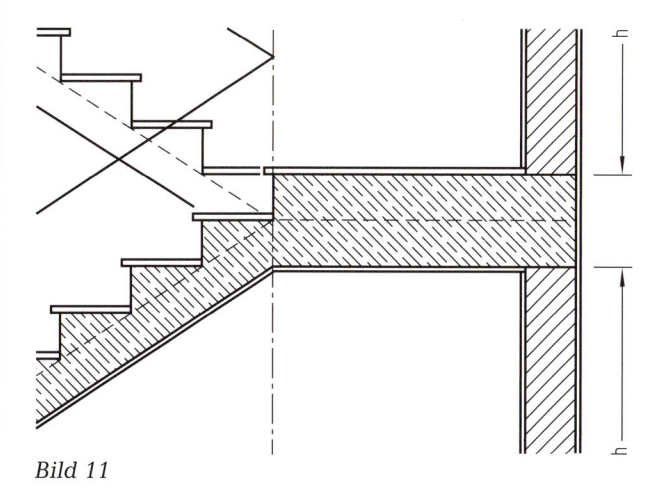

Begriffsbestimmung

Begrenzende Bauteile im Sinne dieser Abrechnungsvorschrift sind z.B. Rohwände, Stützen, Rohdecken, Unterzüge, Treppenpodeste, tragende Hölzer. Nicht darunter fallen dagegen Einbauteile, wie abgehängte Decken, aufgeständerte Fußbodenkonstruktionen, Verkleidungen von Rohrleitungen.

Gemäß Abschnitt 5.1.1.1 sind der Ermittlung der Leistung z.B. für Putz auf Flächen mit begrenzenden Bauteilen die Maße der zu behandelnden Flächen bis zu den sie begrenzenden, ungeputzten Bauteilen zugrunde zu legen.

In Treppenhäusern sind deshalb die Wandflächen in ihrer Höhe bis zu den begrenzenden Bauteilen, z.B. einbindenden Podesten und Treppenläufen, zu messen.

Lückenhafte, missverständliche Ausschreibung

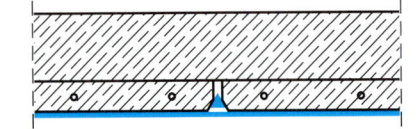

Bild 12

Zwei Arbeitsgänge:
Fugen schließen
Unterfläche spachteln

Textbeispiel

Vollspachtelung von Deckenflächen innen wie folgt:

Deckenflächen vollflächig mit Gipsspachtelmasse spachteln und nachschleifen, Oberfläche geglättet und porenfrei, malerfertig zur Aufnahme eines Anstriches herstellen, einschließlich der erforderlichen Untergrundbehandlung.

... m²   à ...

Die vorstehende Leistungsposition ist mit zumutbarem Aufwand nicht zu kalkulieren.

Es fehlen wichtige Angaben über die Art und Beschaffenheit des Untergrundes. Wie sich nachträglich herausstellte, handelte es sich um die Untersicht einer Filigranplattendecke. Über das Schließen der Stoßfugen sind keine Angaben gemacht.

Diese Leistung den Ein-, Zu- und Beiputzarbeiten des Abschnittes 4.1.7 zuzuordnen, scheidet aus. Als Ein-, Zu- und Beiputzarbeiten bezeichnet man in der Regel das Anarbeiten und Einputzen von Fenstern, Türen, Fliesen, Sockeln und dergleichen.

Darüber hinaus sind Leistungen, die üblicherweise nach Längenmaß gerechnet werden, nicht mit Leistungspositionen zu vermengen, die nach Flächenmaß aufgemessen werden.

Das Schließen der Stoßfugen im Bereich der Filigranplattendecke ist den Besonderen Leistungen zuzuordnen und, falls die Leistungsbeschreibung sie nicht eigens erwähnt, zusätzlich zu vergüten *(Bild 12)*.

DIN 18351

Fassadenarbeiten – DIN 18351

Ausgabe Dezember 2002

Geltungsbereich

Die ATV „Fassadenarbeiten" – DIN 18351 – gilt für großformatige, hinterlüftete Außenwandbekleidungen mit Unterkonstruktionen und für hinterlüftete keramische Außenwandbekleidungen, z. B. von Wänden, Stützen, Brüstungen und Attiken sowie Unterseiten von Bauteilen im Außenbereich, wie bei Durchfahrten, Balkonen, Auskragungen.

Die ATV DIN 18351 gilt nicht für

- hinterlüftete Außenwandbekleidungen mit Naturwerkstein- und Betonwerksteinplatten mit einer Nenndicke ≥ 30 mm (siehe ATV DIN 18332 „Naturwerksteinarbeiten" und ATV DIN 18333 „Betonwerksteinarbeiten"),
- Außenwandbekleidungen aus Brettern oder Bohlen sowie mit Holzschindeln (siehe ATV DIN 18334 „Zimmer- und Holzbauarbeiten"),
- Außenwandbekleidungen mit Dachdeckungsstoffen (siehe ATV DIN 18338 „Dachdeckungs- und Dachabdichtungsarbeiten"),
- das Herstellen von Metall-Wandbekleidungen mit am Bau zu fälzenden Metallbauteilen und Metallanschlüssen (siehe ATV DIN 18339 „Klempnerarbeiten"),
- das Herstellen von Bauteilen aus Holz und Kunststoff für Außenwandbekleidungen (siehe ATV DIN 18355 „Tischlerarbeiten").

0.5 Abrechnungseinheiten

Im Leistungsverzeichnis sind die Abrechnungseinheiten wie folgt vorzusehen:

0.5.1 *Flächenmaß (m^2), getrennt nach Bauart und Maßen, für*

- *Bekleidungen (mit oder ohne Unterkonstruktion und/oder Dämmschicht),*
- *Trag- und Unterkonstruktionen sowie Bekleidungen auch im Bereich erhöhter Lasten,*
- *Dämmschichten,*
- *Ausgleichsschichten, Trennschichten,*
- *Vorbehandlung des Untergrundes,*
- *nachträgliche Oberflächenbehandlung.*

0.5.2 *Längenmaß (m), getrennt nach Bauart und Maßen, für*

- *Blenden, Attika-Bekleidungen, Abdeckungen sowie andere streifenförmige Bekleidungen, z. B. an Traufen, Gesimsen, Balkonen, Pfeilern, Stützen, Unterzügen,*
- *Leibungen, Fensterbänke,*
- *Sockel- und Sturzausbildungen,*
- *An- und Abschlussprofile, Lüftungsprofile, Schutzgitter an Lüftungsöffnungen,*
- *Abschottungen,*
- *An- und Abschlüsse sowie Eckausbildungen (Außen- und Innenecken),*
- *Ausbilden und Schließen von Bewegungs- und Bauteilfugen,*
- *Abdichtung von Bauwerksfugen bzw. deren Abdeckung,*
- *Abdichtungsstreifen bei Anschlüssen an Fenstern, Metalleinfassungen, Mauerabdeckungen und dergleichen,*
- *streifenförmige Trenn- und Dämmschichten und dergleichen,*
- *Zuschnitte von Bekleidungen, z. B. an schrägen An- und Abschlüssen.*

0.5.3 *Anzahl (Stück), getrennt nach Bauart und Maßen, für*

- *Bekleidungen besonderer Bauteile, z. B. Balkone, Fundamentsockel, Säulen, Pfeiler,*
- *Formteile, Fensterbänke und dergleichen,*
- *Eckausbildungen (Verstärkungen), Endstücke,*
- *besondere Unterkonstruktionen und Verankerungen,*

- *Einzelbauteile, Zierplatten und dergleichen,*
- *Aussparungen, z.B. für Leuchten, Luftauslässe, Rohrdurchführungen, Steckdosen,*
- *Schließen von Installationsdurchgängen und dergleichen,*
- *Verstärkungen an Bauteilen, z.B. im Bereich von Aussparungen,*
- *verbleibende Gerüstanker,*
- *nachträglich zu montierende Teile, z.B. nach dem bzw. beim Abbau der Gerüste.*

5 Abrechnung

Ergänzend zur ATV DIN 18299, Abschnitt 5, gilt:

5.1 Allgemeines

5.1.1 Der Ermittlung der Leistung – gleichgültig, ob sie nach Zeichnung oder Aufmaß erfolgt – sind für Bekleidungen, Unterkonstruktionen, Wärme- und Schalldämmungen, Oberflächenbehandlungen und dergleichen die Maße der Bekleidung zugrunde zu legen.

5.1.2 Fugen werden übermessen.

5.1.3 In Fassadenflächen liegende unbekleidete Rahmen, Riegel, Ständer, Unterzüge, Vorlagen und dergleichen, bis 0,3 m Einzelbreite, werden übermessen.

5.1.4 Bei Abrechnung nach Längenmaß (m) wird die größte, bei gebogenen Bauteilen die äußere abgewickelte Bauteillänge gemessen.

5.1.5 Bei Abrechnung nach Flächenmaß (m²) von Einzelbauteilen mit nicht rechtwinkeligen oder ausgeklinkten Flächen wird das kleinste umschriebene Rechteck gerechnet.

5.2 Es werden abgezogen:

5.2.1 Bei Abrechnung nach Flächenmaß (m²):

Aussparungen in der Bekleidung, z.B. Öffnungen, Nischen, über 2,5 m² Einzelgröße.

5.2.2 Bei Abrechnung nach Längenmaß (m):

Unterbrechungen über 1 m Einzellänge.

Erläuterungen

0.5 Abrechnungseinheiten

Abschnitt 0.5 dient dazu, auf die üblichen und zweckmäßigen Abrechnungseinheiten für die jeweilige Teilleistung hinzuweisen. In der Leistungsbeschreibung ist die zutreffende Abrechnungseinheit festzulegen.

5 Abrechnung

Ergänzend zur ATV DIN 18299, Abschnitt 5, gilt:

Siehe Kommentierung zu Abschnitt 5 der ATV DIN 18299.

5.1 Allgemeines

5.1.1 Der Ermittlung der Leistung – gleichgültig, ob sie nach Zeichnung oder Aufmaß erfolgt – sind für Bekleidungen, Unterkonstruktionen, Wärme- und Schalldämmungen, Oberflächenbehandlungen und dergleichen die Maße der Bekleidung zugrunde zu legen.

Vorgehängte Außenwandbekleidung ist die mit Wänden, Stützen, Brüstungen und Attiken sowie Unterseiten von Bauteilen im Außenbereich, z.B. Durchfahrten, Balkone, Auskragungen, mechanisch verbundene Bekleidung. Sie setzt sich zusammen aus

– der Bekleidung,
– der Unterkonstruktion für die Bekleidung mit den Verbindungen, Verankerungen und
– ggf. der Wärme- und Schalldämmung.

Für solche Außenwandbekleidungssysteme bestimmen sich die Abrechnungsmaße nach den Maßen der Bekleidung, d.h. nach den Maßen der fertigen Außenwandbekleidung.

Außenwandbekleidung, Unterkonstruktion und ggf. Wärme- und Schalldämmung werden, selbst wenn die Leistungsbeschreibung diese in mehreren Positionen vorsieht, nach den Maßen der fertigen Gesamtkonstruktion abgerechnet.

DIN 18351

Maße der Bekleidung (Bild 1 bis 9)

Naturwerkstein – Bekleidung mit einer Nenndicke kleiner 30 mm

vertikaler Fassadenschnitt

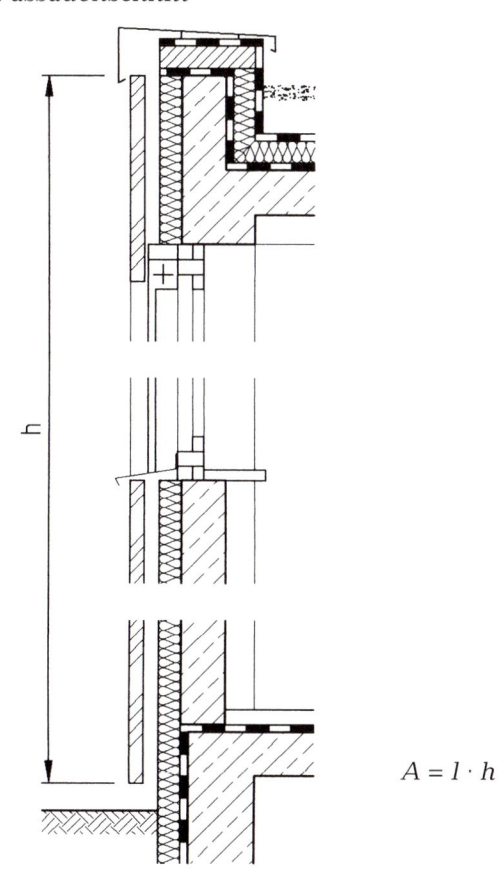

$A = l \cdot h$

Bild 1

Fugen werden dabei gemäß Abschnitt 5.1.2 übermessen.

Aussparungen in der Bekleidung, z.B. Öffnungen, werden erst über 2,5 m² Einzelgröße abgezogen (siehe Abschnitt 5.2.1).

keramische Bekleidung horizontaler Fassadenschnitt

Außenecke

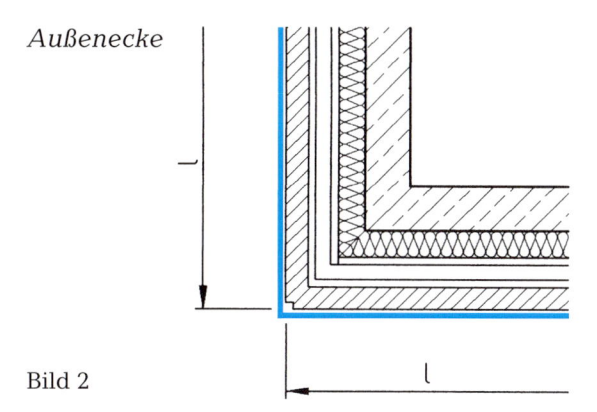

Bild 2

Außenecke – keramische Bekleidung mit Fallrohr

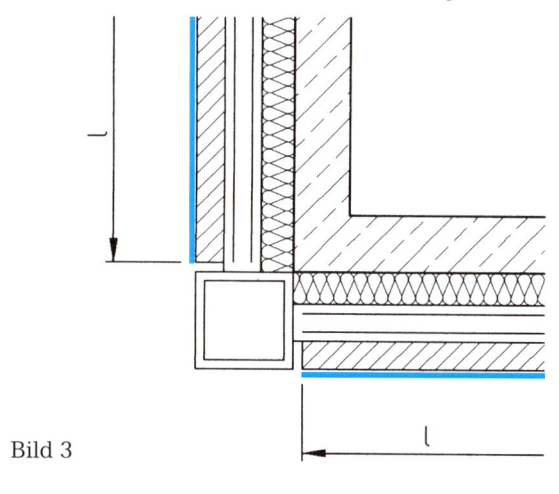

Bild 3

Innenecke

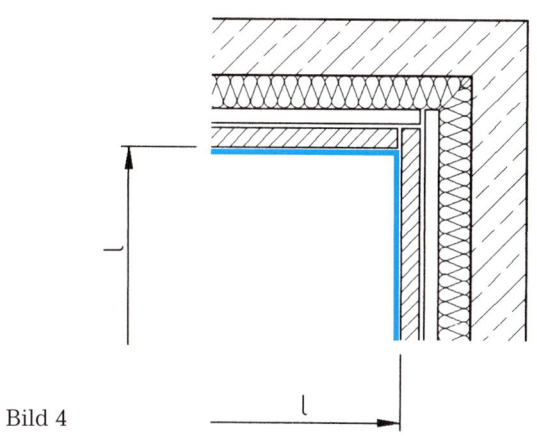

Bild 4

Innenecke – Keramik/Putz

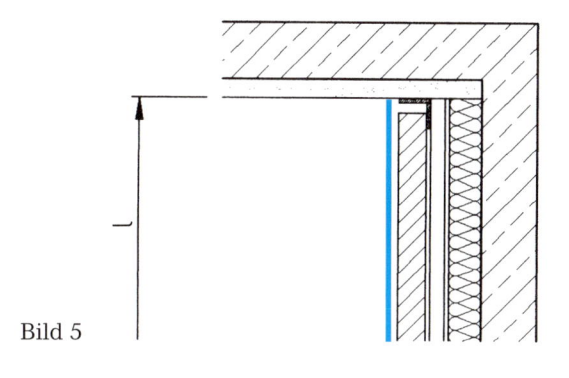

Bild 5

Fensterleibung

Bild 6

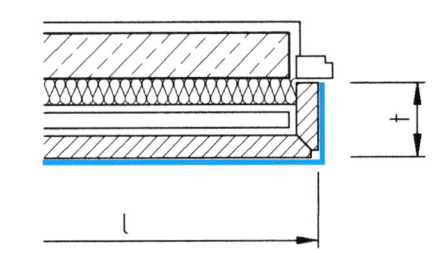

Leibungen werden, falls sie mit dem gleichen Material wie die Fassade bekleidet sind, zur Fassadenfläche hinzugerechnet, gleichgültig, ob die Öffnung abgezogen wird oder nicht. Im Interesse einer zuverlässigen Preiskalkulation sollten jedoch Leibungen in der Leistungsbeschreibung grundsätzlich gesondert nach Maßen vorgegeben sein.

Untersicht – Balkon
vertikaler Schnitt Keramik/Putz

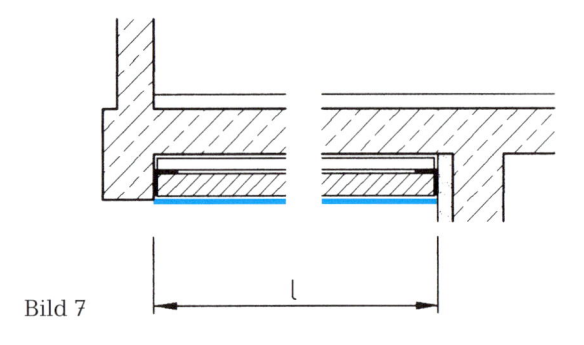

Bild 7

Schichtpressstoffplatten – Bekleidung
horizontaler Fassadenschnitt

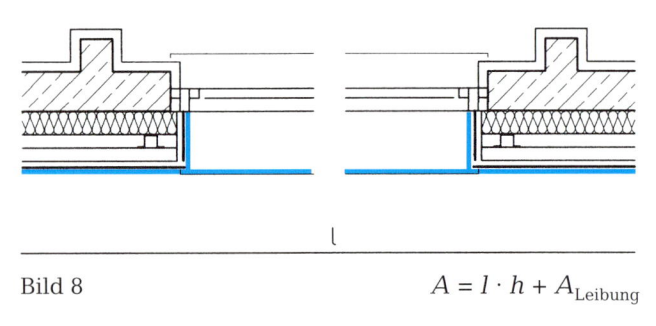

Bild 8 $\qquad A = l \cdot h + A_{\text{Leibung}}$

Fugen werden dabei gemäß Abschnitt 5.1.2 übermessen.

Aussparungen in der Bekleidung, z. B. Öffnungen, werden erst über 2,5 m² Einzelgröße abgezogen (siehe Abschnitt 5.2.1).

Die Leibungen werden zur Fläche der Fassade hinzugerechnet *(siehe auch Bild 6).*

Stütze

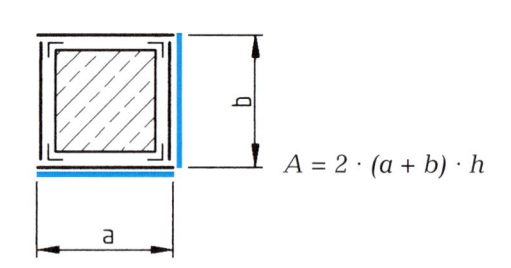

Bild 9 $\qquad A = 2 \cdot (a + b) \cdot h$

5.1.2 Fugen werden übermessen.

Horizontal- und Vertikalfugen sind zu übermessen *(Bild 10).*

$A = l \cdot h$

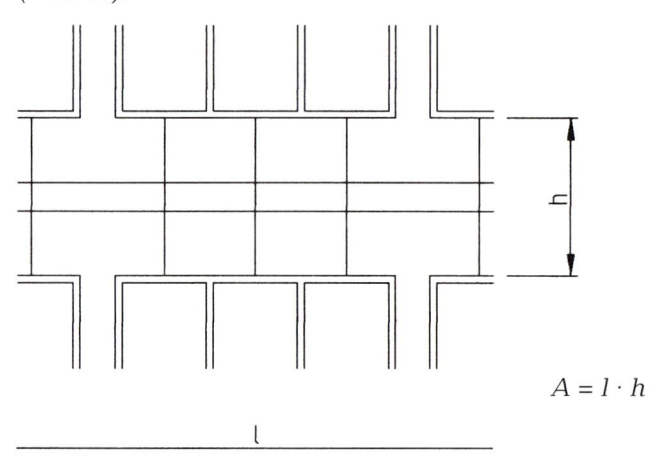

Bild 10

5.1.3 In Fassadenflächen liegende unbekleidete Rahmen, Riegel, Ständer, Unterzüge, Vorlagen und dergleichen, bis 0,3 m Einzelbreite, werden übermessen.

Unbekleidet bleibende Rahmen, Riegel, Ständer, Unterzüge, Vorlagen und dergleichen innerhalb von Fassadenbekleidungsflächen werden bis 0,3 m Einzelbreite übermessen. Sie werden selbst dann übermessen, wenn die Einzelfläche solcher unbekleideter Bauteile 2,5 m² überschreitet. Abschnitt 5.2 ist in diesem Fall nicht anzuwenden *(Bild 11).*

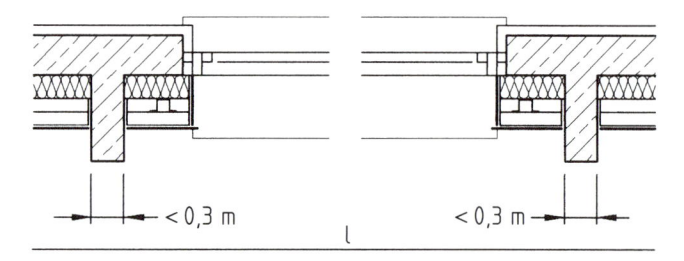

Bild 11

Die unbekleidete Pfeilervorlage wird bei der Ermittlung der Fassadenfläche übermessen.

DIN 18351

5.1.4 Bei Abrechnung nach Längenmaß (m) wird die größte, bei gebogenen Bauteilen die äußere abgewickelte Bauteillänge gemessen.

Bei Bauteilen, z. B. streifenförmigen Bekleidungen, Leibungen, Fensterbänken, Abdeckungen, Blenden, wird, soweit deren Abrechnung nach Längenmaß (m) vorgegeben ist, die größte Bauteillänge gemessen *(Bild 12 und 13)*.

Fensterbank mit Keramikplatten

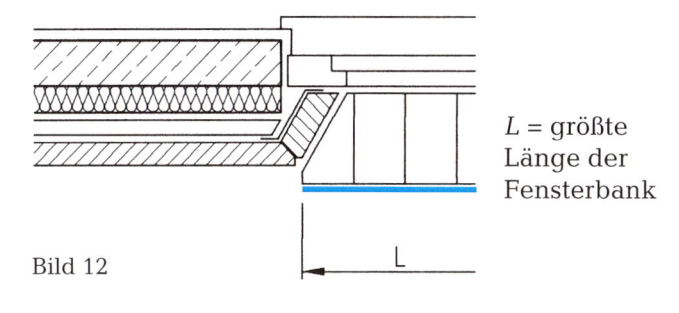

L = größte Länge der Fensterbank

Bild 12

Leibung mit Keramikplatten

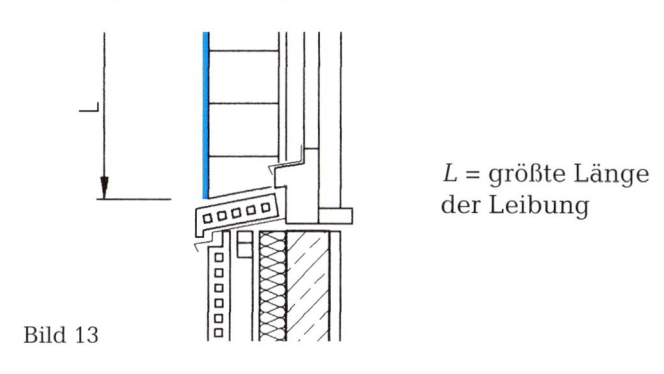

L = größte Länge der Leibung

Bild 13

Bei gebogenen Bauteilen wird die äußere abgewickelte Bauteillänge gemessen.

5.1.5 Bei Abrechnung nach Flächenmaß (m²) von Einzelbauteilen mit nicht rechtwinkeligen oder ausgeklinkten Flächen wird das kleinste umschriebene Rechteck gerechnet.

Wenn hier von Einzelbauteilen die Rede ist, so ist damit nicht ein Bauteil des Bauwerks, sondern ein Einzelbauteil der Fassadenkonstruktion, z. B. ein einzelnes Bekleidungselement, gemeint.

Demgemäß werden z. B. nicht rechtwinklige Randelemente der Bekleidungsfläche, schräg geschnittene und/oder ausgeschnittene Fassadenelemente mit ihrem kleinsten umschriebenen Rechteck gerechnet *(Bild 14 und 15)*.

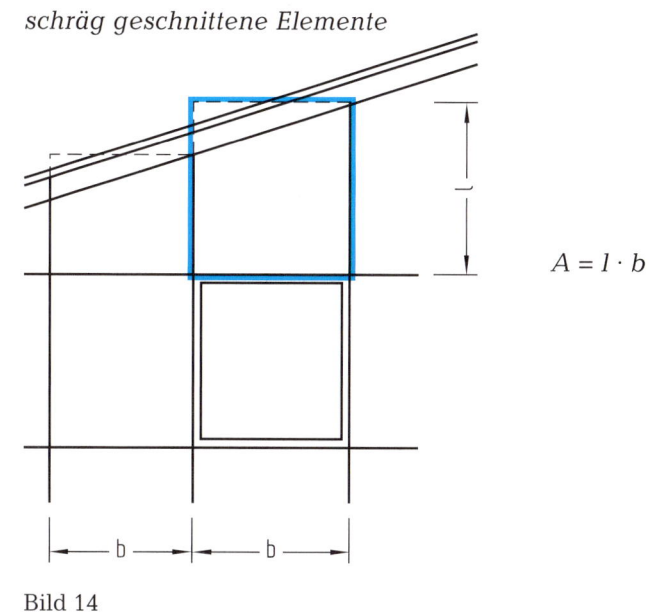

schräg geschnittene Elemente

$A = l \cdot b$

Bild 14

ausgeschnittene Elemente

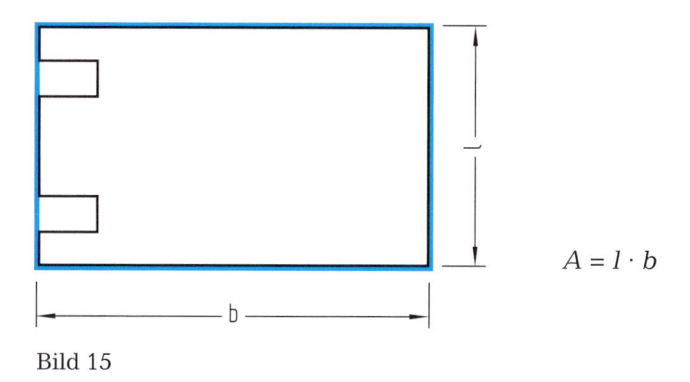

$A = l \cdot b$

Bild 15

5.2 Es werden abgezogen:

5.2.1 Bei Abrechnung nach Flächenmaß (m²):

Aussparungen in der Bekleidung, z. B. Öffnungen, Nischen, über 2,5 m² Einzelgröße.

Aussparungen, z. B. Öffnungen, Nischen

Öffnungen sind funktional eigenständige, planmäßig angelegte, durch die gesamte Dicke eines Bauteils durchgehende, frei gelassene Räume für den dauernden Gebrauch, z. B. Fenster- und Türöffnungen.

Nischen sind planmäßg auf Dauer angelegte Freiräume der Wand- und Deckenfläche.

Abgezogen werden bei Abrechnung nach Flächenmaß Aussparungen, z. B. Öffnungen und Nischen, mit nicht bekleideter Rückfläche über 2,5 m² Einzelgröße, unabhängig davon, ob die Leibungen bekleidet sind oder nicht *(Bild 16)*.

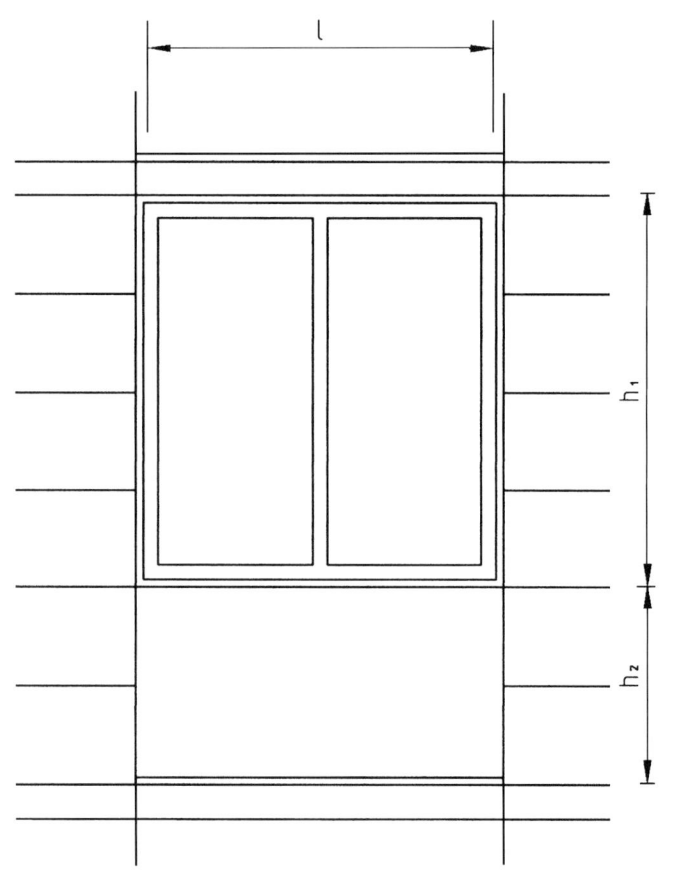

Bild 16

$A_{\text{Öffnung}} = l \cdot h_1 > 2{,}5 \ m^2$; sie ist abzuziehen.

$A_{\text{Nische}} = l \cdot h_2 < 2{,}5 \ m^2$; sie ist zu übermessen.

Bekleidete Leibungen werden jedoch grundsätzlich zur Fassadenfläche hinzugerechnet, falls sie wie die Fassade behandelt sind. Im Interesse einer zuverlässigen Preiskalkulation sollten Leibungen in der Leistungsbeschreibung gesondert nach ihren Maßen vorgegeben sein.

5.2.2 Bei Abrechnung nach Längenmaß (m):

Unterbrechungen über 1 m Einzellänge.

Fliesen- und Plattenarbeiten – DIN 18352

Ausgabe Dezember 2002

Geltungsbereich

Die ATV „Fliesen- und Plattenarbeiten" – DIN 18352 – gilt für das Ansetzen und Verlegen von

– Fliesen, Platten und Mosaik,

– Solnhofener Platten, Natursteinfliesen, Natursteinmosaik und Natursteinriemchen.

Die ATV DIN 18352 gilt nicht für das Ansetzen und Verlegen von

– anderen Platten aus Naturwerksteinen (siehe ATV DIN 18332 „Naturwerksteinarbeiten") und

– Platten aus Betonwerkstein (siehe ATV DIN 18333 „Betonwerksteinarbeiten").

0.5 Abrechnungseinheiten

Im Leistungsverzeichnis sind die Abrechnungseinheiten wie folgt vorzusehen:

0.5.1 Nach Flächenmaß (m^2), getrennt nach Bauart und Maßen, für

- *Vorbehandlung des Untergrundes,*
- *Ausgleichsschichten,*
- *Trennschichten,*
- *Dämmschichten,*
- *Unterböden,*
- *Decken-, Wand- und Bodenbeläge,*
- *Oberflächenbehandlung der Beläge,*
- *Bewehrungen, Trag- und Unterkonstruktionen,*
- *Wände.*

0.5.2 Nach Längenmaß (m), getrennt nach Bauart und Maßen, für

- *Stufen und Schwellen,*
- *Sockel und Kehlen,*
- *Gehrungen an Fliesen- und Plattenkanten,*
- *Schrägschnitte,*
- *Profile und Leisten aus Formstücken,*
- *Rinnen und Roste,*
- *Schienen,*
- *Ausbilden und Schließen von Bewegungsfugen.*

0.5.3 Nach Anzahl (Stück), getrennt nach Bauart und Maßen, für

- *Stufen und Schwellen,*
- *freie Stufenköpfe,*
- *Zwickel bei abgestuften Begrenzungen der Beläge, z. B. über Treppen,*
- *Bekleidungen besonderer Bauteile, z. B. Fundamentsockel, Säulen, Pfeiler,*
- *Einmauern von Einbauwannen und Brausewannen,*
- *Anarbeiten der Beläge an Waschtische, Spülbecken, Wannen, Brausewannen, Wannenuntertritte, schräge Wannenschürzen,*
- *Anarbeiten der Beläge an Aussparungen im Belag wie Öffnungen, Fundamentsockel, Rohrdurchführungen und dergleichen von mehr als 0,1 m^2 Einzelgröße,*
- *Einbauen von Einbauteilen und Schienen,*
- *Formteile, Zierplatten,*
- *Einsetzen von Schaltern, Steckdosen und Sinkkastenaufsätzen u. a.,*
- *Herstellen von Löchern in Wand- und Bodenbelägen für Installationen und Einbauteile,*
- *elastische Fugenfüllung an Installationsdurchgängen, Bodenentwässerungen u. Ä.,*
- *Türzargen,*
- *Gehrungen.*

5 Abrechnung

Ergänzend zur ATV DIN 18299, Abschnitt 5, gilt:

5.1 Allgemeines

5.1.1 Der Ermittlung der Leistung – gleichgültig, ob sie nach Zeichnung oder nach Aufmaß erfolgt – sind zugrunde zu legen:

5.1.1.1 bei Innenwandbekleidungen, Deckenbekleidungen, Bodenbelägen, Ausgleichsschichten, Trennschichten, Dämmschichten, Unterböden, Oberflächenbehandlungen, Bewehrungen, Trag- und Unterkonstruktionen

– auf Flächen mit begrenzenden Bauteilen die Maße der zu bekleidenden bzw. zu belegenden Flächen bis zu den begrenzenden, ungeputzten, ungedämmten bzw. unbekleideten Bauteilen,

– auf Flächen ohne begrenzende Bauteile die Maße der zu bekleidenden bzw. zu belegenden Flächen,

5.1.1.2 bei Wandbekleidungen, die an Stehsockel, Kehlsockel, Kehlleisten oder ausgerundeten Ecken als Sockel anschließen oder unmittelbar auf den Bodenbelag aufsetzen, das Maß ab Oberseite Sockel oder Oberseite Bodenbelag,

5.1.1.3 bei Fassaden die Maße der Bekleidung,

5.1.1.4 bei Stufenbelägen, Schwellen, Sockeln, Kehlen, Gehrungen an Fliesen- und Plattenkanten, Schrägschnitten, Profilen, Leisten, Schienen und Beckenköpfen deren größte Maße.

5.1.2 Bestehen Wandbekleidungen aus Schichten, von denen eine nicht die volle, jedoch mehr als die halbe Schichthöhe hat, so wird diese Schicht mit der vollen Schichthöhe abgerechnet. Dies gilt nicht für Wandbekleidungen in Raumhöhe oder für Wandbekleidungen, deren Höhe in der Leistungsbeschreibung durch Maßangabe festgelegt ist oder deren Schichthöhen größer als 30 cm sind.

5.1.3 Binden Fliesentrennwände oder Wände aus Zellenwandsteinen in Beläge ein, so werden die Beläge durchgerechnet. Bei Fliesentrennwänden, die sich kreuzen oder ineinander einbinden, wird im Bereich der Verbindung nur eine Wand berücksichtigt.

5.1.4 Bei der Ermittlung des Längenmaßes wird die größte Bauteillänge gemessen.

5.1.5 Bei Abrechnung nach Flächenmaß (m^2) werden in die verlegte Bekleidung oder in den verlegten Belag eingesetzte Profilleisten, Zierplatten und Formteile, z.B. Seifenschalen, übermessen.

5.2 Es werden abgezogen:

5.2.1 Bei Abrechnung nach Flächenmaß (m^2):

Aussparungen und Öffnungen über 0,1 m^2 Einzelgröße.

5.2.2 Bei Abrechnung nach Längenmaß (m):

Unterbrechungen über 1 m Einzellänge.

DIN 18352

Erläuterungen

0.5 Abrechnungseinheiten

Abschnitt 0.5 dient dazu, auf die üblichen und zweckmäßigen Abrechnungseinheiten für die jeweilige Teilleistung hinzuweisen. Bei Aufstellung der Leistungsbeschreibung ist die zutreffende Abrechnungseinheit festzulegen.

5 Abrechnung

Ergänzend zur ATV DIN 18299, Abschnitt 5, gilt:

Siehe Kommentierung zu Abschnitt 5 der ATV DIN 18299.

5.1 Allgemeines

5.1.1 Der Ermittlung der Leistung – gleichgültig, ob sie nach Zeichnung oder nach Aufmaß erfolgt – sind zugrunde zu legen:

5.1.1.1 bei Innenwandbekleidungen, Deckenbekleidungen, Bodenbelägen, Ausgleichsschichten, Trennschichten, Dämmschichten, Unterböden, Oberflächenbehandlungen, Bewehrungen, Trag- und Unterkonstruktionen

– auf Flächen mit begrenzenden Bauteilen die Maße der zu bekleidenden bzw. zu belegenden Flächen bis zu den begrenzenden, ungeputzten, ungedämmten bzw. unbekleideten Bauteilen,

– auf Flächen ohne begrenzende Bauteile die Maße der zu bekleidenden bzw. zu belegenden Flächen,

Die Abrechnungsmaße für Bekleidungen und Bodenbeläge sind im Innenbereich wie folgt zu ermitteln:

auf Flächen mit begrenzenden Bauteilen bis hin zu den begrenzenden, ungeputzten, ungedämmten Bauteilen.

– Innenwandbekleidungen

 – seitlich und oben an ihrem Zusammenstoß mit anderen Bauteilen *(Bild 1 und 2)*

 – unten siehe Abschnitt 5.1.1.2

– Bodenbeläge

 – am Zusammenstoß mit anderen Bauteilen *(Bild 3)*

auf Innenflächen mit begrenzenden Bauteilen

Begrenzende Bauteile im Sinne dieser Abrechnungsvorschrift sind z. B. Rohwände, Stützen, Rohdecken, Unterzüge. Nicht darunter fallen dagegen abgehängte Decken, aufgeständerte Fußbodenkonstruktionen, Estriche, Dämmschichten u. Ä.

Innenwandbekleidungen

seitlich
im Dickbett   im Dünnbett

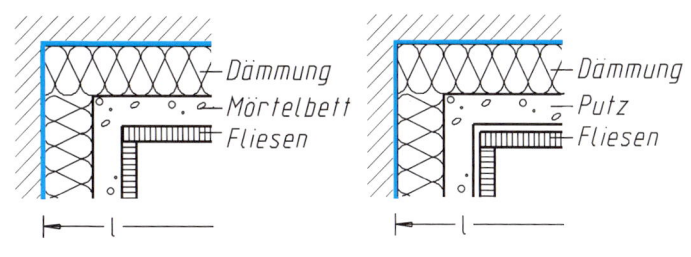

Bild 1

oben, am Zusammenstoß mit anderen Bauteilen

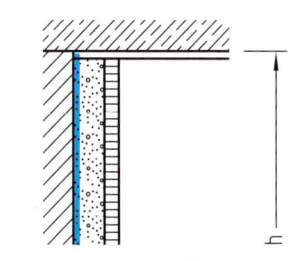

Bild 2

Bodenbeläge

seitlich, am Zusammenstoß mit anderen Bauteilen

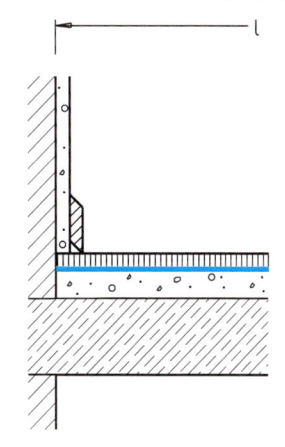

Bild 3

auf Flächen ohne begrenzende Bauteile nach den Maßen der zu bekleidenden bzw. zu belegenden Flächen *(Bild 4 und 5)*

auf Innenflächen ohne begrenzende Bauteile

Innenwandbekleidungen

seitlich
im Dickbett   *im Dünnbett*

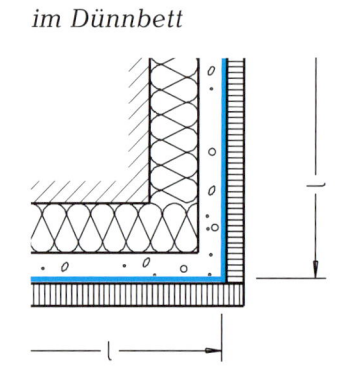

Bild 4

frei endend
im Dickbett   *im Dünnbett*

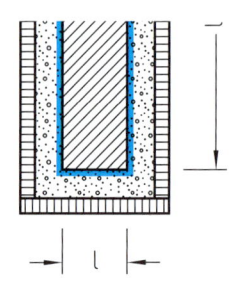

Bild 5

Bodenbeläge

frei endend am Ende des Belages

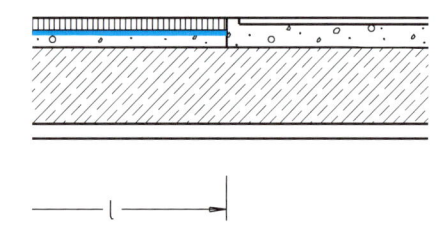

Bild 6

Ausgleichsschichten, Trennschichten, Dämmschichten, Unterböden, Oberflächenbehandlungen, Bewehrungen, Trag- und Unterkonstruktionen sind, soweit diese die Leistungsbeschreibung vorsieht, genauso abzurechnen.

innere Wandbekleidung und Bodenbelag

Beispiel

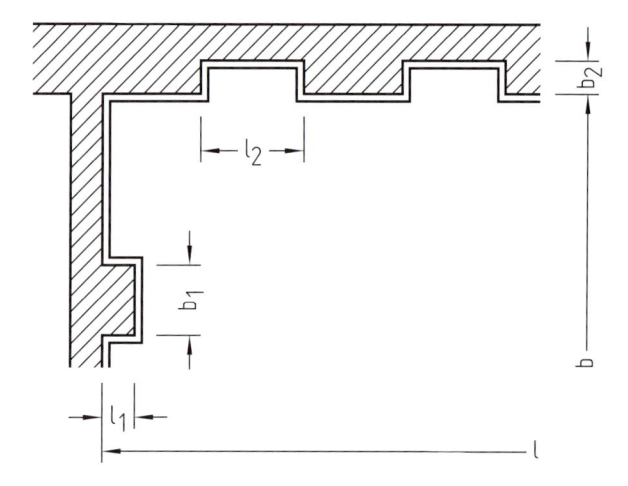

Bild 7

Wandbekleidungen werden bis zu den sie begrenzenden, ungeputzten und nicht bekleideten Bauteilen gemessen. Die Leibungen der Nischen sind unabhängig von ihrer Größe zu berücksichtigen.

$$A = (l + b + 2 \cdot l_1 + 4 \cdot b_2) \cdot h$$

Fußbodenbeläge werden ebenso gemessen. Die Pfeilervorlage ist dabei abzuziehen, wenn die Aussparung über 0,1 m² Einzelgröße ist.

Die Flächen der Nischen sind jeweils zusätzlich zu messen.

$$A = l \cdot b + 2 \cdot (l_2 \cdot b_2) - l_1 \cdot b_1$$

Der Sockel ist nach Abschnitt 0.5 nach Längenmaß zu rechnen, wobei Unterbrechungen über 1 m nach Abschnitt 5.2.2 abgezogen werden.

5.1.1.2 bei Wandbekleidungen, die an Stehsockel, Kehlsockel, Kehlleisten oder ausgerundeten Ecken als Sockel anschließen oder unmittelbar auf den Bodenbelag aufsetzen, das Maß ab Oberseite Sockel oder Oberseite Bodenbelag,

Schließen Innenwandbekleidungen an Sockel an oder setzen sie unmittelbar auf den Bodenbelag auf, so gilt entgegen den Regelungen des Abschnittes 5.1.1.1 das Maß ab Oberseite Sockel bzw. Bodenbelag *(Bild 8 und 9)*.

5.1.1.3 bei Fassaden die Maße der Bekleidung,

Bei Fassaden sind zur Ermittlung der Leistung die fertigen Maße der Bekleidung zugrunde zu legen.

Überdeckungen bleiben dabei unberücksichtigt *(Bild 10 bis 12)*.

Außenecke

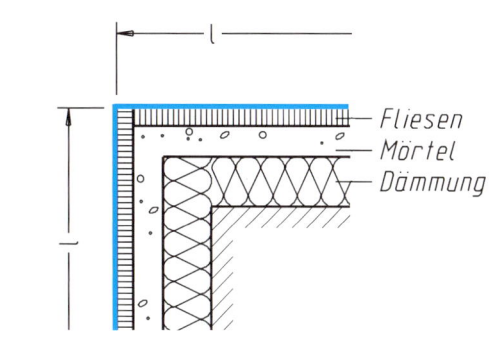

Bild 10

Dachanschluss

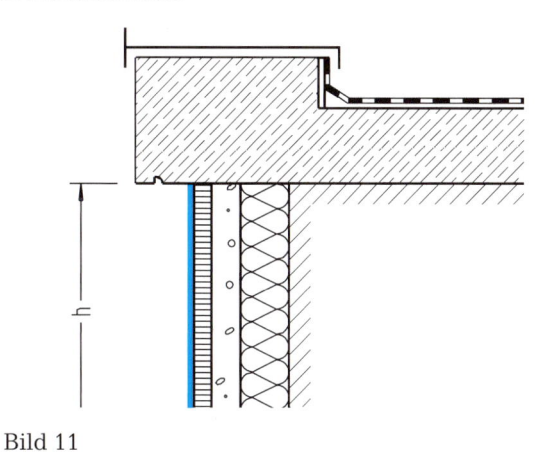

Bild 11

Sockelanschluss

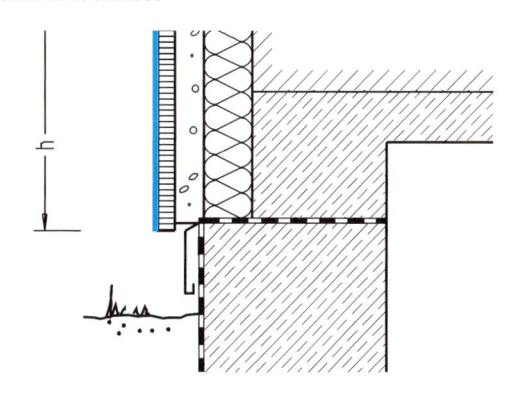

Bild 12

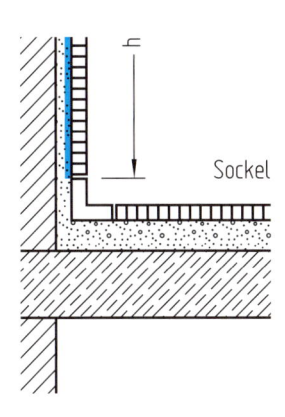

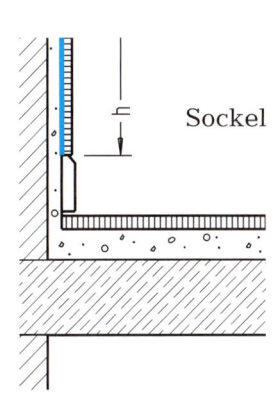

Bild 8

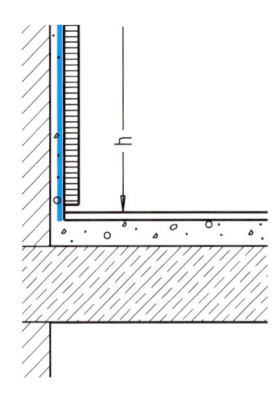

Bild 9

Etwaige Unterbrechungen der Wandflächen sind nach Abschnitt 5.2 abzuziehen. Dabei ist das Lichtmaß im fertigen Zustand zugrunde zu legen *(Bild 13)*.

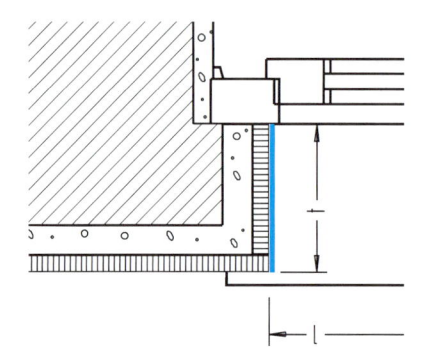

Bild 13

Die Leibung wird als Bestandteil der Außenwandbekleidung stets in Ansatz gebracht.

verkleidete Brüstungselemente

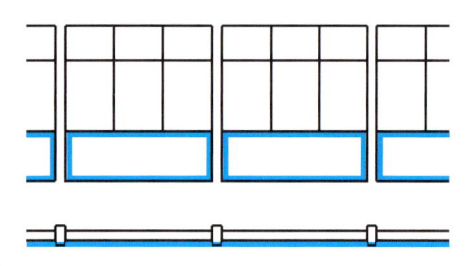

Bild 14

Die verkleideten Brüstungen unter den Fenstern sind mit ihren tatsächlichen Abmessungen abzurechnen *(Bild 14)*.

Formstücke, Gehrungen an Fliesen und Schrägschnitte usw. werden dabei übermessen und nach Abschnitt 0.5 nach Längenmaß gesondert gerechnet.

5.1.1.4 bei Stufenbelägen, Schwellen, Sockeln, Kehlen, Gehrungen an Fliesen- und Plattenkanten, Schrägschnitten, Profilen, Leisten, Schienen und Beckenköpfen deren größte Maße.

Der Ermittlung der Leistung bei Stufenbelägen, Schwellen, Schrägschnitten, Leisten und Beckenköpfen sind deren größte Maße zugrunde zu legen.

Stufen mit gleich bleibenden und unterschiedlichen Abmessungen mit geradem oder gewendeltem Lauf werden grundsätzlich nach Abschnitt 0.5 nach Längenmaß oder Anzahl gerechnet.

Dabei sind jeweils deren größte Maße maßgebend *(Bild 15 bis 21)*.

größte Maße bei Stufenbelägen

Bild 15

Bild 16

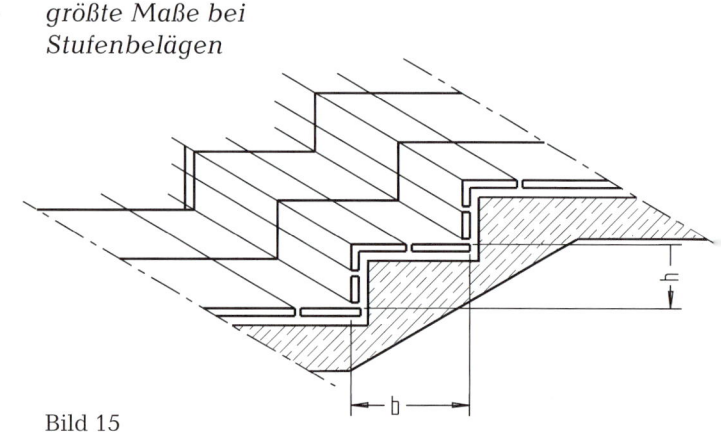

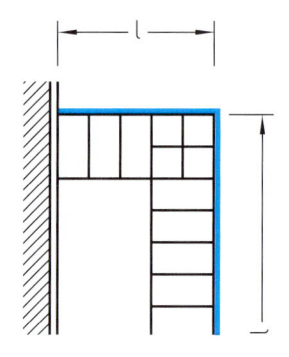

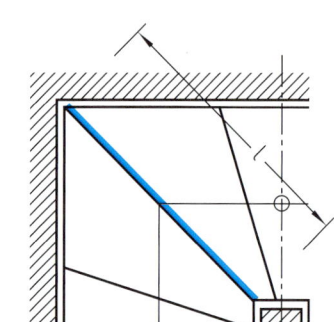

Bild 17

Schwellen

Bild 18

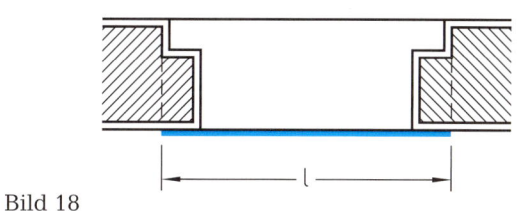

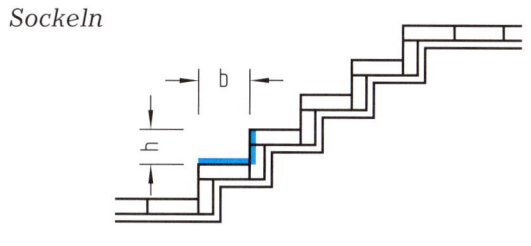

Sockeln

Bild 19

Kehlen, Gehrungen, Schrägschnitten

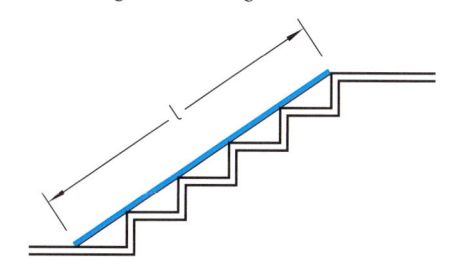

Bild 20

Profilen, Leisten im Belag

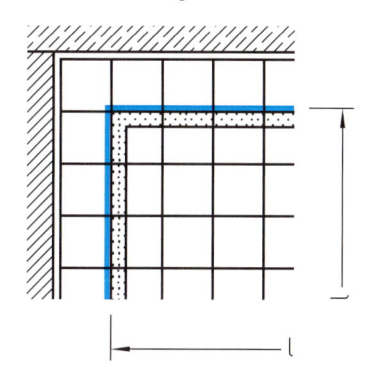

Bild 21

5.1.2 Bestehen Wandbekleidungen aus Schichten, von denen eine nicht die volle, jedoch mehr als die halbe Schichthöhe hat, so wird diese Schicht mit der vollen Schichthöhe abgerechnet. Dies gilt nicht für Wandbekleidungen in Raumhöhe oder für Wandbekleidungen, deren Höhe in der Leistungsbeschreibung durch Maßangabe festgelegt ist oder deren Schichthöhen größer als 30 cm sind.

Wandbekleidung geringer als Raumhöhe

Ist eine der Schichten der Wandbekleidung größer als die halbe Schichthöhe, so wird diese mit der vollen Schichthöhe gerechnet *(Bild 22)*.

H = Schichthöhe

$H_1 > \dfrac{H}{2}$

Die Höhe beträgt deshalb
$7 \cdot (H + \text{Fuge})$.

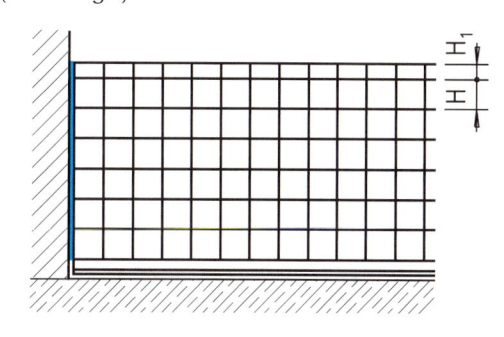

Bild 22

Ist eine der Schichten der Wandbekleidung kleiner als die halbe Schichthöhe, so wird die tatsächliche Schichthöhe gerechnet *(Bild 23)*.

H = Schichthöhe

$H_1 \leq \dfrac{H}{2}$

Die Höhe beträgt deshalb
$6 \cdot H + H_1 + 7 \cdot \text{Fuge}$.

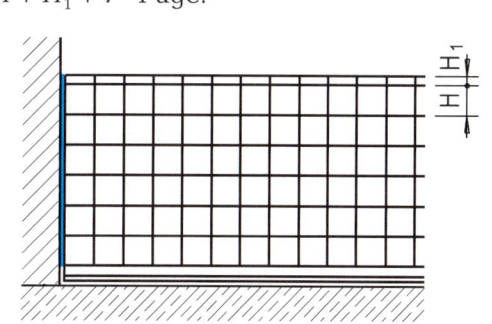

Bild 23

Wandbekleidung in Raumhöhe

Ist die Wandbekleidung in der gesamten Raumhöhe ausgeführt oder ist deren Höhe in der Leistungsbeschreibung festgelegt oder sind deren Schichthöhen größer als 30 cm, so wird ihre Höhe nach Abschnitt 5.1.1 *(Bild 24)* bzw. die jeweils tatsächliche Schichthöhe gerechnet *(Bild 25)*.

Dabei ist es gleichgültig, ob die Wandbekleidung aus jeweils vollen Schichten besteht.

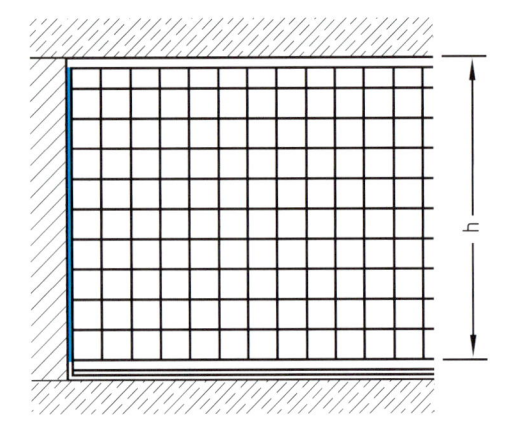

Bild 24

Die Wandbekleidung ist in Raumhöhe ausgeführt. Die Höhe bestimmt sich deshalb nach Abschnitt 5.1.1:

oben: am Zusammenstoß mit dem begrenzenden, ungeputzten Bauteil,
unten: an der Oberseite des Sockels.

Wandbekleidung mit Schichthöhen > 30 cm

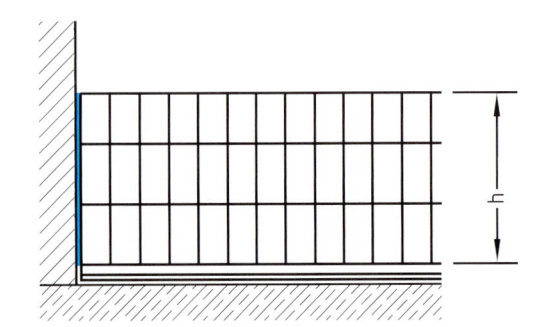

Bild 25

Die Höhe *h* rechnet von der Oberseite Sockel bis Bekleidungsende.

5.1.3 **Binden Fliesentrennwände oder Wände aus Zellenwandsteinen in Beläge ein, so werden die Beläge durchgerechnet. Bei Fliesentrennwänden, die sich kreuzen oder ineinander einbinden, wird im Bereich der Verbindung nur eine Wand berücksichtigt.**

Fliesenbeläge von Wänden werden durchgemessen, auch wenn andere Trennwände oder Wände aus Zellenwandsteinen durch Formstücke mit ihnen verbunden sind *(Bild 26)*.

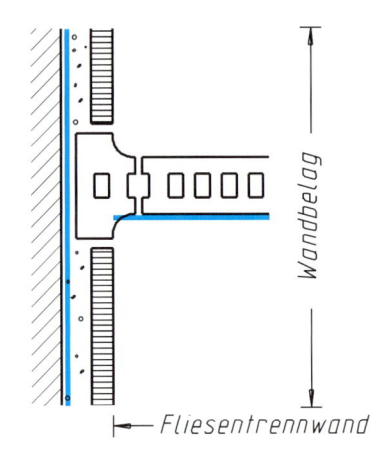

Bild 26

Der Wandbelag ist durchzumessen.

Die gemessene Breite der Trennwand reicht bis an den Fliesenbelag der Wand.

Bei Fliesentrennwänden, die sich kreuzen oder ineinander einbinden, wird nur eine Wand durchgemessen *(Bild 27)*.

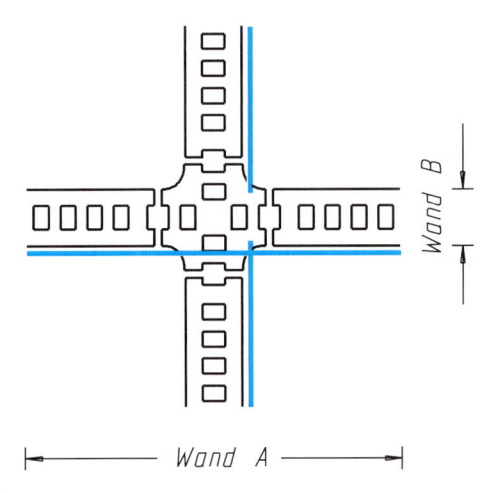

Bild 27

DIN 18352

5.1.4 Bei der Ermittlung des Längenmaßes wird die größte Bauteillänge gemessen.

Die größte Bauteillänge, z. B. von Plattenbelagumrahmungen aus gebrannten Tonplatten, ergibt sich einschließlich der Fugen in der Regel aus der Summe der jeweils größten Seitenlänge der Umrahmung *(Bild 28)*.

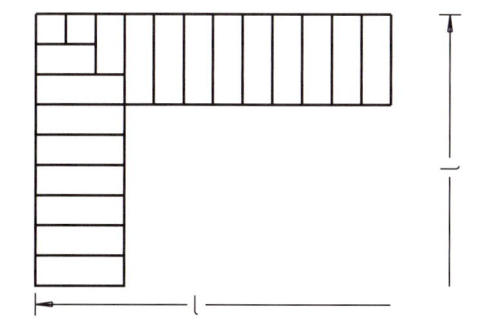

Bild 28

5.1.5 Bei Abrechnung nach Flächenmaß (m²) werden in die verlegte Bekleidung oder in den verlegten Belag eingesetzte Profilleisten, Zierplatten und Formteile, z. B. Seifenschalen, übermessen.

In den Belag eingesetzte Profilleisten oder Zierplatten werden übermessen *(Bild 29)*, jedoch gemäß Abschnitt 4.2.18 gesondert gerechnet *(Bild 21)*.

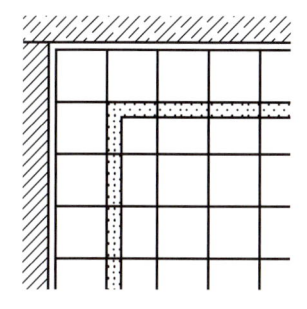

Bild 29

5.2 Es werden abgezogen:

5.2.1 Bei Abrechnung nach Flächenmaß (m²):

Aussparungen und Öffnungen über 0,1 m² Einzelgröße.

Begriffsbestimmungen

Aussparungen sind planmäßig hergestellte Freiräume, z. B. zur Aufnahme von Bauteilen, technischen Anlagen, Leitungen, Rohren, Befestigungen, die im fertigen Bauwerk entweder offen oder mit anderen Materialien abgedeckt sind.

Öffnungen sind funktional eigenständige, planmäßig angelegte, durch die gesamte Dicke eines Bauteils durchgehende Freiräume für den dauernden Gebrauch, z. B. Fenster-, Türöffnungen, auch geschosshohe Durchgänge.

Bei Abrechnung nach Flächenmaß werden abgezogen: Aussparungen über 0,1 m² Einzelgröße *(Bild 30 und 31)*.

Schaltschrank

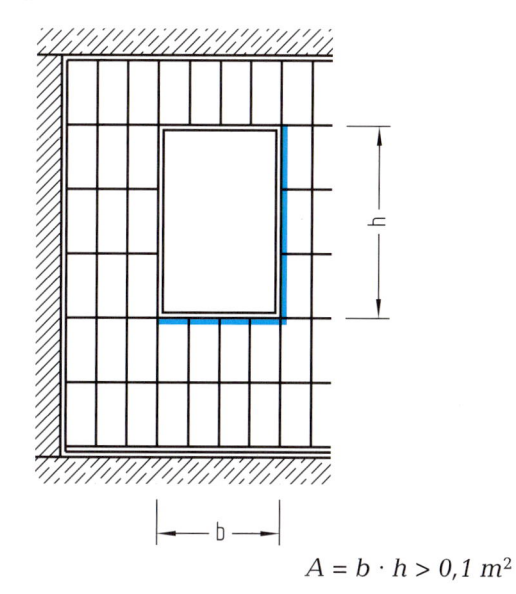

Bild 30 $\qquad A = b \cdot h > 0{,}1\ m^2$

Die Aussparung für den Schaltschrank ist abzuziehen.

Pfeilervorlage

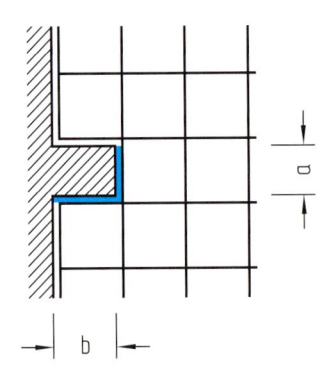

Bild 31 $\qquad A = b \cdot a < 0{,}1 \ m^2$

Die Aussparung für die Pfeilervorlage ist zu übermessen.

Für die Ermittlung der Aussparung bei nahe zusammenliegenden Rohren, zwischen denen der Belag hindurchgeführt wird, gilt das Maß jedes einzelnen Rohres.

Öffnungen über 0,1 m² Einzelgröße (Bild 32)

Öffnung übereck

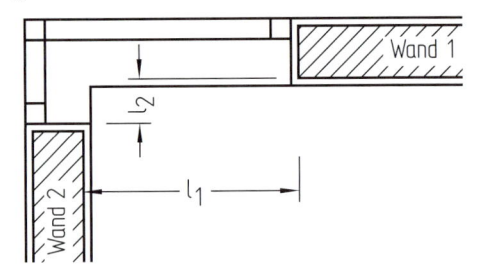

Bild 32

Übereck reichende Öffnungen, auch Aussparungen, sind je Wandfläche getrennt zu rechnen.

Wand 1: $A = l_1 \cdot h > 0{,}1 \ m^2$

Die Öffnung ist abzuziehen.

Wand 2: $A = l_2 \cdot h < 0{,}1 \ m^2$

Die Öffnung ist zu übermessen.

5.2.2 Bei Abrechnung nach Längenmaß (m):

Unterbrechungen über 1 m Einzellänge.

Unterbrechungen werden abgezogen, wenn ihre Einzellänge mehr als 1 m beträgt.

Estricharbeiten – DIN 18353

Ausgabe Januar 2005

Geltungsbereich

Die ATV „Estricharbeiten" – DIN 18353 – gilt für das Herstellen von Estrichen in nasser Bauweise.

Die ATV DIN 18353 gilt nicht

– für das Herstellen von Asphaltestrichen im Heißeinbau (siehe ATV DIN 18354 „Gussasphaltarbeiten")

– für das Herstellen von Fertigteilestrichen und Trockenunterböden (siehe ATV DIN 18340 „Trockenbauarbeiten").

0.5 Abrechnungseinheiten

Im Leistungsverzeichnis sind die Abrechnungseinheiten wie folgt vorzusehen:

0.5.1 Flächenmaß (m^2), getrennt nach Bauart und Maßen, für

- *Vorbehandlung des Untergrundes,*
- *Haftbrücken,*
- *Ausgleichsschichten,*
- *Trenn- und Schutzschichten,*
- *Dämmstoffschichten, Schüttungen,*
- *Estriche, Terrazzoböden, Kunstharz-, Nutz- und Schutzschichten,*
- *Oberflächenbehandlung,*
- *Bewehrungen.*

0.5.2 Längenmaß (m), getrennt nach Bauart und Maßen, für

- *Abschneiden von Wand-Randstreifen,*
- *Leisten, Profile, Schienen,*
- *Kehlen, Sockel, Kanten,*
- *Ausbilden und Schließen von Fugen.*

0.5.3 Anzahl (Stück), getrennt nach Bauart und Maßen, für

- *Estriche auf Stufen und Schwellen,*
- *Schienen, Profile, Rahmen,*
- *Schließen von Aussparungen,*
- *Anarbeiten an Durchdringungen.*

5 Abrechnung

Ergänzend zur ATV DIN 18299, Abschnitt 5, gilt:

5.1 Allgemeines

5.1.1 Der Ermittlung der Leistung – gleichgültig, ob sie nach Zeichnung oder nach Aufmaß erfolgt – sind zugrunde zu legen:

5.1.1.1 bei Estrichen, Kunstharz-, Nutz- und Schutzschichten, Terrazzoböden, Trennschichten, Dämmstoffschichten, Schüttungen, Bewehrungen und Oberflächenbehandlungen

– auf Flächen mit begrenzenden Bauteilen die Maße der zu belegenden Fläche bis zu den sie begrenzenden, ungeputzten bzw. nicht bekleideten Bauteilen,

– auf Flächen ohne begrenzende Bauteile deren Maße,

5.1.1.2 für das Anarbeiten an Durchdringungen von mehr als 0,1 m^2 Einzelgröße die Maße der Abwicklung.

5.1.2 Bei der Ermittlung des Längenmaßes wird die größte Bauteillänge gemessen.

5.2 Es werden abgezogen:

5.2.1 Bei Abrechnung nach Flächenmaß (m²):

Aussparungen, z. B. für Öffnungen, Pfeiler, Pfeilervorlagen, Rohrdurchführungen über 0,1 m² Einzelgröße.

Bei der Ermittlung der Abzugsmaße sind die kleinsten Maße der Aussparung zugrunde zu legen

5.2.2 Bei Abrechnung nach Längenmaß (m):

Unterbrechungen über 1 m Einzellänge.

Erläuterungen

0.5 Abrechnungseinheiten

Abschnitt 0.5 dient dazu, auf die üblichen und zweckmäßigen Abrechnungseinheiten für die jeweilige Teilleistung hinzuweisen. Bei Aufstellung der Leistungsbeschreibung ist die zutreffende Abrechnungseinheit festzulegen.

5 Abrechnung

Ergänzend zur ATV DIN 18299, Abschnitt 5, gilt:

Siehe Kommentierung zu Abschnitt 5 der ATV DIN 18299.

5.1 Allgemeines

5.1.1 Der Ermittlung der Leistung – gleichgültig, ob sie nach Zeichnung oder nach Aufmaß erfolgt – sind zugrunde zu legen:

5.1.1.1 bei Estrichen, Kunstharz-, Nutz- und Schutzschichten, Terrazzoböden, Trennschichten, Dämmstoffschichten, Schüttungen, Bewehrungen und Oberflächenbehandlungen

– auf Flächen mit begrenzenden Bauteilen die Maße der zu belegenden Fläche bis zu den sie begrenzenden, ungeputzten bzw. nicht bekleideten Bauteilen,

– auf Flächen ohne begrenzende Bauteile deren Maße.

Der Ermittlung der Leistungen für Estriche, Kunstharz-, Nutz- und Schutzschichten, Terrazzoböden, Trennschichten, Dämmstoffschichten, Schüttungen, Bewehrungen und Oberflächenbehandlungen sind

– auf Flächen mit begrenzenden Bauteilen die Maße der zu belegenden Flächen bis zu den sie begrenzenden, ungeputzten bzw. nicht bekleideten Bauteilen zugrunde zu legen *(Bild 1)*,

– auf Flächen ohne begrenzende Bauteile die Maße der zu belegenden Fläche maßgebend *(Bild 2 und 3)*.

Flächen mit begrenzenden Bauteilen

seitlich

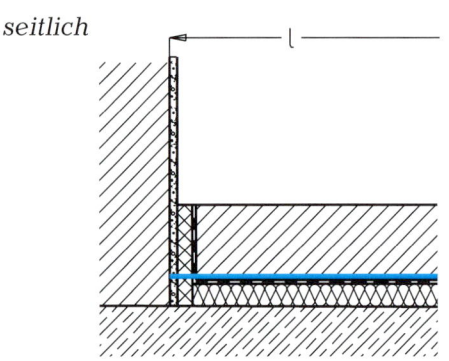

Bild 1

Flächen ohne begrenzende Bauteile

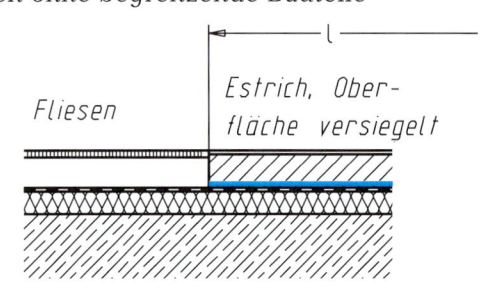

Bild 2

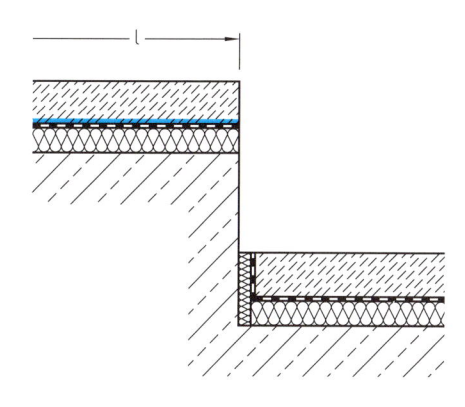

Bild 3

5.1.1.2 für das Anarbeiten an Durchdringungen von mehr als 0,1 m² Einzelgröße die Maße der Abwicklung.

5.1.2 Bei der Ermittlung des Längenmaßes wird die größte Bauteillänge gemessen.

Der Einbau von Anschlag-, Stoß- und Trennschienen und dergleichen, das Ausbilden und Schließen von Fugen und das Herstellen von Kanten, z. B. an Aussparungen von mehr als 0,1 m² Einzelgröße, werden grundsätzlich nach Längenmaß ermittelt und als Besondere Leistung in der Regel zusätzlich gerechnet. Dabei wird die größte Bauteillänge gemessen (Bild 4).

Anarbeiten an Durchdringungen (Stütze) > 0,1 m²

$L = 4 \cdot a$

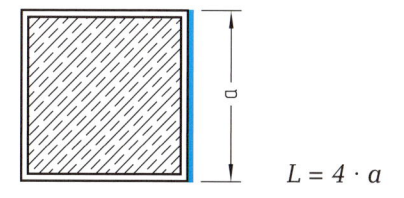

Bild 4

5.2 Es werden abgezogen:

5.2.1 Bei Abrechnung nach Flächenmaß (m²):

Aussparungen, z. B. für Öffnungen, Pfeiler, Pfeilervorlagen, Rohrdurchführungen, über 0,1 m² Einzelgröße.

Bei der Ermittlung der Abzugsmaße sind die kleinsten Maße der Aussparung zugrunde zu legen.

Aussparungen, z. B. Öffnungen, Pfeiler, Pfeilervorlagen, Rohrdurchführungen, sind gemäß Abschnitt 5.1.1.1 zu messen, wobei zur Ermittlung der Übermessungsgrößen die jeweils kleinsten Maße zugrunde zu legen sind (Bild 5).

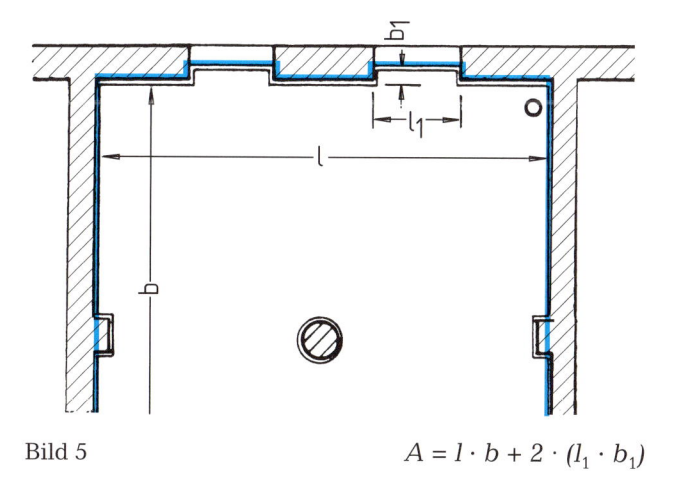

Bild 5 $\quad A = l \cdot b + 2 \cdot (l_1 \cdot b_1)$

Die Flächen der Pfeilervorlage, der Säule, der Rohrdurchführung werden nach Abschnitt 5.2.1 übermessen, wenn ihre Einzelflächen nicht größer als 0,1 m² sind.

Der Bodenfläche hinzuzurechnen sind jedoch, unabhängig von ihrer Einzelgröße, die Flächen der Nischen.

Trennschichten, Dämmstoffschichten und dergleichen sind, soweit diese die Leistungsbeschreibung vorgibt, mit den gleichen Maßen abzurechnen.

5.2.2 Bei Abrechnung nach Längenmaß (m):

Unterbrechungen über 1 m Einzellänge.

Gussasphaltarbeiten – DIN 18354

Ausgabe Dezember 2002

Geltungsbereich

Die ATV „Gussasphaltarbeiten" – DIN 18354 – gilt für

- Estriche aus Gussasphalt nach den Normen der Reihe DIN 18560 „Estriche im Bauwesen",

- Schutzschichten aus Gussasphalt auf Bauwerksabdichtungen nach DIN 18195-10 „Bauwerksabdichtungen – Schutzschichten und Schutzmaßnahmen",

- Abdichtungen in Verbindung mit Gussasphalt nach DIN 18195-5 „Bauwerksabdichtungen – Teil 5: Abdichtung gegen nichtdrückendes Wasser auf Deckenflächen und in Nassräumen – Bemessung und Ausführung",

- Gussasphaltestriche nach den Normen der Reihe DIN 28052 „Chemischer Apparatebau – Oberflächenschutz mit nichtmetallischen Werkstoffen für Bauteile aus Beton in verfahrenstechnischen Anlagen",

- Herstellen flüssigkeitsundurchlässiger Gussasphaltbefestigungen für Anlagen zum Umgang mit wassergefährdenden Stoffen.

Die ATV DIN 18354 gilt nicht für

- Gussasphaltdeckschichten im Straßenbau und Gussasphaltdeckschichten auf Brücken (siehe ATV DIN 18317 „Verkehrswegebauarbeiten – Oberbauschichten aus Asphalt") und

- Sicherungsarbeiten an Gewässern, Deichen und Küstendünen (siehe ATV DIN 18310 „Sicherungsarbeiten an Gewässern, Deichen und Küstendünen").

0.5 Abrechnungseinheiten

Im Leistungsverzeichnis sind die Abrechnungseinheiten wie folgt vorzusehen:

0.5.1 *Flächenmaß (m^2), getrennt nach Bauart und Maßen, für*
- *Auffüllungen des Untergrundes,*
- *Dämmschichten, Trennschichten, Dichtungsschichten, Schutzschichten,*
- *Gussasphaltestriche, Gussasphaltbeläge,*
- *Einbau von Mattenrahmen u. Ä.,*
- *Oberflächenbehandlungen.*

0.5.2 *Raummaß (m^3), getrennt nach Bauart und Maßen, für*
- *Auffüllungen des Untergrundes.*

0.5.3 *Längenmaß (m), getrennt nach Bauart und Maßen, für*
- *Stufenbeläge,*
- *Herstellen von Abdichtungen über Bewegungsfugen,*
- *Aussparen von Fugen im Gussasphaltestrich und -belag,*
- *Fugenfüllungen,*
- *Einbau von Fugen- und Abschlussprofilen, Anschlag-, Stoß- und Trennschienen,*
- *Herstellen von Aussparungen,*
- *Herstellen von Aufkantungen.*

0.5.4 *Anzahl (Stück), getrennt nach Bauart und Maßen, für*
- *Stufenbeläge,*
- *Anschluss von Durchdringungen an Dichtungsschichten,*
- *Herstellen von Eckausbildungen bei Fugen- und Abschlussprofilen,*
- *Einbau von Mattenrahmen u. Ä.,*
- *Herstellen von Aussparungen,*
- *Schließen von Aussparungen.*

0.5.5 *Gewicht (t), für*
- *Auffüllungen des Untergrundes,*
- *Gussasphaltestrich, Gussasphaltbelag.*

5 Abrechnung

Ergänzend zur ATV DIN 18299, Abschnitt 5, gilt:

5.1 Allgemeines

5.1.1 Der Ermittlung der Leistung – gleichgültig, ob sie nach Zeichnung oder nach Aufmaß erfolgt – sind zugrunde zu legen:

- bei Flächen ohne begrenzende Bauteile deren Maße,
- bei Flächen mit begrenzenden Bauteilen die Maße der zu belegenden Flächen bis zu den ungeputzten bzw. nicht bekleideten Bauteilen.

5.1.2 Bei der Abrechnung nach Raummaß werden Fugen, Leitungen und Einbauteile übermessen.

5.1.3 Bei der Abrechnung nach Flächenmaß werden Fugen und Einbauteile übermessen.

5.1.4 Bei der Abrechnung nach Gewicht ist nach Wiegescheinen abzurechnen.

5.2 Es werden abgezogen:

5.2.1 Bei Abrechnung nach Flächenmaß (m^2):

Aussparungen, z. B. für Öffnungen, Pfeiler, Pfeilervorlagen, Rohrdurchführungen, über 0,1 m^2 Einzelgröße.

5.2.2 Bei Abrechnung nach Längenmaß (m):

Unterbrechungen über 1 m Einzellänge.

Erläuterungen

0.5   Abrechnungseinheiten

Abschnitt 0.5 dient dazu, auf die üblichen und zweckmäßigen Abrechnungseinheiten für die jeweilige Teilleistung hinzuweisen. Bei Aufstellung der Leistungsbeschreibung ist die zutreffende Abrechnungseinheit festzulegen.

5 Abrechnung

Ergänzend zur ATV DIN 18299, Abschnitt 5, gilt:

Siehe Kommentierung zu Abschnitt 5 der ATV DIN 18299.

5.1 Allgemeines

5.1.1 Der Ermittlung der Leistung – gleichgültig, ob sie nach Zeichnung oder nach Aufmaß erfolgt – sind zugrunde zu legen:

- bei Flächen ohne begrenzende Bauteile deren Maße,
- bei Flächen mit begrenzenden Bauteilen die Maße der zu belegenden Flächen bis zu den ungeputzten bzw. nicht bekleideten Bauteilen.

Für Estriche, Schutzschichten und wasserdichte Beläge aus Gussasphalt sind

- bei Flächen ohne begrenzende Bauteile deren Maße *(Bild 1)*,
- bei Flächen mit begrenzenden Bauteilen die Maße der zu belegenden Flächen bis zu den ungeputzten, nicht bekleideten Bauteilen *(Bild 2)*

zugrunde zu legen.

ohne begrenzende Bauteile

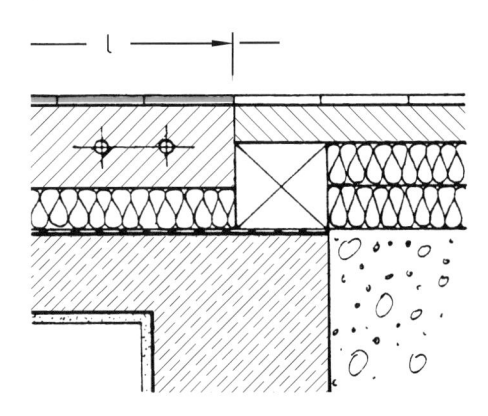

Bild 1

Ohne Begrenzung und frei endende Beläge werden bis an die jeweilige Abschlusskante gemessen.

mit begrenzenden Bauteilen

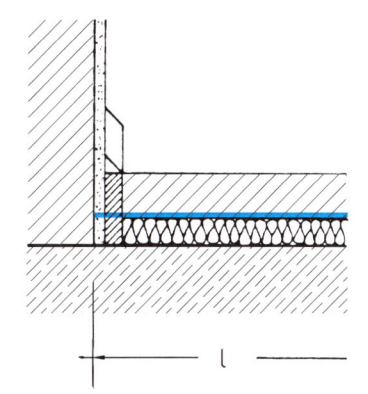

Bild 2

Der Ermittlung ist auch hier die mit dem Belag versehene Fläche zugrunde zu legen. Dabei rechnet der Belag bis an die ungeputzten, unbekleideten Wandflächen, Pfeiler, Säulen und dergleichen *(Bild 3)*.

Beispiel

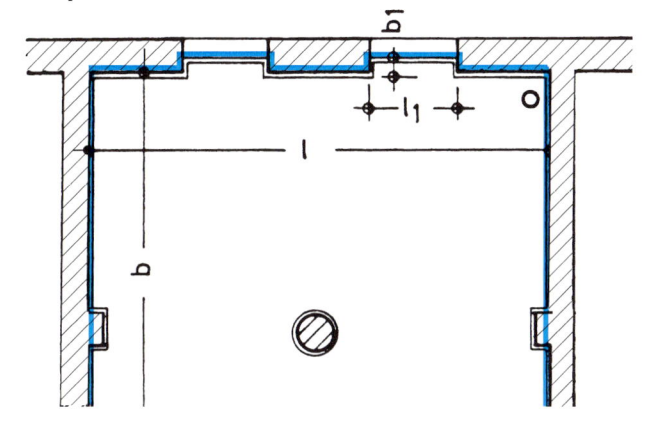

Bild 3

Der Belag ist bis zu den begrenzenden, nicht bekleideten Bauteilen zu messen.

$A = l \cdot b + 2 \cdot (l_1 \cdot b_1)$

Die Fläche der Pfeilervorlage, der Säule, der Rohrdurchführung wird nach Abschnitt 5.2.1 übermessen, wenn ihre Einzelflächen nicht größer als 0,1 m² sind.

Der Bodenfläche hinzuzurechnen sind jedoch, unabhängig von ihrer Einzelgröße, die Flächen der Nischen.

Trennschichten, Dämmschichten und dergleichen sind, soweit diese die Leistungsbeschreibung vorgibt, mit den gleichen Maßen abzurechnen.

5.1.2 Bei der Abrechnung nach Raummaß werden Fugen, Leitungen und Einbauteile übermessen.

5.1.3 Bei der Abrechnung nach Flächenmaß werden Fugen und Einbauteile übermessen.

Bei Abrechnung von Estrichen, Schutzschichten und wasserdichten Belägen aus Gussasphalt nach Raummaß oder Flächenmaß bleiben Fugen, Leitungen, z. B. Installationsleitungen, und Einbauteile, wie Unterflursteckdosen, Bodenabläufe, unberücksichtigt.

5.1.4 Bei der Abrechnung nach Gewicht ist nach Wiegescheinen abzurechnen.

Bei Abrechnung nach Gewicht ist das Gewicht durch Wiegen festzustellen. Der Nachweis erfolgt auf der Grundlage von Wiegescheinen.

5.2 Es werden abgezogen:

5.2.1 Bei Abrechnung nach Flächenmaß (m²):

Aussparungen, z. B. für Öffnungen, Pfeiler, Pfeilervorlagen, Rohrdurchführungen, über 0,1 m² Einzelgröße.

5.2.2 Bei Abrechnung nach Längenmaß (m):

Unterbrechungen über 1 m Einzellänge.

DIN 18355

Tischlerarbeiten – DIN 18355

Ausgabe Januar 2005

Geltungsbereich

Die ATV „Tischlerarbeiten" – DIN 18355 – gilt für das Herstellen und Einbauen von Bauteilen aus Holz und Kunststoff, wie Türen, Tore, Fenster, Fensterelemente, Klappläden, Trennwände, Wand- und Deckenbekleidungen, Schrankwände, Innenausbauten, Einbaumöbel.

Sie gilt auch für Holz-Metallkonstruktionen.

Die ATV DIN 18355 gilt nicht für

- Treppen, Holzfußböden, Fußleisten, gezimmerte Türen und Tore, Schalungen, zimmermannsmäßige Bekleidungen und Verschläge (siehe ATV DIN 18334 „Zimmer- und Holzbauarbeiten"),
- Trockenbauarbeiten (siehe ATV DIN 18340 „Trockenbauarbeiten"),
- großformatige, hinterlüftete Außenwandbekleidungen mit Unterkonstruktionen (siehe ATV DIN 18351 „Fassadenarbeiten"),
- Parkettarbeiten (siehe ATV DIN 18356 „Parkettarbeiten"),
- Beschläge (siehe ATV DIN 18357 „Beschlagarbeiten"),
- Maler- und Lackierarbeiten (siehe ATV DIN 18363 „Maler- und Lackierarbeiten"),
- Verglasungsarbeiten (siehe ATV DIN 18361 „Verglasungsarbeiten") und
- Metallfenster (siehe ATV DIN 18360 „Metallbauarbeiten").

0.5 Abrechnungseinheiten

Im Leistungsverzeichnis sind die Abrechnungseinheiten wie folgt vorzusehen:

0.5.1 Flächenmaß (m^2), getrennt nach Bauart und Maßen, für

- *Wand- und Deckenbekleidungen,*
- *Oberflächenbehandlungen.*

0.5.2 Längenmaß (m), getrennt nach Bauart und Maßen, für

- *Leisten,*
- *Blenden,*
- *An- und Abschlussprofile,*
- *Abdichtungen, Schattenfugen,*
- *Leibungsbekleidungen und dergleichen.*

0.5.3 Anzahl (Stück), getrennt nach Bauart und Maßen, für

- *Fenster,*
- *Türen,*
- *Einbauschränke,*
- *Fensterbänke und dergleichen,*
- *Rollladendeckel,*
- *Fenster- und Türläden,*
- *Tore, Futter und Bekleidungen,*
- *Zargenrahmen,*
- *Oberflächenbehandlung,*
- *Aussparungen für Einzelleuchten, Lichtbänder, Lichtkuppeln, Lüftungsgitter, Luftauslässe, Revisionsöffnungen, Stützen, Pfeilervorlagen, Schalter, Steckdosen, Rohrdurchführungen, Kabel und dergleichen.*

5 Abrechnung

Ergänzend zur ATV DIN 18299, Abschnitt 5, gilt:

5.1 Allgemeines

5.1.1 Der Ermittlung der Leistung – gleichgültig, ob sie nach Zeichnung oder nach Aufmaß erfolgt – sind zugrunde zu legen:

5.1.1.1 für Wand- und Deckenbekleidungen, Oberflächenbehandlungen, Vorsatzschalen, Unterdecken, Unterkonstruktionen, Dämmstoffschichten und dergleichen

- auf Flächen ohne begrenzende Bauteile die Maße der zu bekleidenden Flächen,
- auf Flächen mit begrenzenden Bauteilen die Maße der zu bekleidenden Flächen bis zu den sie begrenzenden, ungeputzten, ungedämmten bzw. nicht bekleideten Bauteilen,
- bei Fassaden die Maße der Bekleidung,

5.1.1.2 für nichttragende Trennwände, Einbauschränke, Fenster und Türen deren Maße bis zu den sie begrenzenden, ungeputzten, ungedämmten bzw. nicht bekleideten Bauteilen,

5.1.1.3 für sonstige Bauteile die größten, gegebenenfalls abgewickelten Bauteillängen; dabei werden Fugen übermessen.

5.1.2 Bei der Ermittlung des Längenmaßes wird die größte, gegebenenfalls abgewickelte Bauteillänge gemessen; Fugen werden übermessen.

5.1.3 Die Wandhöhen überwölbter Räume werden bis zum Gewölbeanschnitt, die Wandhöhe der Schildwände bis zu $2/3$ des Gewölbestiches gerechnet.

5.1.4 Fußleisten und Konstruktionen bis 10 cm Höhe werden übermessen.

5.1.5 Bei der Flächenermittlung von gewölbten Decken mit einer Stichhöhe unter $1/6$ der Spannweite wird die Fläche des überdeckten Raumes berechnet. Gewölbe mit größerer Stichhöhe werden nach der Fläche der abgewickelten Untersicht gerechnet.

5.1.6 In Decken- und Wandbekleidungen sowie leichten Außenwandbekleidungen werden Aussparungen, z. B. Öffnungen, Nischen, bis zu 2,5 m² Einzelgröße übermessen.

5.1.7 Unmittelbar zusammenhängende, verschiedenartige Aussparungen, z. B. Öffnung mit angrenzender Nische, werden getrennt gerechnet.

5.1.8 Bindet eine Aussparung anteilig in angrenzende, getrennt zu rechnende Flächen ein, wird zur Ermittlung der Übermessungsgröße die jeweils anteilige Aussparungsfläche gerechnet.

5.1.9 Ganz oder teilweise bekleidete Rückflächen von Nischen werden unabhängig von ihrer Einzelgröße mit ihrem Maß gesondert gerechnet.

5.1.10 In Böden und den dazugehörigen Dämmstoffschichten, Schüttungen, Abdichtungen, Trennschichten und dergleichen werden Öffnungen und sonstige Aussparungen, z. B. für Pfeilervorlagen, Kamine, Rohrdurchführungen, bis 0,5 m² Einzelgröße übermessen.

5.1.11 Unterbrechungen bis 30 cm Einzelbreite, z. B. durch Fachwerkteile, Vorlagen, Stützen, Balken, Sparren, Lattungen, werden übermessen.

5.1.12 Bei Bekleidungen aus Latten, Brettern, Paneelen, Lamellen und dergleichen werden die Zwischenräume übermessen.

5.1.13 Herstellen von Aussparungen für Einzelleuchten, Lichtbänder, Lichtkuppeln, Lüftungsgitter, Luftauslässe, Revisionsöffnungen, Stützen, Pfeilervorlagen, Schalter, Steckdosen, Rohrdurchführungen, Kabel und dergleichen wird getrennt nach Maßen gesondert gerechnet.

5.2 Es werden abgezogen:

5.2.1 Bei Abrechnung nach Flächenmaß (m²):

Aussparungen, z. B. Öffnungen (auch raumhoch), Nischen, über 2,5 m² Einzelgröße, in Böden Aussparungen über 0,5 m² Einzelgröße.

Bei der Ermittlung der Abzugsmaße sind die kleinsten Maße der Aussparung zugrunde zu legen.

5.2.2 Bei Abrechnung nach Längenmaß (m):

Unterbrechungen über 1 m Einzellänge.

Erläuterungen

0.5 Abrechnungseinheiten

Abschnitt 0.5 dient dazu, auf die üblichen und zweckmäßigen Abrechnungseinheiten für die jeweilige Teilleistung hinzuweisen. Bei Aufstellung der Leistungsbeschreibung ist die zutreffende Abrechnungseinheit festzulegen.

5 Abrechnung

Ergänzend zur ATV DIN 18299, Abschnitt 5, gilt:

Siehe Kommentierung zu Abschnitt 5 der ATV DIN 18299.

5.1 Allgemeines

5.1.1 Der Ermittlung der Leistung – gleichgültig, ob sie nach Zeichnung oder nach Aufmaß erfolgt – sind zugrunde zu legen:

5.1.1.1 für Wand- und Deckenbekleidungen, Oberflächenbehandlungen, Vorsatzschalen, Unterdecken, Unterkonstruktionen, Dämmstoffschichten und dergleichen

- **auf Flächen ohne begrenzende Bauteile die Maße der zu bekleidenden Flächen,**

- **auf Flächen mit begrenzenden Bauteilen die Maße der zu bekleidenden Flächen bis zu den sie begrenzenden, ungeputzten, ungedämmten bzw. nicht bekleideten Bauteilen,**

- **bei Fassaden die Maße der Bekleidung,**

Die Abrechnungsmaße für Wand- und Deckenbekleidungen, Oberflächenbehandlungen, Vorsatzschalen, Unterdecken, Unterkonstruktionen, Dämmstoffschichten und dergleichen sind wie folgt zu ermitteln:

Im Innenbereich

- auf Flächen ohne begrenzende Bauteile nach den zu bekleidenden Flächen *(Bild 1)*,

- auf Flächen mit begrenzenden Bauteilen ohne Berücksichtigung von Putz, Dämmstoffschichten und eventueller Bekleidungen

  - seitlich, oben und unten am Zusammenstoß mit dem begrenzenden Bauteil *(Bild 2 bis 4)*,

  - frei endend am Ende der Bekleidung *(Bild 5)*.

Im Außenbereich, z. B. bei Fassaden, sind die Maße der Bekleidung, also die sichtbaren fertigen Flächen, der Abrechnung zugrunde zu legen *(Bild 6 und 7)*.

im Innenbereich ohne begrenzende Bauteile

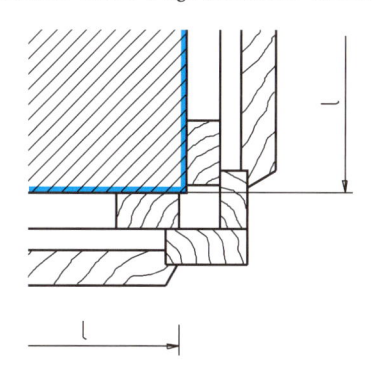

Bild 1

im Innenbereich mit begrenzenden Bauteilen

seitlich

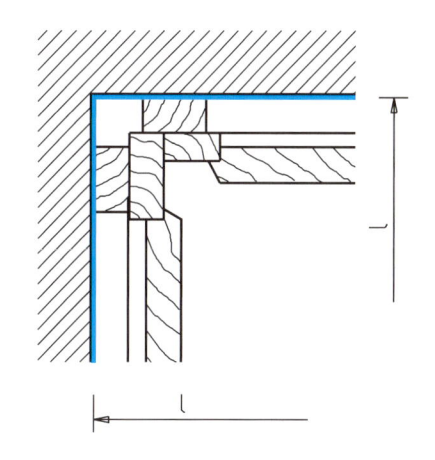

Bild 2

oben

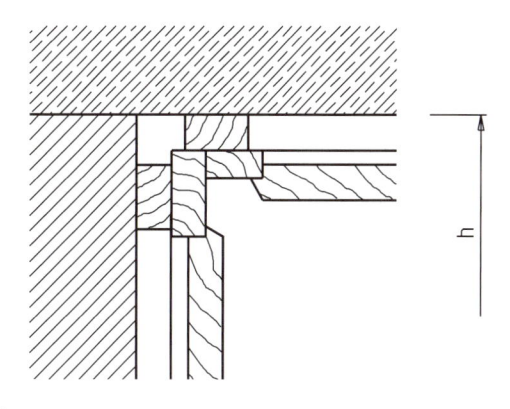

Bild 3

unten

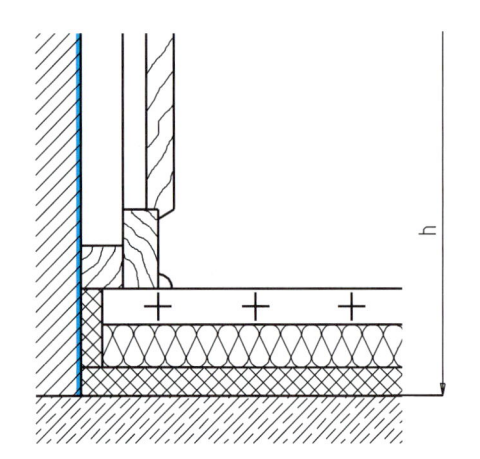

Bild 4

frei endend

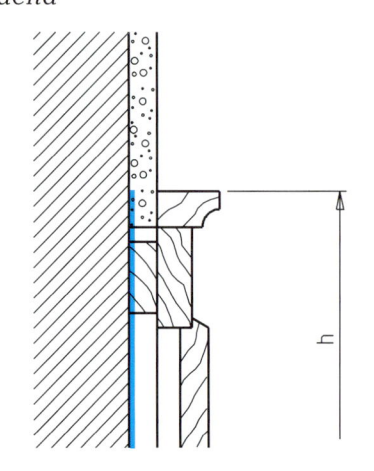

Bild 5

im Außenbereich

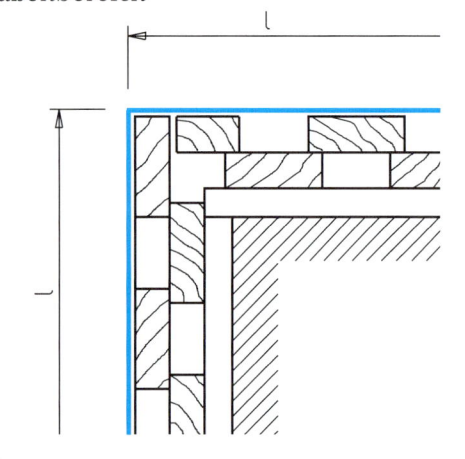

Bild 6

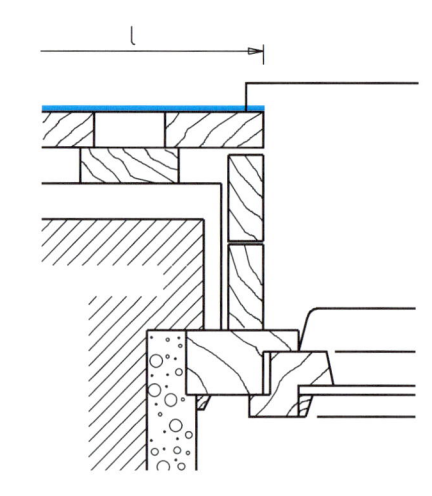

Bild 7

5.1.1.2 für nicht tragende Trennwände, Einbauschränke, Fenster und Türen deren Maße bis zu den sie begrenzenden, ungeputzten, ungedämmten bzw. nicht bekleideten Bauteilen,

Die Abrechnungsmaße für nicht tragende Trennwände, Einbauschränke, Fenster und Türen sind ebenso bis zu den sie begrenzenden Bauteilen, also ohne Berücksichtigung von Putz, Dämmung und eventueller Bekleidung, zu ermitteln *(Bild 8 bis 12).*

nicht tragende Trennwand

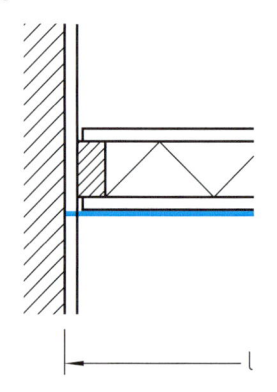

Bild 8

DIN 18355

Einbauschrank

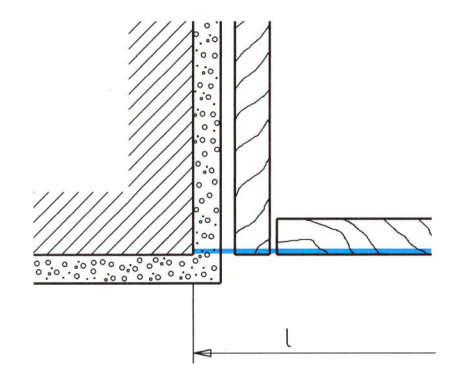

Bild 9

Fenster

innen

außen

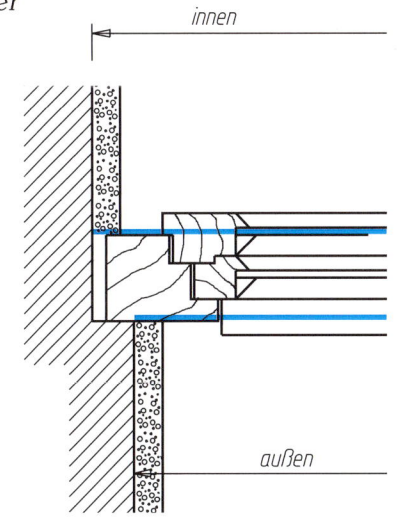

Bild 10

Türen

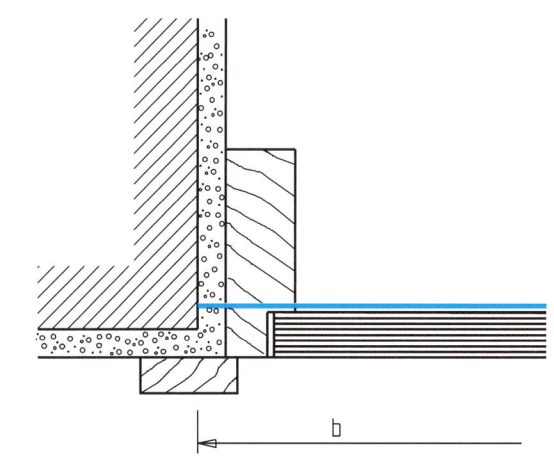

Bild 11

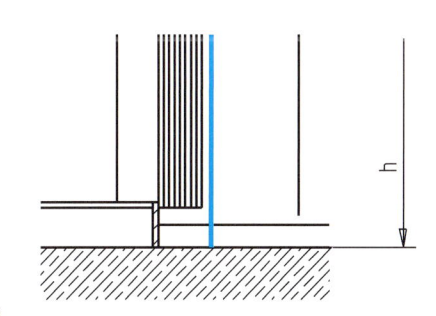

Bild 12

5.1.1.3 für sonstige Bauteile die größten, gegebenenfalls abgewickelten Bauteillängen; dabei werden Fugen übermessen.

Vergleiche 5.1.2

5.1.2 Bei der Ermittlung des Längenmaßes wird die größte, gegebenenfalls abgewickelte Bauteillänge gemessen; Fugen werden übermessen.

Leisten, Blenden, An- und Abschlussprofile, Abdichtungen, Schattenfugen, Leibungsverkleidungen und dergleichen werden grundsätzlich nach Längenmaß gerechnet und in der Regel zusätzlich vergütet. Dabei wird die größte, ggf. abgewickelte Bauteillänge der Abrechnung zugrunde gelegt *(Bild 13)*.

Abschlussprofil

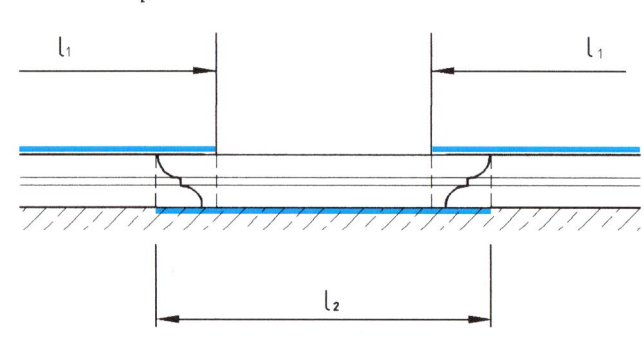

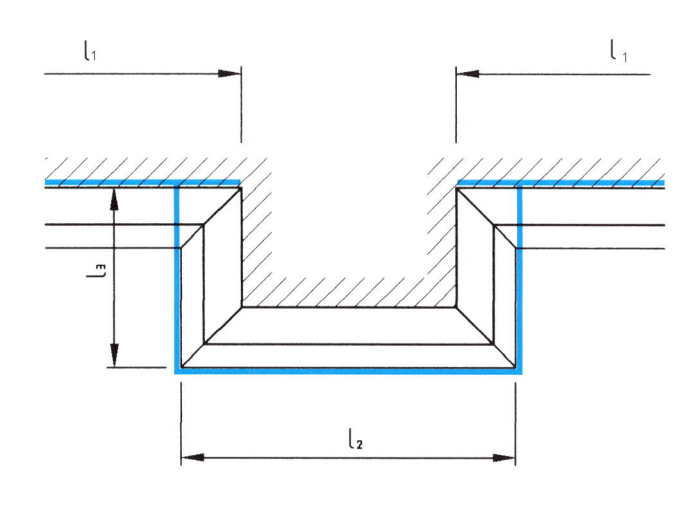

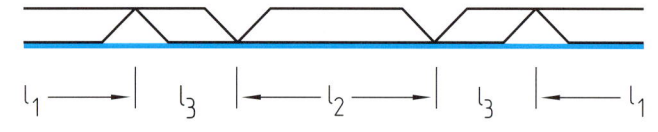

Bild 13

größte abgewickelte Länge = $2 \cdot l_1 + l_2 + 2 \cdot l_3$

5.1.3 Die Wandhöhen überwölbter Räume werden bis zum Gewölbeanschnitt, die Wandhöhe der Schildwände bis zu $^2/_3$ des Gewölbestiches gerechnet.

Die Wandhöhen überwölbter Räume – Seiten- und Schildwände – werden grundsätzlich den Abrechnungsregelungen des Abschnittes 5.1.1.1 entsprechend ermittelt. Danach ist bei Wänden ohne begrenzende Bauteile die Höhe der zu bekleidenden Wand, bei Wänden mit begrenzenden Bauteilen die Höhe der zu bekleidenden Wand bis zum begrenzenden, unbekleideten Bauteil maßgebend. Daneben gilt: Die Höhe der Seitenwand ist bis zum Gewölbeanschnitt und die Höhe der Schildwand bis zum Scheitel des Gewölbes, reduziert um $^1/_3$ des Gewölbestiches, zu rechnen *(Bild 14)*.

Wandhöhen überwölbter Räume

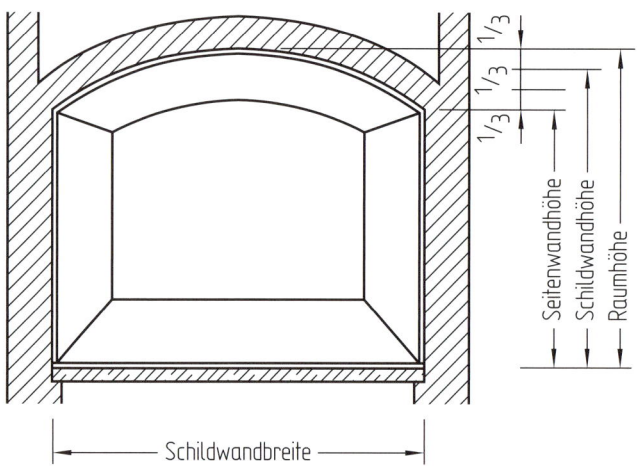

Bild 14

5.1.4 Fußleisten und Konstruktionen bis 10 cm Höhe werden übermessen.

Fußleisten und Konstruktionen werden bis 10 cm übermessen. Entscheidend hierfür ist allein die sichtbare Höhe der Fußleiste oder Konstruktion, nicht der Abstand der Oberkante Fußleiste oder Konstruktion zur Oberseite Rohdecke *(Bild 15)*.

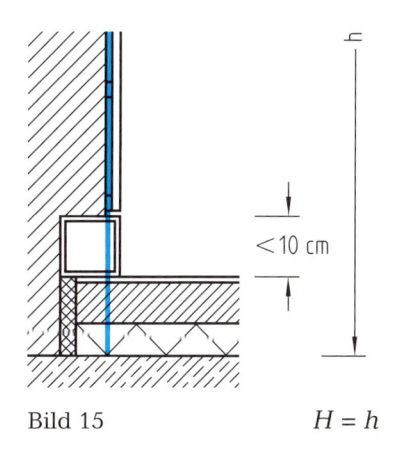

Bild 15 $H = h$

Bei Fußleisten und Konstruktionen von mehr als 10 cm Höhe ist demnach die Höhe der zu bekleidenden Wand, die gemäß Abschnitt 5.1.1.1 üblicherweise von Oberseite Rohdecke bis Unterseite Rohdecke zählt, um das Maß der sichtbaren Fußleiste bzw. Konstruktion zu reduzieren. Dies gilt auch für Sockelleisten aus Stein oder Steinzeug, z. B. entlang von Treppenstufen *(Bild 16)*.

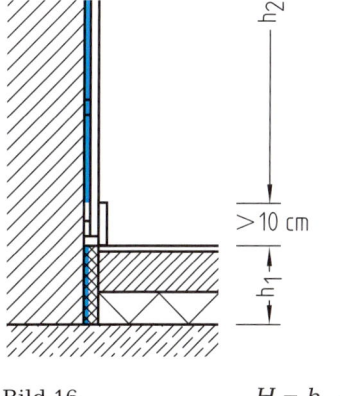

Bild 16 $H = h_1 + h_2$

5.1.5 Bei der Flächenermittlung von gewölbten Decken mit einer Stichhöhe unter $1/6$ der Spannweite wird die Fläche des überdeckten Raumes berechnet. Gewölbe mit größerer Stichhöhe werden nach der Fläche der abgewickelten Untersicht gerechnet.

Gewölbe mit einer Stichhöhe unter $1/6$ der Spannweite werden bei Abrechnung nach Flächenmaß nach der Fläche des überdeckten Raumes gerechnet; Gewölbe mit größerer Stichhöhe nach der Fläche der abgewickelten Untersicht *(Bild 17)*.

Aufmaß gewölbter Decken

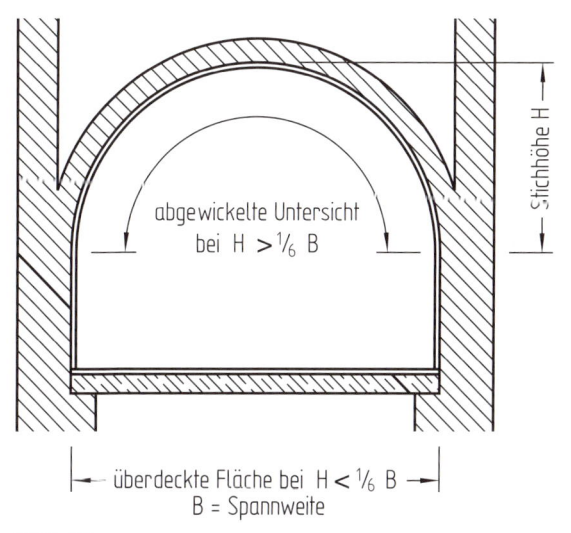

Bild 17

Abgewickelte Untersicht bei $H > 1/6\, B$

$A_{\text{abgewickelte Untersicht}} = B \cdot 1/2 \cdot 3{,}14 \cdot L$

Überdeckte Fläche bei $H < 1/6\, B$

$A_{\text{überdeckte Fläche}} = B \cdot L$

5.1.6 In Decken- und Wandbekleidungen sowie leichten Außenwandbekleidungen werden Aussparungen, z. B. Öffnungen, Nischen bis 2,5 m² Einzelgröße übermessen.

Aussparungen, z. B. Öffnungen, Nischen

Begriffsbestimmung

Aussparungen

Aussparungen sind planmäßig hergestellte Freiräume, die im fertigen Bauwerk entweder nicht oder mit gewerkspezifisch anderen Materialien abgedeckt sind.

Öffnungen

Öffnungen sind funktional eigenständige, planmäßig angelegte, durch die gesamte Dicke eines Bauteils durchgehende, frei gelassene Räume für den dauernden Gebrauch, z. B. Fenster- und Türöffnungen, auch geschosshohe Durchgänge.

Nischen

Nischen sind planmäßig auf Dauer angelegte Freiräume, die das Bauteil nicht durchdringen und zur Gliederung der Wandfläche oder zur Aufnahme von Schränken, Heizkörpern und dergleichen dienen. Die obere und untere Begrenzung kann durch die Unter- bzw. Oberseite gebildet sein.

Aussparungen, z. B. Öffnungen, Nischen, sind gemäß Abschnitt 5.1.1.1 zu messen, wobei zur Ermittlung der Übermessungsgrößen gemäß Abschnitt 5.2.1 die jeweils kleinsten Maße zugrunde zu legen sind. *(Bild 18)*.

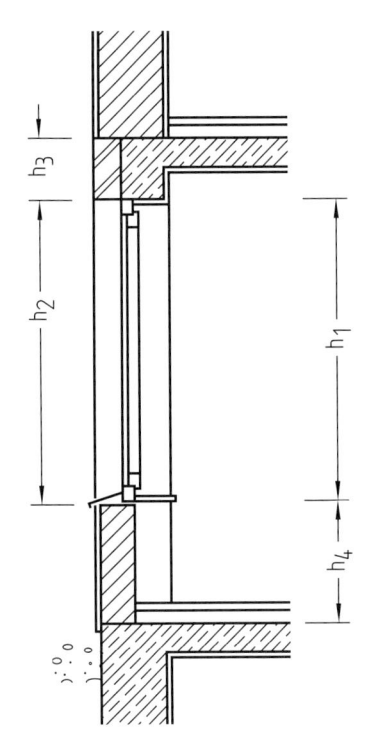

Bild 18

$A_\text{Aussparung} = l \cdot h_3 < 2{,}5\ m^2$; sie ist zu übermessen.
$A_\text{Nischen} = b \cdot h_4 < 2{,}5\ m^2$; sie ist zu übermessen.
$A_\text{Öffnung innen} = b \cdot h_1 > 2{,}5\ m^2$; sie ist abzuziehen.
$A_\text{Öffnung außen} = b \cdot h_2 > 2{,}5\ m^2$; sie ist abzuziehen.

Die Rückfläche der Nische ist, unabhängig von ihrer Einzelgröße, gemäß Abschnitt 5.1.9 mit ihrem Maß gesondert zu rechnen.

Leibungen von Aussparungen, z. B. Öffnungen, Nischen, werden grundsätzlich gesondert gerechnet, unabhängig von der jeweiligen Größe der Aussparung. Die Abrechnung erfolgt in der Regel nach Längenmaß. Im Interesse einer eindeutigen und zuverlässigen Preiskalkulation und Abrechnung sollten hierfür bereits im Bauvertrag, getrennt nach Leibungstiefe, gesonderte Positionen vorgesehen sein *(Bild 19 bis 21)*.

DIN 18355

Leibungen von Aussparungen

Bild 19

Leibungen von Öffnungen

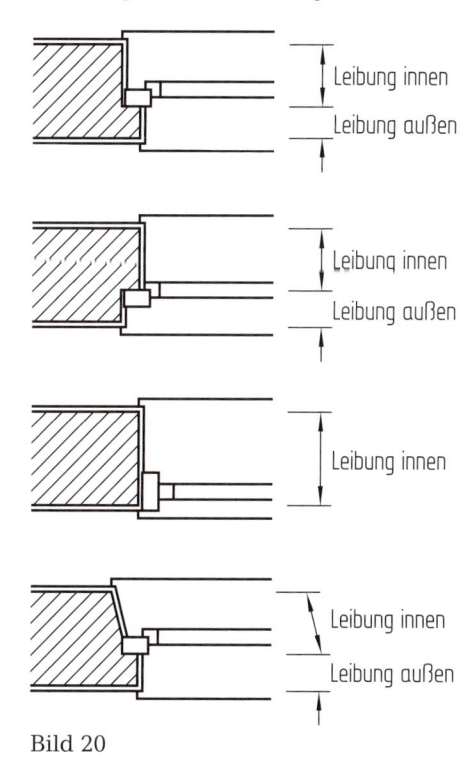

Bild 20

Leibungen von Nischen

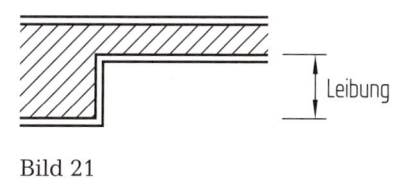

Bild 21

Aussparungen

Aussparungen, z. B. Natursteinstreifen in Außenwandbekleidungen, sind bis zu 2,5 m² Einzelgröße zu übermessen bzw. über 2,5 m² Einzelgröße gemäß Abschnitt 5.2.1 abzuziehen *(Bild 22)*.

Aussparung in einer Außenwandbekleidung

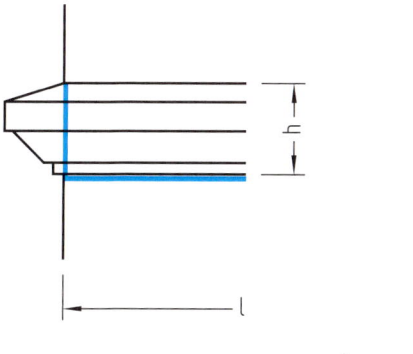

Bild 22 $A_{\text{Aussparung}} = l \cdot h < 2{,}5 \, m^2$

Öffnungen

Wand mit geschosshohem mittigem Durchgang

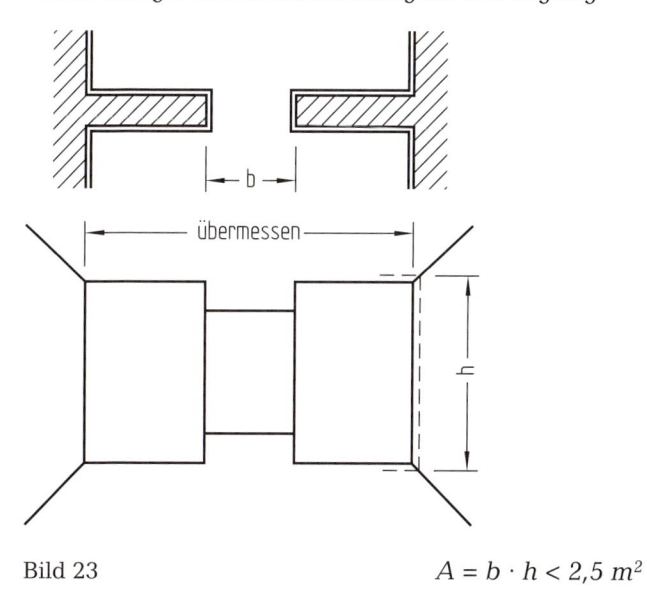

Bild 23 $A = b \cdot h < 2{,}5 \, m^2$

Öffnungen werden je Raum bei Ermittlung z. B. der Wandbekleidung getrennt gemessen und bis 2,5 m² Einzelgröße übermessen.

Fensteröffnung

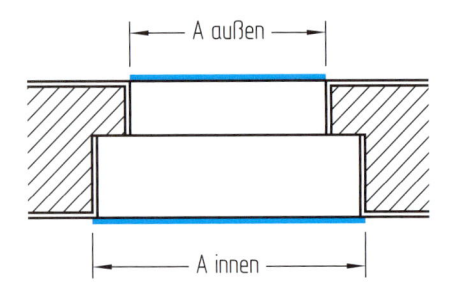

Bild 24

$A_{innen} = b_1 \cdot h_1 < 2,5 \, m^2$; sie ist zu übermessen.
$A_{außen} = b_2 \cdot h_2 < 2,5 \, m^2$; sie ist zu übermessen.

Die Leibungen sind, falls behandelt, zusätzlich zu rechnen.

Nischen

Nischen werden bis zu 2,5 m² Einzelgröße übermessen bzw. über 2,5 m² Einzelgröße gemäß Abschnitt 5.2.1 abgezogen *(Bild 25)*.

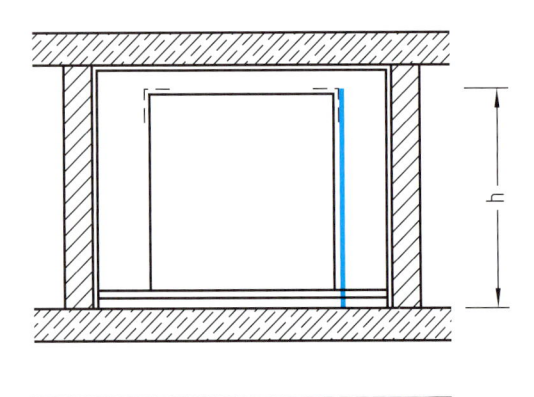

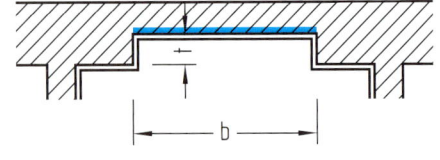

Bild 25

$A_{Nische} = b \cdot h > 2,5 \, m^2$; sie ist abzuziehen.

Die bekleidete Rückfläche der Nische ist gemäß Abschnitt 5.1.9 mit ihrem Maß gesondert zu rechnen. Die Leibungen sind unabhängig von der Nischengröße grundsätzlich gesondert zu rechnen. Zusammenfassend ist in Verbindung mit Abschnitt 5.1.9 beispielhaft festzustellen:

– Nische bis zu 2,5 m² Einzelgröße:
  Die Nische wird übermessen.
  Die Leibungen werden gesondert gerechnet. Die Rückfläche der Nische ist, soweit behandelt, unabhängig von ihrer Größe zusätzlich zu rechnen.

– Nische über 2,5 m² Einzelgröße:
  Die Nische wird abgezogen.
  Die Leibungen werden gesonderrt gerechnet. Die Rückfläche der Nische ist, soweit behandelt, zusätzlich zu rechnen.

– Nische mit Öffnung jeweils bis zu 2,5 m² Einzelgröße:
  Nische und Öffnung werden übermessen.
  Die Leibungen werden gesondert gerechnet. Die Rückfläche der Nische ist, soweit behandelt, zusätzlich zu rechnen.

– Nische über 2,5 m² Einzelgröße mit Öffnung bis 2,5 m² Einzelgröße:
  Die Nische wird abgezogen, die Öffnung übermessen.
  Die Leibungen der Nische und der Öffnung werden gesondert gerechnet. Die Rückfläche der Nische ist, soweit behandelt, zusätzlich zu rechnen.

– Nische mit Öffnung jeweils über 2,5 m² Einzelgröße:
  Nische und Öffnung werden abgezogen.
  Die Leibungen der Nische und der Öffnung werden gesondert gerechnet. Die Rückfläche der Nische ist, soweit behandelt, zusätzlich zu rechnen.

5.1.7 Unmittelbar zusammenhängende, verschiedenartige Aussparungen, z.B. Öffnung mit angrenzender Nische, werden getrennt gerechnet.

Grenzen verschiedenartige Aussparungen, z.B. Öffnung und Nische, unmittelbar aneinander, so sind zur Beurteilung der Übermessung Öffnung und Nische jeweils gesondert zu rechnen *(Bild 26)*.

Aussparungen, z. B. Öffnung mit angrenzender Nische

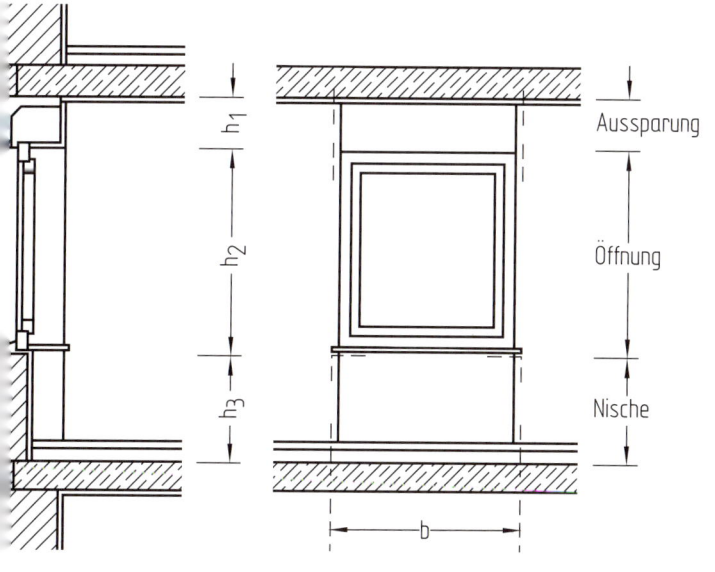

Bild 26

$A_{\text{Aussparung}} = b \cdot h_1 < 2{,}5\ m^2$; sie ist zu übermessen.
$A_{\text{Öffnung}} = b \cdot h_2 > 2{,}5\ m^2$; sie ist abzuziehen.
$A_{\text{Nische}} = b \cdot h_3 < 2{,}5\ m^2$; sie ist zu übermessen; die Rückfläche ist gemäß Abschnitt 5.1.9 zusätzlich zu rechnen. Die Leibungen der Öffnung und der Nische sind jeweils gesondert zu rechnen.

5.1.8 Bindet eine Aussparung anteilig in angrenzende, getrennt zu rechnende Flächen ein, wird zur Ermittlung der Übermessungsgröße die jeweils anteilige Aussparungsfläche gerechnet.

Aussparungen, Öffnungen, Nischen, die in angrenzende, getrennt zu rechnende Flächen einbinden, sind zur Ermittlung der Übermessungsgröße jeweils gesondert, bezogen auf die davon tangierte Einzelfläche, zu ermitteln. So sind z.B. Fenster übereck bezogen auf die jeweilige Raum- oder Fassadenfläche zu rechnen *(Bild 27)*.

Öffnungen übereck

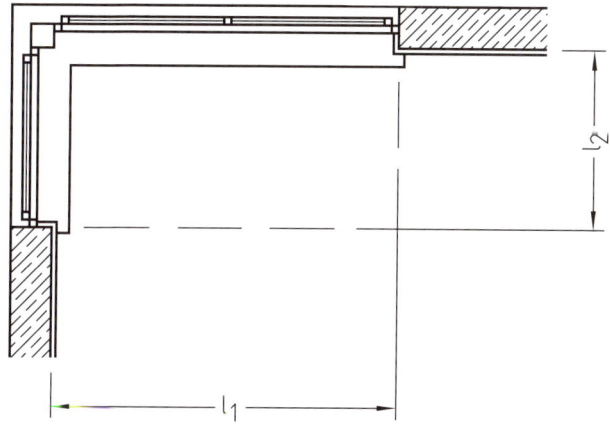

Bild 27

$A_1 = l_1 \cdot h > 2{,}5\ m^2$; sie ist abzuziehen.
$A_2 = l_2 \cdot h < 2{,}5\ m^2$; sie ist zu übermessen.

Bindet eine Öffnung anteilig in eine Wandbekleidung ein, so wird zur Ermittlung der Öffnungsgröße nur die der Wandbekleidung zugehörige Fläche gerechnet *(Bild 28)*.

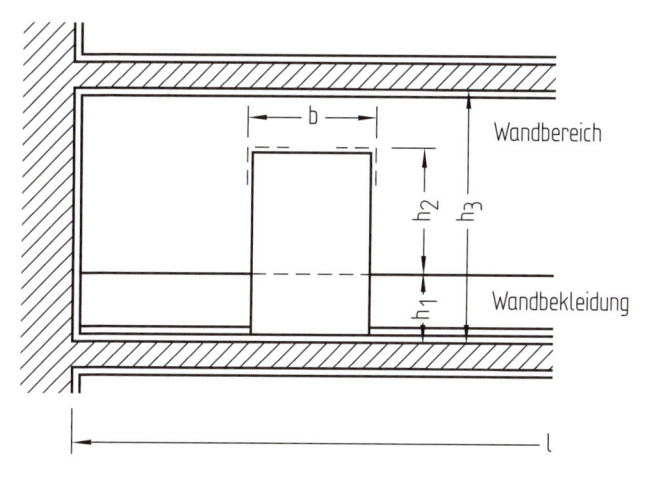

Bild 28 $A = b \cdot h_1 < 2{,}5\ m^2$; sie ist zu übermessen.

5.1.9 Ganz oder teilweise bekleidete Rückflächen von Nischen werden unabhängig von ihrer Einzelgröße mit ihrem Maß gesondert gerechnet.

Gemäß Abschnitt 5.1.6 werden Nischen bis zu 2,5 m² Einzelgröße übermessen. Davon unabhängig wird deren Rückfläche, falls ganz oder teilweise bekleidet, zusätzlich gerechnet *(Bild 29)*. Siehe in diesem Zusammenhang auch Abschnitt 5.1.6.

Nischenrückfläche

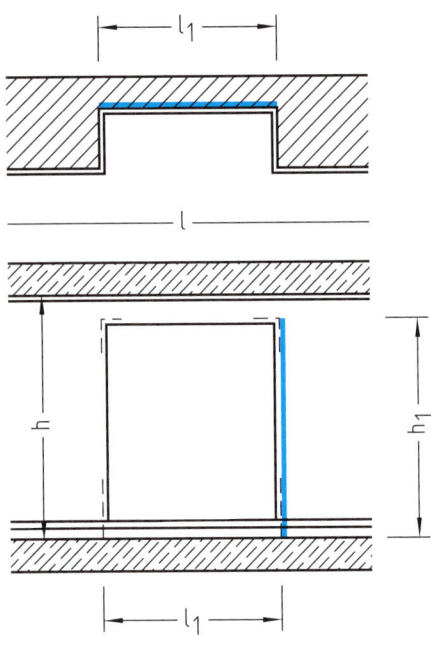

Bild 29

$A_{\text{Wand}} = l \cdot h + l_1 \cdot h_1$, falls $l_1 \cdot h_1 < 2{,}5\ m^2$

Die Leibungen sind gesondert zu rechnen.

5.1.10 In Böden und den dazugehörigen Dämmstoffschichten, Schüttungen, Abdichtungen, Trennschichten und dergleichen werden Öffnungen und sonstige Aussparungen, z. B. für Pfeilervorlagen, Kamine, Rohrdurchführungen, bis 0,5 m² Einzelgröße übermessen.

Beispiel

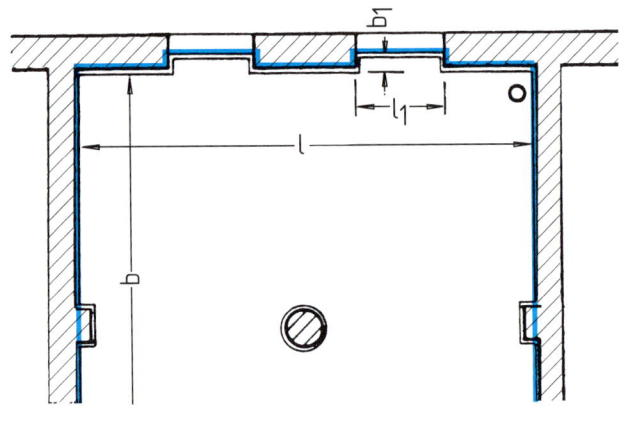

Bild 30

Die Bodenfläche ist bis zu den begrenzenden, nicht bekleideten Bauteilen zu messen.

$A = l \cdot b + 2 \cdot (l_1 \cdot b_1)$

Die Fläche der Pfeilervorlage, der Säule, der Rohrdurchführung wird übermessen, wenn ihre Einzelflächen nicht größer als 0,5 m² sind.

Der Bodenfläche hinzuzurechnen sind, jedoch unabhängig von ihrer Einzelgröße, die Flächen der Nischen.

Trennschichten, Dämmstoffschichten und dergleichen sind, soweit dies die Leistungsbeschreibung vorgibt, mit den gleichen Maßen abzurechnen.

DIN 18355

5.1.11 Unterbrechung bis 30 cm Einzelbreite, z.B. durch Fachwerkteile, Vorlagen, Stützen, Balken, Sparren, Lattungen, werden übermessen.

Begriffsdefinition

Unterbrechungen sind planmäßig hergestellte Freiräume, die die vorgegebene Leistung in der Höhe, Länge oder Breite unterbrechen, wobei aber anders als bei einem Ende der Leistung die gleiche Leistung nach einem/einer Zwischenraum/Unterbrechung wieder neu weitergeführt wird.

Unterbrechung (Ende einer Leistung, Zwischenraum, Weiterführung der gleichen Leistung)

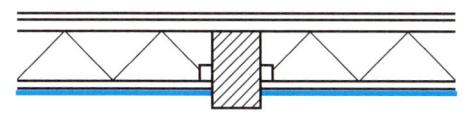

Bild 31

keine Unterbrechung (Ende einer Leistung)

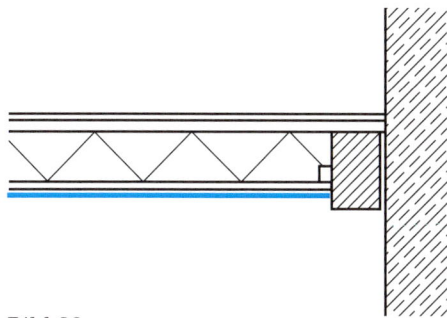

Bild 32

Wand- und Deckenbekleidungen, Oberflächenbehandlungen, Vorsatzschalen, Unterdecken, Unterkonstruktionen, Dämmstoffschichten und dergleichen werden gemäß Abschnitt 5.1.1.1 ermittelt. Dabei werden Unterbrechungen bis 30 cm Einzelbreite, z.B. durch Fachwerkteile, Vorlagen, Stützen, Balken, Sparren, Lattungen, übermessen *(Bild 33 bis 37)*.

Fachwerkteile

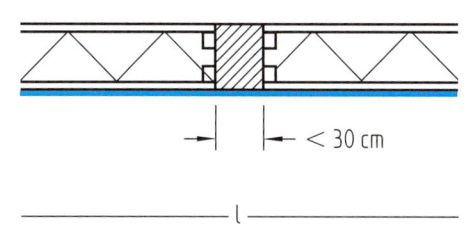

Bild 33

Bei Abrechnung der Dämmstoffschicht und der Bekleidung werden Fachwerkteile bis 30 cm übermessen.

Vorlagen

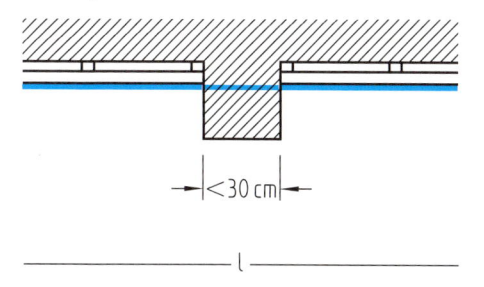

Bild 34

Bei Abrechnung der Wandbekleidung werden Vorlagen bis 30 cm übermessen.

Stützen

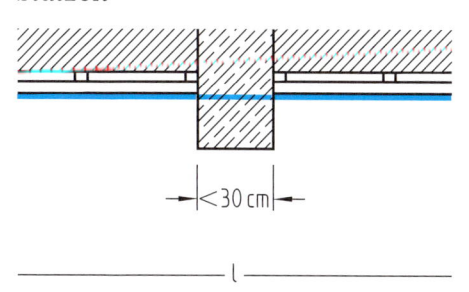

Bild 35

Bei Abrechnung der Wandbekleidung werden Stützen bis 30 cm übermessen.

Balken

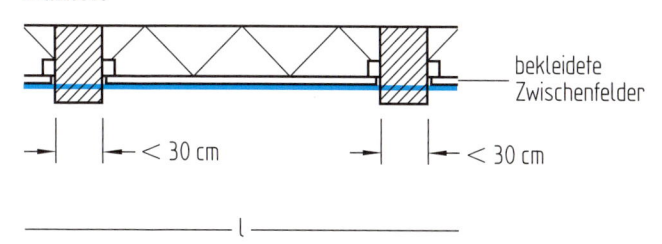

Bild 36

Bei Abrechnung der Deckenbekleidung werden die Deckenbalken bis 30 cm übermessen.

Sparren

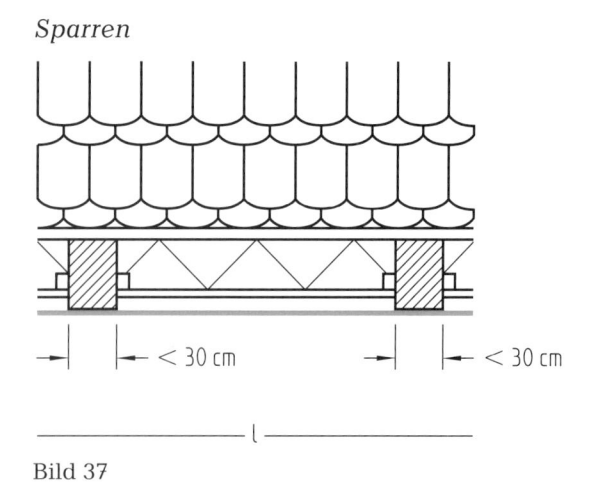

|← < 30 cm |← < 30 cm

———— l ————

Bild 37

Bei Abrechnung der Dämmstoffschicht und der Bekleidung werden Sparren bis 30 cm übermessen.

5.1.12 Bei Bekleidungen aus Latten, Brettern, Paneelen, Lamellen und dergleichen werden die Zwischenräume übermessen.

Die bei Verwendung z.B. von Paneelen entstehenden Zwischenräume werden übermessen *(Bild 38)*.

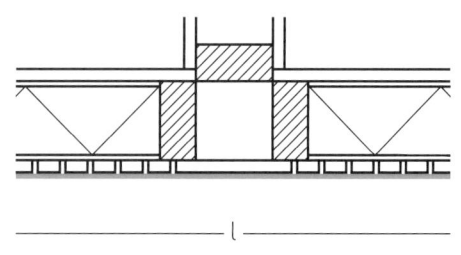

———— l ————

Bild 38

5.1.13 Das Herstellen von Aussparungen für Einzelleuchten, Lichtbänder, Lichtkuppeln, Lüftungsgitter, Luftauslässe, Revisionsöffnungen, Stützen, Pfeilervorlagen, Schalter, Steckdosen, Rohrdurchführungen, Kabel und dergleichen wird getrennt nach Maßen gesondert gerechnet.

5.2 Es werden abgezogen:

5.2.1 Bei Abrechnung nach Flächenmaß (m²):

Aussparungen, z.B. Öffnungen (auch raumhoch), Nischen, über 2,5 m² Einzelgröße, in Böden Aussparungen über 0,5 m² Einzelgröße.

Bei der Ermittlung der Abzugsmaße sind die kleinsten Maße der Aussparung zugrunde zu legen.

Aussparungen, z.B. Öffnungen, Nischen, sind gemäß Abschnitt 5.1.1.1 zu messen, wobei zur Ermittlung der Übermessungsgrößen die jeweils kleinsten Maße zugrunde zu legen sind.

5.2.2 Bei Abrechnung nach Längenmaß (m):

Unterbrechungen über 1 m Einzellänge.

Parkettarbeiten – DIN 18356

Ausgabe Dezember 2002

Geltungsbereich

Die ATV „Parkettarbeiten" – DIN 18356 – gilt für das Verlegen von Parkett der Normen der Reihe DIN 280.

Die ATV DIN 18356 gilt nicht für das Verlegen von Lagerhölzern und Blindböden (siehe ATV DIN 18334 „Zimmer- und Holzbauarbeiten").

0.5 Abrechnungseinheiten

Im Leistungsverzeichnis sind die Abrechnungseinheiten wie folgt vorzusehen:

0.5.1 Flächenmaß (m^2), getrennt nach Bauart und Maßen, für

- *Parkett,*
- *Parkettunterlagen,*
- *Versiegelungen.*

0.5.2 Längenmaß (m), getrennt nach Bauart und Maßen, für

- *Fußleisten, Deckleisten,*
- *Versiegelung von Fußleisten,*
- *Verfugungen,*
- *Dämmstreifen.*

0.5.3 Anzahl (Stück), getrennt nach Bauart und Maßen, für

- *Versiegelung von Stufen, Türschwellen und dergleichen.*

5 Abrechnung

Ergänzend zur ATV DIN 18299, Abschnitt 5, gilt:

5.1 Allgemeines

5.1.1 Der Ermittlung der Leistung – gleichgültig, ob sie nach Zeichnung oder Aufmaß erfolgt – sind zugrunde zu legen:

Bei Parkettböden, Parkettunterlagen, Oberflächenbehandlungen

- auf Flächen mit begrenzenden Bauteilen die Maße der zu belegenden Flächen bis zu den begrenzenden, ungeputzten bzw. nicht bekleideten Bauteilen,
- auf Flächen ohne begrenzende Bauteile deren Maße,
- auf Flächen von Stufen und Schwellen deren größte Maße.

5.1.2 Bei der Ermittlung des Längenmaßes wird die größte Bauteillänge gemessen.

5.1.3 In Böden nachträglich eingearbeitete Teile werden übermessen, z. B. Intarsien, Markierungen.

5.2 Es werden abgezogen:

5.2.1 Bei Abrechnung nach Flächenmaß (m^2):

Aussparungen, z. B. für Pfeiler, Pfeilervorlagen, Rohrdurchführungen, über 0,1 m^2 Einzelgröße.

5.2.2 Bei Abrechnung nach Längenmaß (m):

Unterbrechungen über 1 m Einzellänge.

Erläuterungen

0.5 Abrechnungseinheiten

Abschnitt 0.5 dient dazu, auf die üblichen und zweckmäßigen Abrechnungseinheiten für die jeweilige Teilleistung hinzuweisen. Bei Aufstellung der Leistungsbeschreibung ist die zutreffende Abrechnungseinheit festzulegen.

5 Abrechnung

Ergänzend zur ATV DIN 18299, Abschnitt 5, gilt:

Siehe Kommentierung zu Abschnitt 5 der ATV DIN 18299.

5.1 Allgemeines

5.1.1 Der Ermittlung der Leistung – gleichgültig, ob sie nach Zeichnung oder Aufmaß erfolgt – sind zugrunde zu legen:

Bei Parkettböden, Parkettunterlagen, Oberflächenbehandlungen

- **auf Flächen mit begrenzenden Bauteilen die Maße der zu belegenden Flächen bis zu den begrenzenden, ungeputzten bzw. nicht bekleideten Bauteilen,**
- **auf Flächen ohne begrenzende Bauteile deren Maße,**
- **auf Flächen von Stufen und Schwellen deren größte Maße.**

Der Ermittlung der Leistung

- für Parkettböden, bestehend aus Parkettstäben, Parkettriemen, Tafeln für Tafelparkett, Mosaikparkettlamellen oder industriell hergestellten Fertigparkett-Elementen,
- für Parkettunterlagen, wie Holzwolle-Leichtbauplatten und Mehrschicht-Leichtbauplatten, Schaumkunststoffe und Faserdämmstoffe für die Wärme- und Trittschalldämmung, Holzfaserplatten, Spanplatten und Unterböden aus Holzspanplatten,
- für Oberflächenbehandlungen, wie Wachsen, Versiegeln und Schleifen,

sind zugrunde zu legen:

- auf Flächen mit begrenzenden Bauteilen die Maße der zu belegenden Fläche bis zu den begrenzenden, ungeputzten, nicht bekleideten Bauteilen *(Bild 1)*,
- auf Flächen ohne begrenzende Bauteile die Maße der belegten Fläche *(Bild 2 und 3)*,
- auf Flächen von Stufen und Schwellen deren größte Maße *(Bild 4)*.

Flächen mit begrenzenden Bauteilen

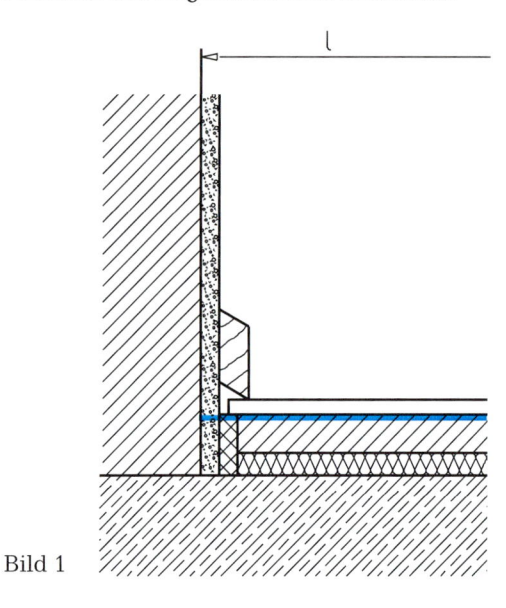

Bild 1

Flächen ohne begrenzende Bauteile

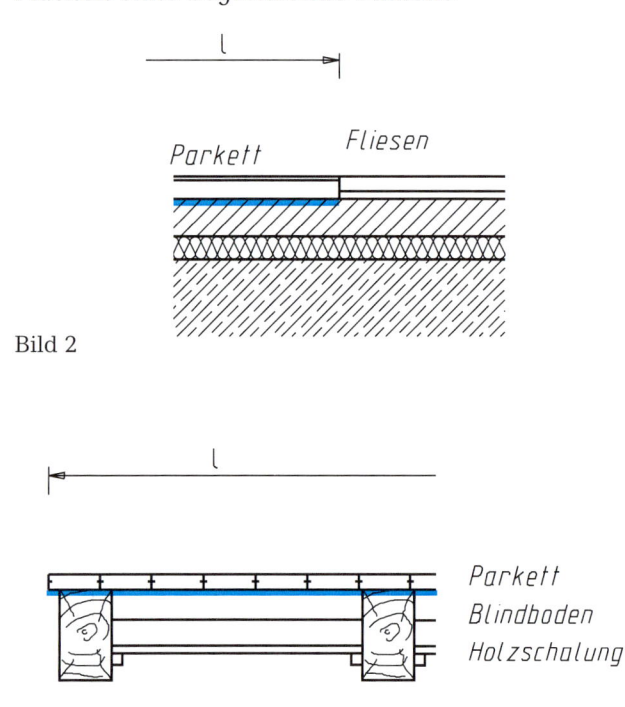

Bild 2

Bild 3

DIN 18356

Flächen von Stufen und Schwellen

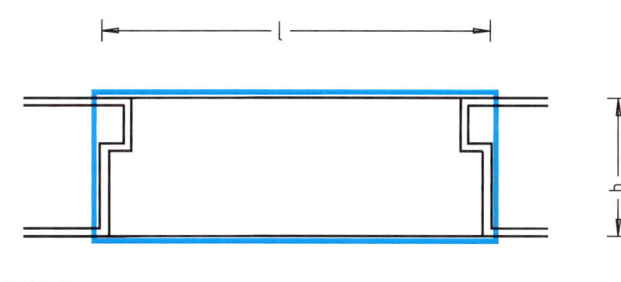

Bild 4

Beispiel

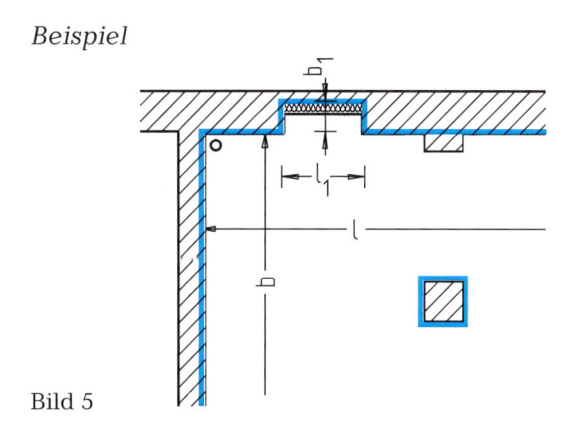

Bild 5

Der Parkettboden ist bis zu den begrenzenden, nicht bekleideten Bauteilen zu messen *(Bild 5)*.

Parkett – Randfries

Bild 6

$A = l \cdot b$

Die Fläche der Pfeilervorlage des Pfeilers sowie die der Rohrdurchführung werden nach Abschnitt 5.2.1 übermessen, wenn ihre Einzelflächen nicht größer als 0,1 m² sind. Dabei werden zur Ermittlung der Abzüge die Maße der unbekleideten Bauteile zugrunde gelegt.

Die Fläche der Nische wird mit ihrem Maß bis zu den unbekleideten Bauteilen hinzugerechnet.

$A = l_1 \cdot b_1$

5.1.2 Bei der Ermittlung des Längenmaßes wird die größte Bauteillänge gemessen.

Bei der Abrechnung nach Längenmaß ist die größte Länge des jeweiligen Bauteils zugrunde zu legen.

Bei Bauteilen, z. B. streifenförmigen Parkettflächen, deren Abrechnung im Bauvertrag nach Längenmaß vorgegeben ist, wird die größte Bauteillänge gemessen *(Bild 6)*.

5.1.3 In Böden nachträglich eingearbeitete Teile werden übermessen, z. B. Intarsien, Markierungen.

Für die Abrechnung von Parkettböden mit Einlegearbeiten gilt das vorher Gesagte entsprechend; dabei werden jedoch, falls nicht anders festgelegt, die eingearbeiteten Teile, wie Markierungen, Intarsien, übermessen.

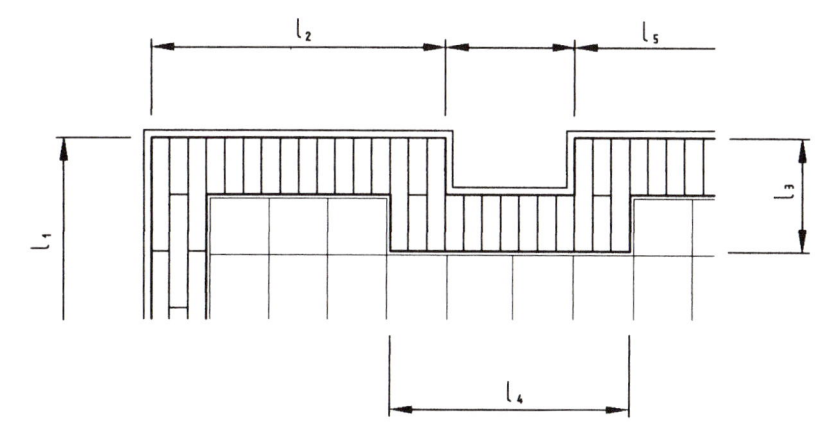

Die größte Länge des Randfrieses ermittelt sich in der Abwicklung wie folgt:

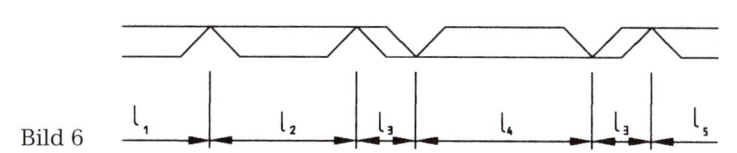

$L = l_1 + l_2 + 2 \cdot l_3 + l_4 + l_5$

5.2 Es werden abgezogen:

5.2.1 Bei Abrechnung nach Flächenmaß (m²):

Aussparungen, z. B. für Pfeiler, Pfeilervorlagen, Rohrdurchführungen, über 0,1 m² Einzelgröße.

5.2.2 Bei Abrechnung nach Längenmaß (m):

Unterbrechungen über 1 m Einzellänge.

Sockelleisten, Abdeckleisten z. B. sind deshalb teils an der Oberseite und teils an der Unterseite zu messen *(Bild 6)*. Dabei bleiben Unterbrechungen bis 1 m unberücksichtigt.

DIN 18357

Beschlagarbeiten – DIN 18357

Ausgabe Dezember 2002

Geltungsbereich

Die ATV „Beschlagarbeiten" – DIN 18357 – gilt für das Anbringen von Beschlägen zum Öffnen und Schließen oder zum Feststellen von Türen, Fenstern, Toren und dergleichen.

0.5 Abrechnungseinheiten

Im Leistungsverzeichnis sind die Abrechnungseinheiten wie folgt vorzusehen:

Anzahl (Stück), getrennt nach Art und Anzahl der Beschlagteile, nach Anzahl der Bauelemente, für

– das Beschlagen von Bauelementen, wie Fenster, Türen, Tore, Einbaumöbel und dergleichen,

– das Anbringen einzelner Beschläge.

5 Abrechnung

Keine ergänzende Regelung zur ATV DIN 18299, Abschnitt 5.

Erläuterungen

0.5 Abrechnungseinheiten

Abschnitt 0.5 dient dazu, auf die üblichen und zweckmäßigen Abrechnungseinheiten für die jeweilige Teilleistung hinzuweisen. Bei Aufstellung der Leistungsbeschreibung ist die zutreffende Abrechnungseinheit festzulegen.

Gemäß Abschnitt 0.5 ist im Leistungsverzeichnis für jede Teilleistung die Abrechnungseinheit anzugeben.

In der Regel sollte für

– das Beschlagen von Bauelementen, z. B. Fenster, Türen, Tore, Einbaumöbel, und

– das Anbringen einzelner Beschläge

die Abrechnungseinheit nach Anzahl (Stück), getrennt nach Art und Anzahl der Beschlagteile bzw. der Elemente, vorgesehen werden.

5 Abrechnung

Keine ergänzende Regelung zur ATV DIN 18299, Abschnitt 5.

DIN 18358

Rollladenarbeiten – DIN 18358

Ausgabe Dezember 2000

Geltungsbereich

Die ATV „Rollladenarbeiten" – DIN 18358 – gilt für das Herstellen und Einbauen von Rollläden, Rolltoren, Rollgittern, Jalousien, Außenrollos, Verdunkelungen und Markisen.

0.5 Abrechnungseinheiten

Im Leistungsverzeichnis sind die Abrechnungseinheiten wie folgt vorzusehen:

Anzahl (Stück), getrennt nach Stoffart, Bauart und Maßen, für Rollläden, Rolltore, Rollgitter, Rolljalousien, Raffjalousien, Außenrollos, Verdunkelungen und Markisen.

5 Abrechnung

Keine ergänzende Regelung zur ATV DIN 18299, Abschnitt 5.

Erläuterungen

0.5 Abrechnungseinheiten

Abschnitt 0.5 dient dazu, auf die üblichen und zweckmäßigen Abrechnungseinheiten für die jeweilige Teilleistung hinzuweisen. Bei Aufstellung der Leistungsbeschreibung ist die zutreffende Abrechnungseinheit festzulegen.

Gemäß Abschnitt 0.5 ist im Leistungsverzeichnis für jede Teilleistung die Abrechnungseinheit anzugeben.

In der Regel sollte für den Einbau von

– Rollläden,
– Rolltoren,
– Rollgittern,
– Jalousien,
– Außenrollos,
– Verdunkelungen und
– Markisen

die Abrechnungseinheit nach Anzahl (Stück), getrennt nach Stoffart, Bauart und Maßen, vorgesehen werden.

5 Abrechnung

Keine ergänzende Regelung zur ATV DIN 18299, Abschnitt 5.

Gemäß DIN 18073 gelten als Abrechnungsmaße für:

- Rollabschlüsse und Rolljalousien:
 die lichten Rohbaumaße der Öffnungen, bei nicht unmittelbar über der Öffnung liegendem Rollraum das Höhenmaß bis Mitte Welle, bei Anlagen, deren Breiten über die Öffnungsbreite zuzüglich der erforderlichen Konstruktionsmaße hinausgehen, das Maß bis Hinterkante Führungsschiene;

- Raffjalousien:
 die Breite des Lamellenbehanges und die Höhe von Unterkante Unterschiene bis Oberkante Oberschiene;

- Außenrollos:
 die Breite des Behangs und die Höhe von Mitte Welle bis Unterkante Unterschiene;

- Verdunkelungen:
 die Breite der Anlagen, gemessen bis Hinterkante Führungsschienen, und die Höhe von Mitte Welle bis Unterkante Einfallschiene;

- Rollmarkisen:
 als Breite die Gestellaußenmaße und als Ausfall das Maß von Hinterkante Welle bis Vorderkante Ausfallprofil in der Schräge des ausgefahrenen Markisentuchs (Ausfallmaß).

Darüber hinaus sind gemäß Abschnitt 3.3 der ATV DIN 18358 Abweichungen von den in der Leistungsbeschreibung angegebenen Maßen

- bis zu 3 cm jedes Einzelmaßes und

- bis zu 5 cm bei angegebenen Fertigmaßen für Rolltore und Rollgitter

ohne Anspruch auf Änderung der Vergütung zu berücksichtigen, wenn die Notwendigkeit der Abweichung vor Beginn der Fertigung festgestellt wird oder vom Auftragnehmer vor Beginn der Fertigung hätte festgestellt werden müssen.

Metallbauarbeiten – DIN 18360

Ausgabe Dezember 2002

Geltungsbereich

Die ATV „Metallbauarbeiten" – DIN 18360 – gilt für Konstruktionen aus Metall auch im Verbund mit anderen Werkstoffen.

Die ATV DIN 18360 gilt nicht für

– Stahlbauarbeiten (siehe ATV DIN 18335 „Stahlbauarbeiten"),

– Klempnerarbeiten (siehe ATV DIN 18339 „Klempnerarbeiten"),

– Beschlagarbeiten (siehe ATV DIN 18357 „Beschlagarbeiten"),

– Rollladenarbeiten (siehe ATV DIN 18358 „Rollladenarbeiten").

0.5 Abrechnungseinheiten

Im Leistungsverzeichnis sind die Abrechnungseinheiten wie folgt vorzusehen:

0.5.1 Flächenmaß (m²), getrennt nach Bauart und Maßen, für

- *Bühnen, Stege, Abdeckungen, Roste,*
- *Bleche,*
- *Metallfassaden, Fensterwände, Bekleidungen, abgehängte Decken und dergleichen,*
- *Unterkonstruktionen.*

0.5.2 Längenmaß (m), getrennt nach Bauart und Maßen, für

- *Geländer, Gitter, Leitern, Roste, Abdeckungen,*
- *Profile,*
- *Fensterwände,*
- *Unterkonstruktionen.*

0.5.3 Anzahl (Stück), getrennt nach Bauart und Maßen, für

- *Fenster, Türen und Tore, Bühnen,*
- *Schaufenster, Schaukästen, Vitrinen und dergleichen,*
- *Geländer, Gitter, Leitern, Roste, Abdeckungen,*
- *Profile,*
- *Fensterwände, Abdeckungen,*
- *Unterkonstruktionen.*

0.5.4 Nach Gewicht (kg), getrennt nach Bauart und Maßen, für Bleche, Bänder, Profile, Kleineisenteile.

5 Abrechnung

Ergänzend zur ATV DIN 18299, Abschnitt 5, gilt:

5.1 Allgemeines

5.1.1 Der Ermittlung der Leistung – gleichgültig, ob sie nach Zeichnung oder nach Aufmaß erfolgt – sind zugrunde zu legen:

5.1.1.1 Für Fenster, Türen u. Ä. die Öffnungsmaße bis zu den sie begrenzenden, ungeputzten, ungedämmten bzw. nicht bekleideten Bauteilen.

5.1.1.2 Für Wand- und Deckenbekleidungen

– auf Flächen ohne begrenzende Bauteile die Maße der zu bekleidenden Flächen,

– auf Flächen mit begrenzenden Bauteilen die Maße der zu bekleidenden Flächen bis zu den sie begrenzenden, ungeputzten, ungedämmten bzw. nicht bekleideten Bauteilen,

– bei Fassaden die Maße der Bekleidung.

5.1.1.3 Für sonstige Metallbauteile deren Maße.

5.1.2 Bei Abrechnung von Einzelbauteilen nach Flächenmaß (m²) gelten die Maße des kleinsten umschriebenen Rechtecks.

5.1.3 Ganz oder teilweise bekleidete Leibungen von Öffnungen, Aussparungen und Nischen über 2,5 m² Einzelgröße werden gesondert gerechnet.

5.1.4 Rückflächen von Nischen werden unabhängig von ihrer Einzelgröße mit ihrem Maß gesondert gerechnet.

5.1.5 Bei Abrechnung nach Längenmaß (m) wird die größte Länge zugrunde gelegt, auch bei schräg geschnittenen und ausgeklinkten Profilen. Bei gebogenen Profilen wird die äußere abgewickelte Länge zugrunde gelegt.

5.1.6 Bei Abrechnung nach Gewicht (kg) sind folgende Grundsätze anzuwenden:

5.1.6.1 Es sind anzusetzen:

– bei genormten Profilen das Gewicht nach DIN-Normen,

– bei anderen Profilen das Gewicht aus den Profilbüchern der Hersteller,

– bei Blechen und Bändern

– aus Stahl   7,85 kg,
– aus Edelstahl   7,9 kg,
– aus Aluminium   2,7 kg,
– aus Kupfer, Messing 9 kg

je 1 m² Fläche und 1 mm Dicke,

– bei Formstücken aus Stahl die Dichte von 7,85 kg/dm³ und bei solchen aus Gusseisen (Grauguss) die Dichte von 7,25 kg/dm³.

5.1.6.2 Bei Kleineisenteilen bis 15 kg Einzelgewicht darf das Gewicht durch Wiegen ermittelt werden.

5.1.6.3 Verbindungsmittel, z. B. Schrauben, Niete, Schweißnähte, bleiben unberücksichtigt.

5.1.6.4 Bei verzinkten Stahlkonstruktionen werden den Gewichten 5% für die Verzinkung zugeschlagen.

5.2 Es werden abgezogen:

5.2.1 Bei Abrechnung nach Flächenmaß (m²):

Öffnungen, Aussparungen und Nischen in Wänden und Decken über 2,5 m² Einzelgröße, in Böden über 0,5 m² Einzelgröße.

5.2.2 Bei Abrechnung nach Längenmaß (m):

Unterbrechungen über 1 m Einzellänge.

Erläuterungen

0.5 Abrechnungseinheiten

Abschnitt 0.5 dient dazu, auf die üblichen und zweckmäßigen Abrechnungseinheiten für die jeweilige Teilleistung hinzuweisen. Bei Aufstellung der Leistungsbeschreibung ist die zutreffende Abrechnungseinheit festzulegen.

5 Abrechnung

Ergänzend zur ATV DIN 18299, Abschnitt 5, gilt:

Siehe Kommentierung zu Abschnitt 5 der ATV DIN 18299.

5.1 Allgemeines

5.1.1 Der Ermittlung der Leistung – gleichgültig, ob sie nach Zeichnung oder nach Aufmaß erfolgt – sind zugrunde zu legen:

5.1.1.1 Für Fenster, Türen u. Ä. die Öffnungsmaße bis zu den sie begrenzenden, ungeputzten, ungedämmten bzw. nicht bekleideten Bauteilen.

5.1.1.2 Für Wand- und Deckenbekleidungen

- auf Flächen ohne begrenzende Bauteile die Maße der zu bekleidenden Flächen,

- auf Flächen mit begrenzenden Bauteilen die Maße der zu bekleidenden Flächen bis zu den sie begrenzenden, ungeputzten, ungedämmten bzw. nicht bekleideten Bauteilen,

- bei Fassaden die Maße der Bekleidung.

5.1.1.3 Für sonstige Metallbauteile deren Maße.

Der Abrechnung sind zugrunde zu legen:

– für Fenster, Türen u. Ä. die lichten Öffnungsmaße bis zu den sie begrenzenden, ungeputzten, ungedämmten bzw. nicht bekleideten Bauteilen *(Bild 1 bis 4)*

Fenster

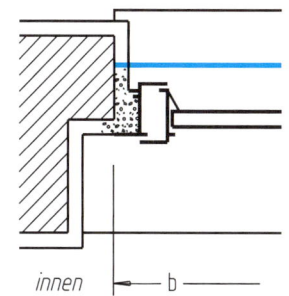

Bild 1

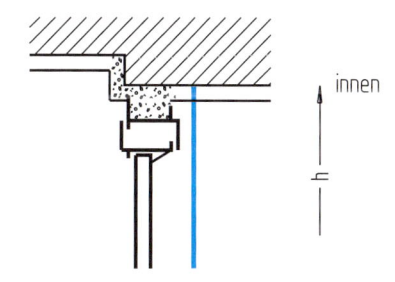

Bild 2

Türen, Tore

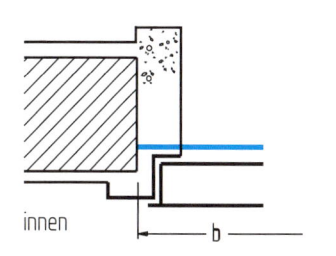

Bild 3

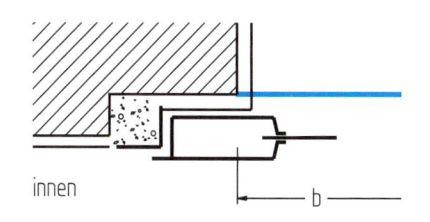

Bild 4

- für Wand- und Deckenbekleidungen auf Flächen ohne begrenzende Bauteile die Maße der zu bekleidenden Flächen *(Bild 5)*

Innenwandbekleidung

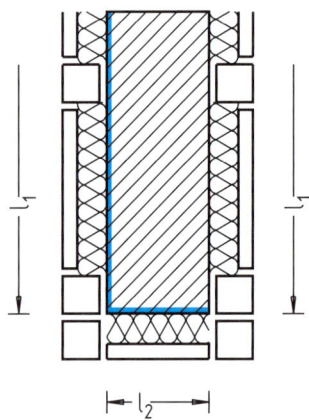

Bild 5 $\quad A = (l_1 \cdot 2 + l_2) \cdot h$

Innenbekleidung oben und unten

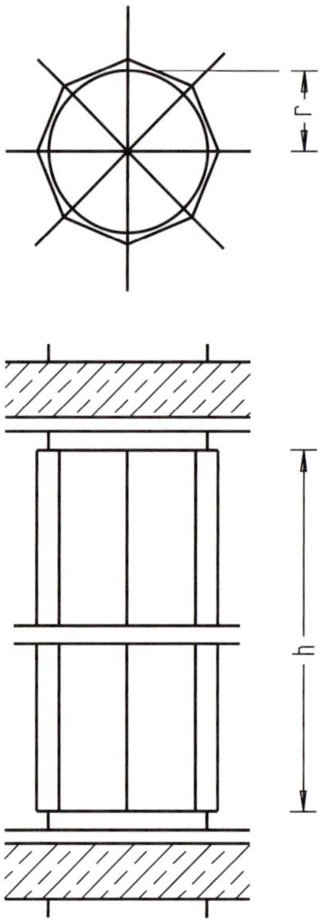

Bild 7 $\quad A_{\text{Säule}} = 2 \cdot r \cdot 3{,}14 \cdot h$

- auf Flächen mit begrenzenden Bauteilen die Maße der zu bekleidenden Flächen bis zu den sie begrenzenden, ungeputzten, ungedämmten bzw. nicht bekleideten Bauteilen *(Bild 6 bis 8)*

Innenwandbekleidungen seitlich

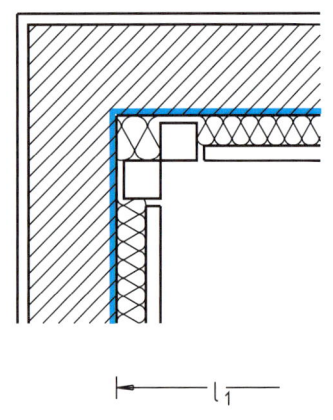

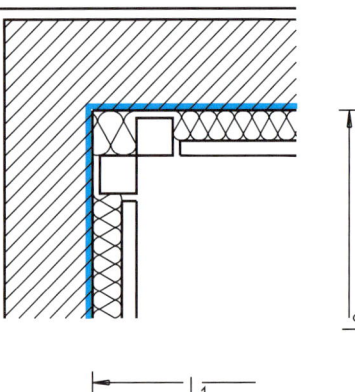

Bild 6 $\quad A = (l_1 + l_2) \cdot h$

Deckenbekleidung

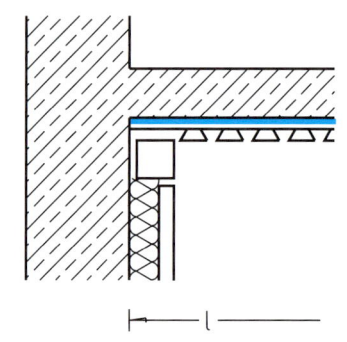

Bild 8 $\quad A_{\text{Decke}} = l \cdot b$

– bei Fassaden die Maße der Bekleidung *(Bild 9 bis 12)*

Außenecke seitlich

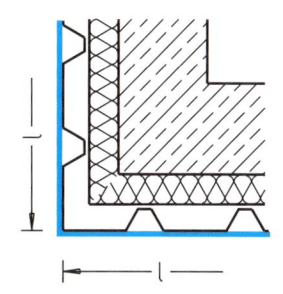

Bild 9

Innenecke seitlich

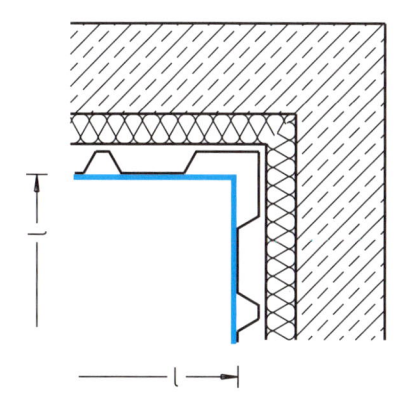

Bild 10

oben und unten

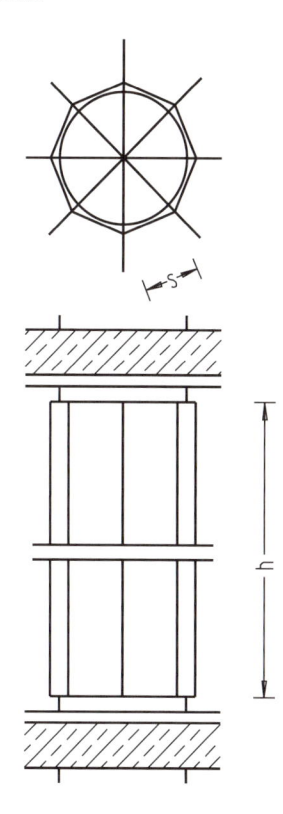

Bild 11

$A = 8 \cdot s \cdot h$

Fassadenschnitt

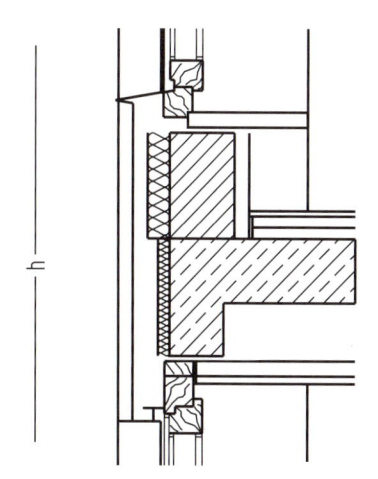

Bild 12

Bei Abrechnung nach Flächenmaß werden die Fensteröffnungen über 2,5 m² Einzelgröße gemäß Abschnitt 5.2.1 abgezogen.

Abweichend von Abschnitt 5.1.1.1 ermittelt sich dabei das Öffnungsmaß innerhalb der Fassade in der Ansichtsfläche *(Bild 13)*.

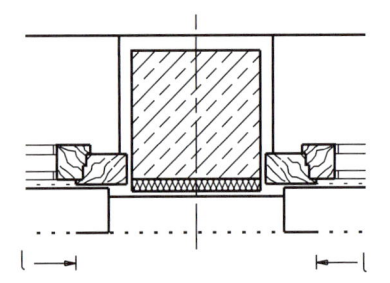

Bild 13

Im Falle des Abzugs werden die Leibungen gemäß Abschnitt 5.1.3 gesondert gerechnet.

– für sonstige Metallbauteile, z. B. Abdeckungen, Roste, Treppen, Stufen, Leitern, Geländer, Handläufe, deren Maße *(Bild 14)*

vorgefertigte Wendeltreppe mit Spindel und Stufen

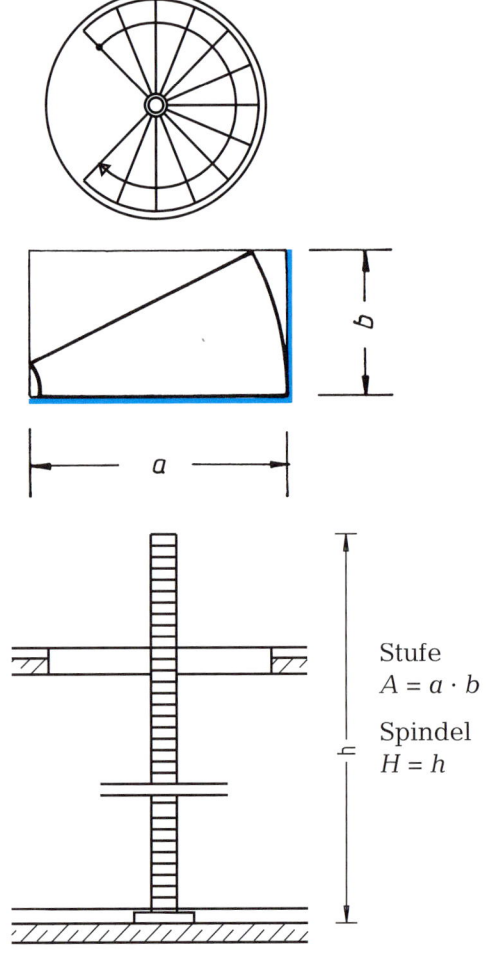

Stufe
$A = a \cdot b$

Spindel
$H = h$

Bild 14

Metallbauteile werden nach ihren Konstruktionsmaßen gerechnet.

5.1.2 Bei Abrechnung von Einzelbauteilen nach Flächenmaß (m²) gelten die Maße des kleinsten umschriebenen Rechtecks.

Bei Abrechnung von Einzelbauteilen, nicht von Wand- und Deckenbekleidungen, wird das kleinste umschriebene Rechteck zugrunde gelegt *(Bild 15 bis 18)*.

trapezförmige Teile

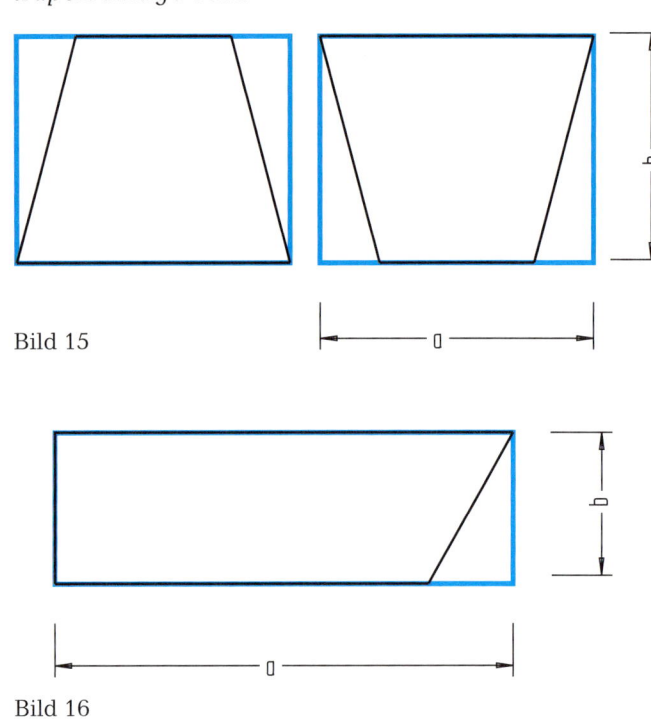

Bild 15

Bild 16

unregelmäßig geformte Teile

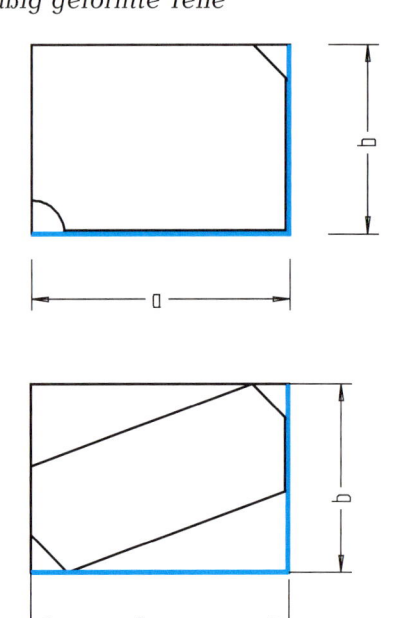

Bild 17

Bild 18

DIN 18360

5.1.3 Ganz oder teilweise bekleidete Leibungen von Öffnungen, Aussparungen und Nischen über 2,5 m² Einzelgröße werden gesondert gerechnet.

Leibungen gelten selbst dann als bekleidet, wenn sie in einer dem Abschnitt 3 entsprechenden Ausführungsart auch nur teilweise bekleidet sind.

Sie sind gesondert zu rechnen, wenn sie ganz oder teilweise bekleidet sind und wenn die dazugehörige Öffnung, Aussparung und Nische jeweils größer als 2,5 m² ist *(Bild 19 bis 21)*.

Die Abrechnung sollte möglichst unter Angabe der Tiefe nach Längenmaß erfolgen.

Die Tiefe der Leibung ist durch die Wanddicke begrenzt.

Ragt die Leibungsfläche über die Mauerdicke hinaus, so ist sie nicht als Leibungsfläche, sondern als bekleidete Wandfläche zu rechnen *(Bild 22)*.

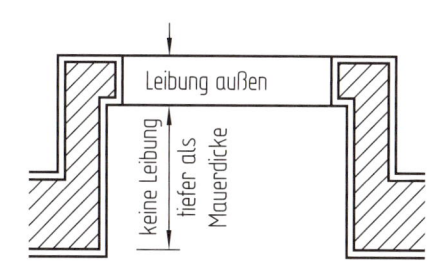

Bild 22

5.1.4 Rückflächen von Nischen werden unabhängig von ihrer Einzelgröße mit ihrem Maß gesondert gerechnet.

Nischen werden bis 2,5 m² Einzelgröße übermessen. Davon jedoch unabhängig werden Rückflächen von Nischen, falls sie bekleidet sind, zusätzlich gerechnet *(Bild 23)*.

Die Berechnung der Leibungen erfolgt gemäß Abschnitt 5.1.3.

Leibungen von Öffnungen

Bild 19

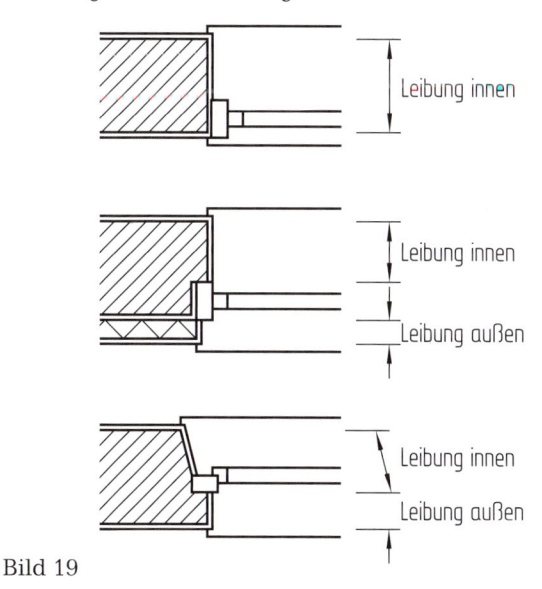

Leibungen von Aussparungen

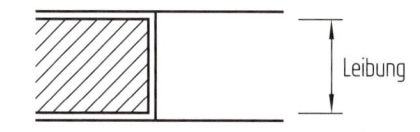

Bild 20

Leibungen von Nischen

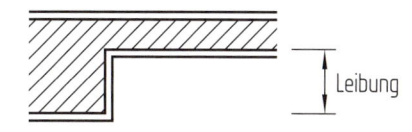

Bild 21

Nischenrückfläche

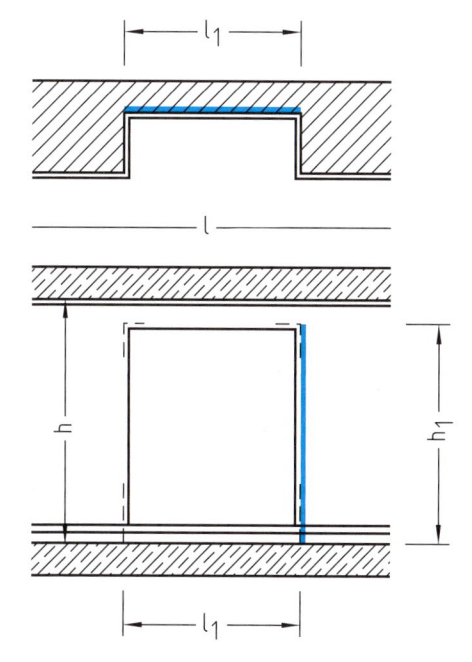

Bild 23

$A_{\text{Wand}} = l \cdot h + l_1 \cdot h_1$, falls $l_1 \cdot h_1 < 2{,}5\ m^2$

Die Leibungen bleiben unberücksichtigt.

5.1.5 Bei Abrechnung nach Längenmaß (m) wird die größte Länge zugrunde gelegt, auch bei schräg geschnittenen und ausgeklinkten Profilen. Bei gebogenen Profilen wird die äußere abgewickelte Länge zugrunde gelegt.

Bei Abrechnung nach Längenmaß wird die größte Länge der Profile zugrunde gelegt *(Bild 24 bis 26)*.

schräg geschnittene Profile

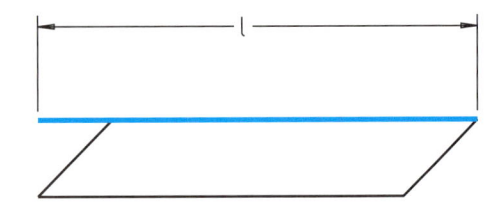

Bild 24

ausgeklinkte Profile

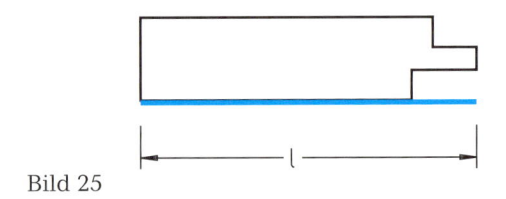

Bild 25

gebogene Profile

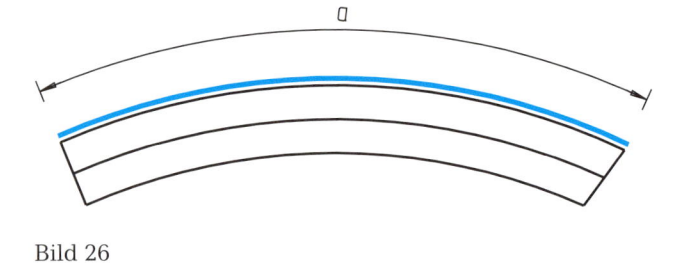

Bild 26

5.1.6 Bei Abrechnung nach Gewicht (kg) sind folgende Grundsätze anzuwenden:

5.1.6.1 Es sind anzusetzen:

- **bei genormten Profilen das Gewicht nach DIN-Normen,**
- **bei anderen Profilen das Gewicht aus den Profilbüchern der Hersteller,**
- **bei Blechen und Bändern**
  - **– aus Stahl   7,85 kg,**
  - **– aus Edelstahl   7,9 kg,**
  - **– aus Aluminium   2,7 kg,**
  - **– aus Kupfer, Messing 9 kg**

  je 1 m² Fläche und 1 mm Dicke,

- **bei Formstücken aus Stahl die Dichte von 7,85 kg/dm³ und bei solchen aus Gusseisen (Grauguss) die Dichte von 7,25 kg/dm³.**

5.1.6.2 Bei Kleineisenteilen bis 15 kg Einzelgewicht darf das Gewicht durch Wiegen ermittelt werden.

5.1.6.3 Verbindungsmittel, z. B. Schrauben, Niete, Schweißnähte, bleiben unberücksichtigt.

5.1.6.4 Bei verzinkten Stahlkonstruktionen werden den Gewichten 5 % für die Verzinkung zugeschlagen.

Die Regelung dieses Abschnittes entspricht grundsätzlich der der ATV DIN 18335 „Stahlbauarbeiten".

Dabei ist das Gewicht nach festgelegten Vorgaben zu berechnen.

Lediglich für Kleineisenteile bis 15 kg Eigengewicht kann das Gewicht durch Wiegen ermittelt werden.

Verbindungsmittel, wie Schrauben, Niete, Schweißnähte, bleiben grundsätzlich unberücksichtigt.

Für verzinkte Stahlkonstruktionen wird aus Gründen der Vereinfachung der Mehraufwand dafür mit dem einheitlichen Zuschlag von 5 % des berechneten Gewichtes abgegolten.

5.2 Es werden abgezogen:

5.2.1 Bei Abrechnung nach Flächenmaß (m²):

Öffnungen, Aussparungen und Nischen in Wänden und Decken über 2,5 m² Einzelgröße, in Böden über 0,5 m² Einzelgröße.

Öffnungen, Aussparungen und Nischen

Öffnungen sind funktional eigenständige, planmäßig angelegte, durch die gesamte Dicke eines Bauteils durchgehende, frei gelassene Räume für den dauernden Gebrauch, z. B. Fenster- und Türöffnungen.

Aussparungen sind planmäßig hergestellte Freiräume, die im fertigen Bauwerk nicht oder mit anderen Materialien abgedeckt sind.

Nischen sind planmäßig auf Dauer angelegte Freiräume der Wand- und Deckenfläche.

Abgezogen werden Öffnungen, Aussparungen und Nischen bei Abrechnung nach Flächenmaß in Wänden und Decken über 2,5 m² Einzelgröße, in Böden über 0,5 m² Einzelgröße *(Bild 27 und 28)*.

in Böden

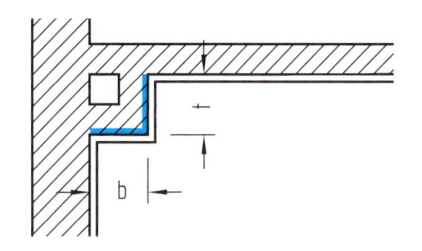

Bild 28

$A_{\text{Kaminvorsprung}} = b \cdot t < 0,5 \ m^2$; sie ist zu übermessen.

5.2.2 Bei Abrechnung nach Längenmaß (m):

Unterbrechungen über 1 m Einzellänge.

Die Übermessungsgröße bei Abrechnung nach Längenmaß ist bis 1 m Einzellänge festgelegt.

in Wänden

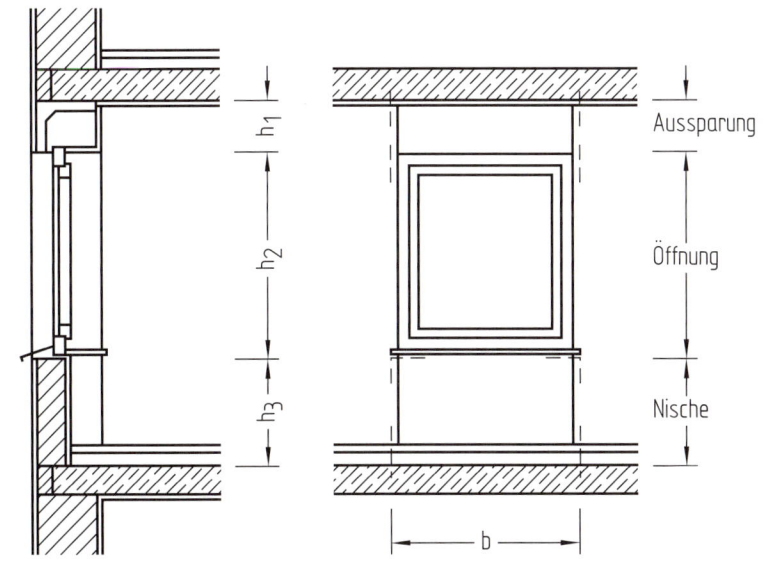

Bild 27

$A_{\text{Aussparung}} = b \cdot h_1 < 2,5 \ m^2$; sie ist zu übermessen.
$A_{\text{Öffnung}} = b \cdot h_2 > 2,5 \ m^2$; sie ist abzuziehen.
$A_{\text{Nische}} = b \cdot h_3 < 2,5 \ m^2$; sie ist zu übermessen.

Verglasungsarbeiten – DIN 18361

Ausgabe Dezember 2002

Geltungsbereich

Die ATV „Verglasungsarbeiten" – DIN 18361 – gilt für die Verglasung von Rahmenkonstruktionen, für Glaskonstruktionen und für die Montage von lichtdurchlässigen Kunststoffplatten.

Die ATV DIN 18361 gilt nicht für

– Beschlagarbeiten (siehe ATV DIN 18357 „Beschlagarbeiten"),

– Verarbeiten von Glassteinen (siehe ATV DIN 18330 „Mauerarbeiten"),

– Verlegen von Glasdachziegeln (siehe ATV DIN 18338 „Dachdeckungs- und Dachabdichtungsarbeiten"),

– hinterlüftete Außenwandbekleidungen (siehe ATV DIN 18351 „Fassadenarbeiten").

0.5 Abrechnungseinheiten

Im Leistungsverzeichnis sind die Abrechnungseinheiten wie folgt vorzusehen:

0.5.1 Flächenmaß (m^2), getrennt nach Glaserzeugnissen, Glasdicken und Scheibengrößen, für

- *Verglasungen von Fenstern, Türen, Fensterwänden und Glasfassaden,*
- *Überkopfverglasungen,*
- *Glaskonstruktionen,*
- *Blei-, Messing- und Leichtmetallverglasungen,*
- *Bearbeitung von Glasflächen,*
- *Beschichtung von Glasflächen,*
- *Spiegel,*
- *lichtdurchlässige Kunststoffplatten.*

0.5.2 Längenmaß (m), getrennt nach Glaserzeugnissen, Glasdicken und Scheibengrößen, für

- *Bearbeitung von Glaskanten,*
- *Abdichten von Glasanschlussfugen.*

0.5.3 Anzahl (Stück), getrennt nach Glaserzeugnissen, Glasdicken, Scheibengrößen und Größe des verglasten Bauteils, für

- *Verglasungen mit Mehrscheiben-Isolierglas,*
- *Verglasungen von Fenstern, Türen und Fensterwänden, Brüstungen und Umwehrungen,*
- *Überkopfverglasungen,*
- *betretbare/begehbare Gläser,*
- *Glaskonstruktionen,*
- *Blei-, Messing- und Leichtmetallverglasungen,*
- *Stabilisierungsstreifen aus Glas,*
- *lichtdurchlässige Kunststoffplatten,*
- *Ausschnitte, Bohrungen und Eckabrundungen, getrennt nach Maßen,*
- *Spiegel,*
- *Aquarien, Vitrinen, Duschkabinen.*

5 Abrechnung

Ergänzend zur ATV DIN 18299, Abschnitt 5, gilt:

5.1 Allgemeines

5.1.1 Bei Abrechnung nach Flächenmaß (m²) gilt:

Bei Ermittlung der ausgeführten Leistung werden die Scheiben einschließlich Glasfalzhöhe gemessen und die Maße auf Zentimeter aufgerundet, die durch 3 teilbar sind.

Scheiben unter 0,25 m² werden mit 0,25 m² gerechnet. Bei Mehrscheiben-Isolierglas werden Kantenlängen von mindestens 30 cm zugrunde gelegt. Bei vorgespannten Gläsern und Verbundsicherheitsgläsern werden Mindestflächen von 0,5 m² zu Grunde gelegt.

Bei Verglasungen mit Profilbauglas und lichtdurchlässigen Kunststoffplatten werden Sprossen und bewegliche Flügel übermessen.

Bei Blei-, Messing- und Leichtmetallverglasungen werden die Metallfassungen übermessen.

Bei nicht rechteckigen Scheiben wird mit den Maßen des kleinsten umschriebenen Rechtecks gerechnet.

5.1.2 Bei Abrechnung nach Anzahl (Stück) gilt:

Weicht die Größe der eingeglasten Scheiben von den in der Leistungsbeschreibung angegebenen Maßen für Breite und Höhe um weniger als 20 mm bei jedem dieser Maße ab, so werden die Abweichungen bei der Abrechnung nicht berücksichtigt.

Erläuterungen

0.5 Abrechnungseinheiten

Abschnitt 0.5 dient dazu, auf die üblichen und zweckmäßigen Abrechnungseinheiten für die jeweilige Teilleistung hinzuweisen. Bei Aufstellung der Leistungsbeschreibung ist die zutreffende Abrechnungseinheit festzulegen.

5 Abrechnung

Ergänzend zur ATV DIN 18299, Abschnitt 5, gilt:

Siehe Kommentierung zu Abschnitt 5 der ATV DIN 18299.

5.1 Allgemeines

5.1.1 Bei Abrechnung nach Flächenmaß (m²) gilt:

Bei Ermittlung der ausgeführten Leistung werden die Scheiben einschließlich Glasfalzhöhe gemessen und die Maße auf Zentimeter aufgerundet, die durch 3 teilbar sind.

Scheiben unter 0,25 m² werden mit 0,25 m² gerechnet. Bei Mehrscheiben-Isolierglas werden Kantenlängen von mindestens 30 cm zugrunde gelegt. Bei vorgespannten Gläsern und Verbundsicherheitsgläsern werden Mindestflächen von 0,5 m² zu Grunde gelegt.

Bei Verglasungen mit Profilbauglas und lichtdurchlässigen Kunststoffplatten werden Sprossen und bewegliche Flügel übermessen.

Bei Blei-, Messing- und Leichtmetallverglasungen werden die Metallfassungen übermessen.

Bei nicht rechteckigen Scheiben wird mit den Maßen des kleinsten umschriebenen Rechtecks gerechnet.

Bei Abrechnung nach Flächenmaß werden die Scheiben nach den Falzmaßen gemessen und die Breite und Höhe jeweils auf Zentimeter aufgerundet, die durch 3 teilbar sind *(Bild 1)*.

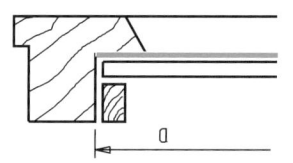

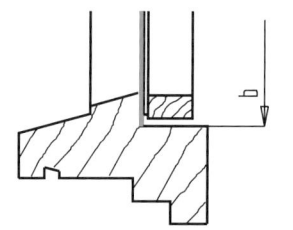

Aufmaß
a = 79 cm
b = 139 cm

Abrechnung
a = 81 cm
b = 141 cm

Bild 1

DIN 18361

Sind Scheiben kleiner als 0,25 m², so werden sie mit 0,25 m² abgerechnet.

Bei Mehrscheiben-Isolierglas gilt zur Vereinfachung die Mindestkantenlänge von 30 cm. Bei vorgespannten Gläsern und Verbundsicherheitsgläsern werden Mindestflächen von 0,5 m² zugrunde gelegt *(Bild 2)*.

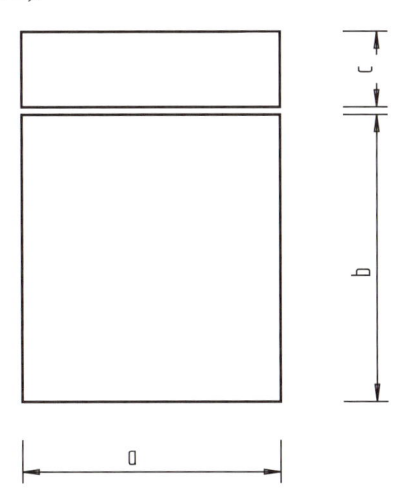

Bild 2

Aufmaß $a = 98\ cm$
                $b = 125\ cm$
                $c = 20\ cm$

Abrechnung $a = 99\ cm$
                       $b = 126\ cm$
                       $c = 21\ cm$

bei Mehrscheiben-Isolierglas $c = 30\ cm$

bei vorgespannten Gläsern und Verbundsicherheitsgläsern $c = 21\ cm$

Die zwei Glasscheiben sind unter Beachtung der Minimierungsgrenzen wie folgt abzurechnen:

Bei Verwendung von Flachglas:
$A_1 = 0{,}99\ m \cdot 1{,}26\ m = 1{,}25\ m^2$
$A_2 = 0{,}99\ m \cdot 0{,}21\ m = 0{,}21\ m^2 < 0{,}25\ m^2$

Zur Verrechnung kommen: $1{,}25\ m^2 + 0{,}25\ m^2$.

Bei Verwendung von Mehrscheiben-Isolierglas:
$A_1 = 0{,}99\ m \cdot 1{,}26\ m = 1{,}25\ m^2$
$A_2 = 0{,}99\ m \cdot 0{,}30\ m = 0{,}30\ m^2$

Zur Verrechnung kommen: $1{,}25\ m^2 + 0{,}30\ m^2$.

Bei Verwendung von vorgespannten Gläsern und Verbundsicherheitsgläsern:
$A_1 = 0{,}99\ m \cdot 1{,}26\ m = 1{,}25\ m^2$
$A_2 = 0{,}99\ m \cdot 0{,}21\ m = 0{,}21\ m^2 < 0{,}5\ m^2$

Zur Verrechnung kommen: $1{,}25\ m^2 + 0{,}5\ m^2$.

Bei Verglasungen mit Profilbauglas und lichtdurchlässigen Kunststoffplatten gilt zur Vereinfachung, dass Sprossen, gleich welcher Breite, und bewegliche Flügel übermessen werden *(Bild 3)*.

$A = a \cdot b$,

wobei sich a und b jeweils an den Glasfalzen orientieren.

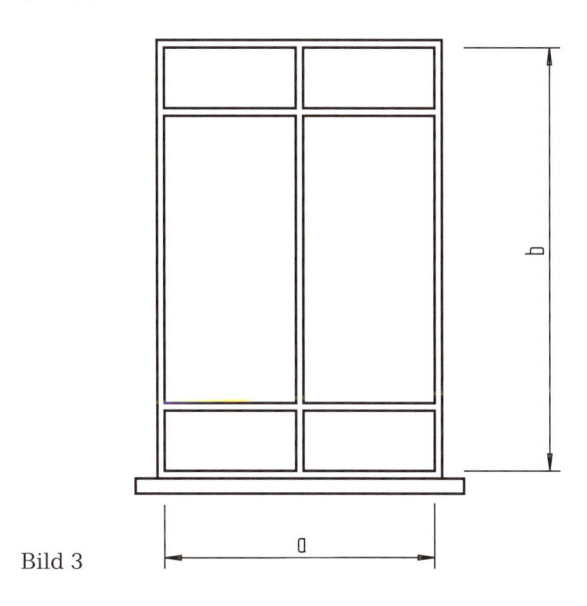

Bild 3

Blei-, Messing- und Leichtmetalleinfassungen werden unabhängig von ihrer Einzelbreite übermessen *(Bild 4)*.

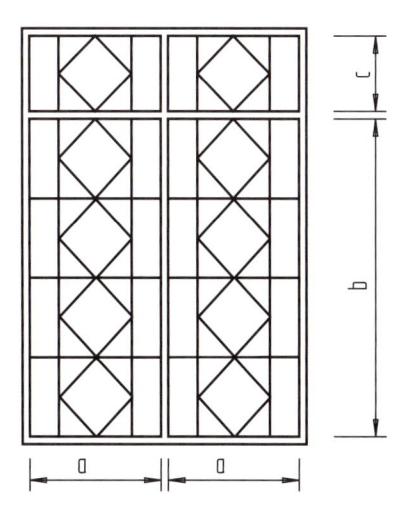

Bild 4

$A = (a \cdot b + a \cdot c) \cdot 2$

Die Maße a, b und c richten sich dabei nach den Falzmaßen.

Nicht rechteckige Scheiben werden jeweils nach den Maßen des kleinsten umschriebenen Rechtecks gerechnet *(Bild 5 bis 7)*.

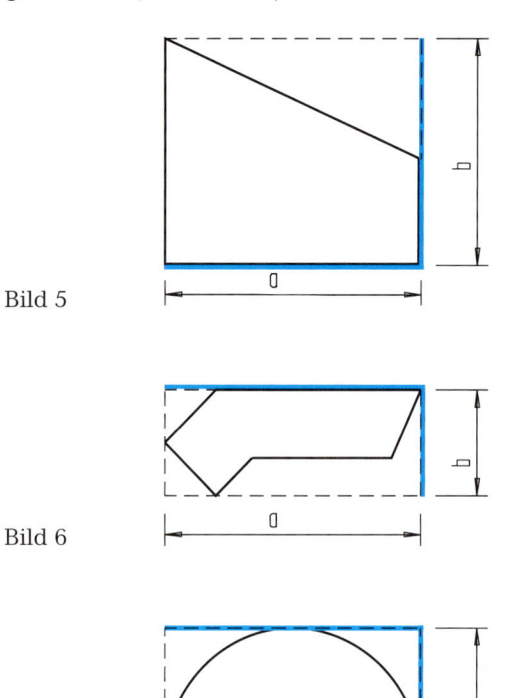

Bild 5

Bild 6

Bild 7

5.1.2 Bei Abrechnung nach Anzahl (Stück) gilt:

Weicht die Größe der eingeglasten Scheiben von den in der Leistungsbeschreibung angegebenen Maßen für Breite und Höhe um weniger als 20 mm bei jedem dieser Maße ab, so werden die Abweichungen bei der Abrechnung nicht berücksichtigt.

Bei Abrechnung nach Anzahl (Stück) werden Abweichungen von den in der Leistungsbeschreibung vorgegebenen Maßen für Breite und Höhe um weniger als 20 mm bei jedem dieser Maße nicht berücksichtigt, z. B.

Leistungs- beschreibung	erfasstes Maß	Abrechnung
0,79/1,39 cm	0,80/1,40 cm	0,79/1,39 cm
0,79/1,39 cm	0,80/1,42 cm	0,79/1,42 cm

DIN 18363

Maler- und Lackierarbeiten – DIN 18363

Ausgabe Dezember 2002

Geltungsbereich

Die ATV „Maler- und Lackierarbeiten" – DIN 18363 – gilt für die Oberflächenbehandlung von Bauten und Bauteilen mit Stoffen nach DIN 55945 „Lacke und Anstrichstoffe – Fachausdrücke und Definitionen für Beschichtungsstoffe und Beschichtungen – Weitere Begriffe und Definitionen zu DIN EN 971-1 sowie DIN EN ISO 4618-2 und DIN EN ISO 4618-3" und mit anderen Stoffen.

Die ATV DIN 18363 gilt nicht für

- das Beschichten und thermische Spritzen von Metallen an Konstruktionen aus Stahl oder Aluminium, die einer Festigkeitsberechnung oder bauaufsichtlichen Zulassung bedürfen (siehe ATV DIN 18364 „Korrosionsschutzarbeiten an Stahl- und Aluminiumbauten"),
- Beizen und Polieren von Holzteilen (siehe ATV DIN 18355 „Tischlerarbeiten"),
- Versiegeln von Parkett (siehe ATV DIN 18356 „Parkettarbeiten"),
- Versiegeln von Holzpflaster (siehe ATV DIN 18367 „Holzpflasterarbeiten") und
- Beschichten von Estrichen (siehe ATV DIN 18353 „Estricharbeiten").

0.5 Abrechnungseinheiten

Im Leistungsverzeichnis sind die Abrechnungseinheiten wie folgt vorzusehen:

0.5.1 *Flächenmaß (m^2), getrennt nach Bauart und Maßen, für*

- *Decken, Wände, Leibungen, Vorlagen, Unterzüge,*
- *Treppenuntersichten,*
- *Fußböden,*
- *Trennwände,*
- *Türen, Tore, Futter und Bekleidungen,*
- *Fenster, Rollläden, Fensterläden,*
- *Stahlteile,*
- *Stahlprofile und Rohre von mehr als 30 cm Abwicklung,*
- *Dachuntersichten, Dachüberstände,*
- *Sparren,*
- *Holzschalungen,*
- *Heizkörper,*
- *Gitter, Geländer, Zäune, Einfriedungen, Roste,*
- *Trapezbleche, Wellbleche,*
- *Blechdächer und dergleichen.*

0.5.2 *Längenmaß (m), getrennt nach Bauart und Maßen, für*

- *Leibungen,*
- *Treppenwangen,*
- *Leisten, Fußleisten,*
- *Deckenbalken, Fachwerke und dergleichen aus Holz oder Beton,*
- *Stahlprofile und Rohre bis 30 cm Abwicklung,*
- *Eckschutzschienen,*
- *Rollladenführungsschienen, Ausstellgestänge, Anschlagschienen,*
- *Dachrinnen,*
- *Fallrohre,*
- *Kehlen, Schneefanggitter,*
- *Straßenmarkierungen mit Angabe der Breite und dergleichen.*

0.5.3 *Anzahl (Stück), getrennt nach Bauart und Maßen, für*

- *Türen, Futter und Bekleidung,*
- *Fenster,*
- *Stahltürzargen,*

- *Gitter, Roste und Rahmen,*
- *Spülkasten,*
- *Heizkörperkonsolen und Halterungen,*
- *Sperrschieber, Flansche,*
- *Ventile,*

- *Motoren,*
- *Pumpen,*
- *Armaturen,*
- *Straßenmarkierungen (z. B. Richtungspfeile, Buchstaben) und dergleichen.*

5 Abrechnung

Ergänzend zur ATV DIN 18299, Abschnitt 5, gilt:

5.1 Allgemeines

5.1.1 Der Ermittlung der Leistung nach Zeichnungen sind zugrunde zu legen:
- auf Flächen ohne begrenzende Bauteile die Maße der ungeputzten, ungedämmten und nicht bekleideten Flächen,
- auf Flächen mit begrenzenden Bauteilen die Maße der zu behandelnden Flächen bis zu den sie begrenzenden, ungeputzten, ungedämmten bzw. nicht bekleideten Bauteilen, z.B. Oberfläche einer aufgeständerten Fußbodenkonstruktion, Unterfläche einer abgehängten Decke,
- bei Fassaden die Maße der Bekleidung.

5.1.2 Der Ermittlung der Leistung nach Aufmaß sind die Maße des fertigen Bauteils, der fertigen Öffnung und Aussparung zugrunde zu legen.

5.1.3 Die Wandhöhen überwölbter Räume werden bis zum Gewölbeanschnitt, die Wandhöhe der Schildwände bis zu $^2/_3$ des Gewölbestichs gerechnet.

5.1.4 Bei der Flächenermittlung von gewölbten Decken mit einer Stichhöhe unter $^1/_6$ der Spannweite wird die Fläche des überdeckten Raumes berechnet. Gewölbe mit größerer Stichhöhe werden nach der Fläche der abgewickelten Untersicht gerechnet.

5.1.5 In Decken, Wänden, Decken- und Wandbekleidungen, Vorsatzschalen, Dämmungen, Dächern und Außenwandbekleidungen werden Öffnungen, Aussparungen und Nischen bis zu 2,5 m^2 Einzelgröße übermessen.

5.1.6 Fußleisten, Sockelfliesen und dergleichen bis 10 cm Höhe werden übermessen.

5.1.7 Rückflächen von Nischen werden unabhängig von ihrer Einzelgröße mit ihrem Maß gesondert gerechnet.

5.1.8 Öffnungen, Nischen und Aussparungen werden, auch falls sie unmittelbar zusammenhängen, getrennt gerechnet.

5.1.9 Gesimse, Umrahmungen und Faschen von Füllungen oder Öffnungen werden beim Ermitteln der Fläche übermessen.

Gesimse und Umrahmungen werden unter Angabe der Höhe und Ausladung, bei Faschen der Abwicklung, zusätzlich gerechnet. Sie werden in ihrer größten Länge gemessen.

5.1.10 Ganz oder teilweise behandelte Leibungen von Öffnungen, Aussparungen und Nischen über 2,5 m^2 Einzelgröße werden gesondert gerechnet. Leibungen, die bei bündig versetzten Fenstern, Türen und dergleichen durch Dämmplatten entstehen, werden ebenso gerechnet.

5.1.11 Rahmen, Riegel, Ständer, Deckenbalken, Vorlagen und Fachwerksteile aus Holz, Beton oder Metall bis 30 cm Einzelbreite werden übermessen; deren Beschichtung in anderem Farbton oder anderer Technik wird zusätzlich gerechnet.

5.1.12 Fenster, Türen, Trennwände, Bekleidungen und dergleichen werden je beschichtete Seite nach Fläche gerechnet; Glasfüllungen, kunststoffbeschichtete Füllungen oder Füllungen aus Naturholz und dergleichen werden übermessen.

5.1.13 Bei Türen und Blockzargen über 60 mm Dicke sowie Futter und Bekleidungen von Türen und Fenstern, Stahltürzargen und dergleichen wird die abgewickelte Fläche gerechnet.

5.1.14 Treppenwangen werden in der größten Breite gerechnet.

5.1.15 Die Untersichten von Dächern und Dachüberständen mit sichtbaren Sparren werden in der Abwicklung gerechnet.

5.1.16 Fenstergitter, Scherengitter, Rollgitter, Roste, Zäune, Einfriedungen und Stabgeländer werden einseitig gerechnet.

5.1.17 Rohrgeländer werden nach Länge der Rohre und deren Durchmesser gerechnet.

5.1.18 Flächen von Profilen, Heizkörpern, Trapezblechen, Wellblechen und dergleichen werden, soweit Tabellen vorhanden sind, nach diesen gerechnet. Sind Tabellen nicht vorhanden, wird nach abgewickelter Fläche gerechnet.

5.1.19 Bei Rohrleitungen werden Schieber, Flansche und dergleichen übermessen; sie werden darüber hinaus gesondert gerechnet.

5.1.20 Werden Türen, Fenster, Rollläden und dergleichen nach Anzahl (Stück) gerechnet, bleiben Abweichungen von den vorgeschriebenen Maßen bis jeweils 5 cm in der Höhe und Breite sowie bis 3 cm in der Tiefe unberücksichtigt.

5.1.21 Dachrinnen werden am Wulst, Fallrohre unabhängig von ihrer Abwicklung im Außenbogen gemessen.

5.2 Es werden abgezogen:

5.2.1 Bei Abrechnung nach Flächenmaß (m²):

Öffnungen, Aussparungen und Nischen über 2,5 m² Einzelgröße, in Böden über 0,5 m² Einzelgröße.

5.2.2 Bei Abrechnung nach Längenmaß (m):

Unterbrechungen über 1 m Einzellänge.

Erläuterungen

0.5   Abrechnungseinheiten

Abschnitt 0.5 dient dazu, auf die üblichen und zweckmäßigen Abrechnungseinheiten für die jeweilige Teilleistung hinzuweisen. Bei Aufstellung der Leistungsbeschreibung ist die zutreffende Abrechnungseinheit festzulegen.

5   Abrechnung

Ergänzend zur ATV DIN 18299, Abschnitt 5, gilt:

Siehe Kommentierung zu Abschnitt 5 der ATV DIN 18299.

5.1   Allgemeines

5.1.1   Der Ermittlung der Leistung nach Zeichnungen sind zugrunde zu legen:

- **auf Flächen ohne begrenzende Bauteile die Maße der ungeputzten, ungedämmten und nicht bekleideten Flächen,**
- **auf Flächen mit begrenzenden Bauteilen die Maße der zu behandelnden Flächen bis zu den sie begrenzenden, ungeputzten, ungedämmten bzw. nicht bekleideten Bauteilen, z.B. Oberfläche einer aufgeständerten Fußbodenkonstruktion, Unterfläche einer abgehängten Decke,**
- **bei Fassaden die Maße der Bekleidung.**

Die ATV DIN 18363 unterscheidet im Gegensatz zu anderen ATV jeweils unterschiedliche Maße für die Ermittlung der Leistung

– nach Zeichnungen und
– nach Aufmaß.

Bei der Ermittlung der Leistung nach Zeichnung ist zu unterscheiden zwischen

– Arbeiten im Innenbereich und
– Arbeiten an Fassaden.

Für Arbeiten im Innenbereich bestimmen sich die Abrechnungsmaße

– auf Flächen ohne begrenzende Bauteile nach den Maßen der ungeputzten, ungedämmten und nicht bekleideten Flächen *(Bild 1 und 2)*.

– auf Flächen mit begrenzenden Bauteilen nach den Maßen der zu behandelnden Flächen bis zu den sie begrenzenden, ungeputzten, ungedämmten, nicht bekleideten Bauteilen, d.h. seitlich, oben und unten an ihrem Zusammenstoß mit anderen Bauteilen *(Bild 3 bis 7)*.

Begrenzende Bauteile im Sinne dieser Abrechnungsvorschrift sind z.B. Rohbauwände, Stützen, Rohdecken, Unterzüge, abgehängte Decken, aufgeständerte Fußbodenkonstruktionen. Nicht darunter fallen dagegen Einbauteile, wie Verkleidungen von Schächten, Einbauschränke.

Für Arbeiten an Fassaden bestimmen sich die Abrechnungsmaße nach der fertigen Leistung. Der Abrechnung werden also die Maße der fertig erbrachten Leistung zugrunde gelegt *(Bild 9 bis 13)*.

Für Arbeiten im Innenbereich gilt:

Abrechnungsmaße im Innenbereich

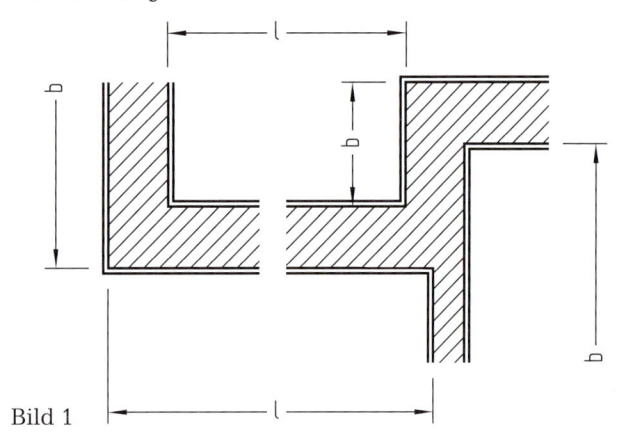

Bild 1

Flächen ohne begrenzende Bauteile in der Länge und Breite

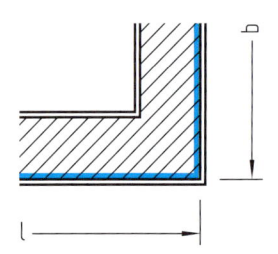

Bild 2

Flächen mit begrenzenden Bauteilen in der Länge und Breite

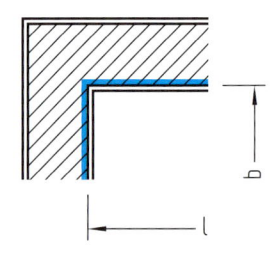

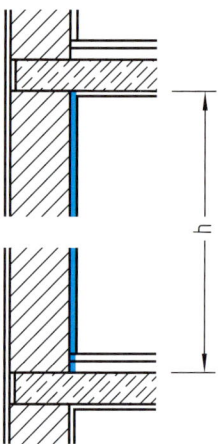

Bild 3

Flächen mit begrenzenden Bauteilen in der Höhe

Bild 4

Die Höhe beschichteter Wandflächen ermittelt sich von der Oberfläche Rohdecke bis zur Unterfläche Rohdecke.

Als Rohdecke-Ober- und Rohdecke-Unterfläche gelten:

- bei Betondecken die vom Auftragnehmer der Betonarbeiten horizontal abgeglichene Ober- bzw. Unterfläche der Betondecke *(Bild 5)*,

- bei Holzgebälk die Ober- bzw. Unterkante der Balken *(Bild 6)*,

- bei aufgeständerten Fußbodenkonstruktionen die Oberfläche der aufgeständerten Fußbodenkonstruktion *(Bild 7)*,

- bei abgehängten Decken die Unterfläche der abgehängten Deckenkonstruktion *(Bild 7)*.

Betondecke

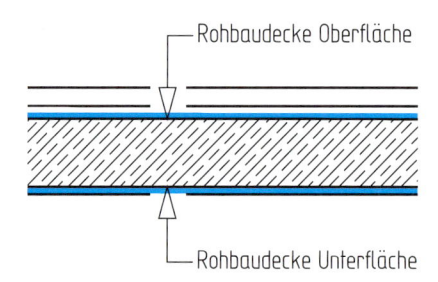

Bild 5

Holzbalkendecke

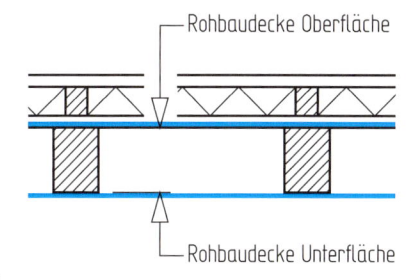

Bild 6

aufgeständerte Fußbodenkonstruktion bzw. abgehängte Decke

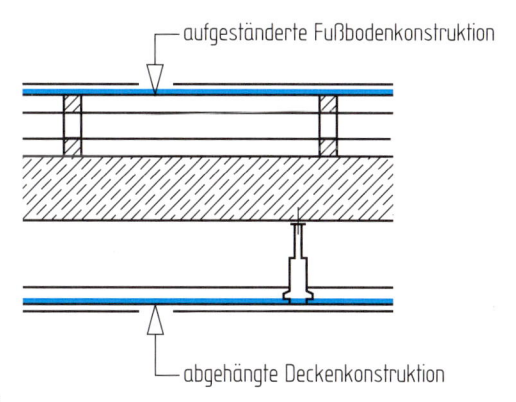

Bild 7

Aufgeständerte Fußbodenkonstruktionen und abgehängte Decken bilden aufgrund der Bestimmung dieses Abschnittes begrenzende Bauteile. Die Höhe der zu beschichtenden Wandflächen ermittelt sich deshalb bis zu den unbekleideten Bauteilen der aufgeständerten Fußbodenkonstruktion bzw. der abgehängten Decke. Bei abgehängten Decken, die nicht unmittelbar an die Wände anschließen, ermittelt sich die Höhe der zu beschichtenden Wand bis zur Unterfläche Rohdecke *(Bild 8)*.

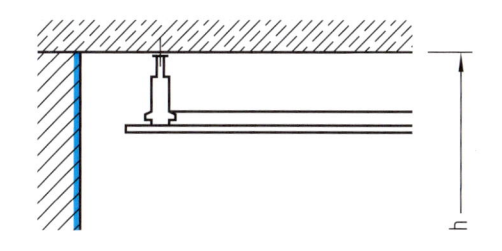

Bild 8

Für Arbeiten an Fassaden gilt:

in der Länge und Breite

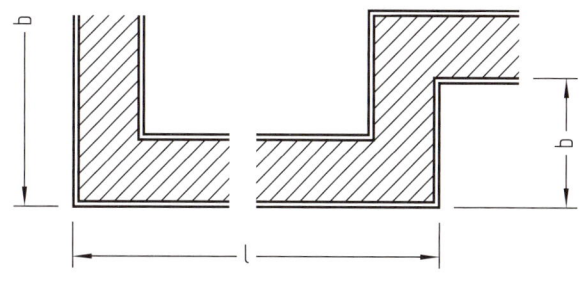

Bild 9

in der Höhe

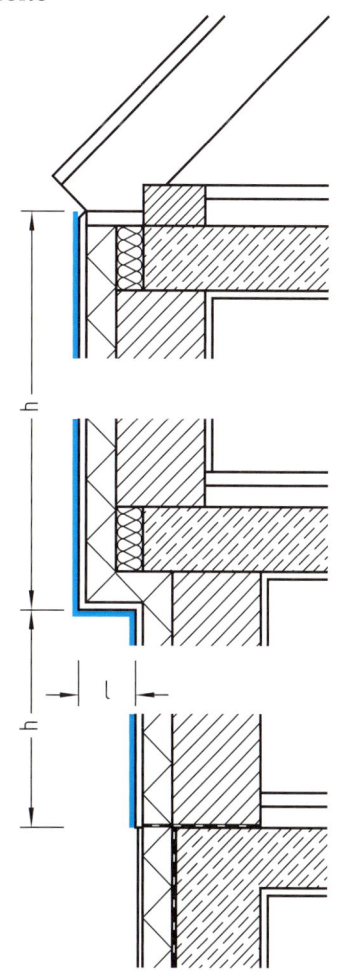

Bild 10

Außenecke

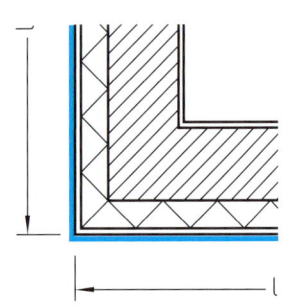

Bild 11

Innenecke

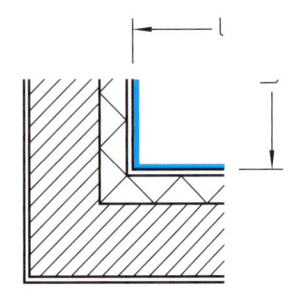

Bild 12

Stütze

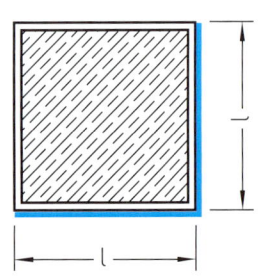

Bild 13

Außenbeschichtungen werden nach den Maßen der erbrachten Leistung gemessen. Leistungen, die miteinander im Zusammenhang stehen und gleiche Flächen betreffen, z. B. Untergrundvorbehandlungen, Unterlagsstoffe sowie Dämmschichten aus Wärmedämm-Verbundsystemen, werden selbst dann, wenn sie die Leistungsbeschreibung in getrennten Positionen vorgibt, mit den Maßen der fertigen Leistung gemessen.

5.1.2 Der Ermittlung der Leistung nach Aufmaß sind die Maße des fertigen Bauteils, der fertigen Öffnung und Aussparung zugrunde zu legen.

Die Abrechnungsregelungen des Abschnittes 5.1.2 betreffen Leistungen, die, da keine Zeichnungen vorhanden sind oder keine, die diesen Leistungen entsprechen, aufzumessen sind.

Dabei sind die Maße des fertigen Bauteils, der fertigen Öffnung und Aussparung zugrunde zu legen. Dies trifft insbesondere zu bei Überholungs- und Erneuerungsbeschichtungen.

Fertigmaße sind die Maße der erbrachten Leistung. Bei der Ermittlung der Fertigmaße gelten die Bestimmungen der nun folgenden Abschnitte sinngemäß.

Ob nach bestimmten Zeichnungen oder nach Aufmaß abgerechnet werden soll, muss bereits in der Leistungsbeschreibung zum Ausdruck kommen, um dies bei der Preisermittlung entsprechend berücksichtigen zu können. Nachträgliche Änderungen der Aufmaßbestimmungen haben in der Regel neue Preise zur Folge.

5.1.3 Die Wandhöhen überwölbter Räume werden bis zum Gewölbeanschnitt, die Wandhöhe der Schildwände bis zu $2/3$ des Gewölbestichs gerechnet.

Die Wandhöhen überwölbter Räume – Seiten- und Schildwände – werden grundsätzlich den Abrechnungsregelungen der Abschnitte 5.1.1 bzw. 5.1.2 entsprechend ermittelt. Danach ist bei Wänden ohne begrenzende Bauteile die Höhe der zu bekleidenden Wand, bei Wänden mit begrenzenden Bauteilen die Höhe der zu bekleidenden Wand bis zum begrenzenden, unbekleideten Bauteil maßgebend.

Daneben gilt: Die Höhe der Seitenwand ist bis zum Gewölbeanschnitt und die Höhe der Schildwand bis zum Scheitel des Gewölbes, reduziert um $1/3$ des Gewölbestiches, zu rechnen *(Bild 14)*.

DIN 18363

Wandhöhen überwölbter Räume

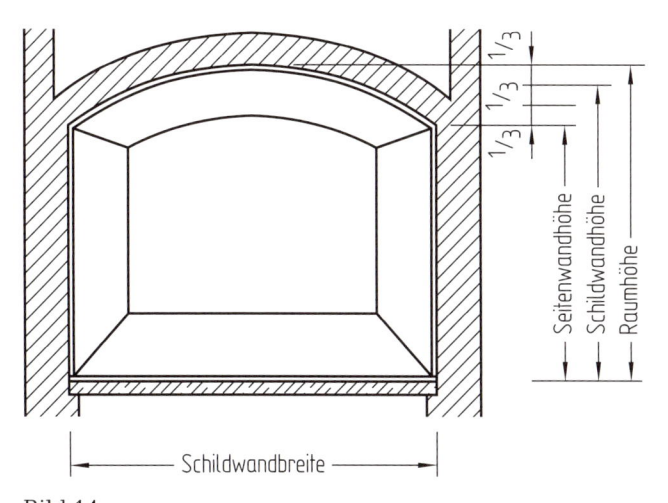

Bild 14

5.1.4 Bei der Flächenermittlung von gewölbten Decken mit einer Stichhöhe unter ¹/₆ der Spannweite wird die Fläche des überdeckten Raumes berechnet. Gewölbe mit größerer Stichhöhe werden nach der Fläche der abgewickelten Untersicht gerechnet.

Gewölbe mit einer Stichhöhe unter ¹/₆ der Spannweite werden bei Abrechnung nach Flächenmaß nach der Fläche des überdeckten Raumes gerechnet; Gewölbe mit größerer Stichhöhe nach der Fläche der abgewickelten Untersicht *(Bild 15)*.

Aufmaß gewölbter Decken

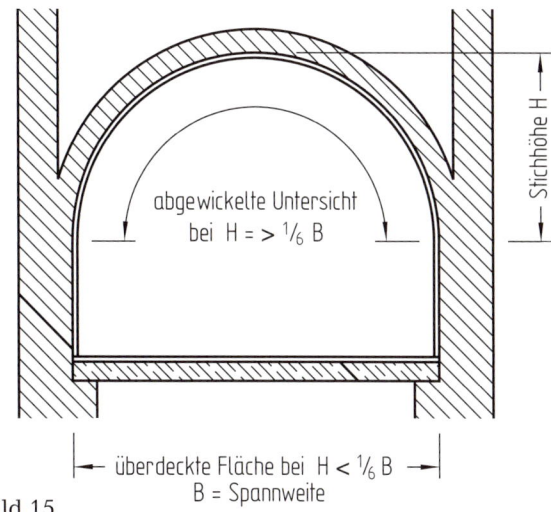

Bild 15

Abgewickelte Untersicht bei $H > {}^1/_6\,B$

$A_{\text{abgewickelte Untersicht}} = B \cdot {}^1/_2 \cdot 3{,}14 \cdot L$

Überdeckte Fläche bei $H < {}^1/_6\,B$

$A_{\text{überdeckte Fläche}} = B \cdot L$

5.1.5 In Decken, Wänden, Decken- und Wandbekleidungen, Vorsatzschalen, Dämmungen, Dächern und Außenwandbekleidungen werden Öffnungen, Aussparungen und Nischen bis zu 2,5 m² Einzelgröße übermessen.

Öffnungen, Aussparungen und Nischen

Öffnungen, Aussparungen und Nischen sind gemäß Abschnitt 5.1.1 bzw. 5.1.2 zu messen *(Bild 16)*.

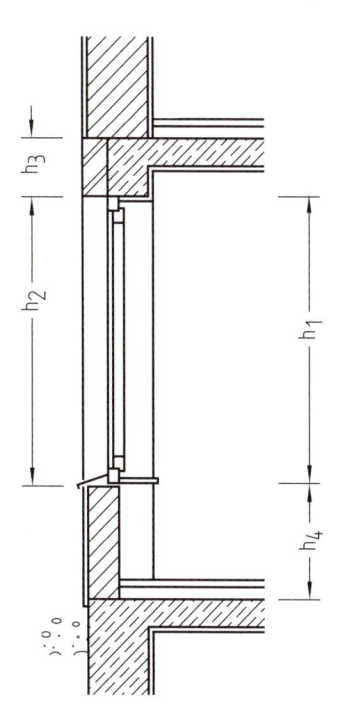

Bild 16

$A_{\text{Aussparung}} = l \cdot h_3 < 2{,}5\ m^2$; sie ist zu übermessen.
$A_{\text{Nische}} = b \cdot h_4 < 2{,}5\ m^2$; sie ist zu übermessen.

$A_{\text{Öffnung innen}} = b \cdot h_1 > 2{,}5\ m^2$; sie ist abzuziehen.
$A_{\text{Öffnung außen}} = b \cdot h_2 > 2{,}5\ m^2$; sie ist abzuziehen.

Ganz oder teilweise behandelte Leibungen von Öffnungen, Aussparungen und Nischen über 2,5 m² Einzelgröße werden gemäß Abschnitt 5.1.10 gesondert gerechnet.

Die Rückfläche der Nische wird gemäß Abschnitt 5.1.7 mit ihrem Maß gesondert gerechnet.

Öffnungen

Öffnungen sind funktional eigenständige, planmäßig angelegte, durch die gesamte Dicke eines Bauteils durchgehende, frei gelassene Räume für den dauernden Gebrauch, z.B. Fenster- und Türöffnungen, auch geschosshohe Durchgänge.

Öffnungen setzen das Vorhandensein von Stürzen nicht voraus. Begrenzende Bauteile sind – auch bei geschosshohen Durchgängen – die seitlichen Rohbauwände und die Unterfläche Rohbaudecke *(Bild 17 bis 21)*.

Wand mit geschosshohem mittigem Durchgang

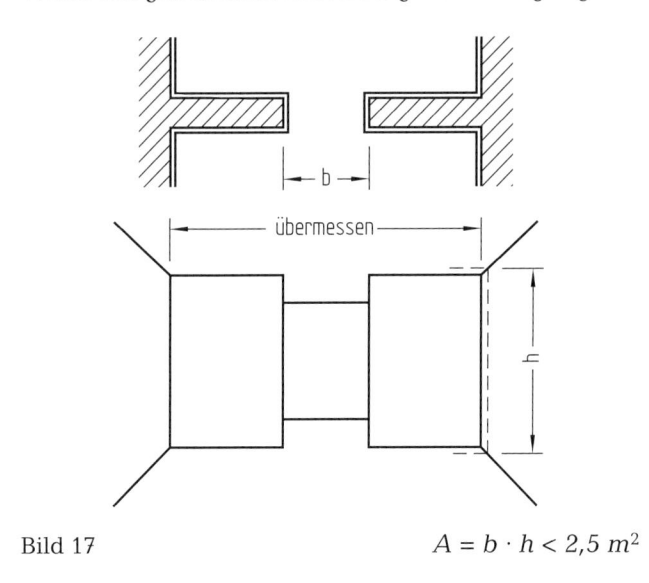

Bild 17 $A = b \cdot h < 2{,}5\ m^2$

Wand mit Oberlicht und geschosshohem Durchgang

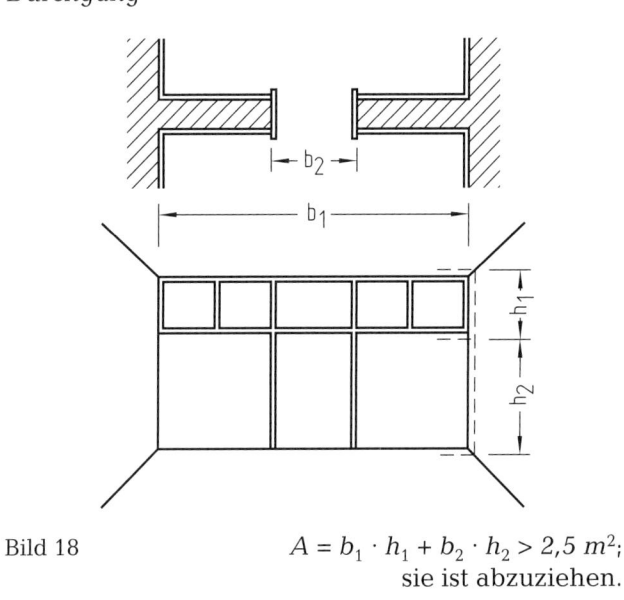

Bild 18 $A = b_1 \cdot h_1 + b_2 \cdot h_2 > 2{,}5\ m^2$; sie ist abzuziehen.

Öffnungen werden je Raum bei Ermittlung der Beschichtungsfläche getrennt gemessen und bis zu $2{,}5\ m^2$ Einzelgröße übermessen bzw. über $2{,}5\ m^2$ Einzelgröße gemäß Abschnitt 5.2.1 abgezogen.

Öffnungen übereck werden ebenso je Wand gerechnet *(Bild 19)*.

Öffnung übereck

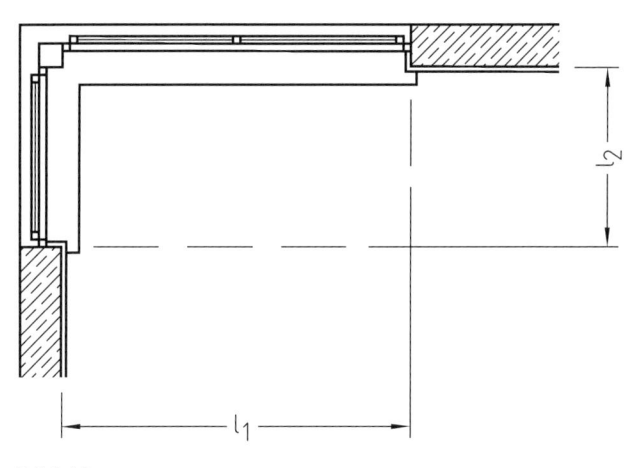

Bild 19

Auch über mehrere Wandflächen zusammenhängende Öffnungen werden je Wandfläche getrennt gerechnet *(Bild 20)*.

Öffnung über mehrere Wandflächen zusammenhängend

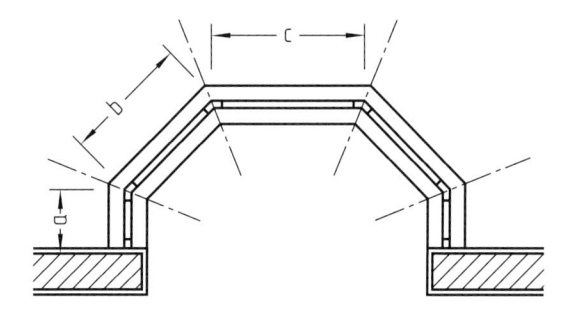

Bild 20

Liegen Öffnungen in Flächen mit verschiedenen Beschichtungsarten, so wird bei Ermittlung der Öffnungsgröße die der jeweiligen Beschichtungsart anteilig zugehörige Fläche gerechnet *(Bild 21)*.

DIN 18363

Öffnung in unterschiedlichen Beschichtungsarten

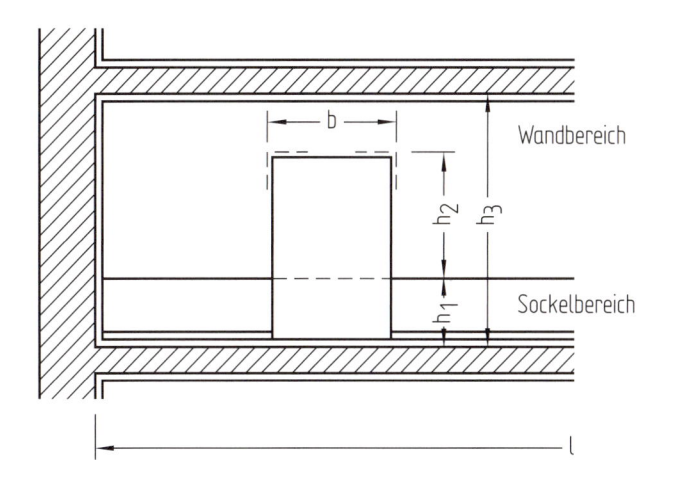

Bild 21

$A_{\text{Öffnung Wandbereich}} = b \cdot h_2$
$A_{\text{Öffnung Sockelbereich}} = b \cdot h_1$

Aussparungen

Aussparungen sind planmäßig hergestellte Freiräume, z.B. zur Aufnahme von Bauteilen, technischen Anlagen, Leitungen, Rohren, die im fertigen Bauwerk entweder offen oder mit anderen Materialien abgedeckt sind.

Aussparungen sind Teilflächen, die unbehandelt sichtbar bleiben und/oder mit anderen Materialien bekleidet sind, z.B. Fliesen, Naturwerkstein. Sie werden bis zu 2,5 m² Einzelgröße übermessen bzw. über 2,5 m² Einzelgröße gemäß Abschnitt 5.2.1 abgezogen *(Bild 22 bis 25)*.

Aussparung Fliesenbelag

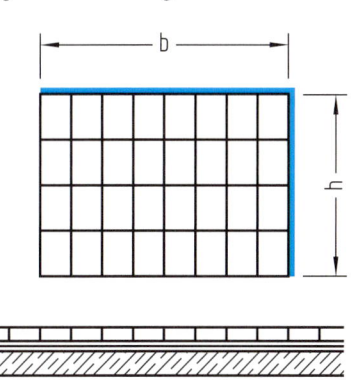

Bild 22

$A_{\text{Fliesenbelag}} = b \cdot h$

Aussparung Natursteingesims

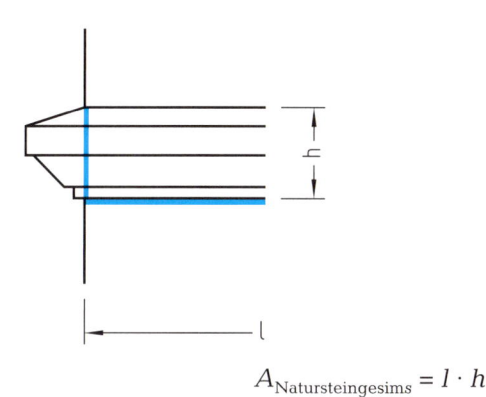

Bild 23

$A_{\text{Natursteingesims}} = l \cdot h$

Aussparung in Decken – Pfeilervorlage

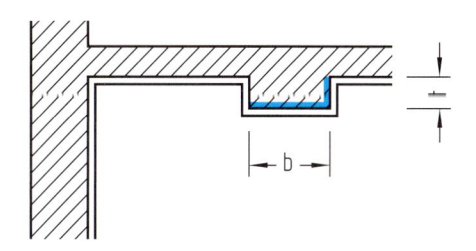

Bild 24

$A_{\text{Pfeilervorlage}} = b \cdot t$

Aussparung in Decken – Kamin

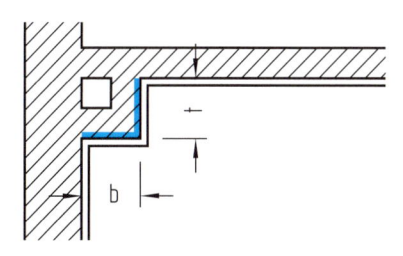

Bild 25

$A_{\text{Kamin}} = b \cdot t$

Nischen

Nischen sind planmäßig auf Dauer angelegte Freiräume, die das Bauteil nicht durchdringen und zur Gliederung der Wandfläche oder zur Aufnahme von Schränken, Heizkörpern u. Ä. dienen. Die obere und untere Begrenzung kann durch die Decke bzw. durch den Fußboden gebildet sein.

Nischen werden bis zu 2,5 m² Einzelgröße übermessen bzw. über 2,5 m² Einzelgröße gemäß Abschnitt 5.2.1 abgezogen *(Bild 26)*.

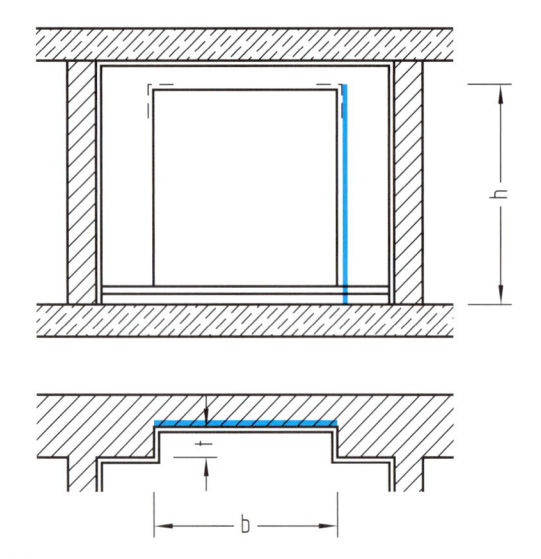

Bild 26

Nischen übereck werden ebenso wie Öffnungen je Wand gesondert gerechnet *(Bild 19 und 20)*.

Zusammenfassend ist in Verbindung mit den Abschnitten 5.1.7 und 5.1.10 beispielhaft festzustellen:

– Nischen bis zu 2,5 m² Einzelgröße:
  Die Nische wird übermessen. Die Leibungen, gleichgültig ob ganz oder teilweise behandelt oder nicht, bleiben unberücksichtigt. Die Rückfläche der Nische ist, soweit behandelt, unabhängig von ihrer Größe zusätzlich zu rechnen.

– Nischen über 2,5 m² Einzelgröße:
  Die Nische wird abgezogen. Die Leibungen, soweit ganz oder teilweise behandelt, werden gesondert gerechnet. Die Rückfläche der Nische ist, soweit behandelt, zusätzlich zu rechnen.

– Nischen mit Öffnung jeweils bis 2,5 m² Einzelgröße:
  Nische und Öffnung werden übermessen. Die Leibungen bleiben unberücksichtigt. Die Rückfläche der Nische ist, soweit behandelt, zu rechnen.

– Nischen über 2,5 m² Einzelgröße mit Öffnung bis zu 2,5 m² Einzelgröße:
  Die Nische wird abgezogen, die Öffnung übermessen. Die Leibungen der Nische werden, soweit ganz oder teilweise behandelt, gesondert gerechnet, die der Öffnung bleiben unberücksichtigt. Die Rückfläche der Nische ist, soweit behandelt, zu rechnen.

– Nischen mit Öffnung jeweils über 2,5 m² Einzelgröße:
  Nische und Öffnung werden abgezogen. Die Leibungen der Nische und der Öffnung werden, soweit ganz oder teilweise behandelt, gesondert gerechnet. Die Rückfläche der Nische ist, soweit behandelt, zusätzlich zu rechnen.

5.1.6 Fußleisten, Sockelfliesen und dergleichen bis 10 cm Höhe werden übermessen.

Entscheidend hierfür ist die sichtbare Höhe der Fußleiste oder Sockelfliese, nicht der Abstand der Fußleisten- oder Sockelfliesenoberkante von der Oberfläche Rohdecke *(Bild 27 und 28)*.

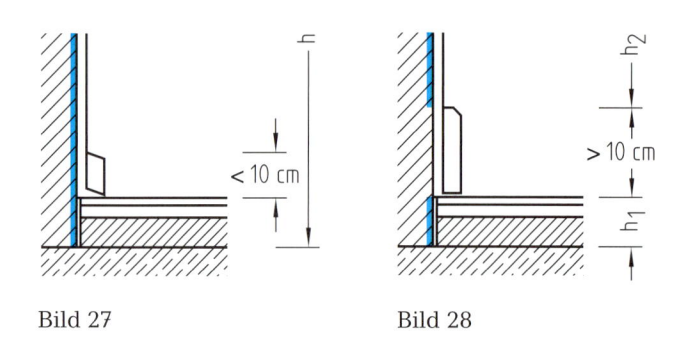

Bild 27   Bild 28

Bei Fußleisten und Sockelfliesen von mehr als 10 cm Höhe ist demnach die Höhe der zu beschichtenden Wand, die gemäß Abschnitt 5.1.1 von Oberfläche Rohdecke bis Unterfläche Rohdecke zählt, um das Maß der sichtbaren Fußleiste bzw. Sockelfliese zu reduzieren.

5.1.7 Rückflächen von Nischen werden unabhängig von ihrer Einzelgröße mit ihrem Maß gesondert gerechnet.

Nischen werden gemäß Abschnitt 5.1.5 bis zu 2,5 m² Einzelgröße übermessen.

Darüber hinaus wird, unabhängig von der Einzelgröße der Nische, deren Rückfläche, falls sie wie die Wandfläche selbst oder in anderer Weise zu behandeln ist, stets gesondert gerechnet *(Bild 29)*. Dabei spielt es keine Rolle, ob die Leibungen ganz, teilweise oder gar nicht zu behandeln sind (siehe in diesem Zusammenhang auch Abschnitte 5.1.5 und 5.1.10, insbesondere die beispielhafte Zusammenfassung nach *Bild 26*).

Nischenrückfläche

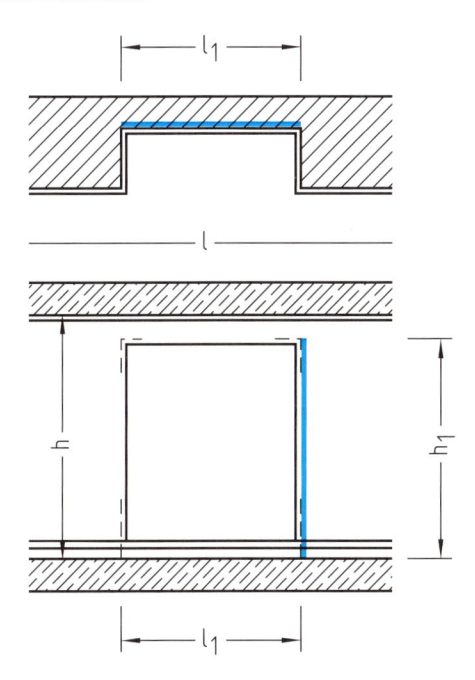

Bild 29

$A_{\text{Wand}} = l \cdot h + l_1 \cdot h_1$, falls $l_1 \cdot h_1 < 2{,}5\ m^2$

Die Leibungen bleiben unberücksichtigt.

5.1.8 Öffnungen, Nischen und Aussparungen werden, auch falls sie unmittelbar zusammenhängen, getrennt gerechnet.

Grenzen Öffnungen, Nischen und Aussparungen unmittelbar aneinander, so sind Öffnungen, Nischen und Aussparungen zur Beurteilung der Übermessungsgrößen getrennt zu rechnen *(Bild 30)*.

Öffnungen, Nischen, Aussparungen

Im Zusammenhang mit der Begriffsdefinition „Öffnung, Nische, Aussparung" siehe Abschnitt 5.1.5.

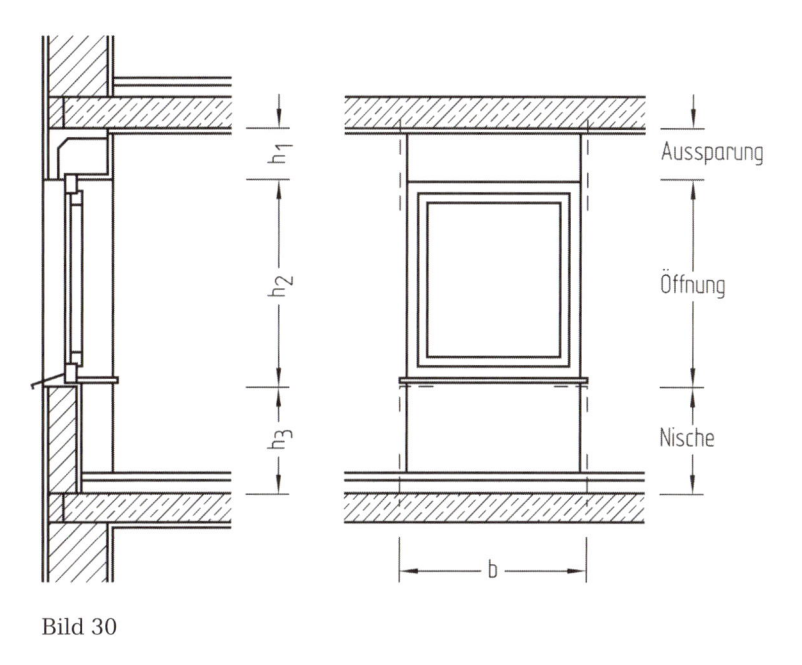

Bild 30

$A_{\text{Aussparung}} = b \cdot h_1 < 2{,}5\ m^2$; sie ist zu übermessen.

$A_{\text{Öffnung}} = b \cdot h_2 > 2{,}5\ m^2$; sie ist abzuziehen.

Die Leibungen sind gemäß Abschnitt 5.1.10 gesondert zu rechnen.

$A_{\text{Nische}} = b \cdot h_3 < 2{,}5\ m^2$; sie ist zu übermessen.

Die Leibungen bleiben gemäß Abschnitt 5.1.10 unberücksichtigt. Die Rückfläche ist gemäß Abschnitt 5.1.7 gesondert zu rechnen.

Balkontür-Fenster-Kombination (sog. Bockfenster)

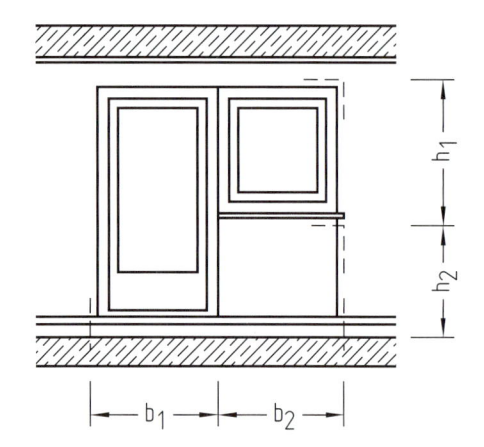

Bild 31

Hängen Tür und Fenster unmittelbar miteinander zusammen, gelten sie als eine Öffnung.

$A_{\text{Öffnung}} = b_1 \cdot (h_1 + h_2) + b_2 \cdot h_1 > 2{,}5\ m^2;$
sie ist abzuziehen.

$A_{\text{Nische}} = b_2 \cdot h_2 < 2{,}5\ m^2;$
sie ist zu übermessen.

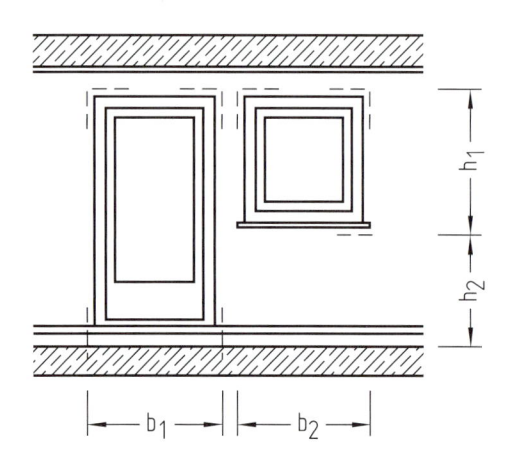

Bild 32

Sind Tür und Fenster konstruktiv durch Mauerwerk oder andere Bauteile getrennt, gelten sie jeweils als eine Öffnung.

$A_{\text{Türöffnung}} = b_1 \cdot (h_1 + h_2) < 2{,}5\ m^2;$
sie ist zu übermessen.

$A_{\text{Fensteröffnung}} = b_2 \cdot h_1 < 2{,}5\ m^2;$
sie ist zu übermessen.

$A_{\text{Nische}} = b_2 \cdot h_2 < 2{,}5\ m^2;$
sie ist zu übermessen.

5.1.9 Gesimse, Umrahmungen und Faschen von Füllungen oder Öffnungen werden beim Ermitteln der Fläche übermessen.

Gesimse und Umrahmungen werden unter Angabe der Höhe und Ausladung, bei Faschen der Abwicklung, zusätzlich gerechnet. Sie werden in ihrer größten Länge gemessen.

Gesimse, Gurtgesimse auf Fassadenflächen, Tür- und Fensterumrahmungen, Faschen u. Ä. werden, soweit sie im Zusammenhang mit Erst-, Überholungs- oder Erneuerungsbeschichtungen behandelt werden, übermessen.

Gesimse und Umrahmungen werden bei Abrechnung nach Längenmaß zusätzlich unter Angabe der Höhe und Ausladung, Faschen unter Angabe der Abwicklung, in ihrer größten Länge gemessen *(Bild 33 bis 35)*.

Gesimse

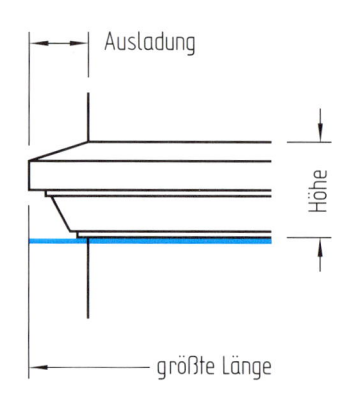

Bild 33

Umrahmungen

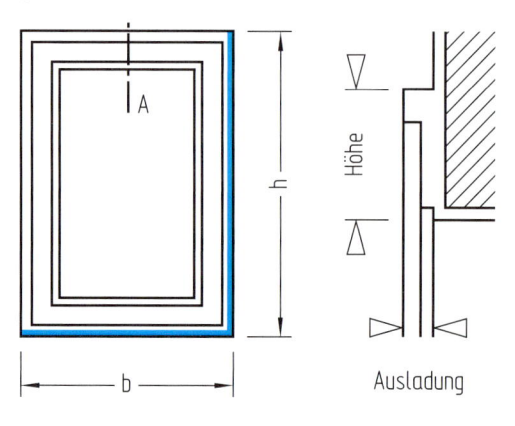

Bild 34   größte Länge = $2 \cdot (b + h)$

DIN 18363

Faschen

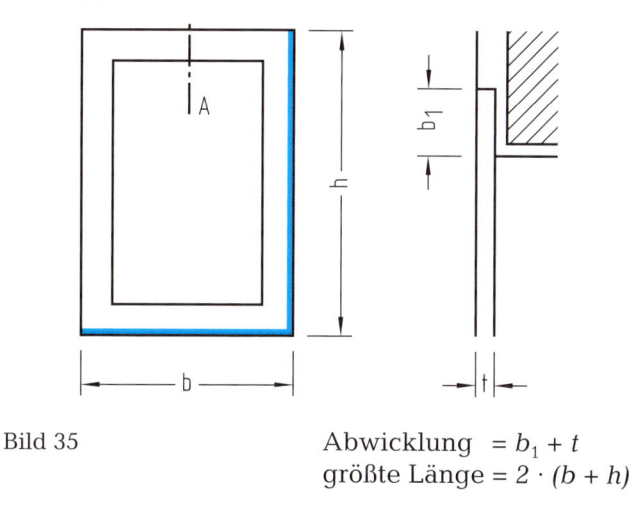

Bild 35

Abwicklung $= b_1 + t$
größte Länge $= 2 \cdot (b + h)$

5.1.10 Ganz oder teilweise behandelte Leibungen von Öffnungen, Aussparungen und Nischen über 2,5 m² Einzelgröße werden gesondert gerechnet. Leibungen, die bei bündig versetzten Fenstern, Türen und dergleichen durch Dämmplatten entstehen, werden ebenso gerechnet.

Leibungen von Öffnungen, Aussparungen und Nischen sind als solche einzuordnen, wenn sie innerhalb des Bauteils liegen. Die Leibungsfläche muss also grundsätzlich innerhalb der Mauerdicke liegen. Ragt die Leibungsfläche über das Bauteil hinaus, ist sie als Teil der Wand zu behandeln *(Bild 36)*.

Definition der Leibung

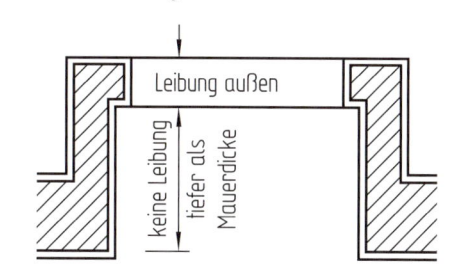

Bild 36

Leibungen werden nur dann gesondert gerechnet, wenn sie ganz oder teilweise beschichtet sind und wenn die dazugehörige Öffnung, Aussparung und Nische jeweils größer als 2,5 m² ist (siehe in diesem Zusammenhang auch Abschnitte 5.1.5 und 5.1.7, insbesondere die beispielhafte Zusammenfassung nach *Bild 26*).

Die Abrechnung erfolgt gemäß Abschnitt 0.5.2 nach Längenmaß.

Im Interesse einer eindeutigen und zuverlässigen Preiskalkulation und Abrechnung ist dringend zu empfehlen, im Bauvertrag getrennt nach Leibungstiefe gesonderte Positionen dafür vorzusehen. Dies gilt insbesondere für übergroße Leibungen, deren Fläche die der Öffnung, Aussparung oder Nische übertrifft.

Leibungen von Öffnungen

Bild 37

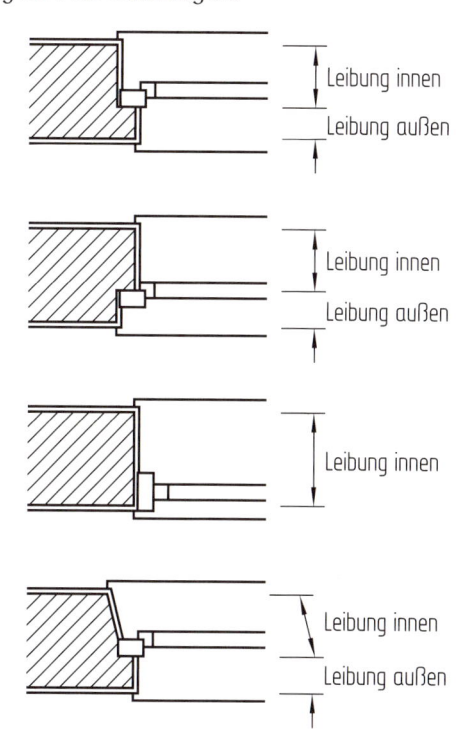

Leibungen von Aussparungen

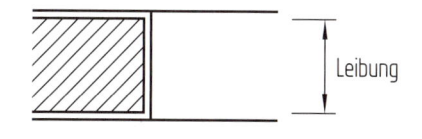

Bild 38

Leibungen von Nischen

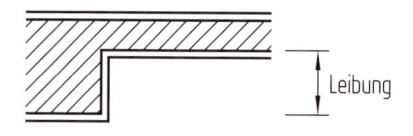

Bild 39

Soweit Vorsprünge bei vormals bündig eingebauten Fenstern, Türen und dergleichen nachträglich durch Aufbringen von Dämmungen, z. B. Wärmedämm-Verbundsystem, entstehen, entsteht eine neue Leibung an der Außenfläche *(Bild 40).*

Leibung

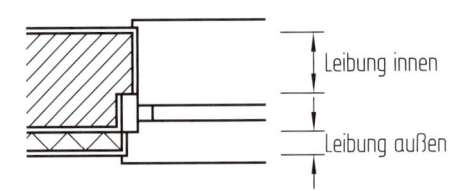

Bild 40

Sind Rahmen, Riegel, Ständer einer Fachwerkwand anders als die Zwischenfelder behandelt, sind zur gesamten Wandfläche zusätzlich die z. B. sichtbaren Ständer in ihrer Fläche oder Länge zu rechnen *(Bild 42).*

Fachwerkwand

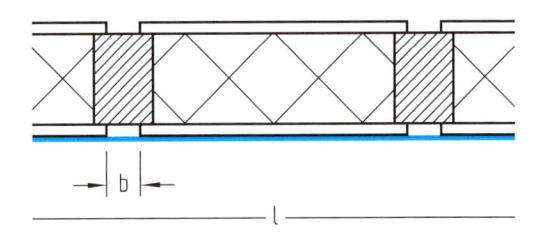

Bild 42 $A = l \cdot h + \text{Anzahl der Balken} \cdot h \cdot b$

5.1.11 Rahmen, Riegel, Ständer, Deckenbalken, Vorlagen und Fachwerkteile aus Holz, Beton oder Metall bis 30 cm Einzelbreite werden übermessen; deren Beschichtung in anderem Farbton oder anderer Technik wird zusätzlich gerechnet.

Rahmenwerk, Fachwerkdecken und Fachwerkteile aus Holz, Beton oder Metall werden bis 30 cm Einzelbreite übermessen. Sind diese anders als die ausgefachten Flächen, z. B. in einem anderen Farbton, mit anderem Beschichtungsstoff oder in anderer Technik behandelt, so sind diese zusätzlich zur gesamten Wand- oder Deckenfläche zu rechnen.

Eine zu behandelnde Holzbalkendecke z. B., deren Balken wie die Zwischenfelder behandelt werden, ist, soweit die Deckenbalken 30 cm Einzelbreite nicht überschreiten, in der gesamten Fläche gemäß Abschnitt 5.1.1 bis zu den sie begrenzenden, nicht bekleideten Bauteilen zu messen *(Bild 41).*

Holzbalkendecke

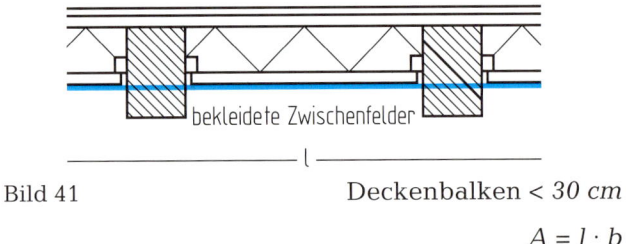

Bild 41   Deckenbalken < *30 cm*

$A = l \cdot b$

5.1.12 Fenster, Türen, Trennwände, Bekleidungen und dergleichen werden je beschichtete Seite nach Fläche gerechnet; Glasfüllungen, kunststoffbeschichtete Füllungen oder Füllungen aus Naturholz und dergleichen werden übermessen.

Beschichtungen von Fenstern, Türen, Trennwänden, Bekleidungen und dergleichen werden bei Abrechnung nach Flächenmaß je beschichtete Seite gerechnet, und zwar gemäß Abschnitt 5.1.1 bis zu den sie begrenzenden, nicht bekleideten Bauteilen *(Bild 43).*

Dabei bleiben Stirnseiten, Vor- und Rücksprünge unberücksichtigt, ausgenommen Türen über 60 mm Dicke gemäß Abschnitt 5.1.13.

Beschichtung von Fenstern, Türen und dergleichen

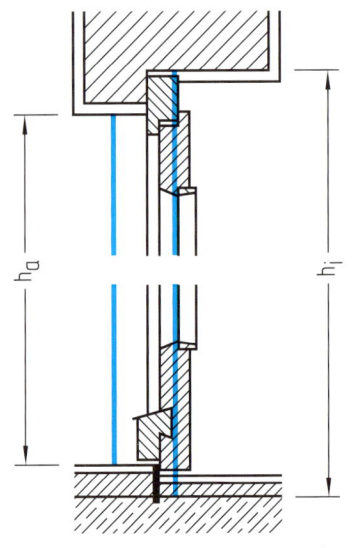

Bild 43 $A = b_i \cdot h_i + b_a \cdot h_a$

Glasfüllungen, kunststoffbeschichtete Füllungen oder Füllungen aus Naturholz werden dabei übermessen. Werden Fenster, Türen und dergleichen nach Stück gerechnet, bleiben gemäß Abschnitt 5.1.20 Abweichungen bis jeweils 5 cm in der Höhe und Breite sowie 3 cm in der Tiefe unberücksichtigt.

5.1.13 Bei Türen und Blockzargen über 60 mm Dicke sowie Futter und Bekleidungen von Türen und Fenstern, Stahltürzargen und dergleichen wird die abgewickelte Fläche gerechnet.

Türen und Blockzargen (Stockrahmen) über 60 mm Dicke werden in der Abwicklung gerechnet *(Bild 44)*.

Türen und Blockzargen über 60 mm

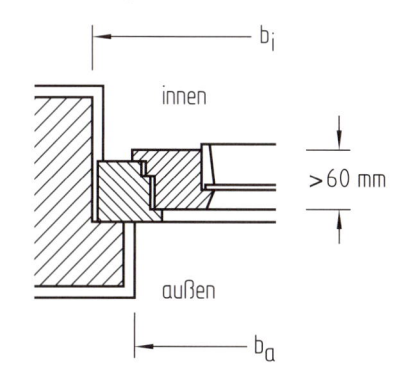

Bild 44

$A_{\text{Abwicklung}} = b_i \cdot h_i$ zuzüglich Stirnseiten der Türe und der Zarge in der Abwicklung
$+ b_a \cdot h_a$ zuzüglich Stirnseiten der Türe und der Zarge in der Abwicklung

Futter und Bekleidungen von Türen und Fenstern, Stahltürzargen und dergleichen werden in der abgewickelten Fläche gerechnet *(Bild 45 und 46)*.

Futter und Bekleidung

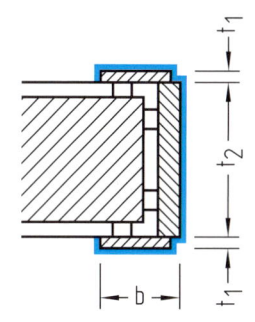

Bild 45 $\qquad$ Abwicklung $= 2 \cdot (2 \cdot t_1 + b) + t_2$

Stahlzargen

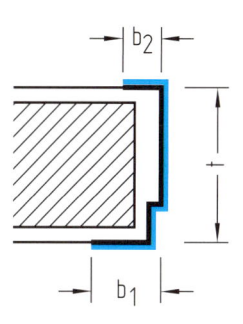

Bild 46 $\qquad$ Abwicklung $= b_1 + b_2 + t$

5.1.14 Treppenwangen werden in der größten Breite gerechnet.

Die größte Breite der Wangen ist bestimmt durch den senkrechten Abstand der Oberkante von der Unterkante an der breitesten Stelle *(Bild 47)*.

Treppenwange

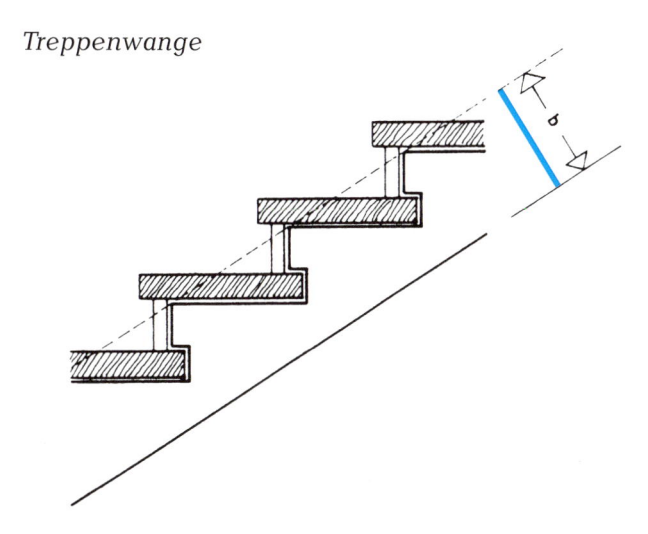

Bild 47

5.1.15 Die Untersichten von Dächern und Dachüberständen mit sichtbaren Sparren werden in der Abwicklung gerechnet.

Die Flächen von Untersichten von Dächern und Dachüberständen mit sichtbaren Sparren werden gemäß Abschnitt 5.1.1 im Innenbereich bis zu den sie begrenzenden, nicht bekleideten Bauteilen, im Außenbereich nach den Maßen der fertigen Leistung in der Abwicklung gemessen *(Bild 48 und 49)*.

Untersicht von Dächern mit sichtbaren Sparren

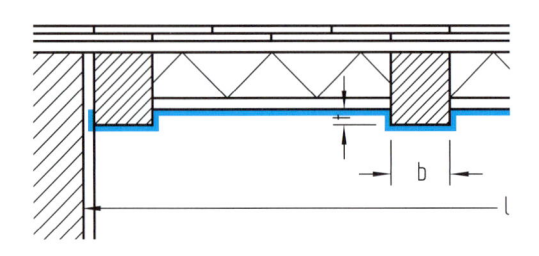

Bild 48

$A_{\text{Untersicht}} = l \cdot h +$ Abwicklung des Sparrens
$[(2 \cdot t + b) \cdot h] \cdot$ Anzahl der Sparren

Dachüberstand mit sichtbaren Sparren

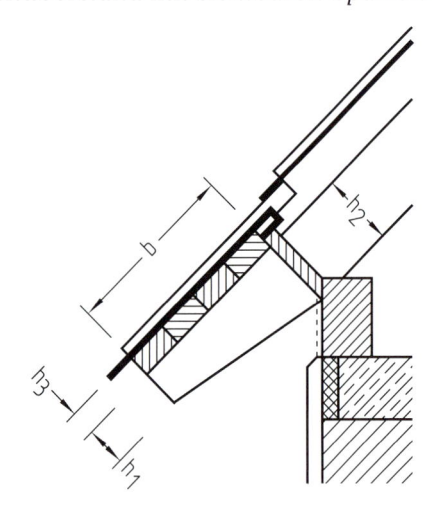

Bild 49

$A_{\text{Überstand}} = b \cdot l + h_3 \cdot l$
  + Abwicklung des Sparrenkopfes
  $[2 \cdot (h_1 + h_2) \cdot {}^1\!/_2 \cdot b + h_1 \cdot$ Sparrenbreite$]$
  $\cdot$ Anzahl der Sparren

5.1.16 Fenstergitter, Scherengitter, Rollgitter, Roste, Zäune, Einfriedungen und Stabgeländer werden einseitig gerechnet.

Gitter, Roste, Zäune werden auch bei beidseitiger Beschichtung nur einseitig gerechnet. Maßgebend sind gemäß Abschnitt 5.1.1 im Innenbereich die Maße bis zu den sie begrenzenden, nicht bekleideten Bauteilen, im Außenbereich die Maße der fertigen Leistung.

5.1.17 Rohrgeländer werden nach Länge der Rohre und deren Durchmesser gerechnet.

Rohrgeländer werden nach Längenmaß unter Angabe des äußeren Durchmessers abgerechnet.

5.1.18 Flächen von Profilen, Heizkörpern, Trapezblechen, Wellblechen und dergleichen werden, soweit Tabellen vorhanden sind, nach diesen gerechnet. Sind Tabellen nicht vorhanden, wird nach abgewickelter Fläche gerechnet.

Die Abwicklung genormter Bauwerksteile kann in der Regel aus Tabellen entnommen werden, z. B. die von Heizkörpern aus den einschlägigen DIN-Normen nach Bauhöhe, Nabenabstand und Bautiefe pro Glied. Sind Tabellen nicht vorhanden, ist nach abgewickelter Fläche zu rechnen *(Bild 50)*.

Trapezblech nach Abwicklung

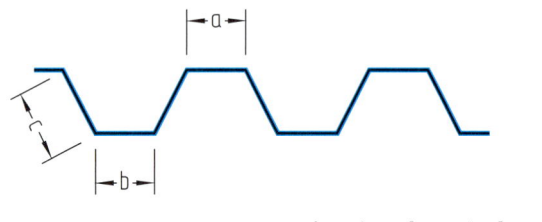

Bild 50 $A = (a + b + c) \cdot h \cdot n$

5.1.19 Bei Rohrleitungen werden Schieber, Flansche und dergleichen übermessen; sie werden darüber hinaus gesondert gerechnet.

Rohrleitungen werden nach Längenmaß unter Angabe des Querschnitts gerechnet, dabei sind Schieber, Flansche und dergleichen zu übermessen *(Bild 51)*.

Rohrleitung

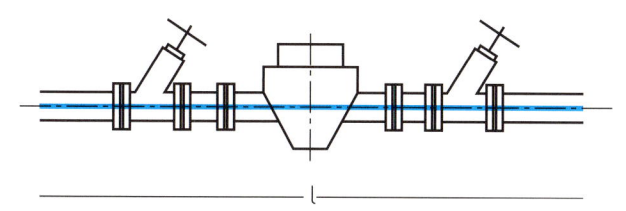

Bild 51

5.1.20 Werden Türen, Fenster, Rollläden und dergleichen nach Anzahl (Stück) gerechnet, bleiben Abweichungen von den vorgeschriebenen Maßen bis jeweils 5 cm in der Höhe und Breite sowie bis 3 cm in der Tiefe unberücksichtigt.

Abweichungen von vorgeschriebenen Maßen lassen sich in der Regel nicht vermeiden. Um die Abrechnung nicht zu verkomplizieren, sind Abweichungen in der Höhe und Breite bis jeweils 5 cm und in der Tiefe bis 3 cm zulässig.

5.1.21 Dachrinnen werden am Wulst, Fallrohre unabhängig von ihrer Abwicklung im Außenbogen gemessen.

Die Länge der Dachrinne ist am vorderen Wulst, die der Fallrohre am Außenbogen zu messen *(Bild 52 bis 54)*.

Außenecke

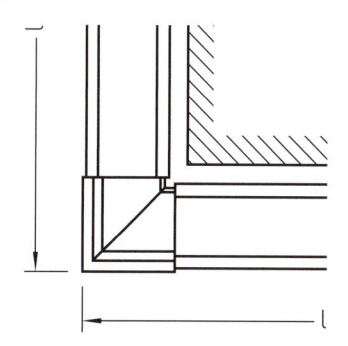

Bild 52

Innenecke

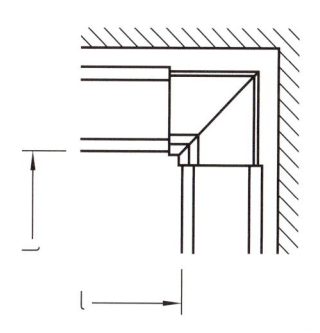

Bild 53

Fallrohr (Außenbogen)

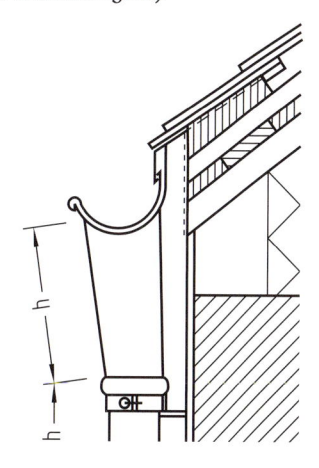

Bild 54

5.2 Es werden abgezogen:

Für die Bemessung der Übermessungsgrößen sind bei Abrechnung nach Flächenmaß die Maße gemäß Abschnitt 5.1.1 zugrunde zu legen.

5.2.1 Bei Abrechnung nach Flächenmaß (m²):

Öffnungen, Aussparungen und Nischen über 2,5 m² Einzelgröße, in Böden über 0,5 m² Einzelgröße.

Abgezogen werden:

Öffnungen, Aussparungen und Nischen über 2,5 m² Einzelgröße (Bild 55)

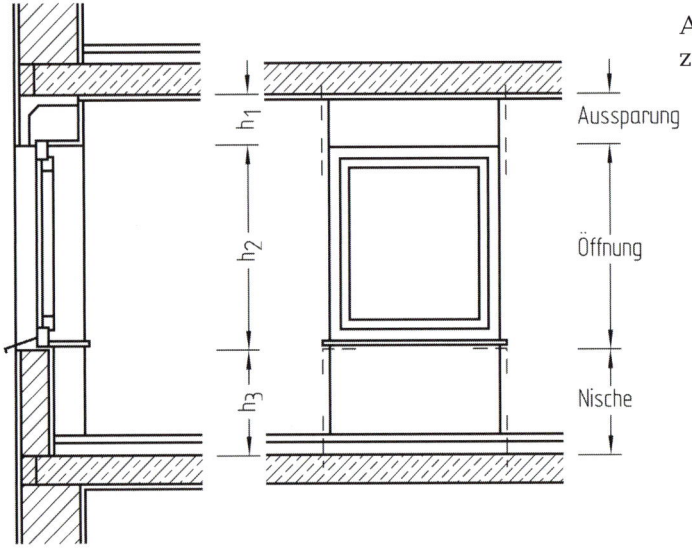

Bild 55

$A_{\text{Aussparung}} = b \cdot h_1 < 2{,}5\ m^2$; sie ist zu übermessen.

$A_{\text{Öffnung}} = b \cdot h_2 > 2{,}5\ m^2$; sie ist abzuziehen.

$A_{\text{Nische}} = b \cdot h_3 < 2{,}5\ m^2$; sie ist zu übermessen.

in Böden über 0,5 m² Einzelgröße

Pfeilervorlage

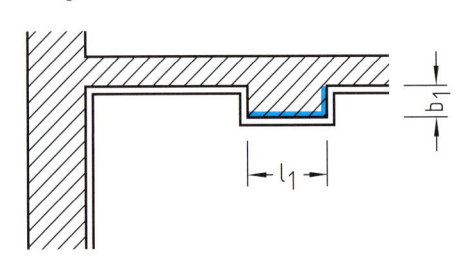

Bild 56

$A_{\text{Pfeilervorlage}} = l_1 \cdot b_1 > 0{,}5\ m^2$; sie ist abzuziehen.

Kaminvorsprung

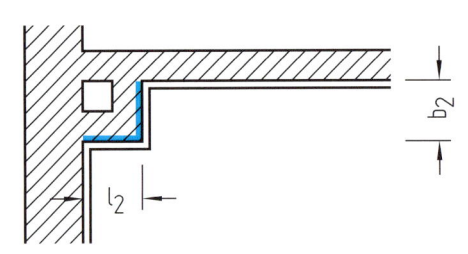

Bild 57

$A_{\text{Kaminvorsprung}} = l_2 \cdot b_2 > 0{,}5\ m^2$; sie ist abzuziehen.

5.2.2 Bei Abrechnung nach Längenmaß (m):

Unterbrechungen über 1 m Einzellänge.

Abgezogen werden Unterbrechungen über 1 m Einzellänge.

DIN 18363

BEISPIELE AUS DER PRAXIS

Übermessung bzw. Abzug von Öffnungen, Aussparungen und Nischen

(siehe in diesem Zusammenhang auch Abschnitt 5.1.5)

Gemäß Abschnitt 5.1.5 werden Öffnungen, Aussparungen und Nischen in Decken, Wänden und Außenbekleidungen bis zu 2,5 m² Einzelgröße übermessen bzw. über 2,5 m² Einzelgröße gemäß Abschnitt 5.2.1 abgezogen. In Böden kommen Öffnungen, Aussparungen und Nischen über 0,5 m² Einzelgröße zum Abzug.

Gesimse, Umrahmungen und Faschen von Füllungen oder Öffnungen werden gemäß Abschnitt 5.1.9 übermessen. Zusätzlich werden Gesimse und Umrahmungen unter Angabe der Höhe und Ausladung, Faschen unter Angabe der Abwicklung in ihrer größten Länge gemessen.

Rahmenwerke und Fachwerkteile aus Holz, Beton oder Metall werden gemäß Abschnitt 5.1.11 bis 30 cm Einzelbreite übermessen; deren Beschichtung in anderem Farbton oder anderer Technik wird zusätzlich gerechnet.

Öffnungen

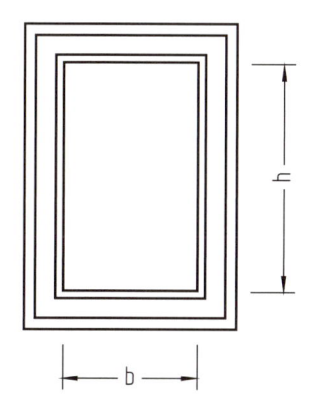

Bild 1 $A = b \cdot h$

– Öffnungen mit Umrahmungen

Öffnungen sind planmäßig angelegte, durch die gesamte Dicke eines Bauteils durchgehende, frei gelassene Räume für den dauernden Gebrauch.

Die Umrahmung der Öffnung ist Bestandteil der zu beschichtenden Putzfassade. Sie wird übermessen und unter Angabe der Höhe und Ausladung zusätzlich in ihrer größten Länge gemessen.

Die Öffnung ist, falls ihre Einzelfläche $b \cdot h$ größer als 2,5 m² ist, bei Abrechnung nach Flächenmaß abzuziehen.

Die Leibungen sind gesondert zu rechnen.

Aussparungen

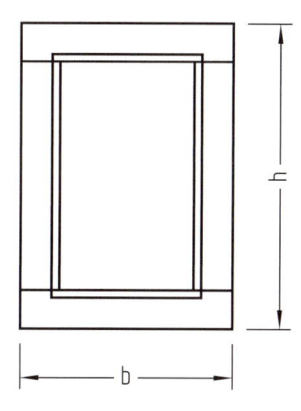

Bild 2 $A = b \cdot h$

– Öffnung mit Naturwerksteinumrahmung

Aussparungen sind planmäßig angelegte Freiräume, die nicht oder anders behandelt werden.

Die Umrahmung der Öffnung aus nicht zu beschichtendem Naturwerkstein ist im Zusammenhang mit der Beschichtung der Fassade auszusparen; sie ist deshalb als Aussparung einzuordnen, die, falls ihre Einzelfläche $b \cdot h$ größer als 2,5 m² ist, bei Abrechnung nach Flächenmaß abzuziehen ist. Die innerhalb der Aussparung liegende Öffnung ist in diesem Zusammenhang ohne Bedeutung; sie berührt die zu beschichtenden Putzflächen an keiner Stelle.

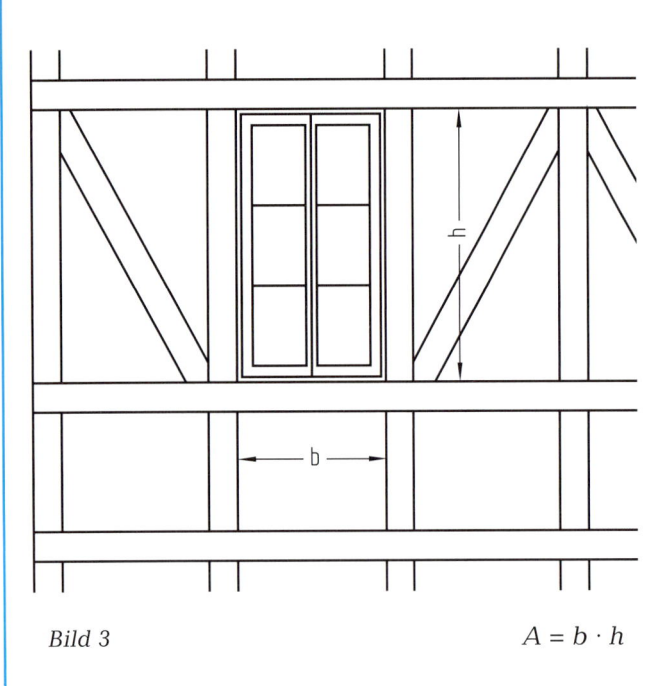

– Öffnungen innerhalb von Fachwerkkonstruktionen

Gemäß Abschnitt 5.1.11 werden Fachwerkteile, wie Rahmen, Riegel, Ständer, Deckenbalken, bis 30 cm Einzelbreite übermessen und deren Beschichtung in anderem Farbton oder anderer Technik wird zusätzlich gerechnet.

Die Frage der Übermessung ist demnach ausschließlich von der Einzelbreite des Fachwerkteils abhängig, nicht aber von seiner Einzelgröße, wie dies z. B. bei Aussparungen der Fall ist.

Der die Öffnung umgebende Rahmen ist weder als Aussparung noch als Umrahmung im Sinne des Abschnittes 5.1.9 zu verstehen.

Er ist deshalb, falls seine Einzelbreite 30 cm nicht überschreitet, zu übermessen.

Für die Beurteilung der Übermessungsgröße der Öffnung gelten ausschließlich deren Maße.

Ist der die Öffnung umgebende Rahmen breiter als 30 cm, bleibt er beim Aufmaß der zu beschichtenden Fassade unberücksichtigt.

Für die Beurteilung der Übermessungsgröße der Öffnung gelten ebenso deren Maße.

Bild 3 $\qquad A = b \cdot h$

Nischen

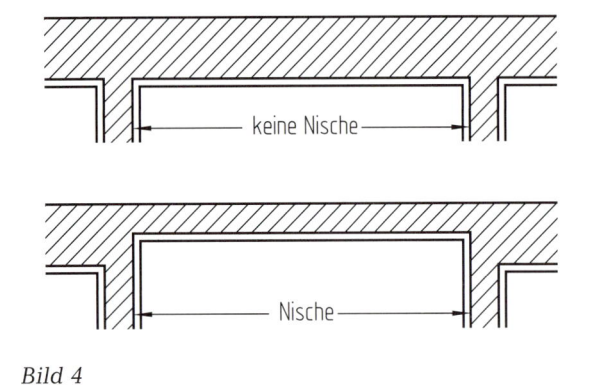

Bild 4

– Brüstungen unter raumbreiten Fensteröffnungen

Nischen sind planmäßig auf Dauer angelegte Freiräume zur Gliederung der Wand- und Deckenfläche. Nischen sind mindestens dreiseitig umschlossen und liegen innerhalb eines Bauteils, z. B. einer Mauer.

Unter raumbreiten Fensteröffnungen befindliche Flächen sind nicht generell als Nischen einzuordnen; sie gelten nur dann als Nischen, wenn sie vertieft innerhalb des Brüstungsmauerwerks liegen.

DIN 18364

Korrosionsschutzarbeiten an Stahl- und Aluminiumbauten – DIN 18364

Ausgabe Dezember 2000

Geltungsbereich

Die ATV „Korrosionsschutzarbeiten an Stahl- und Aluminiumbauten" – DIN 18364 – gilt für das Beschichten und thermische Spritzen von Metallen an Konstruktionen aus Stahl oder Aluminium, die einer Festigkeitsberechnung oder bauaufsichtlichen Zulassung bedürfen.

Bei anderen Konstruktionen und Bauteilen aus Stahl und Aluminium gilt DIN 18364 nur, wenn diese in der Leistungsbeschreibung vorgeschrieben ist.

0.5 Abrechnungseinheiten

Im Leistungsverzeichnis sind die Abrechnungseinheiten wie folgt vorzusehen:

0.5.1 Flächenmaß (m^2), getrennt nach Bauart und Maßen, für

- *Vollwandkonstruktionen und Fachwerkkonstruktionen aus Profilen mit einem Umfang von mehr als 90 cm,*
- *Fenster, Türen, Tore und dergleichen,*
- *Rohre mit einem Umfang von mehr als 90 cm,*
- *Behälter, Spundwände und profilierte Bleche,*
- *Geländer,*
- *Abdeckbleche, Gitterroste und dergleichen.*

0.5.2 Längenmaß (m), getrennt nach Bauart und Maßen, für

- *Profile und Teilflächen von Profilen mit einem Umfang bis 90 cm,*
- *Rohre mit einem Umfang bis 90 cm,*
- *Geländer,*
- *zusätzliche Beschichtung der Kanten, Schweißnähte und dergleichen.*

0.5.3 Anzahl (Stück), getrennt nach Bauart und Maßen, für

- *Behälter, Abdeckbleche, Roste, Gitter,*
- *Fenster, Türen, Tore und dergleichen,*
- *Befestigungen, z. B. Unterstützungen, Rohrschellen, Abhängungen,*
- *zusätzliche Beschichtung der Verbindungsmittel, z. B. Schrauben,*
- *Armaturen einschließlich Flanschpaare, Flansche und dergleichen.*

0.5.4 Gewicht (t) für

- *Konstruktionen oder getrennt erfassbare Konstruktionsteile.*

5 Abrechnung

Ergänzend zur ATV DIN 18299, Abschnitt 5, gilt:

5.1 Allgemeines

5.1.1 Der Ermittlung der Leistung – gleichgültig, ob sie nach Zeichnung oder Aufmaß erfolgt – sind, getrennt nach Korrosionsschutzsystemen, die Maße der behandelten Flächen zugrunde zu legen.

5.1.2 Bei Ermittlung der Leistung sind für genormte Teile die Tabellen oder die Stücklisten zugrunde zu legen.

5.1.3 Längen, auch zur Flächenermittlung, werden mit den jeweils größten Maßen ermittelt, z. B. bei Rohren das Maß des Außenbogens.

5.1.4 Bei Abrechnung nach Längenmaß werden Kreuzungen, Überdeckungen, Durchdringen u. Ä. übermessen.

5.1.5 Bei Abrechnung nach Längenmaß werden bei Rohrleitungen Armaturen, Flansche und dergleichen übermessen.

5.1.6 Bei Abrechnung nach Flächenmaß wird die Fläche von Geländern, Rosten und Gittern nur einseitig (Ansichtsfläche) gerechnet.

5.1.7 Bei Abrechnung nach Gewicht wird das Gewicht von Teilen, deren Flächen ganz oder teilweise nicht zu behandeln sind, z. B. bei einbetonierten Stützenfüßen, nicht abgezogen.

5.1.8 Werden Tore, Türen, Fenster und dergleichen nach Anzahl (Stück) gerechnet, bleiben Abweichungen von den vorgeschriebenen Maßen bis jeweils 5 cm in der Höhe und Breite sowie bis 3 cm in der Tiefe unberücksichtigt.

5.1.9 Armaturen werden einschließlich der Flanschpaare, Flansche zusätzlich gerechnet.

5.1.10 Bei der Berechnung der zu behandelnden Fläche nach Gewicht ist zugrunde zu legen:

– bei genormten Profilen das Gewicht nach DIN-Norm,

– bei anderen Profilen das Gewicht aus dem Profilbuch des Herstellers,

– bei Blechen und Bändern je 1 mm Dicke
  – aus Stahl
    das Gewicht von   7,85 kg/m²,
  – aus Edelstahl
    das Gewicht von   7,90 kg/m²,
  – aus Aluminium
    das Gewicht von   2,70 kg/m².

Verbindungsmittel, z. B. Schrauben, Niete, Schweißnähte, bleiben unberücksichtigt.

5.2 Es werden abgezogen:

5.2.1 Bei Abrechnung nach Flächenmaß (m²):

Überdeckungen, Aussparungen, z. B. Öffnungen, Durchdringungen über 0,1 m² Einzelgröße.

5.2.2 Bei Abrechnung nach Längenmaß (m):

Unterbrechungen über 1 m Einzellänge.

Erläuterungen

0.5 Abrechnungseinheiten

Abschnitt 0.5 dient dazu, auf die üblichen und zweckmäßigen Abrechnungseinheiten für die jeweilige Teilleistung hinzuweisen. Bei Aufstellung der Leistungsbeschreibung ist die zutreffende Abrechnungseinheit festzulegen.

5 Abrechnung

Ergänzend zur ATV DIN 18299, Abschnitt 5, gilt:

Siehe Kommentierung zu Abschnitt 5 der ATV DIN 18299.

5.1 Allgemeines

5.1.1 Der Ermittlung der Leistung – gleichgültig, ob sie nach Zeichnung oder Aufmaß erfolgt – sind, getrennt nach Korrosionsschutzsystemen, die Maße der behandelten Flächen zugrunde zu legen.

5.1.2 Bei Ermittlung der Leistung sind für genormte Teile die Tabellen oder die Stücklisten zugrunde zu legen.

Die überarbeitete ATV DIN 18364 unterscheidet nicht mehr zwischen der Ermittlung der Leistung nach Zeichnung und nach Aufmaß.

Gleichgültig also, ob die Ermittlung der Leistung nach Zeichnung oder Aufmaß erfolgt, sind, getrennt nach dem jeweils angewandten unterschiedlichen Korrosionsschutzsystem, z. B. bei Stahl nach DIN 55928-5 und bei Aluminium nach DIN 4113-1, die Maße der behandelten Flächen zugrunde zu legen. Dabei sind für genormte Stahl- und Aluminiumteile die Flächen und Gewichte der entsprechenden Tabellen und Stücklisten zugrunde zu legen *(Bild 1)*.

einfacher geschweißter Stützenfuß

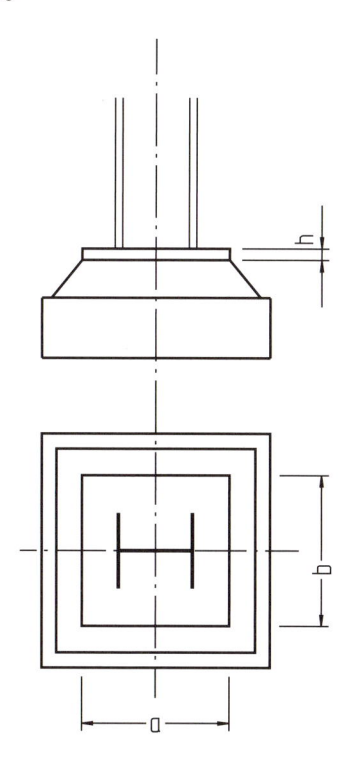

Bild 1

Die behandelte Fläche der Fußplatte errechnet sich demnach

$A = a \cdot b + 2 \cdot (a+b) \cdot h$.

Die Standfläche des Doppel-T-Trägers bleibt dabei bis $0{,}1\,\text{m}^2$ Einzelgröße gemäß Abschnitt 5.2.1 unberücksichtigt. Die behandelte Oberfläche des Doppel-T-Trägers errechnet sich aus dem in einschlägigen Tabellen ersichtlichen Oberflächenwert (Beschichtungsfläche pro m), multipliziert mit der Höhe h.

5.1.3 Längen, auch zur Flächenermittlung, werden mit den jeweils größten Maßen ermittelt, z. B. bei Rohren das Maß des Außenbogens.

Längen sind in der jeweils größten ausgeführten Strecke, z. B. bei Rohren über dem Außenbogen, bei eckigen Profilen über die längste Seite, zu messen *(Bild 2)*.

größte ausgeführte Strecke

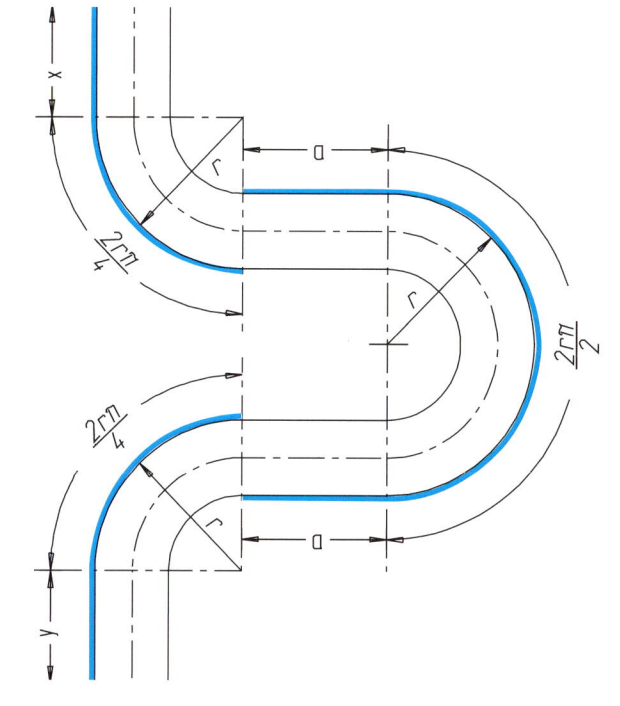

Bild 2

5.1.4 Bei Abrechnung nach Längenmaß werden Kreuzungen, Überdeckungen, Durchdringungen u. Ä. übermessen.

Kreuzungen, Durchdringungen werden übermessen *(Bild 3)*, soweit die Unterbrechung gemäß Abschnitt 5.2.2 nicht größer als 1 m ist.

Kreuzungen, Durchdringungen

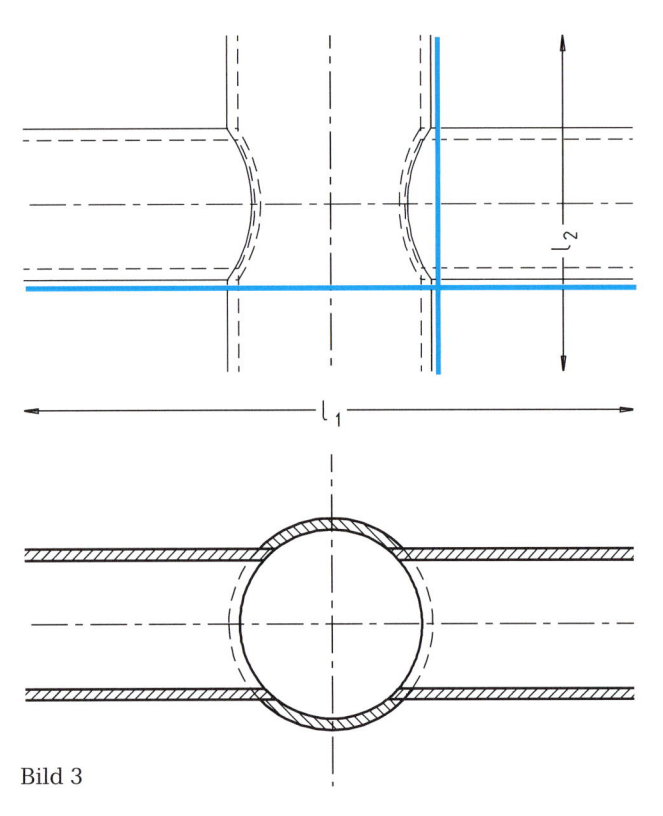

Bild 3

Überdeckungen werden übermessen *(Bild 4)*, soweit die Unterbrechung gemäß Abschnitt 5.2.2 nicht größer als 1 m ist.

Überdeckungen

Bild 4

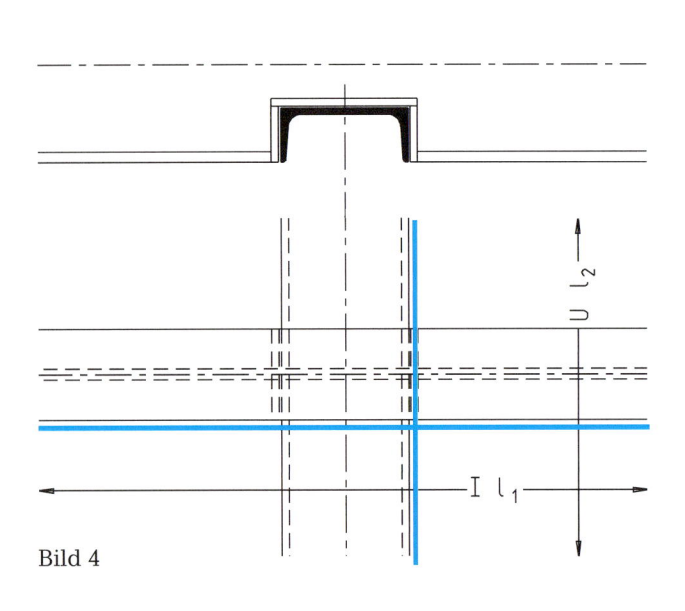

5.1.5 Bei Abrechnung nach Längenmaß werden bei Rohrleitungen Armaturen, Flansche und dergleichen übermessen.

Armaturen, Flansche und dergleichen werden übermessen *(Bild 5 und 6)*.

Armaturen, Flansche und dergleichen

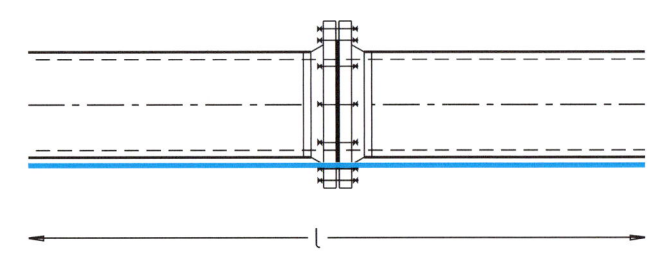

Bild 5

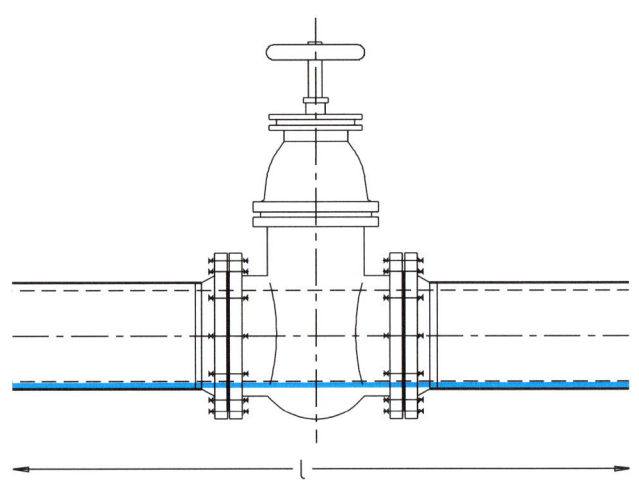

Bild 6

5.1.6 Bei Abrechnung nach Flächenmaß wird die Fläche von Geländern, Rosten und Gittern nur einseitig (Ansichtsfläche) gerechnet.

Geländer, Roste und Gitter werden auch dann einseitig gerechnet, wenn sie zweiseitig beschichtet werden.

5.1.7 Bei Abrechnung nach Gewicht wird das Gewicht von Teilen, deren Flächen ganz oder teilweise nicht zu behandeln sind, z. B. bei einbetonierten Stützenfüßen, nicht abgezogen.

Stützenfuß einbetoniert

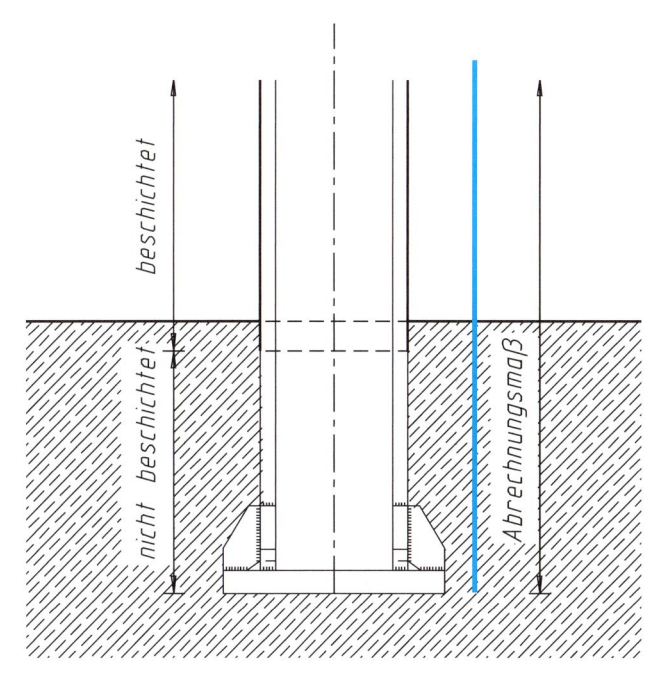

Bild 7

Bei Ermittlung des Gewichtes des Stützenfußes wird der nicht beschichtete Teil des Fußes hinzugezählt.

5.1.8 Werden Tore, Türen, Fenster und dergleichen nach Anzahl (Stück) gerechnet, bleiben Abweichungen von den vorgeschriebenen Maßen bis jeweils 5 cm in der Höhe und Breite sowie bis 3 cm in der Tiefe unberücksichtigt.

Bei Abrechnung nach Anzahl (Stück) werden die Abweichungen von den in der Leistungsbeschreibung vorgegebenen Maßen bis jeweils 5 cm in der Höhe und Breite sowie bis 3 cm in der Tiefe nicht berücksichtigt, z. B.

Leistungs-beschreibung	erfasstes Maß	Abrechnung
1,80/2,20/10 m	1,83/2,22/12 m	1,80/2,20/10 m
1,80/2,20/10 m	1,85/2,16/9 m	1,80/2,20/10 m
1,80/2,20/10 m	1,87/2,14/13 m	1,87/2,14/10 m

5.1.9 Armaturen werden einschließlich der Flanschpaare, Flansche zusätzlich gerechnet.

Gemäß Abschnitt 5.1.5 werden bei Abrechnung nach Längenmaß bei Rohrleitungen Armaturen, Flansche und dergleichen übermessen *(Bild 5 und 6)*.

Gemäß Abschnitt 5.1.9 sind sie jedoch zusätzlich zum Preis der Rohrleitungen zu rechnen.

5.1.10 Bei der Berechnung der zu behandelnden Fläche nach Gewicht ist zugrunde zu legen:

- **bei genormten Profilen das Gewicht nach DIN-Norm,**
- **bei anderen Profilen das Gewicht aus dem Profilbuch des Herstellers,**
- **bei Blechen und Bändern je 1 mm Dicke**
  - **aus Stahl das Gewicht von 7,85 kg/m²,**
  - **aus Edelstahl das Gewicht von 7,90 kg/m²,**
  - **aus Aluminium das Gewicht von 2,70 kg/m².**

Verbindungsmittel, z. B. Schrauben, Niete, Schweißnähte, bleiben unberücksichtigt.

Falls das Leistungsverzeichnis als Abrechnungseinheit für den Korrosionsschutz an Stahl- und Aluminiumkonstruktionen gemäß Abschnitt 0.5.4 das Gewicht der zu behandelnden Konstruktionen aus Stahl oder Aluminium vorgibt, hat der Bieter dieses Gewicht auf Fläche für seine Preisbildung umzurechnen.

Dafür ist eine einheitliche Grundlage erforderlich.

Die Fassung des Abschnittes 5.1.10 versetzt den Bieter in die Lage, diese Umrechnung vorzunehmen, indem er über das Gewicht der ausgeschriebenen Profile, Bleche und Bänder deren Oberfläche bestimmt.

Verbindungsmittel, z. B. Schrauben, Niete, Schweißnähte, bleiben dabei unberücksichtigt.

Damit ist eine ordnungsgemäße Kalkulation gewährleistet und zum anderen die Möglichkeit gegeben, nach Ausführung den Nachweis über die Richtigkeit der im Leistungsverzeichnis vorgegebenen Menge zu führen.

5.2 Es werden abgezogen:

5.2.1 Bei Abrechnung nach Flächenmaß (m²):

Überdeckungen, Aussparungen, z. B. Öffnungen, Durchdringungen über 0,1 m² Einzelgröße.

5.2.2 Bei Abrechnung nach Längenmaß (m):

Unterbrechungen über 1 m Einzellänge.

Ermittlung der Abzugsgröße von Aussparungen bei Abrechnung nach Flächenmaß *(Bild 8 und 9)*

Aussparungen

Bild 8

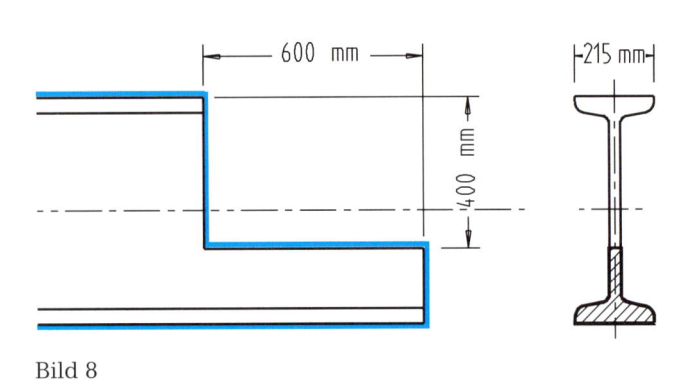

Aufmaß der Aussparung der behandelten Flächen eines T-Trägers:

Stegflächen

$0,6 \text{ m} \cdot 0,4 \text{ m} \cdot 2$ \hfill $= 0,48 \text{ m}^2$

Flansche und Flanschendicke

$(2 \cdot 0,215 \text{ m} - 0,02 \text{ m}) \cdot 0,6 \text{ m}$ \hfill $= 0,24 \text{ m}^2$

Aussparungsfläche \hfill $\overline{0,72 \text{ m}^2}$

Die Aussparung ist bei der Ermittlung der Oberfläche abzuziehen, da diese größer als 0,1 m² ist.

Aussparungsflächen, die in verschiedenen Ebenen liegen, aber eine zusammenhängende Fläche bilden, gelten als eine Aussparung.

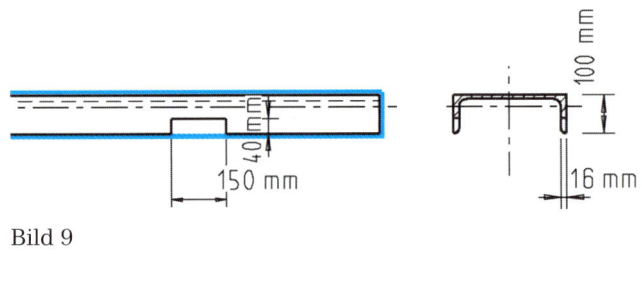

Bild 9

Aufmaß der Aussparung der behandelten Flächen eines U-Profils:

Flansche

$0,04 \text{ m} \cdot 0,15 \text{ m} \cdot 4$ \hfill $= 0,024 \text{ m}^2$

dazu Flanschendicke

$0,016 \text{ m} \cdot 0,15 \text{ m} \cdot 2$ \hfill $= 0,005 \text{ m}^2$

Aussparungsfläche \hfill $\overline{0,029 \text{ m}^2}$

Die Aussparung ist, da kleiner als 0,1 m², zu übermessen.

DIN 18365

Bodenbelagarbeiten – DIN 18365

Ausgabe Dezember 2002

Geltungsbereich

Die ATV „Bodenbelagarbeiten" – DIN 18365 – gilt für das Verlegen von Bodenbelägen in Bahnen und Platten aus Linoleum, Kunststoff, Natur- und Synthesekautschuk, Textilien und Kork sowie für das Verlegen von Schichtstoff-Elementen.

Die ATV DIN 18365 gilt nicht für

– Estriche (siehe ATV DIN 18353 „Estricharbeiten"),

– Asphaltbeläge (siehe ATV DIN 18354 „Gussasphaltarbeiten"),

– Parkettfußböden (siehe ATV DIN 18356 „Parkettarbeiten") und

– Holzpflasterarbeiten (siehe ATV DIN 18367 „Holzpflasterarbeiten").

0.5 Abrechnungseinheiten

Im Leistungsverzeichnis sind die Abrechnungseinheiten wie folgt vorzusehen:

0.5.1 *Flächenmaß (m^2), getrennt nach Bauart und Maßen, für*

- *Vorbereiten des Untergrundes, z.B. Reinigen, Spachteln, Schleifen,*
- *Unterlagen, Bodenbeläge und Schutzabdeckungen,*
- *Verschweißen und Verfugen.*

0.5.2 *Längenmaß (m), getrennt nach Bauart und Maßen, für*

- *Abschneiden von Wand-Randstreifen und Abdeckungen,*
- *Bodenbeläge von Stufen und Schwellen,*
- *Leisten, Profile, Kanten, Schienen,*
- *Friese, Kehlen, Beläge von Kehlen und Markierungslinien,*
- *Verschweißen und Verfugen,*
- *Anarbeiten der Bodenbeläge an Einbauteile und Einrichtungsgegenstände,*
- *Schließen von Fugen.*

0.5.3 *Anzahl (Stück), getrennt nach Bauart und Maßen, für*

- *Bodenbeläge von Stufen und Schwellen,*
- *seitliche Stufenprofile,*
- *Intarsien und Einzelmarkierungen,*
- *Abschluss- und Trennschienen,*
- *vorgefertigte Innen- und Außenecken bei Sockelleisten,*
- *Anarbeiten von Bodenbelägen in Räumen mit besonderen Installationen, z.B. Rohrdurchführungen, Einbauteile, Einrichtungsgegenstände.*

5 Abrechnung

Ergänzend zur ATV DIN 18299, Abschnitt 5, gilt:

5.1 Allgemeines

5.1.1 Der Ermittlung der Leistung, gleichgültig, ob sie nach Zeichnung oder nach Aufmaß erfolgt, sind bei Bodenbelägen, Unterlagen und Schutzabdeckungen zugrunde zu legen:

– auf Flächen mit begrenzenden Bauteilen die Maße der zu belegenden Flächen bis zu den begrenzenden, ungeputzten bzw. nicht bekleideten Bauteilen,

- auf Flächen ohne begrenzende Bauteile deren Maße,
- auf Flächen von Stufen und Schwellen deren größte Maße.

5.1.2 Bei der Ermittlung des Längenmaßes wird die größte Bauteillänge gemessen.

5.1.3 In Bodenbeläge nachträglich eingearbeitete Teile werden übermessen, z. B. Intarsien, Markierungen.

5.2 Es werden abgezogen:

5.2.1 Bei Abrechnung nach Flächenmaß (m²):

Aussparungen über 0,1 m² Einzelgröße, z. B. für Öffnungen, Pfeiler, Pfeilervorlagen, Rohrdurchführungen.

5.2.2 Bei Abrechnung nach Längenmaß (m):

Unterbrechungen über 1 m Einzellänge.

Erläuterungen

0.5 Abrechnungseinheiten

Abschnitt 0.5 dient dazu, auf die üblichen und zweckmäßigen Abrechnungseinheiten für die jeweilige Teilleistung hinzuweisen. Bei Aufstellung der Leistungsbeschreibung ist die zutreffende Abrechnungseinheit festzulegen.

5 Abrechnung

Ergänzend zur ATV DIN 18299, Abschnitt 5, gilt:

Siehe Kommentierung zu Abschnitt 5 der ATV DIN 18299.

5.1 Allgemeines

5.1.1 Der Ermittlung der Leistung, gleichgültig, ob sie nach Zeichnung oder nach Aufmaß erfolgt, sind bei Bodenbelägen, Unterlagen und Schutzabdeckungen zugrunde zu legen:

- auf Flächen mit begrenzenden Bauteilen die Maße der zu belegenden Flächen bis zu den begrenzenden, ungeputzten bzw. nicht bekleideten Bauteilen,
- auf Flächen ohne begrenzende Bauteile deren Maße,
- auf Flächen von Stufen und Schwellen deren größte Maße.

Die Abrechnungsmaße für Bodenbeläge (Linoleum, Kunststoff, Natur- und Synthesekautschuk, Textilien, Kork), Unterlagen und Schutzabdeckungen sind wie folgt zu ermitteln:

- auf Flächen mit begrenzenden Bauteilen ohne Berücksichtigung eventueller Bekleidungen und Putz,
- seitlich am Zusammenstoß mit dem begrenzenden Bauteil *(Bild 1)*,
- frei endend am Ende des Belages *(Bild 2)*,
- auf Flächen ohne begrenzende Bauteile nach den zu belegenden Flächen *(Bild 3)*,
- auf Flächen von Stufen und Schwellen nach deren größten Maßen *(Bild 4)*.

Unterlagen für Bodenbeläge und Schutzabdeckungen können mit dem Bodenbelag als eine zusammenhängende Leistung abgerechnet werden, wenn sie dem Maß der Bodenbeläge entsprechen.

Flächen mit begrenzenden Bauteilen

seitlich

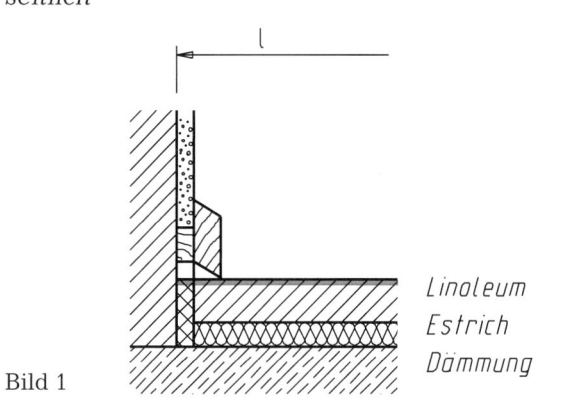

Bild 1

frei endend

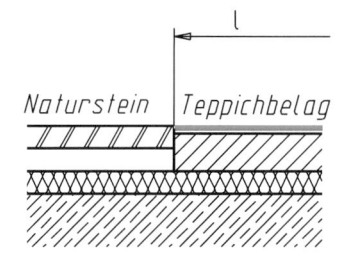

Bild 2

DIN 18365

Flächen ohne begrenzende Bauteile

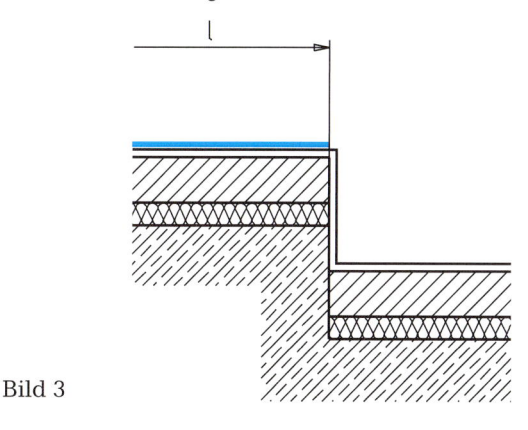

Bild 3

Flächen von Stufen und Schwellen

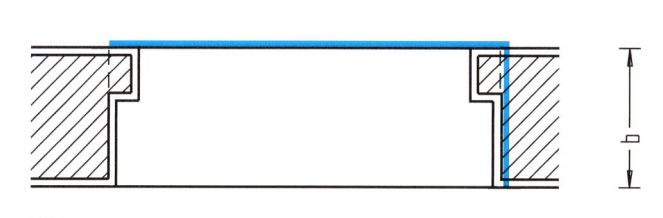

Bild 4

Beispiel

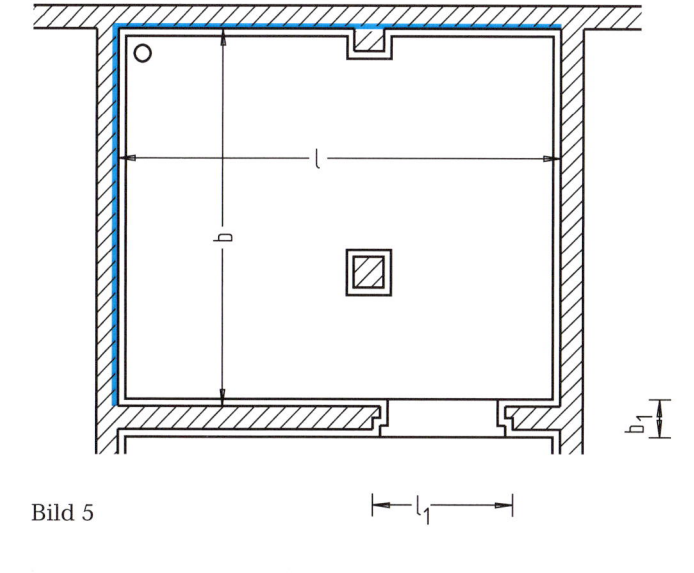

Bild 5

Der Bodenbelag ist bis zu den begrenzenden, nicht bekleideten Bauteilen zu messen.

Die Fläche der Pfeilervorlage, des Pfeilers sowie die der Rohrdurchführung werden nach Abschnitt 5.2.1 übermessen, wenn ihre Einzelflächen nicht größer als 0,1 m² sind.

Dabei werden zur Ermittlung der Abzüge die Maße der unbekleideten Bauteile zugrunde gelegt.

Die Fläche der Türschwelle wird mit ihrem größten Maß zusätzlich gerechnet *(Bild 5)*.

5.1.2 Bei der Ermittlung des Längenmaßes wird die größte Bauteillänge gemessen.

Bei der Abrechnung des Längenmaßes wird die größte Bauteillänge gemessen.

Sockelleisten (z.B.) sind deshalb je nach Verlauf teils an der Ober- oder Unterseite zu messen. Unterbrechungen über 1 m Einzellänge werden gemäß Abschnitt 5.2.2 abgezogen *(Bild 6)*.

Sockelleisten

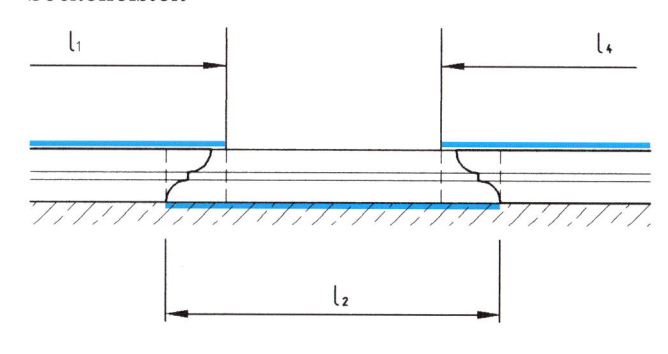

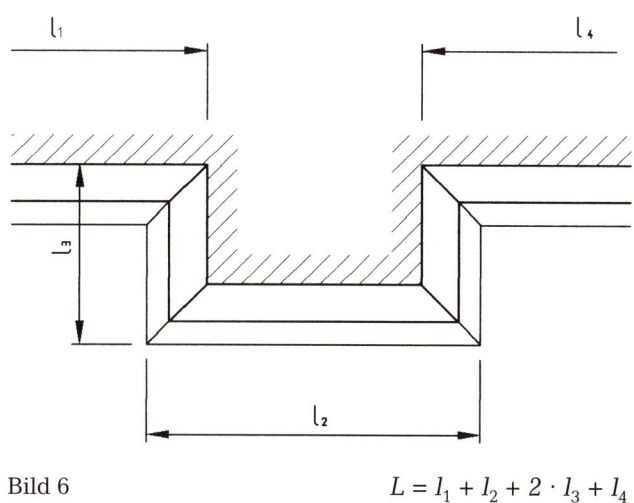

Bild 6 $\qquad L = l_1 + l_2 + 2 \cdot l_3 + l_4$

5.1.3 In Bodenbeläge nachträglich eingearbeitete Teile werden übermessen, z. B. Intarsien, Markierungen.

Für die Abrechnung von Bodenbelägen mit Einlegearbeiten gilt das vorher Gesagte entsprechend. Dabei werden jedoch, falls nicht anders festgelegt, die eingearbeiteten Teile, wie Markierungen, Intarsien, übermessen.

5.2 Es werden abgezogen:

5.2.1 Bei Abrechnung nach Flächenmaß (m^2):

Aussparungen über 0,1 m^2 Einzelgröße, z. B. für Öffnungen, Pfeiler, Pfeilervorlagen, Rohrdurchführungen.

5.2.2 Bei Abrechnung nach Längenmaß (m):

Unterbrechungen über 1 m Einzellänge.

Tapezierarbeiten – DIN 18366

Ausgabe Dezember 2002

Geltungsbereich

Die ATV „Tapezierarbeiten" – DIN 18366 – gilt für das Tapezieren und Spannen von Wand- und Deckenbekleidungen einschließlich Kleben tapetenähnlicher Stoffe.

Die ATV DIN 18366 gilt nicht für Fliesen- und Plattenarbeiten (siehe ATV DIN 18352 „Fliesen- und Plattenarbeiten").

0.5 Abrechnungseinheiten

Im Leistungsverzeichnis sind die Abrechnungseinheiten wie folgt vorzusehen:

0.5.1 Flächenmaß (m^2), getrennt nach Bauart und Maßen, für

– Decken, Wände, Unterzüge, Vorlagen, Schrägen, Stützen,

– Treppenuntersichten,

– Trennwände und dergleichen,

– Wand- und Deckenbekleidungsstoffe und dergleichen.

0.5.2 Längenmaß (m), getrennt nach Bauart und Maßen, für

– Leibungen,

– Treppenwangen,

– Gesimse, Hohlkehlen unter Angabe von Höhe und Ausladung,

– Unterzüge, Umrahmungen, Faschen und dergleichen,

– Deckel für Rollladenkästen,

– Rahmen, Riegel, Ständer, Deckenbalken, Vorlagen, Fachwerksteile und dergleichen,

– Blenden, Gardinenleisten und dergleichen,

– Leisten, Kordeln, Borten, Profile und dergleichen,

– Kunststoff-Folie, Spannstoffe.

0.5.3 Anzahl (Stück), getrennt nach Bauart und Maßen, für

– tapezierte, bespannte oder bekleidete Einzelflächen,

– Feldeinteilungen an Wänden, Türen und dergleichen,

– Einbaumöbel oder Möbel,

– Leisten, Gardinenleisten und dergleichen,

– Profile, Ornamente, z. B. Rosetten,

– Tapeten in Rollen, Spannstoffe in Ballen.

5 Abrechnung

Ergänzend zur ATV DIN 18299, Abschnitt 5, gilt:

5.1 Allgemeines

5.1.1 Der Ermittlung der Leistung nach Zeichnungen sind zugrunde zu legen:

- auf Flächen ohne begrenzende Bauteile die Maße der ungeputzten, ungedämmten und nicht bekleideten Flächen,

- auf Flächen mit begrenzenden Bauteilen die Maße der zu behandelnden Flächen bis zu den sie begrenzenden, ungeputzten, ungedämmten bzw. nicht bekleideten Bauteilen, z. B. Oberfläche einer aufgeständerten Fußbodenkonstruktion bzw. Unterfläche einer abgehängten Decke.

5.1.2 Der Ermittlung der Leistung nach Aufmaß sind die Maße des fertigen Bauteils, der fertigen Öffnung und Aussparung zugrunde zu legen.

5.1.3 Die Wandhöhen überwölbter Räume werden bis zum Gewölbeanschnitt, die Wandhöhe der Schildwände bis zu $^2/_3$ des Gewölbestichs gerechnet.

5.1.4 Bei der Flächenermittlung von gewölbten Decken mit einer Stichhöhe unter $^1/_6$ der Spannweite wird die Fläche des überdeckten Raumes gerechnet.

Gewölbe mit größerer Stichhöhe werden nach der Fläche der abgewickelten Untersicht gerechnet.

5.1.5 In Decken, Wänden, Decken- und Wandbekleidungen werden Öffnungen, Aussparungen und Nischen bis zu 2,5 m² Einzelgröße übermessen.

5.1.6 Öffnungen, Nischen und Aussparungen werden auch, falls sie unmittelbar zusammenhängen, getrennt gerechnet.

5.1.7 Rückflächen von Nischen werden unabhängig von ihrer Einzelgröße mit ihrem Maß gesondert gerechnet.

5.1.8 Fußleisten, Sockelfliesen und dergleichen bis 10 cm Höhe werden übermessen.

5.1.9 Gesimse, Umrahmungen und Faschen von Füllungen oder Öffnungen werden beim Ermitteln der Fläche übermessen. Gesimse, Umrahmungen und Faschen werden zusätzlich in ihrer größten Länge gemessen.

5.1.10 Türen, Trennwände und dergleichen werden je tapezierte Seite nach Fläche gerechnet.

5.1.11 Ganz oder teilweise behandelte Leibungen von Öffnungen, Aussparungen und Nischen über 2,5 m² Einzelgröße werden gesondert gerechnet.

Leibungen, die bei bündig versetzten Fenstern, Türen und dergleichen durch Dämmplatten entstehen, werden ebenso gesondert gerechnet.

5.1.12 Nicht mittapezierte Rahmen, Riegel, Ständer, Deckenbalken, Vorlagen und Fachwerksteile aus Holz, Beton oder Metall bis 30 cm Einzelbreite werden übermessen.

5.1.13 Treppenwangen werden in der größten Breite gerechnet.

5.1.14 Wird die Lieferung von Tapeten, Wand- und Deckenbekleidungen, Unterlagsstoffen, Untertapeten, Spannstoffen und dergleichen nach verbrauchter Menge abgerechnet, so ist die tatsächlich verbrauchte Menge bei wirtschaftlicher Ausnutzung der Stoffe zugrunde zu legen. Unvermeidbare Reste und Verschnitte sowie angeschnittene Rollen gelten als verbraucht.

5.2 Es werden abgezogen:

5.2.1 Bei Abrechnung nach Flächenmaß (m²):

Öffnungen, Aussparungen und Nischen über 2,5 m² Einzelgröße.

5.2.2 Bei Abrechnung nach Längenmaß (m):

Unterbrechungen über 1 m Einzellänge.

Erläuterungen

0.5 Abrechnungseinheiten

Abschnitt 0.5 dient dazu, auf die üblichen und zweckmäßigen Abrechnungseinheiten für die jeweilige Teilleistung hinzuweisen. Bei Aufstellung der Leistungsbeschreibung ist die zutreffende Abrechnungseinheit festzulegen.

5 Abrechnung

Ergänzend zur ATV DIN 18299, Abschnitt 5, gilt:

Siehe Kommentierung zu Abschnitt 5 der ATV DIN 18299.

5.1 Allgemeines

5.1.1 Der Ermittlung der Leistung nach Zeichnungen sind zugrunde zu legen:

- **auf Flächen ohne begrenzende Bauteile die Maße der ungeputzten, ungedämmten und nicht bekleideten Flächen,**

- **auf Flächen mit begrenzenden Bauteilen die Maße der zu behandelnden Flächen bis zu den sie begrenzenden, ungeputzten, ungedämmten bzw. nicht bekleideten Bauteilen, z.B. Oberfläche einer aufgeständerten Fußbodenkonstruktion bzw. Unterfläche einer abgehängten Decke.**

Die ATV DIN 18366 unterscheidet im Gegensatz zu anderen ATV jeweils unterschiedliche Maße für die Ermittlung der Leistung

– nach Zeichnungen und

– nach Aufmaß.

Bei der Ermittlung der Leistung nach Zeichnung bestimmen sich die Abrechnungsmaße

– auf Flächen ohne begrenzende Bauteile nach Maßen der ungeputzten, ungedämmten und nicht bekleideten Flächen *(Bild 1 und 2)* und

– auf Flächen mit begrenzenden Bauteilen nach den Maßen der zu behandelnden Flächen bis zu den sie begrenzenden, ungeputzten, ungedämmten, nicht bekleideten Bauteilen, d.h. seitlich, oben und unten an ihrem Zusammenstoß mit anderen Bauteilen *(Bild 3 bis 7)*.

Begrenzende Bauteile im Sinne dieser Abrechnungsvorschrift sind z.B. Rohbauwände, Stützen, Rohdecken, Unterzüge, abgehängte Decken, aufgeständerte Fußbodenkonstruktionen.

Nicht darunter fallen dagegen Einbauteile, wie Verkleidungen von Schächten, Einbauschränke.

Bei der Ermittlung der Leistungen nach Aufmaß sind die Maße der fertigen Leistung zugrunde zu legen (siehe Abschnitt 5.1.2).

Für Abrechnung nach Zeichnung gilt:

Abrechnungsmaße

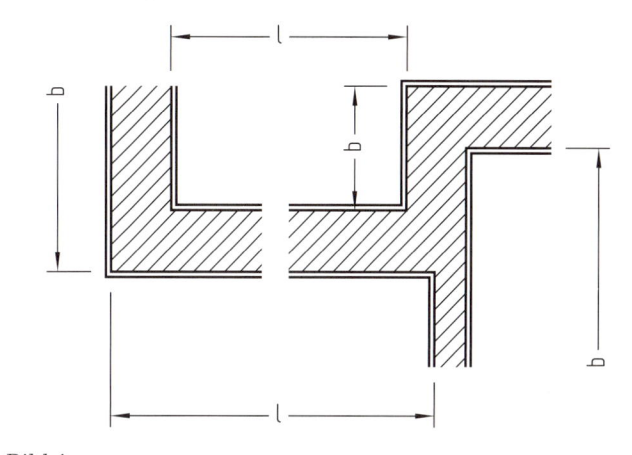

Bild 1

Flächen ohne begrenzende Bauteile in der Länge und Breite

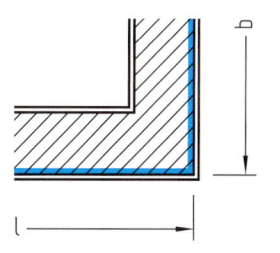

Bild 2

Flächen mit begrenzenden Bauteilen in der Länge und Breite

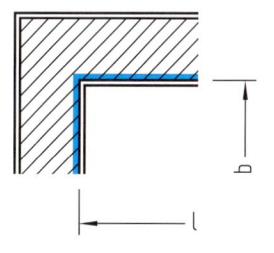

Bild 3

Flächen mit begrenzenden Bauteilen in der Höhe

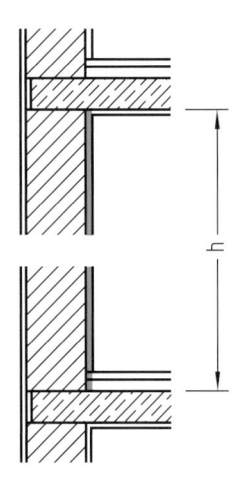

Bild 4

Die Höhe behandelter Wandflächen ermittelt sich von der Oberfläche Rohdecke bis zur Unterfläche Rohdecke.

Als Rohdecke-Ober- und Rohdecke-Unterfläche gelten:

- bei Betondecken die vom Auftragnehmer der Betonarbeiten horizontal abgeglichene Ober- bzw. Unterfläche der Betondecke *(Bild 5)*,
- bei Holzgebälk die Ober- bzw. Unterkante der Balken *(Bild 6)*,
- bei aufgeständerten Fußbodenkonstruktionen die Oberfläche der aufgeständerten Fußbodenkonstruktion *(Bild 7)*,
- bei abgehängten Decken die Unterfläche der abgehängten Deckenkonstruktion *(Bild 7)*.

Betondecke

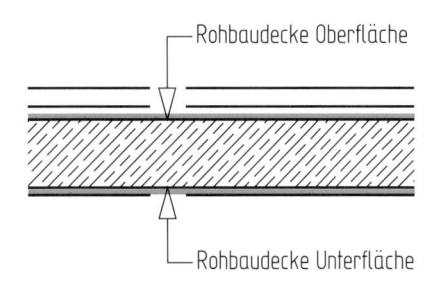

Bild 5

Holzbalkendecke

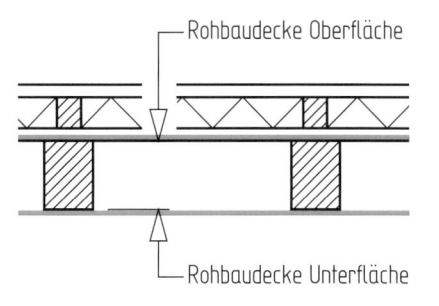

Bild 6

aufgeständerte Fußbodenkonstruktion bzw. abgehängte Decke

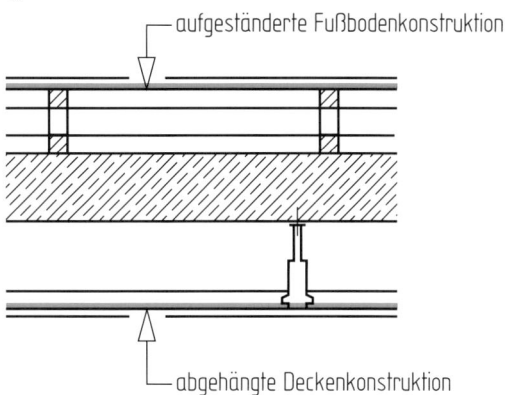

Bild 7

Bei Verkleidungen mit Holz, Gipskartonplatten und dergleichen, soweit sie unmittelbar mit Holz-, Metall- oder Kunststoffprofilen unter der Rohdecke befestigt sind, wird bis Rohdecke-Unterfläche gerechnet.

Aufgeständerte Fußbodenkonstruktionen und abgehängte Decken bilden aufgrund der Bestimmung dieses Abschnittes begrenzende Bauteile. Die Höhe der zu behandelnden Wandflächen ermittelt sich deshalb bis zu den unbekleideten Bauteilen der aufgeständerten Fußbodenkonstruktion bzw. der abgehängten Decke. Bei abgehängten Decken, die nicht unmittelbar an die Wände anschließen, ermittelt sich die Höhe der zu behandelnden Wand bis zur Unterfläche Rohdecke *(Bild 8)*.

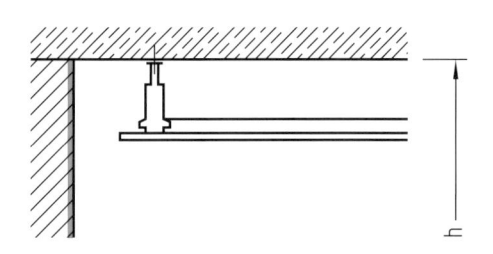

Bild 8

Leistungen, die miteinander in Zusammenhang stehen und gleiche Flächen betreffen, z. B. Abdeckungen, Untergrundvorbehandlungen, Entfernen von Tapeten, ganzflächige Ausgleichsspachtelungen, Unterlagsstoffe, werden, selbst wenn sie in der Leistungsbeschreibung in gesonderten Positionen vorgegeben sind, mit den Maßen der Hauptleistung abgerechnet.

5.1.2 Der Ermittlung der Leistung nach Aufmaß sind die Maße des fertigen Bauteils, der fertigen Öffnung und Aussparung zugrunde zu legen.

Die Abrechnungsregelungen des Abschnittes 5.1.2 betreffen Leistungen, die, falls keine Zeichnungen vorhanden sind, die diesen Leistungen entsprechen, aufzumessen sind.

Dabei sind die Maße des fertigen Bauteils, der fertigen Öffnung und Aussparung zugrunde zu legen. Fertigmaße sind die Maße der erbrachten Leistung. Bei der Ermittlung der Fertigmaße gelten die Bestimmungen der nun folgenden Abschnitte sinngemäß.

Ob nach bestimmten Zeichnungen oder nach Aufmaß abgerechnet werden soll, muss bereits in der Leistungsbeschreibung zum Ausdruck kommen, um dies bei der Preisermittlung entsprechend berücksichtigen zu können. Nachträgliche Änderungen der Aufmaßbestimmungen haben in der Regel neue Preise zur Folge.

5.1.3 Die Wandhöhen überwölbter Räume werden bis zum Gewölbeanschnitt, die Wandhöhe der Schildwände bis zu $^2/_3$ des Gewölbestichs gerechnet.

Die Wandhöhen überwölbter Räume – Seiten- und Schildwände – werden grundsätzlich den Abrechnungsregelungen der Abschnitte 5.1.1 bzw. 5.1.2 entsprechend ermittelt. Danach ist bei Wänden ohne begrenzende Bauteile die Höhe der zu bekleidenden Wand, bei Wänden mit begrenzenden Bauteilen die Höhe der zu bekleidenden Wand bis zum begrenzenden, unbekleideten Bauteil maßgebend. Daneben gilt: Die Höhe der Seitenwand ist bis zum Gewölbeanschnitt und die Höhe der Schildwand bis zum Scheitel des Gewölbes, reduziert um $^1/_3$ des Gewölbestiches, zu rechnen *(Bild 9)*.

Wandhöhen überwölbter Räume

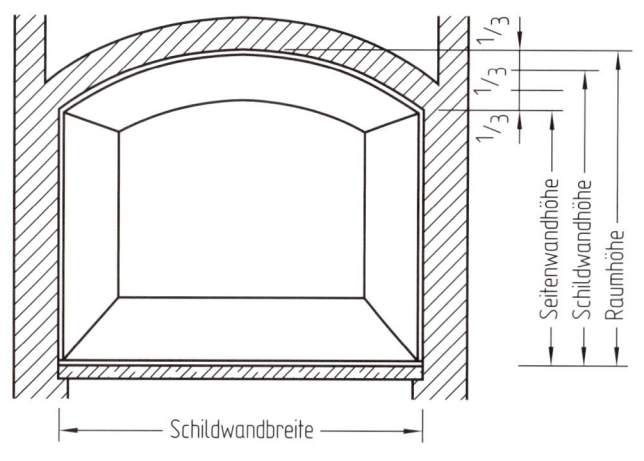

Bild 9

5.1.4 Bei der Flächenermittlung von gewölbten Decken mit einer Stichhöhe unter $^1/_6$ der Spannweite wird die Fläche des überdeckten Raumes gerechnet.

Gewölbe mit größerer Stichhöhe werden nach der Fläche der abgewickelten Untersicht gerechnet.

Gewölbe mit einer Stichhöhe unter $^1/_6$ der Spannweite werden bei Abrechnung nach Flächenmaß nach der Fläche des überdeckten Raumes gerechnet; Gewölbe mit größerer Stichhöhe nach der Fläche der abgewickelten Untersicht *(Bild 10)*.

Aufmaß gewölbter Decken

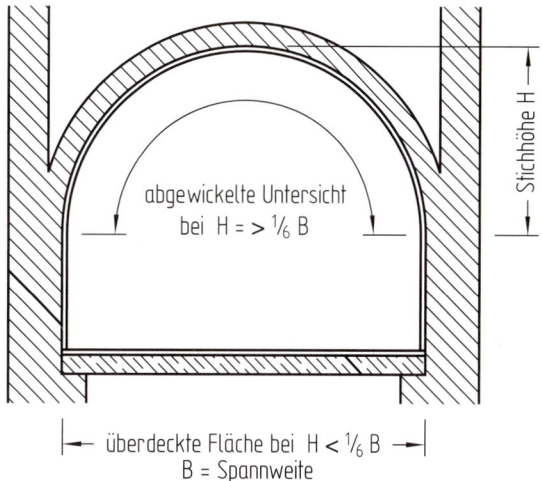

Bild 10

Abgewickelte Untersicht bei $H > ^1/_6\, B$

$A_{\text{abgewickelte Untersicht}} = B \cdot ^1/_2 \cdot 3{,}14 \cdot L$

Überdeckte Fläche bei $H < ^1/_6\, B$

$A_{\text{überdeckte Fläche}} = B \cdot L$

5.1.5 In Decken, Wänden, Decken- und Wandbekleidungen werden Öffnungen, Aussparungen und Nischen bis zu 2,5 m² Einzelgröße übermessen.

Öffnungen, Aussparungen und Nischen

Öffnungen, Aussparungen und Nischen sind gemäß Abschnitt 5.1.1 bzw. 5.1.2 zu messen *(Bild 11)*.

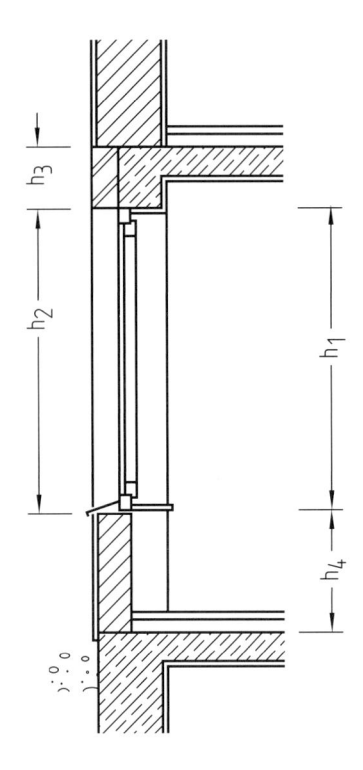

Bild 11

$A_{\text{Öffnung innen}} = b \cdot h_1 > 2{,}5\ m^2$; sie ist abzuziehen.

$A_{\text{Öffnung außen}} = b \cdot h_2 > 2{,}5\ m^2$; sie ist abzuziehen.

Ganz oder teilweise behandelte Leibungen von Öffnungen, Aussparungen und Nischen über 2,5 m² Einzelgröße werden gemäß Abschnitt 5.1.11 gesondert gerechnet.

$A_{\text{Aussparung}} = l \cdot h_3 < 2{,}5\ m^2$; sie ist zu übermessen.

$A_{\text{Nische}} = b \cdot h_4 < 2{,}5\ m^2$; sie ist zu übermessen.

Die Rückfläche der Nische wird gemäß Abschnitt 5.1.7 mit ihrem Maß gesondert gerechnet.

Öffnungen

Öffnungen sind funktional eigenständige, planmäßig angelegte, durch die gesamte Dicke eines Bauteils durchgehende, frei gelassene Räume für den dauernden Gebrauch, z. B. Fenster- und Türöffnungen, auch geschosshohe Durchgänge.

Öffnungen setzen das Vorhandensein von Stürzen nicht voraus. Begrenzende Bauteile sind – auch bei geschosshohen Durchgängen – die seitlichen Rohbauwände und die Unterfläche Rohbaudecke *(Bild 12 bis 16)*.

Wand mit geschosshohem mittigem Durchgang

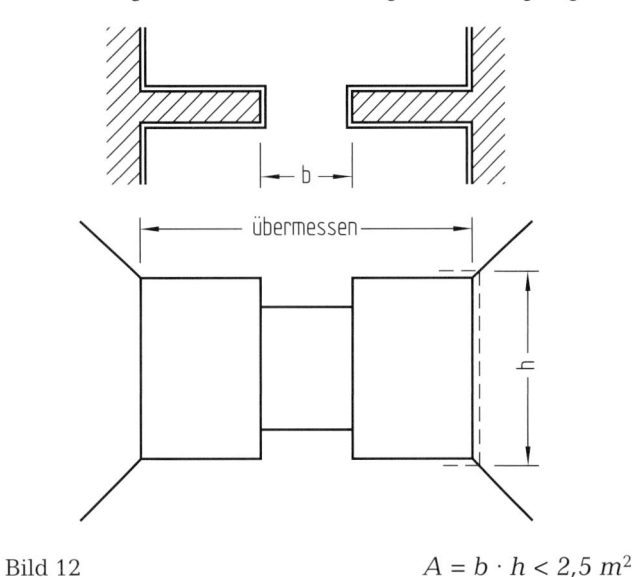

Bild 12 $\qquad A = b \cdot h < 2{,}5\ m^2$

Wand mit Oberlicht und geschosshohem Durchgang

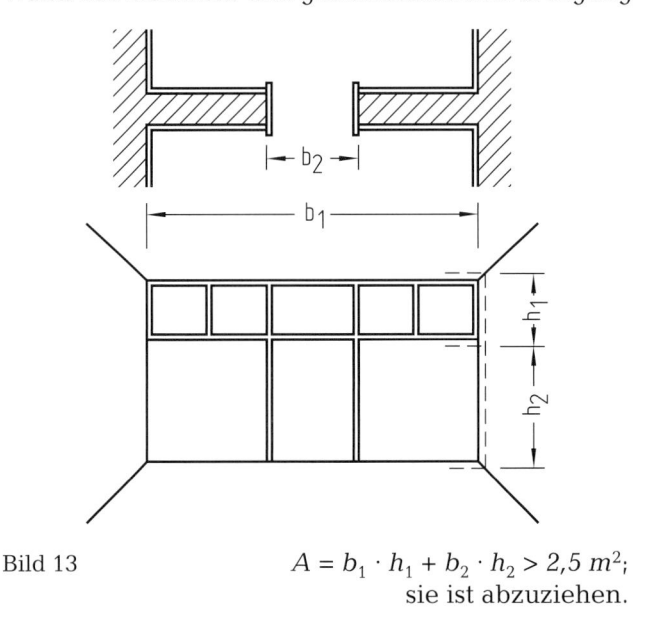

Bild 13 $\qquad A = b_1 \cdot h_1 + b_2 \cdot h_2 > 2{,}5\ m^2$; sie ist abzuziehen.

DIN 18366

Öffnungen werden je Raum bei Ermittlung der Beschichtungsfläche getrennt gemessen und bis zu 2,5 m² Einzelgröße übermessen bzw. über 2,5 m² Einzelgröße gemäß Abschnitt 5.2.1 abgezogen.

Öffnungen übereck werden ebenso je Wand gerechnet *(Bild 14)*.

Öffnung übereck

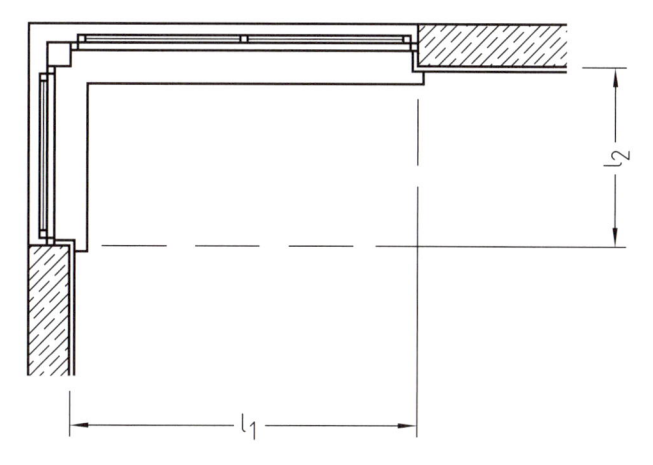

Bild 14

Auch über mehrere Wandflächen zusammenhängende Öffnungen werden je Wandfläche getrennt gerechnet *(Bild 15)*.

Öffnung über mehrere Wandflächen zusammenhängend

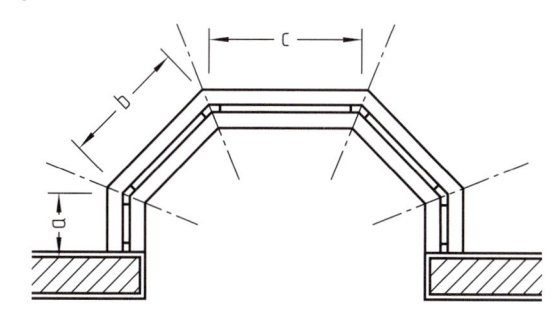

Bild 15

Liegen Öffnungen in Flächen mit unterschiedlichen Tapetenmustern, so wird bei Ermittlung der Öffnungsgröße die dem jeweiligen Tapetenmuster anteilig zugehörige Fläche gerechnet *(Bild 16)*.

Öffnung in Flächen mit unterschiedlichen Tapetenmustern

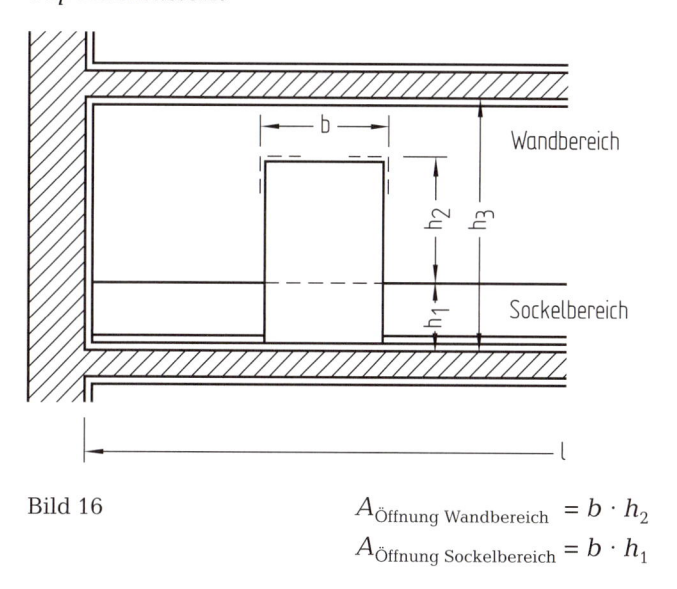

Bild 16

$$A_{\text{Öffnung Wandbereich}} = b \cdot h_2$$
$$A_{\text{Öffnung Sockelbereich}} = b \cdot h_1$$

Aussparungen

Aussparungen sind planmäßig hergestellte Freiräume, z. B. zur Aufnahme von Bauteilen, technischen Anlagen, Leitungen, Rohren, die im fertigen Bauwerk entweder offen oder mit anderen Materialien abgedeckt sind.

Aussparungen sind Teilflächen, die unbehandelt sichtbar bleiben oder mit anderen Materialien bekleidet sind, z. B. Fliesen, Naturwerkstein. Sie werden bis zu 2,5 m² Einzelgröße übermessen bzw. über 2,5 m² Einzelgröße gemäß Abschnitt 5.2.1 abgezogen *(Bild 17 bis 20)*.

Aussparung Fliesenbelag

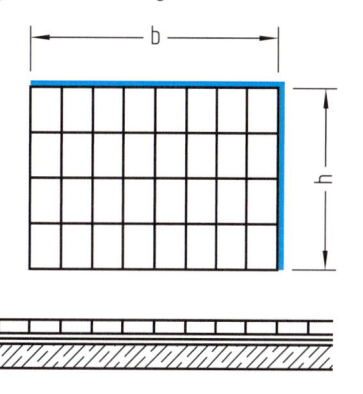

Bild 17

$$A_{\text{Fliesenbelag}} = b \cdot h$$

Aussparung Gesims

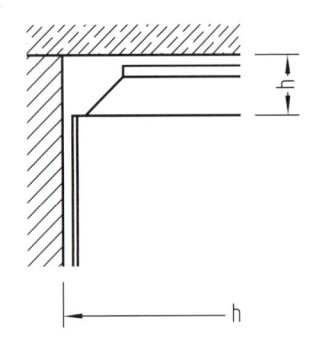

Bild 18 $\qquad A_{\text{Gesims}} = l \cdot h$

Aussparung in Decken – Pfeilervorlage

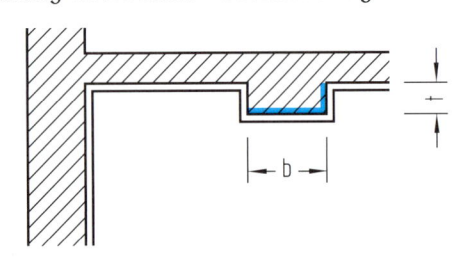

Bild 19 $\qquad A_{\text{Pfeilervorlage}} = b \cdot t$

Aussparung in Decken – Kamin

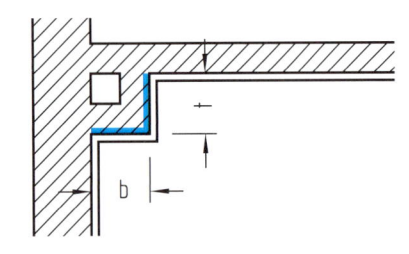

Bild 20 $\qquad A_{\text{Kamin}} = b \cdot t$

Nischen

Nischen sind planmäßig auf Dauer angelegte Freiräume, die das Bauteil nicht durchdringen und zur Gliederung der Wandfläche oder zur Aufnahme von Schränken, Heizkörpern u.Ä. dienen. Die obere und untere Begrenzung kann durch die Decke bzw. durch den Fußboden gebildet sein.

Nischen werden bis zu 2,5 m² Einzelgröße übermessen bzw. über 2,5 m² Einzelgröße gemäß Abschnitt 5.2.1 abgezogen *(Bild 21)*.

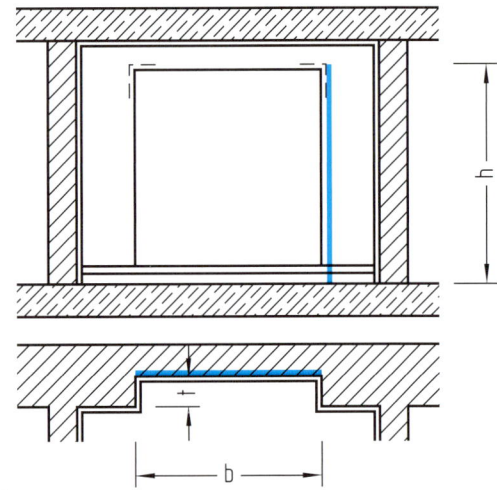

Bild 21

Nischen übereck werden ebenso wie Öffnungen je Wand gesondert gerechnet *(Bild 14 und 15)*.

Zusammenfassend ist in Verbindung mit den Abschnitten 5.1.7 und 5.1.11 beispielhaft festzustellen:

– Nischen bis zu 2,5 m² Einzelgröße:
 Die Nische wird übermessen. Die Leibungen, gleichgültig ob ganz oder teilweise behandelt oder nicht, bleiben unberücksichtigt. Die Rückfläche der Nische ist, soweit behandelt, unabhängig von ihrer Größe zusätzlich zu rechnen.

– Nischen über 2,5 m² Einzelgröße:
 Die Nische wird abgezogen. Die Leibungen, soweit ganz oder teilweise behandelt, werden gesondert gerechnet. Die Rückfläche der Nische ist, soweit behandelt, zusätzlich zu rechnen.

– Nischen mit Öffnung jeweils bis 2,5 m² Einzelgröße:
 Nische und Öffnung werden übermessen. Die Leibungen bleiben unberücksichtigt. Die Rückfläche der Nische ist, soweit behandelt, zusätzlich zu rechnen.

– Nischen über 2,5 m² Einzelgröße mit Öffnung bis zu 2,5 m² Einzelgröße:
 Die Nische wird abgezogen, die Öffnung übermessen. Die Leibungen der Nische werden, soweit ganz oder teilweise behandelt, gesondert gerechnet, die der Öffnung bleiben unberücksichtigt. Die Rückfläche der Nische ist, soweit behandelt, zusätzlich zu rechnen.

– Nischen mit Öffnung jeweils über 2,5 m² Einzelgröße:
 Nische und Öffnung werden abgezogen. Die Leibungen der Nische und der Öffnung werden, soweit ganz oder teilweise behandelt, gesondert gerechnet. Die Rückfläche der Nische ist, soweit behandelt, zusätzlich zu rechnen.

5.1.6 Öffnungen, Nischen und Aussparungen werden auch, falls sie unmittelbar zusammenhängen, getrennt gerechnet.

Grenzen Öffnungen, Nischen und Aussparungen unmittelbar aneinander, so sind Öffnungen, Nischen und Aussparungen zur Beurteilung der Übermessungsgrößen getrennt zu rechnen *(Bild 22)*.

Öffnungen, Nischen, Aussparungen

Im Zusammenhang mit der Begriffsdefinition „Öffnung, Nische, Aussparung" siehe Abschnitt 5.1.5.

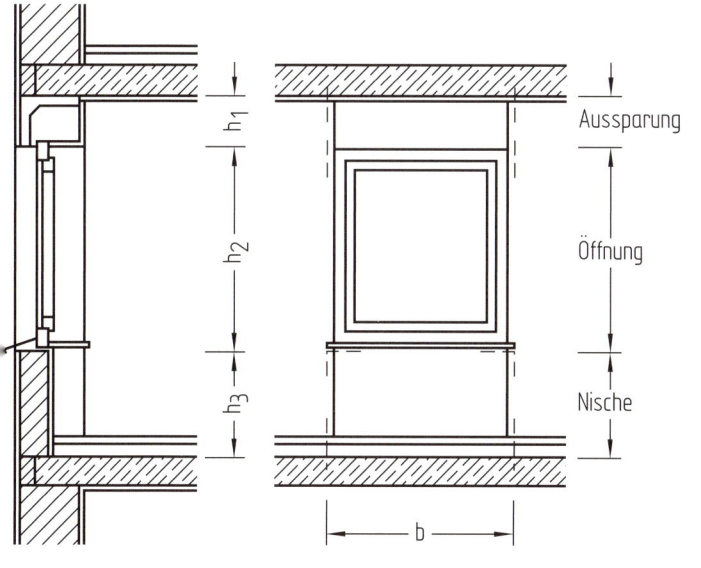

Bild 22

$A_{\text{Aussparung}} = b \cdot h_1 < 2{,}5 \ m^2$; sie ist zu übermessen.

$A_{\text{Öffnung}} \ \ \ = b \cdot h_2 > 2{,}5 \ m^2$; sie ist abzuziehen.

Die Leibungen sind gemäß Abschnitt 5.1.11 gesondert zu rechnen.

$A_{\text{Nische}} \ \ \ = b \cdot h_3 < 2{,}5 \ m^2$; sie ist zu übermessen.

Die Leibungen bleiben gemäß Abschnitt 5.1.11 unberücksichtigt. Die Rückfläche ist gemäß Abschnitt 5.1.7 gesondert zu rechnen.

Balkontür-Fenster-Kombination (sog. Bockfenster)

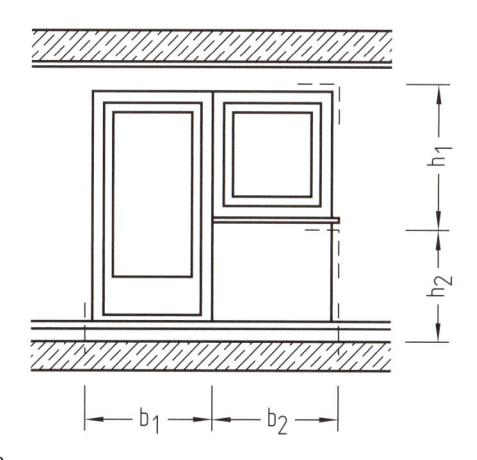

Bild 23

Hängen Tür und Fenster unmittelbar zusammen, gelten sie als eine Öffnung.

$A_{\text{Öffnung}} = b_1 \cdot (h_1 + h_2) + b_2 \cdot h_1 > 2{,}5 \ m^2$; sie ist abzuziehen.

$A_{\text{Nische}} \ = b_2 \cdot h_2 < 2{,}5 \ m^2$; sie ist zu übermessen.

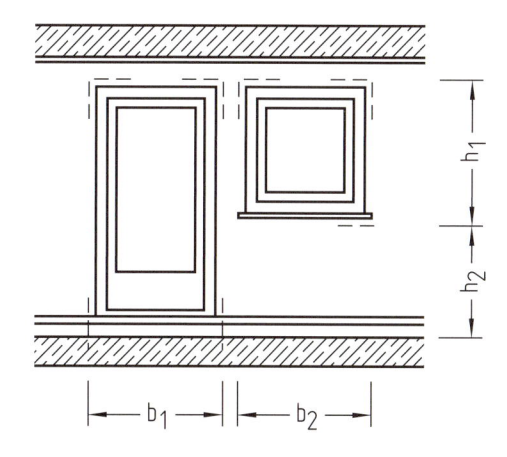

Bild 24

Sind Tür und Fenster konstruktiv durch Mauerwerk oder andere Bauteile getrennt, gelten sie jeweils als eine Öffnung.

$A_{\text{Türöffnung}} \ \ \ \ = b_1 \cdot (h_1 + h_2) < 2{,}5 \ m^2$; sie ist zu übermessen.

$A_{\text{Fensteröffnung}} = b_2 \cdot h_1 < 2{,}5 \ m^2$; sie ist zu übermessen.

$A_{\text{Nische}} \ \ \ \ \ \ \ \ = b_2 \cdot h_2 < 2{,}5 \ m^2$; sie ist zu übermessen.

5.1.7 Rückflächen von Nischen werden unabhängig von ihrer Einzelgröße mit ihrem Maß gesondert gerechnet.

Nischen werden gemäß Abschnitt 5.1.5 bis zu 2,5 m² Einzelgröße übermessen.

Darüber hinaus wird, unabhängig von der Einzelgröße der Nische deren Rückfläche, falls sie wie die Wandfläche selbst oder in anderer Weise zu behandeln ist, stets gesondert gerechnet *(Bild 25)*. Dabei spielt es keine Rolle, ob die Leibungen ganz, teilweise oder gar nicht zu behandeln sind (siehe in diesem Zusammenhang auch Abschnitte 5.1.5 und 5.1.11, insbesondere die beispielhafte Zusammenfassung nach *Bild 21)*.

Nischenrückfläche

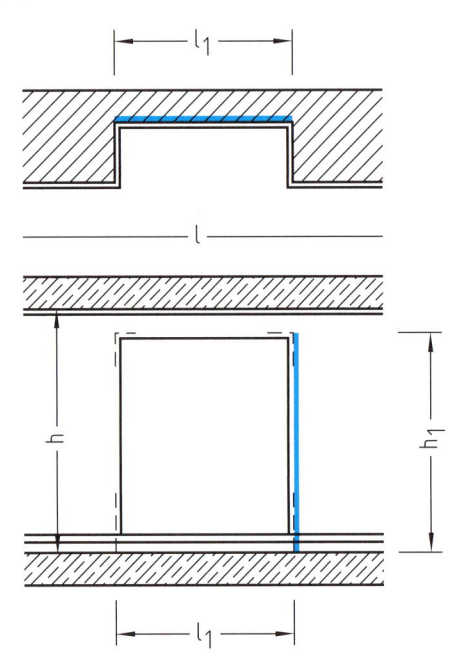

Bild 25

$A_{\text{Wand}} = l \cdot h + l_1 \cdot h_1$, falls $l_1 \cdot h_1 < 2{,}5 \, m^2$

Die Leibungen bleiben unberücksichtigt.

5.1.8 Fußleisten, Sockelfliesen und dergleichen bis 10 cm Höhe werden übermessen.

Entscheidend hierfür ist die sichtbare Höhe der Fußleiste oder Sockelfliese, nicht der Abstand der Fußleisten- oder Sockelfliesenoberkante von der Oberfläche Rohdecke *(Bild 26 und 27)*.

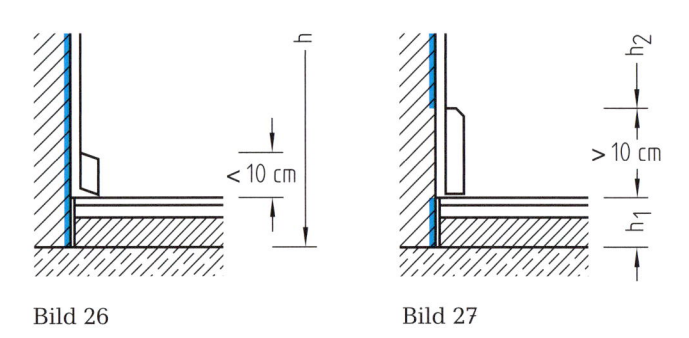

Bild 26   Bild 27

Bei Fußleisten und Sockelfliesen von mehr als 10 cm Höhe ist demnach die Höhe der zu tapezierenden Wand, die gemäß Abschnitt 5.1.1 von der Oberfläche Rohdecke bis Unterfläche Rohdecke zählt, um das Maß der sichtbaren Fußleiste bzw. Sockelfliese zu reduzieren.

5.1.9 Gesimse, Umrahmungen und Faschen von Füllungen oder Öffnungen werden beim Ermitteln der Fläche übermessen. Gesimse, Umrahmungen und Faschen werden zusätzlich in ihrer größten Länge gemessen.

Gesimse, Tür- und Fensterumrahmungen, Faschen u. Ä. werden, soweit sie behandelt sind, übermessen und zusätzlich in ihren größten Längen gemessen *(Bild 28 und 29)*.

Gesimse

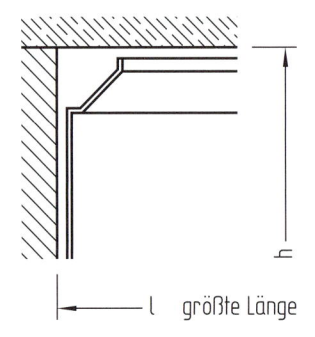

Bild 28

Umrahmungen

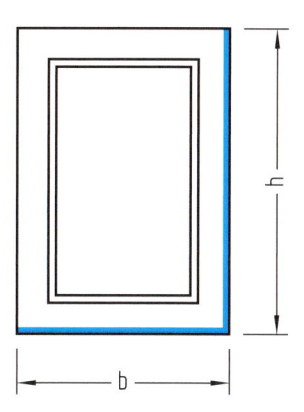

Bild 29   größte Länge = $2 \cdot (b + h)$

5.1.10 Türen, Trennwände und dergleichen werden je tapezierte Seite nach Fläche gerechnet.

Türen, Trennwände und dergleichen werden je tapezierte Seite nach Fläche gerechnet, und zwar gemäß Abschnitt 5.1.1 bis zu den sie begrenzenden, nicht bekleideten Bauteilen *(Bild 30 und 31)*.

Türen

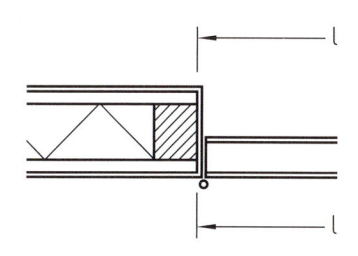

Bild 30 $A_{\text{Tür}} = 2 \cdot l \cdot h$

Trennwände

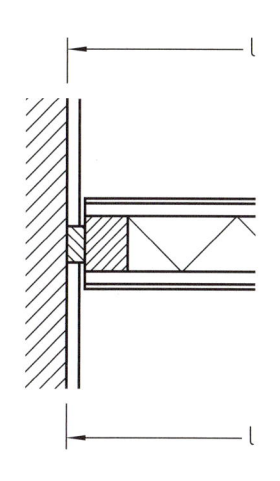

Bild 31 $A_{\text{Trennwand}} = 2 \cdot l \cdot h$

5.1.11 Ganz oder teilweise behandelte Leibungen von Öffnungen, Aussparungen und Nischen über 2,5 m² Einzelgröße werden gesondert gerechnet.

Leibungen, die bei bündig versetzten Fenstern, Türen und dergleichen durch Dämmplatten entstehen, werden ebenso gesondert gerechnet.

Leibungen von Öffnungen, Aussparungen und Nischen sind als solche einzuordnen, wenn sie innerhalb des Bauteils liegen. Die Leibungsfläche muss also grundsätzlich innerhalb der Mauerdicke liegen. Ragt die Leibungsfläche über das Bauteil hinaus, ist sie als Teil der Wand zu behandeln *(Bild 32)*.

Definition der Leibung

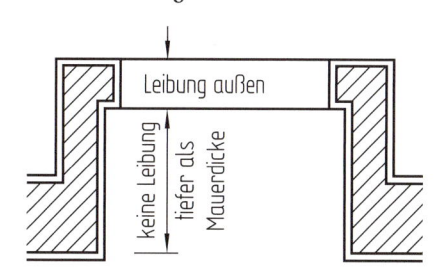

Bild 32

Leibungen werden nur dann gesondert gerechnet, wenn sie ganz oder teilweise behandelt sind und wenn die dazugehörige Öffnung, Aussparung und Nische jeweils größer als 2,5 m² ist (siehe in diesem Zusammenhang auch Abschnitte 5.1.5 und 5.1.7, insbesondere die beispielhafte Zusammenfassung nach *Bild 21*).

Die Abrechnung erfolgt gemäß Abschnitt 0.5.2 nach Längenmaß.

Im Interesse einer eindeutigen und zuverlässigen Preiskalkulation und Abrechnung ist dringend zu empfehlen, im Bauvertrag getrennt nach Leibungstiefe gesonderte Positionen dafür vorzusehen. Dies gilt insbesondere für übergroße Leibungen, deren Fläche die der Öffnung, Aussparung oder Nische übertrifft.

Leibungen von Öffnungen

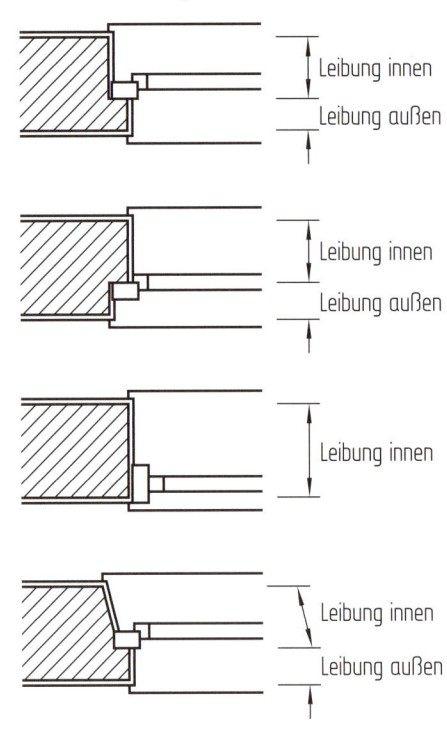

Leibung innen
Leibung außen

Leibung innen
Leibung außen

Leibung innen

Leibung innen
Leibung außen

Bild 33

Leibungen von Aussparungen

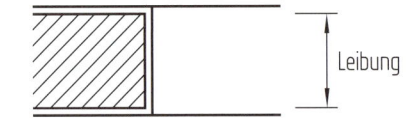

Leibung

Bild 34

Leibungen von Nischen

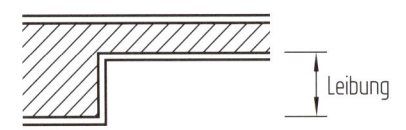

Leibung

Bild 35

Vorsprünge, die bei vormals bündig versetzten Fenstern, Türen und dergleichen nachträglich, z. B. durch Anbringen von Dämmplatten, entstehen, sind Leibungen und werden ebenso gesondert gerechnet *(Bild 36)*.

Leibung

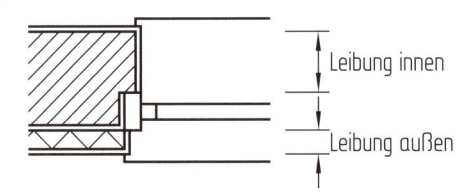

Leibung innen
Leibung außen

Bild 36

5.1.12 Nicht mittapezierte Rahmen, Riegel, Ständer, Deckenbalken, Vorlagen und Fachwerksteile aus Holz, Beton oder Metall bis 30 cm Einzelbreite werden übermessen.

Rahmenwerk, Fachwerkdecken und Fachwerkteile aus Holz, Beton oder Metall werden auch, falls sie nicht mittapeziert werden, bis 30 cm Einzelbreite übermessen. Eine zu behandelnde Holzbalkendecke z. B., deren Balken unbehandelt bleiben, ist, soweit die Deckenbalken 30 cm Einzelbreite nicht überschreiten, in der gesamten Fläche gemäß Abschnitt 5.1.1 bis zu den sie begrenzenden, nicht bekleideten Bauteilen zu messen *(Bild 37)*.

Holzbalkendecke

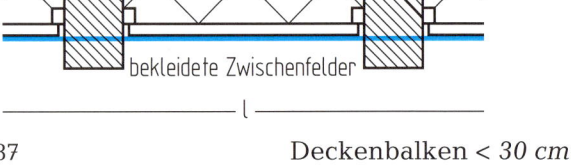

bekleidete Zwischenfelder
l

Bild 37   Deckenbalken < 30 cm
$$A = l \cdot b$$

5.1.13 Treppenwangen werden in der größten Breite gerechnet.

Die größte Breite der Wange ist bestimmt durch den senkrechten Abstand der Oberkante von der Unterkante an der breitesten Stelle *(Bild 38)*.

Treppenwange

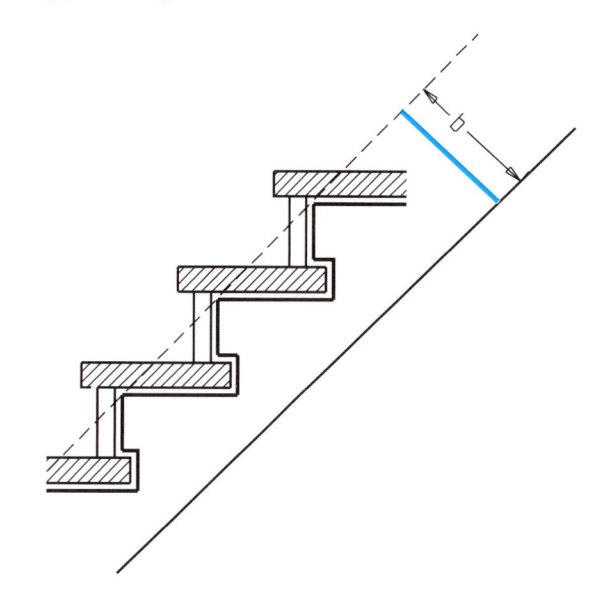

Bild 38

5.1.14 Wird die Lieferung von Tapeten, Wand- und Deckenbekleidungen, Unterlagsstoffen, Untertapeten, Spannstoffen und dergleichen nach verbrauchter Menge abgerechnet, so ist die tatsächlich verbrauchte Menge bei wirtschaftlicher Ausnutzung der Stoffe zugrunde zu legen. Unvermeidbare Reste und Verschnitte sowie angeschnittene Rollen gelten als verbraucht.

Als verbrauchte Menge bei wirtschaftlicher Ausnutzung der Stoffe gelten:

– alle verbrauchten Rollen,

– unverwertbare Abschnitte, wie sie sich beim Zuschneiden ergeben,

– Rollenreste, die selbst für kleine Flächen, z. B. über Türen und Fenstern, nicht mehr ausreichen.

Als verbraucht gelten auch solche Rollen, von denen einzelne mustergerechte Bahnen oder Stücke abgeschnitten werden mussten, um den Tapetenbedarf für eine Tapeziereinheit zu decken.

Solch eine Tapeziereinheit können z. B. eine Decke, ein oder mehrere Räume sein, soweit sie einheitlich mit einem Tapetenmuster beklebt werden. Es kann aber auch eine Wand sein, wenn diese im Unterschied zu den übrigen Wänden mit einem anderen Tapetenmuster tapeziert wird.

Stückelungen der Längs- und Querrichtung sind ohne Einverständnis des Auftraggebers nicht zulässig.

5.2 Es werden abgezogen:

Für die Bemessung der Übermessungsgrößen sind bei Abrechnung nach Flächenmaß die Maße gemäß Abschnitt 5.1.1 zugrunde zu legen.

5.2.1 Bei Abrechnung nach Flächenmaß (m²):

Öffnungen, Aussparungen und Nischen über 2,5 m² Einzelgröße.

Abgezogen werden:

Öffnungen, Aussparungen und Nischen über 2,5 m² Einzelgröße (Bild 39)

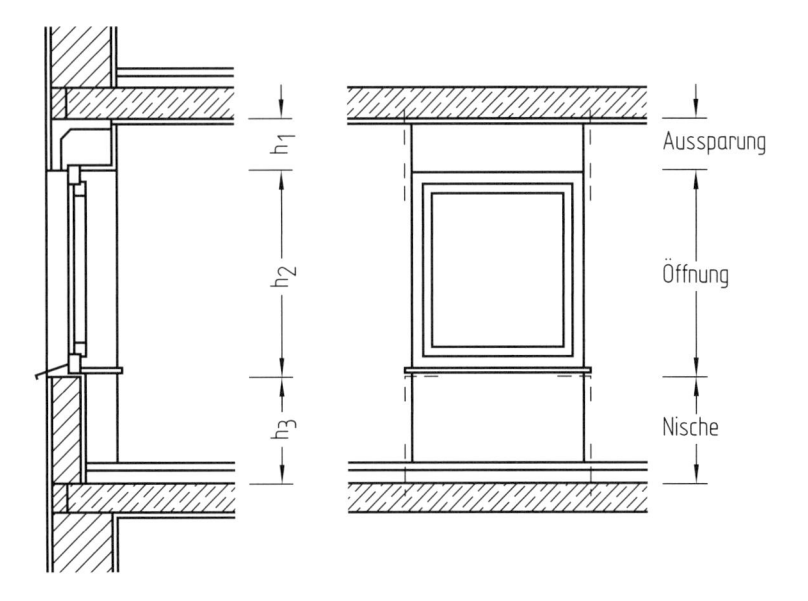

Bild 39

$A_{\text{Aussparung}} = b \cdot h_1 < 2{,}5\ m^2$; sie ist zu übermessen.

$A_{\text{Öffnung}} = b \cdot h_2 > 2{,}5\ m^2$; sie ist abzuziehen.

$A_{\text{Nische}} = b \cdot h_3 < 2{,}5\ m^2$; sie ist zu übermessen.

5.2.2 Bei Abrechnung nach Längenmaß (m):

Unterbrechungen über 1 m Einzellänge.

Abgezogen werden Unterbrechungen über 1 m Einzellänge.

DIN 18367

Holzpflasterarbeiten – DIN 18367

Ausgabe Dezember 2002

Geltungsbereich

Die ATV „Holzpflasterarbeiten" – DIN 18367 – gilt für Holzpflaster in Innenräumen.

0.5 Abrechnungseinheiten

Im Leistungsverzeichnis sind die Abrechnungseinheiten wie folgt vorzusehen:

0.5.1 Flächenmaß (m^2), getrennt nach Holzart, Klotzhöhe und Verlegeart, für

- *Holzpflaster,*
- *Holzschutz,*
- *Oberflächenschutz.*

0.5.2 Längenmaß (m), getrennt nach Bauart und Maßen, für

- *Schließen von Fugen,*
- *Anarbeiten von Holzpflaster an Einbauteile und Einrichtungsgegenstände,*
- *Dämmstreifen,*
- *Leisten, Profile, Kanten, Schienen.*

0.5.3 Anzahl (Stück), getrennt nach Bauart und Maßen, für

- *Holzpflaster auf Stufen und Schwellen,*
- *Abschluss- und Trennschienen,*
- *Anarbeiten von Holzpflaster in Räumen mit besonderer Installation.*

5 Abrechnung

Ergänzend zur ATV DIN 18299, Abschnitt 5, gilt:

5.1 Allgemeines

5.1.1 Der Ermittlung der Leistung – gleichgültig, ob sie nach Zeichnung oder nach Aufmaß erfolgt – sind zugrunde zu legen:

Bei Holzpflaster

- auf Flächen mit begrenzenden Bauteilen die Maße der zu belegenden Flächen bis zu den begrenzenden, ungeputzten bzw. nicht bekleideten Bauteilen,
- auf Flächen ohne begrenzende Bauteile deren Maße,
- auf Flächen von Stufen und Schwellen deren größte Maße.

5.1.2 Bei der Ermittlung des Längenmaßes wird die größte Bauteillänge gemessen.

5.1.3 In Holzpflaster nachträglich eingearbeitete Teile werden übermessen.

5.2 Es werden abgezogen:

5.2.1 Bei Abrechnung nach Flächenmaß (m^2):

Aussparungen, z. B. für Pfeiler, Pfeilervorlagen, Rohrdurchführungen, über 0,1 m^2 Einzelgröße.

5.2.2 Bei Abrechnung nach Längenmaß (m):

Unterbrechungen über 1 m Einzellänge.

Erläuterungen

0.5 Abrechnungseinheiten

Abschnitt 0.5 dient dazu, auf die üblichen und zweckmäßigen Abrechnungseinheiten für die jeweilige Teilleistung hinzuweisen. Bei Aufstellung der Leistungsbeschreibung ist die zutreffende Abrechnungseinheit festzulegen.

5 Abrechnung

Ergänzend zur ATV DIN 18299, Abschnitt 5, gilt:

5.1 Allgemeines

5.1.1 Der Ermittlung der Leistung – gleichgültig, ob sie nach Zeichnung oder nach Aufmaß erfolgt – sind zugrunde zu legen:

Bei Holzpflaster

- **auf Flächen mit begrenzenden Bauteilen die Maße der zu belegenden Flächen bis zu den begrenzenden, ungeputzten bzw. nicht bekleideten Bauteilen,**
- **auf Flächen ohne begrenzende Bauteile deren Maße,**
- **auf Flächen von Stufen und Schwellen deren größte Maße.**

Die Abrechnungsmaße für Holzpflaster sind wie folgt zu ermitteln:

- auf Flächen mit begrenzenden Bauteilen ohne Berücksichtigung eventueller Bekleidungen und Putz,
  - seitlich am Zusammenstoß mit dem begrenzenden Bauteil *(Bild 1)*,
  - frei endend am Ende des Belages *(Bild 2)*,
- auf Flächen ohne begrenzende Bauteile nach den zu belegenden Flächen *(Bild 3)*,
- auf Flächen von Stufen und Schwellen nach deren größten Abmessungen *(Bild 4)*.

Flächen mit begrenzenden Bauteilen

seitlich

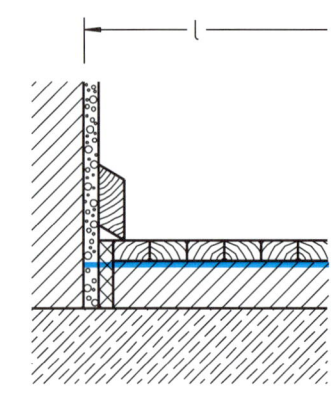

Bild 1

frei endend

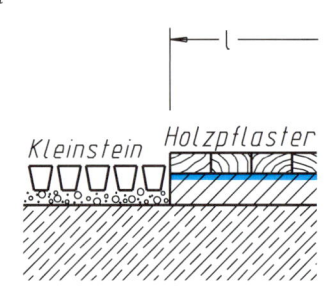

Bild 2

Flächen ohne begrenzende Bauteile

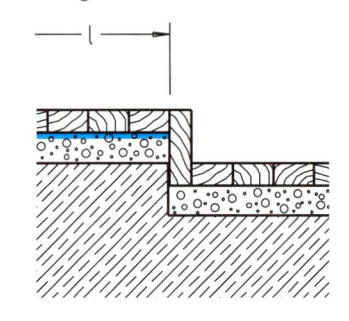

Bild 3

Flächen von Stufen und Schwellen

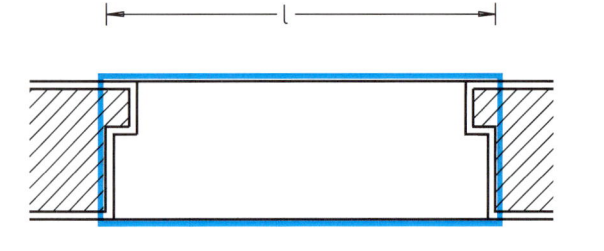

Bild 4

DIN 18367

Beispiel

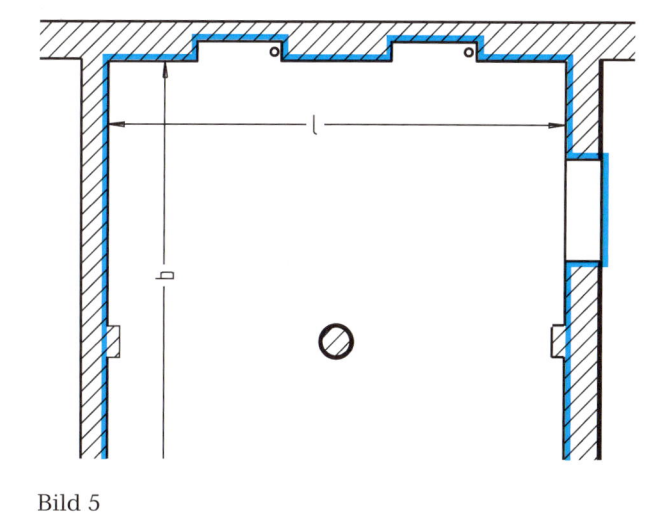

Bild 5

Das Holzpflaster ist bis zu den begrenzenden, nicht bekleideten Bauteilen zu messen *(Bild 5)*.

$A = l \cdot b$

Die Fläche der Pfeilervorlage, des Pfeilers sowie die der Rohrdurchführung werden nach Abschnitt 5.2.1 übermessen, wenn ihre Einzelflächen nicht größer als 0,1 m² sind.

Die Fläche der Türschwelle und der Nischen werden mit ihren Maßen bis zu den sie begrenzenden Bauteilen gerechnet.

5.1.2 Bei der Ermittlung des Längenmaßes wird die größte Bauteillänge gemessen.

Bei der Abrechnung nach Längenmaß ist die größte Länge des jeweiligen Bauteils zugrunde zu legen.

Bei Bauteilen, z. B. streifenförmige Holzpflasterflächen, deren Abrechnung im Bauvertrag nach Längenmaß vorgegeben ist, wird die größte Bauteillänge gemessen *(Bild 6)*.

Holzpflaster – Randfries

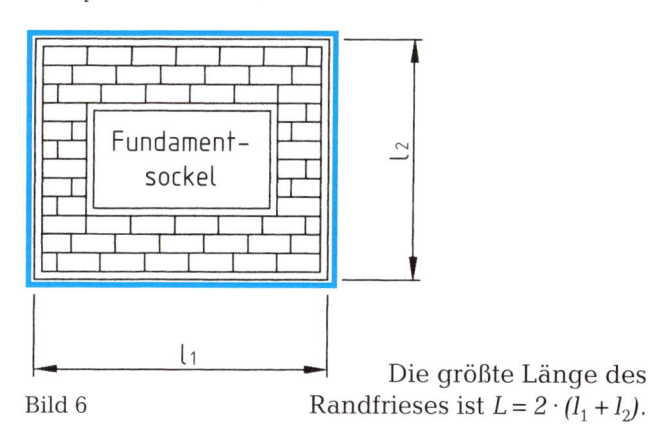

Bild 6   Die größte Länge des Randfriese ist $L = 2 \cdot (l_1 + l_2)$.

5.1.3 In Holzpflaster nachträglich eingearbeitete Teile werden übermessen.

Für die Abrechnung von Holzpflaster mit eingearbeiteten Teilen gilt das vorher Gesagte entsprechend; dabei werden jedoch, falls nicht anders festgelegt, die eingearbeiteten Teile übermessen.

5.2 Es werden abgezogen:

5.2.1 Bei Abrechnung nach Flächenmaß (m²):

Aussparungen, z. B. für Pfeiler, Pfeilervorlagen, Rohrdurchführungen, über 0,1 m² Einzelgröße.

5.2.2 Bei Abrechnung nach Längenmaß (m):

Unterbrechungen über 1 m Einzellänge.

DIN 18379

Raumlufttechnische Anlagen – DIN 18379

Ausgabe Dezember 2002

Geltungsbereich

Die ATV „Raumlufttechnische Anlagen" (RLT-Anlagen) – DIN 18379 – gilt für Raumlufttechnische Anlagen, bei denen Luft mechanisch gefördert wird.

Die ATV DIN 18379 gilt nicht für freie Lüftungssysteme und für Prozesslufttechnische Anlagen, bei denen die Luft ausschließlich zur Durchführung eines technischen Prozesses innerhalb von Apparaten, Kabinen oder Maschinen gefördert wird.

0.5 Abrechnungseinheiten

Im Leistungsverzeichnis sind die Abrechnungseinheiten wie folgt vorzusehen:

0.5.1 Flächenmaß (m^2), getrennt nach Art und Abrechnungsgruppen gemäß Tabelle 1, für eckige Luftleitungen und deren Formteile, z. B. Endböden, Abschlussdeckel, Trennbleche und Überlappungen, Passstücke, Luftlenkeinrichtungen.

Tabelle 1 – Abrechnungsgruppen

Lfd. Nr.	Luftleitungen Abrechnungsgruppe	Formteile	Größte Kantenlänge mm
1	L 1	F 1	bis 500
2	L 2	F 2	über 500 bis 1000
3	L 3	F 3	über 1000 bis 1500
4	L 4	F 4	über 1500 bis 2000
5	L 5	F 5	über 2000

0.5.2 Längenmaß (m), getrennt nach Art, Nennweite und Wanddicke, für

– starre und flexible Luftleitungen.

0.5.3 Anzahl (Stück),

– getrennt nach Leistungsdaten und kennzeichnenden Merkmalen, für

– Ventilatoren, Antriebsmotoren, Luftfilter, Luftbefeuchter, Warmlufterzeuger, Lufterwärmer, Luftkühler, Schalldämpfer und dergleichen;

– getrennt nach Art und Abmessung, für

– Absperrorgane, Regelorgane, Drosselklappen und ähnliche Geräte,

– Luftdurchlässe, Deckel von Öffnungen für technische und hygienische Arbeiten im Luftleitungsnetz, Wand- und Deckenhülsen,

– Wand- und Deckendurchführungen mit besonderen Anforderungen, z. B. luftdicht,

– Befestigungen, z. B. geschweißte Konstruktionen, Aufhängungen,

– Schwingelemente und sonstige Bauteile für körperschallgedämpfte Befestigungen,

– Schiebestutzen, Luftdurchlassstutzen und -kästen, Ausschnitte für Luftdurchlässe;

– getrennt nach Art, Maßen und Feuerwiderstandsklasse, für

– Absperreinrichtungen gegen Brandübertragung (Brandschutzklappen);

– getrennt nach Art, Nennweite, Wanddicke, Winkel und mittlerem Krümmungshalbmesser, für

– Bögen,

– Formteile und Verbindungsstücke für Luftleitungen.

0.5.4 Gewicht (kg), getrennt nach Art, für

– besondere Befestigungskonstruktionen, z. B. Tragkonstruktionen (getrennt nach Art und Maßen),

– Frostschutzmittel,

– organische Wärmeträger,

– Kältemittel.

5 Abrechnung

Ergänzend zur ATV DIN 18299, Abschnitt 5, gilt:

5.1 Der Ermittlung der Leistung – gleichgültig, ob sie nach Zeichnung oder nach Aufmaß erfolgt – sind die Maße der Anlagenteile zugrunde zu legen. Stücklisten dürfen hinzugezogen werden.

5.2 Bei Abrechnung nach Flächenmaß (m²) werden Luftleitungen und Luftleitungsformteile nach äußerer Oberfläche, ermittelt aus dem größten Umfang (U_{max}) und der größten Länge (l_{max}), ohne Berücksichtigung der Wärmedämmung gerechnet.

Ausschnitte für Luftdurchlässe und Stutzen werden nicht abgezogen.

Formteile gemäß Tabelle 2 und der Abrechnungsgruppen F1 bis F5 (Tabelle 1, abgedruckt bei Abschnitt 0.5.1) mit einer ermittelten Oberfläche von weniger als 1 m² werden mit 1 m² gerechnet (mit Kurzzeichen SR nur bei einer Länge von 100 bis 500 mm).

Zur Ermittlung von U_{max} und l_{max} sind die Formeln der Tabelle 2 anzuwenden.

5.3 Bei Abrechnung nach Längenmaß (m) werden Luftleitungen einschließlich Bögen, Formteile und Verbindungsstücke in der Mittelachse gemessen. Dabei werden Bögen bis zum Schnittpunkt der Mittelachsen gemessen.

Bögen und sonstige Formteile werden zusätzlich gerechnet.

5.4 Deckel von Öffnungen werden zusätzlich gerechnet.

5.5 Bei Abrechnung nach Gewicht (kg) ist das Gewicht nach folgenden Grundsätzen zu berechnen:

5.5.1 Es sind anzusetzen:

– bei Stahlblechen und Bandstahl 8 kg/m² je 1 mm Dicke,

– bei genormten Profilen das Gewicht nach DIN-Normen mit einem Zuschlag von 2% für Walzwerktoleranzen,

– bei anderen Profilen das Gewicht aus den Profilbüchern der Hersteller.

5.5.2 Bei geschraubten, geschweißten oder genieteten Stahlkonstruktionen werden zu dem nach Abschnitt 5.5.1 ermittelten Gewicht 2% zugeschlagen.

5.5.3 Bei verzinkten Bauteilen oder verzinkten Konstruktionen werden zu den Gewichten, die nach den zuvor genannten Grundsätzen ermittelt wurden, 5% für die Verzinkung zugeschlagen.

Tabelle 2 – Luftleitungen und deren Formteile, größte Umfänge, größte Längen, Flächen   Maße in Millimeter

Lfd. Nr.	Benennung Kurzzeichen Größe[1])	Darstellung, Maße	Größter Umfang U_{max}	Größte Länge a bis c bzw. $\varnothing\, d$ l_{max}
1	Luftleitung L $l > 900$		$2 \cdot (a+b)$	l bei Passlängen: $l + 200$
2	Luftleitung in Trapezform TL $f = f_{max}$		$a + c + \sqrt{b^2 + f^2}$ $+ \sqrt{(a-c-f)^2 + b^2}$	l
3	Luftleitungsteil LT $l \leq 900$		$2 \cdot (a+b)$	l
4	Übergangsstutzen SU $l \leq 900$ $c = a$		$2 \cdot (a+b)$	$\sqrt{(l^2 + (b-d)^2)}$
5	Stutzen, rund SR $l \leq 500$		$\pi \cdot d$	l

[1]) Für Luftleitungen L ($l > 900$) gelten die Abrechnungsgruppen L, für alle anderen Bauteile die Abrechnungsgruppen F 1 bis F 5 der Tabelle 1 (abgedruckt bei Abschnitt 0.5.1).

Tabelle 2 *(fortgesetzt)*   Maße in Millimeter

Lfd. Nr.	Benennung Kurzzeichen Größe[1])	Darstellung, Maße	Größter Umfang U_{max} [2])	Größte Länge a bis c bzw. $\varnothing\, d$ l_{max} [2])
6	Bogen, symmetrisch BS $e \leq 500$ $f \leq 500$		$2 \cdot (a+b)$	$\dfrac{\alpha \cdot \pi\,(r+b)}{180} + e + f$
7	Bogenübergang BA $c = a$ $e \leq 500$ $f \leq 500$		Bedingung $b \geq d$: $2 \cdot (a+b)$	$\dfrac{\alpha \cdot \pi\,(r+b)}{180} + e + f$
			Bedingung $b < d$: $2 \cdot (c+d)$	$\dfrac{\alpha \cdot \pi\,(r+d)}{180} + e + f$
8	Winkel (Knie), symmetrisch WS $r = 0$[3]) $e \leq 500$ $f \leq 500$		$2 \cdot (a+b)$	$2 \cdot b + e + f$

[1]) siehe Seite 351
[2]) sind für U_{max} und l_{max} mehrere Rechenformeln angegeben, so sind für die Berechnung der Oberfläche die Formeln anzuwenden, die die größten Maße für U und l ergeben.
[3]) wenn nicht besonders angegeben

Tabelle 2 *(fortgesetzt)*   Maße in Millimeter

Lfd. Nr.	Benennung Kurzzeichen Größe[1])	Darstellung, Maße	Größter Umfang U_{max}[2])	Größte Länge a bis c bzw. $\varnothing\, d$ l_{max}[2])
9	Winkel- (Knie-) Übergang WA $r = 0$[3]) $e \leq 500$ $f \leq 500$		Bedingung $b \geq d$: $2 \cdot (a+b)$	$b+d+e+f$
			Bedingung $b < d$: $2 \cdot (c+d)$	$b+d+e+f$
10	[4]) Übergang, symmetrisch US $e = \dfrac{b-d}{2}$ $f = \dfrac{a-c}{2}$		Bedingung $a+b \geq c+d$: $2 \cdot (a+b)$	Bedingung $e \geq f$: $\sqrt{(l^2 + e^2)}$
			Bedingung $a+b < c+d$: $2 \cdot (c+d)$	Bedingung $e < f$: $\sqrt{(l^2 + f^2)}$
11	[4]) Übergang, asymmetrisch UA		Bedingung $a+b \geq c+d$: $2 \cdot (a+b)$	Bedingung $b-d+e \geq e$: $\sqrt{l^2 + (b-d+e)^2}$
				Bedingung $b-d+e < e$: $\sqrt{(l^2 + e^2)}$
			Bedingung $a+b < c+d$: $2 \cdot (c+d)$	Bedingung $a-c+f \geq f$: $\sqrt{l^2 + (a-c+f)^2}$
				Bedingung $a-c+f < f$: $\sqrt{(l^2 + f^2)}$

[1]) siehe Seite 351   [2]) und [3]) siehe Seite 352
[4]) Der Koordinatenmittelpunkt liegt immer in der rechten oberen Ecke des linken Querschnitts. Beim Ergebnis der Vergleichsbedingungen sind die errechneten Werte ohne Vorzeichen zu verwenden.

Tabelle 2 *(fortgesetzt)* — Maße in Millimeter

Lfd. Nr.	Benennung Kurzzeichen Größe[1]	Darstellung, Maße	Größter Umfang U_{max} [2]	Größte Länge a bis c bzw. $\varnothing\, d$ l_{max} [2]
12	[4] Rohrübergang, symmetrisch RS $e = \dfrac{b-d}{2}$ $f = \dfrac{a-d}{2}$	*m* nach DIN 24145	Bedingung $a+b \geq \dfrac{\pi \cdot d}{2}$: $2 \cdot (a+b)$	Bedingung $e \geq f$: $\sqrt{(l^2 + e^2)}$
			Bedingung $a+b < \dfrac{\pi \cdot d}{2}$: $\pi \cdot d$	Bedingung $e < f$: $\sqrt{(l^2 + f^2)}$
13	[4] Rohrübergang, asymmetrisch RA	*m* nach DIN 24145	Bedingung $a+b \geq \dfrac{\pi \cdot d}{2}$: $2 \cdot (a+b)$	Bedingung $b-d+e \geq e$: $\sqrt{l^2 + (b-d+e)^2}$
				Bedingung $b-d+e < e$: $\sqrt{(l^2 + e^2)}$
			Bedingung $a+b < \dfrac{\pi \cdot d}{2}$: $\pi \cdot d$	Bedingung $a-d+f \geq f$: $\sqrt{l^2 + (a-d+f)^2}$
				Bedingung $a-d+f < f$: $\sqrt{(l^2 + f^2)}$
14	[4] Etage, symmetrisch ES $f = 0$		$2 \cdot (a+b)$	$\sqrt{(l^2 + e^2)}$

[1]) siehe Seite 351   [2]) siehe Seite 352   [4]) siehe Seite 353

DIN 18379

Tabelle 2 *(fortgesetzt)*   Maße in Millimeter

Lfd. Nr.	Benennung Kurzzeichen Größe[1])	Darstellung, Maße	Größter Umfang U_{max}[2])	Größte Länge a bis c bzw. $\varnothing\, d$ l_{max}[2])
15	[4]) Etagenübergang EA $c=a$ $f=0$		Bedingung $b \geq d$: $2 \cdot (a+b)$	Bedingung $b-d+e \geq e$: $\sqrt{l^2+(b-d+e)^2}$
			Bedingung $b < d$: $2 \cdot (c+d)$	Bedingung $b-d+e < e$: $\sqrt{(l^2+e^2)}$
16	T-Stück, oben gerade TG $g=c=a$		a) durchgehendes Teil Bedingung $a+b \geq c+d$: $2 \cdot (a+b)$	l
			Bedingung $a+b < c+d$: $2 \cdot (c+d)$	
			b) abzweigendes Teil $2 \cdot (g+h)$	Bedingung $d+m-b \geq m$: $d+m-b$
				Bedingung $d+m-b < m$: m
			Die Oberflächen aus a) und b) werden addiert.	

[1]) siehe Seite 351   [2]) siehe Seite 352   [4]) siehe Seite 353

Tabelle 2 *(fortgesetzt)* Maße in Millimeter

Lfd. Nr.	Benennung Kurzzeichen Größe[1])	Darstellung, Maße	Größter Umfang U_{max}[2])	Größte Länge a bis c bzw. $\varnothing\, d$ l_{max}[2])
17	[4]) T-Stück, oben schräg TA $g=c=a$		a) durchgehendes Teil Bedingung $b \geq d$: $2 \cdot (a+b)$	$\sqrt{(l^2+e^2)}$
			Bedingung $b < d$: $2 \cdot (c+d)$	
			b) abzweigendes Teil $2 \cdot (g+h)$	Bedingung $d+m-b-e \geq m$: $d+m-b-e$
				Bedingung $d+m-b-e < m$: m
			Die Oberflächen aus a) und b) werden addiert.	
18	[4]) Hosen- stück HS $g=c=a$ $f=0$ $m \geq 2 \cdot$ Flansch- höhe		Bedingung $b \geq d+m+h$: $2 \cdot (a+b)$	Bedingung $b-h-m-d+e \geq e$: $\sqrt{l^2+(b-h-m-d+e)^2}$
			Bedingung $b < d+m+h$: $2 \cdot (c+d+m+h)$	Bedingung $b-h-m-d+e < e$: $\sqrt{(l^2+e^2)}$

[1]) siehe Seite 351   [2]) siehe Seite 352   [4]) siehe Seite 353

Tabelle 2 *(fortgesetzt)* Maße in Millimeter

Lfd. Nr.	Benennung Kurzzeichen Größe[1])	Darstellung, Maße	Flächenmaß A
19	Boden BO		$a \cdot b$
20	Trennblech TR		$b \cdot l$
			$a \cdot l$
21	Leitblech LB		$\dfrac{a \cdot \pi \cdot r}{180} \cdot a$ In die Abrechnung gehen nur die Leitbleche ein, deren Stückzahl größer ist als nachfolgend angegeben: Kantenlänge b: mm | Leitbleche Anzahl 400 bis 1.250 | 1 über 1.250 bis 2.000 | 2 über 2.000 | 3
	Kombiteil KO	Kombination z. B. von Luftleitung und Formteil oder von Formteilen untereinander, werkseitig auf einen Rahmen montiert und als einzelnes Teil geliefert.	Die Oberfläche wird durch Addition der Oberflächen der zur Kombination gehörenden Teile ermittelt.
	Sonder-Formteil SO	Formteile, die sich aufgrund ihrer Bauform nicht in die Tabelle einreihen lassen.	Die Oberfläche ist in Anlehnung an vorstehende Formeln zu ermitteln.
	Schiebestutzen, Luftdurchlassstutzen, Luftdurchlasskästen, Ausschnitte für Luftdurchlässe, Öffnungen und Deckel für technische und hygienische Arbeiten in Luftleitungssystemen.		Die Abrechnung ist nach Anzahl (Stück) vorzunehmen.

[1]) siehe Seite 351

Erläuterungen

0.5 Abrechnungseinheiten

Abschnitt 0.5 dient dazu, auf die üblichen und zweckmäßigen Abrechnungseinheiten für die jeweilige Teilleistung hinzuweisen. Bei Aufstellung der Leistungsbeschreibung ist die zutreffende Abrechnungseinheit festzulegen.

5 Abrechnung

Ergänzend zur ATV DIN 18299, Abschnitt 5, gilt:

Siehe Kommentierung zu Abschnitt 5 der ATV DIN 18299.

5.1 Der Ermittlung der Leistung – gleichgültig, ob sie nach Zeichnung oder nach Aufmaß erfolgt – sind die Maße der Anlagenteile zugrunde zu legen. Stücklisten dürfen hinzugezogen werden.

5.2 Bei Abrechnung nach Flächenmaß (m²) werden Luftleitungen und Luftleitungsformteile nach äußerer Oberfläche, ermittelt aus dem größten Umfang (U_{max}) und der größten Länge (l_{max}), ohne Berücksichtigung der Wärmedämmung gerechnet.

Ausschnitte für Luftdurchlässe und Stutzen werden nicht abgezogen.

Formteile gemäß Tabelle 2 und der Abrechnungsgruppen F1 bis F5 (Tabelle 1, abgedruckt bei Abschnitt 0.5.1) mit einer ermittelten Oberfläche von weniger als 1 m² werden mit 1 m² gerechnet (mit Kurzzeichen SR nur bei einer Länge von 100 bis 500 mm).

Zur Ermittlung von U_{max} und l_{max} sind die Formeln der Tabelle 2 anzuwenden.

Für die Ermittlung von Oberflächen zur Abrechnung von Luftleitungen und Luftleitungsformteilen gelten die in der Tabelle 2 angegebenen Formeln für U_{max} und l_{max}.

Nachstehende Bauteile finden dabei Berücksichtigung:

– Luftleitungen,

– Übergänge,

– Kombi-Stücke,

– Trennbleche und

– Leitbleche.

Eventuell vorhandene Wärmedämmungen bleiben dabei unberücksichtigt.

Beispiel

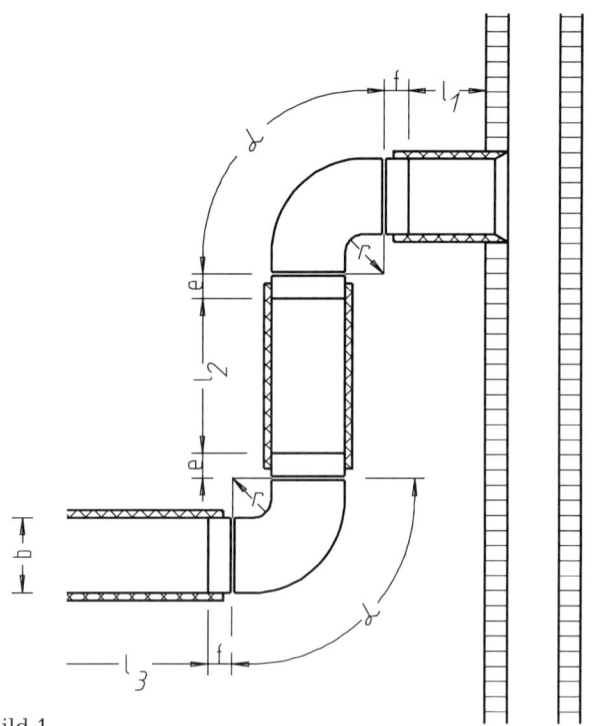

Bild 1

$$A = 2 \cdot (a + b) \cdot \left[\left(\frac{\alpha \cdot \pi \cdot r}{180} + e + f\right) \cdot 2 + l_1 + l_2 + l_3\right]$$

Verbindungen, z. B. Steck-, Flansch- oder Schweißverbindungen, werden übermessen.

Ausschnitte, z. B. Gitter und Stutzen, werden unabhängig von ihrer Größe beim Aufmaß übermessen.

Formteile der Tabelle 2 und der Abrechnungsgruppen F1 bis F5, deren Oberfläche kleiner als 1 m² ist, werden mit 1 m² abgerechnet *(Bild 2)*.

Bild 2

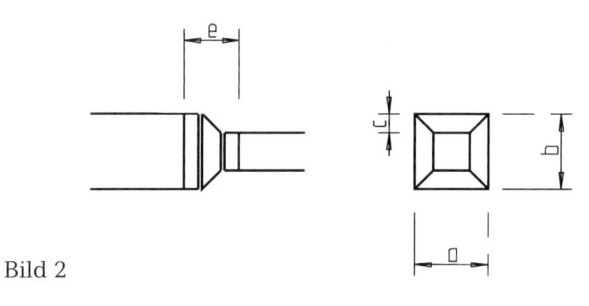

1 m², wenn $A \leq 2 \cdot (a + b) \cdot \sqrt{e^2 + c^2}$

5.3 Bei Abrechnung nach Längenmaß (m) werden Luftleitungen einschließlich Bögen, Formteile und Verbindungsstücke in der Mittelachse gemessen. Dabei werden Bögen bis zum Schnittpunkt der Mittelachsen gemessen.

Bögen und sonstige Formteile werden zusätzlich gerechnet.

Luftleitungen werden einschließlich Bögen, Formteile und Verbindungsstücke in der Mittelachse gemessen.

Zusätzlich dazu werden jedoch Bögen und sonstige Formteile gesondert gerechnet.

Abzweigende Leitungen werden in der Mittelachse vom Schnittpunkt mit der Mittelachse der Leitung, von der sie abzweigen, bis zum Ende gemessen *(Bild 3 und 4)*.

Bögen werden bei Abrechnung nach Längenmaß bis zum Schnittpunkt der Mittelachse der jeweils anschließenden Luftleitungen gemessen *(Bild 5)*.

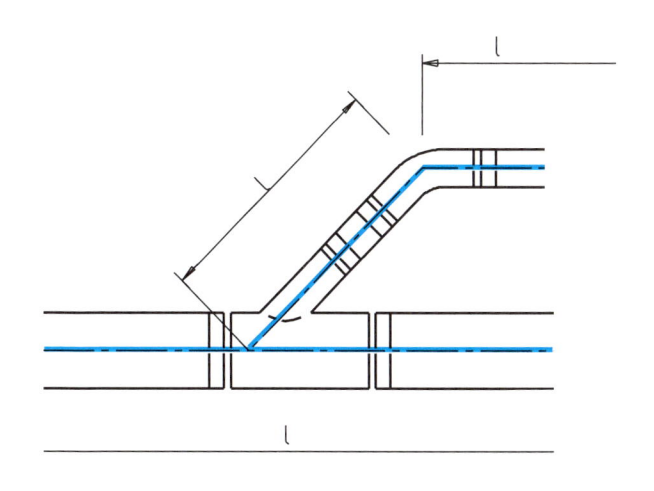

Bild 5

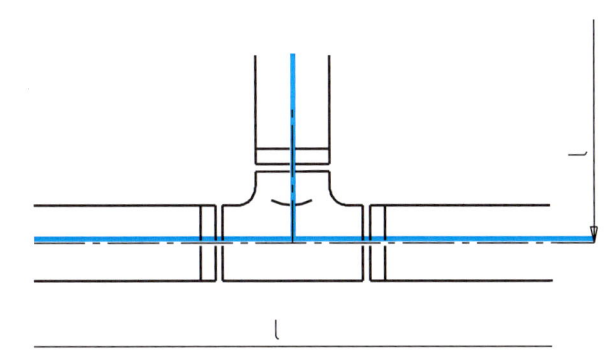

Bild 3

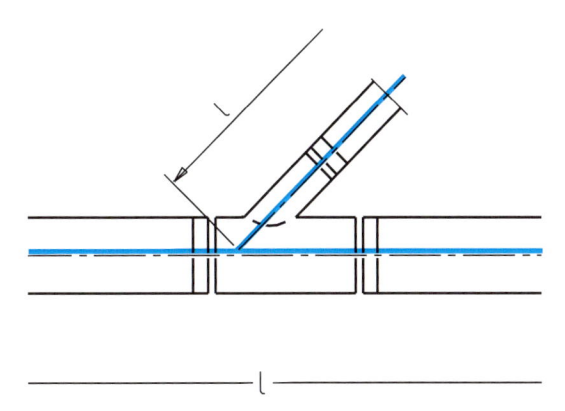

Bild 4

5.4 Deckel von Öffnungen werden zusätzlich gerechnet.

Deckel von Öffnungen, z. B. für technische und hygienische Arbeiten im Luftleitungsnetz, werden zusätzlich gerechnet.

5.5 Bei Abrechnung nach Gewicht (kg) ist das Gewicht nach folgenden Grundsätzen zu berechnen:

5.5.1 Es sind anzusetzen:

- **bei Stahlblechen und Bandstahl 8 kg/m² je 1 mm Dicke,**
- **bei genormten Profilen das Gewicht nach DIN-Normen mit einem Zuschlag von 2% für Walzwerktoleranzen,**
- **bei anderen Profilen das Gewicht aus den Profilbüchern der Hersteller.**

5.5.2 Bei geschraubten, geschweißten oder genieteten Stahlkonstruktionen werden zu dem nach Abschnitt 5.5.1 ermittelten Gewicht 2% zugeschlagen.

5.5.3 Bei verzinkten Bauteilen oder verzinkten Konstruktionen werden zu den Gewichten, die nach den zuvor genannten Grundsätzen ermittelt wurden, 5% für die Verzinkung zugeschlagen.

DIN 18380

Heizanlagen und zentrale Wassererwärmungsanlagen – DIN 18380

Ausgabe Dezember 2002

Geltungsbereich

Die ATV „Heizanlagen und zentrale Wassererwärmungsanlagen" – DIN 18380 – gilt für Heizanlagen mit zentraler Wärmeerzeugung sowie für zentrale Wassererwärmungsanlagen.

0.5 Abrechnungseinheiten

Im Leistungsverzeichnis sind die Abrechnungseinheiten wie folgt vorzusehen:

0.5.1 Flächenmaß (m^2), getrennt nach Art, Aufbau und mittlerem Verlegeabstand, für Flächenheizungen, z. B. Fußbodenheizungen.

0.5.2 Längenmaß (m), getrennt nach Art und Maßen, für
- Rohrleitungen,
- Befestigungsschienen,
- Spülen von Rohrleitungen.

0.5.3 Anzahl (Stück), getrennt nach Art und Maßen, für
- Rohrbögen, Formstücke und Befestigungselemente einschließlich Schweiß-, Löt- und Dichtungsmaterial in Rohrleitungen,
- Verbindungselemente, z. B. Manschetten, Verschraubungen, Flanschverbindungen,
- Wand- und Deckendurchführungen mit besonderen Anforderungen, z. B. luftdicht oder gasdicht,
- Einzelbefestigungen für Rohrleitungen, Tragkonstruktionen, Festpunkte,
- Apparate, Verteiler, Sammler,
- Wärmeerzeuger und Wassererwärmer, Abgasanlagen, Regelung,
- Liefern, Aufstellen und Anschließen von Heizflächen aller Art,
- Abnehmen, Wiederaufstellen und Wiederanschließen schon montierter Heizflächen,
- Funktions-, Bezeichnungs- und Hinweisschilder,
- Bauteile mit besonderen Anforderungen an den Schallschutz, z. B. Körperschalldämmung,
- Bauteile für Brandschutzmaßnahmen,
- alle übrigen Teile, wie
  - Einrichtungen zur Regelung und Anzeige von Temperatur, Druck, Wasserstand u. dgl.,
  - Sicherheitseinrichtungen für Temperatur, Druck, Wasserstand u. dgl.,
  - Pumpen und Armaturen.

0.5.4 Gewicht (kg), getrennt nach Art und Maßen, für
- besondere Befestigungskonstruktionen, z. B. Tragkonstruktionen, Festpunkte,
- Frostschutzmittel,
- organische Wärmeträger.

5 Abrechnung

Ergänzend zur ATV DIN 18299, Abschnitt 5, gilt:

5.1 Der Ermittlung der Leistung – gleichgültig, ob sie nach Zeichnungen oder nach Aufmaß erfolgt – sind die Maße der Anlagenteile zugrunde zu legen. Stücklisten dürfen hinzugezogen werden.

5.2 Bei Abrechnung nach Flächenmaß (m²) für Flächenheizungen, z.B. Fußbodenheizungen, sind zugrunde zu legen:

- auf Flächen mit begrenzenden Bauteilen die Maße der zu belegenden Flächen bis zu den sie begrenzenden, ungeputzten, ungedämmten bzw. nicht bekleideten Bauteilen,
- auf Flächen ohne begrenzende Bauteile die Maße der zu belegenden Flächen.

5.3 Bei Abrechnung nach Längenmaß (m) werden Rohrleitungen einschließlich Bögen, Form-, Pass- und Verbindungsstücken in der Mittelachse gemessen. Dabei werden Rohrbögen bis zum Schnittpunkt der Mittelachsen gemessen. Armaturen und Formstücke werden zusätzlich gerechnet.

5.4 Bei Abrechnung nach Gewicht (kg) ist das Gewicht nach folgenden Grundsätzen zu berechnen:

5.4.1 Es sind anzusetzen:

- bei Stahlblechen und Bandstahl 8 kg/m² je 1 mm Dicke,
- bei genormten Profilen das Gewicht nach DIN-Normen mit einem Zuschlag von 2 % für Walzwerktoleranzen,
- bei anderen Profilen das Gewicht aus den Profilbüchern der Hersteller.

5.4.2 Bei geschraubten, geschweißten oder genieteten Stahlkonstruktionen werden dem nach Abschnitt 5.4.1 ermittelten Gewicht 2 % zugeschlagen.

5.4.3 Bei verzinkten Bauteilen oder verzinkten Konstruktionen werden zu den Gewichten, die nach den zuvor genannten Grundsätzen ermittelt wurden, 5 % für die Verzinkung zugeschlagen.

Erläuterungen

0.5 Abrechnungseinheiten

Abschnitt 0.5 dient dazu, auf die üblichen und zweckmäßigen Abrechnungseinheiten für die jeweilige Teilleistung hinzuweisen. Bei Aufstellung der Leistungsbeschreibung ist die zutreffende Abrechnungseinheit festzulegen.

5 Abrechnung

Ergänzend zur ATV DIN 18299, Abschnitt 5, gilt:

Siehe Kommentierung zu Abschnitt 5 der ATV DIN 18299.

5.1 Der Ermittlung der Leistung – gleichgültig, ob sie nach Zeichnungen oder nach Aufmaß erfolgt – sind die Maße der Anlagenteile zugrunde zu legen. Stücklisten dürfen hinzugezogen werden.

5.2 Bei Abrechnung nach Flächenmaß (m²) für Flächenheizungen, z.B. Fußbodenheizungen, sind zugrunde zu legen:

- auf Flächen mit begrenzenden Bauteilen die Maße der zu belegenden Flächen bis zu den sie begrenzenden, ungeputzten, ungedämmten bzw. nicht bekleideten Bauteilen,
- auf Flächen ohne begrenzende Bauteile die Maße der zu belegenden Flächen.

DIN 18380

Die Abrechnungsmaße für Flächenheizungen, z. B. Fußbodenheizung, sind wie folgt zu ermitteln:

– auf Flächen mit begrenzenden Bauteilen nach der zu belegenden Fläche bis zu den sie begrenzenden Bauteilen ohne Berücksichtigung von Bekleidungen, Putz und dergleichen *(Bild 1 und 3)*,

– auf Flächen ohne begrenzende Bauteile nach der zu belegenden Fläche selbst *(Bild 2 und 3)*.

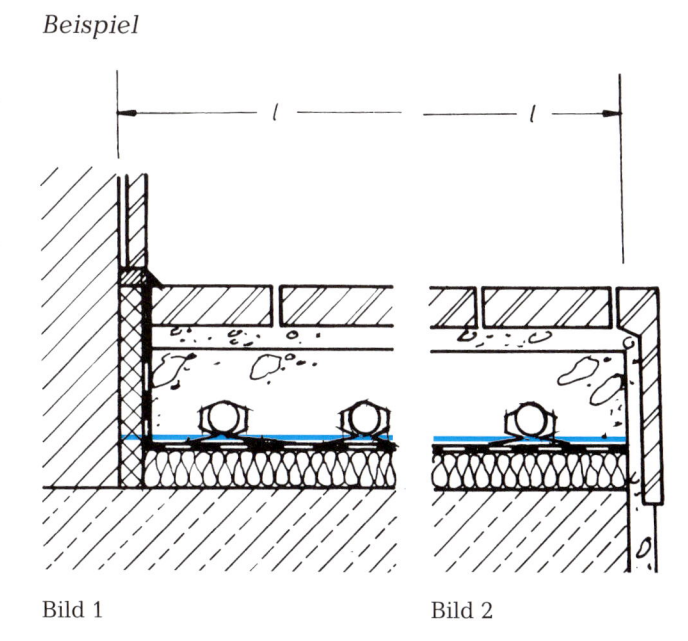

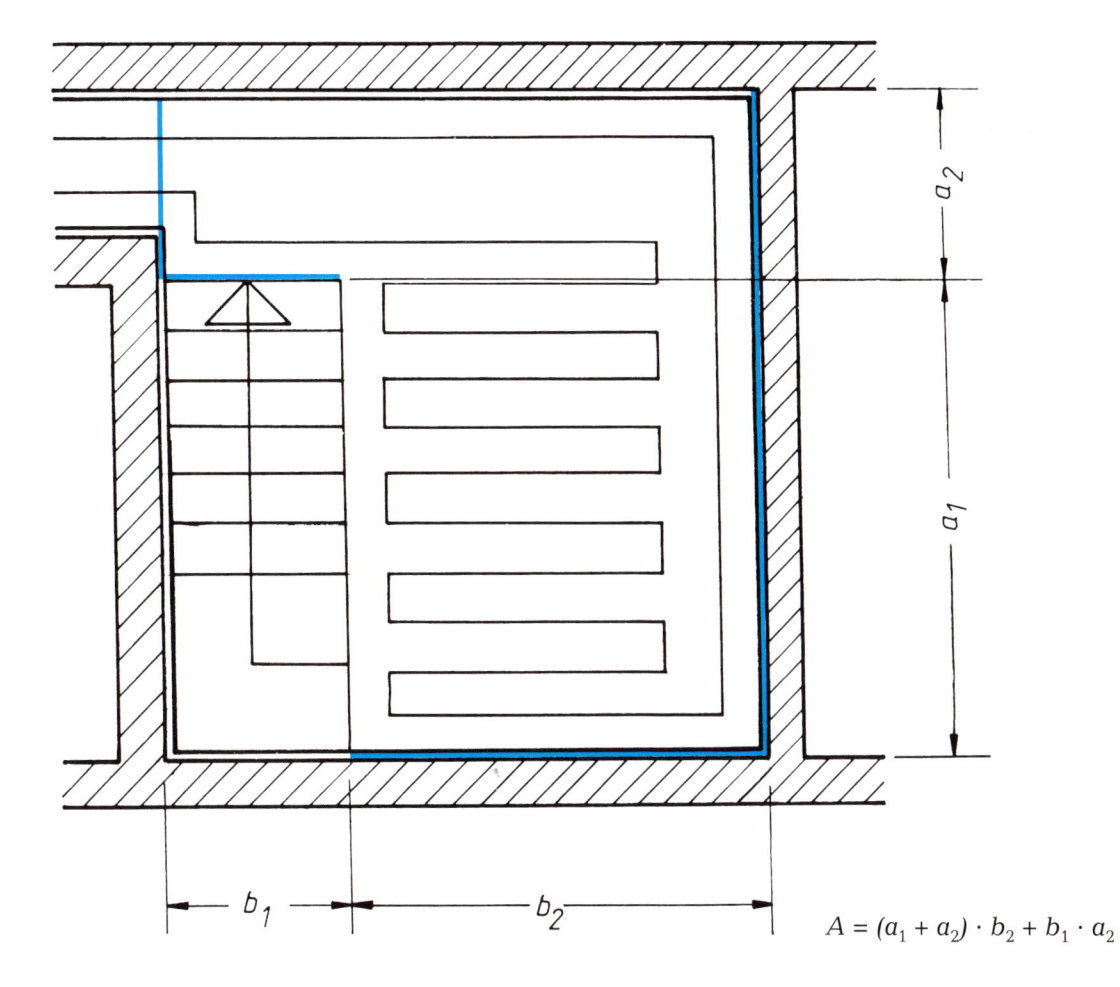

Beispiel

Bild 1 Bild 2

Beispiel

Bild 3

$$A = (a_1 + a_2) \cdot b_2 + b_1 \cdot a_2$$

5.3 Bei Abrechnung nach Längenmaß (m) werden Rohrleitungen einschließlich Bögen, Form-, Pass- und Verbindungsstücken in der Mittelachse gemessen. Dabei werden Rohrbögen bis zum Schnittpunkt der Mittelachsen gemessen. Armaturen und Formstücke werden zusätzlich gerechnet.

Rohrleitungen werden mit den Form- und Verbindungsstücken in der Mittelachse gemessen.

Abzweigende Leitungen werden in der Mittelachse vom Schnittpunkt mit der Mittelachse der Leitung, von der sie abzweigen, gemessen *(Bild 4)*.

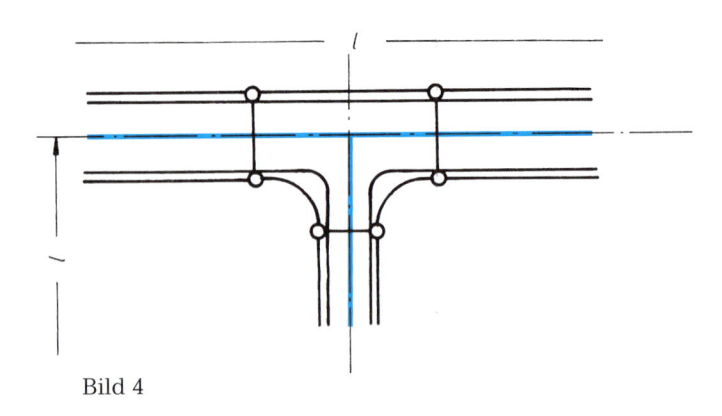

Bild 4

Rohrbögen werden dabei bis zum Schnittpunkt der Mittelachsen gemessen *(Bild 5 und 6)*.

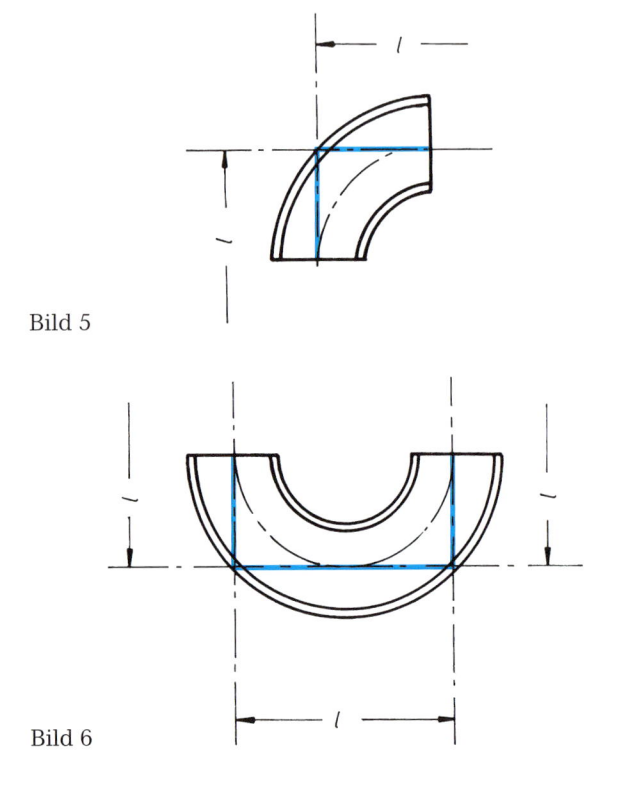

Bild 5

Bild 6

Armaturen sowie Formstücke werden übermessen und zusätzlich gerechnet *(Bild 7)*.

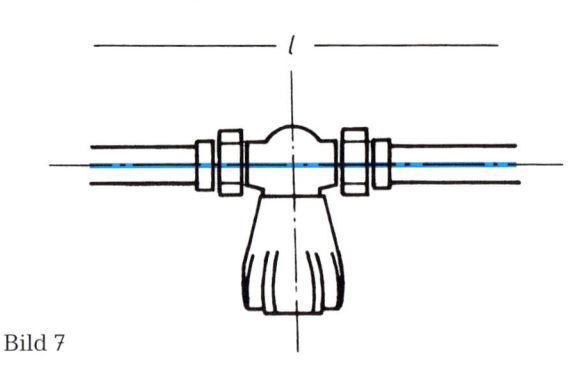

Bild 7

5.4 Bei Abrechnung nach Gewicht (kg) ist das Gewicht nach folgenden Grundsätzen zu berechnen:

5.4.1 Es sind anzusetzen:

– bei Stahlblechen und Bandstahl 8 kg/m² je 1 mm Dicke,

– bei genormten Profilen das Gewicht nach DIN-Normen mit einem Zuschlag von 2 % für Walzwerktoleranzen,

– bei anderen Profilen das Gewicht aus den Profilbüchern der Hersteller.

5.4.2 Bei geschraubten, geschweißten oder genieteten Stahlkonstruktionen werden dem nach Abschnitt 5.4.1 ermittelten Gewicht 2 % zugeschlagen.

5.4.3 Bei verzinkten Bauteilen oder verzinkten Konstruktionen werden zu den Gewichten, die nach den zuvor genannten Grundsätzen ermittelt wurden, 5 % für die Verzinkung zugeschlagen.

DIN 18381

Gas-, Wasser- und Entwässerungsanlagen innerhalb von Gebäuden – DIN 18381

Ausgabe Dezember 2002

Geltungsbereich

Die ATV „Gas-, Wasser- und Entwässerungsanlagen innerhalb von Gebäuden" – DIN 18381 – gilt für Gas-, Wasser- und Entwässerungsanlagen innerhalb von Gebäuden und anderen Bauwerken.

Die ATV DIN 18381 gilt nicht für

– Entwässerungskanalarbeiten (siehe ATV DIN 18306 „Entwässerungskanalarbeiten") und

– Gas- und Wasserleitungsarbeiten im Erdreich (siehe ATV DIN 18307 „Druckrohrleitungsarbeiten im Erdreich").

0.5 Abrechnungseinheiten

Im Leistungsverzeichnis sind die Abrechnungseinheiten wie folgt vorzusehen:

0.5.1 *Längenmaß (m), getrennt nach Art und Maßen, für*

- *Tragschalen,*
- *Rohrleitungen,*
- *Befestigungsschienen,*
- *Entwässerungsrinnen einschließlich ihrer Abdeckung,*
- *Verfüllen von Fugen,*
- *Spülen von Rohrleitungen,*
- *Desinfizieren von Rohrleitungen,*
- *Druck-, Dichtheits- und Zustandsprüfungen.*

0.5.2 *Anzahl (Stück), getrennt nach Art und Maßen, für*

- *Rohrbögen, Formstücke, Verbindungs- und Befestigungselemente einschließlich Schweiß-, Löt- und Dichtungsmaterial in Rohrleitungen,*
- *lose Verbindungselemente, z. B. Manschetten, Verschraubungen, Flanschverbindungen,*
- *Montageelemente und Rohrverlängerungen,*
- *Ausgleichs- und Verlängerungsstücke für Wandeinbauarmaturen,*
- *Rohrleitungsarmaturen, Sicherungs- und Sicherheitseinrichtungen, Mess- und Zählereinrichtungen sowie Bewegungsausgleicher und Isolierstücke,*
- *Anschlussschläuche,*
- *Anschlüsse an andere Rohrwerkstoffe, Anlagenteile und Geräte,*
- *zusätzliche Prüfungen der Schweiß- und Lötnähte, z. B. Ultraschall,*
- *Passstücke bis zu einer Länge von 0,50 m in Entwässerungsleitungen,*
- *Entwässerungsgegenstände, z. B. Bodenabläufe, Abwasserhebeanlagen, Abscheider,*
- *Schächte und Abdeckungen,*
- *Wand- und Deckendurchführungen mit besonderen Anforderungen,*
- *Einzelbefestigungen von Rohrleitungen, z. B. Tragkonstruktionen, Festpunkte,*
- *Verteiler, Sammler,*
- *Anbohrungen,*
- *vorgefertigte Installationselemente oder -einheiten, Traggerüste sowie andere Konstruktionen für Vorwand-Installationen,*

- *Sanitär-Einrichtungen, Armaturen, Gasgeräte, Pumpen, Regel- und Absperreinrichtungen, Revisionsrahmen sowie ähnliche Anlagenteile,*
- *Funktions-, Bezeichnungs- und Hinweisschilder,*
- *Bauteile für Schallschutzmaßnahmen, z.B. zur Körperschalldämmung,*
- *Bauteile für Brandschutzmaßnahmen,*
- *Spülen von Entnahmestellen,*
- *Desinfizieren von Entnahmestellen,*
- *besondere Druckprüfungen von Apparaturen und Armaturen.*

0.5.3 Gewicht (kg), getrennt nach Art und Maßen, für besondere Befestigungskonstruktionen, z.B. Tragkonstruktionen, Festpunkte.

5 Abrechnung

Ergänzend zur ATV DIN 18299, Abschnitt 5, gilt:

5.1 Der Ermittlung der Leistung – gleichgültig ob sie nach Zeichnungen oder Aufmaß erfolgt – sind die Maße der Anlagenteile zugrunde zu legen. Stücklisten dürfen hinzugezogen werden.

5.2 Bei Abrechnung nach Längenmaß (m) werden Rohrleitungen einschließlich Bögen, Form-, Pass- und Verbindungsstücken in der Mittelachse gemessen. Dabei werden Rohrbögen bis zum Schnittpunkt der Mittelachsen gemessen. Armaturen und Formstücke werden zusätzlich gerechnet.

5.3 Bei Abrechnung nach Gewicht (kg) ist das Gewicht nach folgenden Grundsätzen zu berechnen:

5.3.1 Es sind anzusetzen
- bei Stahlblechen und Bandstahl 8 kg/m² je 1 mm Dicke,
- bei genormten Profilen das Gewicht nach DIN-Normen mit einem Zuschlag von 2% für Walzwerktoleranzen,
- bei anderen Profilen das Gewicht aus den Profilbüchern der Hersteller.

5.3.2 Bei geschraubten, geschweißten oder genieteten Stahlkonstruktionen werden dem nach Abschnitt 5.3.1 ermittelten Gewicht 2% zugeschlagen.

5.3.3 Bei verzinkten Bauteilen oder verzinkten Konstruktionen werden zu den Gewichten, die nach den zuvor genannten Grundsätzen ermittelt wurden, 5% für die Verzinkung zugeschlagen.

Erläuterungen

0.5 Abrechnungseinheiten

Abschnitt 0.5 dient dazu, auf die üblichen und zweckmäßigen Abrechnungseinheiten für die jeweilige Teilleistung hinzuweisen. Bei Aufstellung der Leistungsbeschreibung ist die zutreffende Abrechnungseinheit festzulegen.

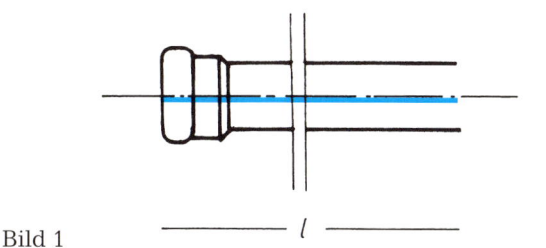

Bild 1

5 Abrechnung

Ergänzend zur ATV DIN 18299, Abschnitt 5, gilt:

Siehe Kommentierung zu Abschnitt 5 der ATV DIN 18299.

5.1 Der Ermittlung der Leistung – gleichgültig ob sie nach Zeichnungen oder Aufmaß erfolgt – sind die Maße der Anlagenteile zugrunde zu legen. Stücklisten dürfen hinzugezogen werden.

Gas-, Wasser- und Entwässerungsanlagen innerhalb von Gebäuden bestehen aus verschiedenen Anlagenteilen. Anlagenteile sind z.B. Hebeanlagen, Pumpen, Zähler, Kanäle, Rohrleitungen, Armaturen, Regel- und Absperrorgane.

Der Ermittlung der Leistung sind die Maße der eingebauten, fertig installierten Anlagenteile zugrunde zu legen. Die Maße sind entweder nach Plänen oder nach örtlichem Aufmaß zu ermitteln.

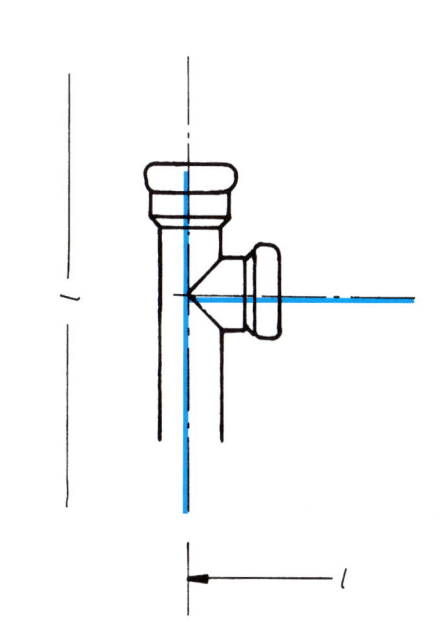

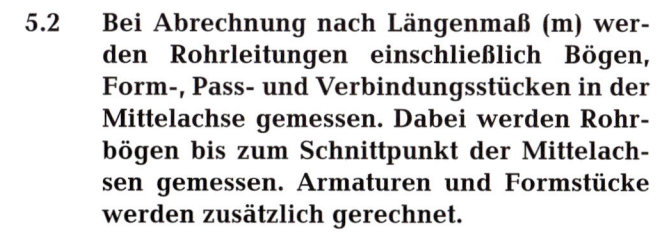

Bild 2

5.2 Bei Abrechnung nach Längenmaß (m) werden Rohrleitungen einschließlich Bögen, Form-, Pass- und Verbindungsstücken in der Mittelachse gemessen. Dabei werden Rohrbögen bis zum Schnittpunkt der Mittelachsen gemessen. Armaturen und Formstücke werden zusätzlich gerechnet.

Rohrleitungen werden mit den Bögen-, den Form-, Pass- und Verbindungsstücken in der Mittelachse gemessen.

Abzweigende Leitungen werden in der Mittelachse vom Schnittpunkt mit der Mittelachse der Leitung, von der sie abzweigen, bis zu ihrem Ende gemessen *(Bild 1 bis 3).*

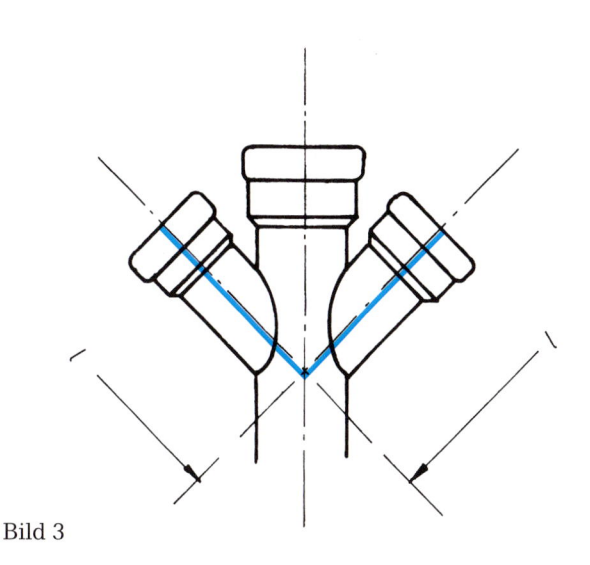

Bild 3

Rohrbögen werden dabei bis zum Schnittpunkt der Mittelachse der jeweils anschließenden Rohrleitung gemessen *(Bild 4 bis 6)*.

Armaturen und Formstücke werden übermessen und zusätzlich gerechnet *(Bild 7)*.

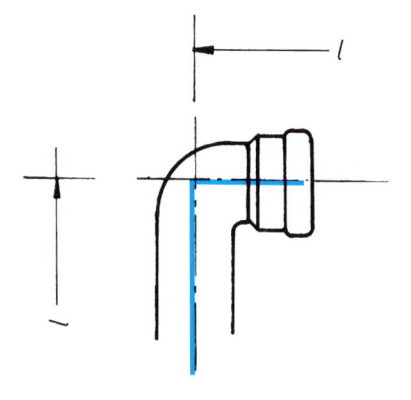

Bild 4

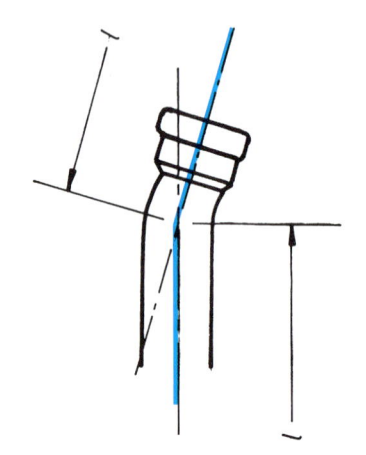

Bild 5

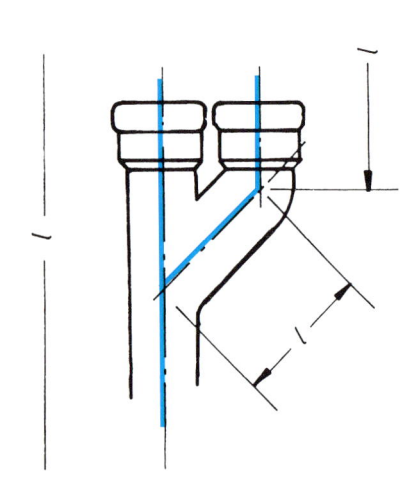

Bild 6

Bild 7

5.3 Bei Abrechnung nach Gewicht (kg) ist das Gewicht nach folgenden Grundsätzen zu berechnen:

5.3.1 Es sind anzusetzen

- bei Stahlblechen und Bandstahl 8 kg/m² je 1 mm Dicke,
- bei genormten Profilen das Gewicht nach DIN-Normen mit einem Zuschlag von 2% für Walzwerktoleranzen,
- bei anderen Profilen das Gewicht aus den Profilbüchern der Hersteller.

5.3.2 Bei geschraubten, geschweißten oder genieteten Stahlkonstruktionen werden dem nach Abschnitt 5.3.1 ermittelten Gewicht 2% zugeschlagen.

5.3.3 Bei verzinkten Bauteilen oder verzinkten Konstruktionen werden zu den Gewichten, die nach den zuvor genannten Grundsätzen ermittelt wurden, 5% für die Verzinkung zugeschlagen.

DIN 18382

Nieder- und Mittelspannungsanlagen mit Nennspannungen bis 36 kV – DIN 18382

Ausgabe Dezember 2002

Geltungsbereich

Die ATV „Nieder- und Mittelspannungsanlagen mit Nennspannungen bis 36 kV" – DIN 18382 – gilt für die Ausführung elektrischer und informationstechnischer Anlagen in Gebäuden.

Sie gilt auch für elektrische Kabel- und Leitungsanlagen, die als nicht selbständige Außenanlagen zu den Gebäuden gehören.

Die ATV DIN 18382 gilt nicht für Geräte und systeminterne Installationen.

0.5 Abrechnungseinheiten

Im Leistungsverzeichnis sind die Abrechnungseinheiten wie folgt vorzusehen:

0.5.1 Längenmaß (m), getrennt nach Bauart, Querschnitt oder Durchmesser und Art der Ausführung, für Kabel, Leitungen, Drähte, Rohre und Verlegesysteme.

0.5.2 Anzahl (Stück), getrennt nach Art und Größe, für elektrische Betriebsmittel und Bauteile, z. B. Abdeckroste, Konsolen, Brandschutzabdichtungen.

5 Abrechnung

Ergänzend zur ATV DIN 18299, Abschnitt 5, gilt:

5.1 Der Ermittlung der Leistung – gleichgültig, ob sie nach Zeichnung oder nach Aufmaß erfolgt – sind die Maße der Anlagenteile zugrunde zu legen.

5.2 Kabel, Leitungen, Drähte, Rohre und Bauteile von Verlegesystemen werden nach der tatsächlich verlegten Länge in der Mittelachse gemessen. Verschnitt wird dabei nicht berücksichtigt.

5.3 Elektrische Betriebsmittel und elektrische Bauteile werden übermessen und gesondert gerechnet.

Erläuterungen

0.5 Abrechnungseinheiten

Abschnitt 0.5 dient dazu, auf die üblichen und zweckmäßigen Abrechnungseinheiten für die jeweilige Teilleistung hinzuweisen. In der Leistungsbeschreibung ist die zutreffende Abrechnungseinheit festzulegen.

5 Abrechnung

Ergänzend zur ATV DIN 18299, Abschnitt 5, gilt:

Siehe Kommentierung zu Abschnitt 5 der ATV DIN 18299.

5.1 Der Ermittlung der Leistung – gleichgültig, ob sie nach Zeichnung oder nach Aufmaß erfolgt – sind die Maße der Anlagenteile zugrunde zu legen.

Jede Anlage besteht aus verschiedenen Anlagenteilen (elektrische Betriebsmittel), die von demselben Speisepunkt versorgt und die durch dieselben Überstrom-Schutzeinrichtungen geschützt werden. Alle einander zugeordneten Anlagenteile für einen bestimmten Zweck und mit koordinierter Kenngröße bilden die elektrische Anlage.

Der Ermittlung der Leistung sind, soweit die Leistungsbeschreibung nichts anderes vorsieht, die Maße der jeweiligen eingebauten, fertig installierten Anlagenteile aus Plänen oder nach Aufmaß zugrunde zu legen.

5.2 Kabel, Leitungen, Drähte, Rohre und Bauteile von Verlegesystemen werden nach der tatsächlich verlegten Länge in der Mittelachse gemessen. Verschnitt wird dabei nicht berücksichtigt.

Kabel, Leitungen, Drähte und Rohre werden nach der tatsächlich verlegten Länge, Bauteile von Verlegesystemen nach ihrer Länge in der Mittelachse gemessen. Verschnitt aus Kabel, Leitungen, Drähten, Rohren und dergleichen, der beim Einbau entsteht, wird nicht berücksichtigt *(Bild 1 und 2)*.

Kabel, Leitungen, Drähte, Rohre

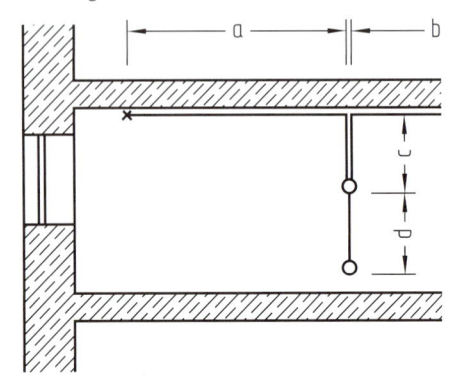

Bild 1   Aufmaßlänge $L = a + b + 2 \cdot c + d$

Abzweigdosen, Schalter- und Steckdosen werden dabei gemäß Abschnitt 5.3 übermessen.

Verlegesysteme, z. B. Kabelkanal, Kabelpritsche

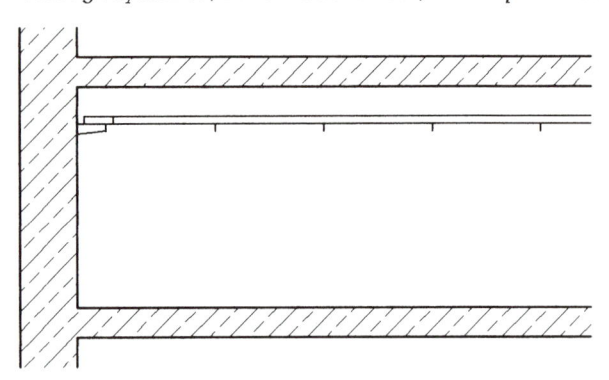

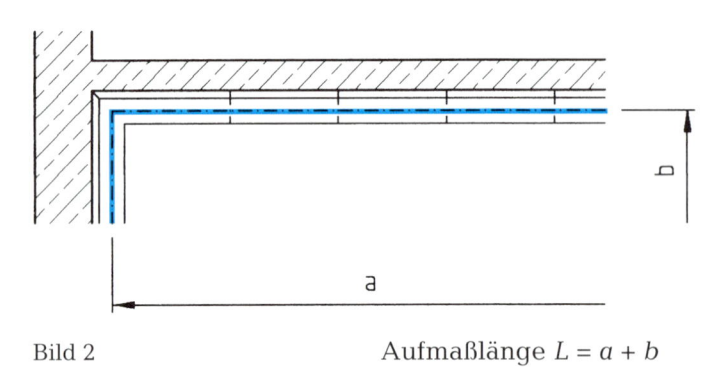

Bild 2   Aufmaßlänge $L = a + b$

5.3 Elektrische Betriebsmittel und elektrische Bauteile werden übermessen und gesondert gerechnet.

Elektrische Betriebsmittel sind alle Gegenstände, die zum Zweck der Erzeugung, Umwandlung, Verteilung und Anwendung von elektrischer Energie benutzt werden, z. B. Transformatoren, Schaltgeräte, Messgeräte, Schutzeinrichtungen, Abzweigdosen, Schalt- und Steckdosen.

Nicht dazu zählen Verbrauchsmittel, die dazu bestimmt sind, elektrische Energie in andere Formen der Energie umzuwandeln, z. B. Licht, Wärme oder mechanische Energie.

Elektrische Betriebsmittel werden, soweit die Leistungsbeschreibung nichts anderes vorsieht, übermessen und gesondert gerechnet *(Bild 3)*.

DIN 18382

elektrische Betriebsmittel

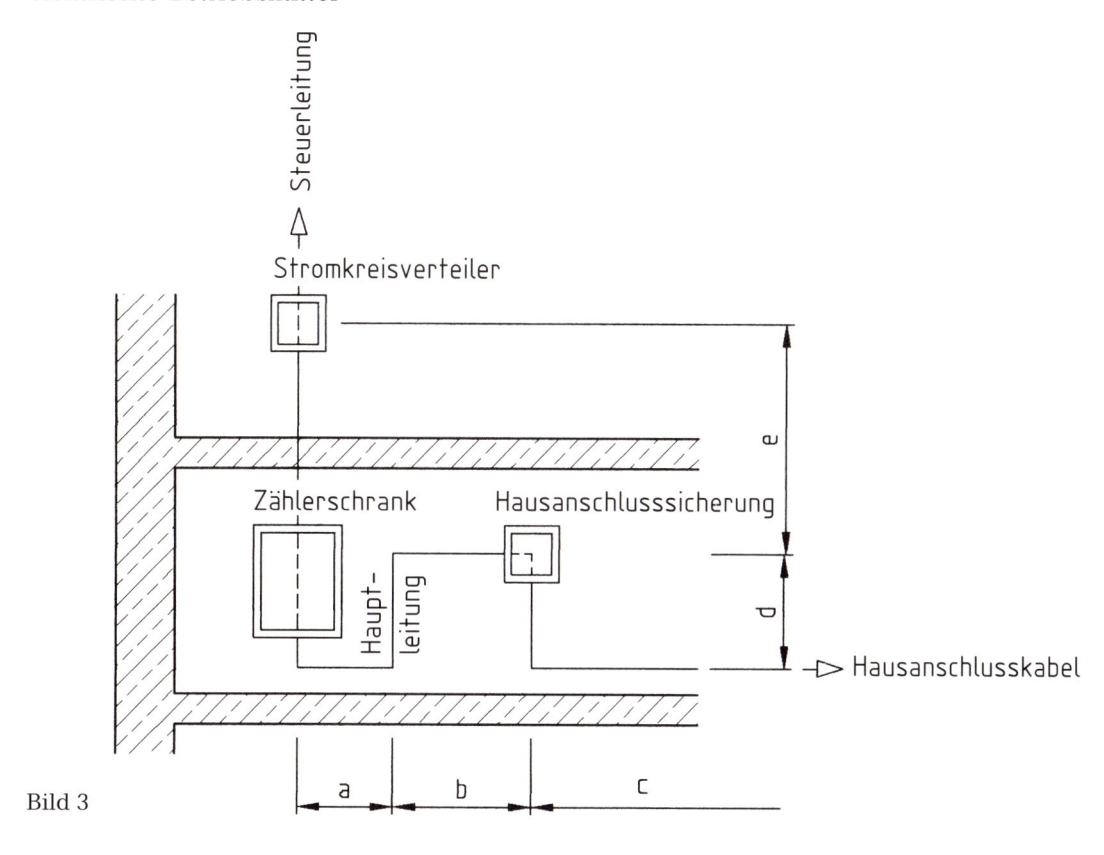

Bild 3

Aufmaßlänge Hausanschlusskabel $L = c + d$

Aufmaßlänge Hauptleitung $\qquad L = a + b + 2 \cdot d$

Aufmaßlänge Steuerleitung $\qquad L = e$

Hausanschlusssicherung, Zählerschrank und Stromkreisverteiler werden dabei übermessen.

Blitzschutzanlagen – DIN 18384

Ausgabe Dezember 2000

Geltungsbereich

Die ATV „Blitzschutzanlagen" – DIN 18384 – gilt nicht für elektrische Kabel- und Leitungsanlagen (siehe ATV DIN 18382 „Nieder- und Mittelspannungsanlagen mit Nennspannungen bis 36 kV").

0.5 Abrechnungseinheiten

Im Leistungsverzeichnis sind die Abrechnungseinheiten wie folgt vorzusehen:

0.5.1 *Längenmaß (m) für*

oberirdische Leitungen und Erdleitungen, getrennt nach Stoffen, Durchmessern oder Querschnitten und Art der Ausführungen.

0.5.2 *Anzahl (Stück) für*

Auffangvorrichtungen, Leitungsstützen, Anschlüsse, Verbindungen, Trennstellen, Erdeinführungen und dergleichen, getrennt nach Art und Größe.

5 Abrechnung

Ergänzend zur ATV DIN 18299, Abschnitt 5, gilt:

5.1 Der Ermittlung der Leistung – gleichgültig, ob sie nach Zeichnung oder nach Aufmaß erfolgt – sind die Maße der Anlagenteile zugrunde zu legen, sofern nicht Pauschalvergütungen für die Gesamtleistung oder Teile der Leistung vereinbart sind.

5.2 Leitungen, Erdleiter und Fangleiter werden nach der tatsächlich verlegten Länge gerechnet. Verschnitt wird dabei nicht berücksichtigt.

Erläuterungen

0.5 Abrechnungseinheiten

Abschnitt 0.5 dient dazu, auf die üblichen und zweckmäßigen Abrechnungseinheiten für die jeweilige Teilleistung hinzuweisen. In der Leistungsbeschreibung ist die zutreffende Abrechnungseinheit festzulegen.

5 Abrechnung
Ergänzend zur ATV DIN 18299, Abschnitt 5, gilt:

Siehe Kommentierung zu Abschnitt 5 der ATV DIN 18299.

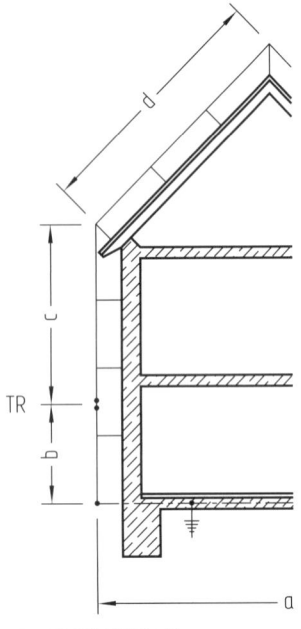

TR = TRENNSTELLEN

Bild 1

5.1 Der Ermittlung der Leistung – gleichgültig, ob sie nach Zeichnung oder nach Aufmaß erfolgt – sind die Maße der Anlagenteile zugrunde zu legen, sofern nicht Pauschalvergütungen für die Gesamtleistung oder Teile der Leistung vereinbart sind.

5.2 **Leitungen, Erdleiter und Fangleiter werden nach der tatsächlich verlegten Länge gerechnet. Verschnitt wird dabei nicht berücksichtigt.**

Leitungen, Erdleiter und Fangleiter werden nach der tatsächlich verlegten Länge gerechnet. Verschnitt, der beim Einbau entstehen kann, wird bei der Abrechnung nicht berücksichtigt *(Bild 1)*.

DIN 18385

Förderanlagen, Aufzugsanlagen, Fahrtreppen und Fahrsteige – DIN 18385

Ausgabe Dezember 2002

Geltungsbereich

Die ATV „Förderanlagen, Aufzugsanlagen, Fahrtreppen und Fahrsteige" – DIN 18385 – gilt für ortsfeste Anlagen zur Beförderung von Personen oder Gütern zwischen festgelegten Zugangs- oder Haltestellen.

Die ATV DIN 18385 gilt nicht für betriebstechnische Förderanlagen, die von der baulichen Anlage ohne Beeinträchtigung der Vollständigkeit oder Benutzbarkeit abgetrennt werden können und einer selbstständigen Nutzung dienen.

0.5 Abrechnungseinheiten

Im Leistungsverzeichnis sind die Abrechnungseinheiten wie folgt vorzusehen:

Anzahl (Stück), getrennt nach Art und technischen Daten, für jede vollständige, betriebsbereite Anlage.

5 Abrechnung

Ergänzend zur ATV DIN 18299, Abschnitt 5, gilt:

Förderanlagen, Aufzugsanlagen, Fahrtreppen und Fahrsteige sind als Einheit, getrennt nach den jeweiligen technischen Daten der Anlagen, abzurechnen.

Erläuterungen

0.5 Abrechnungseinheiten

Abschnitt 0.5 dient dazu, auf die üblichen und zweckmäßigen Abrechnungseinheiten für die jeweilige Teilleistung hinzuweisen.

Bei Aufstellung der Leistungsbeschreibung ist die zutreffende Abrechnungseinheit festzulegen.

5 Abrechnung

Ergänzend zur ATV DIN 18299, Abschnitt 5, gilt:

Förderanlagen, Aufzugsanlagen, Fahrtreppen und Fahrsteige sind als Einheit, getrennt nach den jeweiligen technischen Daten der Anlagen, abzurechnen.

Ist als Vergütung der Leistung eine Pauschalsumme vereinbart, so bleibt die Vergütung gemäß § 2 Nr. 7 VOB/B unverändert.

Dem Pauschalpreisvertrag ist wesentlich, dass nicht nur der Preis, sondern auch die Einzelleistungen, die für diesen Preis erbracht werden sollen, pauschaliert werden. Der Auftragnehmer hat also zu dem vereinbarten Pauschalpreis alle für die Vollendung des Einzelwerks erforderlichen Leistungen zu erbringen.

Nicht vom Pauschalpreis erfasst werden alle Mehrleistungen, die weder im Angebot enthalten sind noch zum Zeitpunkt des Vertragsabschlusses aus den Bauunterlagen ersichtlich waren.

Weicht jedoch die ausgeführte Leistung von der vertraglich vorgesehenen Leistung so erheblich ab, dass ein Festhalten an der Pauschalsumme nicht zumutbar ist, so ist gemäß § 2 Nr. 7 VOB/B auf Verlangen ein Ausgleich unter Berücksichtigung der Mehr- oder Minderkosten zu gewähren.

Die Abweichung ist immer dann erheblich, wenn sie so einschneidend ist, dass ein Festhalten am Pauschalpreis zu einem untragbaren Ergebnis führen würde.

Bei der Bildung eines neuen Preises ist nach den Grundsätzen des § 2 Nr. 4 bis 6 VOB/B zu verfahren.

DIN 18386

Gebäudeautomation – DIN 18386

Ausgabe Dezember 2002

Geltungsbereich

Die ATV „Gebäudeautomation" – DIN 18386 – gilt für Systeme zum Messen, Steuern, Regeln und Leiten technischer Anlagen.

Die ATV DIN 18386 gilt nicht für funktional eigenständige Einrichtungen, z. B. Kältemaschinensteuerungen, Brennersteuerungen, Aufzugssteuerungen. Sie gilt auch nicht für das Einbeziehen von Einzelfunktionen funktional eigenständiger Einrichtungen in das Gebäudeautomationssystem.

0.5 Abrechnungseinheiten

Im Leistungsverzeichnis sind die Abrechnungseinheiten wie folgt vorzusehen:

0.5.1 Längenmaß (m), getrennt nach Querschnitt oder Durchmesser und Art der Ausführung, für

- *Kabel, Leitungen, Drähte, Rohre und Kanäle.*

0.5.2 Anzahl (Stück) für

0.5.2.1 Systemkomponenten (Hardware)

- getrennt nach Art und Leistungsmerkmalen, für

  - *Leitstationen, Bedienstationen und Peripherieeinrichtungen,*
  - *Kommunikationseinheiten, z. B. Modems und Schnittstellenadapter,*
  - *Automationsstationen und deren Komponenten,*
  - *Notbedienebene, z. B. Ein- und Ausgabeeinheiten,*
  - *anwendungsspezifische Automationsgeräte, z. B. Einzelraumregler, Heizkesselregler,*
  - *Bedien- und Programmiereinrichtungen,*
  - *Sensoren, z. B. Fühler,*
  - *Aktoren, z. B. Regelventile,*
  - *Steuerungsbaugruppen, z. B. Notbedienung, Handbedienung, Sicherheitsschaltungen, Koppelbausteine,*
  - *Sonderzubehör, z. B. Schließsysteme, Schaltschranklüftung und -kühlung,*

- getrennt nach Art und Ausführung, für

  - *Funktions-, Bezeichnungs- und Hinweisschilder,*

- getrennt nach Art und Abmessung, für

  - *Schaltschrankgehäuse einschließlich Zubehör, z. B. Montageschienen, Beleuchtung, Verdrahtungskanäle,*
  - *Verteiler und Abzweigdosen,*

- getrennt nach Art und elektrischer Leistung, für

  - *Einspeisung,*
  - *Leistungsbaugruppen,*
  - *Überstromschutzbaugruppen,*
  - *Spannungsversorgungs-Baugruppen,*
  - *Einbau beigestellter Einheiten, z. B. Frequenzumformer.*

0.5.2.2 Funktionen (Software) und Dienstleistungen, getrennt nach Art und Leistungsmerkmalen entsprechend VDI 3814 Blatt 2, für

- *Grundfunktionen: Schalten, Stellen, Melden, Messen, Zählen,*
- *Verarbeitungsfunktionen: Überwachen, Steuern, Regeln, Rechnen, Optimieren, Statistik, Mensch/Maschine-Kommunikation.*

5 Abrechnung

Ergänzend zur ATV DIN 18299, Abschnitt 5, gilt:

5.1 Der Ermittlung der Leistung – gleichgültig, ob sie nach Zeichnung oder nach Aufmaß erfolgt – sind die Maße der Anlagenteile zugrunde zu legen. Wird die Leistung aus Zeichnungen ermittelt, dürfen Stück- und Belegungslisten, aktualisierte Informationslisten, Systemprotokolle zugezogen werden.

5.2 Die Leistungen sind getrennt nach Systemkomponenten (Hardware) und Leistungen für deren Funktionen (Software) und Dienstleistungen abzurechnen.

Zu den Dienstleistungen gehören Technische Bearbeitung, Programmierung sowie Inbetriebnahme und Einregulierung.

5.3 Kabel, Leitungen, Drähte, Rohre und Kanäle sind nach der tatsächlich verlegten Länge, z. B. von Klemmstelle zu Klemmstelle, abzurechnen. Verschnitt bleibt unberücksichtigt.

Erläuterungen

0.5 Abrechnungseinheiten

Abschnitt 0.5 dient dazu, auf die üblichen und zweckmäßigen Abrechnungseinheiten für die jeweilige Teilleistung hinzuweisen. Bei Aufstellung der Leistungsbeschreibung ist die zutreffende Abrechnungseinheit festzulegen.

5 Abrechnung

Ergänzend zur ATV DIN 18299, Abschnitt 5, gilt:

Siehe Kommentierung zu Abschnitt 5 der ATV DIN 18299.

5.1 Der Ermittlung der Leistung – gleichgültig, ob sie nach Zeichnung oder nach Aufmaß erfolgt – sind die Maße der Anlagenteile zugrunde zu legen. Wird die Leistung aus Zeichnungen ermittelt, dürfen Stück- und Belegungslisten, aktualisierte Informationslisten, Systemprotokolle zugezogen werden.

Den sehr komplexen Anlagen der Gebäudeautomation, die neben vielfältigen Regelaufgaben auch Aufgaben des Messens, Steuerns und Leitens technischer Anlagen umfassen, sind die Maße der verschiedenen, fertig installierten Anlagenteile zugrunde zu legen.

Anlagenteile sind z. B.

– Zentralleitstationen,
– Automationsstationen,
– Bedien- und Programmiereinrichtungen,
– Steuerungsbaugruppen.

Bild 1 zeigt in vereinfachter Form das System einer Zentralleitstelle.

Die Maße der Anlagenteile sind entweder aus Zeichnungen oder nach Aufmaß zu ermitteln.

Zentralleitstelle

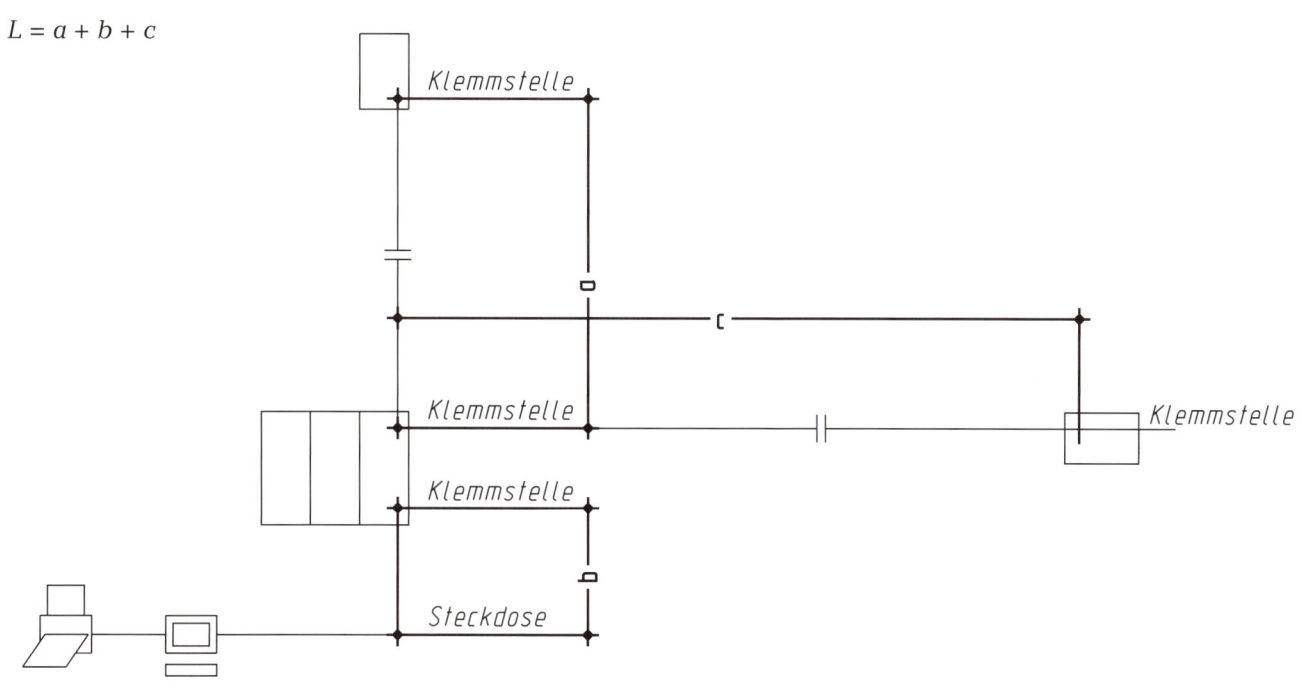

$L = a + b + c$

Bild 1

Wird die Leistung aus Zeichnungen ermittelt, dürfen Stück- und Belegungslisten, aktualisierte Informationslisten, Systemprotokolle hinzugezogen werden.

5.2 **Die Leistungen sind getrennt nach Systemkomponenten (Hardware) und Leistungen für deren Funktionen (Software) und Dienstleistungen abzurechnen.**

Zu den Dienstleistungen gehören Technische Bearbeitung, Programmierung sowie Inbetriebnahme und Einregulierung.

In der Leistungsbeschreibung sind die Leistungen nach Systemkomponenten (Hardware), getrennt nach Art und Leistungsmerkmalen für deren Funktionen (Software), und Dienstleistungen, getrennt nach Art und Leistungsmerkmalen, jeweils gesondert vorzugeben.

5.3 **Kabel, Leitungen, Drähte, Rohre und Kanäle sind nach der tatsächlich verlegten Länge, z. B. von Klemmstelle zu Klemmstelle, abzurechnen. Verschnitt bleibt unberücksichtigt.**

Kabel, Leitungen, Drähte, Rohre und Kanäle werden nach der tatsächlich verlegten Länge gerechnet *(Bild 1)*. Verschnitt, der beim Einbau entsteht, bleibt unberücksichtigt.

DIN 18421

Dämmarbeiten an technischen Anlagen – DIN 18421

Ausgabe Dezember 2000

Geltungsbereich

Die ATV „Dämmarbeiten an technischen Anlagen" – DIN 18421 – gilt für

- Dämmarbeiten an Produktions- und Verteilungsanlagen im Industriebau und in der Haus- und Betriebstechnik, z.B. an Apparaten, Behältern, Kolonnen, Tanks, Dampferzeugern, Rohrleitungen, Heizungs-, Lüftungs-, Klima- sowie Kalt- und Warmwasseranlagen,

- Dämmarbeiten in Kühl- und Klimaräumen.

Die ATV DIN 18421 gilt nicht für Dämmarbeiten

- an Gebäuden und Bauwerken,

- im Kontrollbereich von Kernkraftwerken.

0.5 Abrechnungseinheiten

Im Leistungsverzeichnis sind die Abrechnungeinheiten, getrennt nach Dämmstoffarten, Dämmschichtdicke und Arten der Ummantelung, wie folgt vorzusehen:

0.5.1 *Längenmaß (m), getrennt nach Durchmesser, Umfang oder Querschnittsform, für*

- *Dämmungen, und Ummantelungen an Rohrleitungen,*

- *Abschirmungen von Heiz- und Kühlzonen für Begleitheizungen oder für Kompensatoren.*

0.5.2 *Flächenmaß (m^2), getrennt nach Anlagenart und Maßen, für*

- *Dämmungen und Ummantelungen an*

  *ebenen Flächen,
  Kanälen,
  Kanalbögen und sonstigen Formstücken an Kanälen,
  Apparaten, Behältern, Kolonnen und Tanks,
  Sammlern und Verteilern,*

- *Abschirmungen von Heiz- und Kühlzonen für Begleitheizungen oder für Kompensatoren,*

- *Kappen und Hauben mit einer Oberfläche über 1 m^2.*

0.5.3 *Raummaß (m^3), getrennt nach Anlagenart und Maßen, für Schaum-, Schütt- oder Stopfdämmungen in Schlitzen, Schächten und Rohrführungskanälen, sowie in Hohlräumen an Apparaten, Behältern, Kolonnen und Tanks.*

0.5.4 *Anzahl (Stück), getrennt nach Durchmessern, Längen, Umfängen, Bogenradien oder Bogenwinkeln sowie sonstigen den Leistungsaufwand beeinflussenden Faktoren, z.B. besondere Querschnittsformen von Anschlüssen oder Durchdringungen, unter verschiedenen Winkeln abgehende Stutzen, für*

- *Dämmungen und Ummantelungen an Apparaten, Behältern, Kolonnen und Tanks,*

- *Dämmungen und Ummantelungen an Verteilern und Sammlern,*

- *Kappen (unabhängig von der Größe),*

- *Hauben (unabhängig von der Größe),*

- *Bögen,*

- *konische Bögen,*

- *Knicke,*

- *Passstücke,*

- *Hosenstücke,*

- *Ausschnitte,*
- *Blenden (Rosetten, Deckel),*
- *Einsätze,*
- *Abflachungen,*
- *Regenabweiser,*
- *Tragkonstruktionen,*
- *Konusse,*
- *Stutzen,*
- *Endstellen, Kreisringe,*
- *Manteleinschnürungen.*

5 Abrechnung

Ergänzend zur ATV DIN 18299, Abschnitt 5, gilt:

5.1 Allgemeines

5.1.1 Der Ermittlung der Leistung – gleichgültig, ob sie nach Zeichnung oder nach Aufmaß erfolgt – sind zugrunde zu legen:

- bei Dämmungen deren Maße,
- bei Dämmungen mit Ummantelung die Maße der Ummantelung,
- bei Ummantelungen deren Maße.

Wird die Leistung aus Zeichnungen ermittelt, dürfen Stücklisten hinzugezogen werden.

5.1.2 Längen sind in Achsrichtung in der jeweils größten ausgeführten Strecke zu messen, z. B. bei Rohrleitungen und runden Kanälen über den Außenbogen, bei eckigen Kanälen über die Außenkante.

5.1.3 Flansch- und Schraubverbindungen werden übermessen.

5.1.4 Bei Endstellen an Flanschen wird die Länge bis zur Mitte des Flanschenpaares, bei geschweißten Einbauten bis zur Schweißstelle gemessen.

5.1.5 Abrechnung nach Längenmaß (m)

5.1.5.1 An konischen Rohren wird die halbe Länge jeweils den Maßen und Dämmdicken der anschließenden Rohre zugeordnet.

5.1.5.2 Bei Ummantelungen bzw. Dämmungen an Rohrleitungen werden Bögen, konische Bögen, Knicke, Passstücke, Hosenstücke, Ausschnitte, Blenden (Rosetten, Deckel), Einsätze, Abflachungen, Regenabweiser, Tragkonstruktionen, Konusse, Stutzen, Endstellen übermessen und gesondert nach Anzahl (Stück) gerechnet.

5.1.5.3 Bei Rohrbündeln, deren Rohre einzeln gedämmt sind, wird die Dämmung jedes einzelnen Rohres, die gemeinsame Ummantelung jedoch nur einmal gerechnet.

5.1.6 Abrechnung nach Flächenmaß (m^2)

5.1.6.1 Flächen werden bei Außendämmungen nach der größten Oberfläche der fertigen Ummantelung, bei Innendämmungen nach der Fläche vor Aufbringen der Dämmung ermittelt.

5.1.6.2 Ausschnitte, die erst bei oder nach der Montage ausgearbeitet werden können, werden unabhängig von ihrer Größe übermessen und gesondert nach Anzahl (Stück) gerechnet.

5.1.6.3 Bei Ummantelungen bzw. Dämmungen an Apparaten, Behältern, Kolonnen und Tanks werden Passstücke, Manteleinschnürungen, Kreisringe, Konusse, Übergangsstücke, Abflachungen, Apparatestutzen, zusätzliche Trennungen der Ummantelungen und Endstellenausbildungen von Ummantelungen (Stoßkappen u. Ä.) übermessen und gesondert nach Anzahl (Stück) gerechnet.

5.1.6.4 Bei Ummantelungen bzw. Dämmungen an Kanälen wird nach äußerer Oberfläche abgerechnet. Die Oberfläche der Dämmung von Kanalbogen und sonstigen Formstücken an Kanälen wird aus dem größten Umfang und der größten Länge ermittelt.

Ausschnitte, Blenden, Einsätze und Abflachungen werden übermessen und gesondert nach Anzahl (Stück) gerechnet.

5.1.6.5 Die Flächen kreisrunder Stirnseiten werden wie folgt ermittelt:

Ebene Stirnseite: $A = 0{,}0796\ U^2$

Stirnseite in Trichterform
($h : d_a \leq 1 : 10$): $A = 0{,}082\ U^2$

Flachgewölbte Stirnseite in Kalottenform
($d_a \leq 10$ m): $A = 0{,}082\ U^2$

Flachgewölbte Stirnseite in Kalottenform
($d_a > 10$ m): $A = 0{,}0796\ U^2 + 3{,}14\ h^2$

Hochgewölbte Stirnseite in Zeppelinform:
$$A = 0{,}109\ U^2$$

Dabei bedeuten:

A Fläche der Stirnseite (m²);
d_a äußerer Durchmesser der Stirnseite (m);
U äußerer Umfang der Stirnseite (m);
h Höhe des Trichters oder der Kalotte (m).

5.1.7 Abrechnung nach Rauminhalt (m³)

Rauminhalte werden nach dem verfüllten Raum ermittelt.

5.2 Es werden abgezogen:

5.2.1 Bei Abrechnung nach Längenmaß (m):

Unterbrechungen der Dämmung durch Wände, Decken und andere Konstruktionsteile von mehr als 270 mm Länge und Längen von zwei oder mehreren hintereinander liegenden Einbauten mit Gewindeverbindungen.

5.2.2 Bei Abrechnung nach Flächenmaß (m²):

Aussparungen und Ausschnitte über 0,5 m² Einzelfläche*), ausgenommen Ausschnitte, die erst bei oder nach der Montage der Dämmungen und/oder der Ummantelungen ausgearbeitet werden (5.1.6.2).

5.2.3 Bei Abrechnung nach Rauminhalt (m³):

Volumen von Rohren mit einem äußeren Durchmesser von mehr als 120 mm bzw. einem rechteckigen Querschnitt von mehr als 125 cm².

---

*) 0,5 m² Einzelfläche entspricht einem Kreis mit einem Durchmesser von etwa 800 mm.

Erläuterungen

0.5 Abrechnungseinheiten

Abschnitt 0.5 dient dazu, auf die üblichen und zweckmäßigen Abrechnungseinheiten für die jeweilige Teilleistung hinzuweisen. Bei Aufstellung der Leistungsbeschreibung ist die zutreffende Abrechnungseinheit festzulegen.

5 Abrechnung

Ergänzend zur ATV DIN 18299, Abschnitt 5, gilt:

Siehe Kommentierung zu Abschnitt 5 der ATV DIN 18299.

5.1 Allgemeines

5.1.1 Der Ermittlung der Leistung – gleichgültig, ob sie nach Zeichnung oder nach Aufmaß erfolgt – sind zugrunde zu legen:

– bei Dämmungen deren Maße,

– bei Dämmungen mit Ummantelung die Maße der Ummantelung,

– bei Ummantelungen deren Maße.

Wird die Leistung aus Zeichnungen ermittelt, dürfen Stücklisten hinzugezogen werden.

Dämmungen, bestehend aus Dämmstoff einschließlich aller übrigen Bestandteile eines Dämmsystems, z. B. Ummantelung, werden nach den Maßen der Dämmung bzw. der Ummantelung außen gemessen.

5.1.2 Längen sind in Achsrichtung in der jeweils größten ausgeführten Strecke zu messen, z. B. bei Rohrleitungen und runden Kanälen über den Außenbogen, bei eckigen Kanälen über die Außenkante.

Bei Abrechnung nach Längenmaß sind Rohre und Kanäle in Achsrichtung, und zwar in der Strömungsrichtung, in der jeweils größten ausgeführten Strecke, bei Rohrleitungen und runden Kanälen über den Außenbogen, bei eckigen Kanälen über die Außenkante, zu messen *(Bild 1 bis 4)*.

Länge in Achsrichtung

Bild 1 — l — Länge = l

Länge über den Außenbogen

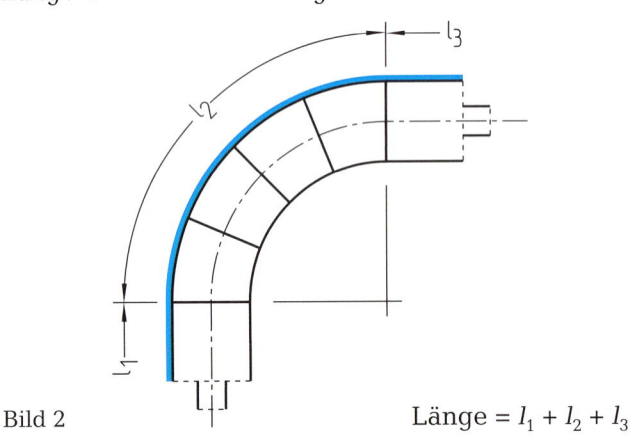

Bild 2 — Länge = $l_1 + l_2 + l_3$

Länge über die Außenkante

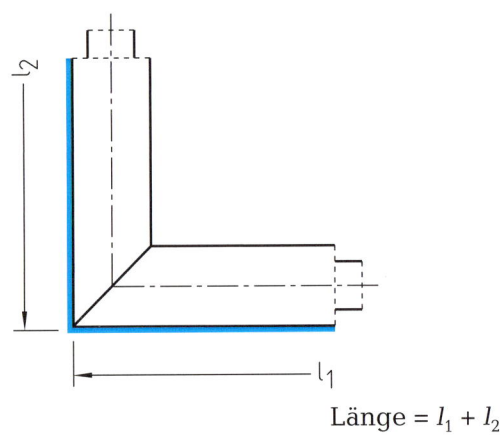

Bild 3 — Länge = $l_1 + l_2$

Länge über den Außenbogen und der längsten Strecke

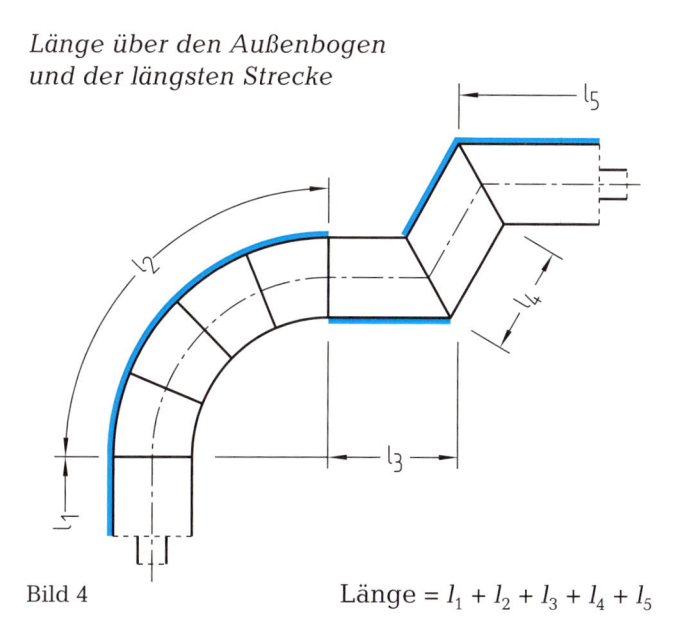

Bild 4 Länge = $l_1 + l_2 + l_3 + l_4 + l_5$

5.1.3 Flansch- und Schraubverbindungen werden übermessen.

Es werden übermessen *(Bild 5)*:

Flansch- und Schraubverbindungen

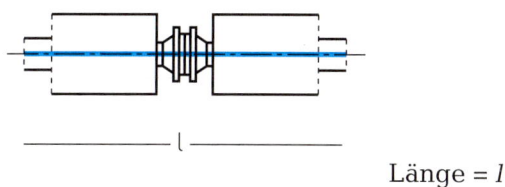

Bild 5 Länge = l

5.1.4 Bei Endstellen an Flanschen wird die Länge bis zur Mitte des Flanschenpaares, bei geschweißten Einbauten bis zur Schweißstelle gemessen.

Bei Endstellen an Flanschen wird bis zur Mitte des Flanschenpaares gemessen *(Bild 6)*.

Flanschenendstellen

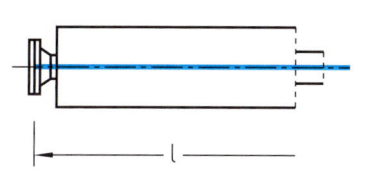

Bild 6 Länge = l

Bei geschweißten Einbauten wird bis zur Schweißstelle gemessen *(Bild 7)*.

geschweißte Einbauten

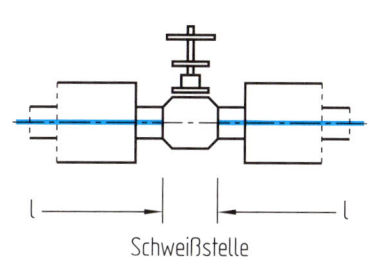

Bild 7 Länge = $2 \cdot l$

5.1.5 Abrechnung nach Längenmaß (m)

5.1.5.1 An konischen Rohren wird die halbe Länge jeweils den Maßen und Dämmdicken der anschließenden Rohre zugeordnet.

Bei Abrechnung nach Längenmaß werden konische Rohre nach ihrer größten Länge außen gemessen und jeweils zur Hälfte den Maßen der anschließenden Rohre zugerechnet *(Bild 8 und 9)*.

konische Rohre

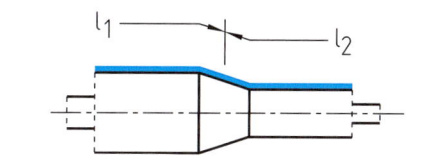

Bild 8

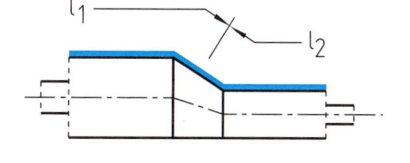

Bild 9

5.1.5.2 Bei Ummantelungen bzw. Dämmungen an Rohrleitungen werden Bögen, konische Bögen, Knicke, Passstücke, Hosenstücke, Ausschnitte, Blenden (Rosetten, Deckel), Einsätze, Abflachungen, Regenabweiser, Tragkonstruktionen, Konusse, Stutzen, Endstellen übermessen und gesondert nach Anzahl (Stück) gerechnet.

Es werden übermessen und gesondert nach Anzahl gerechnet *(Bild 10 bis 21):*

Bogen

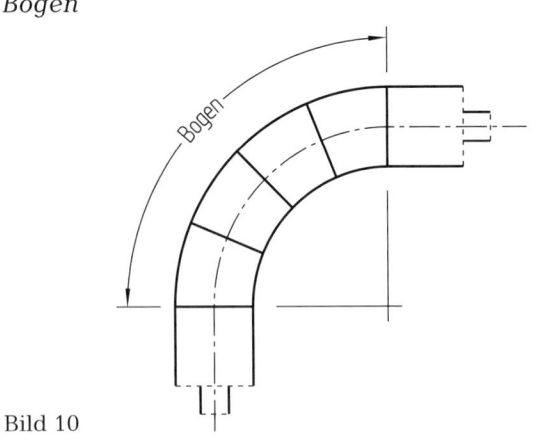

Bild 10

konische Bogen

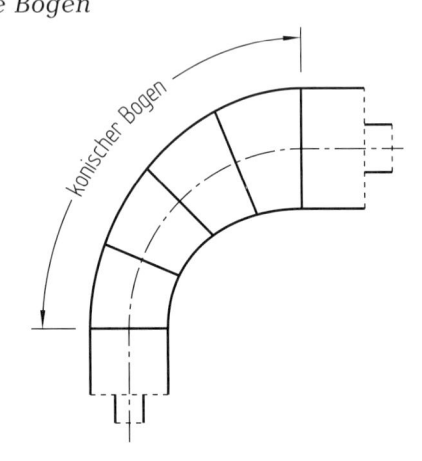

Bild 11

Knicke

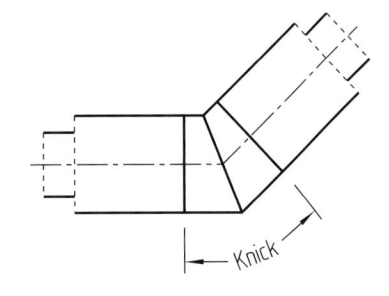

Bild 12

Passstücke

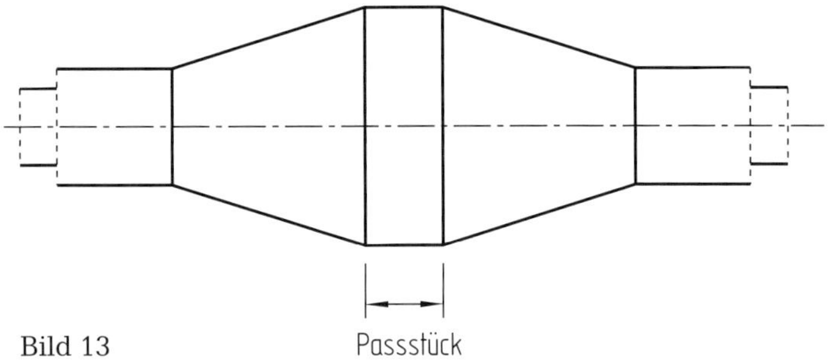

Bild 13

Hosenstücke

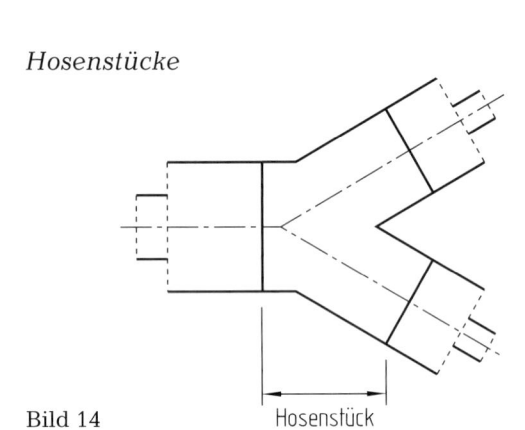

Bild 14

Ausschnitte

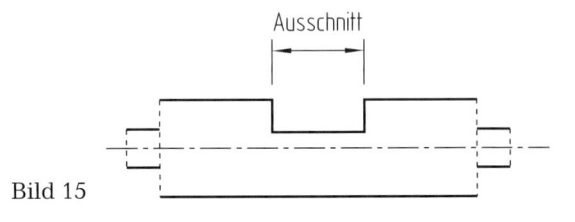

Bild 15

Dabei werden Ausschnitte und Aussparungen über 0,5 m² Einzelfläche gemäß Abschnitt 5.2.2 abgezogen, ausgenommen sind jedoch Ausschnitte, die gemäß Abschnitt 5.2.2 erst bei oder nach der Montage der Dämmung ausgearbeitet werden können.

Blenden (Rosetten, Deckel)

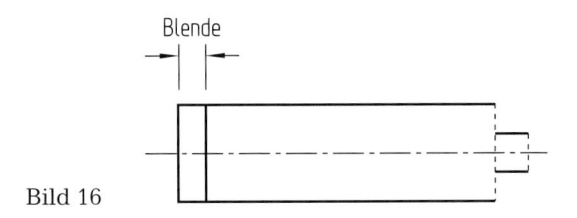

Bild 16

Abflachungen

Bild 17

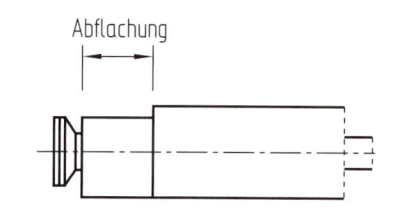

Tragkonstruktionen

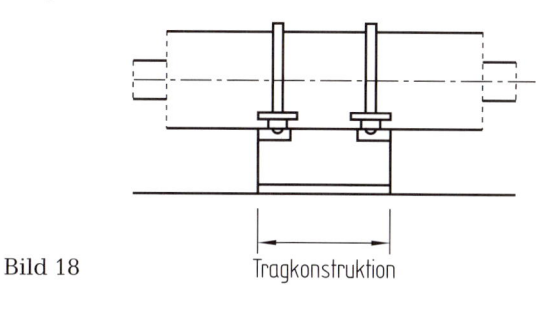

Bild 18

Konusse

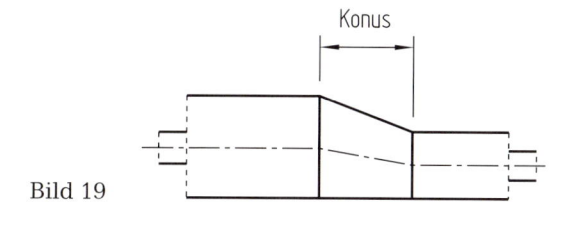

Bild 19

Stutzen

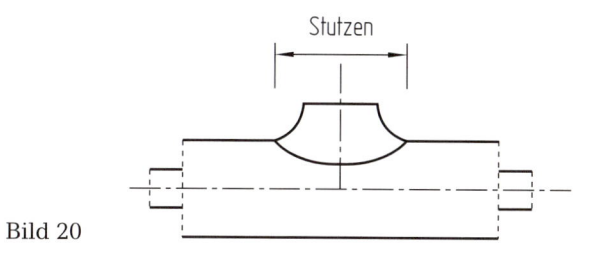

Bild 20

Endstellen

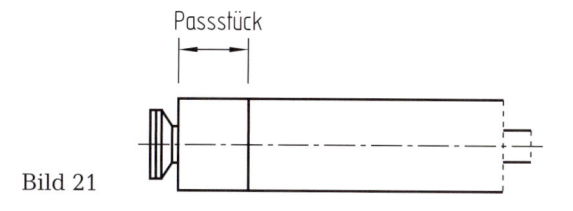

Bild 21

5.1.5.3 Bei Rohrbündeln, deren Rohre einzeln gedämmt sind, wird die Dämmung jedes einzelnen Rohres, die gemeinsame Ummantelung jedoch nur einmal gerechnet.

Bei Rohrbündeln, deren Rohre einzeln gedämmt, aber gemeinsam ummantelt sind, wird die Dämmung jedes einzelnen Rohres, die Ummantelung jedoch nur einmal gerechnet *(Bild 22)*.

Rohrbündel

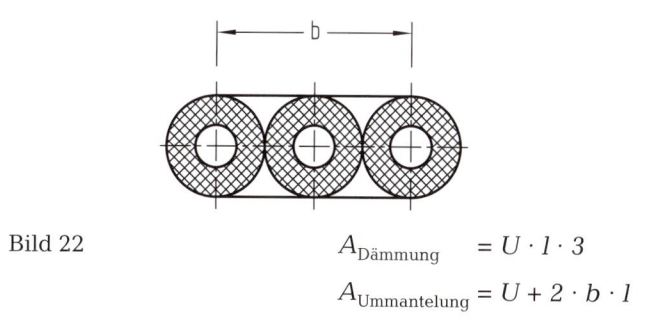

Bild 22

$A_{\text{Dämmung}} = U \cdot l \cdot 3$

$A_{\text{Ummantelung}} = U + 2 \cdot b \cdot l$

5.1.6 Abrechnung nach Flächenmaß (m²)

5.1.6.1 Flächen werden bei Außendämmungen nach der größten Oberfläche der fertigen Ummantelung, bei Innendämmungen nach der Fläche vor Aufbringen der Dämmung ermittelt.

Bei Abrechnung nach Flächenmaß werden

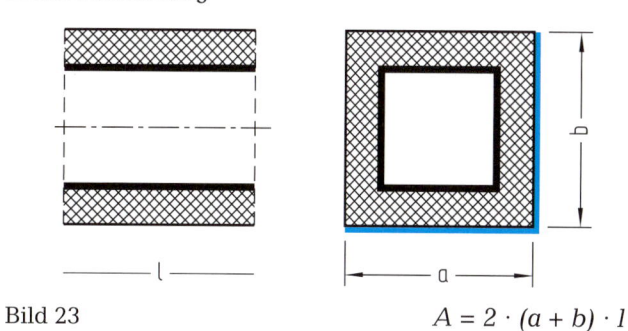

– bei Außendämmungen die Maße der größten Oberfläche der fertigen Ummantelung *(Bild 23)*,

Außendämmung

Bild 23

$A = 2 \cdot (a + b) \cdot l$

– bei Innendämmungen die Maße der zu dämmenden Oberfläche zugrunde gelegt *(Bild 24)*.

Innendämmung

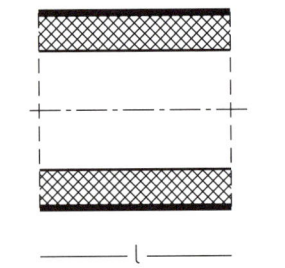

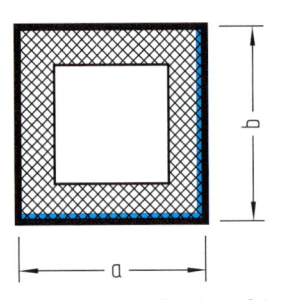

Bild 24 $A = 2 \cdot (a + b) \cdot l$

Passstücke

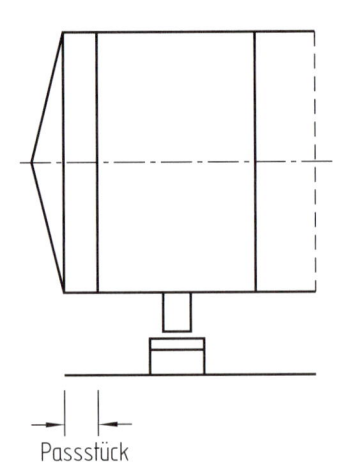

Bild 25   Passstück

5.1.6.2 Ausschnitte, die erst bei oder nach der Montage ausgearbeitet werden können, werden unabhängig von ihrer Größe übermessen und gesondert nach Anzahl (Stück) gerechnet.

Bei Abrechnung nach Flächenmaß werden Ausschnitte gemäß Abschnitt 5.2.2 über 0,5 m² Einzelfläche abgezogen; ausgenommen sind jedoch Ausschnitte, die erst bei oder nach der Montage der Dämmung ausgearbeitet werden können; sie werden unabhängig von ihrer Größe übermessen und gesondert nach Anzahl gerechnet *(siehe auch Bild 15)*.

5.1.6.3 Bei Ummantelungen bzw. Dämmungen an Apparaten, Behältern, Kolonnen und Tanks werden Passstücke, Manteleinschnürungen, Kreisringe, Konusse, Übergangsstücke, Abflachungen, Apparatestutzen, zusätzliche Trennungen der Ummantelungen und Endstellenausbildungen von Ummantelungen (Stoßkappen u. Ä.) übermessen und gesondert nach Anzahl (Stück) gerechnet.

Bei Abrechnung nach Flächenmaß werden Ummantelungen bzw. Dämmungen an Apparaten, Behältern, Kolonnen und Tanks übermessen und gesondert nach Anzahl gerechnet *(Bild 25 bis 31)*.

Manteleinschnürungen

Bild 26   Einschnürung

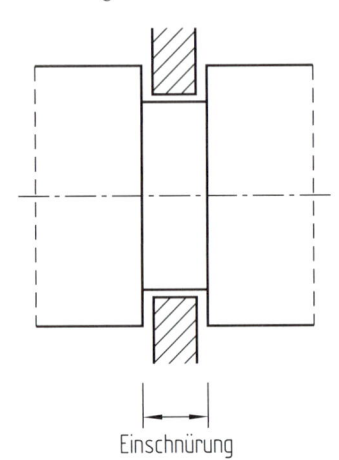

Kreisringe

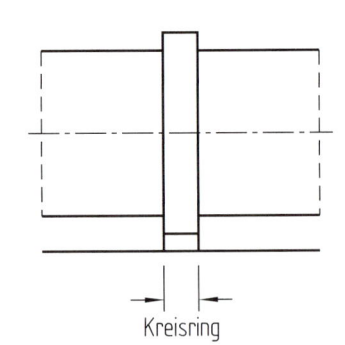

Bild 27   Kreisring

Konusse, Übergangsstücke

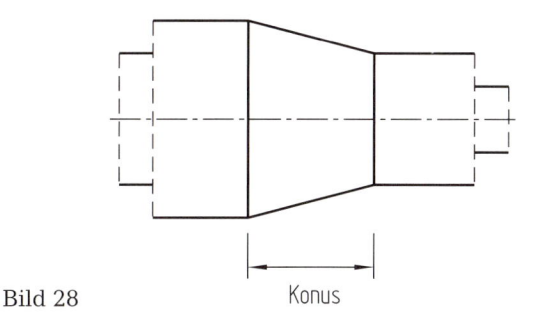

Bild 28 — Konus

Abflachungen

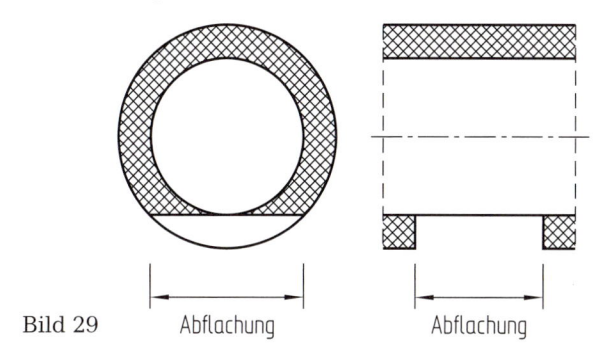

Bild 29 — Abflachung

Apparatestutzen

Bild 30

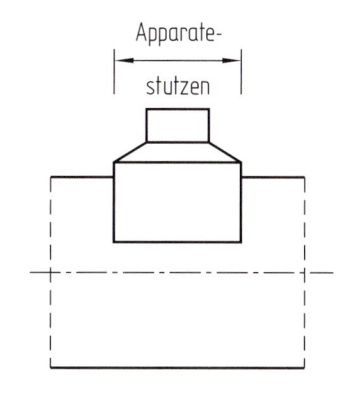

zusätzliche Trennungen der Ummantelungen und Endstellenausbildungen von Ummantelungen

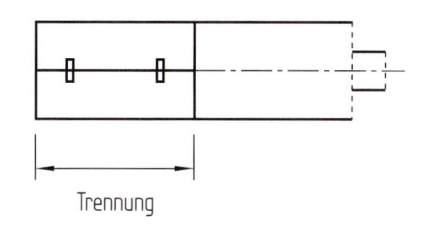

Bild 31 — Trennung

5.1.6.4 Bei Ummantelungen bzw. Dämmungen an Kanälen wird nach äußerer Oberfläche abgerechnet. Die Oberfläche der Dämmung von Kanalbogen und sonstigen Formstücken an Kanälen wird aus dem größten Umfang und der größten Länge ermittelt.

Ausschnitte, Blenden, Einsätze und Abflachungen werden übermessen und gesondert nach Anzahl (Stück) gerechnet.

Bei Abrechnung nach Flächenmaß werden Ummantelungen bzw. Dämmungen an Kanälen nach der äußeren Oberfläche abgerechnet. Dabei ermittelt sich die Oberfläche aus dem größten Umfang und der größten Länge *(Bild 32 und 33)*.

Ummantelungen an Kanälen

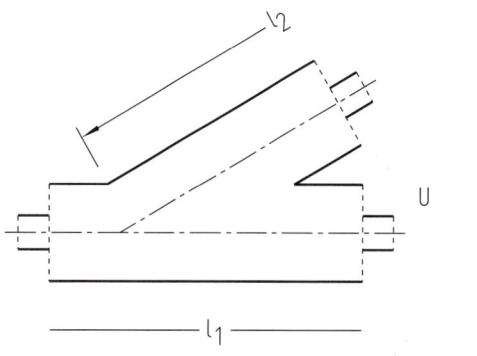

Bild 32 $A = U \cdot (l_1 + l_2)$

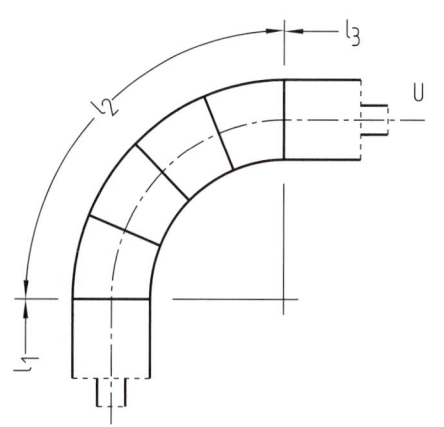

Bild 33 $A = U \cdot (l_1 + l_2 + l_3)$

5.1.6.5 Die Flächen kreisrunder Stirnseiten werden wie folgt ermittelt:

Ebene Stirnseite: $A = 0{,}0796\ U^2$

Stirnseite in Trichterform
$(h : d_a \leq 1 : 10)$: $A = 0{,}082\ U^2$

Flachgewölbte Stirnseite in Kalottenform
$(d_a \leq 10\ m)$: $A = 0{,}082\ U^2$

Flachgewölbte Stirnseite in Kalottenform
$(d_a > 10\ m)$: $A = 0{,}0796\ U^2 + 3{,}14\ h^2$

Hochgewölbte Stirnseite in Zeppelinform:
$A = 0{,}109\ U^2$

Dabei bedeuten:

A Fläche der Stirnseite in (m²);
d_a äußerer Durchmesser der Stirnseite (m);
U äußerer Umfang der Stirnseite (m);
h Höhe des Trichters oder der Kalotte (m).

Bei Abrechnung nach Flächenmaß werden Flächen kreisrunder Stirnseiten wie folgt ermittelt *(Bild 34 bis 38)*:

ebene Stirnseiten

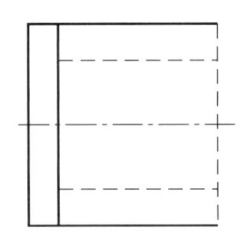

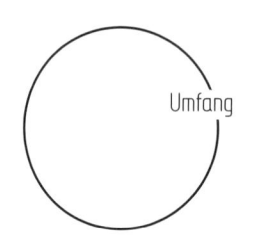

Bild 34 $\qquad A = 0{,}0796 \cdot U^2$

Stirnseiten in Trichterform ($h : d_a \leq 1 : 10$)

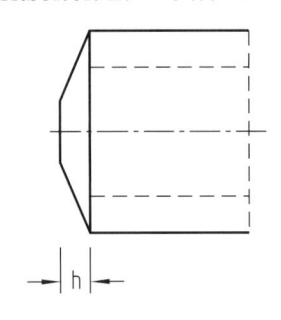

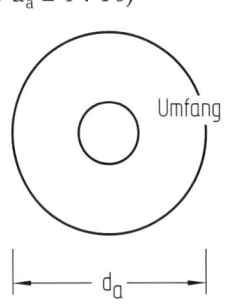

Bild 35 $\qquad A = 0{,}082 \cdot U^2$

flach gewölbte Stirnseiten in Kalottenform
($d_a \leq 10\ m$)

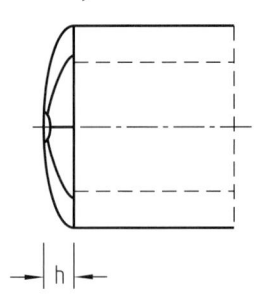

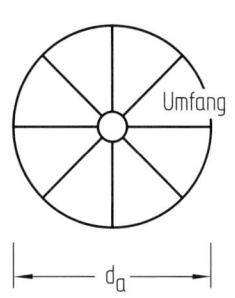

Bild 36 $\qquad A = 0{,}082 \cdot U^2$

flach gewölbte Stirnseiten in Kalottenform
($d_a > 10\ m$)

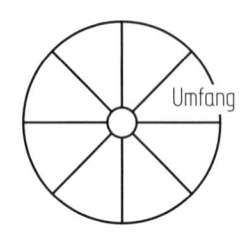

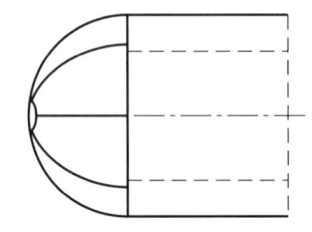

Bild 37 $\qquad A = 0{,}0796 \cdot U^2 + 3{,}14 \cdot h^2$

hoch gewölbte Stirnseiten in Zeppelinform

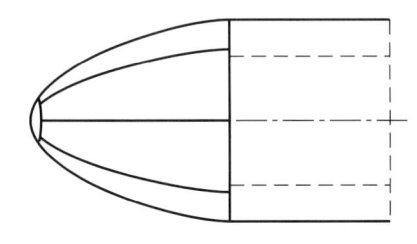

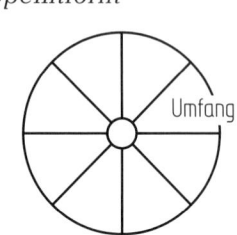

Bild 38 $\qquad A = 0{,}109 \cdot U^2$

DIN 18421

5.1.7 Abrechnung nach Rauminhalt (m³)

Rauminhalte werden nach dem verfüllten Raum ermittelt.

Bei Abrechnung nach Rauminhalt ist der verfüllte Raum zugrunde zu legen (siehe auch Abschnitt 5.2.3).

5.2 Es werden abgezogen:

5.2.1 Bei Abrechnung nach Längenmaß (m):

Unterbrechungen der Dämmung durch Wände, Decken und andere Konstruktionsteile von mehr als 270 mm Länge und Längen von zwei oder mehreren hintereinander liegenden Einbauten mit Gewindeverbindungen.

Bei Abrechnung nach Längenmaß werden abgezogen *(Bild 39 und 40)*:

Unterbrechungen der Dämmung durch Wände, Decken und andere Konstruktionsteile von mehr als 270 mm Länge

Bild 39

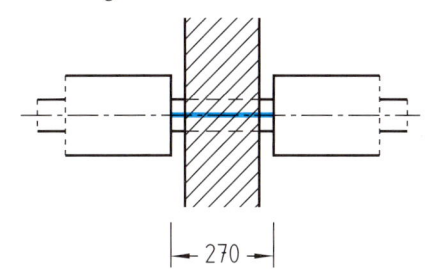

Unterbrechungen durch zwei oder mehrere hintereinander liegende Einbauten mit Gewindeverbindungen

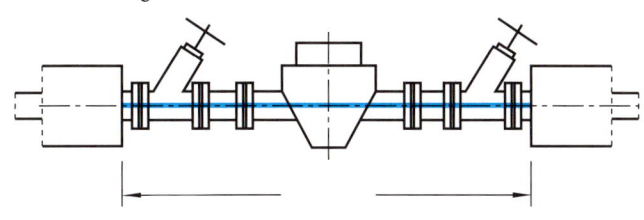

Bild 40

5.2.2 Bei Abrechnung nach Flächenmaß (m²):

Aussparungen und Ausschnitte über 0,5 m² Einzelfläche*), ausgenommen Ausschnitte, die erst bei oder nach der Montage der Dämmungen und/oder der Ummantelungen ausgearbeitet werden (5.1.6.2).

Bei Abrechnung nach Flächenmaß werden abgezogen *(Bild 41)*:

Aussparungen und Ausschnitte über 0,5 m² Einzelfläche

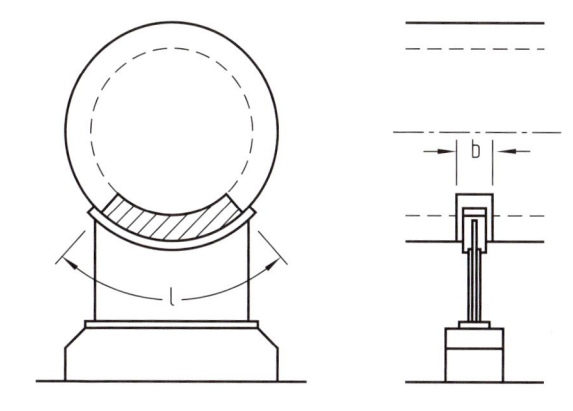

Bild 41

$A_{\text{Ausschnitt}} = l \cdot b > 0,5\ m^2$;
der Ausschnitt ist abzuziehen.

Kann der Ausschnitt erst bei oder nach der Montage ausgearbeitet werden, ist er unabhängig von seiner Größe gemäß Abschnitt 5.1.6.2 zu übermessen und gesondert nach Anzahl zu rechnen.

---

*) 0,5 m² Einzelfläche entspricht einem Kreis mit einem Durchmesser von etwa 800 mm.

5.2.3 Bei Abrechnung nach Rauminhalt (m³):

Volumen von Rohren mit einem äußeren Durchmesser von mehr als 120 mm bzw. einem rechteckigen Querschnitt von mehr als 125 cm².

Bei Abrechnung nach Rauminhalt werden abgezogen *(Bild 42 und 43):*

Rohre mit einem äußeren Durchmesser von mehr als 120 mm

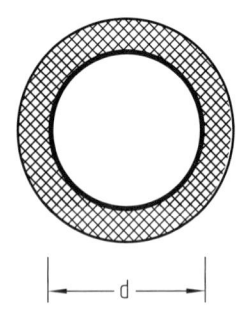

Bild 42

Rohre mit einem rechteckigen Querschnitt von mehr als 125 cm²

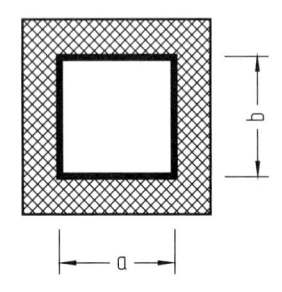

Bild 43 $\quad A_{\text{Querschnitt}} = a \cdot b > 125\ cm^2$

DIN 18451

Gerüstarbeiten – DIN 18451

Ausgabe Dezember 2002

Geltungsbereich

Die ATV „Gerüstarbeiten" – DIN 18451 – gilt für das Auf-, Um- und Abbauen sowie für die Gebrauchsüberlassung von Gerüsten, die als Baubehelf für die Ausführung von Bauarbeiten jeder Art benötigt werden.

0.5 Abrechnungseinheiten

Im Leistungsverzeichnis sind die Abrechnungseinheiten wie folgt vorzusehen:

0.5.1 *Flächenmaß (m^2), getrennt nach Bauart und Verwendungszweck, für*
- *Standgerüste mit längenorientierten Gerüstlagen (Fassadengerüste) als Arbeits- oder Schutzgerüste, zusätzlich getrennt nach Gerüstgruppen,*
- *Hängegerüste,*
- *Auflagergerüste für Wetterschutzdächer, Wetterschutzdächer,*
- *Traggerüste,*
- *fahrbare Gerüste,*
- *Gerüstbekleidungen.*

0.5.2 *Raummaß (m^3), getrennt nach Bauart und Verwendungszweck, für*
- *Standgerüste mit flächenorientierten Gerüstlagen (Raumgerüste), zusätzlich getrennt nach Gerüstgruppen,*
- *Traggerüste,*
- *Hängegerüste,*
- *fahrbare Gerüste.*

0.5.3 *Längenmaß (m), getrennt nach Bauart und Verwendungszweck, für*
- *Schutzgerüste (Fanggerüste, Dachfanggerüste, Schutzdächer), Fußgängertunnel,*
- *Hängegerüste,*
- *fahrbare Gerüste,*
- *Bockgerüste, Auslegergerüste, Konsolgerüste,*
- *Traggerüste,*
- *Überbrückungen.*

0.5.4 *Anzahl (Stück), getrennt nach Bauart und Verwendungszweck, für*
- *Standgerüste mit längenorientierten Gerüstlagen (Fassadengerüste) und mit flächenorientierten Gerüstlagen (Raumgerüste), zusätzlich getrennt nach Gerüstgruppen,*
- *Schutzgerüste,*
- *Hängegerüste,*
- *fahrbare Gerüste,*
- *Bockgerüste, Auslegergerüste, Konsolgerüste,*
- *Auflagergerüste für Wetterschutzdächer, Wetterschutzdächer,*
- *Traggerüste,*
- *Überbrückungen,*
- *Gerüstsonderkonstruktionen, z.B. für turmartige Bauwerke.*

5 Abrechnung

Ergänzend zur ATV DIN 18299, Abschnitt 5, gilt:

5.1 Allgemeines

5.1.1 Der Ermittlung der Leistung – gleichgültig, ob sie nach Zeichnung oder nach Aufmaß erfolgt – sind die Maße der eingerüsteten Fläche zugrunde zu legen.

5.1.2 Als eingerüstete Fläche gilt die Fläche (Bauteil), für deren Bearbeitung oder Schutz das Gerüst erstellt ist.

Als Standfläche eines Gerüstes gilt die Fläche, die zur Ableitung der Lasten aus der Gerüstkonstruktion in das Bauwerk oder in den Baugrund dient.

5.1.3 Werden Gerüste der Höhe nach abschnittsweise auf- oder abgebaut, wird die Höhe je Abschnitt von der Standfläche der Gerüste bis zum jeweils obersten Gerüstbelag, zuzüglich 2 m, jedoch nicht höher als bis zur höchsten Stelle der eingerüsteten Fläche gerechnet.

5.2 Arbeitsgerüste

5.2.1 Bei Abrechnung von Arbeitsgerüsten nach Flächenmaß (m^2) wird die eingerüstete Fläche wie folgt berechnet:

– Die Länge des Gerüstes wird in der größten horizontalen Abwicklung der eingerüsteten Fläche, mindestens mit 2,5 m, gerechnet. Vor- und Rücksprünge, die die wandseitige Gerüstflucht (Belagkante) nicht unterbrechen, werden nicht berücksichtigt.

– Die Höhe wird von der Standfläche des Gerüstes bis zur höchsten Stelle der eingerüsteten Fläche gerechnet.

– Öffnungen in der eingerüsteten Fläche werden übermessen.

5.2.2 Verbreiterungen bzw. Teilverbreiterungen von Gerüsten zum Ein- bzw. Umrüsten von Bauteilen, z.B. für die Bearbeitung von Gesimsen, Dachüberständen, Rinnen, werden entsprechend der Länge des eingerüsteten bzw. umrüsteten Bauteils gerechnet.

5.2.3 Teilgerüste vor Dachgauben, Dachaufbauten und dergleichen werden in der Breite der eingerüsteten Bauteile und in der Höhe mit dem Maß bis zur Traufe dieser Bauteile gerechnet.

5.3 Schutzgerüste

5.3.1 Bei Abrechnung von Schutzgerüsten als Standgerüst/Fanggerüst nach Flächenmaß (m^2) werden die eingerüsteten Flächen gemäß Abschnitt 5.2.1 gerechnet.

5.3.2 Bei Abrechnung von Dachfanggerüsten, Schutzdächern, Fußgängertunnel u. Ä. nach Längenmaß (m) wird die Länge in der größten Abwicklung an den Gerüstaußenseiten gerechnet.

5.3.3 Bei Abrechnung von Auflagergerüsten für Wetterschutzdächer nach Flächenmaß (m^2) wird die Ansichtsfläche des Gerüstes zugrunde gelegt. Die Länge wird in ihrer größten Abwicklung, gemessen an der Gerüstaußenseite, und die Höhe von der Standfläche bis zur Oberseite der Auflager für das Schutzdach gerechnet.

5.3.4 Bei Abrechnung von Wetterschutzdächern nach Flächenmaß (m^2) wird die Fläche des Schutzdaches in ihrer vertikalen Projektion gerechnet.

5.4 Raumgerüste, Traggerüste

5.4.1 Werden Innenräume oder Teile davon mit Raumgerüsten als Arbeits- oder Schutzgerüst eingerüstet, sind Länge und Breite des Gerüstes an den freien Gerüstseiten bis zur Belagkante zu rechnen, soweit die Maße der Gerüste durch ihre Zweckbestimmung bedingt sind.

Die Höhe wird von der Standfläche des Gerüstes bis zur höchsten Stelle der vom Gerüst aus zu bearbeitenden Fläche gerechnet.

5.4.2 Bei Abrechnung von Traggerüsten nach Raummaß (m^3) wird das Volumen des eingerüsteten Raumes gerechnet.

5.4.3 Bei freistehenden bzw. nicht durch Bauteile begrenzten Traggerüsten sind Länge und Breite des Gerüstes an den freien Gerüstseiten bis zur Belagkante zu rechnen, soweit die Maße der Gerüste durch ihre Zweckbestimmung bedingt sind.

Schalungsflächen gelten als Belagflächen.

5.4.4 Bei Traggerüsten für Brücken wird die Breite zwischen den Außenseiten des Überbaus und die Länge zwischen den Widerlagern ohne Abzug von Zwischenpfeilern und Stützen gerechnet.

Die Höhe wird von der Standfläche des Gerüstes bis zur Oberseite der Trägerlage des Gerüstes gerechnet.

5.5 Hängegerüste

5.5.1 Bei Abrechnung von Hängegerüsten vor Wandflächen nach Flächenmaß (m²) wird die Höhe von der Oberseite der untersten Gerüstlage bis zur höchsten Stelle der eingerüsteten Fläche gerechnet.

5.5.2 Bei Abrechnung von Hängegerüsten unter Flächen, z.B. unter Decken, Brücken, nach Flächenmaß (m²), wird mit den Maßen des Belages gerechnet, soweit die Maße des Belages durch den Einsatzzweck des Gerüstes bestimmt sind.

5.6 Konsolgerüste

Bei Abrechnung von Konsolgerüsten nach Längenmaß (m) wird die Länge in der größten Abwicklung an den Gerüstaußenseiten gerechnet.

5.7 Überbrückungen

Überbrückungen, die z.B. bei Öffnungen, Dächern, Anbauten, Durchfahrten erforderlich sind, werden bei Abrechnung nach Längenmaß (m) in der Länge des überbrückten Zwischenraumes gerechnet.

5.8 Gerüstbekleidungen

Bei Abrechnung von Gerüstbekleidungen nach Flächenmaß (m²) wird die tatsächliche Bekleidungsfläche gerechnet.

5.9 Gebrauchsüberlassung

5.9.1 Werden Gerüste ganz oder abschnittsweise vor dem vereinbarten Tag genutzt, so wird die Gebrauchsüberlassung des Gerüstes bzw. der benutzten Gerüstabschnitte vom ersten Tag der Benutzung gerechnet. Die Gebrauchsüberlassung endet mit der Freigabe durch den Auftraggeber zum Abbau durch den Auftragnehmer, jedoch frühestens drei Werktage nach Zugehen der Mitteilung über die Freigabe beim Auftragnehmer.

5.9.2 Bei Gerüsten, ausgenommen Traggerüste, sowie bei Bekleidungen und Wetterschutzdächern rechnet die Dauer der Gebrauchsüberlassung je angefangene Woche.

5.9.3 Bei Traggerüsten werden die Dauer der Gebrauchsüberlassung sowie der zu vereinbarende Zeitraum der Vorhaltung während des Auf- und Abbaus nach Kalendertagen gerechnet.

Erläuterungen

0.5 *Abrechnungseinheiten*

Abschnitt 0.5 dient dazu, auf die üblichen und zweckmäßigen Abrechnungseinheiten für die jeweilige Teilleistung hinzuweisen. In der Leistungsbeschreibung ist die zutreffende Abrechnungseinheit festzulegen.

5 Abrechnung

Ergänzend zur ATV DIN 18299, Abschnitt 5, gilt:

Siehe Kommentierung zu Abschnitt 5 der ATV DIN 18299.

5.1 Allgemeines

5.1.1 Der Ermittlung der Leistung – gleichgültig, ob sie nach Zeichnung oder nach Aufmaß erfolgt – sind die Maße der eingerüsteten Fläche zugrunde zu legen.

5.1.2 Als eingerüstete Fläche gilt die Fläche (Bauteil), für deren Bearbeitung oder Schutz das Gerüst erstellt ist.

Als Standfläche eines Gerüstes gilt die Fläche, die zur Ableitung der Lasten aus der Gerüstkonstruktion in das Bauwerk oder in den Baugrund dient.

Grundsätzlich wird zwischen Voll- und Teileinrüstung unterschieden.

Volleinrüstung liegt vor, wenn eine Gesamtfläche des Bauwerks, z.B. Ansicht- oder Deckenfläche, vollständig eingerüstet ist.

Teileinrüstung liegt vor, wenn nur ein Teil dieser Gesamtflächen eingerüstet ist.

Ob Voll- oder Teileinrüstung, bei Abrechnung werden grundsätzlich die eingerüsteten Flächen, für deren Bearbeitung oder Schutz das Gerüst erstellt ist, dem Aufmaß zugrunde gelegt *(Bild 1 bis 3)*.

Volleinrüstung übereck

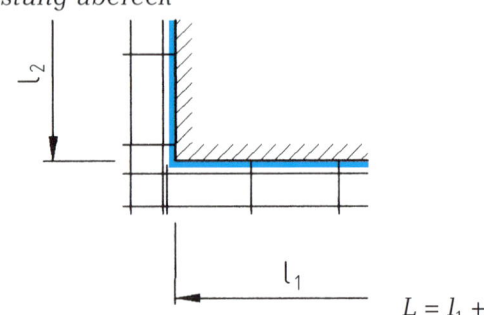

Bild 1 $\quad L = l_1 + l_2$

Vor- und Rücksprünge

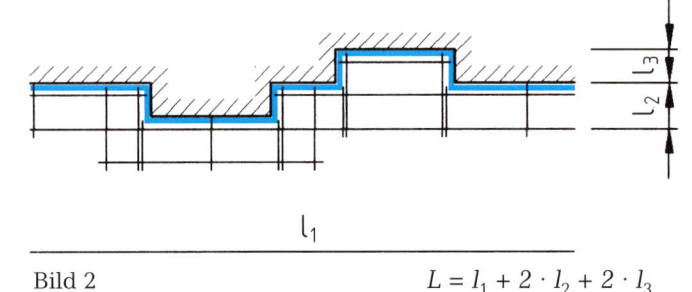

Bild 2 $\quad L = l_1 + 2 \cdot l_2 + 2 \cdot l_3$

Die Höhe bemisst sich dabei gemäß Abschnitt 5.2.1 grundsätzlich von der Standfläche des Gerüstes bis zur höchsten Stelle der eingerüsteten Fläche.

Bei Teileinrüstungen ist die eingerüstete Fläche durch das Maß der Länge der zu bearbeitenden Fläche und der Höhe bestimmt, die sich gemäß Abschnitt 5.2.1 von der Standfläche des Gerüstes bis zur höchsten Stelle der eingerüsteten Fläche bemisst.

Teileinrüstung

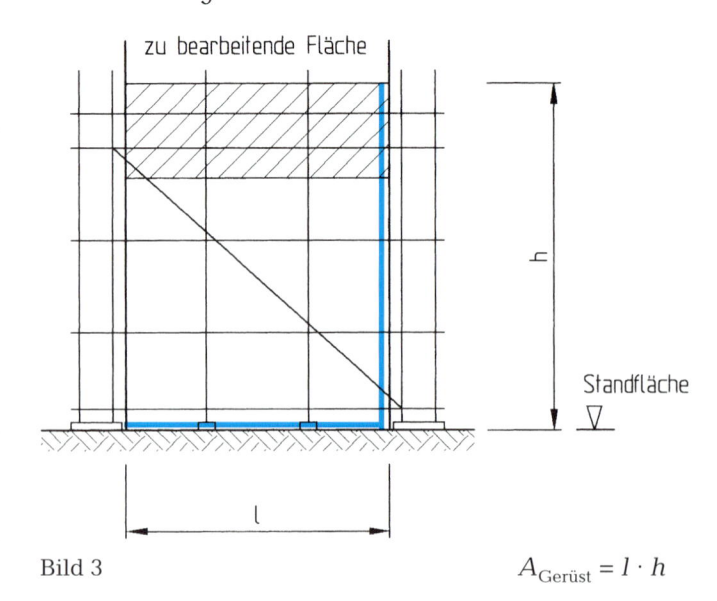

Bild 3 $\quad A_{\text{Gerüst}} = l \cdot h$

Als Standfläche des Gerüstes gilt die Fläche, die zur Ableitung der Lasten aus der Gerüstkonstruktion in das Bauwerk oder in den Untergrund dient *(Bild 4 bis 7)*.

Standflächen Baugrund

Bild 4

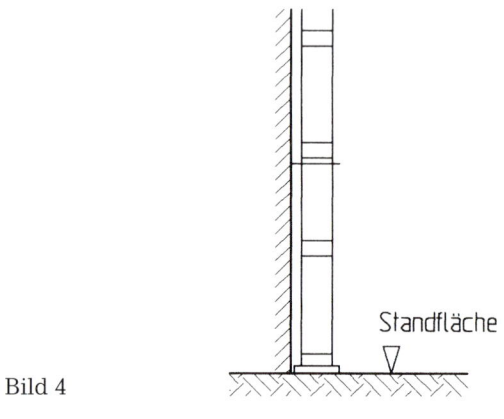

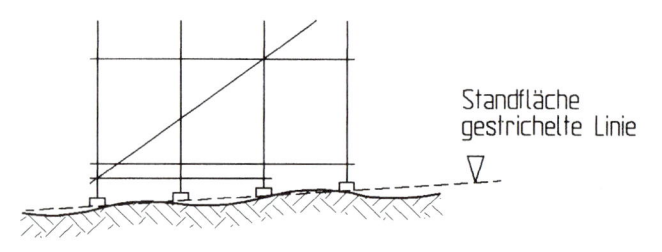

Bild 5

DIN 18451

Standflächen Bauwerk

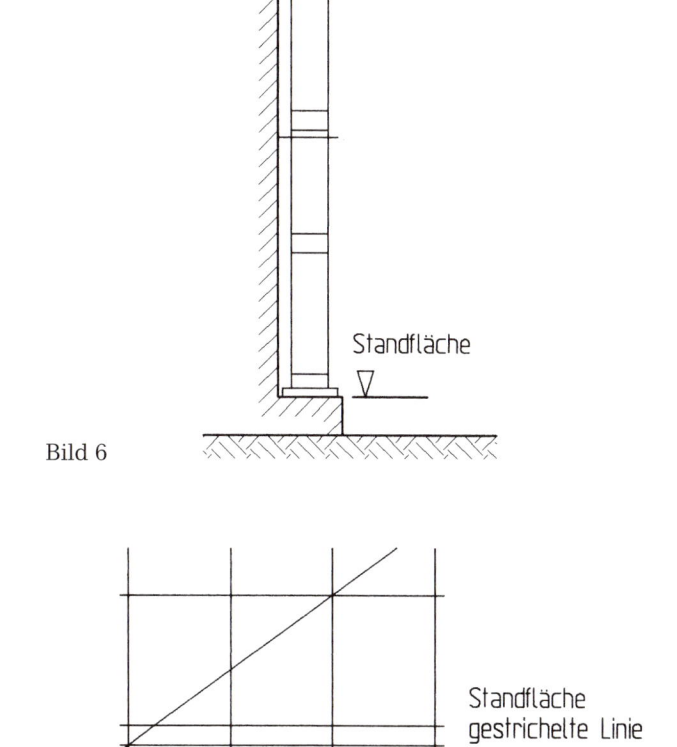

Bild 6

Standfläche

Bild 7

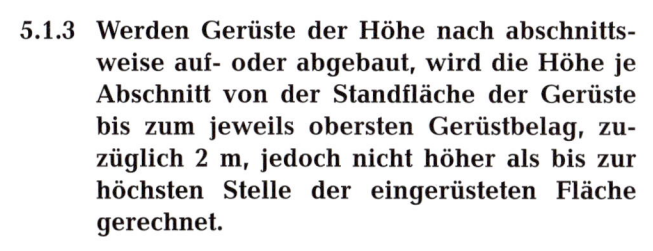

Standfläche gestrichelte Linie

abschnittsweiser Auf- und Abbau
erster Abschnitt

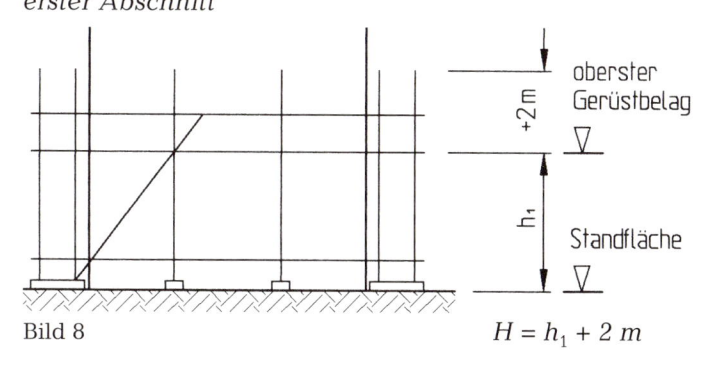

Bild 8

+2 m — oberster Gerüstbelag
h_1 — Standfläche

$H = h_1 + 2\,m$

zweiter Abschnitt
(höchste Stelle
der eingerüsteten Fläche)

Bild 9

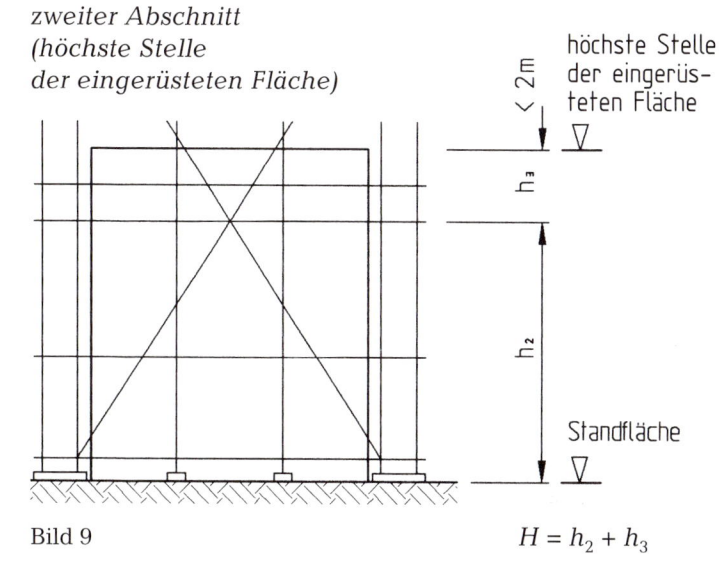

<2 m — höchste Stelle der eingerüsteten Fläche
h_3
h_2 — Standfläche

$H = h_2 + h_3$

5.1.3 Werden Gerüste der Höhe nach abschnittsweise auf- oder abgebaut, wird die Höhe je Abschnitt von der Standfläche der Gerüste bis zum jeweils obersten Gerüstbelag, zuzüglich 2 m, jedoch nicht höher als bis zur höchsten Stelle der eingerüsteten Fläche gerechnet.

Die Aufmaßhöhe von Gerüsten, die abschnittsweise auf- oder abgebaut werden, bemisst sich je Abschnitt von der Standfläche der Gerüste bis zum jeweils obersten Gerüstbelag, zuzüglich 2 m, höchstens jedoch bis zur höchsten Stelle der eingerüsteten Fläche *(Bild 8 und 9)*.

5.2 Arbeitsgerüste

Arbeitsgerüste sind Gerüste, von denen aus Arbeiten durchgeführt werden können. Sie haben außer den beschäftigten Personen und ihren Werkzeugen auch das jeweils für die Arbeiten erforderliche Material zu tragen.

5.2.1 Bei Abrechnung von Arbeitsgerüsten nach Flächenmaß (m²) wird die eingerüstete Fläche wie folgt berechnet:

– **Die Länge des Gerüstes wird in der größten horizontalen Abwicklung der eingerüsteten Fläche, mindestens mit 2,5 m, gerechnet. Vor- und Rücksprünge, die die wandseitige Gerüstflucht (Belagkante) nicht unterbrechen, werden nicht berücksichtigt.**

– **Die Höhe wird von der Standfläche des Gerüstes bis zur höchsten Stelle der eingerüsteten Fläche gerechnet.**

– **Öffnungen in der eingerüsteten Fläche werden übermessen.**

Werden Arbeitsgerüste nach Flächenmaß abgerechnet, ermittelt sich die Fläche:

– der Länge nach in der horizontalen Abwicklung der eingerüsteten Fläche, mindestens jedoch mit 2,5 m, wobei Vor- und Rücksprünge, die die wandseitige Gerüstflucht nicht unterbrechen, unberücksichtigt bleiben (Bild 10 bis 12),

– der Höhe nach von der Standfläche des Gerüstes bis zur höchsten Stelle der eingerüsteten Fläche (Bild 13 bis 17).

horizontale Abwicklung der eingerüsteten Fläche (Bild 10 bis 12)

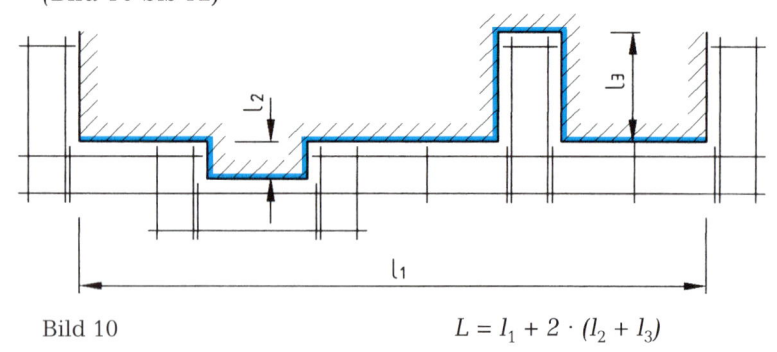

Bild 10 $\qquad L = l_1 + 2 \cdot (l_2 + l_3)$

Vor- und Rücksprünge, die die wandseitige Gerüstflucht nicht unterbrechen, bleiben unberücksichtigt, wobei davon ausgegangen wird, dass der horizontale Abstand zwischen Belagkante und Bauwerk in keinem Fall größer als 0,3 m ist.

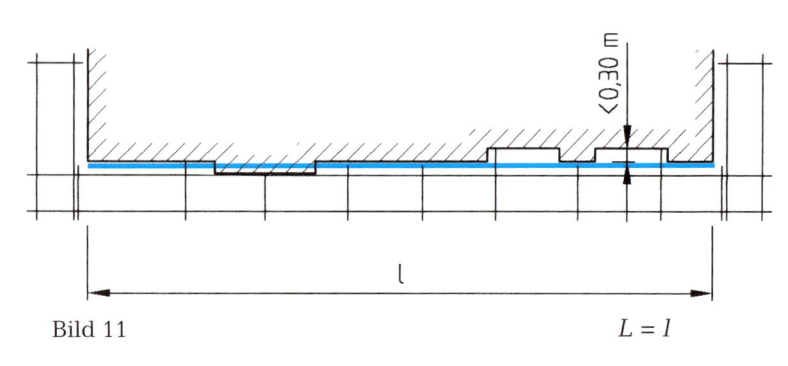

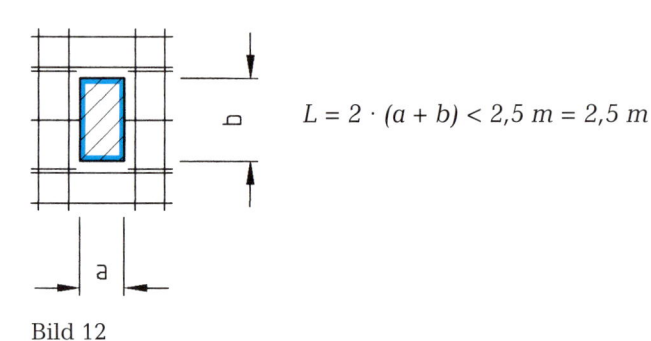

Bild 11 $\qquad L = l$

$L = 2 \cdot (a + b) < 2,5\ m = 2,5\ m$

Bild 12

Höhe der eingerüsteten Fläche (Bild 13 bis 17)

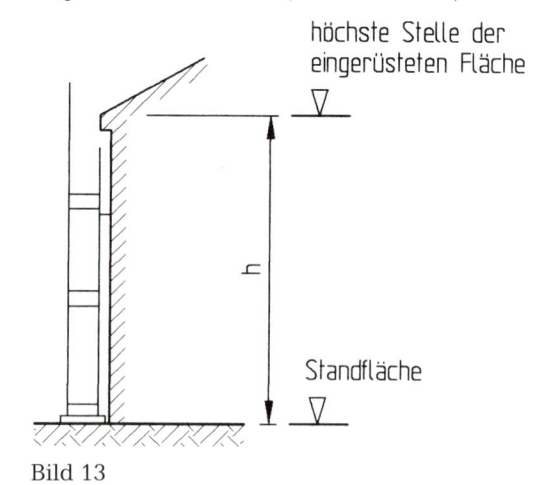

Bild 13

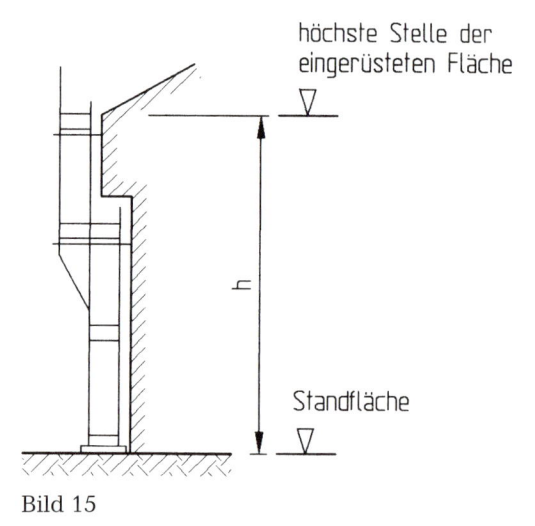

Bild 14

Bild 15

Im Gegensatz zur Ermittlung der Länge wird die Höhe nicht in der Abwicklung der eingerüsteten Fläche gerechnet. Im Zusammenhang mit der Verbreiterung des Gerüstes siehe auch Abschnitt 5.2.2.

DIN 18451

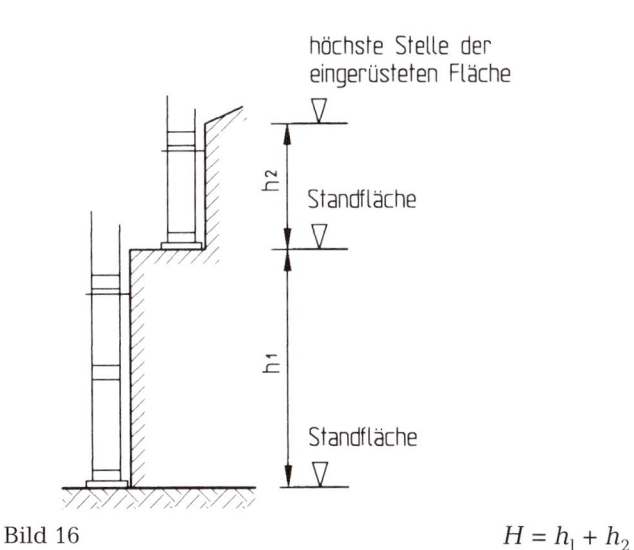

Bild 16 — höchste Stelle der eingerüsteten Fläche; Standfläche; Standfläche

$H = h_1 + h_2$

Bild 17

$H = h_1 + h_2$

eingerüstete Flächen – Beispiele (Bild 18 und 19)

Bild 18

$A_{\text{Gerüst}} = l \cdot (h_1/2 + h_2 + h_3/2)$

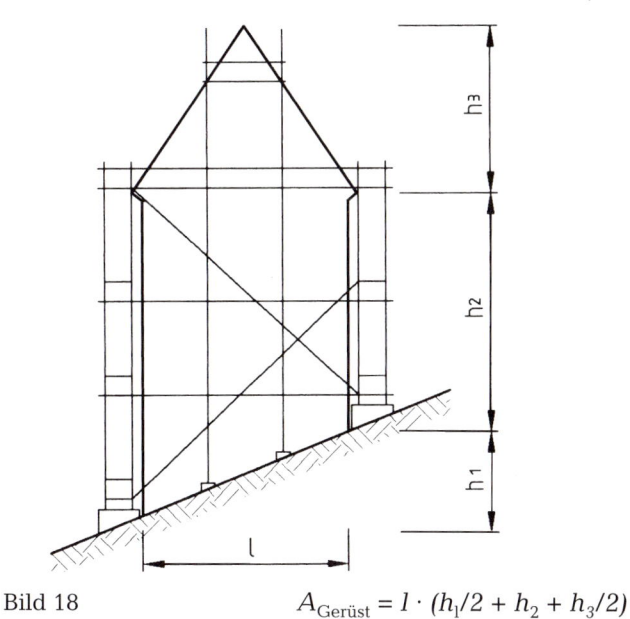

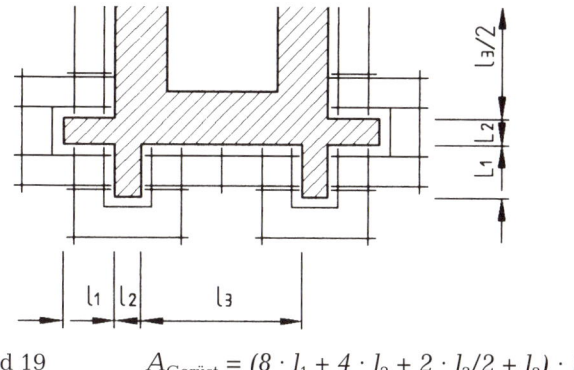

Bild 19

$A_{\text{Gerüst}} = (8 \cdot l_1 + 4 \cdot l_2 + 2 \cdot l_3/2 + l_3) \cdot H$

Öffnungen innerhalb der eingerüsteten Fläche werden übermessen.

5.2.2 Verbreiterungen bzw. Teilverbreiterungen von Gerüsten zum Ein- bzw. Umrüsten von Bauteilen, z. B. für die Bearbeitung von Gesimsen, Dachüberständen, Rinnen, werden entsprechend der Länge des eingerüsteten bzw. umrüsteten Bauteils gerechnet.

Werden zum Ein- bzw. Umrüsten von Bauteilen, z. B. Gesimse, Dachüberstände, Rinnen, Verbreiterungen bzw. Teilverbreiterungen der Gerüste erforderlich, sind diese in der Länge des eingerüsteten bzw. umrüsteten Bauteils zu rechnen *(Bild 20 und 21)*.

Es empfiehlt sich jedoch, dies in der Leistungsbeschreibung im Interesse einer ordnungsgemäßen Kalkulation und Abrechnung entsprechend vorzusehen.

Gesims- bzw. Rinneneinrüstung

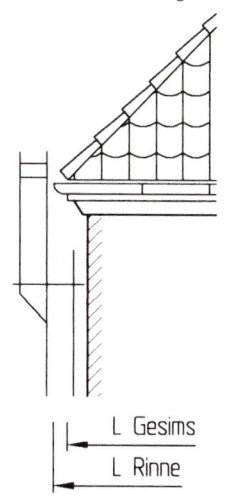

Bild 20

Die Verbreiterung des Gerüstes zum Einrüsten des Gesimses bzw. der Rinne wird entsprechend der Länge des Gesimses bzw. der Rinne gerechnet.

Erkereinrüstung

Bild 21

Die Verbreiterung des Gerüstes im Bereich des Erkers wird entsprechend der Länge des Erkers gerechnet.

5.2.3 Teilgerüste vor Dachgauben, Dachaufbauten und dergleichen werden in der Breite der eingerüsteten Bauteile und in der Höhe mit dem Maß bis zur Traufe dieser Bauteile gerechnet.

Werden Teilgerüste vor Dachgauben und sonstigen Dachaufbauten erforderlich, sind diese in der Breite der eingerüsteten Bauteile und in der Höhe mit dem Maß bis zur Traufe dieser Bauteile zu rechnen *(Bild 22 und 23)*.

Dachgauben

Bild 22 B = Breite des eingerüsteten Bauteils
H = Höhe des eingerüsteten Bauteils

Bild 23 B = Breite des eingerüsteten Bauteils
H = Höhe des eingerüsteten Bauteils

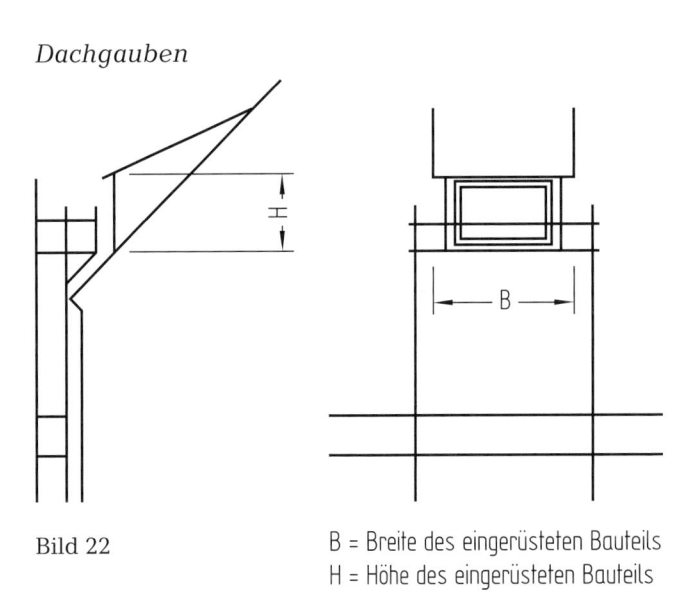

5.3 Schutzgerüste

Schutzgerüste sichern als Fang- oder Dachfanggerüste Personen gegen Absturz und schützen als Schutzdach Personen, Maschinen, Geräte und anderes gegen herabfallende Gegenstände.

5.3.1 Bei Abrechnung von Schutzgerüsten als Standgerüst/Fanggerüst nach Flächenmaß (m²) werden die eingerüsteten Flächen gemäß Abschnitt 5.2.1 gerechnet.

Für die Abrechnung von Schutzgerüsten nach Flächenmaß gelten die Regelungen des Abschnittes 5.2.1 analog, d.h., die eingerüstete Fläche wird

– in der Länge mit dem Maß der größten horizontalen Abwicklung der eingerüsteten Fläche, mindestens jedoch mit 2,5 m, ermittelt, wobei Vor- und Rücksprünge, die die wandseitige Gerüstflucht nicht unterbrechen, nicht berücksichtigt werden *(siehe hierzu auch Bild 1 und 2)*,

und sie wird

– in der Höhe mit dem Maß von der Standfläche des Schutzgerüstes bis zur höchsten Stelle der eingerüsteten Fläche gerechnet *(siehe hierzu auch Bild 4 bis 7)*.

DIN 18451

5.3.2 Bei Abrechnung von Dachfanggerüsten, Schutzdächern, Fußgängertunnel u. Ä. nach Längenmaß (m) wird die Länge in der größten Abwicklung an den Gerüstaußenseiten gerechnet.

Schutzgerüste, wie Fanggerüste, Dachfanggerüste, Schutzdächer und Fußgängertunnel, sind zweckmäßig im Leistungsverzeichnis nach Längenmaß vorzugeben (siehe auch Abschnitt 0.5.3). Die Länge wird dabei in der größten Abwicklung an der Gerüstaußenseite gemessen *(Bild 24 bis 26)*.

Fanggerüst

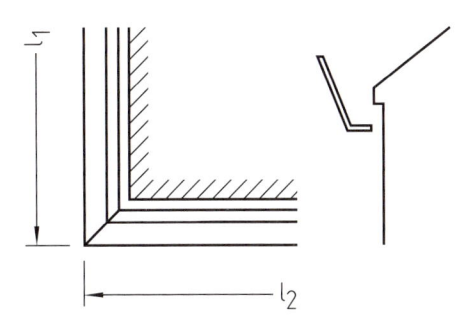

Bild 24

Dachfanggerüst

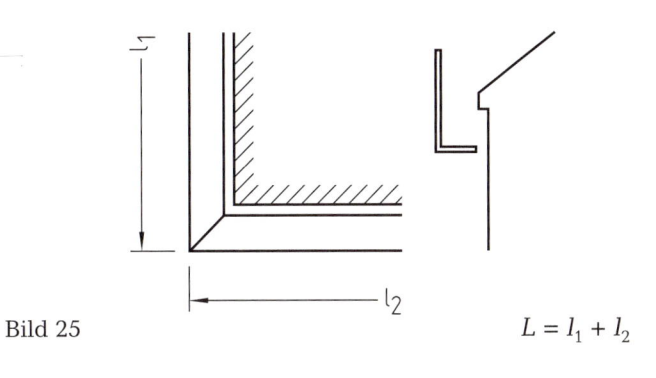

Bild 25 $\qquad L = l_1 + l_2$

Schutzdach

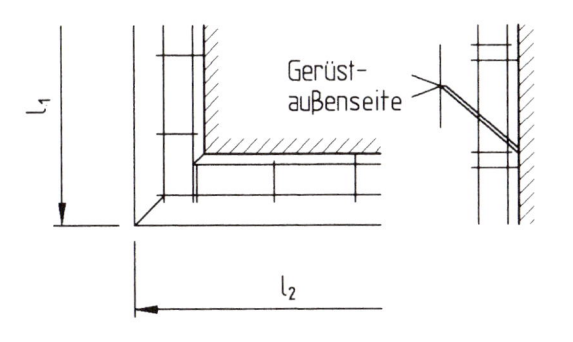

Bild 26 $\qquad L = l_1 + l_2$

5.3.3 Bei Abrechnung von Auflagergerüsten für Wetterschutzdächer nach Flächenmaß (m²) wird die Ansichtsfläche des Gerüstes zugrunde gelegt. Die Länge wird in ihrer größten Abwicklung, gemessen an der Gerüstaußenseite, und die Höhe von der Standfläche bis zur Oberseite der Auflager für das Schutzdach gerechnet.

Auflagergerüste für Wetterschutzdächer werden bei Abrechnung nach Flächenmaß in ihrer Ansichtsfläche gemessen. Die Länge ermittelt sich dabei in ihrer größten Abwicklung an der Gerüstaußenseite und die Höhe von der Standfläche bis zur Oberseite der Auflager für das Wetterschutzdach *(Bild 27)*.

Auflagergerüst für ein Wetterschutzdach

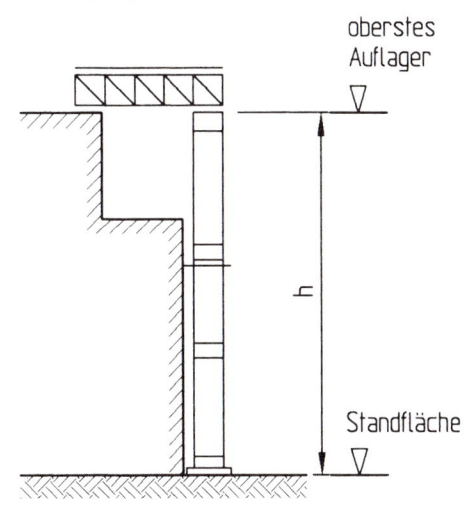

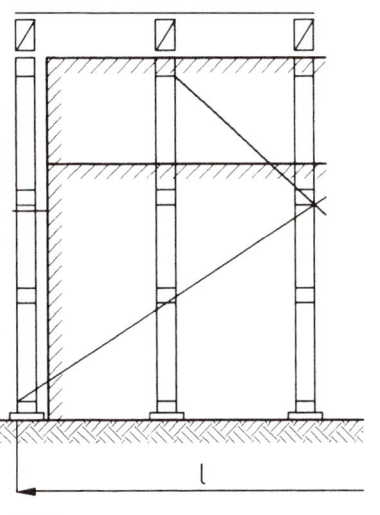

Bild 27 $\qquad A = l \cdot h$

Die Abrechnung des Wetterschutzdaches erfolgt gemäß Abschnitt 5.3.4.

5.3.4 Bei Abrechnung von Wetterschutzdächern nach Flächenmaß (m²) wird die Fläche des Schutzdaches in ihrer vertikalen Projektion gerechnet.

Wetterschutzdächer werden bei Abrechnung nach Flächenmaß in der Fläche ihrer vertikalen Projektion gemessen *(Bild 28)*.

Wetterschutzdach

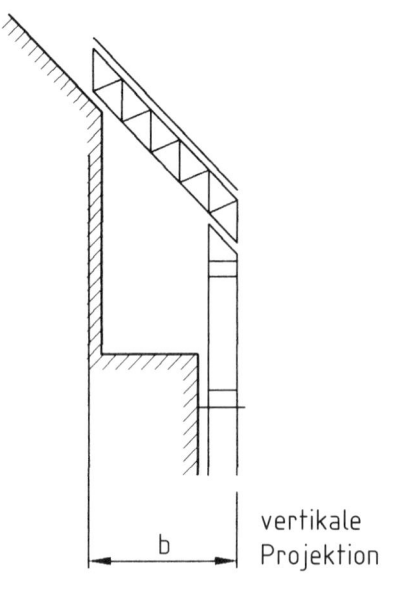

Bild 28 $\qquad A = b \cdot l$

5.4 Raumgerüste, Traggerüste

Raumgerüste als Arbeits- oder Schutzgerüst siehe Abschnitt 5.2 bzw. 5.3.

Raumgerüste als Traggerüste dienen im Wesentlichen der Unterstützung von Bauteilen, bis diese selbst ausreichende Tragfähigkeit besitzen.

5.4.1 Werden Innenräume oder Teile davon mit Raumgerüsten als Arbeits- oder Schutzgerüst eingerüstet, sind Länge und Breite des Gerüstes an den freien Gerüstseiten bis zur Belagkante zu rechnen, soweit die Maße der Gerüste durch ihre Zweckbestimmung bedingt sind.

Die Höhe wird von der Standfläche des Gerüstes bis zur höchsten Stelle der vom Gerüst aus zu bearbeitenden Fläche gerechnet.

Raumgerüste als Arbeits- oder Schutzgerüst in Innenräumen werden, falls der gesamte Raum einzurüsten ist, nach dem Volumen des eingerüsteten Raumes analog der Grundregel gemäß Abschnitt 5.1.2 gerechnet, wonach als eingerüstete Fläche die Fläche gilt, für deren Bearbeitung oder Schutz das Gerüst erstellt ist *(Bild 29)*.

Raumgerüst für den gesamten Innenraum

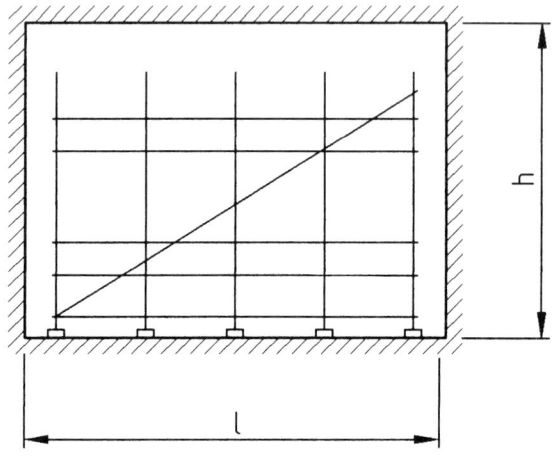

Bild 29 $\qquad V = l \cdot b \cdot h$

Raumgerüste als Arbeits- oder Schutzgerüst in Innenräumen werden, falls nur Teile davon einzurüsten sind, in der Länge und Breite an den freien Gerüstseiten jeweils bis zur Belagkante gerechnet. Die Höhe ermittelt sich dabei von der Standfläche des Gerüstes bis zur höchsten Stelle der vom Gerüst aus zu bearbeitenden Fläche *(Bild 30)*.

Raumgerüst für Teile eines Innenraumes

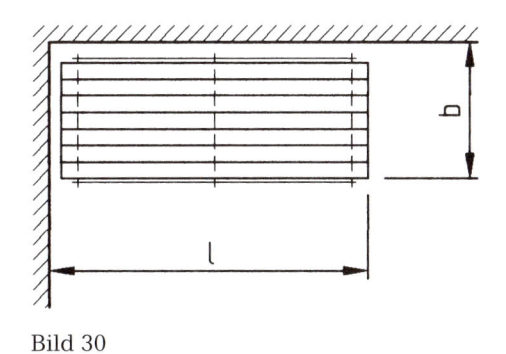

Bild 30 $\qquad V = l \cdot b \cdot h$

Maßgebend für die Ermittlung der Länge oder Breite solcher Gerüste ist demnach die jeweils äußere Kante der Belagfläche an den freien Gerüstseiten, jedoch nur so weit, als die Maße der Gerüste durch ihre Zweckbestimmung bedingt sind. In diesem Fall ermitteln sich die Länge und Breite nach den Maßen der zu bearbeitenden Fläche *(Bild 31)*.

Raumgerüst für Teile eines Innenraumes

zu bearbeitende Fläche (Linie gestrichelt)

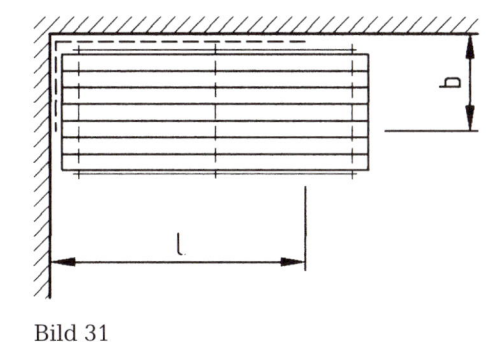

Bild 31 $\qquad V = l \cdot b \cdot h$

5.4.2 Bei Abrechnung von Traggerüsten nach Raummaß (m³) wird das Volumen des eingerüsteten Raumes gerechnet.

Raumgerüste als Traggerüst werden bei Abrechnung nach Raummaß grundsätzlich nach dem Volumen des eingerüsteten Raumes gerechnet *(Bild 32)*.

Raumgerüst als Traggerüst

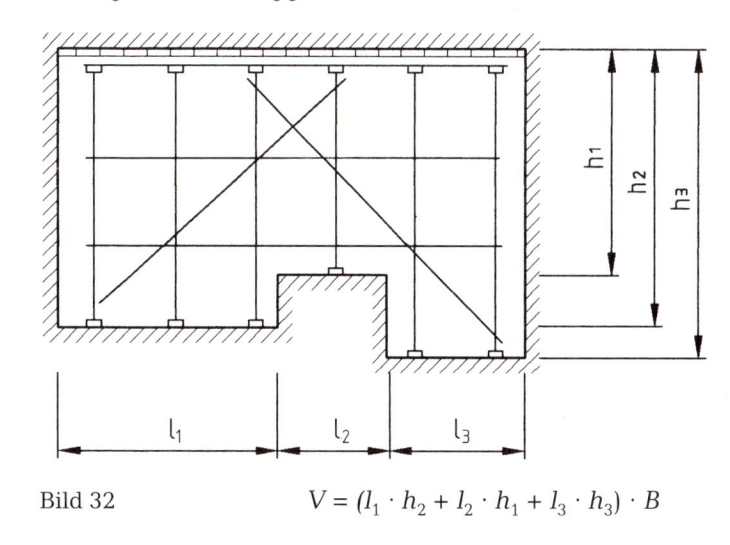

Bild 32 $\qquad V = (l_1 \cdot h_2 + l_2 \cdot h_1 + l_3 \cdot h_3) \cdot B$

5.4.3 Bei freistehenden bzw. nicht durch Bauteile begrenzten Traggerüsten sind Länge und Breite des Gerüstes an den freien Gerüstseiten bis zur Belagkante zu rechnen, soweit die Maße der Gerüste durch ihre Zweckbestimmung bedingt sind.

Schalungsflächen gelten als Belagflächen.

Frei stehende, nicht durch Bauteile begrenzte Traggerüste werden in ihrer Länge und Breite an den freien Gerüstseiten jeweils bis zur Belagkante gerechnet, jedoch nur so weit, als die Maße der Gerüste durch ihre Zweckbestimmung bedingt sind. Dabei gelten als Belagflächen die Schalungsflächen. Die Höhe orientiert sich an der Höhe der Einrüstung von der Standfläche bis zur Oberkante Belag *(Bild 33)*.

Raumgerüst als frei stehendes Traggerüst

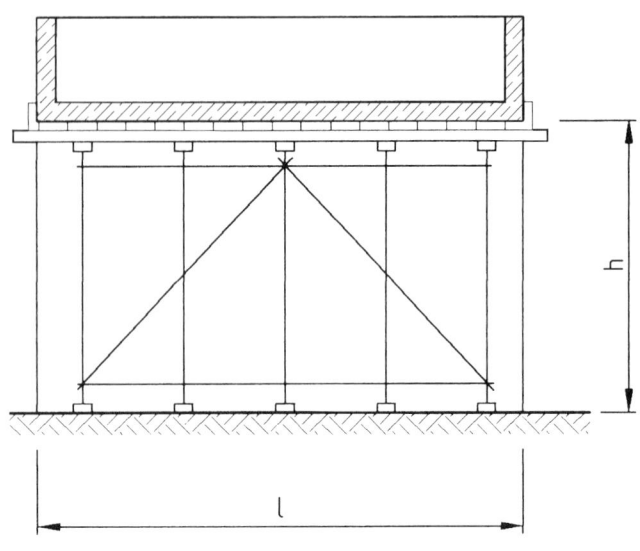

Belagkante der freien Gerüstseite = Schalungsaußenkante

$$V = l \cdot h \cdot b$$

Bild 33

5.4.4 Bei Traggerüsten für Brücken wird die Breite zwischen den Außenseiten des Überbaus und die Länge zwischen den Widerlagern ohne Abzug von Zwischenpfeilern und Stützen gerechnet.

Die Höhe wird von der Standfläche des Gerüstes bis zur Oberseite der Trägerlage des Gerüstes gerechnet.

Bei Traggerüsten für Brücken gelten für die Breite die Maße zwischen den Außenseiten der Brücke *(Bild 34)*.

Raumgerüst als Traggerüst für Brücken

Breite des Traggerüstes

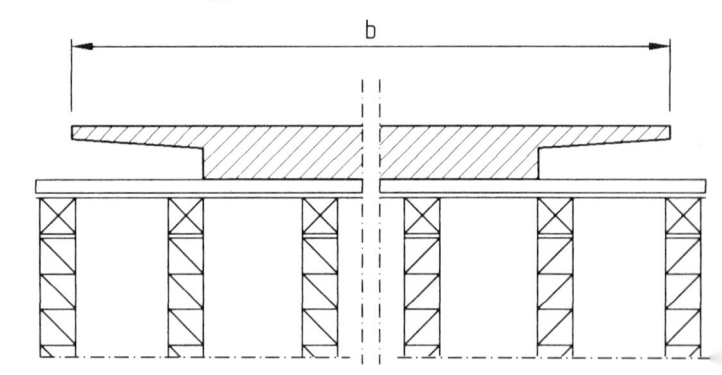

Bild 34   Trägerlage von der Standfläche bis Oberkante Träger

Für die Länge des Traggerüstes gelten die Maße zwischen den Widerlagern. Zwischenpfeiler und Stützen werden dabei übermessen.

Die Höhe des Traggerüstes rechnet von der Standfläche des Gerüstes bis zur Oberseite der Trägerlage des Gerüstes *(Bild 35)*.

Länge und Höhe des Traggerüstes

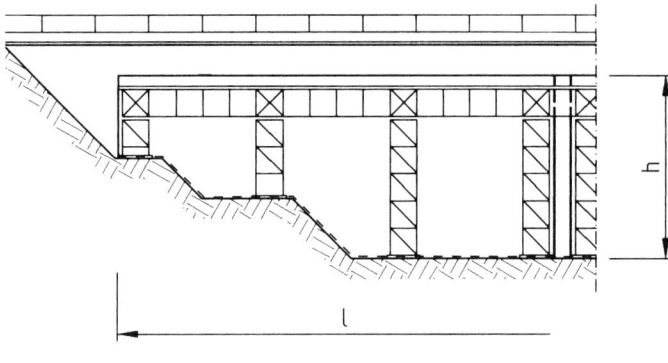

Bild 35   Standfläche = gestrichelte Linie

5.5 Hängegerüste

Hängegerüste sind Gerüste, deren Belagflächen unmittelbar oder mit Zwischenunterstützungen auf aufgehängten Riegeln liegen.

5.5.1 Bei Abrechnung von Hängegerüsten vor Wandflächen nach Flächenmaß (m²) wird die Höhe von der Oberseite der untersten Gerüstlage bis zur höchsten Stelle der eingerüsteten Fläche gerechnet.

Die Höhe des Hängegerüstes ermittelt sich von der Oberseite der untersten Gerüstlage bis zur höchsten Stelle der eingerüsteten Fläche *(Bild 36)*.

Hängegerüst

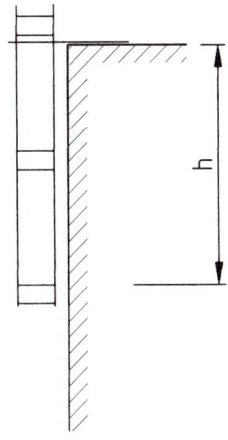

Bild 36 $\qquad H = h$

Für die Abrechnung von Hängegerüsten nach Flächenmaß gelten zur Bestimmung der Länge die Regelungen des Abschnittes 5.2.1 analog. Die Länge wird demnach in der größten horizontalen Abwicklung der eingerüsteten Fläche, mindestens jedoch 2,5 m, gerechnet.

Vor- und Rücksprünge, die die wandseitige Gerüstflucht nicht unterbrechen, werden nicht berücksichtigt.

5.5.2 Bei Abrechnung von Hängegerüsten unter Flächen, z.B. unter Decken, Brücken, nach Flächenmaß (m²), wird mit den Maßen des Belages gerechnet, soweit die Maße des Belages durch den Einsatzzweck des Gerüstes bestimmt sind.

Hängegerüste unter Flächen, z.B. unter Decken, werden bei Abrechnung nach Flächenmaß mit den Maßen des Belages gerechnet, jedoch nur so weit, als der Einsatzzweck die Gerüstlage erforderlich macht *(Bild 37)*.

Hängegerüst

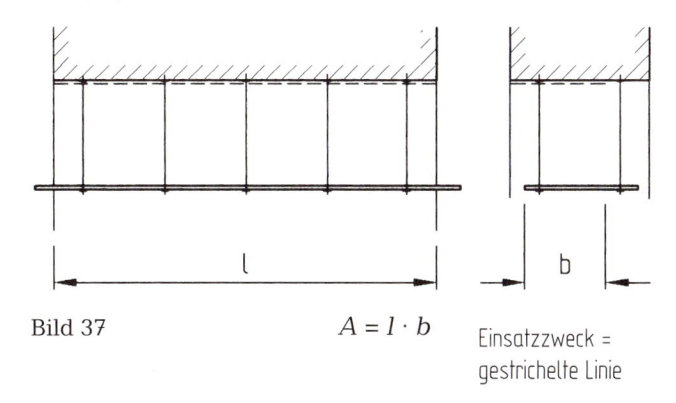

Bild 37 $\qquad A = l \cdot b \qquad$ Einsatzzweck = gestrichelte Linie

5.6 Konsolgerüste

Konsolgerüste sind Gerüste, deren Belagflächen auf am Bauwerk befestigten Konsolen liegen.

Bei Abrechnung von Konsolgerüsten nach Längenmaß (m) wird die Länge in der größten Abwicklung an den Gerüstaußenseiten gerechnet.

Konsolgerüste werden bei Abrechnung nach Längenmaß in der größten Abwicklung an den Gerüstaußenseiten gerechnet *(Bild 38)*.

Konsolgerüst

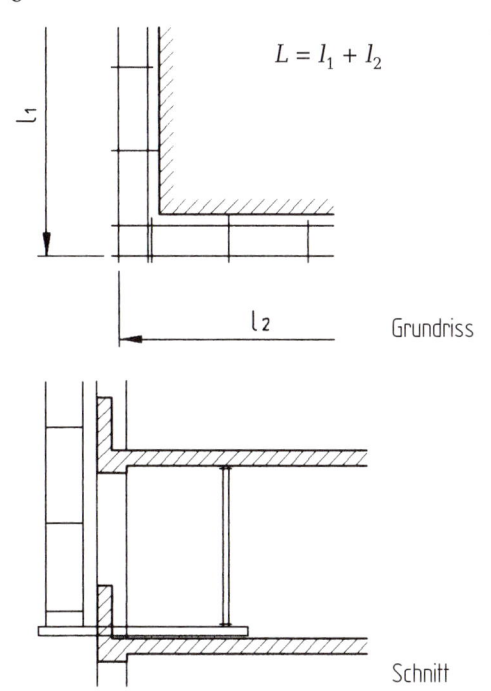

$L = l_1 + l_2$

Grundriss

Schnitt

Bild 38

5.7 Überbrückungen

Überbrückungen, die z. B. bei Öffnungen, Dächern, Anbauten, Durchfahrten erforderlich sind, werden bei Abrechnung nach Längenmaß (m) in der Länge des überbrückten Zwischenraumes gerechnet.

Überbrückungen werden bei Abrechnung nach Längenmaß in der Länge des zu überbrückenden Zwischenraumes, z. B. Durchfahrt, gerechnet *(Bild 39)*.

Überbrückung

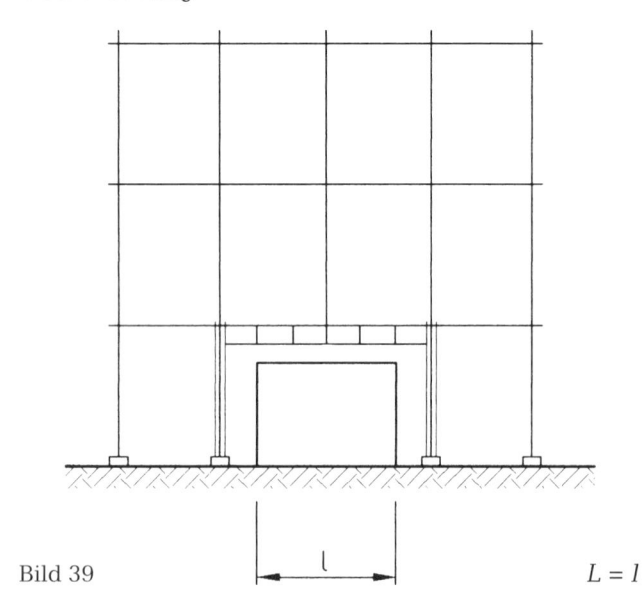

Bild 39 $L = l$

5.8 Gerüstbekleidungen

Bei Abrechnung von Gerüstbekleidungen nach Flächenmaß (m²) wird die tatsächliche Bekleidungsfläche gerechnet.

Gerüstbekleidungen werden bei Abrechnung nach Flächenmaß in ihrer tatsächlichen Fläche gerechnet *(Bild 40)*.

Gerüstbekleidung

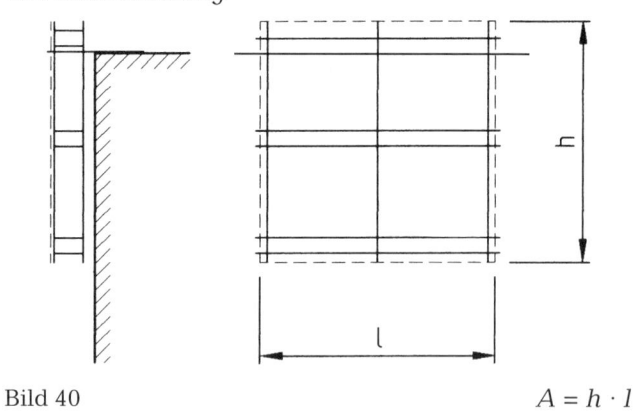

Bild 40 $A = h \cdot l$

5.9 Gebrauchsüberlassung

5.9.1 Werden Gerüste ganz oder abschnittsweise vor dem vereinbarten Tag genutzt, so wird die Gebrauchsüberlassung des Gerüstes bzw. der benutzten Gerüstabschnitte vom ersten Tag der Benutzung gerechnet. Die Gebrauchsüberlassung endet mit der Freigabe durch den Auftraggeber zum Abbau durch den Auftragnehmer, jedoch frühestens drei Werktage nach Zugehen der Mitteilung über die Freigabe beim Auftragnehmer.

Beginn und voraussichtliche Dauer der Gebrauchsüberlassung von Gerüsten sind gemäß Abschnitte 0.2.13 und 0.2.14 in der Leistungsbeschreibung anzugeben.

Bis zu vier Wochen (Grundeinsatzzeit) ist die Gebrauchsüberlassung von Gerüsten, Bekleidungen und Wetterschutzdächern gemäß Abschnitt 4.1.1 eine „Nebenleistung". Die über diese Grundeinsatzzeit hinausgehende Zeit der Gebrauchsüberlassung ist gemäß Abschnitt 4.2.10 als „Besondere Leistung" zusätzlich zu vergüten.

Die Gebrauchsüberlassung beginnt wie in den vertraglichen Vereinbarungen festgelegt.

Werden Gerüste ganz oder abschnittsweise vor dem vereinbarten Termin genutzt, so gilt die Gebrauchsüberlassung vom ersten Tag der Benutzung an. Nimmt der Auftraggeber andererseits das Gerüst zu einem späteren als dem vereinbarten Termin in Benutzung, so ändert sich dadurch weder die Grundeinsatzzeit noch ergibt sich daraus ein Anspruch auf Minderung der Vergütung. Dies gilt auch für Unterbrechungen der Benutzung.

Die Gebrauchsüberlassung endet mit dem vertraglich vereinbarten Zeitpunkt bzw. mit der Freigabe durch den Auftraggeber zum Abbau, frühestens aber drei Werktage nach Zugang der Mitteilung über die Freigabe beim Auftragnehmer.

Maßgebend für die Dauer der Gebrauchsüberlassung ist demnach letztlich der Tag, an dem der Auftragnehmer die Mitteilung über die Freigabe erhält.

5.9.2 Bei Gerüsten, ausgenommen Traggerüste, sowie bei Bekleidungen und Wetterschutzdächern rechnet die Dauer der Gebrauchsüberlassung je angefangene Woche.

Die Dauer der Gebrauchsüberlassung von Gerüsten, ausgenommen Traggerüste, sowie von Bekleidungen und Wetterschutzdächern rechnet je angefangene Woche. Maßgebend dabei ist jedoch nicht die Kalenderwoche, sondern die Zeitspanne von sieben Tagen.

Die Woche rechnet demnach ab dem Tag der Gebrauchsüberlassung. Dabei gilt jede angefangene Woche als volle Woche.

5.9.3 Bei Traggerüsten werden die Dauer der Gebrauchsüberlassung sowie der zu vereinbarende Zeitraum der Vorhaltung während des Auf- und Abbaus nach Kalendertagen gerechnet.

Bei Traggerüsten werden die Dauer der Gebrauchsüberlassung sowie der Zeitraum der Vorhaltung während des Auf- und Abbaus nach Kalendertagen gerechnet. Im Gegensatz zu Arbeits- und Schutzgerüsten, Bekleidungen und Wetterschutzdächern sieht Abschnitt 4.1 hierfür eine Grundeinsatzzeit als Nebenleistung nicht vor.

Der Abrechnungszeitraum beginnt demnach mit dem Aufbau und endet mit dem Abbau des Traggerüstes.

BEISPIELE AUS DER PRAXIS

Höhe von Arbeitsgerüsten bei Abrechnung nach Flächenmaß

Bei der Abrechnung von Arbeitsgerüsten nach Flächenmaß wird gemäß Abschnitt 5.2.1 die Höhe von der Standfläche des Gerüstes bis zur höchsten Stelle der eingerüsteten Fläche gerechnet.

Die höchste Stelle der eingerüsteten Fäche ist jeweils abhängig vom vorgegebenen Verwendungszweck *(Bild 1)*.

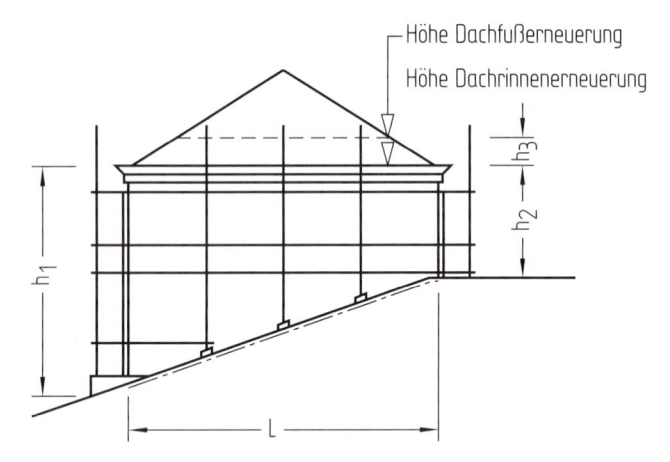

Bild 1

$\text{Höhe}_{\text{Dachfußerneuerung}} = (h_1 + h_3 + h_2 + h_3) \cdot 1/2$

$\text{Höhe}_{\text{Dachrinnenerneuerung}} = (h_1 + h_2) \cdot 1/2$

Die Länge des Gerüstes wird in der größten horizontalen Abwicklung der eingerüsteten Fläche gerechnet.

Bei Abrechnung nach Flächenmaß ist die eingerüstete Fläche

$A_{\text{Dachfußerneuerung}} = [(h_1 + h_2) \cdot 1/2 + h_3] \cdot L$

$A_{\text{Dachrinnenerneuerung}} = (h_1 + h_2) \cdot 1/2 \cdot L$

DIN 18451

Standfläche von Gerüsten

Gemäß Abschnitt 5.1.2 gilt als Standfläche eines Gerüstes die Fläche, die zur Ableitung der Lasten aus der Gerüstkonstruktion in das Bauwerk oder in den Baugrund dient *(Bild 2)*.

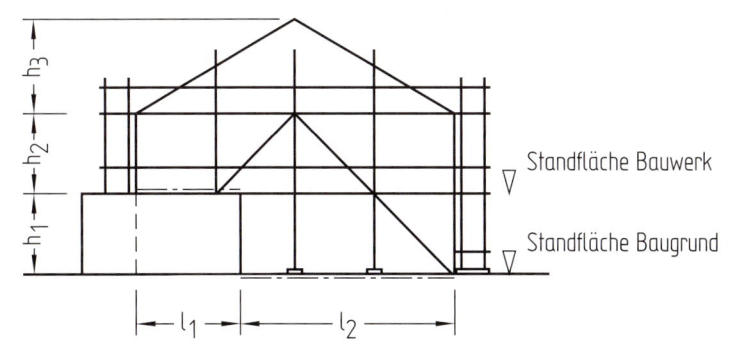

Bild 2

Das Nebengebäude nimmt einen Teil des Gerüstes auf. Als Standfläche gilt somit die strichpunktierte Linie.

Bei Abrechnung nach Flächenmaß ist die eingerüstete Fläche

$A_{Gerüst} = (l_1 + l_2) \cdot (h_1 + h_2 + h_3 \cdot 1/2) - l_1 \cdot h_1$

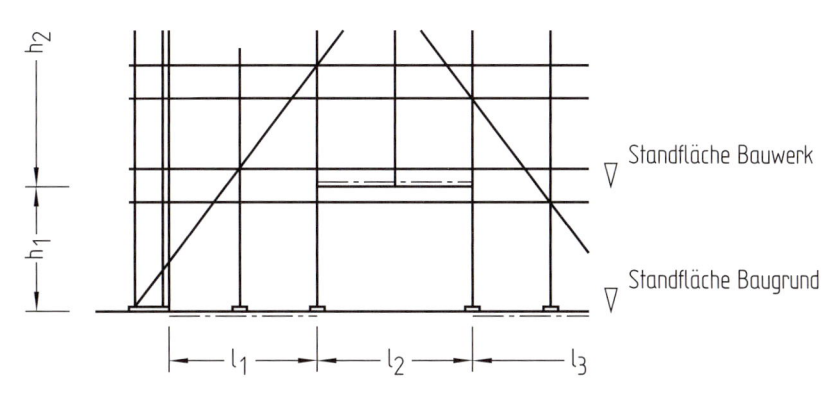

Bild 3

Das Vordach nimmt einen Teil des Gerüstes auf. Als Standfläche gilt somit die strichpunktierte Linie.

Bei Abrechnung nach Flächenmaß ist die eingerüstete Fläche

$A_{Gerüst} = (l_1 + l_2 + l_3) \cdot (h_1 + h_2) - h_1 \cdot l_2$

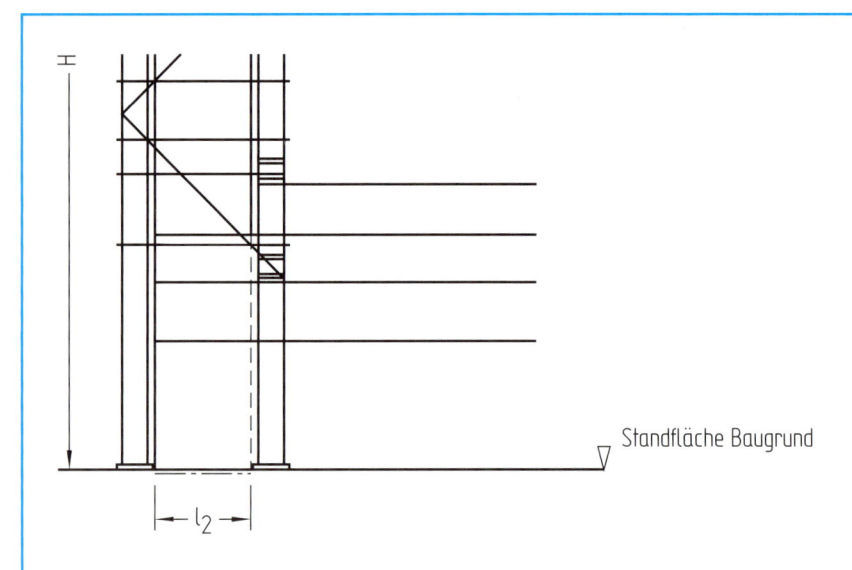

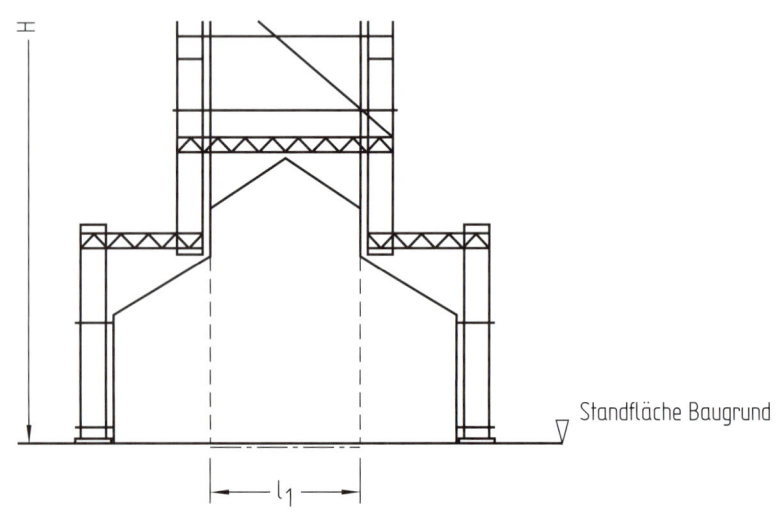

Bild 4

Das Dach des Mittel- und der Seitenschiffe bleiben unbelastet.

Überbrückungen nehmen die Lasten auf und leiten sie über die Gerüstkonstruktion in den Baugrund.

Als Standfläche gilt somit die strichpunktierte Linie.

Bei Abrechnung nach Flächenmaß ist die eingerüstete Fläche

$A_{\text{Gerüst}} = 2 \cdot (l_1 + l_2) \cdot H$

Formeln

Sammlung von Formeln zur Berechnung von Längen-, Flächen- und Raummaßen

Umfang U und Flächen A

Quadrat

$A = a^2$
$U = 4 \cdot a$

Rechteck

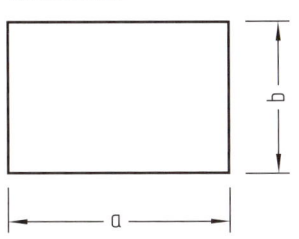

$A = a \cdot b$
$U = 2 \cdot (a + b)$

Parallelogramm

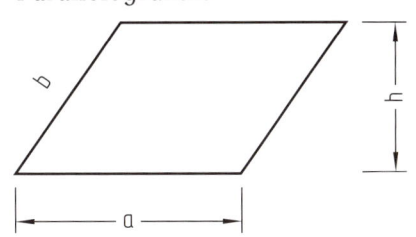

$A = a \cdot h$
$U = 2 \cdot (a + b)$

Trapez

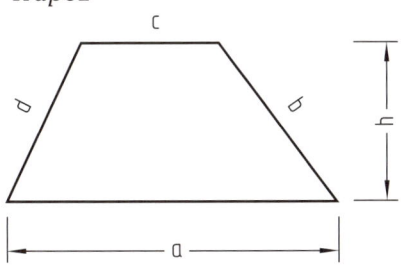

$A = (a + c) \cdot \frac{1}{2} \cdot h$
$U = a + b + c + d$

Dreieck

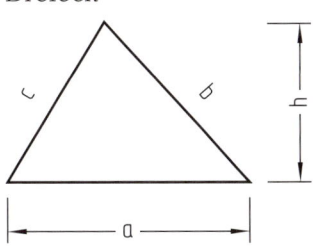

$A = a \cdot h \cdot \frac{1}{2}$
$U = a + b + c$

regelmäßige Vielecke (Sechseck)

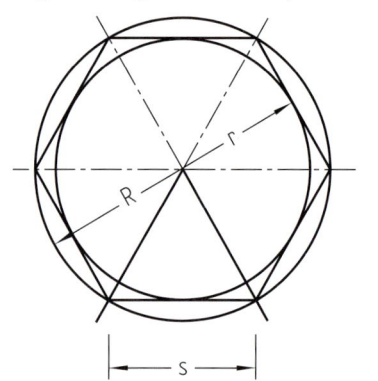

$$A = s \cdot r \cdot {}^1\!/_2 \cdot 6$$
$$U = 6 \cdot s$$

unregelmäßige Vielecke

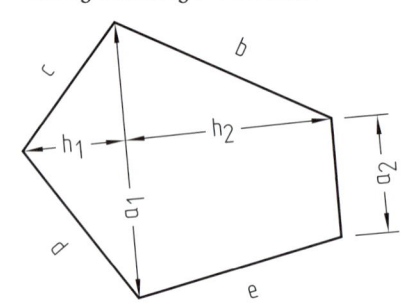

Zerlegung auf Dreiecke und Trapeze

$$A = a_1 \cdot h_1 \cdot {}^1\!/_2 + (a_1 + a_2) \cdot {}^1\!/_2 \cdot h_2$$
$$U = a_2 + b + c + d + e$$

Kreis

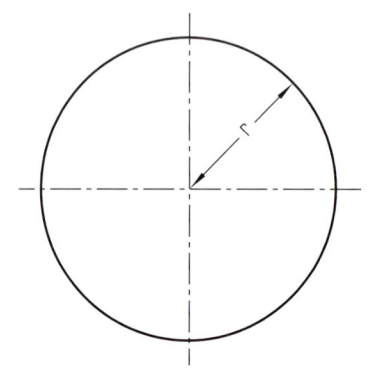

$$A = r^2 \cdot \pi$$
$$U = 2 \cdot r \cdot \pi$$

Kreisring

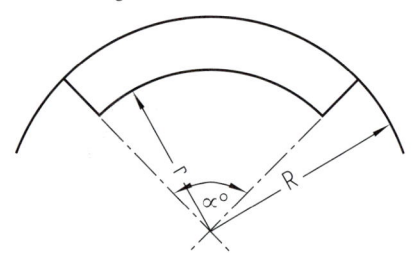

$$A = \pi \cdot \alpha° \cdot {}^1\!/_{360°} \cdot (R^2 - r^2)$$

Kreisausschnitt

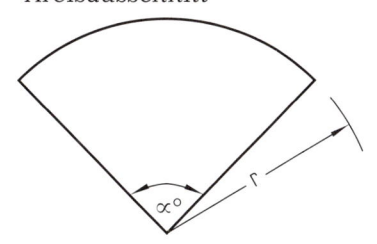

$$A = \pi \cdot \alpha° \cdot {}^1/_{360}° \cdot r^2$$

Ellipse

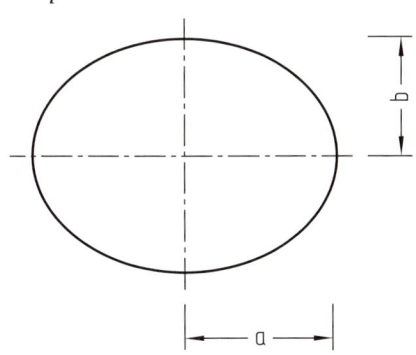

$$A = \pi \cdot a \cdot b$$
$$U = \pi \cdot \sqrt{2 \cdot (a^2 + b^2)}$$

Oberflächen O und Rauminhalte V

Würfel

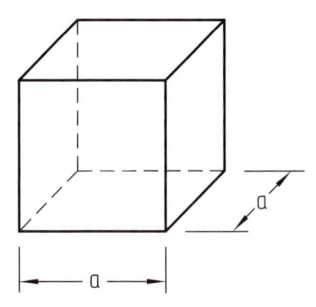

$$O = 6 \cdot a^2$$
$$V = a^3$$

Quader

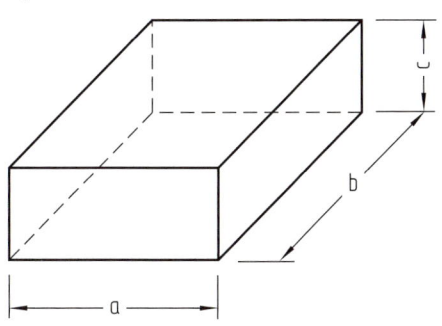

$$O = 2 \cdot (a \cdot b + a \cdot c + b \cdot c)$$
$$V = a \cdot b \cdot c$$

Kreiszylinder

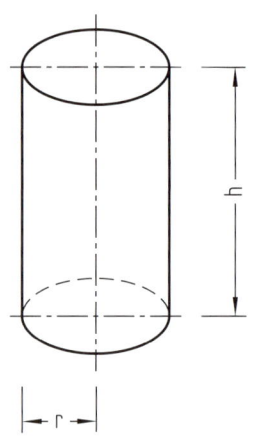

$$O = 2 \cdot r \cdot \pi \cdot (h + r)$$
$$V = r^2 \cdot \pi \cdot h$$

Prisma

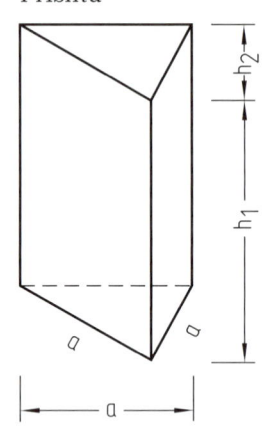

$$O = a \cdot h_2 + a \cdot h_1 \cdot 3$$
$$V = a \cdot h_1 \cdot 1/2 \cdot h_2$$

Pyramide

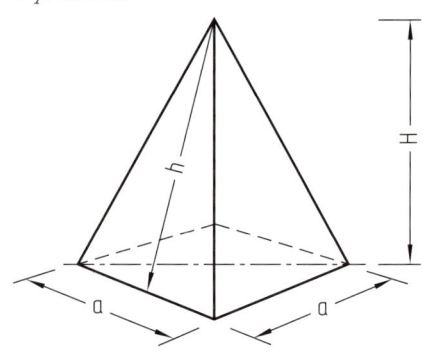

$$O = a \cdot (a + 2 \cdot h)$$
$$V = 1/3 \cdot a^2 \cdot H$$

Formeln

Tetraeder

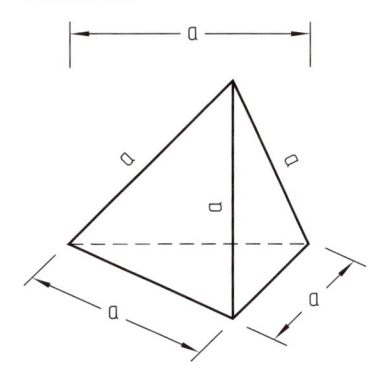

$$O = a^2 \cdot \sqrt{3}$$
$$V = a^3 \cdot \tfrac{1}{12} \cdot \sqrt{2}$$

Kegel

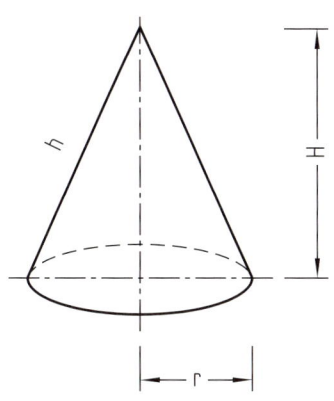

$$O = r \cdot \pi \cdot (r + h)$$
$$V = \tfrac{1}{3} \cdot r^2 \cdot \pi \cdot H$$

Pyramidenstumpf

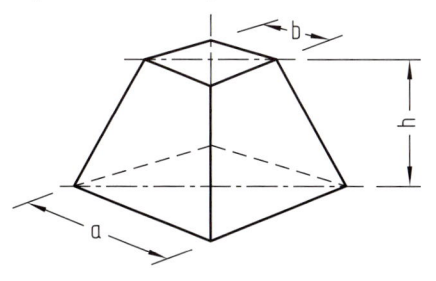

$$V = \tfrac{1}{3} \cdot h \cdot (a^2 + \sqrt{a^2 \cdot b^2} + b^2)$$

Kegelstumpf

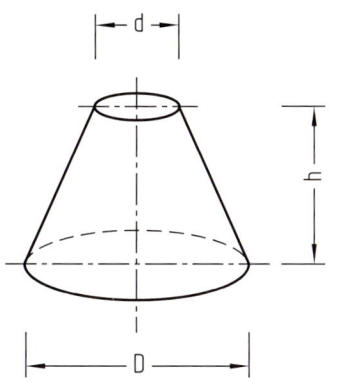

$$V = \tfrac{1}{12} \cdot \pi \cdot h \cdot (D^2 + D \cdot d + d^2)$$

Kugel

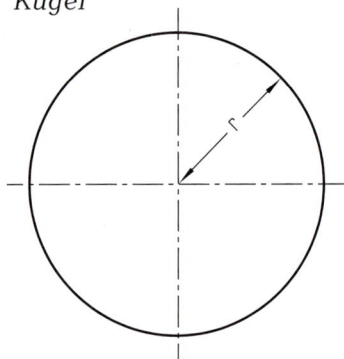

$$O = 4 \cdot r^2 \cdot \pi$$
$$V = {}^4/_3 \cdot \pi \cdot r^3 = 4{,}18879 \cdot r^3$$

Kugelabschnitt

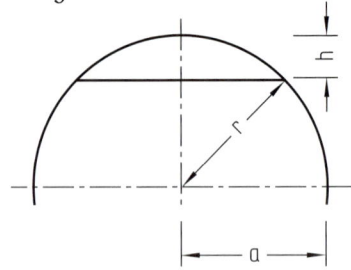

$$V = h^2 \cdot \pi \cdot (r - {}^1/_3 \cdot h) \text{ oder}$$
$$V = {}^1/_6 \cdot \pi \cdot h \cdot (3 \cdot a^2 \cdot h^2)$$

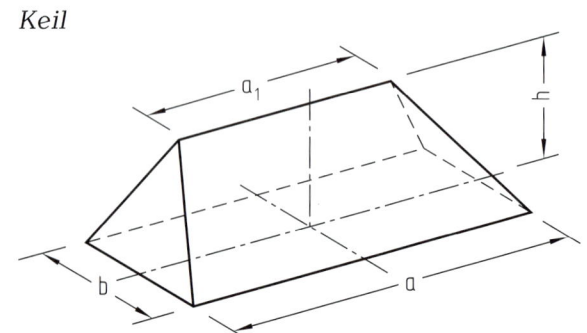

Keil

$$V = {}^1/_6 \cdot h \cdot b \cdot (2 \cdot a + a_1)$$

Die VOB/C richtig anwenden und verstehen!

Einfach, schnell und sicher abrechnen

Vermeiden oder lösen Sie Konflikte über die Ausführung und Abrechnung von Bauleistungen mit dem **„VOB/C Kommentar – Rohbauarbeiten"**, dem **„VOB/C Kommentar – Fliesen- und Plattenarbeiten, Estricharbeiten"** und dem neuen **„VOB/C Kommentar – Trockenbauarbeiten"**. Die Werke führen die spezifischen ATV DIN-Normen der VOB mit praxisgerechten Erläuterungen zusammen, sodass Sie alle notwendigen Regelungen griffbereit in je einem Band zur Hand haben.

Der neue **„VOB/C Kommentar –Trockenbauarbeiten"** kommentiert erstmals die neue ATV DIN 18340 „Trockenbauarbeiten" aus dem VOB-Ergänzungsband 2005.

Durch den strukturierten Aufbau und die leicht verständliche Darstellung der Kommentare können Sie die Allgemeinen Technischen Vertragsbedingungen (ATV) schnell in der Praxis anwenden und Bauleistungen richtig planen, ausschreiben, durchführen und abrechnen. Hinweise zur Interpretation von Leistungsverzeichnissen und zur Auswahl von Baustoffen und Bauteilen ergänzen die Titel.

VOB/C Kommentar – Rohbauarbeiten. Praktische Erläuterungen zu den ATV DIN 18299, DIN 18300, DIN 18330, DIN 18331 und DIN 18336. Von Rainer Franz, Klaus Englert, Wolf-Michael Sack, Hans-Peter Sommer, Otto Stich, Lutz Wittmann. 2004. 17 x 24 cm. Gebunden. 281 Seiten mit 22 Abb. und 6 Tabellen. ISBN 3-481-01935-1. € 89,–

VOB/C Kommentar – Fliesen- und Plattenarbeiten, Estricharbeiten. Praktische Erläuterungen zu den ATV DIN 18299, DIN 18352 und DIN 18353. Von Bertram Abert, Oliver Erning, Horst Glauner, Rudolf Voos. 2004. 17 x 24 cm. Gebunden. 255 Seiten mit 59 Abbildungen und 31 Tabellen. ISBN 3-481-01951-3. € 79,–

VOB/C Kommentar – Trockenbauarbeiten. Praktische Erläuterungen zu den ATV DIN 18299 – Allgemeine Regelungen für Bauarbeiten jeder Art und DIN 18340 – Trockenbauarbeiten. Von Jutta Keskari-Angersbach und Ralf Schneider. 2005. 17 x 24 cm. Gebunden. 137 Seiten. ISBN 3-481-02230-1. € 49,–

baufachmedien.de
DER ONLINE-SHOP FÜR BAUPROFIS

DAMIT SIE BESCHEID WISSEN
Rudolf Müller

Verlagsgesellschaft Rudolf Müller GmbH & Co. KG
Postfach 41 09 49 • 50869 Köln
Tel.: (0221) 54 97 - 112
Fax: (0221) 54 97 - 130
service@rudolf-mueller.de
www.rudolf-mueller.de

Baumängel richtig beurteilen

Abnahme von Bauleistungen in Wort und Bild

Die Abnahme von Bauleistungen führt häufig zu Streitigkeiten zwischen Auftraggeber und -nehmer. Oftmals ist es besonders schwierig zu beurteilen, ob ein Mangel oder eine hinzunehmende Unregelmäßigkeit vorliegt.

Dieses Fachbuch hilft beim Beurteilen strittiger Situationen während der Bauabnahme. Gegliedert nach Gewerken bietet der Leitfaden allen am Bau Verantwortlichen eine Sammlung typischer Baumängel und Schäden unter Berücksichtigung der einschlägigen Regelwerke.

„Abnahme von Bauleistungen" legt mit zahlreichen Beispielen in Wort und Bild sowie einem umfangreichen Checklisten-Teil im Anhang einen übersichtlich geordneten Mängelkatalog für die praktische Bauabnahme vor. Damit Sie in Zukunft Mängel erkennen, richtig einschätzen oder bereits im Voraus vermeiden können.

> **Leserstimmen** zur 1. Auflage 2002:
> *BDB, März 2003:* „Der Autor hat mit diesem Band ein gutes Arbeitsmittel für die Abnahme von Bauleistungen geschaffen. […] Ein Buch von hohem Informationswert."

Abnahme von Bauleistungen. Erkennen und Beurteilen von Planungs- und Ausführungsmängeln. Von Dipl.-Ing. Gunter Hankammer. 2., aktualisierte und erweiterte Auflage 2004. 17 x 24 cm. Gebunden. 493 Seiten mit 291 Abbildungen und 61 Tabellen. ISNB 3-481-02032-5. € 59,–

Wie Sie Schimmelschäden fachgerecht beurteilen und beheben

Die Ursachen für das häufige Auftreten von Schimmelpilzen und Bakterien in Gebäuden sind vielfältig und in zunehmendem Maße ein Streitgegenstand.

Wie Sie Schimmelschäden eindeutig erkennen, beheben oder bereits im Vorfeld vermeiden, erfahren Sie in dem Fachbuch **„Schimmelpilze und Bakterien in Gebäuden"**. Das Buch bietet ausführliche Beurteilungskriterien der Ursachen von Schimmelpilzbildung, stellt typische Erscheinungsformen eines Schimmelpilzbefalls, medizinische Risiken und relevante Mess- und Prüfverfahren vor.

Schimmelpilze und Bakterien in Gebäuden – Baumangel oder Nutzerverschulden?

Bautechnische, juristische und medizinische Zusammenhänge werden umfassend erklärt und helfen Ihnen

- die angemessene Untersuchungsmethode zu wählen,
- die Schadensursache eindeutig zu klären,
- das richtige Sanierungsverfahren anzuwenden,
- eventuelle gesundheitliche Folgen einzuschätzen bzw. zu verhindern.

> *Dr. Jörg Schmidt, in BauR 12/2003:* „Das Werk ist auch für den technischen Laien gut verständlich formuliert. […] Insgesamt kann das Werk sowohl dem Sachverständigen, dem Immobilienbetreuer als auch dem mit bakteriellen und Schimmelpilzmängeln befaßten Juristen zur Anschaffung nur empfohlen werden."

Schimmelpilze und Bakterien in Gebäuden. Erkennen und Beurteilen von Symptomen und Ursachen. Von Dipl.-Ing. Gunter Hankammer und Dr.-Ing. Wolfgang Lorenz. 2003. 17 x 24 cm. Gebunden. 360 Seiten mit 273 Abbildungen und 60 Tabellen. ISBN 3-481-01953-X. € 59,–

---

baufachmedien.de
DER ONLINE-SHOP FÜR BAUPROFIS

DAMIT SIE BESCHEID WISSEN
Rudolf Müller

Verlagsgesellschaft Rudolf Müller GmbH & Co. KG
Postfach 41 09 49 • 50869 Köln
Tel.: (0221) 54 97 - 112
Fax: (0221) 54 97 - 130
service@rudolf-mueller.de
www.rudolf-mueller.de